Modellierung, Analyse und Simulation elektrischer und mechanischer Systeme mit Maple™ und MapleSim™

Rolf Müller

Modellierung, Analyse und Simulation elektrischer und mechanischer Systeme mit Maple™ und MapleSim™

Anwendung in Elektrotechnik, Mechanik und Antriebstechnik

2., überarbeitete und erweiterte Auflage

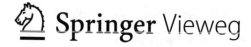 Springer Vieweg

Rolf Müller
Leipzig, Deutschland

ISBN 978-3-658-29130-3   ISBN 978-3-658-29131-0   (eBook)
https://doi.org/10.1007/978-3-658-29131-0

Die Deutsche Nationalbibliothek verzeichnet diese Publikation in der Deutschen Nationalbibliografie; detaillierte bibliografische Daten sind im Internet über http://dnb.d-nb.de abrufbar.

Planung/Lektorat: Reinhard Dapper
Springer Vieweg ist ein Imprint der eingetragenen Gesellschaft Springer Fachmedien Wiesbaden GmbH und ist ein Teil von Springer Nature
Die Anschrift der Gesellschaft ist: Abraham-Lincoln-Str. 46, 65189 Wiesbaden, Germany

Vorwort

Dieses Buch richtet sich vor allem an Studentinnen und Studenten der Elektrotechnik, des Maschinenbaus und der Mechatronik an Fachhochschulen und Universitäten sowie an Ingenieure, die in der Praxis auf den genannten Gebieten arbeiten, denn bei der Lösung ingenieurtechnischer Aufgaben sind computergestützte Analysen und Simulationen oft unver-zichtbare Hilfsmittel. Es soll einen relativ schnellen Einstieg in das Computeralgebra-System Maple und in das darauf aufbauende Simulations-system MapleSim ermöglichen und zeigen, wie diese die Lösung spezieller Aufgaben erleichtern bzw. welche Sprachmittel dafür einsetzbar sind. Vorausgesetzt wird, dass den Lesenden der Umgang mit einem Computer nicht fremd ist, dass sie schon Berührung mit einer Programmiersprache hatten und über ein Grundwissen in Mathematik, Elektro-technik und Mechanik verfügen, wie es in den eingangs genannten Studienrichtungen gelehrt wird.

Schwerpunkte des Buches sind eine zielorientierte Einführung in Maple, die Beschreibung der symbolischen und numerischen Lösung von Anfangswertproblemen mit diesem Computeralgebra-System, die Darstellung der Modellierung elektrischer Netzwerke sowie mechanischer Systeme mit Unterstützung von Maple und eine Ein-führung in das objektorientierte Simulationssystem MapleSim.

Bestimmte Maple-Grundlagen und die für die Lösung der folgenden Aufgaben sehr häufig benötigten Maple-Befehle werden im Kapitel 2 des Buches in konzentrierter Form zusammengefasst und anhand von einfachen Beispielen erläutert. Aber auch in den Anwendungsbeispielen der folgenden Kapitel finden sich von Fall zu Fall Ergänzungen aus dem Maple-Befehlsvorrat. Das Lernen anhand von Beispielen wird also favorisiert.

Grundlagen der Modellierung elektrischer und mechanischer Systeme beschreiben die Kapitel 4 bis 6. Kapitel 4 enthält auch Ausführungen zu Syrup, dem Maple-Paket, das die symbolische Modellierung und Analyse elektrischer Netzwerke durch eine an das Simulationssystem Spice angelehnte Beschreibungsform unterstützt.

Der Modellierung und Simulation mit MapleSim ist das Kapitel 7 gewidmet. Es beschreibt das Arbeiten mit diesem objektorientierten Simulationssystem und bringt auch eine ausführliche Beschreibung des MapleSim-API, der Programmschnittstelle zu

Maple. Das MapleSim-API ist eine Sammlung von Prozeduren für das Manipulieren, das Simulieren und das Analysieren eines MapleSim-Modells in einem Maple-Worksheet.

Kapitel 8 zeigt „Brücken von Maple zu MATLAB und Scilab". Die Verbindung zu MATLAB und Scilab bietet dem Maple-Nutzer zusätzliche Möglichkeiten für umfangreiche numerische Berechnungen, wie unter anderem am Beispiel von Matrizenoperationen und von Differentialgleichungen mit Totzeiten gezeigt wird.

Den Abschluss des Buches bilden Anwendungsbeispiele aus der Elektrotechnik, der Antrieb- und der Regelungstechnik, die sich gegenüber den anfangs verwendeten Beispielen durch eine größere Komplexität auszeichnen.

Die im Buch verwendeten Beispiele sind, obwohl sie überwiegend praktischen Aufgabenstellungen entnommen sind, oft stark vereinfacht, denn der Zugang zur Anwendung von Maple soll nicht durch die Komplexität der Beispiele erschwert werden. Alle Darstellungen orientieren sich vorrangig an der Frage „Welche Unterstützung kann ein Computeralgebra-System wie Maple bei der Modellierung, Analyse und Simulation von elektrischen, mechanischen und mechatronischen Systemen bieten?".

Die in den Beispielen verwendeten Formelzeichen halten sich an die in der Elektrotechnik und Mechanik üblichen Bezeichnungsweisen. Leider sind diese nicht einheitlich. Nach reiflicher Überlegung wurde darauf verzichtet, die in der Elektrotechnik verwendete Form der Kennzeichnung von Größen durchgängig bei allen Beispielen anzuwenden, weil die Diskrepanz zur in der Fachliteratur der Mechanik üblichen Form groß wäre und zu Irritationen führen könnte.

Getestet wurden die im Buch verwendeten Beispiele mit Maple 15 und Maple 2019 bzw. MapleSim 2019. Die zugehörigen Maple-Worksheets und weiteres Zusatzmaterial sind über www.modellierung-analyse-simulation.de abrufbar.

Danken möchte ich den Mitarbeiterinnen und Mitarbeitern der Firma Maplesoft, die mich durch die Bereitstellung der aktuellen Versionen von Maple und MapleSim sowie bei der Klärung von Fragen zu dieser Software unterstützt haben. Besonderer Dank gilt auch Herrn Reinhard Dapper, Frau Andrea Broßler, Frau Roopashree Polepalli und Herrn Rahul Ravindran vom Verlag Springer für die sehr gute Zusammenarbeit.

Leipzig   Rolf Müller
März 2020

Inhaltsverzeichnis

Verzeichnis der Anwendungsbeispiele

- **Elektrische Netzwerke**
  Komplexe Wechselstromrechnung (Abschn. 4.4)
  Ortskurven (Abschn. 4.4)
  Modellierung elektrischer Netzwerke (Abschn. 4.2 bis 4.6)
  Ausgleichsvorgänge in elektrischen Netzen (Abschn. 3.2, 3.4, 4.2 bis 4.5)
- **Schwingungen mechanischer Systeme**
  Modellierung mechanischer Systeme (Abschn. 5.1 bis 5.5, 7.1 und 7.2)
  Torsionsschwingungen von Mehrmassensystemen (Abschn. 5.5)
  Elastisch gekoppeltes Zweimassensystem (Abschn. 9.6)
  Antriebssystem mit Spiel (Abschn. 9.8, 7.2)
- **Regelung eines Flugobjekts mit Totzeit**
  Maple-Programm auf der Basis des Runge-Kutta-Fehlberg-Verfahrens rkf45 (Abschn. 3.4.7)
  Nutzung der MATLAB-Funktion dde23 durch Maple (Abschn. 8.1)
- **Antriebssysteme**
  Drehzahlregelung eines Gleichstromantriebs (Abschn. 3.5.2)
  (Amplituden- und Phasengang, Amplituden- und Phasenreserve, Drehzahlverlauf)
  Modellierung einer Verladebrücke, Zustandsraumdarstellung (Abschn. 5.4)
  Analyse und Simulation einer Verladebrücke (Abschn. 9.1)
  Modellierung, Analyse und Simulation eines Gleichstrommotors (Abschn. 9.2)
  Modellparameter von Asynchronmaschinen aus Katalogdaten berechnen (Abschn. 9.3)
  Analytische Berechnung der Stromortskurven von Asynchronmaschinen (Abschn. 9.3)
  Drehzahlregelung eines Gleichstrommotors mit unterlagerter Stromregelung (Abschn. 9.4)
  Schwungmassenanlauf und Reversieren von Asynchronmotoren (Abschn. 9.7)
  Antrieb einer Presse mit Drehstrommotor (Abschn. 9.11)
- **Einschaltstrom eines Einphasen-Transformators**
  Analyse und Simulation des Einschaltvorgangs (Abschn. 9.5)
  Fourieranalyse des Einschaltstromes (Abschn. 9.5)

- **Stromrichter**
  Gleichrichter in 2-puls-Brückenschaltung (MapleSim, Abschn. 7.2.5)
  Gesteuerter Gleichrichter in Zweipuls-Mittelpunktschaltung (Abschn. 9.9.2)
  Fourieranalyse der gleichgerichteten Spannung der Zweipuls-Mittelpunktschaltung (Abschn. 9.9.2)
  Gesteuerter Gleichrichter in Zweipuls-Brückenschaltung (Abschn. 9.9.3)
  Fourieranalyse des Netzstromes bei der Zweipuls-Brückenschaltung (Abschn. 9.9.3)
- **Ausgleich von Messwerten in Verteilungsnetzen**
  Korrektur/Ausgleich von Messfehlern (Abschn. 9.10)
  Ermittlung fehlender Messwerte (Abschn. 9.10)

Einführung

1

1.1 Stationäre Zustände und Ausgleichsvorgänge

Angaben über die Beanspruchung elektrischer oder mechanischer Bauelemente von Maschinen und Anlagen im stationären Betrieb oder bei Ausgleichsvorgängen (Drehmomente an Kupplungen usw.) oder zur Systemstabilität, zur Dauer von Übergangsvorgängen oder zur Genauigkeit von Regelungen werden aus unterschiedlichen Gründen oft nicht durch Messungen am realen System gewonnen, sondern durch Untersuchungen eines mathematischen Modells des Systems. Handelt es sich um stationäre Systemzustände, dann sind diese Modelle Systeme algebraischer Gleichungen, bei der Berechnung von Ausgleichsvorgängen sind es Differentialgleichungen bzw. Systeme von Differentialgleichungen und algebraischen Gleichungen. Die Untersuchung umfasst also in beiden Fällen die zwei Hauptschritte 1) Modellbildung und 2) Lösung von algebraischen Gleichungen oder von Differentialgleichungen bzw. von Differentialgleichungssystemen. Beide Aspekte bilden den Inhalt dieses Buches.

Wesentliche Teile des Buches behandeln die Analyse von Ausgleichsvorgängen bzw. von Schwingungen. Als Ausgleichsvorgang oder transienten Vorgang bezeichnet man den Übergang eines Systems von einem stationären (eingeschwungenen) Zustand in einen anderen stationären Zustand. In linearen Wechselstromnetzen ist ein eingeschwungener Zustand dadurch charakterisiert, dass Amplitude und Frequenz aller sinusförmigen Spannungen und Ströme konstant sind.

Auslöser von Ausgleichsvorgängen können beispielsweise Schalthandlungen in elektrischen Anlagen und Netzen oder Änderungen der Belastung eines Antriebssystems sein. Der zeitliche Verlauf dieser Vorgänge wird durch die Parameter des betreffenden Systems, den Zeitpunkt der Zustandsänderung und durch den zeitlichen Verlauf der Anregungsfunktion bestimmt.

© Springer Fachmedien Wiesbaden GmbH, ein Teil von Springer Nature 2020
R. Müller, *Modellierung, Analyse und Simulation elektrischer und mechanischer Systeme mit Maple™ und MapleSim™*, https://doi.org/10.1007/978-3-658-29131-0_1

Jeder Ausgleichsvorgang bzw. jede Schwingung ist mit einer Umverteilung der Energie in den Energiespeichern des Systems verbunden. Bei Elektroenergiesystemen unterscheidet man nach der Art der beteiligten Energiespeicher zwischen elektromagnetischen und elektromechanischen Ausgleichsvorgängen. Elektromagnetische Ausgleichsvorgänge treten beim Energieaustausch zwischen Induktivitäten (magnetischen Speichern) und Kapazitäten (elektrischen Speichern) auf. Sie haben relativ kleine Zeitkonstanten im Bereich von Mikro- bis Millisekunden. Elektromechanische Ausgleichsvorgänge sind solche, bei denen mechanische Energie der rotierenden Massen von Elektromotoren bzw. Generatoren in elektrische Energie oder elektrische Energie in mechanische umgewandelt wird. Deren Zeitkonstanten sind meist wesentlich größer als die der elektromagnetischen Vorgänge; sie liegen im Sekunden- bis Minutenbereich. Je nach Art des Ereignisses überlagern sich beide Arten von Ausgleichsvorgängen (Schalthandlungen, Kurzschluss) oder es dominiert einer der beiden (z. B. Wanderwellen).

1.2   Symbolische Analyse oder Simulation?

Die Untersuchung des mathematischen Modells eines elektrischen oder mechanischen Systems oder auch eines beliebigen anderen Systems kann durch (symbolische) Analyse oder mittels Simulation erfolgen. Unter Simulation versteht man „das Nachbilden eines Systems mit seinen dynamischen Prozessen in einem experimentierfähigen Modell, um zu Erkenntnissen zu gelangen, die auf die Wirklichkeit übertragbar sind" (VDI-Richtlinie 3633). Obwohl nach dieser Definition sehr unterschiedliche Formen von Modellen und damit auch unterschiedliche Arten der Simulation denkbar und gebräuchlich sind, dominiert heute die Computersimulation unter Verwendung mathematischer Modelle.

Leistungsfähige Softwarepakete für die numerische Simulation sind in großer Zahl verfügbar und werden sehr häufig eingesetzt. Charakteristisch für die Simulation mithilfe eines Computers ist die Tatsache, dass für alle Parameter des mathematischen Modells sowie für die Anfangswerte der Zustandsgrößen des Systems Zahlenwerte vorgegeben sein müssen (numerische Simulation). Ebenso müssen Wertefolgen bzw. Funktionen festgelegt werden, die die (evtl. zeitabhängigen) Eingangsgrößen numerisch bestimmen. Die Lösung eines Anfangswertproblems – das Zeitverhalten des betreffenden Systems bei den vorgegebenen speziellen Werten für Parameter, Anfangs- und Eingangsgrößen – wird dann als Wertetabelle berechnet und ggf. als Funktion der Zeit grafisch dargestellt. Es handelt sich also um Ergebnisse, die nur für die vorgegebenen Zahlenwerte eine Aussage über das Systemverhalten liefern und darüber hinausgehende Interpretationen nur in sehr begrenztem Umfang und bei Durchführung einer Vielzahl solcher Rechnungen mit unterschiedlichen Zahlenwerten zulassen.

Dagegen liefert die analytische Lösung beispielsweise eines Differentialgleichungssystems als Ergebnis symbolische Formeln. Diese ermöglichen tiefere Einblicke in das Systemverhalten als die Ergebnisse einer numerischen Simulation, weil aus ihnen beispielsweise auf das Systemverhalten bei Variation einzelner Parameter geschlossen werden kann oder weil sie die Auswertung im Hinblick auf Stabilitätsgrenzen usw. erlauben.

Die Algorithmen der numerischen Mathematik sind i. Allg. Näherungsverfahren, d. h. die mit ihnen gewonnenen Lösungen sind nicht absolut exakt. Diesen Unterschied zwischen symbolischer Berechnung und numerischen Verfahren soll das folgende Beispiel verdeutlichen. Zu berechnen seien die Integrale

$$\text{a)} \int \frac{1}{x}\,dx \qquad \text{b)} \int\limits_{1}^{3} \frac{1}{x}\,dx$$

Eine symbolische Berechnung liefert für a) die Lösung $\ln(x)+C$ und für b) das Ergebnis $\ln(3)$ – in beiden Fällen also die exakte Lösung.

Mithilfe numerischer Methoden kann das unbestimmte Integral nicht und das bestimmte Integral nur näherungsweise berechnet werden. Ein Verfahren der numerischen Integration ist die Newton-Cotes-Formel

$$\int\limits_{x_0}^{x_0+2h} f(x)\,dx \approx \frac{2h}{6}\left(f(x_0) + 4f(x_0+h) + f(x_0+2h)\right),$$

die auch als Keplersche Fassregel[1] bekannt ist. Abb. 1.1 erläutert die Lösung der Aufgabe b) unter Verwendung dieser Formel. Daraus folgt

$$\int\limits_{1}^{3} \frac{1}{x}\,dx \approx \frac{2}{6} \cdot 1\left(\frac{1}{1} + 4 \cdot \frac{1}{2} + \frac{1}{3}\right) = \frac{10}{9}$$

Die Differenz dieser Lösung zum exakten Resultat ist

$$F_\text{V} = \frac{10}{9} - \ln 3,$$

der sogenannte Verfahrensfehler. Zu diesem Fehler kommt bei numerischer Software noch der Rundungsfehler, der sich durch die rechnerinterne Darstellung der Zahlen im Gleitpunktformat mit begrenzter Mantissenlänge ergibt.

Andere Verfahren zur numerischen Integration sind genauer als die Keplersche Fassregel, aber mit allen erhält man nur Näherungswerte. Symbolische Methoden liefern dagegen exakte Lösungen. Ihrer Anwendung sind allerdings häufig Grenzen gesetzt, beispielsweise bei den meisten nichtlinearen Differentialgleichungen und bei komplexen Differentialgleichungssystemen. Der Vorteil numerischer Methoden ist wiederum

---

[1]Johannes Kepler (1571–1630), Astronom und Mathematiker. Angeblich entwickelte Kepler diese Regel, als er 1612 in Linz beim Kauf einiger Fässer Wein über eine Methode zur Berechnung des Inhaltes der Weinfässer nachdachte.

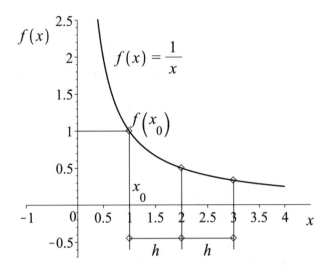

Abb. 1.1 Anwendung der Keplerschen Fassregel

ihr praktisch unbegrenzter Anwendungsbereich, sofern man auf geschlossene Lösungsfunktionen verzichten kann.

Unabhängig von der Art der Lösung der Modellgleichungen muss man immer auch mit **Modellfehlern** rechnen. Ein Modell ist ein Abbild des wirklichen Systems, aber in der Regel unter mehr oder weniger großen vereinfachenden Annahmen, d. h. es werden vom Modell nur ausgewählte Eigenschaften des Originalsystems erfasst. Welche Eigenschaften von einem Modell wiedergegeben werden müssen, ist vom jeweiligen Anwendungsfall abhängig. Das Verwenden eines Systemmodells, das sich bei einer bestimmten Untersuchung bewährt hat, kann also in einem anderen Fall, unter anderen Bedingungen, zu vollkommen falschen Aussagen führen. Nicht ausgeschlossen werden können auch Fehler beim Aufstellen der Modelle sowie bei der Ermittlung der Modellparameter. Die Berechnungsergebnisse müssen daher immer einer genauen Validierung unterzogen werden, um sicherzustellen, dass sie tatsächlich die Realität richtig, d. h. mit der geforderten Genauigkeit, widerspiegeln.

Zusammenfassung

- Numerische Rechnungen liefern nur singuläre Lösungen. Strukturaussagen oder allgemeine Aussagen über das Verhalten des entsprechenden abstrakten Modells bzw. des realen Systems sind nicht möglich. Numerische Verfahren sind Näherungsverfahren, d. h. ihre Ergebnisse sind nur Näherungswerte, die neben den von der rechnerinternen Zahlendarstellung abhängigen Rundungsfehlern auch Verfahrensfehler enthalten. Allerdings kann man diese Fehler durch Auswahl geeigneter Berechnungsverfahren und andere Maßnahmen i. Allg. in zulässigen Schranken halten.
- Analytische (symbolische) Methoden haben einen kleineren Anwendungsbereich als numerische, liefern jedoch geschlossene Lösungsformeln und erlauben damit tiefere Einblicke in die physikalisch-technischen Zusammenhänge im zu untersuchenden

System. Der Einfluss einzelner Parameter bzw. der Effekt des Zusammenwirkens verschiedener Parameter wird deutlich und es können Antworten auf Fragen gefunden werden, die bei rein numerischer Simulation nicht bzw. nur mit sehr großem Aufwand, d. h. durch eine sehr große Zahl von Simulationsrechnungen, zu erzielen wären.

In der Praxis ist in vielen Fällen eine gemischte Vorgehensweise sinnvoll: die Untersuchung von Systemen durch Verknüpfung symbolischer und numerischer Berechnungsmethoden. Leistungsfähige Computeralgebra-Systeme wie Maple bieten für eine derartige Arbeitsweise die Voraussetzungen. Sie stellen sowohl Methoden für symbolische Berechnungen als auch für numerische Operationen zur Verfügung.

1.3   Computeralgebra und Computeralgebra-Systeme

Aufwendige, komplexe mathematische Operationen, wie sie die Systemanalyse oft erfordert, werden durch die Verwendung von Computeralgebra-Systemen (CAS) ganz wesentlich erleichtert.

> „Unter Computeralgebra versteht man die Verarbeitung symbolischer mathematischer Ausdrücke mit Hilfe des Computers. Im Gegensatz zur numerischen Mathematik beschränkt sich die Computeralgebra nicht auf die Manipulation von Zahlen." (Überberg 1992)

Computeralgebra-Systeme rechnen mit Symbolen, die mathematische Objekte repräsentieren, sowie mit beliebig langen Zahlen und liefern exakte Ergebnisse – im Gegensatz zur Numerischen Mathematik mit Gleitkomma-Arithmetik und Rundungsfehlerproblematik (siehe Anhang C). „Symbolisches Rechnen", das oft auch als Synonym für den Begriff "Computeralgebra" verwendet wird, verfolgt das Ziel, eine geschlossene Form einer Lösung in einer möglichst einfachen symbolischen Darstellung zu finden (Heck 2003).

Objekte von Computeralgebra-Systemen können skalare Variablen, Integerzahlen (ganze Zahlen), rationale Zahlen (reell oder komplex), Polynome, Funktionen, Gleichungssysteme usw. sein. „Algebraisch" bedeutet in obigem Zusammenhang, dass Berechnungen unter Verwendung der Regeln der Algebra ausgeführt werden. Der Begriff Computeralgebra kennzeichnet also nicht den Anwendungsschwerpunkt, sondern die Auswahl der Methoden, mit denen die Computeralgebra arbeitet (Überberg 1992). Mit ihrer Hilfe können nicht nur Probleme aus dem Teilgebiet Algebra der Mathematik bearbeitet werden, sondern alle Probleme, für die sich Lösungsverfahren algebraisch beschreiben lassen. Ein Beispiel dafür ist die algebraische Beschreibung der Differentiationsregeln, die man auch als formale Differentiation bezeichnet[2]. Der Funktion

---

[2]„formal", weil keine Grenzwertbetrachtungen durchgeführt werden.

$$f(x) = x^n$$

ist die algebraische Beschreibung ihrer Ableitung

$$f'(x) = n \cdot x^{n-1}$$

zugeordnet. Damit kann dann für eine Funktion $g(x) = x^3$ rein formal die Ableitung $g'(x) = 3x^2$ ermittelt werden. Ebenso lassen sich die Integration von Funktionen, das Lösen von Gleichungen und Differentialgleichungen, das Faktorisieren von Polynomen, die Reihenentwicklung von Funktionen und viele andere mathematische Operationen „algebraisch" beschreiben.

Bereits in den 60er Jahren des 20. Jahrhunderts entwickelte der Physiker A.C. Hearn das Computeralgebra-System REDUCE[3]. Heute ist eine große Zahl von Computeralgebra-Systemen auf dem Markt. Bei der Entwicklung der theoretischen Grundlagen der Computeralgebra wurden in den letzten Jahren große Fortschritte erzielt. Zu den Basisfähigkeiten eines Computeralgebra-Systems zählen heute neben einer exakten Arithmetik, dem Verarbeiten von Ausdrücken, Polynomen und Funktionen, dem Ausführen von Matrizenoperationen, dem Lösen von Gleichungssystemen usw. auch die Visualisierung und die Animation sowie eine kontextsensitive Hilfe, da sich kein Anwender die große Zahl von Kommandos eines modernen Computeralgebra-Systems und deren Parameternotation merken kann.

Manche Computeralgebra-Systeme sind nur in einem Teilgebiet der Mathematik einsetzbar, andere können in fast jedem Teilgebiet verwendet werden. Zu den letzteren gehört Maple. Dieses bietet eine interaktive Analyse- und Simulationsumgebung zur Lösung komplexer mathematischer Aufgaben, angefangen beim symbolischen Rechnen mit algebraischen Ausdrücken über numerische Berechnungen mit beliebig einstellbarer Rechengenauigkeit bis hin zu eindrucksvoller Visualisierung mathematischer Sachverhalte. Hinzu kommt eine Programmiersprache mit einem sehr großen Wortschatz, der sich an mathematischen Inhalten orientiert. Es ist also ein außerordentlich leistungsfähiges Werkzeug für die Bearbeitung mathematischer Probleme, das sich allerdings auch durch eine erhebliche Komplexität auszeichnet, die dem Anfänger den Einstieg nicht ganz leicht macht. Die ersten Schritte für das Arbeiten mit Maple sind zwar relativ schnell zu erlernen, schwieriger ist es jedoch, in dem großen Vorrat von Befehlen bzw. Funktionen die zur Lösung einer konkreten Aufgabe geeigneten zu finden bzw. richtig anzuwenden. Ein weiteres Problem ist häufig der Umstand, dass Computeralgebra-Systeme nicht immer so reagieren, wie es der Anwender erwartet. Das zeigt sich beispielsweise bei der Ergebnisdarstellung bzw. bei der Umformung und Vereinfachung von Ausdrücken.

---

[3]REDUCE ist ein offenes System. Sein Quelltext ist jedem Benutzer zugänglich und kann von diesem auch verändert werden, sofern er die Programmiersprache LISP, auf der REDUCE basiert, beherrscht.

Ein Problem bei der Lösung komplexer Aufgaben mit einem CAS ist manchmal, dass man die Größe und die Form der Zwischenergebnisse sowie der entstehenden Ergebnisausdrücke vorher oft nicht abschätzen kann. Auch ist es möglich, dass eine Funktion oder Prozedur eines Computeralgebra-Systems, die in einem Fall gut arbeitet, in anderen Fällen schlechte Ergebnisse liefert. Daher sind ggf. Experimente unverzichtbar. Unter Umständen ist ein Ergebnis, das ein Computeralgebra-System bereitstellt, deshalb nicht nutzbar, weil es sich über so viele Zeilen des Bildschirms erstreckt, dass der Anwender es in seiner Gesamtheit nicht erfassen und bewerten kann.

Zu Problemen kann auch, wie schon angedeutet, eine automatisch durchgeführte Vereinfachung von Ausdrücken führen. Aus diesem Grunde benutzt Maple – wie auch andere CAS – im Allgemeinen nur dann automatisch Vereinfachungsregeln, wenn kein Zweifel besteht, dass es wirklich zu einer Vereinfachung kommt.

$x+0$ wird vereinfacht zu x

$x+x$ wird vereinfacht zu $2x$

$x \cdot x$ wird vereinfacht zu x^2

Viele Vereinfachungen muss der Anwender selbst steuern. Maple stellt ihm dafür verschiedene Funktionen bzw. Prozeduren zur Verfügung.

Automatisches Vereinfachen kann u. U. auch der mathematischen Korrektheit widersprechen. Beispielsweise benutzen Maple und auch andere Computeralgebra-Systeme die Vereinfachung $0 \cdot f(x) = 0$. Dieses Ergebnis ist falsch, wenn $f(x)$ nicht definiert oder unendlich ist. Hier haben sich die Entwickler der Systeme für einen Kompromiss zwischen absoluter mathematischer Korrektheit und weitgehender Anwenderunterstützung entschieden.

Wegen der bereits erwähnten Grenzen symbolischer Rechnungen verfügen moderne Systeme der Computeralgebra auch über Werkzeuge für die Durchführung numerischer Berechnungen. Allerdings muss man dabei berücksichtigen, dass numerische Berechnungen mit Computeralgebra-Systemen u. U. zeitaufwendiger sind als beim Einsatz höherer Programmiersprachen, wie C oder FORTRAN, oder als bei Verwendung einer Sprache für die numerische Simulation. Das resultiert aus der rechnerinternen Darstellung mathematischer Objekte. Gleitpunktoperationen auf Hardwarebasis können eben viel schneller ausgeführt werden als entsprechende Operationen mit Hilfe von Software auf der Basis einer speziellen internen Repräsentation der Zahlen. Maple bietet aber auch die Möglichkeit, numerische Berechnungen mit der Hardware-Gleitpunktarithmetik durchzuführen und damit zu beschleunigen. Den mit dem Gewinn an Rechenzeit möglicherweise verbundenen Verlust an Genauigkeit gilt es dabei zu beachten.

Generell ist festzustellen, dass die heutigen Computeralgebra-Systeme durch die immer weiter gehende Verbindung mit Visualisierungs- und Präsentationsmöglichkeiten sowie mit Funktionalitäten von Expertensystemen, durch die Möglichkeit der weltweiten Vernetzung, des Zugangs zu großen, ständig aktualisierten Datenbeständen usw. sich zu metamathematischen Werkzeugen (Gräbe 2012) entwickeln und daher zukünftig treffender als Computermathematiksysteme zu bezeichnen sind (Fuchssteiner B. 1991, 1997).

1.4   Beschreibungsformen dynamischer Systeme – Mathematische Modelle

Dieser Abschnitt gibt in Kurzform einen Überblick über die in den nächsten Kapiteln verwendeten Beschreibungsformen dynamischer Systeme und weist auf bestimmte Zusammenhänge zwischen diesen hin. Grundkenntnisse auf dem Gebiet der System-theorie werden dabei vorausgesetzt.

1.4.1   Differentialgleichungen

Die mathematische Beschreibung dynamischer Systeme führt auf Differential-gleichungen. Diese treten in Form gewöhnlicher Differentialgleichungen auf, wenn die Vorgänge nur zeitabhängig und nicht außerdem ortsabhängig sind oder wenn die Orts-abhängigkeit bei der Modellierung vernachlässigt wird. Man spricht in solchen Fällen von Modellbildung mittels konzentrierter Parameter oder auch von Systemen mit kon-zentrierten Parametern. Als Beispiel soll ein elektrischer Reihenschwingkreis nach Abb. 1.2 dienen.

Über den Maschensatz und die Strom-Spannungs-Beziehungen für R, L und C erhält man für das Netzwerk die folgende Differentialgleichung 2. Ordnung (siehe auch Kap. 4).

$$\frac{d^2 u_C}{dt^2} + \frac{R}{L}\frac{du_C}{dt} + \frac{1}{LC}u_C = \frac{1}{LC}u_e \qquad (1.1)$$

Um den zeitlichen Verlauf der Kondensatorspannung nach dem Anlegen der Eingangs-spannung u_e zu bestimmen, benötigt man noch den Wert der Spannung u_C und den ihrer Ableitung du_C/dt zum Einschaltzeitpunkt.

$$u_C(t_0) = u_{C,0} \qquad \dot{u}_C(t_0) = \dot{u}_{C,0} \qquad (1.2)$$

Mit den Gl. (1.1) und (1.2) ist eine Anfangswertaufgabe komplett formuliert. Weil sich bekanntlich eine Differentialgleichung n-ter Ordnung in ein System von n Differential-gleichungen 1. Ordnung umwandeln lässt, können an die Stelle der Differentialgleichung (1.1) auch zwei Differentialgleichungen 1. Ordnung treten.

Abb. 1.2 Elektrischer Reihenschwingkreis

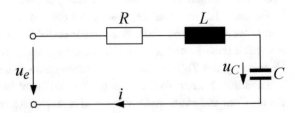

Wenn bei der Modellierung neben der zeitlichen Abhängigkeit der Systemgrößen eine örtliche Abhängigkeit zu berücksichtigen ist, erscheinen in den Differentialgleichungen partielle Ableitungen, d. h. die mathematischen Modelle sind dann partielle Differentialgleichungen. Auf solche Anwendungen wird aber in den folgenden Kapiteln nicht eingegangen.

1.4.2 Zustandsgleichungen

Für die Modellierung dynamischer Systeme sind die Begriffe Systemzustand oder kurz Zustand sowie Zustandsvariable bzw. Zustandsgröße besonders wichtig, denn es gilt:

Das zukünftige Verhalten eines Systems für Zeiten $t > t_0$ kann man berechnen, wenn neben dem zukünftigen Verlauf der Eingangsgrößen $u(t)$ des Systems auch dessen aktueller Zustand zum Zeitpunkt $t = t_0$ bekannt ist.

Der jeweilige Zustand eines Systems lässt sich durch einen Satz von n Größen beschreiben, die den momentanen inneren Zustand des Systems in eindeutiger Weise kennzeichnen und daher Zustandsgrößen oder Zustandsvariable genannt werden. Physikalisch wird der Zustand eines dynamischen Systems durch die in seinen Energiespeichern vorhandene Energie bestimmt. Deshalb definiert man als Zustandsvariablen meist die Größen, die diesen Energiegehalt beschreiben; s. u. a. (Unbehauen 2007). So ist es beispielsweise angebracht, in elektrischen Stromkreisen Ströme in Induktivitäten und Spannungen über Kapazitäten oder bei mechanischen Feder-Masse-Systemen Federwege und Geschwindigkeiten von Massen als Zustandsgrößen festzulegen. Zustandsgrößen können auch innere Größen des Systems sein. Sie sind dann nicht direkt messbar und müssen gegebenenfalls aus messbaren Ausgangsgrößen berechnet werden.

Der Zustand (früher auch *Phase* genannt) eines dynamischen Systems zu einer bestimmten Zeit wird also durch die Kombination der Werte sämtlicher Zustandsvariablen beschrieben. Die Gesamtheit dieser zeitlich veränderlichen Variablen beschreibt einen mathematischen Raum, **Zustandsraum** bzw. **Phasenraum** genannt. Jeder Zustand entspricht einem eindeutig bestimmten Punkt im n-dimensionalen Phasenraum. Für Systeme mit bis zu drei Variablen kann man den Phasenraum grafisch darstellen. Dieses Phasenraumportrait oder **Phasenportrait** bietet die Möglichkeit, die zeitliche Entwicklung eines dynamischen Systems ohne explizite Berechnung der Lösungsfunktionen der Differenzialgleichungen zu analysieren.

Als Beispiel dient wieder der oben skizzierte Reihenschwingkreis (Abb. 1.2). Für dieses System mit zwei unabhängigen Energiespeichern, der Induktivität L und der Kapazität C, werden als Zustandsgrößen der durch die Induktivität fließende Strom i und die an der Kapazität anliegende Spannung u_C eingeführt. Aus dem Maschensatz

$$R \cdot i + L \cdot \frac{di}{dt} + u_C = u_e \qquad (1.3)$$

folgt nach Umstellung die Differentialgleichung

$$\frac{di}{dt} = \frac{1}{L}(u_e - u_C - R \cdot i) \qquad (1.4)$$

Für die Spannung an der Kapazität gilt die Beziehung

$$\frac{du_C}{dt} = \frac{1}{C} \cdot i \qquad (1.5)$$

Diese beiden Differentialgleichungen sind die **Zustandsdifferentialgleichungen** des Reihenschwingkreises.

Charakteristisch für die übliche Darstellung von Zustandsdifferentialgleichungen ist, dass es sich um Differentialgleichungen erster Ordnung in expliziter Form handelt, d. h. die Differentialgleichungen sind nach den ersten Ableitungen aufgelöst.

Selbstverständlich kann man das Modell des Reihenschwingkreises in Zustandsform auch aus der Differentialgleichung (1.1) ableiten, indem man diese Differentialgleichung 2. Ordnung in ein System von zwei Differentialgleichungen 1. Ordnung transformiert. Die Umwandlung erfordert die Einführung einer Substitutionsgleichung der Form

$$\frac{du_C}{dt} = \eta. \qquad (1.6)$$

Beim vorliegenden Netzwerk ist das zweckmäßigerweise die physikalische Beziehung

$$\frac{du_C}{dt} = \frac{1}{C} \cdot i \qquad \text{bzw.} \qquad \frac{d^2 u_C}{dt^2} = \frac{1}{C} \cdot \frac{di}{dt}. \qquad (1.7)$$

Durch Einsetzen dieser Gleichungen in die Differentialgleichung (1.1) erhält man eine Differentialgleichung erster Ordnung, die identisch mit Gl. (1.4) ist und die zusammen mit der ersten Substitutionsgleichung (1.7) die Differentialgleichung (1.1) ersetzt.

Häufig werden alle Zustandsgrößen eines Systems mit dem Buchstaben x und einem Index, also x1, x2, ..., xn, die Eingangsgrößen mit u1,..., up und die Ausgangsgrößen mit y1,..., yq bezeichnet. So erhält man mit der Zeit t als unabhängige Variable die

allgemeine Form eines Zustandsmodells

$$\dot{x}_1 = f_1(x_1, \ldots, x_n; u_1, \ldots, u_p; t)$$
$$\ldots\ldots$$
$$\dot{x}_n = f_n(x_1, \ldots, x_n; u_1, \ldots, u_p; t)$$
$$y_1 = g_1(x_1, \ldots, x_n; u_1, \ldots, u_p; t) \qquad (1.8)$$
$$\ldots\ldots$$
$$y_q = g_q(x_1, \ldots, x_n; u_1, \ldots, u_p; t)$$

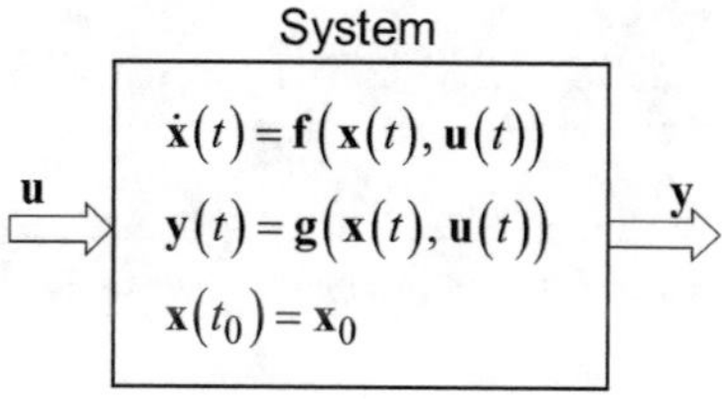

Abb. 1.3 Zustandsbeschreibung eines dynamischen Systems

$$\text{System}$$

$$\dot{\mathbf{x}}(t) = \mathbf{f}\big(\mathbf{x}(t), \mathbf{u}(t)\big)$$
$$\mathbf{y}(t) = \mathbf{g}\big(\mathbf{x}(t), \mathbf{u}(t)\big)$$
$$\mathbf{x}(t_0) = \mathbf{x}_0$$

Neben den Differentialgleichungen 1. Ordnung – den **Zustandsdifferentialgleichungen** – umfasst obige Zustandsdarstellung die **Ausgangsgleichungen** $y_i = g_i (x_1, \ldots)$. Diese algebraischen Gleichungen beschreiben die Abhängigkeit der Ausgangsgrößen y_i von den Zustands- und Eingangsgrößen. Die Gesamtheit von Zustandsdifferentialgleichungen und Ausgangsgleichungen bezeichnet man als Zustandsgleichungen (Föllinger 1992).

Durch den Übergang zur Vektorschreibweise vereinfacht sich die Zustandsdarstellung und wird leichter handhabbar (Abb. 1.3).

$$\dot{\mathbf{x}}(t) = \mathbf{f}(\mathbf{x}(t), \mathbf{u}(t)) \ldots \text{Zustandsdifferentialgleichung} \tag{1.9}$$

$$\mathbf{y}(t) = \mathbf{g}(\mathbf{x}(t), \mathbf{u}(t)) \ldots \text{Ausgangsgleichung} \tag{1.10}$$

Modellierungsbedingung für die Zustandsform

Die Anzahl der Zustandsdifferentialgleichungen soll gleich der der Anzahl der linear unabhängigen Energiespeicher des Systems sein. Linear unabhängig ist ein Energiespeicher, wenn sein Energieinhalt nicht in einer algebraischen Beziehung mit dem Zustand anderer Energiespeicher steht.

Die Anzahl der unabhängigen Energiespeicher erhält man, indem man von der Gesamtzahl der Energiespeicher die Zahl der algebraischen Beziehungen zwischen den Größen, die den energetische Zustand der Speicher beschreiben, abzieht.

Allgemeine Form der Zustandsgleichungen linearer, zeitinvarianter Systeme

Für lineare, zeitinvariante Systeme gehen Gl. (1.9) und (1.10) über in

$$\dot{\mathbf{x}}(t) = \mathbf{A}\mathbf{x}(t) + \mathbf{B}\mathbf{u}(t) \ldots \text{Zustandsdifferentialgleichung} \tag{1.11}$$

$$\mathbf{y}(t) = \mathbf{C}\mathbf{x}(t) + \mathbf{D}\mathbf{u}(t) \ldots \text{Ausgangsgleichung} \tag{1.12}$$

mit

A...(n, n)-Systemmatrix	n...Anzahl der Zustandsgrößen
B...(n, p)-Eingangsmatrix	p...Anzahl der Eingangsgrößen
C...(q, n)-Ausgangsmatrix	q...Anzahl der Ausgangsgrößen
D...(q, p)-Durchschaltmatrix	

1.4.3 Übertragungsfunktionen

Aus der Differentialgleichung eines linearen Systems mit der Ausgangsgröße y und der Eingangsgröße u

$$a_0\frac{d^n y}{dt^n} + a_1\frac{d^{n-1} y}{dt^{n-1}} + \ldots + a_n y = b_0\frac{d^m u}{dt^m} + b_1\frac{d^{m-1} u}{dt^{m-1}} + \ldots + b_m u \qquad (1.13)$$

erhält man durch **Laplace-Transformation** und Umformung bei verschwindenden Anfangsbedingungen

$$y(s) = G(s) \cdot u(s) \quad \text{mit}$$

$$G(s) = \frac{y(s)}{u(s)} = \frac{b_0 s^m + b_1 s^{m-1} + \ldots + b_m}{a_0 s^n + a_1 s^{n-1} + \ldots + a_n} \qquad (1.14)$$

Dabei sind[4]

$G(s)$...die Übertragungsfunktion
$y(s)$...die transformierte Ausgangsgröße des Systems
$u(s)$...die transformierte Eingangsgröße des Systems

Die Übertragungsfunktion ist der Quotient von transformierter Ausgangsgröße zu transformierter Eingangsgröße des Systems. Beispielsweise erhält man für das im Abb. 1.2 gezeigte Netzwerk die Übertragungsfunktion

$$G(s) = \frac{u_C(s)}{u_e(s)} = \frac{1}{1 + CR \cdot s + LC \cdot s^2}$$

mit der Eingangsgröße $u_e(s)$ und der Ausgangsgröße $u_C(s)$.

Statt der Herleitung der Übertragungsfunktion eines elektrischen Netzwerks aus dessen Differentialgleichungssystems gibt es auch die Möglichkeit, die Übertragungsfunktion unmittelbar im Bildbereich der Laplace-Transformation aufzustellen. Darauf wird im Abschn. 4.3 eingegangen.

---

[4]Zur Unterscheidung zwischen Original- und Bildbereich werden die in den Bildbereich transformierten Größen mit dem Zusatz (s) bezeichnet.

Abb. 1.4 Strukturbild des
Netzwerks in Abb. 1.2

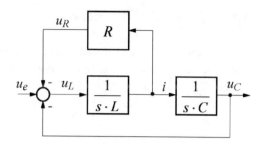

1.4.4 Strukturbilder

Strukturbilder (auch Signalflusspläne, Wirkpläne, Blockschaltbilder genannt) sind grafische Darstellungen mathematischer Modelle. Sie zeichnen sich durch große Anschaulichkeit aus. Man stellt sie auf, indem man jede Gleichung des mathematischen Modells nach einer darin auftretenden zeitveränderlichen Größe, die als abhängige Variable oder Ausgangsgröße betrachtet wird, auflöst. Alle anderen in einer Gleichung vorkommenden zeitabhängigen Größen werden somit zu unabhängigen Variablen oder Eingangsgrößen. Die Funktionalbeziehung zwischen den unabhängigen und den abhängigen Variablen wird durch ein grafisches Symbol (Block) veranschaulicht, das einen Ausgang bzw. eine Ausgangsgröße und einen Eingang oder auch mehrere Eingänge bzw. mehrere Eingangsgrößen hat. Die einzelnen Symbole bzw. Blöcke werden danach zum Strukturbild des Systems zusammengefügt.[5]

Wird ein Strukturbild auf der Basis von Übertragungsfunktionen entwickelt, dann kann jede Übertragungsfunktion einen Block bilden und die Ausgangsgröße eines Blockes ergibt sich einfach durch Multiplikation seiner Eingangsgröße mit dieser Übertragungsfunktion. Ein entsprechendes Strukturbild des Netzwerkes in Abb. 1.2 ist im Abb. 1.4 dargestellt.

Generell ist die Blockbildung von verschiedenen Gesichtspunkten abhängig. Selbstverständlich ist dabei zu berücksichtigen, welche Größen das Strukturbild repräsentieren soll, gegebenenfalls hat aber auch die weitere Nutzung, z. B. die vorgesehene Umsetzung des Strukturbilds in das Programm eines Simulationssystems unter Berücksichtigung der in diesem vorhandenen Standardblöcke, darauf Einfluss.

---

[5]Eine ausführliche Darstellung der Vorgehensweise beim Aufstellen von Strukturbildern ist in Föllinger (1992) zu finden.

1.4.5 Algebraische Schleifen

Nicht selten entsteht beim Erstellen eines mathematischen Modells ein System von Gleichungen, das sich nicht so sortieren lässt, dass es numerisch einfach lösbar ist. Ein Beispiel dafür liefert das Netzwerk in Abb. 1.5.

Aus den Maschengleichungen des Netzwerks ergeben sich nach Umstellung die zwei
Differentialgleichungen

$$\frac{di_1}{dt} = \frac{1}{L_1 + L_3}\left(u_q - R_1 i_1 + L_3 \frac{di_2}{dt}\right)$$
$$\frac{di_2}{dt} = \frac{1}{L_2 + L_3}\left(L_3 \frac{di_1}{dt} - R_2 i_2\right)$$

(1.15)

Weil di_1/dt von di_2/dt und di_2/dt wiederum von di_1/dt abhängig ist, lassen sich deren
Werte aus den vorliegenden Gleichungen nur mittels Iteration bestimmen: Für eine der
Variablen, z. B. di_2/dt, muss ein Anfangswert angenommen (geschätzt) werden, der
dann in die Berechnung eines Näherungswertes von di_1/dt eingeht. Dieser Näherungswert wird nun wiederum zur Berechnung eines neuen Wertes di_2/dt genutzt usw. Wenn
das Verfahren konvergiert, erhält man sukzessive immer genauere Werte von di_1/dt und
di_2/dt.

Konstrukte der in Gl. (1.15) gezeigten Form bezeichnet man als algebraische Schleifen. In ihrem Strukturbild treten Rückkopplungsschleifen auf, die nur algebraische
Blöcke enthalten. Algebraische Blöcke sind solche, bei denen eine Änderung der Eingangsgröße ohne Zeitverzögerung auch eine Änderung der Ausgangsgröße bewirkt.
Diese Eigenschaft trifft beispielsweise auf Verstärkerblöcke und Summierglieder zu.
Dagegen sind Integratoren und Totzeitglieder keine algebraischen Blöcke, denn ihr Ausgangswert ist vom Augenblickswert der Eingangsgrößen unabhängig. Für das als Beispiel benutzte Gleichungssystem (1.15) ist die algebraische Schleife als Strukturbild in
Abb. 1.6 dargestellt.

Das iterative Lösen algebraischer Schleifen ist u. U. sehr zeitaufwendig und kann
auch zu Konvergenzproblemen führen. Durch geschicktes Vorgehen bei der Modellierung lassen sich algebraische Schleifen oft vermeiden. Bei linearen Systemen sind sie
aber immer analytisch – durch Umformung des Differentialgleichungssystems – nach
folgender Regel auflösbar:

Abb. 1.5 Elektrisches
Netzwerk

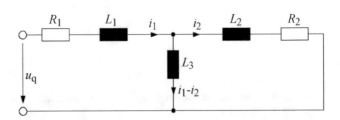

Abb. 1.6 Strukturbild
der algebraischen Schleife
Gl. (1.15); (Schleife fett
gezeichnet)

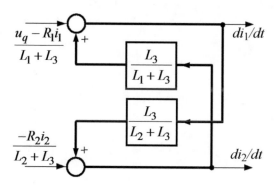

Das System von **Differentialgleichungen** 1. Ordnung wird als lineares Gleichungssystem mit den Unbekannten dx_1/dt, dx_2/dt, ... betrachtet und nach diesen Unbekannten aufgelöst.

Im vorliegenden Beispiel sind di_1/dt und di_2/dt die Unbekannten, nach denen das Gleichungssystem aufgelöst werden muss. Mit Unterstützung von Maple (siehe Beispiele im Abschn. 4.2) wurden die folgenden Lösungen bestimmt:

$$\frac{d}{dt}i_1(t) = \frac{(-L_2R_1 - L_3R_1)i_1(t) - L_3R_2i_2(t) + (L_2 + L_3)u_q}{L_1L_2 + L_1L_3 + L_2L_3}$$

$$\frac{d}{dt}i_2(t) = \frac{-L_3R_1i_1(t) - (L_3R_2 + L_1R_2)i_2(t) + L_3u_q}{L_1L_2 + L_1L_3 + L_2L_3}$$

Das gewonnene Differentialgleichungssystem enthält auf den rechten Seiten nur noch Parameter und Größen, für die Werte bzw. Anfangswerte bekannt sind.

Literatur

Föllinger, O. (1992). *Regelungstechnik.* Heidelberg: Hüthig.

Fuchssteiner, B. (1991). Computeralgebra: Auswirkungen und Perspektiven. Vortrag auf der DMV-Jahrestagung 1991.

Fuchssteiner, B. (1997). Computeralgebrasysteme: Stand der Technik und Perspektiven. GMM/ITG-Diskussionssitzung, Berlin 1997.

Gräbe, H.-G. (Januar 2012). *Skript zum Kurs Einführung in das symbolische Rechnen.*

Heck, A. (2003). *Introduction to Maple.* New York, Berlin, Heidelberg: Springer-Verlag.

Überberg, J. (1992). *Einführung in die Computer-Algebra mit REDUCE.* Mannheim: Bibliographisches Institut.

Unbehauen, H. (2007). *Regelungstechnik II.* Wiesbaden: Vieweg & Sohn.

Das Computeralgebra-System Maple – Grundlagen

2

Vorbemerkungen

Für Leser, die über keine oder wenig Erfahrungen im Umgang mit Maple verfügen, werden in diesem Kapitel ausgewählte Grundlagen zum Arbeiten mit diesem Computeralgebra-System zusammengefasst dargestellt. Insgesamt sind die Informationen auf die dem Buch zugrunde liegende Thematik ausgerichtet, erheben also nicht den Anspruch einer umfassenden Einführung in Maple. Weitere Detailinformationen zu Maple sind im Anhang sowie in der am Ende des Kapitels angegebenen Literatur zu finden (Maplesoft 2015; Westermann 2012; Braun und Meise 2012). Aussagen zum Aufbau und zur Arbeitsweise von Computeralgebra-Systemen liefert beispielsweise (Gräbe 2012).

Maple-Hilfe

In Anbetracht der Vielzahl sehr mächtiger Befehle, die Maple zur Verfügung stellt, ist es auch für den erfahrenen Maple-Nutzer oft unumgänglich, die Maple-Hilfe zu konsultieren, um sich über Spezifika spezieller Befehle, notwendige Parameterangaben usw. zu informieren. Maple verfügt über ein umfangreiches, sehr effektives Hilfesystem, das zu jeder Funktion bzw. Prozedur eine ausführliche Beschreibung mit vielen Beispielen und Verweisen auf verwandte Befehle liefert. Die Beschreibung zu einem Befehl erhält man, indem man den Cursor auf die Stelle auf dem Maple-Arbeitsblatt (Worksheet) setzt, an der der Befehl notiert ist, und dann die Funktionstaste <F2> drückt. Alternativ kann man nach dem Setzen des Cursors auf den betreffenden Befehl das Help-Menü von Maple öffnen und den Menüpunkt „Help on …" auswählen. Über das Menü Help sind weitere, sehr nützliche Hilfeseiten erreichbar. Hilfreich sind ebenfalls die auf den Internetseiten zu Maple unter „TIPS & TECHNIQUES" zu findenden Informationen.[1]

---

[1]Help → On the Web → User Resources → Application Center.

© Springer Fachmedien Wiesbaden GmbH, ein Teil von Springer Nature 2020
R. Müller, *Modellierung, Analyse und Simulation elektrischer und mechanischer Systeme mit Maple™ und MapleSim™*, https://doi.org/10.1007/978-3-658-29131-0_2

2.1   Maple-Arbeitsblätter

2.1.1   Dokument- und Worksheet-Modus

Nach dem Start von Maple erscheint auf dem Bildschirm die Maple-Nutzeroberfläche mit einem leeren Arbeitsblatt, in das der Nutzer seine Maple-Kommandos eintragen muss und auf dem Maple nach deren Ausführung die zugehörigen Ausgaben notiert. Außerdem können in das Arbeitsblatt auch Texte (Erläuterungen, Kommentare usw.) aufgenommen werden. Ein Arbeitsblatt umfasst also in der Regel eine Folge von Eingabe-, Ausgabe- und Textbereichen (Regionen). Ob eine Eingabe als Maple-Kommando oder als Text zu interpretieren ist, legt der Anwender mithilfe der Menüleiste *(Insert)*, der Symbolleiste oder der Kontextleiste *(Text, Math)* der im Abb. 2.1 gezeigten Maple-Nutzeroberfläche fest.

Der Anwender kann mit Maple entweder im Dokument- oder im Worksheet-Modus arbeiten. Der Dokument-Modus ist – wie schon der Name andeutet – vorzugsweise für die Erarbeitung mathematischer Dokumente bzw. für Maple-Oberflächen, die ohne Programmierkenntnisse interaktiv bedienbar sind, gedacht. Dagegen handelt es sich beim Worksheet-Modus um die traditionelle Maple-Arbeitsumgebung, die für die interaktive

Abb. 2.1 Ausschnitt der Maple-Nutzeroberfläche mit leerem Arbeitsblatt
Oberste Zeile: Programmleiste mit dem Namen des aktuellen Worksheets
Zweite Zeile: Menüleiste *(File, Edit, View, ...)*
Dritte Zeile: Symbolleiste (in Maple ‚Tool Bar‘ genannt); im Abb. ist der Menüpunkt *Tools* → *Options* → *Interface* → *Large toolbar icons* aktiviert
Vierte Zeile: Kontextleiste für Maple-Anweisungen und Textregionen
Ganz unten: Statusleiste

Verwendung von Kommandos und die Entwicklung von Maple-Programmen konzipiert ist.

Dokument-Modus

Im Dokument-Modus werden die von Maple zu verarbeitenden mathematischen Ausdrücke im grafikorientierten *2-D Math*-Format, einem Format, das der in der Mathematik üblichen Notationsform entspricht, dargestellt; z. B.

$$\int \sin(x)dx$$

Die Maple-Syntax ist also in diesem Modus nicht sichtbar. Auszuwertende mathematische Ausdrücke und erklärende Texte sind im Dokument frei kombinierbar und können auch auf der gleichen Zeile des Arbeitsblattes stehen. Die Umschaltung zwischen der Eingabe mathematischer Ausdrücke (*Math*-Modus) und reiner Texte (*Text*-Modus) erfolgt mit der Taste <F5>. Aber auch die beiden Symbole *Text|Math* der Kontextzeile (Abb. 2.1) der Maple-Arbeitsumgebung können für diese Umschaltung genutzt werden. Der aktuelle Zustand wird ebenfalls über diese beiden Symbole und auch über die Cursorform (normal bzw. kursiv) kenntlich gemacht. Ein Eingabe-Prompt wird im Dokument-Modus nicht in das Arbeitsblatt eingetragen.

Worksheet-Modus

In diesem Modus werden Eingabeaufforderungen durch das Zeichen ‚>' (Prompt) angezeigt und die Bereiche der Anweisungsgruppen am linken Rand des Arbeitsblattes durch ein Klammersymbol kenntlich gemacht. Allerdings lässt sich die Klammerung der Anweisungsgruppen über den Menüpunkt *View* → *Show/Hide Contents* auch ausblenden – ebenso wie andere Elemente der Anzeige.

Auch im Worksheet-Modus kann man mit der Taste <F5> oder den beiden Symbolen *Text|Math* der Kontextzeile zwischen Math- und Text-Modus umschalten, der Text-Modus dient jedoch in diesem Fall der Eingabe von Befehlen im Format *Maple Input*. Der oben verwendete mathematische Ausdruck hat in diesem die Form

```
> int(sin(x),x);
```

Dagegen erfolgt nach einer Umschaltung in den Math-Modus die Eingabe wie im Dokument-Modus im grafik-orientierten *2-D Math*-Format (Farbe Schwarz). Sofern man Maple-Befehle ständig im Format *Maple Input* eingeben will, empfiehlt es sich, dieses Format über *Tools* → *Options* → *Display* → *Input display* → *Maple Notation* → *Apply Globally* dauerhaft einzustellen.

Dokument-Modus und Worksheet-Modus mischen

Dokument- und Worksheet-Modus können innerhalb eines Dokuments auch gemischt verwendet werden. So ist es beispielsweise möglich, im Worksheet-Modus

Ausführungskommandos (z. B. **int**) durch Einfügen eines **Document Blocks** zu ver-
stecken (*Format → Create Document Block*). Analog dazu kann man im Dokument-
Modus über das Insert-Menü einen Maple-Prompt einfügen (*Insert → Execution
Group → Before/After Cursor*).

	Math-Modus (Standard)	Text-Modus
Dokument-Modus	Eingabe math. Ausdrücke im *2-D Math-Format* $\int \sin(x)\, dx$ Cursor kursiv, Syntax verdeckt	Eingabe regulären Textes Cursor vertikal
Worksheet-Modus	Eingabe math. Ausdrücke im *2-D Math-Format* $[> \int \sin(x)\, dx$ Eingabe-Prompt, Cursor kursiv Syntax verdeckt	Eingabe math. Ausdrücke im text-orientierten Format *Maple Input* > int(sin(x),x); Eingabe-Prompt, Cursor vertikal Abschluss jedes Befehls durch Semikolon oder Doppelpunkt

Das symbolorientierte Math-Format erleichtert zwar die Eingabe mathematischer Ausdrücke für Einsteiger, da sie die Maple-Syntax nicht beherrschen müssen, es hat aber
den Nachteil, dass diese Darstellung manchmal Fehler in der internen Repräsentation
der Maple-Anweisungen verdeckt, sodass die Ursache fehlerhafter Reaktionen von
Maple schwieriger zu erkennen ist als beim textorientierten Format Maple Input. Dieses
ist außerdem für das interaktive Arbeiten mit Maple übersichtlicher. Das sind auch die
Gründe für die Verwendung des Text-Formats bzw. des Worksheet-Modus in den folgenden Kapiteln.

2.1.2   Eingaben im Worksheet-Modus

Eingabeformat Maple Input
Beim diesem Format erfolgt die Eingabe mathematische Ausdrücke in der textbasierten
Form, z. B.

```
> solve(x^2+2*x-3/7=0);
```

$$-1 + \frac{1}{7}\sqrt{70}, \, -1 - \frac{1}{7}\sqrt{70}$$

Eine Eingabezeile wird durch <Return> oder durch die Tastenkombination
<Shift>+<Return> abgeschlossen. <Return> am Ende einer Eingabe bewirkt die Aus-
wertung des Ausdrucks und die Anzeige des Ergebnisses (hier die Lösung der quadratischen Gleichung) auf der folgenden Zeile, wenn der Befehl durch ein Semikolon
abgeschlossen wurde. Steht am Ende des Ausdrucks ein Doppelpunkt, so wird der
Maple-Befehl zwar ausgeführt, die Anzeige des Ergebnisses aber unterdrückt. Statt der

Standardfarbe Rot für den eingegebenen Text kann der Anwender über *Format → Styles* auch eine andere Farbe festlegen.

Beim Abschluss einer Befehlszeile durch <Shift>+<Return> wird der Befehl nicht sofort ausgeführt, sondern das System erwartet auf der neuen Zeile die Eingabe einer weiteren Anweisung. Erst wenn man eine der folgenden Befehlszeilen mit <Return> beendet, wird die gesamte Anweisungsgruppe ausgeführt.

Ab der Version Maple 2015 kann bei Anweisungen im Format „Maple Input" die Angabe eines Semikolons an deren Ende entfallen. Wird bei den vorhergehenden Versionen ein Befehl weder durch ein Semikolon noch durch einen Doppelpunkt abgeschlossen, dann zeigt Maple nach der Eingabe von <Return> eine Warnung an.

In einer Zeile können auch mehrere Maple-Anweisungen stehen, sofern sie durch Semikolon oder Doppelpunkt getrennt sind. Kommentare (nicht ausführbare Texte) werden durch das Zeichen # eingeleitet. Der Text zwischen # und dem Zeilenende wird dann als Kommentar gewertet.

Maple-Anweisungen im Format *Maple Input* kann man über ihr Kontextmenü (siehe Abschn. 2.1.4) in ein anderes Format, also beispielsweise in das Eingabeformat *2-D Math* konvertieren. Entsprechendes gilt auch für den umgekehrten Weg. Ein Formatwechsel an der aktuellen Eingabeposition erfolgt über das Menü *Insert → Maple Input* bzw. *Insert → 2-D Math*.

Eingabeformat 2-D Math
Eingaben im *2-D Math*-Format müssen nicht durch Semikolon oder Doppelpunkt abgeschlossen werden, sofern nicht auf der gleichen Zeile ein weiterer Maple-Befehl folgt.

$$> solve\left(x_1^2 + 2 \cdot x_1 - \frac{3}{7} = 0 \right)$$

$$-1 + \frac{1}{7}\sqrt{70}, \; -1 - \frac{1}{7}\sqrt{70}$$

Beim Eingeben obiger Gleichung über die Tastatur leitet das Zeichen <^> einen Exponenten und der Unterstrich <_> (ab Maple 17 ein doppelter Unterstrich) einen Index ein. Mithilfe der Cursortaste <→> wird die Index- bzw. Exponenten-Eingabe wieder verlassen. Multiplikation bzw. Division werden wie allgemein üblich über die Tasten <*> und </> eingegeben und dann wie oben gezeigt auf dem Bildschirm bzw. im Dokument dargestellt. Dabei muss auch die Eingabe des Divisors mit <→> beendet werden. Die Eingabe der Gleichung in der oben gezeigten Form erfordert also beispielsweise unter Maple 15 folgende Tastatureingabe: x_1→^2→+2*x_1→–3/7→=0. Beim Arbeiten mit Maple 17 oder einer jüngeren Maple-Version müssten an der Stelle eines Unterstrichs jeweils zwei Unterstriche stehen.

Durch <Enter> nach Eingabe des Maple-Befehls wird dieser in der gezeigten Form ausgewertet. Die Ausgabe wird unterdrückt, wenn man die Eingabe mit einem Doppelpunkt abschließt.

Statt des Multiplikationszeichens ‚*' zwischen zwei Faktoren kann auch ein Leerzeichen eingegeben werden. Eine Zahl gefolgt von einer Variablen interpretiert Maple im Modus *2-D-Math* immer als Multiplikation. Auf die Eingabe des Multiplikationszeichens zwischen der 2 und x_1 könnte man also im obigen Beispiel verzichten.

Eingabe von Text

Das Eingeben von Text, der nicht ausgewertet werden soll, ist nach Auswahl des Pull-Down-Menüs *Insert → Text* möglich. Wenn Formeln, die nicht ausgewertet werden sollen, in Textpassagen einzufügen sind, kann man für deren Eingabe mittels <F5> in das *2-D-Math*-Format umschalten, muss aber dann unmittelbar hinter der Formel wieder auf die Texteingabe zurückschalten.

Hinter der Region, in der sich der Cursor befindet, kann eine Textregion mithilfe des Symbols ‚T' der Symbolleiste (Abb. 2.1) oder eine Maple-Befehlszeile mit dem Symbol ‚[>' eingefügt werden. Entsprechende Einfügungen vor oder hinter der Cursorposition erreicht man auch mittels *Insert → Paragraph* bzw. *Insert → Execution group*.

Gleichungsnummern (Equation Labels)

Je nach Einstellung der Maple-Nutzeroberfläche erscheinen die von Maple produzierten Ausgaben mit oder ohne Label bzw. „Gleichungsnummer". Der Nutzer kann diese über den Menüpunkt *Format → Labels → Label Display* noch mit einem Vorsatz versehen. Außer für Verweise im Text kann man sie verwenden, um auf vorherige Ergebnisse zurückzugreifen, indem die betreffende Nummer mittels <Ctrl>+<L> oder *Insert → Label …* in den zu berechnenden Ausdruck eingefügt wird.

Die Anzeige der Gleichungsbezeichnungen wird gesteuert über einen Eintrag im Menü *Tools → Options → Display → Show equation labels*. Man kann aber auch über den Menüpunkt *Format → Labels* die Anzeige für eine einzelne Anweisungsgruppe oder das gesamte Arbeitsblatt (Worksheet) aus- bzw. einblenden.

2.1.3   Paletten und Symbolnamen

Die Eingabe mathematischer Ausdrücke und Sonderzeichen wird durch eine große Zahl von Paletten unterstützt. Paletten sind Zusammenstellungen von Symbolen, die man durch Anklicken in das aktuelle Arbeitsblatt übernehmen kann. Über die Menüpunkte *View → Palettes* wird die jeweils benötigte Palette auf dem Bildschirm platziert, wenn sie nicht schon beim Start von Maple sichtbar war. Durch Anklicken wird sie geöffnet bzw. auch wieder geschlossen. Beispielsweise werde im *2-D*-Modus aus der Palette Expression das Symbol für ein bestimmtes Integral ausgewählt:

> $\displaystyle \int_a^b f \, dx$

In diesem Symbol sind a, b, f und x Platzhalter, die editiert werden können. Mittels Tabulatortaste oder Maus wird der Cursor von einem Platzhalter zum nächsten gerückt. Auf diese Weise kann der ursprüngliche Ausdruck beispielsweise geändert werden in

> $\displaystyle \int_0^1 \tan(x) \, dx$

$$-\ln(\cos(1))$$

Die Eingabe von <Enter> führt zur Auswertung dieses Ausdrucks und zur Anzeige des angegebenen Resultats. Die gleichen Operationen im textorientierten Modus ergeben

```
> int(f,x=a..b);
```

bzw. nach dem Editieren der Platzhalter

```
> int(tan(x),x=0..1);
```

Im textorientierten Format *Maple Input* sind Paletteneinträge, die nicht nutzbar sind, nicht schwarz, sondern grau dargestellt.

Eine andere Möglichkeit der Eingabe mathematischer Zeichen ist die Verwendung der Zeichenkombination <Ctrl>+<Space> zur Kommando- bzw. Symbolvervollständigung. Beispielsweise liefert im **Mathe-Modus** die Eingabe von

sqr <Ctrl>+<Space>   eine Auswahlliste für die Quadratwurzel,
int <Ctrl>+<Space>   eine Liste verschiedener Integraldarstellungen,
diff <Ctrl>+<Space>   eine Liste verschiedener Differentialquotienten usw.

2.1.4   Kontextmenüs

Ein Kontextmenü ist ein Pop-up-Menü, das alle Operationen und Aktionen auflistet, die für einen bestimmten Ausdruck ausführbar sind. Es wird angezeigt, wenn man den betreffenden Ausdruck mit der rechten Maustaste anklickt. Zu den auf diese Art auswählbaren Aktionen zählen auch grafische Darstellungen, Formatierungen von Zeichenketten und Texten sowie Konvertierungen in andere Formate. Beispielsweise bewirkt beim folgenden Ausdruck die Auswahl von *Approximate* → 10 aus dem Kontextmenü die Anzeige des Resultats als Dezimalzahl, gerundet auf 10 Stellen.

$$\frac{1}{9} + \frac{7}{11} \rightarrow 0.747474747 \xrightarrow{\text{convert to exact rational}} \frac{298989899}{400000000}$$

Auch für das Ergebnis einer Maple-Rechnung (Maple-Output) ist wieder ein Kontextmenü verfügbar. In Beispiel wurde im Pop-up-Menü die Operation *Conversions → Exact Rational* gewählt. Mithilfe des Pakets *ContextMenu* kann der Maple-Anwender die vorhandenen Menüs seinen Vorstellungen anpassen. **Clickable Math**™ nennt Maplesoft dieses Konzept des Arbeitens im visuellen, interaktiven „Point-and-Click-Verfahren" ohne die Maple-Befehle explizit anzuwenden. Ebenfalls per Mausklick sind interaktive Assistenten, interaktive Tutoren und eine große Zahl von Tasks für das Arbeiten mit Maple erreichbar. Tasks sind vorbereitete Lösungen typischer mathematischer Teilaufgaben, die man wiederum per Mausklick in das eigene Arbeitsblatt übernehmen und dann modifizieren kann.

2.1.5   Griechische Buchstaben

Griechische Buchstaben kann man durch Auswahl aus der Palette *Greek* eingeben und auch mit einem Index versehen. An das im *Math-Modus* aus der Palette ausgewählte Symbol wird der Index, wie schon für das Eingabeformat *2-D Math* beschrieben, durch den Unterstrich <_> angefügt (seit Maple 17 durch zwei Unterstriche).

> $\Delta_u := 5;$

$$\Delta_u := 5$$

Beim Arbeiten im 1-D-Format Maple Input wird durch den Zugriff auf die Palette Greek die Textdarstellung des griechischen Buchstabens erzeugt, an die dann ggf. ein Index in eckigen Klammern angefügt werden kann.

> `Delta[w]:=7;`

$$\Delta_w := 7$$

Es ist aber auch möglich, griechische Buchstaben unter Verwendung ihrer Namen (siehe Tabelle im Anhang A.8) einzugeben. Im *Math-Modus* sind diese Namen durch die Tastenkombination <Ctrl>+<Space> abzuschließen.

2.1.6   Units/Einheiten

Maple kann nicht nur symbolische und numerische Größen exakt manipulieren, sondern auch mit Einheiten arbeiten bzw. rechnen. Dazu stehen die Palette *Units (SI)* für

SI-Einheiten und die Palette *Units (FPS)* für das Einheitensystem *Foot-Pound-Second* zur Verfügung. Bezüglich weitergehender Informationen zu Rechnen mit Einheiten wird auf die detaillierten Darstellungen im Maple-Nutzerhandbuch verwiesen.

2.1.7 Gestaltung und Formatierung der Maple-Dokumente

Die erste Maple-Anweisung auf einem Arbeitsblatt sollte immer **restart:** sein. Durch diesen Befehl wird der interne Speicher von Maple auf den Anfangszustand zurück-gesetzt, d. h. auch die Werte aller Variablen werden gelöscht. Außerdem bewirkt **restart,** dass die Initialisierungsdatei **maple.ini** ausgeführt wird; alle darin vorgegebenen Ein-stellungen sind also danach wieder wirksam.

Die Grundform der Darstellung von Eingaben, Maple-Ausgaben usw. kann der Anwender über das Menü *Tools → Options → Display* festlegen. Beispielsweise kann er unter *Input display* zwischen *Maple Notation* und *2D Math Notation* wählen.

Für das Formatieren einzelner Arbeitsblätter bzw. Dokumente bietet Maple ähnliche Möglichkeiten wie die bekannten Textverarbeitungssysteme. Dem Nutzer stehen ver-schiedene Formatvorlagen, z. B. für Überschriften, Texte, Listen, Tabellen, Maple-An-weisungen, die verschiedenen Arten von Maple-Ausgaben usw., zur Verfügung. Er kann die vorhandenen Formatvorlagen über das Menü *Format → Styles* auch ändern oder durch eigene ergänzen. Das Menü *Format → Manage Style Sets* ermöglicht es außer-dem, statt des Standardsatzes von Formatvorlagen einen vom Nutzer definierten Satz aus einer Datei zu laden.

Selbstverständlich kann man über Symbole der Maple-Nutzeroberfläche und über das Menü *Format* auch den Stil einzelner Zeichen oder Textabschnitte beeinflussen. Generell unterscheidet Maple zwischen Character- und Paragraph-Styles, was durch ein voran-gestelltes *C* bzw. *P* deutlich gemacht wird. Paragraph-Styles geben die Formatierung von Textabschnitten vor, Charakter-Styles die von einzelnen Zeichen.

Sein Arbeitsblatt kann der Nutzer außerdem in Abschnitte (Sections) bzw. Unter-abschnitte (Subsections) gliedern sowie mit Hyperlinks versehen und dadurch die Übersichtlichkeit des zu erzeugenden Dokuments erhöhen (Abb. 2.2). Das Ein-fügen von Abschnitten, Unterabschnitten, ausführbaren Anweisungen (Execution Group) und Textabschnitten (Paragraph) ist über Symbole der *Tool Bar* und über das *Insert*-Menü möglich. Außerdem kann man mithilfe von *Insert → Section* (oder die Tastenkombination <Ctrl>+<.>) markierte Teile eines Worksheets als Section oder Subsection deklarieren. Analog dazu werden derartige Festlegungen durch <Ctrl>+<,> aufgehoben.

Alle Anweisungen eines Abschnitts oder eines Unterabschnitts kann man über das Menü *Edit → Select Section* auswählen (markieren) und dann mittels *Evaluate → Exe-cute Selection* oder einfacher über das Symbol ‚!' der Symbolleiste als Block ausführen. Ein Klick auf das Symbol ‚!!!' bewirkt die Ausführung aller Befehle des Worksheets.

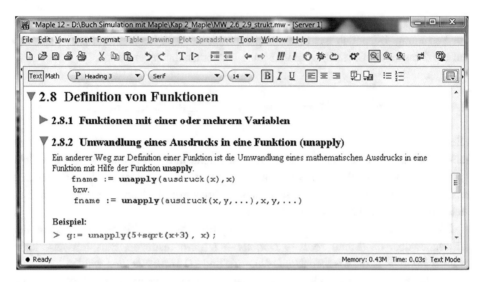

Abb. 2.2 Arbeitsblatt mit Klammern für Sektionen und Untersektionen

Über *View → Show/Hide Contents* lässt sich die Bildschirmdarstellung des Arbeitsblattes beeinflussen. Bestimmte Komponenten, wie Inputs, Outputs und Grafiken oder
bestimmte Gestaltungselemente, wie die Klammern von Sektionen oder Befehls-Aus-
führungsgruppen, kann man aus- bzw. einblenden. Durch einen Klick mit der Maus auf
das Dreieck am Kopf einer Sektionsklammer wird der betreffende Abschnitt bis auf seine
Überschrift versteckt bzw. bei einem weiteren Klick wieder sichtbar.

Einstellungen mit dem Befehl interface
Weitere Möglichkeiten der Einflussnahme auf Darstellungen in den Maple-Dokumenten bzw. des Bildes der Maple-Arbeitsumgebung bietet der Befehl **interface.** Drei davon
seien an dieser Stelle hervorgehoben:

interface(imaginaryunit = …)	Symbol für imaginäre Einheit definieren (s. Abschn. 2.6)
interface(showassumed = n)	Markierung von Variablen mit Annahmen
	$n=0$: keine M., $n=1$: Markierung durch Tilde (~)
	$n=2$: Markierung durch „Phrase" hinter dem Ausdruck
interface(warnlevel = n)	$n=0$: alle Warnungen unterdrücken
	$n=4$: alle Warnungen zugelassen

Zu beachten ist, dass die mit dem Befehl **interface** vorgenommenen Einstellungen nach
Ausführung von **restart** nicht mehr wirksam sind. Unwirksam ist der Befehl auch, wenn
er hinter **restart:** auf der gleichen Zeile steht.

2.1.8 Packages

Packages (Pakete) ergänzen den von Maple nach dem Systemstart zur Verfügung gestellten Befehlsvorrat durch spezialisierte Kommandos. Durch die Ausführung des Befehls

- **with**(Paketname) oder
- **with**(Paketname, Befehl1, Befehl2,…)

werden entweder alle in dem Paket definierten Kommandos oder nur die angegebenen geladen und sind danach in ihrer Kurzform anwendbar. Auf die Befehle eines Pakets kann man jedoch auch ohne Ausführung von **with** in der Form
    paketname[befehl](parameterliste_des_befehls)
zugreifen (Langform). Mit dem Befehl **unwith** wird ein Paket aus dem Speicher entfernt.

2.1.9 Maple-Initialisierungsdateien

Durch Erzeugen einer Initialisierungsdatei erreicht man, dass beim Starten von Maple und auch bei jeder Ausführung des Befehls **restart** automatisch eine Reihe von Befehlen ausgeführt wird, die für die folgende Arbeit benötigt werden. Beispielsweise können so globale Variable gesetzt, Pakete geladen und die Genauigkeit der Zahlendarstellung (**Digits**) festgelegt werden. Die Initialisierungsdatei ist eine reine Textdatei (ASCII) und hat unter Windows den Namen **maple.ini.** Die für die Beispiele dieses Buches verwendete Initialisierungsdatei hatte meist folgendes Aussehen:

```
with(plots):
plotsetup("inline", plotoutput=terminal, plotoptions="noborder,
        resolution=1000"):
setoptions(font=[HELVETICA,12], labelfont=[HELVETICA,Bold,14],
        numpoints=300, size=[500,300]):
setcolors(["CornflowerBlue","Brown","Red","Orange","Green"]):
interface(showassumed=0):      # unterdrückt Tilde nach assume
```

Auf einem Computer kann eine gemeinsame Initialisierungsdatei für alle Nutzer vorgesehen werden und außerdem noch für jeden Nutzer eine eigene. Beim Start von Maple wird zuerst die Datei <Maple>\lib\maple.ini ausgeführt, sofern sie existiert. Dabei steht <Maple> für das Verzeichnis, in dem Maple installiert ist. Persönliche Initialisierungsdateien für einzelne Nutzer sind im Verzeichnis <Maple>\Users oder in dem Verzeichnis, in dem die betreffenden Worksheets abgelegt sind, zu speichern.

Eine Alternative zur Initialisierungsdatei ist die Verwendung von Startup-Code-Regionen in einem Maple-Dokument. Die in diesen Bereichen notierten Maple-Anweisungen werden nach jedem Öffnen des Dokuments automatisch ausgeführt. Sie sind im Worksheet nicht sichtbar und können nur mit dem Startup Code Editor (Menü Edit) bearbeitet werden.

2.2 Variablen, Folgen, Listen, Mengen, Vektoren und Matrizen

2.2.1 Variablen

Eine spezielle Stärke von Maple ist das symbolische Rechnen, d. h. das Operieren mit Variablen, denen noch kein Wert zugewiesen wurde. Die **Namen** (Bezeichner) von Variablen können aus Buchstaben, Ziffern und dem Unterstrich gebildet werden und müssen mit einem Buchstaben beginnen. Dabei wird zwischen Groß- und Kleinbuchstaben unterschieden. Beispielsweise sind also *Summe* und *summe* Bezeichnungen für zwei verschiedene Variablen. Namen kann man auch mithilfe des Verkettungsoperators ‖ bilden, z. B. wert‖i. Ist i beispielsweise die Laufvariable einer Programmschleife, so wird deren aktueller Wert durch den Verkettungsoperator mit der Zeichenkette „wert" verbunden. Namen, die mit einem Unterstrich (_) beginnen, sind für Variable der Maple-Bibliotheken reserviert.

Zuweisungen
Den Variablen können nicht nur Zahlen und Terme, sondern auch Gleichungen, Vektoren, Matrizen, Funktionen usw. zugewiesen werden. Im Laufe einer Arbeitssitzung lassen sich die Werte der Variablen beliebig verändern. Als Zuweisungsoperator wird in Maple der Doppelpunkt gefolgt von einem Gleichheitszeichen (:=) verwendet. Beispiele sind

```
> var := 5:                     # Zahlenwert
> Gl  := y = x-3:               # Gleichung
> Vek := <a1, b1, c1>:          # Vektor
> Erg := solve(x^2+7*x+13/4=0): # Ergebnis
> f1 : = x -> x^3+5*x^2:        # Funktion
```

Variable können auch einen Index erhalten:

```
> a[1] := 7;
```

$$a_1 := 7$$

Eine Variable, die in Apostroph-Zeichen eingefasst ist, wird in dem betreffenden Ausdruck nicht ausgewertet, sondern so dargestellt, wie bei der Eingabe angegeben.

Ausgewertet wird sie erst bei nochmaliger Verwendung. Auch eine mehrfache Apostrophierung ist möglich.

```
> x:= 25:   y:= 'x'+15;   y;
```

$$y := x + 15$$
$$40$$

Die Auswertung einer Variablen verhindert auch der Befehl **evaln**.

```
> a:= 1:   evaln(a);   a;
```

$$a$$
$$1$$

Mehrere (multiple) Zuweisungen über einen Zuweisungsoperator sind möglich:

```
> a, b, c := 1, 2, 3;
```

$$a, b, c := 1, 2, 3$$

Eine Wertzuweisung an eine Variable wird wieder aufgehoben, indem man der betreffenden Variablen ihren in Hochkomma gefassten Namen zuweist.

```
> Summe:= 10:   Summe:= 'Summe':
> Summe;
```

$$Summe$$

Sollen die Zuweisungen mehrerer Variabler aufgehoben werden, kann das vorteilhaft mit der Funktion **unassign** geschehen, z. B.

```
> unassign('x','y'):
```

Von der Möglichkeit, Variablen bestimmte Werte global zuzuweisen, sollte man nur in Einzelfällen Gebrauch machen. Die Ergebnisse symbolischer Rechnungen sind oft aussagekräftiger und auch variabler nutzbar. Deren numerische Auswertung kann dann lokal unter Verwendung der Befehle **subs** oder **eval** (siehe Abschn. 2.4) erfolgen. Das bringt u. a. den Vorteil, dass der ursprüngliche Ausdruck erhalten bleibt, also auch mehrfach mit unterschiedlichen Werten der Parameter ausgewertet werden kann.

Bedingte Zuweisung – Die 'if'-Funktion
Soll die Wertzuweisung an eine Variable *var* von einer Bedingung abhängig sein, so lässt sich das mit der **'if'**-Funktion verwirklichen.
   Syntax:
* var:= **'if'**(bedingung, w_argument, f_argument)

Ist *bedingung* wahr, dann wird der Variablen *var* das *w_argument* zugewiesen, ansonsten das *f_argument*.

```
> a:= 5:   b:= 17:
> Test:= `if`(a>b, true, false);
```

$$Test := false$$

Der if-Operator muss dabei in rückwärtige Hochkommata (backquotes) eingeschlossen werden, weil **if** in Maple ein reserviertes Wort ist (siehe Anhang A: Steuerung des Programmablaufs).

Verbotene Variablennamen
Namen vordefinierter Konstanten, wie die Kreiszahl Pi, sind in Maple geschützt. Ihr Wert kann nicht überschrieben werden und diese Namen sind daher als Variablennamen nicht verwendbar. Die Namen geschützter Konstanten liefert der Befehl **constants**.

```
> constants;
```

$$false, \gamma, \infty, true, Catalan, FAIL, \pi$$

Unzulässig als Variablennamen sind selbstverständlich auch die Schlüsselwörter der von Maple verwendeten Sprache. Das Kommando **?reserved** führt zur Anzeige einer Hilfeseite mit einer Liste dieser Wörter. Daneben sind aber viele weitere Zeichen-kombinationen, wie beispielsweise die Namen der mathematischen Funktionen (sin, cos, exp usw.), Namen von Prozeduren (copy, lhs, rhs, type usw.) sowie von Datentypen (list, matrix, usw.), geschützt. Reserviert sind auch die Großbuchstaben D, I und O:

D   Differentialoperator
I   Symbol für imaginäre Einheit
O   Ordnungssymbol

2.2.2 Folgen und Listen

2.2.2.1 Folgen
Eine Folge (sequence) ist eine geordnete Zusammenstellung beliebiger Maple-Ausdrü-cke, die durch Kommata voneinander getrennt sind. Beispielsweise gibt der Befehl **solve** zur Lösung algebraischer Gleichungen die Ergebnisse als Folge aus.

```
> solve(x^3-8 = 0);
```

$$2, -1 + I\sqrt{3}, -1 - I\sqrt{3}$$

Auf ein Element einer Folge kann man mithilfe eines Index zugreifen. Mit dem %-Zeichen wird das letzte berechnete Ergebnis bezeichnet, mit %% das vorletzte usw. (Ditto-Operatoren).

```
> %[2];
```

$$-1 + I\sqrt{3}$$

Eine Folge lässt sich einer Variablen zuweisen.

```
> x := 1,2,u,v;
```

$$x := 1, 2, u, v$$

Auch der Zugriff auf Teilfolgen ist durch Angabe der betreffenden Indizes möglich.

```
> x[2..3];
```

$$2, u$$

Durch Anhängen einer oder mehrerer Komponenten an eine bestehende Folge wird eine neue Folge gebildet.

```
> x2:= x,z;
```

$$x2 := 1, 2, u, v, z$$

Elemente von Folgen können nicht durch Zuweisung geändert werden. Das gilt sinngemäß auch für die im Folgenden beschriebenen Listen und Mengen.

```
> x[3]:= 10;
Error, invalid assignment (1, 2, u, v)[3] := 10; cannot assign to an
expression sequence
```

Folgen, die sich aus Elementen eines größeren Bereichs zusammensetzen, werden u. U. zweckmäßigerweise mittels **seq** gebildet.

```
> seq(2..10);
```

$$2, 3, 4, 5, 6, 7, 8, 9, 10$$

Das Erzeugen einer Folge kann mit einem Maple-Ausdruck oder einem Funktionsaufruf verbunden werden.

```
> seq(n^2, n=1..5);
```

$$1, 4, 9, 16, 25$$

2.2.2.2 Listen

Listen werden durch Einschließen von Folgen in eckige Klammern gebildet.

```
> A := [x];
```

$$A := [1, 2, u, v]$$

Umgekehrt kann man mittels **op** eine Liste in eine Folge umwandeln.

```
> op(A);
```

$$1, 2, u, v$$

Die in der Liste A enthaltene Folge erhält man aber auch mit der Anweisung

```
> A[];
```

$$1, 2, u, v$$

Der Zugriff auf ein Listenelement erfolgt durch Angabe des Index hinter dem Listennamen.

```
> a3 := A[3];    a4:= A[3..4];
```

$$a3 := u$$
$$a4 := [u, v]$$

Wie Folgen so kann man auch Listen erweitern.

```
> A2:= [op(A), z];
```

$$A2 := [1, 2, u, v, z]$$

Elemente einer Liste kann man mittels **subsop** löschen.

```
> a5:= subsop(3=NULL, A2);
```

$$a5 := [1, 2, v, z]$$

2.2.3 Mengen (sets)

Mengen unterscheiden sich von Listen dadurch, dass in ihnen jeder Ausdruck nur einmal auftritt. Sie werden durch Einschließen einer Folge in geschweifte Klammern erzeugt. Maple-Mengen haben die gleichen Eigenschaften wie mathematische Mengen und lassen sich mit speziellen Mengenoperationen behandeln.

```
> a := 1,2,3,1,2,5;
```

$$a := 1, 2, 3, 1, 2, 5$$

```
> {a};
```

$$\{1, 2, 3, 5\}$$

Mengen haben eine festgelegte Ordnung, d. h. unabhängig von der Eingabereihenfolge der Elemente werden diese in der Menge in einer durch Maple festgelegten Ordnung gespeichert bzw. angezeigt. Eine Ausnahme bilden lediglich Mengen mit mehreren veränderlichen Objekten des gleichen Typs. Dann kann die Reihenfolge der Elemente von Session zu Session verschieden sein. Die Elemente einer Menge kann man mit dem Befehl **op** als Folge extrahieren.

```
> op({a});
```

$$1, 2, 3, 5$$

Mengenoperationen:

union	Vereinigungsmenge ($\cup$)	**intersect**	Schnittmenge ($\cap$)
minus	Komplementmenge ($\setminus$)	**symmdiff**	symmetrische Differenz

Beispiele

```
> a:= {1, 2, 3, 4, 5}:
> b:= {1, 4, 6, 8}:
> a union b;
```

$$\{1, 2, 3, 4, 5, 6, 8\}$$

```
> a intersect b;
```

$$\{1, 4\}$$

```
> a minus b;
```

$$\{2, 3, 5\}$$

```
> symmdiff(a, b);
```

$$\{2, 3, 5, 6, 8\}$$

Mit dem Befehl **convert** kann man Mengen in Listen oder umgekehrt konvertieren.

```
> La:= convert(a, list);
```

$$La := [1, 2, 3, 4, 5]$$

2.2.4 Tabellen

Eine wichtige Datenstruktur in Maple sind auch Tabellen. Sie erlauben die Aufnahme von Werten beliebigen Typs unter einem gemeinsamen Namen. Für die Indizierung der Komponenten einer Tabelle sind alle Maple-Ausdrücke erlaubt.

Erzeugt werden Tabellen entweder mit dem Befehl **table** oder implizit durch Zuweisung von Werten an einen indizierten Namen. Im Laufe einer Sitzung können Tabellen beliebig erweitert werden. Ab Maple 15 steht in der Palette *Components* außerdem die grafische Komponente *Data table* zur Verfügung.

```
> restart: interface(displayprecision=4):
> Leitfaehigkeit:= table();
```
$$Leitfaehigkeit := table(\,[\ ]\,)$$
```
> Leitfaehigkeit[Kupfer]:= 56.2:  Leitfaehigkeit[Alu]:= 36.:
> eval(Leitfaehigkeit);
```
$$table(\,[\,Alu = 36.0000,\ Kupfer = 56.2000\,]\,)$$
```
> Leitfaehigkeit[Kupfer];
```
$$56.2000$$

Eine mehrdimensionale Tabelle „Werkstoff" mit mehreren Kennwerten (Widerstands-Temperaturkoeffizient α in 1/K, elektrische Leitfähigkeit κ in m/Ω/mm^2) für verschiedene Werkstoffe soll erzeugt werden.

```
> Werkstoff[(Kupfer,alpha)]:= 3.9*10^(-3):
> Werkstoff[(Alu,alpha)]:= 4.*10^(-3):
> Werkstoff[(Kupfer,kappa)]:= 56.2:
> Werkstoff[(Alu,kappa)]:= 36.0:
> eval(Werkstoff);
```
$$table(\,[\,(Alu,\ \alpha) = 0.0040,\ (Kupfer,\ \alpha) = 0.0039,\ (Alu,\ \kappa) = 36.0000,\ (Kupfer,\ \kappa) = 56.2000\,]\,)$$
```
> Werkstoff[(Kupfer,kappa)];
```
$$56.2000$$

Wird eine Tabelle T2 durch den Befehl T2:=T1 definiert, dann wird für T2 keine Kopie auf einem separaten Speicherbereich angelegt. Ein Zugriff auf T2 ist deshalb immer ein Zugriff auf den Speicherbereich der Tabelle T1 und jede Veränderung einer dieser Tabellen ändert auch die andere. Dagegen erzeugt die Zuweisung T2 := **copy**(T1) eine echte Kopie von T1. Ebenso verhält es sich bei der Zuweisung bzw. Kopie von Matrizen und Vektoren (siehe Abschn. 2.2.5), da diesen auch eine Tabellenstruktur (**rtable**) zugrunde liegt.

2.2.5 Vektoren und Matrizen

Vektoren werden mit dem Befehl **Vector** definiert, wobei ein Zusatz [column] bzw. [row] festgelegt, ob es sich um einen Zeilen- oder einen Spaltenvektor handelt. Ohne diesen Zusatz vereinbart Maple Spaltenvektoren. Die Komponenten der Vektoren sind bei der Definition als Liste zu notieren.

```
> V1:= Vector([a1,b1,c1]);
```

$$V1 := \begin{bmatrix} a1 \\ b1 \\ c1 \end{bmatrix}$$

```
> V2:= Vector[row]([a2,b2,c2]);
```

$$V2 := \begin{bmatrix} a2 & b2 & c2 \end{bmatrix}$$

Matrizen sind in Maple zweidimensionale Felder, deren Elemente durch einen mit 1 beginnenden Zeilen- und Spaltenindex bezeichnet werden. Die Definition einer Matrix erfolgt mit dem Befehl **Matrix**. Die Elemente sind dabei als Liste zeilenweise zu notieren. Zwei Formen sind möglich. Bei der ersten Variante werden der Liste mit den Elementen der Matrix zwei Integer-Zahlen vorangestellt, die die Zeilen- und die Spaltenzahl der Matrix angeben (siehe Matrix A). Die zweite Variante verzichtet auf diese Dimensionsangaben. Dann müssen jedoch alle zu einer Zeile gehörenden Elemente nochmals in einer Liste zusammengefasst werden (Matrix B).

```
> A:= Matrix(3,2,[1,2,3,4,5,6]);
```

$$A := \begin{bmatrix} 1 & 2 \\ 3 & 4 \\ 5 & 6 \end{bmatrix}$$

```
> B:= Matrix([[2,3,4],[4,5,6]]);
```

$$B := \begin{bmatrix} 2 & 3 & 4 \\ 4 & 5 & 6 \end{bmatrix}$$

Sehr große Matrizen (Standard: größer als 10×10) stellt Maple in einer komprimierten Form dar.

```
> Matrix(11, 11, 1);
```

$$\begin{bmatrix} & 11 \times 11 \text{ Matrix} & \\ & Data\ Type:\ anything & \\ & Storage:\ rectangular & \\ & Order:\ Fortran\_order & \end{bmatrix}$$

Der detaillierte Inhalt der Matrix wird angezeigt, wenn man im Kontextmenü der betreffenden Maple-Ausgabe den Punkt „Browse" wählt. Dieses Kontextmenü wird ab Maple 2018 am rechten Rand des Maple-Fensters angezeigt, wenn das Objekt markiert ist. Bei früheren Maple Versionen erscheint das Kontextmenü bei Betätigung der rechten Maustaste.

Sollen größere Matrizen als von der Standardeinstellung zugelassen „inline" angezeigt werden, dann muss man das mithilfe des Befehls interface(*rtablesize=value*) vorgeben.

```
> interface(rtablesize=15):
> Matrix(11, 11, 1);
```

$$\begin{bmatrix} 1 & 1 & 1 & 1 & 1 & 1 & 1 & 1 & 1 & 1 & 1 \\ 1 & 1 & 1 & 1 & 1 & 1 & 1 & 1 & 1 & 1 & 1 \\ 1 & 1 & 1 & 1 & 1 & 1 & 1 & 1 & 1 & 1 & 1 \\ 1 & 1 & 1 & 1 & 1 & 1 & 1 & 1 & 1 & 1 & 1 \\ 1 & 1 & 1 & 1 & 1 & 1 & 1 & 1 & 1 & 1 & 1 \\ 1 & 1 & 1 & 1 & 1 & 1 & 1 & 1 & 1 & 1 & 1 \\ 1 & 1 & 1 & 1 & 1 & 1 & 1 & 1 & 1 & 1 & 1 \\ 1 & 1 & 1 & 1 & 1 & 1 & 1 & 1 & 1 & 1 & 1 \\ 1 & 1 & 1 & 1 & 1 & 1 & 1 & 1 & 1 & 1 & 1 \\ 1 & 1 & 1 & 1 & 1 & 1 & 1 & 1 & 1 & 1 & 1 \\ 1 & 1 & 1 & 1 & 1 & 1 & 1 & 1 & 1 & 1 & 1 \end{bmatrix}$$

Diese anhand von Beispielen beschriebene Syntax für die Definition von Vektoren und Matrizen liefert nur einen kleinen Ausschnitt der eigentlichen Syntaxbeschreibung (siehe Anhang D und Maple-Hilfe). Außerdem gibt es auch noch eine Kurzform für diese Definitionen (siehe Beispiel unter Abschn. 2.2.1), auf die hier aber ebenfalls nicht eingegangen wird.

Ausgewählte Operationen für Vektoren und Matrizen zeigt Tab.2.1. Für die Befehle **Transpose, MatrixInverse** und **Determinant** muss das Paket **LinearAlgebra** geladen werden, das auch noch weitere Befehle für Operationen mit Matrizen und Vektoren zur Verfügung stellt (siehe Anhang D).

Nicht-modifizierbare und modifizierbare Datenstrukturen

Die meisten Datenstrukturen von Maple sind nicht modifizierbar. Wenn man versucht, sie zu modifizieren, schafft man Kopien, was zu sehr langsamem Code führen kann. Für Daten, die häufig modifiziert werden, beispielsweise durch eine große Zahl von Additionen in einer Schleifenanweisung, sollte man eine modifizierbare Struktur verwenden: **table, Record, Array, Matrix** oder **Vector**.

Tab. 2.1 Operationen mit Vektoren und Matrizen (Auswahl)

+, −	Addition, Subtraktion
*	Multiplikation mit Skalar
. (Punkt)	Skalarprodukt von Vektoren Multiplikation von Matrizen oder von Matrizen mit Vektoren
Transpose(A)	Transponierte der Matrix A
MatrixInverse(A)	Inverse der Matrix A
Determinant(A)	Determinante der Matrix A

2.2.6   Der map-Befehl

Mithilfe dieses Befehls wird eine Funktion auf alle Elemente einer Liste, einer Menge, einer Matrix oder auf jedes Glied eines algebraischen Ausdrucks angewendet. Der Name der auszuführenden Funktion ist in der Parameterliste von map als erstes Argument zu notieren.

```
> L:= [2, 4, 8];
  Rad:= map(sqrt, L);
```

$$L := [2, 4, 8]$$
$$Rad := \left[\sqrt{2}, 2, 2\sqrt{2}\right]$$

Bei Funktionen mit zu übergebenden Argumenten werden diese hinter dem Namen des zu behandelnden Objekts als weitere Parameter des Befehls **map** notiert. Ein Beispiel dafür ist die Berechnung der 3. Wurzel mit der Funktion **surd.** Für eine komplexe Zahl x und eine ganze Zahl n berechnet **surd**(x, n) die n-te Wurzel von x, deren (komplexes) Argument x am nächsten ist.

```
> map(surd, L, 3);
```

$$\left[2^{1/3}, 2^{2/3}, 2\right]$$

Die auszuführende Funktion kann man auch im map-Befehl definieren.

```
> map(x -> x^2+x^3, [1,2,3]);
```

$$[2, 12, 36]$$

2.2.7 Der zip-Befehl

Mit dem Befehl **zip** können zwei Listen, Vektoren oder Matrizen durch eine vorgegebene Operation miteinander verknüpft werden. Die Listen, Vektoren usw. müssen dabei nicht die gleiche Komponentenzahl haben. Der Befehl hat die Form

- **zip**(f, u, v)

f   Operation, binäre Funktion
u, v   Listen, Vektoren oder Matrizen

Beispiele

```
> restart:
> U:= [a, b, c]:
> V:= [d, e]:
> zip((x, y) -> x+y, U, V);
```
$$[a + d, b + e]$$

In obigem Befehl lautet die Verknüpfungsfunktion (x, y) -> x + y. Angewendet wird diese auf die beiden Listen U und V. Beim folgenden Befehl wird als Verknüpfung die Multiplikation gewählt.

```
> zip((x, y) -> x*y, U, V);
```
$$[a\,d, b\,e]$$

Der nächste zip-Befehl verwendet die Verkettungsfunktion **cat.**

```
> zip(cat, ["Maple", "Modell"], ["Sim", " 1a"]);
```
$$["MapleSim", "Modell\ 1a"]$$

Als Argumente von **cat** sind Ausdrücke in beliebiger Zahl zugelassen, also auch Strings und Bezeichner (Namen). Diese Argumente treten im letzten Befehl als Listen auf, deren Elemente **zip** verknüpft. Die letzte Anweisung kann man statt mit **cat** auch mit dem Verkettungsoperator || notieren:

```
> zip((a,b)-> a||b, ["Maple", "Modell"], ["Sim", " 1a"])
```
$$["MapleSim", "Modell\ 1a"]$$

Anwendung des Befehls **zip** auf Matrizen:

```
> A:= Matrix(2, 3, [1, 2, 3, 4, 5, 6]):
> B:= Matrix(2, 3, [1, 3, 5, 7, 9, 11]):
> zip((x, y) -> x + y, A, B);
```

$$\begin{bmatrix} 2 & 5 & 8 \\ 11 & 14 & 17 \end{bmatrix}$$

Sehr hilfreich ist der Befehl **zip** auch, wenn aus einer Liste X mit den Stützstellen einer Funktion und einer Liste Y mit den zugehörigen Stützwerten eine Liste P der Stützpunkte gebildet werden soll.

```
> X:= [0, 500, 1000, 2000, 4000, 9000]:
> Y:= [0, 1.6, 1.8, 1.9, 2.0, 2.1]:
> P:= zip(`[]`,X, Y);
```

$$P := [\,[0, 0], [500, 1.6], [1000, 1.8], [2000, 1.9], [4000, 2.0], [9000, 2.1]\,]$$

Der Befehl **zip** bietet noch eine Reihe weiterer Anwendungsmöglichkeiten. Auf Mengen ist **zip** aber nicht anwendbar.

2.3   Zahlen, mathematische Funktionen und Konstanten

2.3.1   Zahlendarstellung

Ein Computeralgebra-System muss neben ganzen Zahlen (Typ Integer) auch gebrochene Zahlen möglichst exakt abbilden und verarbeiten. Daher wird von Maple beispielsweise der Funktionswert von arcsin(5/10) nicht als Approximation 0.5235987756, sondern als π/6 ausgegeben.

```
> arcsin(5/10);
```

$$\frac{1}{6}\,\pi$$

Maple kennt aber auch Gleitpunktzahlen und kann sie mit einer vom Nutzer vorgegebenen Genauigkeit darstellen bzw. verarbeiten. Wird in obigem Beispiel das Argument als Gleitpunktzahl 0.5 notiert, dann liefert Maple das Ergebnis ebenfalls als Gleitpunktzahl.

```
> arcsin(0.5);
```

$$0.5235987756$$

Das Resultat hat Maple mit seiner Standard-Genauigkeit von 10 Dezimalziffern berechnet und auch so ausgegeben, weil die Ausgabelänge nicht eingeschränkt wurde (siehe Befehl **interface**(displayprecision=…). Mithilfe der Maple-Variablen **Digits** kann man die Genauigkeit aller folgenden Gleitpunktoperationen neu festlegen.

```
> Digits:= 20: arcsin(0.5);
```
$$0.52359877559829887308$$

Gleitpunktzahlen können in Dezimalform oder in Exponentialform eingegeben werden.

```
> a:= 0.1234;
```
$$a := 0.1234$$

```
> b:= 12.34E-2;
```
$$b := 0.1234$$

Auch mehrfache Zuweisungen mit einer Anweisung sind möglich *(multiple assignment)*.

```
> (a, b):= (5*10^6, 12.358E-8);
```
$$a, b := 5000000, 1.2358\ 10^{-7}$$

Ob eine Zahl von Maple als Integerzahl oder als Gleitpunktzahl gespeichert wird, entscheidet der Dezimalpunkt.

```
> d:= 400;   e:= 400.;
```
$$d := 400$$
$$e := 400.$$

Den Typ einer Variablen kann man mit dem Befehl **whattype** bestimmen. Hilfreich ist **whattype** oft auch dann, wenn man nach der Ursache sucht, warum ein Befehl von Maple nicht angenommen bzw. nicht wie erwartet ausgeführt wird.

```
> whattype(d); whattype(e);
```
$$integer$$
$$float$$

Ob eine Variable eine bestimmte Eigenschaft hat, kann man mit dem Befehl **is** prüfen.

```
> is(d, integer);
```
$$true$$

Mit **is** lassen sich auch die Wahrheitswerte von Vergleichsaussagen ermitteln.

```
> is(d < a);
```

$$false$$

Die Mantisse und den Exponenten einer Gleitpunktzahl liefern die folgenden Befehle.

```
> SFloatMantissa(e);  SFloatExponent(e);
```

$$400$$

$$0$$

Ausdrücklich sei noch einmal darauf hingewiesen, dass die Vorgabe von **Digits** sich nur auf die Verarbeitung der Gleitpunktzahlen auswirkt. Das folgende Beispiel demonstriert das.

```
> Digits:= 4:
> T:=123456.78;
```

$$T := 123456.78$$

```
> T;
```

$$123456.78$$

```
> 2*T;
```

$$247000.$$

Für die Verarbeitung wird T demnach auf vier Ziffern gerundet und danach mit 2 multipliziert. Bei Digits $= 10$ ergibt sich dagegen für das Produkt der genaue Wert.

```
> Digits:= 10:
> 2*T;
```

$$246913.56$$

2.3.2   Konvertierung in Gleitpunktzahl mittels evalf

Der Maple-Befehl **evalf** konvertiert das Argument mit einer Genauigkeit von 10 Ziffern (Standard) in eine Gleitpunktzahl (float) und zeigt diese an. Der Anwender kann Maple jedoch auch veranlassen, **evalf** mit einer größeren Genauigkeit auszuführen, wie die folgenden Beispiele zeigen.

```
> a:=tan(Pi/6);
```

$$a := \frac{1}{3} \sqrt{3}$$

```
> b:=evalf(a);
```

$$b := 0.5773502693$$

```
> d:=evalf(a,25);
```

$$d := 0.5773502691896257645091486$$

Die Zahl der Dezimalstellen von Ergebnisausgaben ist nicht notwendig an die durch Digits vorgegebene Genauigkeit gekoppelt. Der Befehl **interface(displayprecision)** steuert die Zahl der auszugebenden Dezimalstellen.

```
> interface(displayprecision);
```

$$-1$$

Der Standardwert −1 bedeutet, dass die Stellenzahl, die Digits oder der jeweilige Befehl, beispielsweise **evalf,** vorgibt, auch für die Anzeige verwendet wird. Der Variablen **displayprecision** kann vom Nutzer aber auch eine ganze Zahl im Bereich 0…100 zugewiesen werden. Das legt die Anzeige auf eine feste Zahl von Nachkommastellen fest, ohne Rundungsfehler in die im Rechner gespeicherten Werte einzuführen.

```
> y:= evalf(Pi,60);
```

$$y := 3.14159265358979323846264338327950288419716939937510582097494$$

```
> z:= 125.25;
```

$$z := 125.25$$

```
> Digits;
```

$$10$$

```
> interface(displayprecision=4);
```

$$-1$$

Der angezeigte Wert −1 verweist auf die vorherige Einstellung und zeigt nicht den aktuellen Wert an.

```
> y; z;
```

$$3.1416$$

$$125.2500$$

Der Befehl **interface**(displayprecision=4) hat die Anzeigegenauigkeit auf dem Display auf 4 Stellen nach dem Dezimalpunkt eingestellt. Nun werden konstant vier Stellen nach dem Dezimalpunkt ausgegeben, auch wenn die letzten Stellen gleich Null sind.

Die Einstellung mit **displayprecision** wirkt sich nicht auf die interne Darstellung der Werte aus, wie das folgende Beispiel zeigt.

```
> y*100;
```

$$314.1593$$

2.3.3   Interne Zahlendarstellung

Integerzahlen Diese werden in Maple i. Allg. als dynamischer Datenvektor gespeichert. Dessen erstes Wort enthält Informationen über die jeweilige Datenstruktur, auch die Längenangabe. Eine Ausnahme bilden Integerzahlen $<2^{30}$. Aus Effizienzgründen werden diese in einem einzelnen Datenwort abgelegt (Heck 2003). Die Anzahl der Ziffern einer Integerzahl in Maple ist aus praktischer Sicht beliebig, die Art der Beschreibung der gespeicherten Daten definiert aber doch eine maschinenabhängige Grenze. Bei einer 32-Bit-Maschine liegt diese bei $2^{28} - 8 = 268\,435\,448$. Die bei einem bestimmten Computer zulässige Maximalzahl der Ziffern kann man wie folgt bestimmen:

```
> kernelopts(maxdigits);
```

$$268435448$$

Die in Computeralgebra-Systemen geforderte exakte Abbildung von Zahlen und die Darstellung von Gleitpunktzahlen mit einer einstellbaren Genauigkeit erfordert, dass diese rechnerintern anders gespeichert werden als bei numerischer Software üblich. So legen Computeralgebra-Systeme i. Allg. rationale Zahlen als Quotienten ganzer Zahlen und bestimmte irrationale Zahlen, beispielsweise $\sqrt{2}$, als Symbole ab. Beziehungen wie $(\sqrt{2})^2 = 2$ werden als spezielle Verarbeitungsvorschriften gespeichert.

Gleitpunktzahlen Eine Gleitpunktzahl besteht intern immer aus den Teilen Mantisse und Exponent. Die Mantisse ist vom Typ Maple-Integer, d. h. für die maximale Anzahl der Mantissenziffern gilt das gleiche wie bei Integerzahlen. Mit dem Befehl **Maple_floats** kann man die Extremwerte ermitteln, die für den benutzten Computer typisch sind.

```
> Maple_floats(MAX_DIGITS);
```

$$268435448$$

```
> Maple_floats(MAX_EXP);   Maple_floats(MIN_EXP);
```

$$2147483646$$
$$-2147483646$$

```
> Maple_floats(MAX_FLOAT);
```

$$1.\,10^{2147483646}$$

2.3.4 Rechnen mit der Hardware-Gleitpunktarithmetik

Für die beschleunigte Ausführung numerischer Operationen verfügt Maple über die Funktion **evalhf** (**eval**uate using **h**ardware **f**loating-point arithmetic). Diese konvertiert alle ihre Argumente in Hardware-Gleitpunktzahlen, übergibt sie zur Berechnung an die Hardware und konvertiert das ermittelte Ergebnis wieder in eine Maple-Gleitpunktzahl.

Syntax: **evalhf**(ausdruck)

Der als Argument übergebene Ausdruck darf auch Funktionsaufrufe enthalten. Bei nutzerdefinierten Funktionen gibt es jedoch einige Restriktionen, die in der Maple-Hilfe zu **evalhf** beschrieben werden.

Die Berechnung auf Hardware-Ebene erfolgt im Format *double precision*. Die Anzahl der dabei verwendeten Dezimalstellen ist hardwareabhängig und lässt sich wie folgt ermitteln:

```
> evalhf(Digits);
```

$$15.$$

Es ist sinnvoll, in einem Aufruf von **evalhf**() so viele Berechnungen wie möglich durchzuführen, weil die mit dem Aufruf verbundene Konvertierung bzw. Rückkonvertierung auch Rechenzeit erfordert, die bei mehrfachen Aufrufen den Effekt von **evalhf** verringert. Ebenso verringert sich der Effekt oder geht ganz verloren, wenn **Digits** $\geq$ **evalhf(Digits)**.

2.3.5 Mathematische Funktionen

Mathematische Standardfunktionen (sin(), cos(), abs() usw.) stellt Maple selbstverständlich ebenfalls zur Verfügung und sie werden so aufgerufen, wie das auch in anderen Programmiersprachen üblich ist. Neben den Standardfunktionen gibt es noch eine Vielzahl weiterer Funktionen. Die Tabelle im Anhang A1 enthält eine Auswahl häufig benötigter mathematischer Funktionen, die in Maple genutzt werden können und beschreibt deren Syntax.

2.3.6 Nutzerdefinierte Konstanten

Wie bereits beschrieben, stehen bestimmte Konstanten, wie die Kreiszahl Pi, unter einem geschützten Namen zur Verfügung, d. h. ihr Wert kann nicht überschrieben werden. Der Anwender kann aber auch eigene symbolische Konstanten mit geschütztem Namen festlegen. Als Beispiel dafür wird hier e, die Basis des natürlichen Logarithmus, verwendet.

Die Variable e ist normalerweise nicht geschützt und sie wird in Eingabeanweisungen auch nicht als Basis des natürlichen Logarithmus interpretiert. Dagegen wird in Maple-Ausgaben die Zuordnung exp(1) = e benutzt.

```
> ln(e); exp(1);
```

$$\ln(e)$$

$$e$$

Durch die folgenden Anweisungen wird die Variable e als Basis des natürlichen Logarithmus definiert und mit dem Befehl **protect** gegen Überschreiben geschützt.

```
> e:= exp(1);  protect('e');  ln(e);
```

$$e := e$$

$$1$$

```
> e:= 5;
Error, attempting to assign to `e` which is protected
```

Mithilfe der Anweisung **unprotect** kann der Schutz wieder aufgehoben werden.

```
> unprotect('e');  e:=5;
```

$$e := 5$$

2.4   Umformen und Zerlegen von Ausdrücken und Gleichungen

Maple führt zwar bestimmte Vereinfachungen von eingegebenen oder berechneten Ausdrücken automatisch durch, erzeugt aber dabei nicht immer jene Form, die der vom Anwender gewünschten entspricht. Dieser kann jedoch mithilfe einer Reihe von Maple-Befehlen gezielt Vereinfachungen bzw. Umformungen vornehmen und so seine Zielvorstellungen verwirklichen.

2.4.1   Vereinfachung durch Vorgabe von Annahmen

Bei Operationen zum Vereinfachen und Umformen von Ausdrücken verhält sich Maple nicht immer so, wie man es erwartet. Der Grund dafür ist meist, dass bestimmte Eigenschaften der Variablen in dem zu vereinfachenden Ausdruck zwar dem Anwender aber nicht Maple bekannt sind. Maple reagiert also korrekt. Ein einfaches Beispiel dafür ist

```
> restart;
> sqrt(x^2);
```

$$\sqrt{x^2}$$

Die Lösung kann sowohl $+x$ als auch $-x$ lauten. Maple muss also beispielsweise mitgeteilt werden, ob x größer oder kleiner als Null ist. Annahmen über Variable können mit dem Befehl **assume** oder mit dem Schlüsselwort **assuming** formuliert werden. Das Schlüsselwort **assuming** wird hinter den auszuwertenden Ausdruck gesetzt; die damit formulierten Annahmen gelten nur für den betreffenden Ausdruck.

```
> sqrt(x^2) assuming x<0;
```

$$-x$$

```
> sqrt(x^2) assuming x::positive;
```

$$x$$

Eine mit **assume** gesetzte Annahme für eine Variable x gilt dagegen bis zur Vorgabe einer neuen Annahme für diese Variable durch einen weiteren assume-Befehl bzw. bis zur Löschung der Variablen oder zur Ausführung von **restart.** Hinter dem Variablennamen erscheint dann eine Tilde (~), die darauf hinweist, dass für die Variable eine Annahme gesetzt ist. Man kann die Tilde unterdrücken, indem man im Menüpunkt *Tools > Options > Display > Assumed variables* „No Annotation" oder „Phrase" auswählt. Eine andere Möglichkeit zur Unterdrückung der Tilde ist die Anwendung des Befehls **interface**(showassumed = 0). Welche Annahmen aktuell für eine Variable x gesetzt sind, kann mit dem Befehl **about**(x) abfragen.

Zulässige Schreibweisen des Befehls **assume** sind

- **assume**(var1, eigenschaft_1, var2, eigenschaft_2, …)
- **assume**(var1::typ_1, var2::typ_2, …)
- **assume**(relation_1, relation_2, …)

Dabei bezeichnen die var1, var2 usw. die Variablen.

Beispiele sind

```
> assume(0 < a, b > a):
> assume(x::integer):
> assume(y>=0);  sqrt(y^2);
```

$$y$$

Wegen der Einstellung **interface**(showassumed = 0) im aktuellen Initialisierungs-programm wird im letzten Beispiel *y* nicht durch eine Tilde markiert. Das wird nun geändert:

```
> interface(showassumed = 1):
> assume(y>=0);  sqrt(y^2);
```

$$y\!\sim$$

```
> about(y);
Originally y, renamed y~:
  is assumed to be: RealRange(0,infinity)
```

2.4.2   Vereinfachungen mit dem Befehl simplify

In der einfachsten Anwendungsform

- **simplify**(ausdruck)

vereinfacht der Befehl gegebenenfalls den angegebenen Ausdruck. Durch weitere Argumente von **simplify** können Spezifikationen von Variablen oder von Teilausdrücken vorgegeben werden. Dafür stehen folgende Syntaxformen zur Verfügung:

- **simplify**(ausdruck, n1, n2, …)
- **simplify**(ausdruck, side1, side2, …)
- **simplify**(ausdruck, assume=prop)
- **simplify**(ausdruck, symbolic)

Parameter:

ausdruck   Ausdruck
n1, n2   Namen, Prozeduren für Vereinfachung
           side1, side2,.. Nebenbedingungen in Gleichungsform (Mengen oder Listen)
prop   Eigenschaft: *positive, negative, real* usw.

```
> G1:= y = -(1/2*(-x^2-4-x))*sqrt(2);
```

$$G1 := y = -\frac{1}{2}\left(-x^2 - x - 4\right)\sqrt{2}$$

```
> simplify(G1);
```

$$y = \frac{1}{2}\left(x^2 + x + 4\right)\sqrt{2}$$

Vereinfachung mit Nebenbedingungen:

```
> simplify(G1, {x=2});
```

$$y = 5\sqrt{2}$$

```
> simplify(G1, {x^2+4=0});
```

$$y = \frac{1}{2}\sqrt{2}\,x$$

Vereinfachungen mit **assume:**

```
> simplify(sqrt(x^2), assume=negative);
```

$$-x$$

```
> simplify(sqrt(x^2), assume=real);
```

$$|x|$$

Die Steuerung der von **simplify** vorgenommenen Vereinfachungen ist auch durch die Vorgabe des Namens einer Simplifikationsprozedur als zweites Argument möglich. Zugelassen dafür sind **abs, exp, ln, power** (Potenzen), **radical, sqrt** und **trig** (trigonometrische Ausdrücke).

```
> a:= sin(x)^2 + ln(2*x) + cos(x)^2;
```

$$a := \sin(x)^2 + \ln(2\,x) + \cos(x)^2$$

```
> simplify(a);
```

$$1 + \ln(2) + \ln(x)$$

```
> simplify(a, trig);
```

$$1 + \ln(2\,x)$$

```
> simplify(a, ln);
```

$$\sin(x)^2 + \ln(2) + \ln(x) + \cos(x)^2$$

Die folgenden Beispiele zeigen, dass mit **simplify** auch Substitutionen vorgenommen werden können. Im Unterschied zum unter Abschn. 2.4.5 beschriebenen Befehl **subs** arbeitet **simplify** nicht rein formal auf der Ebene der Datenstrukturen, sondern bezieht auch mathematische Regeln ein. Zu beachten ist, dass die Substitutionsgleichungen (Nebenbedingungen) als Menge oder Liste notiert werden müssen.

```
> simplify(x^6 + 3*x^2 + 4, {x^2=z});
```

$$z^3 + 3z + 4$$

```
> f:= K^2*(L1*L2+L1*L3+L2*L3)/(R1+R2);
```

$$f := \frac{K^2\,(L1\,L2 + L1\,L3 + L2\,L3)}{R1 + R2}$$

```
> simplify(f, {L1*L2+L1*L3+L2*L3=Z, (R1+R2)=N, K^2=C});
```

$$\frac{C\,Z}{N}$$

```
> simplify(f, [L1*L2+L1*L3+L2*L3=Z, (R1+R2)=N, K^2=C]);
```

$$\frac{C\,Z}{N}$$

2.4.3 Umformung von Polynomen und rationalen Ausdrücken

Für diese Zwecke verfügt Maple über eine große Zahl von Befehlen, von denen im Folgenden wieder nur eine Auswahl vorgestellt wird. Auch die Möglichkeiten, die die einzelnen Befehle bieten bzw. deren Syntax wird durch die folgenden Beispiele manchmal nur angedeutet.

2.4.3.1 Ausdrücke expandieren: expand

```
> restart:
> ausdruck1:= (x+4)*(x+3)*(x+1)*(x-1)*(x-5);
```

$$ausdruck1 := (x + 4)\,(x + 3)\,(x + 1)\,(x - 1)\,(x - 5)$$

```
> ausdruck2:= expand(ausdruck1);
```

$$ausdruck2 := x^5 + 2\,x^4 - 24\,x^3 - 62\,x^2 + 23\,x + 60$$

```
> expand((x+2)/(x+3));
```

$$\frac{x}{x + 3} + \frac{2}{x + 3}$$

2.4.3.2 Polynome faktorisieren: factor

Der Befehl **factor** wandelt einen polynomialen Ausdruck in einen Ausdruck von Linearfaktoren um:

```
> factor(ausdruck2);
```

$$(x + 4)\,(x + 3)\,(x + 1)\,(x - 1)\,(x - 5)$$

```
> factor(x^2 + x - 15/4);
```

$$\frac{1}{4}\,(2\,x + 5)\,(2\,x - 3)$$

```
> factor(x^3 + 4);
```

$$x^3 + 4$$

Ein weitere Zerlegung des Ausdrucks in Faktoren ist im vorhergehenden Beispiel nicht möglich, weil die Nullstellen des Polynoms nicht rational sind. Durch Notierung der Konstanten als Gleitpunktzahl oder durch Zusatz der Feldangaben ‚real' oder ‚complex' werden approximierte Lösungen ermittelt.

```
> factor(x^3 + 4.0);
```

$$(x + 1.58740105196820)\,\big(x^2 - 1.58740105196820\,x + 2.51984209978975\big)$$

```
> factor(x^3 + 4, real);
```

$$(x + 1.58740105196820)\,\big(x^2 - 1.58740105196820\,x + 2.51984209978975\big)$$

```
> factor(x^3 + 4, complex);
```

$$(x + 1.58740105196820)\,(x - 0.793700525984100 + 1.37472963699860\,\mathrm{I})\,(x$$
$$- 0.793700525984100 - 1.37472963699860\,\mathrm{I})$$

2.4.3.3 Zusammenfassen von Teilausdrücken: combine, collect

Der Befehl **combine** dient dem Zusammenfassen von Summen, Produkten und Potenzen und hat die Syntax

- **combine**(ausdruck)
- **combine**(ausdruck, name)

Für *ausdruck* und *name* können auch Listen von Ausdrücken bzw. Namen angegeben werden. Durch die Angabe eines 2. Arguments lässt sich die Wirkung von **combine** auf bestimmte Teilausdrücke beschränken. Die Namen bezeichnen die Art der zu kombinierenden Teilausdrücke. Zugelassen sind beispielsweise die Namen **abs, arctan, exp, ln, power** (Potenzen), **product, sum, radical** und **trig** (trigonometrische Ausdrücke).

```
> ausdr:= ln(3)+ln(5)+e^x*e^y;
```

$$ausdr := \ln(3) + \ln(5) + e^x\,e^y$$

```
> combine(ausdr);
```

$$e^{x+y} + \ln(15)$$

```
> combine(ausdr,ln);
```

$$e^x\,e^y + \ln(15)$$

Der Befehl **collect** fasst einen Ausdruck in Bezug auf einen bestimmten Teilausdruck oder eine unausgewertete Funktion zusammen. Er hat die allgemeine Form

- **collect**(ausdruck, teilausdruck)

Für *teilausdruck* kann auch eine Liste von Teilausdrücken angegeben werden.

```
> ausdr:= a*x + 5*x - 2*a;
```

$$ausdr := a\,x + 5\,x - 2\,a$$

```
> collect(ausdr, x);
```

$$(a + 5)\,x - 2\,a$$

```
> collect(ausdr, a);
```

$$(x - 2)\,a + 5\,x$$

Aber auch Zusammenfassungen nach mehreren Variablen sind mit einem einzigen Befehl möglich. Die betreffenden Variablen sind dabei in einer Liste anzugeben.

```
> ausdr2:= u*L2+u*L3-R1*i1*L2-L3*R1*i1-L3*R2*i2;
```

$$ausdr2 := u\,L2 + u\,L3 - R1\,i1\,L2 - L3\,R1\,i1 - L3\,R2\,i2$$

```
> collect(ausdr2, [i1,i2,u]);
```

$$(-R1\,L2 - L3\,R1)\,i1 - L3\,R2\,i2 + (L2 + L3)\,u$$

2.4.3.4 Rationalen Ausdruck normalisieren: normal

Der Befehl **normal** liefert die Normalform eines rationalen Ausdrucks. Bei Brüchen dient er dem Zusammenfassen nicht-gleichnamiger Brüche, d. h. sie werden auf den Hauptnenner gebracht und ggf. gekürzt.

- **normal**(ausdruck [,expanded])

Bei Angabe der Option **expanded** werden Zähler und Nenner ausmultipliziert.

```
> ausdruck:= (2*x+7)/(x^2+4*x+3) + 3/(x+5);
```

$$ausdruck := \frac{2\,x + 7}{x^2 + 4\,x + 3} + \frac{3}{x + 5}$$

```
> normal(ausdruck);
```

$$\frac{5\,x^2 + 29\,x + 44}{\left(x^2 + 4\,x + 3\right)(x + 5)}$$

```
> normal(ausdruck, expanded);
```

$$\frac{5\,x^2 + 29\,x + 44}{x^3 + 9\,x^2 + 23\,x + 15}$$

2.4.3.5 Wurzeln aus dem Nenner von Brüchen entfernen (rationalize)

- **rationalize**(ausdruck)

```
> ausdruck3:= (5*x^2+3*x+2)/sqrt(x+7)/sqrt(x+3);
```

$$ausdruck3 := \frac{5\,x^2 + 3\,x + 2}{\sqrt{x + 7}\,\sqrt{x + 3}}$$

```
> rationalize(ausdruck3);
```

$$\frac{\left(5\,x^2 + 3\,x + 2\right)\sqrt{x + 7}\,\sqrt{x + 3}}{x^2 + 10\,x + 21}$$

```
> ausdruck4:= 1/(sqrt(2) + sqrt(3));
```

$$ausdruck4 := \frac{1}{\sqrt{2} + \sqrt{3}}$$

```
> rationalize(ausdruck4);
```

$$-\sqrt{2} + \sqrt{3}$$

2.4.3.6 Der Konvertierungsbefehl convert

Dieser Befehl ist für die Umformung trigonometrischer Ausdrücke, für Partialbruchzerlegungen, Datentypumwandlungen, für die Umwandlung von Tabellen und Listen und viele andere Konvertierungen einsetzbar. Die allgemeine Form des Aufrufs lautet:

- **convert**(ausdruck, form [, argument(e)])

form	Form des konvertierten Ausdrucks
argument(e)	optionale Argumente: only, exclude

Mit der Option **only** lässt sich die Konvertierung auf Teilausdrücke beschränken und über die Option **exclude** kann man Teilausdrücke von der Konvertierung ausschließen.

```
> y:= 2*sin(3*t+Pi/4)+3*cos(2*t);
```

$$y := 2 \sin\left(3\,t + \frac{1}{4}\,\pi\right) + 3 \cos(2\,t)$$

```
> convert(y, exp, only=sin);
```

$$-I\left(e^{I\left(3\,t + \frac{1}{4}\,\pi\right)} - e^{-I\left(3\,t + \frac{1}{4}\,\pi\right)}\right) + 3 \cos(2\,t)$$

```
> convert(y, exp, exclude=sin);
```

$$2 \sin\left(3\,t + \frac{1}{4}\,\pi\right) + \frac{3}{2}\,e^{2\,I\,t} + \frac{3}{2}\,e^{-2\,I\,t}$$

Beispiel: Partialbruchzerlegung

```
> convert((x^2-1/2)/(x-1), parfrac, x);
```

$$x + 1 + \frac{1}{2\,(x - 1)}$$

Zu der außerordentlich großen Zahl von Anwendungsmöglichkeiten (siehe Maple-Hilfe) sind im Anhang A4 weitere Beispiele zusammengefasst.

2.4.4 Zerlegen von Gleichungen und Quotienten

Aus einer Gleichung wird der linke Teil durch den Befehl **lhs,** der rechte Teil durch den Befehl **rhs** herausgelöst.

```
> restart:
> eq1:= x^2 + 4 = y*sqrt(2) - x;
```

$$eq1 := x^2 + 4 = y\,\sqrt{2} - x$$

```
> L:= lhs(eq1); R:= rhs(eq1);
```

$$L := x^2 + 4$$
$$R := y\,\sqrt{2} - x$$

Das Zerlegen von Ausdrücken in Quotientenform ist mit den Funktionen **numer** und **denom** lösbar.

```
> y1:=(x^2-2*x+6)/(x+5);
```

$$y1 := \frac{x^2 - 2x + 6}{x + 5}$$

```
> Z:= numer(y1);      #Zaehler
```

$$Z := x^2 - 2x + 6$$

```
> N:= denom(y1);      # Nenner
```

$$N := x + 5$$

Mittels **isolate** kann die Gleichung nach einem beliebigen Teilausdruck umgestellt werden.

```
> eq2 := x^3 + 8 = y*sqrt(2) - 2*x^2;
```

$$eq2 := x^3 + 8 = y\sqrt{2} - 2x^2$$

```
> isolate(eq2, y);
```

$$y = -\frac{1}{2}\left(-x^3 - 2x^2 - 8\right)\sqrt{2}$$

2.4.5 Ersetzen und Auswerten von Ausdrücken

Bei der Umformung bzw. Entwicklung mathematischer Formeln sind häufig Teilausdrücke durch andere Teilausdrücke oder durch eine Variable zu ersetzen. Diese Aufgabe kann man, wie unter Abschn. 2.4.2 gezeigt, mit dem Befehl simplify lösen, aber auch mit den Befehlen **subs, subsop, algsubs** oder **eval**

2.4.5.1 Die Befehle subs und algsubs

Syntax der Befehle **subs** und **algsubs**:

- **subs**(ersetzung_1, ersetzung_2, …, ausdruck)
- **algsubs**(ersetzung, ausdruck)
  Parameter:

  ersetzung   Gleichung der Form alter_Teilausdruck = neuer_Teilausdruck
  ausdruck   Ausdruck, in dem Teilausdrücke zu ersetzen sind

Bei **subs** kann an Stelle einer einzelnen Ersetzungsgleichung auch eine Folge von Gleichungen stehen. Die Substitutionen werden der Reihe nach ausgeführt, beginnend mit *ersetzung_1*. Der Befehl **algsubs** kann nur eine Ersetzung vornehmen. Während aber

subs rein formal auf Datenstrukturebene ersetzt, berücksichtigt **algsubs** auch mathematische Regeln.

Beispiele

```
> g:= x^6+3*x^2+4;
```

$$g := x^6 + 3\,x^2 + 4$$

```
> subs(x^2=z, g);
```

$$x^6 + 3\,z + 4$$

Die durch die Festlegung $x^2 = z$ mögliche Umformung $x^6 \rightarrow z^3$ kann **subs** nicht durchführen, weil der Befehl keine mathematischen Regeln anwendet.

```
> algsubs(x^2=z, g);
```

$$z^3 + 3\,z + 4$$

Mit einem einzigen Befehl **subs** können auch mehrere Ersetzungen vorgenommen werden. Diese werden in der Reihenfolge ihrer Anordnung im Befehl ausgeführt.

```
> f:= K^2*(L1*L2+L1*L3+L2*L3)/(R1+R2);
```

$$f := \frac{K^2\,(L1\,L2 + L1\,L3 + L2\,L3)}{R1 + R2}$$

```
> g:= subs(L1*L2+L1*L3+L2*L3=Z, (R1+R2)=N, K^2=C, f);
```

$$g := \frac{C\,Z}{N}$$

Die Befehle **subs** und **algsubs** verändern den ursprünglichen Ausdruck nicht, sofern das Ergebnis nicht der Variablen, die den ursprünglichen Ausdruck bezeichnet, zugewiesen wird. Vorsicht ist jedoch bei der Substitution von Werten indizierter Variablen erforderlich, da durch die Ersetzung auch Indizes der Variablen verändert werden können, wie das folgende Beispiel zeigt.

```
> G1:= i[R] = U/R
```

$$G1 := i_R = \frac{U}{R}$$

```
> G2:= subs(R=1, G1)
```

$$G2 := i_1 = U$$

Zu beachten ist, dass **algsubs** nur mit Exponenten vom Typ Integer arbeitet!

2.4.5.2 Der Befehl eval

Ebenso wie **subs** und **algsubs** kann **eval** zum Ersetzen von Teilausdrücken verwendet werden. Im Gegensatz zu **subs** ersetzt er aber nicht nur Teilausdrücke, sondern wertet auch den modifizierten Ausdruck aus, kürzt also beispielsweise Brüche. Er führt die Substitution auch nicht rein formal aus (wie **subs**), sondern unter Beachtung mathematischer Regeln.

Allgemeine Formen:

- **eval**(ausdruck, x=a)
- **eval**(ausdruck, gleichung)
- **eval**(ausdruck)

Parameter:

x	Variablenname oder Ausdruck
a	Teilausdruck
ausdruck	Ausdruck, in dem Teilausdrücke zu ersetzen sind oder der auszuwerten ist
gleichung	alter_Teilausdruck = neuer_Teilausdruck; mehrere Gl. als Liste oder Menge

Sehr **nützlich** ist häufig auch die Form

eval['recurse'](ausdruck, Liste oder Menge von Ersetzungsgleichungen)

Mit dem Index 'recurse' für **eval** wird die Parameterersetzung im Ausdruck unter Verwendung der Ersetzungsgleichungen so lange wiederholt, bis sich das Ergebnis nicht mehr ändert oder bis eine unendliche Schleife entdeckt wird (siehe Beispiel unter Abschn. 9.2.1).

Im Unterschied zu **subs** müssen mehrere Ersetzungsgleichungen immer als Menge oder Liste notiert werden.

```
> G3 := C1/N;
```

$$G3 := \frac{C1}{N}$$

```
> eval(G3, [C1=2*Pi, N=3!]);
```

$$\frac{1}{3}\,\pi$$

Das eigentliche Anwendungsgebiet von **eval** ist die Auswertung von Ausdrücken bzw. Variablen an einem bestimmten Punkt. Dieser Befehl kann auch Ableitungen, Integrale, Funktionen usw. berechnen.

```
> y:= x^2*sin(3*x)*exp(-x);
```

$$y := x^2 \sin(3\,x)\ \mathrm{e}^{-x}$$

```
> eval(y, x=2);
```

$$4 \sin(6)\ \mathrm{e}^{-2}$$

```
> eval(y, x=2.);
```

$$-0.1512591023$$

Mit **eval** lassen sich auch die durch **dsolve/numeric** ermittelten Lösungen von Differentialgleichungen den abhängigen Variablen zuweisen (siehe Abschn. 3.4.2). Das „Gegenstück" zu **eval** ist der Befehl **evaln,** mit dem man die Auswertung eines Bezeichners verhindern kann. Ebenso wie **subs** verändert auch **eval** den ursprünglichen Ausdruck nicht.

2.4.5.3 Namensersetzungen mit dem Befehl alias
Syntax:

- **alias**(alias_1, alias_2, …)
  Parameter:
  alias_i: alias_name = name

Neben dem Alias-Namen ist auch der ursprüngliche Name weiterhin gültig. Bei seinen Ausgaben benutzt Maple aber nur die Alias-Namen.

```
> restart:    f2:= Z/N:
```

Für N und Z werden die Alias-Namen *Nenner* und *Zaehler* eingeführt:

```
> alias(Nenner=N, Zaehler=Z):    f2;
```

$$\frac{Zaehler}{Nenner}$$

2.4.6   Operationen auf der Ebene der internen Datenstruktur

2.4.6.1 Der Befehl op
Die interne Zusammensetzung von Ausdrücken, d. h. deren Teilausdrücke und ihre Reihenfolge, zeigt der Befehl **op** an. Anwendungsformen dieses Befehls sind

- **op**(ausdruck)
- **op**(i, ausdruck)
- **op**(list, ausdruck)
  Parameter:
  i   Position des Teilausdrucks (ganze Zahl)
  list   Liste von Positionen

```
> restart:
> eq1:= x^2+4 = y*sqrt(2)-x;
```

$$eq1 := x^2 + 4 = y\sqrt{2} - x$$

```
> op(eq1);
```

$$x^2 + 4,\ y\sqrt{2} - x$$

Die Gleichung *eq1* besteht demnach aus den Teilausdrücken $x^2 + 4$ und $y\sqrt{2} - x$. Auf jeden dieser Teilausdrücke kann man zugreifen, indem im Befehl **op** seine Nummer *n* (der Index) als erstes Argument angegeben wird.

```
> term2:= op(2,eq1);
```

$$term2 := y\sqrt{2} - x$$

Eine weitere Zerlegung ist durch nochmalige Anwendung von **op** auf einen der vorher bestimmten Terme möglich:

```
> op(term2);
```

$$y\sqrt{2},\ -x$$

```
> term2_1:= op(1, term2);
```

$$term2\_1 := y\sqrt{2}$$

Der Index 0 liefert in diesen Beispielen den Typ des Ausdrucks zurück:

```
> op(0, eq1);
```

$$`=`$$

```
> op(0, term2);
```

$$`+`$$

2.4.6.2 Der Befehl subsop

Der Befehl **subsop** dient ebenso wie **subs** zum Ersetzen von Teilausdrücken, diese werden aber durch Angabe ihrer Position in der internen Datenstruktur bezeichnet.

Syntax des Befehls **subsop:**

- **subsop**(pos1= teilausdr1, [pos2= teilausdr2, ...,] ausdruck)

pos1, pos2, ...   Positionen
teilausdr1, teilausdr2   an die Position zu setzende Ausdrücke
ausdruck   Ausdruck, in dem die Substitution vorgenommen wird

> g:= C*Z/N;

$$g := \frac{C\,Z}{N}$$

> op(g); # Ermittlung der Teilausdrücke von g

$$C, Z, \frac{1}{N}$$

> g2:= subsop(1=C1, 2=1/20, g);

$$g2 := \frac{1}{20}\,\frac{C1}{N}$$

2.5   Grafische Darstellungen

Grafische Darstellungen, in Maple als Plots bezeichnet, sind für die Beschreibung mathematischer Sachverhalte sowie für die Auswertung der Ergebnisse mathematischer Berechnungen oft sehr wichtig. Computeralgebra-Systeme verfügen daher über vielfältige Möglichkeiten der Visualisierung und auch Maple ist in dieser Hinsicht besonders leistungsfähig. Ausführlichere Beschreibungen der grafischen Fähigkeiten von Maple sind außer im Maple-Nutzerhandbuch und in der zum Kap. 2 aufgeführten Literatur vor allem im Maple Plotting Guide (Help-> Manuals, Resources, ...-> Plotting Guide) zu finden.

Einige tabellarische Zusammenfassungen enthält Anhang B. Wegen der Komplexität der Grafik-Funktionen von Maple wird aber häufig die Konsultation der Online-Hilfe von Maple unverzichtbar sein. Im vorliegenden Abschnitt werden insbesondere die in den folgenden Kapiteln häufig genutzten Grafikfunktionen vorgestellt und erläutert.

Für die 2D- und 3D-Darstellung von Funktionsgraphen stellt Maple u. a. die Funktionen **plot** und **plot3d** bereit. Darüber hinaus bietet das System in den Grafik-Bibliotheken (Packages) **plots** und **plottools** eine Vielzahl weiterer Funktionen, die sehr flexibel für die Generierung unterschiedlichster grafischer Darstellungen einsetzbar sind.

2.5.1   Erzeugung zweidimensionaler Grafiken

2.5.1.1   Der Befehl plot

Die grafische Darstellung einer Funktion mit einer unabhängigen Variablen, beispielsweise

$y = \cos(x)$ im Bereich $0 \leq x \leq 2\pi$, liefert der Befehl

```
> plot(cos(x), x = 0 .. 2*Pi);
```

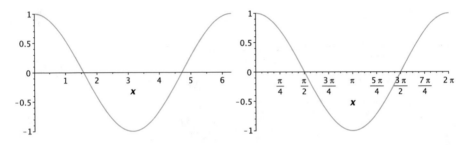

Die linke Grafik wurde mit Maple 13 erzeugt, die rechte mit der Standardeinstellung einer neueren Maple-Version. Bei letzterer wird die Abszisse mit Vielfachen bzw. Bruchteilen von π bezeichnet, wenn π in der Bereichsangabe des Befehls auftritt. Mithilfe der Option **tickmarks** kann man jedoch die Art der Bezeichnung beeinflussen (siehe Abschn. 2.5.3).

Der Befehl **plot** akzeptiert drei verschiedene Funktionstypen.

1. **Reelle Funktionen einer Variablen, formuliert als Ausdruck, Funktion oder Prozedur:**

   plot(ausdruck, x=a..b, ‖y=c..d,‖ Optionen)

   plot(f, a..b, ‖c..d,‖ Optionen)

   ausdruck ...   Ausdruck in einer Variablen, z. B. x

   f ...   Funktion

   a, b, c, d ...   reelle Konstanten

   Die Klammern ‖.‖ bezeichnen optionale Angaben, hier den Ordinatenbereich. Dabei ist die Variable y kein Platzhalter für die darzustellende Größe, sondern die verallgemeinerte Achsenbezeichnung, die genau so angegeben werden muss.

2. **Parameterdarstellungen von Funktionen:**
   plot([ausdr1, ausdr2, t=c..d], Optionen)
   plot([f1, f2, c..d], Optionen)
   ausdr1, ausdr2   Ausdrücke für Parameterdarstellung
   f1, f2 …   Funktionen
   t …   Name des Parameters
3. **Funktionsbeschreibungen durch Punkte:**
   plot(m, Optionen)
   plot(v1, v2, Optionen)
   plot([[x1, y1], [x2, y2], …, [xn, yn]], Optionen)
   m …   Matrix mit zwei Spalten
   v1 …   Vektor oder Liste der Abszissenwerte
   v2 …   Vektor oder Liste der Ordinatenwerte
   [x1, y1], …   Punkt einer Funktion

Zu beachten ist die unterschiedliche Angabe der Darstellungsbereiche bei Ausdrücken und Funktionen.

2.5.1.2 Plot-Optionen

Durch Optionen im Funktionsaufruf kann man eine mit **plot** erzeugte Grafik in vielerlei Hinsicht speziellen Vorstellungen anpassen. Beispielsweise lassen sich so die automatische Farbwahl des Systems durch die Vorgabe einer Liste von RGB-Farben ersetzen, Achsenbezeichnungen und Überschriften einfügen und formatieren, Koordinatenlinien einfügen oder eine Legende einblenden. Jedes Attribut wird in der Form

optionsname = optionswert

angegeben, wie das folgende Beispiel zeigt.

```
> plot(cos(x), x=0..2*Pi, color=red, tickmarks=[decimalticks,default],
       axis[1]=[gridlines=[color=blue]],
       axis[2]=[gridlines=[color=blue,thickness=2],
               tickmarks=[subticks=1]]);
```

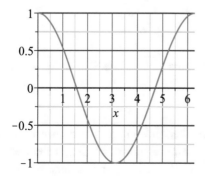

In diesem Beispiel beeinflusst die Option **axis** die Darstellung der Achsen, hier speziell Rasterbreite und Farbe des Gitternetzes. Die Option **color** legt die Farbe der dargestellten Funktion fest. Die verfügbaren Farbnamen zeigt der Befehl **?colornames** an. Neben den neuen Farben bzw. Farbnamen (HTML-Farben; z. B. "Red", "Blue") können auch die alte Farbnamen ("red", "blue") benutzt werden. Beide unterscheiden sich in der Schreibweise, in manchen Fällen aber auch im Farbeindruck (RGB-Struktur). Weitere Optionen werden in den folgenden Beispielen und im Anhang B1 beschrieben.

Es gibt allerdings auch die Möglichkeit, eine auf dem Bildschirm dargestellte Grafik zu ergänzen oder zu ändern. Sofern man ein Maple-Plot mit dem Mauszeiger markiert, werden in der Kontextleiste der Arbeitsumgebung spezielle Symbole eingeblendet, über die man die Grafik in Teilen verändern kann. Auch über das Kontextmenü der Grafik, das nach deren Markierung durch Betätigen der rechten Maustaste angezeigt wird, sind solche Änderungen sowie der Export der Grafik in verschiedenen Formaten möglich.

Sofern in den folgenden Befehlen zur Erzeugung der Maple-Plots keine Farben vorgegeben sind, verwendet Maple die in der Datei **maple.ini** mit dem Befehl **setcolors** angegebenen in folgender Reihenfolge: "CornflowerBlue","Brown","Red","Orange", "Green".

2.5.1.3 Parameterdarstellungen
Für Parameterdarstellungen sind die zu einer Kurve gehörigen Komponenten zusammen mit der Bereichsangabe für den Parameter in einer Liste zusammenzufassen.

```
> plot([sin(t), cos(t), t=0..2*Pi], scaling=constrained);
```

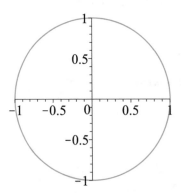

Im Beispiel hat die Option **scaling** die Aufgabe, eine einheitliche Skalierung von Abszisse und Ordinate zu sichern.

2.5.1.4 Szenen mit mehreren Funktionen
Um mehrere Funktionen in einer Grafik darzustellen, müssen die Funktionen im plot-Befehl durch eckige Klammern zu einer Liste zusammengefasst werden. Die einzelnen Kurvenzüge kann man dabei zwecks besserer Unterscheidung mit unterschiedlichen

Farben (Option **color**) oder unterschiedliche Linienarten und Linienstärken ausgeben. Häufig ist es auch zweckmäßig, an die Grafik eine Legende mit Kurzbeschreibungen der Graphen anzuhängen **(Option legend).**

Eine einfarbige Darstellung mehrerer Kurvenverläufe durch Verwendung unterschiedlicher Linienarten **(linestyle)** und verschiedener Linienstärken **(thickness)** demonstriert das folgende Beispiel. Im Sinne der Übersichtlichkeit des Programms wird dabei außerdem eine Strukturierung der Parameter des Befehls **plot** vorgenommen. Die Option **discont** bewirkt, dass vor der Ausgabe der Kurvenzüge die Stellen von Diskontinuitäten bestimmt und diese bei der Grafikausgabe ausgeblendet werden, d. h. es entfallen dann die vertikalen Linien an den Unendlichkeitsstellen der Funktion.

```
> Titel:= title="Trigonometrische Funktionen",
           titlefont=[HELVETICA,BOLD,12]:
> Stil:= color=[black,black,black], thickness=[2,1,1],
           linestyle=[dot,solid,dash], discont=true:
> plot([sin(x),cos(x),tan(x)], x =-Pi..Pi, y=-3..3,
           Stil, legend=["sin","cos","tan"], Titel);
```

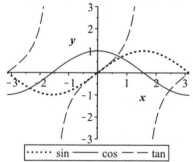

Trigonometrische Funktionen

Die Möglichkeit, mehrere Kurvenverläufe in einem Plot (Diagramm) zu vereinen, bieten auch die Befehle **display** (Abschn. 2.5.2.1) und **multiple** (Abschn. 5.5.1).

2.5.1.5 Ausgabe von punktweise beschriebenen Funktionen

Für die Darstellung einer Geraden zwischen den zwei Punkten (x1,y1) und (x2,y2) kann man zwischen den folgenden zwei Befehlsformen wählen:

a) plot([x1, x2], [y1, y2]);
b) plot([[x1, y1], [x2, y2]]);

Bei der Variante a) werden die Abszissen- und die Ordinatenwerte der Punkte in zwei getrennten Listen oder Vektoren notiert. Die Form b) arbeitet mit einer Liste von Listen. Die Koordinaten jedes Punktes werden durch eine separate Liste beschrieben und diese einzelnen Listen sind dann wiederum Elemente einer Liste. Die beiden Befehlsformen sind selbstverständlich auch anwendbar, wenn der Funktionsverlauf durch mehr als zwei Punkte beschrieben wird.

Die folgende Anweisung erzeugt eine Gerade zwischen den Punkten $P_1(0, 0)$ und $P_2(3,5)$.

```
> plot([[0,0],[3,5]]);
```

Im nächsten Beispiel sind die Abszissenwerte als Liste v1 und die Ordinatenwerte in v2 vorgegeben, die einzelnen Punkte werden aber nicht durch Linien verbunden.

```
> v1:= [0, 1, 2, 4, 6, 7]:
> v2:= [0.8, 0.7, 0.4, 0.8, 1.0, 1.3]:
> plot(v1,v2, style=point, symbol=cross, symbolsize=30,
        view=[0..8,0..1.5]);
```

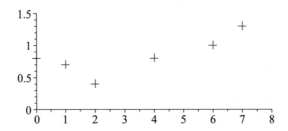

Durch einen anderen Wert der Option *style* entsteht ein geschlossener Kurvenzug.

```
> plot(v1,v2, style=line, view=[0..8,0..1.5]);
```

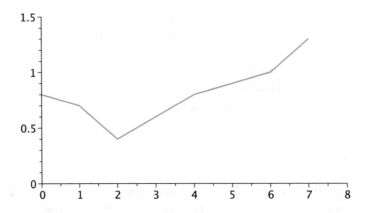

Für die grafische Darstellung punktweise beschriebener Funktionen bzw. einer Folge von
Datenpunkten verfügt Maple außerdem über weitere Befehle, von denen hier nur **dataplot** und **pointplot** beispielhaft und ohne ausführliche Beschreibung angegeben werden.

```
dataplot(v1,v2, view=[0..8,0..1.5]);
```

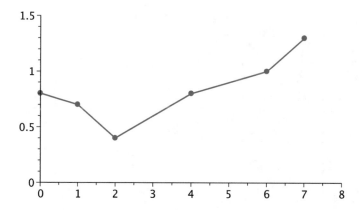

Wie das nächste Beispiel zeigt, kann man mit **dataplot** durch Angabe eines optionalen
Parameters *plottype* auch unterschiedliche Arten von Plots erzeugen. Weitere Einzelheiten zu diesem sehr leistungsfähigen Befehl sind dem Hilfe-System von Maple zu entnehmen.

```
> dataplot(v2, bar, gridlines);
```

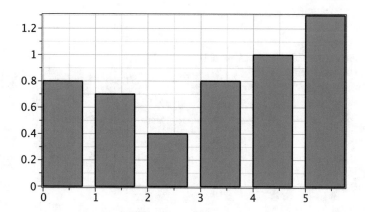

Der folgende Befehl **pointplot** ist Teil des Pakets **plots,** das im Abschn. 2.5.2 beschrieben wird. Die Punkte können durch zwei Vektoren, durch eine Liste zwei-dimensionaler Punkte oder durch eine n*2-Matrix vorgegeben werden.

```
> plots[pointplot](v1,v2, view=[0..8,0..1.5], symbol=diamond,
           symbolsize=30, color=[red,green,black,blue,grey,orange]);
```

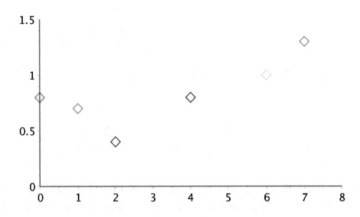

2.5.2   Das Grafik-Paket plots

Das Paket **plots** stellt weitere nützliche Grafik-Befehle zur Verfügung, die oft sehr hilf-reich sind (Tab. 2.2).

Tab. 2.2 Befehle des Pakets plots (Auswahl)

Befehl	Wirkung
animate	Animationen von Graphen erzeugen (siehe Abschn. 2.5.3)
display	Grafische Ausgabe von Plot-Strukturen
dualaxisplot	Ausgabe mit zwei x-Achsen
implicitplot, -3d	Grafische Darstellung impliziter Funktionen
logplot,	einfach-logarithmische Ausgabe: linear skalierte Abszisse;
loglogplot	doppelt-logarithmische Ausgabe
polarplot	Darstellung in Polarkoordinaten
setoptions	Voreinstellung von Plot-Optionen
textplot	Bezeichnungen bzw. Texte einfügen

2.5.2.1 Der Befehl display

Dieser Befehl ermöglicht es, mehrere Plot-Strukturen, die mit **plot, plot3d** oder **animate** (siehe Abschn. 2.5.4) erzeugt und in Variablen gespeichert wurden, gemeinsam, d. h. in einem Diagramm auszugeben.

Syntax des Befehls display:

- **display**(plotliste, Optionen)
- **display**(plotarray, Optionen)
  Parameter:

 plotliste … Liste oder Menge von mit **plot, plot3d** od. **animate** erzeugten Strukturen
 plotarray … ein- oder zweidimensionales Feld von Plot-Strukturen
 Optionen … wie beim Befehl **plot** (Ausnahmen siehe unten)

Die Erzeugung der Grafik „Trigonometrische Funktionen" des vorangegangenen Abschn. 2.5.1.4 wäre dann mithilfe der folgenden Maple-Befehle möglich, bringt bei diesem Beispiel aber keinen Vorteil:

```
> with(plots): setoptions(numpoints=400): setcolors(['black']):
> Intervall:= x=-Pi..Pi, y=-3..3:
> pf:= plot(sin(x), Intervall, linestyle=dot, thickness=2):
> pg:= plot(cos(x), Intervall, linestyle=solid, thickness=1):
> ph:= plot(tan(x), Intervall, discont=true,
                    linestyle=dash, thickness=1):
> display([pf, pg, ph], labels=["x","y"], Titel);
```

Der Befehl **setoptions** setzt die Optionen, die für die folgenden Plot-Befehle Gültigkeit haben. Mit **numpoints** wird die Mindestzahl der für die Darstellung der Grafik zu erzeugenden Punkte festgelegt. Der Standardwert dafür ist 200 (Maple 2015). Ein zu kleiner Wert von numpoints kann die Ursache von „kantigen" Kurvenzügen sein, andererseits kann aber ein sehr hoher Wert ebenfalls die Glätte einer Kurve beeinträchtigen. Mit **setcolors** wird eine Liste von Farben vorgegeben, die zyklisch abgearbeitet wird. Die aktuelle Farbliste bringt der Befehl **setcolors**() zur Anzeige.

Zu beachten ist, dass die Funktion **display** nicht alle Optionen akzeptiert, die bei **plot** zugelassen sind, so auch nicht die Optionen **legend** und **discont**. In den **display** übergebenen Plot-Strukturen können jedoch Legenden enthalten sein. Diese werden dann von display zu einer gemeinsamen Legende zusammengefasst und dargestellt. Außerdem bietet das Kontextmenü, welches man für jede Grafik mithilfe der rechten Maustaste öffnen kann, umfangreiche Bearbeitungsmöglichkeiten der ausgegebenen Grafiken. Beispielsweise kann auf diese Weise interaktiv der Stil der Kurven, deren Farbe, die Achsendarstellung u. a. verändert werden. Ebenso lässt sich in eine mit **display** erzeugte Grafik mithilfe des Kontextmenüs noch eine Legende mit frei wählbarem Text einfügen.

Übergibt man **display** die einzelnen Plots als Feld, dann werden sie je nach Dimension des Feldes entweder nebeneinander oder in mehreren Zeilen und Spalten dargestellt.

```
> display(array([pf, pg, ph]));
```

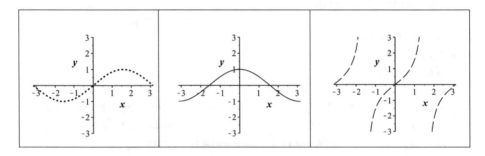

Wird eine display-Anweisung einer Variablen zugewiesen, so wird die entsprechende Grafik, ebenso wie bei einer plot-Anweisung, nicht dargestellt, sondern als Plot-Struktur in der Variablen abgelegt. Die Grafik kann man danach mit einer anderen Anweisung **display** oder mit dem im Folgenden beschriebenen Befehl **dualaxisplot** ausgeben lassen.

2.5.2.2 Der Befehl dualaxisplot

Er erzeugt eine Grafik mit zwei y-Achsen und ermöglicht so die Kombination zweier Graphen mit sehr unterschiedlicher Skalierung in einem Diagramm. Die allgemeine Form dieses Befehls ist

- **dualaxisplot**(ausdruck1, ausdruck2, x=a..b, optionen)
- **dualaxisplot**(p1, p2)
  Parameter:
  Ausdruck   Ausdruck oder Prozedur
  x=a..b   Bereich auf der Abszisse
  p1, p2   Plot-Strukturen, erzeugt mit **plot**, **plots[display]** oder **plots[animate]**

Die linke y-Achse ist mit dem ersten Ausdruck von **dualaxisplot** verbunden, die rechte y-Achse mit dem zweiten. Eine begrenzte Zahl der bei **plot** zulässigen Optionen (axis, color, legend, linestyle, symbol, symbolsize, thickness, transparancy) kann als Liste mit zwei Werten vorgegeben werden, alle anderen nur mit einem Wert.

Um den beiden y-Achsen unterschiedlichen Bezeichnungen anzufügen, muss man zwei durch separate Plot-Befehle erzeugte Grafiken mittels **dualaxisplot** kombinieren. Im folgenden Beispiel werden die beiden Graphen $u(t)$ und $i(t)$ mittels **plot** erzeugt, in den beiden Variablen p1 und p2 gespeichert und zum Schluss mit **dualaxisplot** angezeigt.

```
> restart: with(plots):
> u:= 100*sin(2*Pi*t): i:= 0.7*sin(2*Pi*t+Pi/3):
> setoptions(gridlines=true):
> p1:= plot(u, t=0..3, labels=["t","u(t)"], color=blue,legend="u(t)"):
> p2:= plot(i,t=0..3,y=-1..1, labels=["t","i(t)"],
                  color=brown, legend="i(t)"):
> dualaxisplot(p1, p2);
```

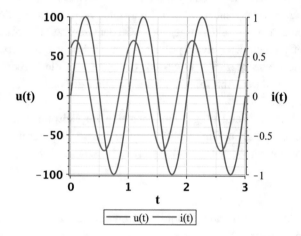

Bei der Vorgabe eines Darstellungsbereiches für die Ordinate (im obigen Beispiel der Ausdruck zur Berechnung von *p*2) ist zu beachten, dass als Bezeichnung der Ordinate *y* (und nicht beispielsweise *i*) verwendet werden muss. Im Unterschied dazu ist bei der Darstellung einer echten Funktion der Abszissenbereich in der Form a..b anzugeben (nicht t = a..b). Danach folgt die Vorgabe des Ordinatenbereichs in der gleichen Form. Die folgenden zwei Befehlszeilen demonstrieren das. Aus dem bisher verwendeten Ausdruck *i* wird die Funktion *Fi* gebildet und danach die plot-Anweisung mit dieser Funktion notiert.

```
> Fi:= unapply(i,t);
```

$$Fi := t \rightarrow 0.7 \sin\left(2\,\pi\,t + \frac{1}{3}\,\pi\right)$$

```
> p2:= plot(Fi, 0..3, -1..1, labels=["t","i(t)"]);
```

2.5.2.3 Der Befehl implicitplot

Mit **implicitplot** kann man eine implizit definierte Kurve als zweidimensionale Grafik, beispielsweise im kartesischen Koordinatensystem, ausgeben.

Syntax (Auszug):

- **implicitplot**(ausdruck, x=a..b, y=c(x)..d(x), Optionen)
- **implicitplot**(funktion, a..b, c..d, Optionen)

In der ersten Form von **implicitplot** steht *ausdruck* für einen Ausdruck oder eine Gleichung. Sofern *ausdruck* nicht als Gleichung angegeben ist, wird die Grafik für *ausdruck* = 0 dargestellt. Die Variablen x und y stehen stellvertretend für die zwei Variablen, die im Argument *ausdruck* verwendet werden. Im zweiten Aufruf von **implicitplot** kann die Funktion auch eine Prozedur sein. Ausgegeben wird der Graph zur Gleichung *funktion* = 0.

Die meisten Optionen des Befehls plot sind auch für implicitplot verwendbar. Außerdem gibt es eine Reihe spezieller Optionen, die vor allem die Verbesserung der Darstellungsqualität der durch Abtastung und Interpolation gewonnen Punkte des Graphen zum Ziel haben (Tab. 2.3).

Die voreingestellten Werte obiger Optionen von **implicitplot** sind niedrig, um die Rechenzeiten klein zu halten. Die Qualität der Ergebnisse ist daher u. U. schlecht, kann aber durch Erhöhung der Werte (siehe Beispiel) verbessert werden.

Beispiel

```
> ## Stabilitätsbereich der Runge-Kutta-Verfahren 3. und 4. Ordnung ##
> restart: with(plots):
> setoptions(view=[-3..1,-3..3], font=[TIMES,16],
          labelfont=[TIMES,BOLD,14]):
> Opt:= grid=[100,100], crossingrefine=3, gridrefine=2,
      color=["Black","Blue"]:
> RK3:= abs(1+a+I*b+1/2*(a+I*b)^2+1/6*(a+I*b)^3)=1;
```

$$RK3 := \left| 1 + a + Ib + \frac{1}{2}\,(a + Ib)^2 + \frac{1}{6}\,(a + Ib)^3 \right| = 1$$

```
> RK4:= abs(1+a+I*b+1/2*(a+I*b)^2+1/6*(a+I*b)^3+1/24*(a+I*b)^4)=1;
```

$$RK4 := \left| 1 + a + Ib + \frac{1}{2}\,(a + Ib)^2 + \frac{1}{6}\,(a + Ib)^3 + \frac{1}{24}\,(a + Ib)^4 \right| = 1$$

```
> implicitplot([RK3,RK4], a=-3..3,b=-3..3, Opt, labels=["ha","ihb"],
      legend=["RK3","RK4"], caption="\nStabilitätsgebiete Runge-Kutta-
      Verfahren 4. und 5. Ordnung");
```

Tab. 2.3 Spezielle Optionen für implicitplot

Option	Werte
grid = [m, n]	Punkte für Initialisierung der 2-D-Kurve; m, n > 1, Integer (Standard: m, n = 26)
gridrefine = p	p ≥ 0, Integer (Standard: p = 0)
crossingrefine = q	q ≥ 0, Integer (Standard: p = 0)

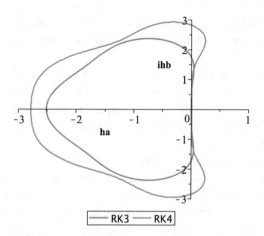

Stabilitätsgebiete Runge-Kutta-Verfahren 4. und 5.
Ordnung

Die Option **view** übernimmt die Festlegung des Darstellungsbereichs unabhängig von der berechneten Werten der Graphen. Beim Symbol **I** in den Ausdrücken RK3 und RK4 handelt es sich um die imaginäre Einheit (siehe Abschn. 2.6). Die Zeichenfolge „\n" der Option **caption** bewirkt einen Zeilenwechsel und damit einen größeren Abstand zwischen Legende und Bildunterschrift (siehe Abschn. 2.5.3). Weitere Befehle des Pakets **plots** sind im Anhang B.2 zusammengestellt.

2.5.3 Texte und Symbole in Grafiken

Über Optionen des Befehls **plot** können in Maple-Grafiken die Koordinatenachsen und die Achsenmarkierungen beschriftet sowie ein Titel, eine Bildunterschrift und eine Legende angefügt werden. Schließlich kann man mit der Befehlskombination **textplot** und **display** des Pakets **plots** Symbole und Texte an beliebiger Stelle einer Grafik platzieren. In allen genannten Fällen können Zeichenketten (in Anführungszeichen eingefasste Zeichenfolgen) oder mathematische Ausdrücke und auch Kombinationen von beiden eingesetzt werden. Zeichenketten lassen sich mit mathematischen Ausdrücken oder Symbolen mithilfe der Funktion **typeset** kombinieren (siehe das folgende Beispiel zu **title**).

2.5.3.1 Textbezogene Optionen von plot

caption = bildunterschrift
title = titel; (Bildüberschrift)
 Beispiel aus 8.7.3: **title = typeset(„Reversiervorgang", `nr(tau)')**

Durch die Einfassung von **nr(tau)** in Hochkomma wird die Auswertung dieses mathematischen Ausdrucks verhindert und die angegebene Zeichenfolge ausgegeben.

labels = [x_bezeichnung, y_bezeichnung]; (Achsenbeschriftung)

Standardbezeichnungen der Achsen sind die Variablennamen der darzustellenden Funktion. Diese können mittels **labels** durch eine Bezeichnung ersetzt werden, die aus einer Zeichenkette oder einem mathematischen Ausdruck oder aus einer Kombination beider besteht.

tickmarks = [m, n]; (Achsenmarkierungen)

m, n … positive ganze Zahlen, Listen von Werten oder Listen von Gleichungen.

Sind m und n positive ganze Zahlen, dann geben diese die Zahl der Markierungen auf der Abszisse und der Ordinate vor. Bei Angabe einer Werteliste für m bzw. n werden die in der Liste aufgeführten Stellen der betreffenden Koordinate markiert. Mit den tickmarks-Suboptionen *piticks* und *decimalticks* (Standard) kann man festlegen, ob die Achsenmarkierungen mit Vielfachen von π oder mit Dezimalzahlen beschriftet werden Bei der Angabe des Plot-Bereiches in Vielfachen oder Teilen von π setzt Maple automatisch *piticks,* wenn nicht *decimalticks* explizit vorgegeben wird.

Durch Angabe einer Liste von Gleichungen der Form *wert = bezeichnung* werden die Stellen *wert* markiert und mit der durch *bezeichnung* vorgegebenen Beschriftung versehen.

Beispiel: tickmarks = [default, [1= „P1", 2.3 = „P2", 4.5 = „P3"]]

Weitere Möglichkeiten der Beeinflussung der Achsenmarkierungen im Zusammenhang mit der Wirkung der Option **gridlines** bietet die Option **axis** (siehe auch das zweite Beispiel im Abschn. 2.5.1).

Beispiel: axis = [gridlines, tickmarks = [subticks = false, thickness = 3]]

legend = Liste mit Legende für jede Kurve der Grafik

labeldirections = [x, y]

Diese Option legt die Richtung der Achsenbezeichnung fest. Für *x* und *y* können die Werte *horizontal* oder *vertical* vorgegeben werden. Die Standardeinstellung ist *horizontal.*

legendstyle = liste

liste umfasst eine oder mehrere Optionen, die den Zeichenfonts der Legende und deren Anordnung in der Grafik beschreiben (siehe Maple-Hilfe).

font = [schriftart, stil, größe]

Diese Option definiert die Darstellungsform der Textobjekte. Als Schriftart sind **TIMES, COURIER, HELVETICA** oder **SYMBOL** zulässig. Für die Schriftart TIMES kann man unter den Stilen **ROMAN, BOLD, ITALIC oder BOLDITALIC** auswählen. Weitere Angaben sind in der Maple-Hilfe zu finden.

Außer der Option **font** stehen noch die Optionen **labelfont, axesfont, titlefont** und **captionfont** zur Verfügung, die analog zu font verwendet werden.

2.5.3.2 Der Befehl textplot

Mathematische Ausdrücke und Zeichenketten als Teil einer Grafik können separat mit dem Befehl **textplot** in eine Grafikstruktur überführt und dann zusammen mit dem restlichen Teil der Grafik durch den Befehl **display** dargestellt werden. Der Befehl hat die allgemeine Form

- **textplot**(L, Optionen)
  L ... Liste oder Liste von Listen oder Menge von Listen

Jede Liste legt in der Form [x_position, y_position, text] die Position und den dazugehörigen Text fest. Für den Text gilt das am Anfang dieses Abschnitts Gesagte. Steuerzeichen kann man in Verbindung mit dem Zeichen **backslash** (Schrägstrich rückwärts) in den Text einfügen:

\f	form feed (FF)	\n	new line (line feed; LF)
\r	carriage return (CR)	\t	horizontal tab (HT)

Die Koordinaten der Punkte in einer Grafik werden neben dem Maus-Cursor angezeigt, wenn im Kontextmenü der Grafik im Eintrag *Probe Info* der Unterpunkt *Cursor position* ausgewählt ist. In den Versionen vor Maple 15 erfolgt die Anzeige der betreffenden Koordinaten in einem Feld der Grafik-Kontextleiste (über dem Maple-Arbeitsblatt), wenn man die Grafik markiert und dann den Maus-Cursor an die gewünschte Stelle setzt. Sollte das nicht funktionieren, muss noch über den Eintrag *Manipulator* des Kontextmenüs der Grafik *Point Probe* aktiviert werden.

2.5.4 Animationen unter Maple

Animationen werden mithilfe der Funktion **animate** des Paketes **plots** oder auch mit der Funktion **seq** erzeugt. Es handelt sich dabei um Sequenzen (Folgen) von Bildern, die nacheinander in einem Animationsfenster dargestellt werden. Die Prozedur **amimate** erzeugt 2-D- oder 3-D-Animationen. Sie wird in der Form

animate(plotkommando, plotarg, t=a..b, Optionen)

aufgerufen. Das Argument *plotkommando* bezeichnet die Maple-Funktion, mit der der 2D-Plot erzeugt wird, *plotarg* ist eine Liste mit den Argumenten zu *plotkommando*. Dahinter stehen der Name *t* des Parameters, dessen Einfluss die Animation verdeutlichen soll, und dessen Wertebereich in der Form t=a..b. Weitere Optionen für die Funktionen **plot** oder **animate** können folgen. Ein Beispiel soll das verdeutlichen (Abb. 2.3).

```
> with(plots,animate): animate(plot, [a*(x^2-1), x=-4..4], a=-2..2);
```

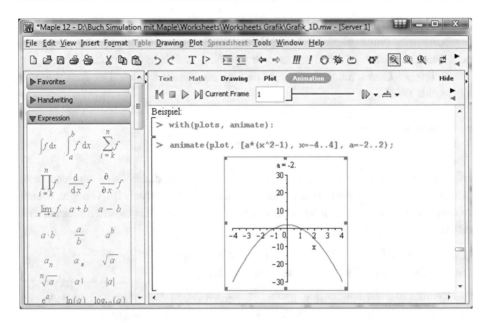

Abb. 2.3 Maple-Arbeitsumgebung mit Kontextleiste für die Steuerung der Animation

In oberen Teil des durch diesen Befehl erzeugten Achsenkreuzes (Abb. 2.3) wird der aktuelle Wert des Animationsparameters eingeblendet. Nach Anklicken der Grafik erscheinen in der Kontextleiste (Leiste über Worksheet) zusätzliche Symbole, über die man die Animation steuern kann: schrittweiser oder kontinuierlicher Ablauf, Geschwindigkeit der Animation usw. Die Zahl der Frames ist auf 25 voreingestellt, d. h. für 25 Werte des Parameters a im Bereich –2 bis 2 wird im Beispiel der Funktionsverlauf fortlaufend berechnet und angezeigt.

Mit der Option **frames** = n (n… ganze Zahl) kann man eine feinere oder gröbere Animation einstellen und über die Option **numpoints** die minimale Anzahl der berechneten Bildpunkte steuern. Mithilfe von **animate** lassen sich auch animierte 3-D-Plots von Funktionen erzeugen.

```
> animate(plot3d, [cos(a*x)*sin(a*y), x=-Pi..Pi, y=-Pi..Pi], a=1..2);
```

2.5.5   Der Befehl plotsetup

Wenn die von Maple vorgegebenen Grafik-Einstellungen der zu lösenden Aufgabenstellung nicht genügen, dann kann mit dem Befehl **plotsetup** Abhilfe geschaffen werden.

- **plotsetup**(gerätetyp, [terminaltyp,] optionen)

  gerätetyp ... *inline, gif, ps, cps, tek, x11, bmp, jpeg, char, window, maplet* u. a.

Beispiel:

Eine Grafik soll im Format eps in der Datei *print.eps* gespeichert werden, um sie später mithilfe des lizenzfreien Programms *GSview* zu drucken. Mit dem Befehl **plotsetup** wird diese Form der Ausgabe vorbereitet.

```
> plotsetup(ps, plotoutput="filename", plotoptions="noborder")
```

2.6   Komplexe Zahlen und Zeigerdarstellungen

2.6.1   Komplexe Zahlen und komplexe Ausdrücke

Das Symbol für die imaginäre Einheit, in Maple normalerweise der Buchstabe **I**, ist mithilfe der Funktion **interface/imaginaryunit** frei wählbar. Im Folgenden soll die imaginäre Einheit, wie in der Elektrotechnik meist üblich, mit j bezeichnet werden.

```
> restart:  interface(imaginaryunit = j):
> z1:= 1+0.5*j
```

$$z1 := 1. + 0.5\,j$$

Grafisch kann man komplexe Zahlen als Punkt oder Zeiger in der Gaußschen Zahlenebene darstellen.

```
> with(plots):
> setoptions(size=[300,200]);
> punkt:= complexplot([z1], style=point, symbol=circle, symbolsize=20,
               color=red):
> zeiger:= complexplot([0, z1], scaling=constrained):
> display(punkt, zeiger, labels=["Re","Im"], scaling=constrained);
```

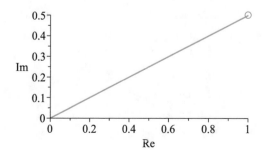

Die für die grafische Darstellung verwendeten Befehle **complexplot** und **display** sind Teile des Pakets **plots**. Durch die Option `scaling=constrained` wird sichergestellt, dass für die reelle und die imaginäre Achse der gleiche Größenmaßstab zur Anwendung kommt.

Für Operationen mit komplexen Ausdrücken gibt es die in Tab. 2.4 aufgeführten Funktionen, deren Wirkungen die folgenden Beispiele demonstrieren.

Real- und Imaginärteil von z1 ermitteln:

```
> a:= Re(z1); b:= Im(z1);
```

$$a := 1.$$
$$b := 0.5$$

Betrag der komplexen Zahl z1:

```
> betrag_z1:= abs(z1)
```

$$betrag\_z1 := 1.1180$$

```
> 'abs(z1)' = sqrt(a^2 + b^2)
```

$$|z1| = 1.1180$$

Winkel von z1 in der komplexen Ebene:

```
> phi:= argument(z1)
```

$$\phi := 0.46365$$

Der oben berechnete Winkel von z1 ergibt sich auch wie folgt:

```
> phi:= arctan(b/a)
```

$$\phi := 0.46365$$

Tab. 2.4 Funktionen für komplexe Ausdrücke

Funktion	Wirkung
abs(ausdruck)	Bildet den Betrag eines Zeigers bzw. eines komplexen Ausdrucks
argument(ausdruck)	Ermittelt den Winkel eines Zeigers in der komplexen Ebene
evalc(ausdruck)	Wandelt komplexe Ausdrücke in die Form $a + jb$ um
Re(ausdruck)	Liefert den Realteil eines komplexen Ausdrucks
Im(ausdruck)	Liefert den Imaginärteil eines komplexen Ausdrucks
Complex(a, b)	Bildet aus Realteil a und Imaginärteil b einen komplexen Ausdruck
polar(ausdruck)	formt eine komplexe Zahl in die Polarkoordinatendarstellung um
conjugate(ausdruck)	Liefert den konjugiert-komplexen Ausdruck
signum(komplexe_zahl)	Normiert die Zahl auf die Länge 1, d. h. bildet die Zahl $z/|z|$

Aus einem Real- und einem Imaginärteil kann mit **Complex** ein komplexer Ausdruck bzw. eine komplexe Zahl gebildet werden:

```
> Z:= Complex(a, b);
```

$$Z := 1. + 0.5\,\mathrm{j}$$

Bildung der konjugiert-komplexen Zahl zu z1:

```
> conjugate(z1);
```

$$1. - 0.5\,\mathrm{j}$$

Mit der Funktion signum wird eine komplexe Zahl auf die Länge 1 normiert, d. h. es wird die Zahl $z/|z|$ bestimmt.

```
> signum(z1);
```

$$0.89443 + 0.44721\,\mathrm{j}$$

```
> z1/abs(z1)
```

$$0.89443 + 0.44721\,\mathrm{j}$$

```
> abs(%);
```

$$1.0000$$

Polarform komplexer Zahlen
Komplexe Zahlen werden in dieser Darstellungsform durch ihren Betrag und den Winkel in der Gaußschen Zahlenebene repräsentiert.

```
> zp:= polar(z);
```

$$zp := \mathrm{polar}(|z|, arg(z))$$

Transformation von z1 in die **Polarform:**

```
> z1p:= polar(z1);
```

$$z1p := \mathrm{polar}(1.1180, 0.46365)$$

```
> A:= abs(z1p);
```

$$A := 1.1180$$

```
> Phi:= argument(z1p);
```

$$\Phi := 0.46365$$

Multiplikation einer komplexen Zahl mit j und mit exp(j*π/2)

```
> z2:= 1 + 1/2*j
```

$$z2 := 1 + \frac{j}{2}$$

```
> Folge:= z2, z2*j, z2*j^2, z2*j^3;
```

$$Folge := 1 + \frac{j}{2}, -\frac{1}{2} + j, -1 - \frac{j}{2}, \frac{1}{2} - j$$

```
> farbe:= setcolors("Classic");
```

$farbe := [\text{"Red", "LimeGreen", "Goldenrod", "Blue", "MediumOrchid", "DarkTurquoise"}]$

```
> Zeiger:= seq(complexplot([0,Folge[i]], color=farbe[i]),i=1..4):
> display(Zeiger, scaling=constrained);
```

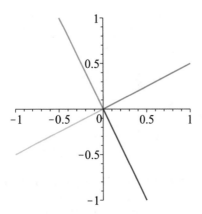

Die Multiplikation einer komplexen Größe mit *j* dreht deren Zeiger um π/2 im mathematisch pos. Sinn, d. h. gegen den Uhrzeigersinn. Das gilt ebenso für die Multiplikation mit exp(jπ/2), Analog dazu wird der Zeiger einer komplexen Größe durch Multiplikation mit –*j* um π/2 im Uhrzeigersinn gedreht.

Grafische Darstellungen mit dem Befehl polarplot

Dieser Befehl des Paket **plots** erzeugt einen Plot in Polarkoordinaten. Er lässt sehr unterschiedliche Darstellungsformen der Parameterliste zu und verfügt auch über eine große Zahl von Optionen. Daher wird an dieser Stelle nur ein Beispiel für eine dieser Formen angeführt. Dargestellt wird eine Kurve in der Form [r(Θ), Θ]. Dabei beschreibt r den Radius bzw. den Betrag einer komplexen Zahl und Θ den Winkel. Das zweite Argument ist optional; wenn es fehlt, dann wird der Standardwert 2π angenommen.

```
> polarplot(Theta, Theta=0..3/2*Pi, size=[300,300], color=red)
```

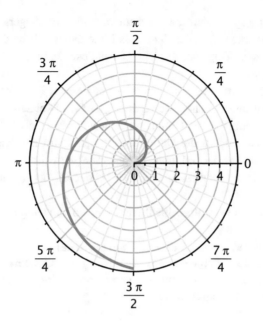

Die komplexen Nullstellen eines Polynoms berechnet der fsolve-Befehl nur dann, wenn die Option **complex** angegeben wird.

```
> fsolve(z^4 + 2*z  = 0, z, complex);
```
$$-1.2599, 0., 0.62996 - 1.0911\,\mathrm{j}, 0.62996 + 1.0911\,\mathrm{j}$$
```
> fsolve(z^4 + 2*z  = 0, z);
```
$$-1.2599, 0.$$

2.6.2 Zeigerdarstellung im Grafikpaket plots

Für die grafische Darstellung von Zeigern stellt das Paket **plots** den Befehl **arrow** zur Verfügung. Er kann in mehreren Formen verwendet werden:

- **arrow**(u, optionen)
- **arrow**(u, v, optionen)
  u, v … Liste, Vektor, Menge oder Liste von Listen, Mengen oder Liste von Vektoren

Bei der Variante **arrow**(u, optionen) beschreiben die Komponenten von u den oder die Zeiger, die im Nullpunkt des Koordinatensystems beginnen. Je nach Anzahl der Komponenten wird eine zwei- oder eine dreidimensionale Darstellung erzeugt. Das Argument u der zweiten Form des Aufrufs von **arrow** legt den Anfangspunkt des durch v beschriebenen Vektors fest (siehe Option **difference** in Tab. 2.5). Für den Befehl **arrow** existieren u. a. die in Tab. 2.5 beschriebenen Optionen.

Die Option **shape** spezifiziert die Erscheinungsform des Zeigers. Deren Werte *harpoon* und *arrow* bewirken, dass der Zeiger als Linie dargestellt wird, mit jeweils unterschiedlicher Form der Zeigerspitze. Die Liniendicke kann man durch die Option **thickness** beeinflussen.

Bei shape=double_arrow besteht der Zeiger aus einem Rechteck und einem Dreieck als Zeigerspitze und bei shape=cylindrical_arrow aus einem Zylinder und einem Konus (3-D). Ohne Angabe der Option width wählt Maple als Zeigerdicke 1/20 der Zeigerlänge. Fehlt die Angabe der Option length, dann wird die Zeigerlänge durch die beschriebenen Endpunkte der Vektoren festgelegt. Sofern die Länge der Zeigerspitze nicht vorgegeben ist, wird für diese automatisch 1/5 der Zeigerlänge angenommen.

Beispiel: Zeigerformen bei unterschiedlichen Werten von shape

```
> z1 := arrow(<0,1>, shape=harpoon, color=blue):
> z2 := arrow(<1,1>, shape=arrow, color=green, thickness=5):
> z3 := arrow(<1,0>, shape=double_arrow, color=red, width=0.1):
> display(z1, z2, z3, axes=none);
```

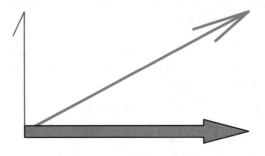

Tab. 2.5   Optionen des Befehls arrow im Paket plots

Option	Wirkung
shape	Form Zeigerspitze; shape=*harpoon, arrow, double_arrow* (Standard für 2-D: *double_arrow*)
length	Zeigerlänge: length=länge oder length=[länge, relative=*true, false*]
width	Zeigerdicke: width=dicke oder width=[dicke, relative=*true, false*]
head_length	Länge Zeigerspitze: head_length=länge oder head_length=[länge, relative=…]
head_width	Dicke Zeigerspitze: head_width=dicke oder head_width=[dicke, relative=…]
difference	Standard ist *difference=false*. Die Spitze des Zeigers liegt in diesem Fall bei $u+v$. Bei *difference=true* wird die Spitze des Zeigers durch v bezeichnet.

Alle Längen- und Dickenangaben können absolut oder relativ erfolgen. Standard ist *relative = false*, d. h. die Werte werden als Absolutwerte interpretiert. Bei relativer Vorgabe beziehen sich die Zeigerdicke und die Länge der Zeigerspitze auf die Zeigerlänge und die Dicke der Zeigerspitze steht in Relation zu deren Länge. Wird die Zeigerlänge als Relativwert vorgegeben, dann bezeichnet die Längenangabe das Verhältnis der dargestellten Länge zur absoluten Länge des Zeigers.

Beispiel: Reihenschwingkreis

Ein kleines Bespiel aus den Grundlagen der Elektrotechnik soll das oben Dargestellte vertiefen. An der Spannung U eines elektrischen Netzwerkes liegt eine komplexe Impedanz Z, gebildet durch eine Reihenschaltung aus einem Ohmschen Widerstand, einer Induktivität L und einer Kapazität C.

```
> restart:
> interface(imaginaryunit = j):
> interface(displayprecision=2):
> Z:= R + j*omega*L + 1/(j*omega*C);
```

$$Z := R + j\,\omega\,L - \frac{j}{\omega\,C}$$

Die komplexe Spannung U ist in Zeigerdarstellung gegeben durch

```
> U:= Umax*exp(+j*phi[u]);
```

$$U := Umax\,e^{j\,\phi_u}$$

Der komplexe Strom I in dem betrachteten Zweig ist dann

```
> I:= U/Z;
```

$$I := \frac{Umax\,e^{j\,\phi_u}}{R + j\,\omega\,L - \dfrac{j}{\omega\,C}}$$

Für die weitere Auswertung werden spezielle Parameterwerte vorgegeben.

```
> param1:= [Umax=100, phi[u]=Pi/30, R=1, L=0.002, C=0.0015,
            omega=314]:
```

Damit nehmen Strom und Spannung die folgenden komplexen Werte an.

```
> I1:= subs(param1, I);
```

$$I1 := (30.91 + 46.21\,\mathrm{j})\,\mathrm{e}^{\frac{1}{30}\,\mathrm{j}\,\pi}$$

```
> evalf(I1);
```

$$25.91 + 49.19\,\mathrm{j}$$

```
> U1:= subs(param1, U);
```

$$U1 := 100\,\mathrm{e}^{\frac{1}{30}\,\mathrm{j}\,\pi}$$

Der Winkel zwischen I1 und U1 ist

```
> phi[1]:= argument(I1)-argument(U1);
```

$$\phi_1 := \arctan\left(\frac{30.91\,\sin\left(\dfrac{1}{30}\,\pi\right) + 46.21\,\cos\left(\dfrac{1}{30}\,\pi\right)}{30.91\,\cos\left(\dfrac{1}{30}\,\pi\right) - 46.21\,\sin\left(\dfrac{1}{30}\,\pi\right)}\right) - \frac{1}{30}\,\pi$$

Umrechnung des Winkels vom Bogen- ins Gradmaß

```
> phi[1°]:= evalf(180*phi[1]/Pi);
```

$$\phi_{1°} := 56.22$$

Mit dem Befehl **arrow** lassen sich die errechneten Ergebnisse wie folgt als Zeiger darstellen:

```
> with(plots):
> setoptions(font=[TIMES,14]):
> Opt:= head_length=5, head_width=2, shape=arrow:
> zeiger_U1:= arrow([Re(U1), Im(U1)], Opt, color="CornflowerBlue"):
> zeiger_I1:= arrow([Re(I1),Im(I1)], Opt, color="LightGreen"):
> text_U:= textplot([Re(U1),Im(U1),"     U1"]):
> text_I:= textplot([Re(I1),Im(I1),"     I1"]):
> text_phi:= textplot([25,10,typeset(''phi'',"  = ",phi[1],"°")]):
> display(zeiger_U1,zeiger_I1,text_U,text_I, text_phi, axes=none,
                scaling=constrained);
```

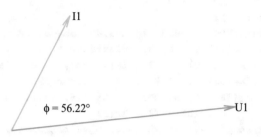

In der obigen Darstellung `typeset(''phi'',"  =  ", phi[1], "°")` für die
Zuweisung an die Variable *text_phi* steht die erste Angabe *phi* nicht in Anführungszeichen
("), sondern sie ist links und rechts durch je zwei Hochkomma eingerahmt. Das ist notwendig, weil die Variable *phi* mit einem Wert belegt ist und an dieser Stelle nicht ihr
Wert, sondern ihr Name dargestellt werden soll. Durch die Einfassung in zwei Paare von
Hochkommas wird also die Auswertung von *phi* zweimal verhindert, d. h. auch im folgenden display-Befehl. Standardmäßig legt die Positionsangabe in **textplot** die Mitte des
darzustellenden Textes fest. Mit der Option **align** kann diese Vorgabe verändert werden.

Meist erfolgt die Darstellung der Zeigerdiagramme in der Wechselstromtechnik ohne
das Achsenkreuz des komplexen Koordinatensystems. Wenn dieses Koordinatensystem
aber benötigt wird, dann entfällt in der Plot-Anweisung die Option axes=none und mit
der Option tickmarks werden die darzustellenden Tickmarks als Listen für die relle und
die imaginäre Achse vorgegeben.

```
> display(zeiger_U1,zeiger_I1,text_U,text_I,text_phi,
          tickmarks=[[20,40,60,80],[20,40]], labels=[Re,Im],
          labelfont=[TIMES,14], scaling=constrained, size=[400, 200]);
```

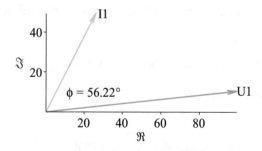

Als Beispiel für eine Zeigerdarstellung mit beliebigem Anfangspunkt des Zeigers dient
die komplexe Impedanz Z, bestehend aus dem Realteil R und dem Imaginärteil X.

```
> Z1:= subs(param, Z):
> Opt3:= head_length=0.1, head_width=0.05, shape=arrow:
> zeigR:= arrow([Re(Z1),0], Opt3, color=blue):
> zeigX:= arrow([Re(Z1),0],[0, Im(Z1)], Opt3, color=black):
> zeigZ:= arrow([Re(Z1),Im(Z1)], Opt3, color=red):
> text:= textplot([[0.6,0.15,"R"], [1.2,-0.6,"jX"], [0.36,-0.8,"Z"]],
                    font=[HELVETICA,12]):
> display(zeigR,zeigX,zeigZ,text, scaling=constrained, size=[200,200],
                    tickmarks=[[0.5],[-0.5,-1]]);
```

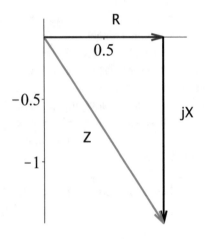

2.7   Lösen von Gleichungen, Ungleichungen, Gleichungssystemen

2.7.1   Symbolische Lösung von Gleichungen und Ungleichungen mit solve

Als einführendes Beispiel diene eine quadratische Gleichung.

```
> solve(x^2-2*x+4 = 0);
```

$$1 + I\sqrt{3}, 1 - I\sqrt{3}$$

Für dieses Beispiel ermittelt Maple zwei komplexe Lösungen. Sofern in der Gleichung nur eine Unbekannte auftritt, wird automatisch die Lösung der Gleichung für diese Unbekannte bestimmt. Bei mehreren Variablen muss diejenige, nach der die Gleichung aufgelöst werden soll, im Funktionsaufruf als zweiter Parameter angegeben werden.

```
> eq1:= x^2+4 = y*sqrt(2);
```

$$eq1 := x^2 + 4 = y\sqrt{2}$$

```
> solve(eq1, x);
```

$$\sqrt{-4 + y\sqrt{2}}, -\sqrt{-4 + y\sqrt{2}}$$

Lösung einer Ungleichung:

```
> solve((3*x+6)/(-x+3) >= 1);
```

$$RealRange\left(-\frac{3}{4}, Open(3)\right)$$

Bei Polynomen ermittelt **solve** alle Lösungen, auch mehrfache Nullstellen. Ist der Grad des Polynoms größer als drei bzw. vier, dann benutzt Maple für die Darstellung der Lösungen meist die sogenannte **RootOf-Darstellung** (siehe u. a. Heck 2003). In diesem Fall kann man anschließend mittels **evalf** die numerischen Lösungen berechnen.

```
> solve(x^4-2*x-1 = 0);
```

$$RootOf\left(\_Z^4 - 2\_Z - 1, index = 1\right), RootOf\left(\_Z^4 - 2\_Z - 1, index = 2\right),$$
$$RootOf\left(\_Z^4 - 2\_Z - 1, index = 3\right), RootOf\left(\_Z^4 - 2\_Z - 1, index = 4\right)$$

```
> evalf(%);
```

1.395336994, -.4603551885+1.139317680 I, -.4746266176, -.4603551885-1.139317680 I

In manchen Fällen lassen sich zur RootOf-Darstellung mithilfe der Funktion **allvalues** symbolische Lösungen ermitteln. In der folgenden Anweisung muss das Argument in eckigen Klammern stehen, weil **solve** eine Folge von Lösungen geliefert hat.

```
> allvalues([%%]);
```

Wegen des großen Umfangs des Ergebnisses wird hier auf dessen Darstellung verzichtet. Das gleiche Ergebnis wie mit **allvalues** lässt sich auch mithilfe der Option **Explcit** erzielen.

```
> solve(x^4-2*x-1, Explicit);
```

Nur bei Polynomen ermittelt solve automatisch alle Lösungen. Um auch für die folgende trigonometrische Funktion eine allgemeine Lösung zu erhalten, kann man entweder die Umgebungsvariable **_EnvAllSolutions** auf den Wert *true* setzen oder **solve** mit der Option **AllSolutions** ausführen.

```
> solve(cos(x),x);
```

$$\frac{1}{2}\,\pi$$

```
> solve(cos(x), x, AllSolutions);
```

$$\frac{1}{2}\,\pi + \pi\,\_Z1\sim$$

Der Bezeichner $\_Z1\sim$ steht dabei für die Menge der ganzen Zahlen.

Allgemeine Form des Befehls solve
Wie die obigen Beispiele zu solve zeigen, kann man durch optionale Angaben die Ausführung des Befehls bzw. die Ergebnisdarstellung wesentlich beeinflussen. Die allgemeine Form des Befehls lautet

- **solve**(gleichungen, variablen, optionen)

Der Befehl ermittelt also nicht nur die Lösungen einzelner Gleichungen, sondern auch von Gleichungssystemen (siehe Abschn. 2.7.2). Der Parameter *variable* benennt die zu berechnenden Variablen. Von den möglichen Optionen werden hier nur einige genannt; ausführlich sind sie in der Maple-Hilfe *?solve/details* beschrieben.

Ausgewählte Optionen von solve
- allsolutions = {true, false}
- AllSolutions
- explicit = {posint, true, false}
- Explicit
- useassumptions = {true, false}

Beispiel zur Option useassumptions
In den meisten Fällen ignoriert **solve** Annahmen für die Variablen. Durch die Option **useassumptions=true** wird jedoch das Gleichungssystem vor der Lösung durch zusätzliche Ungleichungen ergänzt.

```
> solve(x^2-1=0, {x}) assuming x>0;
```

$$\{x = 1\},\ \{x = -1\}$$

```
> solve(x^2-1=0, {x}, useassumptions=true) assuming x>0;
```

$$\{x = 1\}$$

Die letzte Anweisung hat die gleiche Wirkung wie der Befehl

```
> solve({x^2-1, x>0},{x});
```

$$\{x = 1\}$$

2.7.2 Symbolische Lösung von Gleichungssystemen

Auch Gleichungssysteme werden mit **solve** gelöst. Dabei bildet die Menge der einzelnen Gleichungen das erste Argument von **solve**. Als zweites Argument sind die Unbekannten des Gleichungssystems zu übergeben, zweckmäßigerweise als Liste. Zwar ist es auch möglich, die Unbekannten als Menge zu notieren, doch ist dann die Reihenfolge der Ausgabe der Ergebnisse zufallsabhängig und nicht bei jeder Ausführung des Befehls gleich. Beim anschließenden Zugriff auf Komponenten der Lösung können dann die anzugebenden Indizes von Fall zu Fall verschieden sein. Wie unter Abschn. 2.7.1 lässt sich die Ausführung von **solve** durch die zusätzliche Angabe von Optionen beeinflussen.

```
> eq1:= -2*x+2*y+7*z=0:   eq2:= x-y-3*z=1:   eq3:= 3*x+2*y+2*z=5:
> sol:= solve({eq1,eq2,eq3},[x,y,z]);
```
$$sol := [[x = 3, y = -4, z = 2]]$$

Nach Ausführung des Befehls **solve** sind die Ergebnisse noch nicht den Variablen x, y und z zugewiesen. Mit dem Befehl **assign**(sol) könnte man die Zuweisung für dieses Beispiel durchführen. Ein wesentlicher Nachteil dieser Art der Zuweisung ist jedoch die Tatsache, dass danach das Gleichungssystem *eq1* bis *eq3* und auch die Lösung *sol* nicht mehr zur Verfügung stehen, weil die Variablen x, y, und z mit den Ergebniswerten belegt wurden. Günstiger ist daher in der Regel eine lokale Zuweisung mit den Befehlen **subs** oder **eval**.

```
> x1:= subs(sol[],x):   y1:= subs(sol[],y):   z1:= subs(sol[],z):
```

Unterbestimmte lineare Gleichungssysteme
Maple bestimmt mit **solve** auch Lösungen für Gleichungssysteme, bei denen die Zahl der Gleichungen geringer ist als die Zahl der Unbekannten.

```
> restart:
> solve({x-y+z=4, 2*x+3*y-z=-1}, [x,y,z]);
```
$$\left[\left[x = x, y = -\frac{3}{2}x + \frac{3}{2}, z = -\frac{5}{2}x + \frac{11}{2} \right] \right]$$

In diesem Beispiel wählt Maple die Unbekannte x als Parameter. Diese Wahl ist nicht beeinflussbar.

2.7.3   Numerische Lösung von Gleichungen und Gleichungssystemen mit fsolve

Notation und Ergebnisausgabe von **fsolve** entsprechen weitgehend dem zu **solve** Gesagten. Über Optionen lässt sich jedoch die Ausführung des Befehls beeinflussen, sodass die Beschreibung der Syntax von **fsolve** etwas aufwendiger ist. Die einfachste Ausführung des Befehls hat die Form

- **fsolve**(gleichung) bzw. fsolve(gleichungssystem).
  Handelt es sich bei der Gleichung um ein Polynom, findet **fsolve** meist alle Lösungen.

```
> fsolve(x^5+2*x^4-24*x^3-62*x^2+23*x+60=0);
```
$$-4., -3., -1., 1., 5.$$

Bei transzendenten Funktionen gibt **fsolve** nur eine Nullstelle an.

```
> fsolve(tan(x));
```
$$0.$$

Man kann allerdings im Befehl auch einen Näherungswert oder einen Bereich für die gesuchte Nullstelle vorgeben und so weitere Nullstellen berechnen lassen.

```
> fsolve(tan(x), x=3);
```
$$3.141592654$$

```
> fsolve(tan(x), x=6..8);
```
$$6.283185307$$

Kann Maple in dem vorgegebenen Bereich keine Nullstelle ermitteln, dann wiederholt es in der Ergebnisausgabe den eingegebenen Befehl.

```
> fsolve(tan(x), x=4..5);
```
$$\textit{fsolve}(\tan(x), x, 4..5)$$

Anders als **solve** ermittelt **fsolve** ohne spezielle Aufforderung nur reelle Lösungen. Soll **fsolve** auch komplexe Lösungen berechnen, dann muss man das mit der **Option complex** anweisen. In diesem Fall ist vor der Option als zweites Argument außerdem die Unbekannte zu notieren.

```
> fsolve(x^2-2*x+4 = 0, x, complex);
```
$$1.000000000 - 1.732050808\,I,\ 1. + 1.732050808\,I$$

Zum Befehl **fsolve** sind außer **complex** noch weitere Optionen verfügbar (siehe Maple-Hilfe).

2.8   Definition von Funktionen und Prozeduren

2.8.1   Funktionen mit einer oder mehreren Variablen

Zusätzlich zu dem großen Vorrat vordefinierter Funktionen, die man mit dem Befehl **?inifunctions** auflisten kann, hat der Anwender auch die Möglichkeit, mit dem funktionalen Operator –> (Pfeil: Kombination von Minus- und Größer-als-Zeichen) eigene Funktionen zu definieren.

Funktionsdefinition
- fname := var –> ausdruck(var) oder
- fname := (var1, var2, …) –> ausdruck(var1,var2,…)
  Parameter:

fname …	Name der Funktion
var, var1, var2,…	unabhängige Variablen
ausdruck(var)	Funktionsausdruck

Beispiele

```
> f:= x -> (x-3)^2-5;
```

$$f := x \rightarrow (x - 3)^2 - 5$$

Aufruf dieser definierten Funktion f:

```
> f(5);
```

$$-1$$

Durch obige Funktionsdefinition wird die Variable f durch die Funktion x -> (x – 3)^2-5 (in Maple als anonyme Funktion bezeichnet) belegt. Der Name der Variablen muss sich daher von dem der Funktion unterscheiden, weil es andernfalls zu Überschreibungen kommt.

Definition einer Funktion mit zwei Argumenten:

```
> c:= (a,b) -> sqrt(a^2+b^2);
```

$$c := (a, b) \rightarrow \sqrt{a^2 + b^2}$$

```
> c(1,1);
```

$$\sqrt{2}$$

Weil Funktionsdefinitionen in Variablen gespeichert werden, kann man sie ebenso wie Variablen löschen.

```
> c:= 'c':
```

2.8.2   Umwandlung eines Ausdrucks in eine Funktion (unapply)

Ein anderer Weg zur Definition einer Funktion ist die Umwandlung eines mathematischen Ausdrucks in eine Funktion mithilfe von **unapply.** Dieser Befehl hat die allgemeine Form

- fname := **unapply**(ausdruck(var), var)
  bzw.
- fname := **unapply**(ausdruck(var1, var2,...), var1, var2,...)

Beispiel

```
> c:= unapply(sqrt(a^2+b^2), a, b);
```

$$c := (a, b) \rightarrow \sqrt{a^2 + b^2}$$

```
> c(2,3);
```

$$\sqrt{13}$$

2.8.3   Zusammengesetzte Funktionen (piecewise)

Abschnittsweise zusammengesetzte Funktionen werden mit **piecewise** formuliert.

Syntax: f := **piecewise**(Bed_1, f1, Bed_2, f2, ..., Bed_n, fn, fsonst)
   Parameter:
   Bed_i ... Bedingung i; wenn Bed_i erfüllt ist, dann gilt die Funktion fi
   Die Auswertung des Klammerausdrucks erfolgt wie bei einer CASE-Anweisung:
   if Bed_1 = true then f1, else if Bed_2 = true then f2, und so weiter. Wenn keine der Bedingungen wahr ist, dann gilt fsonst.

Beispiel
Eine Sägezahnfunktion wird mithilfe der Funktion **piecewise** beschrieben.

```
> g1 := piecewise(x<1,x, x<2,1-(x-1), x<3,x-2, x<4,4-x);
```

$$
g1 := \begin{cases} x & x < 1 \\ 2 - x & x < 2 \\ x - 2 & x < 3 \\ 4 - x & x < 4 \end{cases}
$$

```
> plot(g1, x=0..4);
```

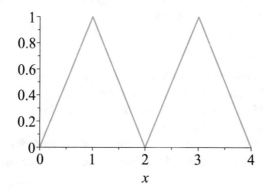

Eine mit **piecewise** definierte Funktion kann differenziert, integriert, vereinfacht (simplify) sowie mit **plot** grafisch dargestellt werden. Außerdem kann man sie in Differentialgleichungen folgender Typen benutzen: in Differentialgleichungen mit durch **piecewise** definierten Koeffizienten, in linearen Differentialgleichungen mit konstanten Koeffizienten und durch **piecewise** definierter Störfunktion, in Riccati-Gleichungen usw. (siehe Maple-Hilfe).

2.8.4 Approximation von Funktionen

Häufig kann man einen funktionalen Zusammenhang verschiedener Größen nur durch n Wertepaare (Stützpunkte) beschreiben. Für die Verarbeitung solcher punktweise vorgegebenen Funktionen wird dann eine analytische Funktion gesucht, deren Parameter so gewählt sind, dass sich ihr Verlauf den Stützpunkten möglichst gut annähert. Zur Anpassung (Approximation) einer analytischen Funktion stellt Maple verschiedene Befehle zur Verfügung, von denen hier nur die Funktion **Spline** aus dem Paket **Curve-Fitting** in Kurzform vorgestellt wird. Im Kap. 6 wird auf die Approximation von Funktionen näher eingegangen.

Der Befehl Spline

Der Befehl Spline approximiert eine durch Stützpunkte vorgegebene Funktion $y(x)$ abschnittsweise durch Interpolationspolynome eines wählbaren Grades d. Für jedes durch die Stützpunkte begrenzte Intervall berechnet er ein Interpolationspolynom $P_i(x)$, das sich dadurch auszeichnet, dass die aus den einzelnen Polynomen zusammengesetzte interpolierende Funktion an den inneren Stützstellen stetig und – abhängig vom Grad der Polynome – ein- oder mehrfach stetig differenzierbar ist. Die zusammengesetzte interpolierende Funktion bezeichnet man als Spline-Funktion oder kurz als Spline.

- Spline(xdata, ydata, v [, degree=d] [, endpts=e]) oder
- Spline(xydata, v [, degree=d] [, endpoints=e])

Parameter:

xdata	Liste, Feld oder Vektor der x-Werte (Stützstellen)
ydata	Liste, Feld oder Vektor der y-Werte (Stützwerte)
xydata	Liste, Feld od. Matrix d. Stützpunkte in Form [[x0,y0], [x1, y1], …, [xn, yn]]
v	Variable der Spline-Funktion
degreee	Grad der Teilpolynome; d ist eine ganze positive Zahl, Standard: d=3
endpts	Festlegung für Endpunkte der Spline-Fkt.; e = natural, periodic, notaknot

Beispiel

Die Kennlinie einer nichtlinearen Induktivität $L = f(i)$ soll mittels Spline-Interpolation modelliert werden. Gegeben sind die Stützstellen *idata* und die Stützwerte *Ldata*.

```
> idata:= [0, 1.5, 9, 15, 25, 40, 67.5, 125]:
> Ldata:= [0.072, 0.071, 0.043, 0.031, 0.021, 0.015, 0.01, 0.007]:
> with(CurveFitting):
> L1:= Spline(idata, Ldata, i, degree=1);  # Spline-Interpol. linear
```

$$L1 := \begin{cases} 0.07200000000 - 0.0006666666667\,i & i < 1.5 \\ 0.07660000000 - 0.003733333333\,i & i < 9 \\ 0.06100000000 - 0.002000000000\,i & i < 15 \\ 0.04600000000 - 0.001000000000\,i & i < 25 \\ 0.03100000000 - 0.0004000000000\,i & i < 40 \\ 0.02227272727 - 0.0001818181818\,i & i < 67.5 \\ 0.01352173913 - 0.00005217391304\,i & otherwise \end{cases}$$

```
> plot(L1, i=0..124);
```

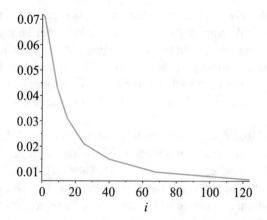

Die Bestimmung der Spline-Polynome kann man auch mit der Erzeugung einer Funktion zur Berechnung interpolierter Werte verbinden. Die folgende Befehlszeile erzeugt eine kubische Spline-Funktion für die oben angegebenen Wertepaare:

```
> L3:= i -> Spline(idata, Ldata, i); # Def.einer kub. Splinefunktion
```

$$L3 := i \rightarrow CurveFitting:\text{-}Spline(idata, Ldata, i)$$

```
> L3(5);
```

$$0.06014175220$$

2.8.5 Prozeduren

Eine Prozedur fasst eine Befehlsfolge unter einem Namen zusammen. Etwa 90 % der in Maple vorhandenen Befehle beziehen sich auf Prozeduren, die in der Sprache von Maple erstellt wurden (Walz 2002). Prozeduren sind demnach sehr vielseitige Sprachkonstrukte, die im Folgenden aber nur relativ kurz beschrieben werden. Weitergehende Informationen liefert neben der Maple-Hilfe das Buch (Walz 2002), in dem ca. 60 Seiten diesem Thema gewidmet sind.

Definition einer Prozedur

```
> prozedur_name:= proc(fparam1,fparam2, …)
    local var1,var2,…;
    global vari1,vari2,…;
    option …
      anweisung(en)
    end proc;      # Ende der Prozedur
```

Hinter dem Schlüsselwort **proc** im Prozedurkopf steht die Parameterliste. Diese enthält eine beliebige Zahl formaler Parameter, die für die beim Prozeduraufruf zu übergebenden aktuellen Parameter stehen. Eine Typangabe der Parameter in der Form fparam::typ ist möglich. Maple prüft dann beim Aufruf der Prozedur, ob das übergebene Argument mit diesem Typ übereinstimmt und bricht die Programmausführung mit einer Fehlermeldung ab, wenn das nicht der Fall ist. Die Parameter können aber auch ganz entfallen.

Auf den Prozedurkopf folgt der Deklarationsteil mit den Schlüsselworten **local** und **global.** Sofern in der Prozedur andere Variablen als die in der Parameterliste aufgeführten verwendet werden, sind diese je nach Gültigkeitsbereich hier einzutragen. Lokale Variablen gelten nur innerhalb der Prozedur, haben also keinen Bezug zu eventuellen Variablen gleichen Namens außerhalb derselben. Dagegen gelten globale Variablen in der gesamten Arbeitsumgebung, d. h. auch in anderen Prozeduren. Auf das Schlüsselwort **option** können verschiedene Optionen, beispielsweise **remember,** folgen. Die Option **remember** veranlasst, dass für die Prozedur eine Erinnerungstabelle angelegt wird, in der alle berechneten Ergebnisse abgelegt werden. Folgt dann ein Aufruf der Prozedur mit den gleichen Eingangswerten, so werden die Ergebnisse aus dieser Tabelle entnommen. Die Zeitersparnis kann unter Umständen beträchtlich sein.

Die Befehle für die Lösung der Aufgabe der Prozedur enthält der Anweisungsteil. Das Ende einer Prozedur muss das Schlüsselwort **end proc** markieren.

Aufruf einer Prozedur
prozedur_name(arg1, arg2, …) oder
Erg := prozedur_name(arg1, arg2, …)

Im Prozeduraufruf stehen hinter dem Namen in runden Klammern die Argumente (aktuelle Parameter), die an die Stelle der formalen Parameter in der Prozedurdefinition treten und mit denen die Prozedur ausgeführt werden soll. Daher müssen Zahl und Reihenfolge der Argumente im Aufruf der Prozedur in der Regel auch mit Zahl und Reihenfolge der formalen Parameter in der Prozedurdefinition übereinstimmen. Es ist allerdings auch möglich, eine Prozedur mit leerer Parameterliste zu definieren oder beim Aufruf weniger oder mehr Argumente zu übergeben, als in der Definition festgelegt. Für diese Fälle stehen die beim Prozeduraufruf automatisch erzeugten lokalen Variablen **nargs** und **args** zur Verfügung. In **nargs** ist die Zahl der tatsächlich übergebenen Argumente abgelegt und **args** enthält die übergebenen Argumente in Form einer geordneten Folge. Auf diese kann in der Prozedur in der Form xx:= args[i] zugegriffen werden. Der Variablen Erg werden die Rückgabewerte der Prozedur zugewiesen.

Rückgabewerte
Eine Maple-Prozedur liefert den Wert zurück, der von der letzten bearbeiteten Anweisung bestimmt wird. Soll ein Wert zurückgegeben werden, der nicht in der letzten

Anweisung ermittelt wurde, so muss dieser in die letzte Zeile vor **end proc** eingetragen werden. Gleiches gilt, wenn mehrere Werte zurückgegeben werden sollen.

Enthält eine Prozedur eine Verzweigungsanweisung, kann auch das Verlassen der Prozedur über eine andere Stelle als **end proc** erwünscht sein. Das ermöglicht der Befehl **return** *ausdruck*. Den Rückgabewert liefert dann der hinter dem Schlüsselwort **return** befindliche Ausdruck und die Prozedur wird danach verlassen. Stellt eine Prozedur je nach internem Ablauf eine unterschiedliche Zahl von Rückgabewerten bereit, dann erfolgt deren Übergabe zweckmäßigerweise über eine Liste.

Namens- statt Wertübergabe beim Prozeduraufruf
Maple bietet auch die Möglichkeit, einer Prozedur durch die Parameterkennzeichnung **evaln** den Namen des betreffenden Arguments zu übergeben. Dessen Wert muss dann innerhalb der Prozedur mit **eval** ermittelt werden. Bei dieser Form der Parameterübergabe steht der Parameter auch nach Ausführung der Prozedur mit seinem durch die Prozedur zugewiesenen Wert zur Verfügung. Anhand des folgenden, sehr einfachen Beispiels, das aus (Walz 2002) übernommen ist, soll dieser Sachverhalt weiter verdeutlicht werden.

```
> inc:= proc(p::evaln)
    p:= eval(p) + 1;
    NULL
  end proc:
> x:= 1:
> inc(x);
> x;

                              2

> inc(x);   x;

                              3
```

Beim Aufruf der Prozedur *inc* wird *x* als Name des Arguments übergeben. Dessen Wert wird dann in der Prozedur mit der Funktion **eval** bestimmt und anschließend verändert. Nach Ausführung der Prozedur steht die Variable *x* mit dem neuen Wert zur Verfügung. NULL am Ende der Prozedur bewirkt die Rückgabe einer Leerfolge, d. h. es erfolgt keine Anzeige auf dem Bildschirm.

Prozedur als Datei speichern
Eine selbst erstellte Prozedur kann man mit dem Befehl **save** unter einem frei wählbaren Namen als .m-File speichern und mittels **read** wieder einlesen (Beispiel siehe Abschn. 9.9.2 und 9.9.3).

2.9 Differentiation und Integration

2.9.1 Ableitung eines Ausdrucks: diff, Diff

Gewöhnliche und partielle Ableitungen von Ausdrücken werden mit dem Befehl **diff** berechnet. Das gilt auch für höhere und gemischte Ableitungen.

Syntax von diff

- **diff**(ausdruck, x)
- **diff**(ausdruck, x, y,…)
- **diff**(ausdruck, x\$m, y\$n)

Parameter:

Ausdruck	algebraischer Ausdruck oder Gleichung in den Variablen x, y,…
x, y	Namen der Variablen, nach denen abgeleitet werden soll
m, n	Ordnung der Ableitung

Die Syntax von **Diff** entspricht der von **diff,** aber **Diff** ist ein **inerter Befehl,** d. h. im Gegensatz zu **diff** wird bei der Verwendung von **Diff** die Ableitung von *ausdruck* nicht berechnet, sondern nur symbolisch dargestellt. Eine spätere Auswertung des Ergebnisses von **Diff** ist mit dem Befehl **value** möglich.

Neben **Diff** verfügt Maple über weitere inerte Befehle. Alle haben sie die Eigenschaft, dass sie nicht sofort ausgewertet werden, sondern ggf. erst in einem späteren Programmabschnitt. Ihr Name unterscheidet sich von den aktiven Befehlen durch einen großen Anfangsbuchstaben. Beispiele sind **Int, Diff, Limit, Sum, Svd** und **Eigenvalues.** Vorteilhaft werden diese Funktionen u. a. dann angewendet, wenn eine numerische Auswertung vorgesehen ist und vermieden werden soll, dass Maple erst nach einer symbolischen Lösung sucht, die es ggf. auch gar nicht ermitteln kann.

Beispiele

Vom Ausdruck a(x) werden die erste und die zweite Ableitung berechnet.

```
> a := 3*x^2+1/x+5;
```

$$a := 3\,x^2 + \frac{1}{x} + 5$$

```
> Diff(a, x) = diff(a, x);
```

$$\frac{\mathrm{d}}{\mathrm{d}x}\left(3x^2 + \frac{1}{x} + 5\right) = 6x - \frac{1}{x^2}$$

```
> Diff(a, x$2) = diff(a, x$2);
```

$$\frac{\mathrm{d}^2}{\mathrm{d}x^2}\left(3x^2 + \frac{1}{x} + 5\right) = 6 + \frac{2}{x^3}$$

Ganz analog lassen sich mit **diff** bzw. **Diff** partielle Ableitungen berechnen bzw. darstellen.

```
> g := 1/sqrt(2*x+y^2);
```

$$g := \frac{1}{\sqrt{2x+y^2}}$$

```
> Diff(g, y) = diff(g, y);
```

$$\frac{\partial}{\partial y}\left(\frac{1}{\sqrt{2x+y^2}}\right) = -\frac{y}{\left(2x+y^2\right)^{3/2}}$$

Im nächsten Beispiel wird eine mit **Diff** symbolisch dargestellte Ableitung anschließend mit dem Befehl **value** berechnet.

```
> Diff(g, x$2, y$2);   value(%);
```

$$\frac{\partial^4}{\partial y^2 \partial x^2}\left(\frac{1}{\sqrt{2x+y^2}}\right)$$

$$\frac{105y^2}{\left(2x+y^2\right)^{9/2}} - \frac{15}{\left(2x+y^2\right)^{7/2}}$$

Berechnung einer partiellen 2. Ableitung von g am Punkt (x=1, y=2):

```
> subs(x=1, y=2, diff(g,y$2));
```

$$\frac{1}{36}\sqrt{6}$$

Für das Differenzieren von Vektoren und Matrizen muss man **diff** mit dem Befehl **map** kombinieren:

```
> A:= Matrix([[x11(t), x12(t)], [x21(t), x22(t)]]);
```

$$A := \begin{bmatrix} x11(t) & x12(t) \\ x21(t) & x22(t) \end{bmatrix}$$

```
> dA:= map(diff, A, t);
```

$$dA := \begin{bmatrix} \dfrac{d}{dt}x11(t) & \dfrac{d}{dt}x12(t) \\ \dfrac{d}{dt}x21(t) & \dfrac{d}{dt}x22(t) \end{bmatrix}$$

2.9.2   Der Differentialoperator D

Der Differentialoperator **D** ist ebenso wie **diff** ein Befehl zum Differenzieren, kann aber allgemeiner angewendet werden. Der Befehl **diff** differenziert einen Ausdruck und liefert als Ergebnis einen Ausdruck. Analog dazu repräsentiert **D**(f)(x) die Ableitung einer Funktion $f(x)$ nach x, d. h. es gilt

$$D(f)(x) = \frac{d}{dx} f(x)$$

D bestimmt die Ableitung von Operatoren bzw. Funktionen und liefert als Ergebnis eine Funktion. Mit **D** können aber auch Ableitungen von Prozeduren ermittelt und Ableitungswerte an einem Punkt berechnet werden.

Syntax von D

- **D**(f)   Bildung der Ableitung der Funktion f

- **D**[i](f)   Ableitung der Funktion f nach ihrer i-ten Variablen

- **D**[i](f)(x, y,…)   Auswertung von **D**[i](f) an der Stelle (x, y, …)

- **D**[i\$n](f)   n-fache Ableitung von f nach der i-ten Variablen

- **D**(@@n)(f)   n-fache Ausführung von D

Parameter:

F	Funktion
I	Index einer Variablen der Funktion f
\$	Sequenz-Operator
@	Wiederholungsoperator

Beispiele

```
> f := x -> 1/x^2 + x^3 +5;
```

$$f := x \to \frac{1}{x^2} + x^3 + 5$$

Erste Ableitung von f und ihren Wert an der Stelle $x=2$ berechnen:

```
> D(f);   D(f)(2);
```

$$x \to -\frac{2}{x^3} + 3\,x^2$$

$$\frac{47}{4}$$

Vierte Ableitung von *f* an der Stelle *x*=2:

```
> (D@@4)(f)(2);
```

$$\frac{15}{8}$$

Partielle Ableitungen von Funktionen mit mehreren unabhängigen Variablen

```
> g := (x,y) -> 1/x^2 + x*y^3 +5*y*x;
```

$$g := (x,y) \rightarrow \frac{1}{x^2} + x\,y^3 + 5\,y\,x$$

Ableitung von g nach der 2. Variablen der Funktion g, d. h. nach y:

```
> D[2](g);
```

$$(x,y) \rightarrow 3\,x\,y^2 + 5\,x$$

Zweifache Ableitung von g nach x:

```
> D[1$2](g);
```

$$(x,y) \rightarrow \frac{6}{x^4}$$

Ableitung von g nach x und y :

```
> Diff(g, x, y) = D[1,2](g);
```

$$\frac{\partial^2}{\partial y \partial x} g = \left((x,y) \rightarrow 3y^2 + 5\right)$$

Ableitung einer Prozedur:

```
> f:= proc(x) x^2+2*x+5; end proc;
```

$$f := \mathbf{proc}(x)\ x\texttt{\^{}}2 + 2*x + 5\ \mathbf{end\ proc}$$

```
> D(f);
```

$$\mathbf{proc}(x)\ 2*x + 2\ \mathbf{end\ proc}$$

```
> D(f)(3);
```

2.9.3 Integration eines Ausdrucks: int, Int

Der Befehl **int** (Langform: **integrate**) berechnet unbestimmte, bestimmte und uneigentliche Integrale.

Syntax von int

- **int**(ausdruck, x);
- **int**(ausdruck, x=a..b);
- **int**(ausdruck, [x=a..b, y=c..d, ...]);

Parameter:

Ausdruck	algebraischer Ausdruck, Integrand
x, y	Namen der Integrationsvariablen
a, b, c, d	Integrationsgrenzen

Werden keine Integrationsgrenzen angegeben, dann berechnet **int** eine Stammfunktion.

Der Befehl **Int** hat die gleiche Syntax wie **int,** ist aber eine **inerte Funktion.** Im Gegensatz zu **int** wird also bei der Verwendung von **Int** das Integral nur symbolisch dargestellt, nicht berechnet. Eine spätere Auswertung ist jedoch, analog zu **Diff,** möglich (siehe auch Abschn. 2.9.4).

Beispiele

```
> f:= 3*x^2+1/x+5;
```

$$f := 3\,x^2 + \frac{1}{x} + 5$$

```
> int(f, x);
```

$$x^3 + \ln(x) + 5\,x$$

```
> Int(f, x=1..3) = int(f, x=1..3);
```

$$\int_1^3 \left(3x^2 + \frac{1}{x} + 5\right) dx = 36 + \ln(3)$$

Die folgende Anweisungszeile verdeutlicht, dass die Angabe der Argumente von **Int** und **int** nicht immer identisch ist.

```
> Int(sin(x),x=0..Pi/2) = int(sin,0..Pi/2);
```

$$\int_0^{\frac{1}{2}\pi} \sin(x)\,dx = 1$$

Besitzt eine Funktion eine Stammfunktion, die sich nicht elementar darstellen lässt, so liefert Maple als Ergebnis das nicht ausgewertete Integral.

```
> Integral:=int(tan(x)/x, x=-1..1);
```

$$Integral := \int_{-1}^{1} \frac{\tan(x)}{x} \, dx$$

Den numerischen Wert eines bestimmten Integrals kann man mit dem Befehl **evalf** berechnen. Dabei dürfen jedoch weder der Integrand noch die Integrationsgrenzen Parameter enthalten.

```
> evalf(Integral);
```

$$2.298302461$$

Uneigentliche Integrale notiert man wie folgt:

```
> Int(1/x^2, x=1..infinity) = int(1/x^2, x=1..infinity);
```

$$\int_{1}^{\infty} \frac{1}{x^2} \, dx = 1$$

Mehrfachintegrale kann Maple ebenfalls lösen:

```
> Int(x/y, [x=a..b, y=c..d]) = int(x/y, [x=a..b, y=c..d]);
```

$$\int_{c}^{d} \int_{a}^{b} \frac{x}{y} \, dx \, dy = \int_{c}^{d} \frac{1}{2} \frac{b^2 - a^2}{y} \, dy$$

```
> Int(x/y, [x=1..3, y=4..6]) = int(x/y,[x=1..3, y=4..6]);
```

$$\int_{4}^{6} \int_{1}^{3} \frac{x}{y} \, dx \, dy = -4\ln(2) + 4\ln(3)$$

2.9.4   Numerische Integration

Kombiniert man den Befehl **Int** mit **evalf,** dann wird das Integral ohne den Versuch einer symbolischen Berechnung sofort numerisch ausgewertet. Dabei können als Optionen auch die Genauigkeit (3. Argument *epsilon*) und das Integrationsverfahren (4. Argument) vorgegeben werden.

Beispiel

```
a:= k -> evalf(2/T*Int(i(t)*cos(k*2*Pi/T*t), t=0..T, epsilon=eps)):
```

2.10   Speichern und Laden von Dateien

Maple-Variablen aller Typen (auch Funktionen, Prozeduren usw.) können in Dateien gespeichert bzw. aus Dateien gelesen werden. Zwei Dateiformen sind möglich: Textdateien und .m-Dateien. Die Form der Speicherung wird durch die Erweiterung „.txt" bzw. „.m" des Dateinamens festgelegt. Befehle für das Speichern und das Laden von Dateien sind in Tab. 2.6 zusammengestellt.

Beispiel 1
Es soll eine Tabelle mit dem Namen "Werkstoff", die als Datei "Material.txt" auf der Partition D der Festplatte gespeichert wurde, gelesen werden.

```
> interface(displayprecision=4):
> read "D:/Material.txt";
```

$$Werkstoff := table\left(\left[\left(Alu, \kappa\right) = 36.0000, \left(Kupfer, \kappa\right) = 56.2000, \left(Alu, \alpha\right) = 0.0040,\right.\right.$$
$$\left.\left.\left(Kupfer, \alpha\right) = 0.0039\right]\right)$$

Tab. 2.6 Befehle zu Speichern und Laden von Dateien

save	save folge_von_variablen, "dateiname" schreibt die angegebenen Variablen in die Datei dateiname. Wenn einer Variablen var_i kein Wert zugewiesen ist, wird var_i := vari_i geschrieben
read	read "dateiname" liest den Inhalt der Datei dateiname. Wenn der Dateiname die Erweiterung „.m" hat, wird vorausgesetzt, dass die Datei im internen Mapleformat gespeichert ist
writedata	writedata(fileID, data) bzw. writedata(fileID, data, format) schreibt numerische Daten von Vektoren, Matrizen, Listen oder Listen von Listen in eine Textdatei fileID. Wenn die fileID = terminal ist, erfolgt die Ausgabe auf dem Terminal des Benutzers
readdata	readdata(fileID, format) liest numerische Daten von einer Textdatei. Die Daten in der Datei müssen aus ganzen Zahlen oder Gleitpunktzahlen bestehen, angeordnet in Spalten, getrennt durch Leerzeichen
ExportMatrix	Export von Matrix in Datei (siehe Abschn. 9.2.1)
ImportMatrix	Import von Matrix aus Datei (siehe Abschn. 9.2.1)

Ohne Angabe eines Verzeichnisses wird beim Lesen bzw. beim Speichern auf das aktuelle Arbeitsverzeichnis zugegriffen. Wird ein Pfad vorgegeben, dann müssen die Besonderheiten des jeweiligen Betriebssystems beachtet werden. Unter Windows werden die Verzeichnisnamen im Befehl entweder durch einfache Schrägstriche oder durch je zwei *Backslashes* (Schrägstrich rückwärts) abgegrenzt.

Die Beispiel-Tabelle „Werkstoff" wird nun um einen Eintrag erweitert und danach im Verzeichnis d:\temp gespeichert.

```
> Werkstoff[(Eisen,kappa)]:= 10.3:
> eval(Werkstoff);
```

$$table\left(\left[\,(Eisen,\ \kappa) = 10.3000,\ (Alu,\ \kappa) = 36.0000,\ (Kupfer,\ \kappa) = 56.2000,\ (Alu,\ \alpha) = 0.0040,\right.\right.$$
$$\left.\left.(Kupfer,\ \alpha) = 0.0039\,\right]\right)$$

```
> save Werkstoff, "d:/temp/Material.txt";
> read "D:/temp/Material.txt";
```

$$Werkstoff := table\left(\left[\,(Alu,\ \kappa) = 36.,\ (Kupfer,\ \kappa) = 56.2,\ (Eisen,\ \kappa) = 10.3,\ (Kupfer,\ \alpha)\right.\right.$$
$$\left.\left. = 0.003900,\ (Alu,\ \alpha) = 0.004000\,\right]\right)$$

Das aktuelle Arbeitsverzeichnis wird mit dem Befehl **currentdir** ermittelt und geändert.

```
> currentdir();
```
                         "D:\Buch Simulation mit Maple\Kap 2_Maple"
```
> currentdir("D:/");
```
                         "D:\Buch Simulation mit Maple\Kap 2_Maple"

Die Änderung wurde ausgeführt, es wird aber das bisherige Verzeichnis angezeigt.
Ein neues Verzeichnis wird mit **mkdir** (make directory) angelegt, ein bestehendes mit **rmdir** (remove directory) gelöscht.

```
> mkdir("d:/temp/neuer");
> rmdir("d:/temp/neuer");
```

Den Inhalt des aktuellen Verzeichnisses bringt der Befehl **ssystem**("dir") zur Anzeige. Wird der Befehl in der Form **system**("dir") verwendet, dann erscheint diese in einem gesonderten Fenster.

Beispiel 2
Die Befehle **writedata** und **readdata** sind nur auf Dateien mit numerische Daten anwendbar.

```
> t:= [[5,5.1],[6,5.5],[7,6.5],[8,5.9]];
```
$$t := [[5, 5.1], [6, 5.5], [7, 6.5], [8, 5.9]]$$
```
> writedata("data.txt",t);
> data := readdata("data.txt",2);
```
$$data := [[5., 5.1], [6., 5.5], [7., 6.5], [8., 5.9]]$$
```
> listplot(data, scaling=constrained);
```

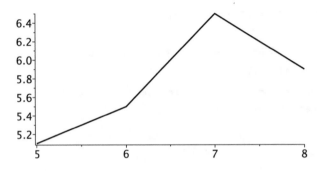

```
> datamatrix:= convert(data, Matrix);
```
$$datamatrix := \begin{bmatrix} 5. & 5.1 \\ 6. & 5.5 \\ 7. & 6.5 \\ 8. & 5.9 \end{bmatrix}$$

2.11   Programmverzweigungen und Programmschleifen

Sehr wichtig für eine Programmiersprache sind Anweisungen, die abhängig von vor-gegebenen Bedingungen eine Verzweigung des Programmablaufs oder eine wiederholte Ausführung einzelner Programmteile erlauben. Daher sollen die Möglichkeiten, die Maple dafür bietet, wenigsten kurz angerissen werden.

2.11.1 Verzweigungsanweisung if-then-else

Syntax:

```
if bedingung1 then anweisungsfolge1
  [elif bedingung2 then anweisungsfolge2]
  [else anweisungsfolge3]
end if
```

Die Bedingungen (bedingung1 usw.) müssen Ausdrücke vom Typ boolean sein, d. h. den Wert true oder false (wahr oder falsch) haben. Eine Anweisungsfolge besteht aus durch Semikolon oder Doppelpunkt getrennten Maple-Befehlen.

Die Bedeutung des Schlüsselworts **elif** ist ‚sonst prüfe ob‘ und die des Schlüsselworts **else** ist ‚sonst führe aus‘. Die in eckige Klammern gesetzten Anweisungsteile sind optional, können also auch entfallen.

Das Ende einer Verzweigungsanweisung wird durch das Schlüsselwort **end if** bezeichnet. Wenn dieses mit einem Doppelpunkt abgeschlossen wird, dann hat die Ausführung der eingebetteten Anweisungen kein Echo zur Folge und auch Befehle wie display oder plot erzeugen keine Ausgabe. Eine Ausnahme bilden lediglich die Befehle **print** und **printf.** Steht hinter **end if** ein Semikolon, dann bewirken alle in der Verzweigung ausgeführten Befehle ein Echo, auch wenn hinter den betreffenden Befehlen ein Doppelpunkt steht, sofern es sich nicht um eine Schachtelung von Verzweigungen oder Schleifen handelt (siehe Abschn. 2.11.4).

Logische (Boolsche) Ausdrücke

Sie werden mit Vergleichsoperatoren und logischen Operatoren gebildet. Eine Bedingung kann aus mehreren Einzelbedingungen bestehen, die durch logische Operatoren miteinander verknüpft sind (Tab. 2.7).

Tab. 2.7 Vergleichsoperatoren und logische Operatoren

Vergleichsoperatoren	<	kleiner als
	<=	kleiner als oder gleich
	>	größer als
	>=	größer als oder gleich
	=	gleich
	<>	ungleich
Logische Operatoren	and	Konjunktion (logisches UND); Verknüpfung hat den Wert *true,* wenn alle Teilbedingungen wahr sind
	or	Disjunktion (logisches ODER); Verknüpfung hat den Wert *true,* wenn mindestens eine Teilbedingung wahr ist
	xor	Exklusive Disjunktion (exkl. ODER); Verknüpfung hat den Wert *true,* wenn der Wahrheitswert der Operanden verschieden ist
	not	logische Negation
	implies	Implikation; die Verknüpfung A → B hat nur dann den Wert false, wenn A = *true* und B = *false,* sonst den Wert true

2.11.2 Schleifenanweisungen

Schleifen erlauben die mehrmalige Bearbeitung von Befehlen. Schleifenanweisungen können in Maple in sehr unterschiedlichen Formen auftreten, i. Allg. genügt jedoch die Beschreibung der drei im Folgenden vorgestellten Grundformen, hier als **for/from**-Schleife, **for/in**-Schleife und **while**-Schleife bezeichnet (Walz 2002).

Analog zu der Verzweigungsanweisung entscheidet bei den Schleifenanweisungen das hinter **end do** stehende Zeichen, ob die in der Schleife ausgeführten Befehle ein Echo bzw. einen Output auf dem Bildschirm erzeugen (siehe auch Abschn. 2.11.4).

2.11.2.1 Schleifenanweisung for/from
Steht die Anzahl der Schleifendurchläufe fest bzw. lässt sie sich rechnerisch bestimmen, dann kann man eine **for**-Schleife, auch Zählschleife genannt, verwenden.

Syntax:

```
[for bezeichner][from ausdruck][to ausdruck][by ausdruck]
   do
      anweisungsfolge
   end do
```

Die Schlüsselworte **do** und **end do** umfassen den Schleifenkörper. In eckige Klammern gesetzten Anweisungteile sind optional. Die Reihenfolge der Schlüsselwörter **from, to** und **by** ist beliebig.

- **for** definiert die Laufvariable, die während der Abarbeitung der Schleife unterschiedliche Werte annimmt,
- **from** setzt den Anfangswert der Laufvariablen (Standard: 1),
- **to** bezeichnet den Endwert der Laufvariablen,
- **by** legt die Schrittweite fest (Standard: 1),

Die Laufvariable kann Werte vom Typ **numeric** annehmen **(integer, fraction, float),** die Schrittweite muss daher nicht ganzzahlig sein.

2.11.2.2 Schleifenanweisung for/in
Diese Schleifenkonstruktion dient der Bearbeitung von Ausdrücken. Von links nach rechts gehend wird auf jedes Glied eines Ausdrucks der im Schleifenkörper notierte Algorithmus angewendet. Das Schlüsselwort **in** bestimmt den Ausdruck, der gliedweise verwendet wird (z. B. Folgen, Mengen, Listen, Polynome usw.)

Syntax:

```
for bezeichner in ausdruck
  do
      anweisungsfolge
  end do
```

2.11.2.3 Schleifenanweisung while

Diese Schleifenart wird verwendet, wenn die Anzahl der Durchläufe nicht bekannt ist. Die Schleife wird so lange durchlaufen, bis die angegebene Bedingung den Wert ‚Falsch‘ annimmt.

Syntax:

```
while bedingung do
      anweisungsfolge
    end do
```

while- und **for**-Schleifen darf man auch kombinieren und Schleifen können auch geschachtelt auftreten.

2.11.3 Sprungbefehle für Schleifen

break
führt zum Verlassen einer Schleife. Die Programmabarbeitung wird mit der auf die Schleife folgenden Anweisung fortgesetzt.

next
übergeht die weiteren Befehle des aktuellen Durchlaufs. Es wird die Abarbeitung der Schleife mit der erneuten Auswertung der Bedingung im Schleifenkopf fortgesetzt. Bei **for/from**-Schleifen wird die Laufvariable um eine Schrittweite verändert, bei **for/in**-Schleifen wird zum nächsten Glied des **in**-Ausdruckes übergegangen und dann der Schleifenrumpf erneut durchlaufen.

2.11.4 Wirkung der Umgebungsvariablen printlevel

Maple ordnet während einer Programmausführung jeder Anweisung ein von der Schachtelung von Verzweigungsanweisungen und Wiederholungsanweisungen abhängiges Niveau zu. Instruktionen auf der Dialogebene liegen auf dem Niveau 0. Bei jedem

Eintritt in eine if-then-Anweisung oder eine Wiederholungsanweisung (Schleife) wird das Niveau um 1 erhöht bzw. beim Verlassen derselben um 1 verringert.

Das Ergebnis bzw. das Echo der Ausführung einer Anweisung wird nur dann auf dem Bildschirm angezeigt, wenn deren Niveau nicht über dem Wert der Umgebungsvariablen **printlevel** liegt. Standardmäßig wird diese Umgebungsvariable am Anfang auf 1 gesetzt. Ausnahmen gelten lediglich für die Ausführung der Befehle **print** und **printf.**

Wenn Anweisungen innerhalb von geschachtelten Schleifen oder geschachtelten bedingten Anweisungen liegen kann es daher notwendig sein, printlevel auf einen höheren Wert zu setzen, um die Ergebnisse der Anweisungen zu sehen, die in den Schleifen oder den bedingten Anweisungen liegen.

Beispiel 1
Das folgende Programm enthält drei geschachtelte if-then-Anweisungen. Weil die Variable **printlevel** den Wert 2 hat, wird die dritte bedingte Anweisung c:=3 zwar ausgeführt, erzeugt aber kein Echo auf dem Bildschirm.

```
> restart:
> printlevel:=2;
```
$$printlevel := 2$$
```
> x:=1:
> if x=1 then a:=1:
    if x=1 then b:=2:
      if x=1 then c:=3;
      end if:
    end if:
  end if;
```
$$a := 1$$
$$b := 2$$
```
> c;
```
$$3$$

Beispiel 2
In diesem Beispiel werden die in der inneren for-Schleife berechneten Produkte nicht angezeigt, weil die Umgebungsvariable **printlevel** den Wert 1 hat, die betreffende Anweisung x*j aber auf dem Niveau 2 liegt. Durch Erhöhung von printlevel auf 2 werden auch die Resultate der inneren Schleife ausgegeben.

```
> restart:
> printlevel:= 1:
> for i to 3 do
    x:= 2*i;
    for j from 2 to 3 do
      x*j;
    end do;
  end do;
```

$$x := 2$$
$$x := 4$$
$$x := 6$$

Eine alternative Methode für das Anzeigen des Ergebnisses eines Befehls innerhalb von Schleifen oder bedingten Anweisungen unabhängig vom Wert der Umgebungsvariablen printlevel ist die Verwendung dieses Befehls in Verbindung mit dem Befehl **print,** im obigen Beispiel also die Notierung `print(x*j)`.

Durch die Zuweisung printlevel := 1 oder durch einen Systemneustart wird die Umgebungsvariable **printlevel** auf den Anfangszustand gesetzt.

2.12 Eingebettete Komponenten, DocumentTools und Startup-Code

Eingebettete Maple-Komponenten sind grafische Komponenten, wie Slider (Schiebe-regler), Buttons, Check-Boxen, Textfelder (Text Area), Plotfelder u. a. Sie bieten inter-aktiven Zugriff auf komfortable Maple-Funktionen für Ein-und Ausgaben. Man kann sie über die Palette *Components* in eigene Dokumente einfügen.

2.12.1 Das Paket DocumentTools

Das Paket ist eine Zusammenstellung von Befehlen für den Zugriff auf den Inhalt von Maple-Dokumenten, d. h. auf Eigenschaften der eingebetteten Komponenten, auf mathe-matische Ausdrücke in Dokumenten bzw. Worksheets und auf die Eigenschaften von Maple-Dokumenten und Worksheets.

1. **Do**(ausdruck)
2. **Do**(name = ausdruck)

Dieser Befehl bewirkt die Auswertung eines Ausdrucks mit Werten eingebetteter Komponenten bzw. die Auswertung und die Speicherung des Ergebnisses in einer Komponente oder einer Variablen. Bei Speicherung in einer Komponente ist das Ziel durch *%name* zu bezeichnen.

Das Standardattribut einer Komponente, das bei der Ausführung von **Do** abgefragt oder gesetzt wird, ist **value.** Soll ein anderes Attribut angesprochen werden, dann ist das durch die Angabe *%name(attr)* anzugeben.

Eine Typprüfung ist möglich durch die Notierung *%name::type* oder *%name(attr)::type*.

3. **GetProperty**(name, attr)

   Abfrage des Attributs *attr* der eingebetteten Komponente *name*.

   Beispiel: GetProperty(Jahr, value)

4. **SetProperty**(name, attr [, val])

   Setzen des Attributs *attr* der eingebetteten Komponente *name* auf den Wert *val.* Fehlt die Angabe des Wertes *val,* dann wird das Attribut der angegebenen Komponente auf den Standardwert gesetzt. Beispiel: SetProperty(Slider1, value, 10)

Weitere Befehle des Pakets sind **GetDocumentProperty** und **SetDocumentProperty** für das Abfragen bzw. Setzen der Attribute von Maple-Dokumenten (Autor, Titel usw.) und der Befehl **Retrieve** für das Lesen von Ausdrücken in Files.

2.12.2 Startup-Code

Dieser Code ist in der Startup-Region eines Maple-Dokuments gespeichert. Er wird immer dann ausgeführt, wenn man das Dokument öffnet und ist nur sichtbar, wenn der Startup-Code-Editor über den Menüpunkt *Edit → Startup Code* oder über das entsprechende Symbol in der Symbolleiste aufgerufen wird.

Abb. 2.4 Schwingkreis

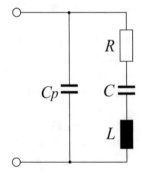

2.12.3 Beispiel „Ortskurve"

Als Beispiel dient die Darstellung der Ortskurve der Admittanz des in Abb. 2.4 dargestellten Schwingkreises (siehe auch Abschn. 4.4.2).

Die Aufgabe wird mit drei Komponenten des Typs Schieberegler (Slider) zur Einstellung der Werte der Parameter R, L und C sowie einer Komponente *Plot* gelöst (Abb. 2.5).

Die grafischen Komponenten werden aus der Maple-Palette *Components* entnommen und im Worksheet platziert. Anschließend konfiguriert man sie, indem man mit der rechten Maustaste ihr Kontextmenü sichtbar macht und über *Component Properties* das Eigenschaftsfeld öffnet. Das Feld *Slider Properties* des Schiebreglers für den Widerstand R zeigt Abb. 2.6. Bei jeder Bewegung eines Schiebereglers soll die Prozedur *Ortskurve* aufgerufen und die grafische Darstellung im Plot-Fenster (Plot1) aktualisiert werden. Das wird durch den unter *Action When Value Changes* eingetragenen Befehl

Do(%Plot1 = Ortskurve(%R,%L,%C));

bewirkt. Das Zeichen % vor einem Namen weist auf eine Maple-Komponente hin.

Die Prozedur *Ortskurve* für das Zeichnen der Ortskurve ist als Startup-Code definiert.

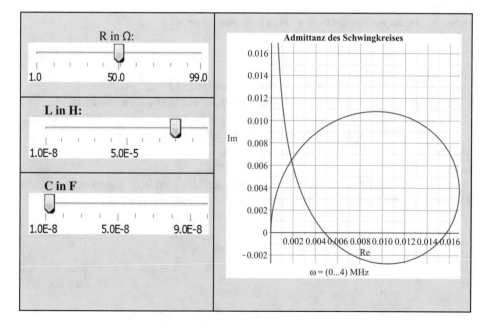

Abb. 2.5 Eingebettete Komponenten des Beispiels „Ortskurve"

Abb. 2.6 Eigenschaftsfeld
des Schiebreglers R

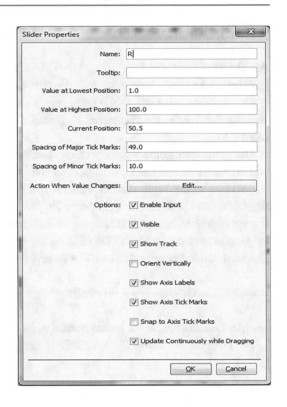

```
restart:
interface(imaginaryunit=j): with(DocumentTools):
Ortskurve := proc(R, L, C)
   local Y, Cp;
   Cp:= 5*10^(-9);
   Y:= j*omega*Cp+1/(R+j*(omega*L-1/(omega*C)));
   plot([Re(Y), Im(Y), omega=0..4000000], gridlines, color=blue,
        title="Admittanz des Schwingkreises", titlefont=[TIMES,12,BOLD],
        caption=typeset(omega, " = (0...4) MHz, labels=["Re","Im"]);
end proc:
```

Das Eigenschaftfeld einer Komponente *Plot* erreicht man über *Component* in deren Kontextmenü. Im vorliegenden Fall wird darin nur der Name durch *Plot1* ersetzt.

Literatur

Braun, R. und Meise, R. 2012. *Analysis mit Maple.* Wiesbaden: Vieweg+Teubner, 2012.

Gräbe, H.-G. 2012. Skript zum Kurs „Einführung in das symbolische Rechnen". [Online] Januar 2012. http://bis.informatik.uni-leipzig.de/HansGertGraebe.

Heck, A. 2003. *Introduction to Maple.* New York, Berlin, Heidelberg: Springer-Verlag, 2003.

Maplesoft. 2015. *Maple User Manual.* 2015.

Walz, A. 2002. *Maple 7.* München Wien: Oldenbourg Verlag, 2002.

Westermann, Thomas. 2012. *Ingenieurmathematik kompakt mit Maple.* s.l.: Springer Vieweg, 2012.

Lösen von gewöhnlichen Differentialgleichungen

3

3.1 Einführung

Die Ausführungen dieses Kapitels konzentrieren sich auf die Anwendung von Maple zur Lösung von Anfangswertproblemen mit gewöhnlichen Differentialgleichungen. Aufgaben dieser Art haben die allgemeine Form

$$\frac{d^n y}{dt^n} = f\left(t, y, \frac{dy}{dt}, \frac{d^2 y}{dt^2}, \ldots, \frac{d^{(n-1)} y}{dt^{(n-1)}}\right) \tag{3.1}$$

$$y(t_0) = y_0, \quad \dot{y}(t_0) = \dot{y}_0, \ldots \tag{3.2}$$

Die Anfangsbedingungen (Gl. 3.2) bestehen aus einem Anfangspunkt (t_0, y_0) und umfassen – sofern die **Differentialgleichung** eine Ordnung größer als Eins hat – zusätzlich auch die Werte der Ableitungen von y an der Stelle t_0 bis zur Ordnung $n{-}1$.

Angestrebt werden analytische (symbolische) Lösungen in geschlossener Form, da sie tiefere Einsichten in die Struktur des zugrunde liegenden Problems erlauben als numerische. Oft ist die Bestimmung analytischer Lösungen jedoch mit großem Rechenaufwand verbunden und Computeralgebra-Systeme sind dann besonders hilfreich. Mithilfe des Maple-Befehls **dsolve** (**d**ifferential equation **solve**r) kann man 97 % der 1390 linearen und nichtlinearen gewöhnlichen Differentialgleichungen, die in dem Standardwerk von Kamke (Kamke 1956) aufgeführt sind, ohne Angabe zusätzlicher Argumente lösen (Heck 2003). Nichtlineare Differentialgleichungen und lineare Differentialgleichungen mit einer Ordnung größer als drei besitzen allerdings in der Regel keine explizit darstellbaren Lösungen und man muss dann zu numerischen Methoden greifen. Maple ist auch für diese Fälle gerüstet, denn es verfügt über sehr effektive numerische Lösungsverfahren.

© Springer Fachmedien Wiesbaden GmbH, ein Teil von Springer Nature 2020
R. Müller, *Modellierung, Analyse und Simulation elektrischer und mechanischer Systeme mit Maple™ und MapleSim™*, https://doi.org/10.1007/978-3-658-29131-0_3

Um eine ungefähre Vorstellung von Maples Leistungsfähigkeit bei der Lösung von Differentialgleichungen und vom Umfang der Unterstützung, die es dem Anwender dabei bietet, zu gewinnen, empfiehlt sich ein Blick auf die Hilfe-Seiten von Maple. Dort findet man auch Beschreibungen mehrerer spezieller Maple-Pakete für die Behandlung von Differentialgleichungen, wie DEtools und PDEtools. **PDEtools** ist eine Zusammenstellung von Routinen zur Ermittlung von Lösungen partieller Differentialgleichungen. Das sehr umfangreiche Paket **DEtools** enthält Befehle zur Visualisierung von Lösungen und Richtungsfeldern, zur Lösung spezieller Typen von Differentialgleichungen (Bernoulli, Riccati, Clairaut, Euler usw.), zur Manipulation bzw. Konvertierung von Differentialgleichungen und im Unterpaket **Poincare** Routinen für das Arbeiten mit Poincare-Sektionen von Hamilton-Systemen.

Das vorliegende Kapitel beschränkt sich auf Anfangswertaufgaben mit gewöhnlichen **Differentialgleichungen.** Zur Demonstration werden einfache Beispiele vor allem aus der Elektrotechnik verwendet. Im Vordergrund steht dabei aber immer das Arbeiten mit Maple und nicht der physikalische Sachverhalt. Als weiterführende Literatur über das hier behandelte eingeschränkte Anwendungsgebiet hinaus sind u. a. (Forst und Hoffmann 2005; Westermann 2008; Heck 2003) sowie die Maple-Hilfen (?dsolve) zu empfehlen.

3.2   Analytische Lösung von Differentialgleichungen

3.2.1   Die Befehle dsolve und odetest

Viele gewöhnliche Differentialgleichungen in expliziter oder impliziter Form kann Maple analytisch lösen. Dafür stehen ihm unterschiedliche mathematische Methoden zur Verfügung, die aber alle über den universellen Befehl **dsolve** (differential equation solver) zum Einsatz kommen. Dieser löst sowohl einzelne Differentialgleichungen als auch Differentialgleichungssysteme, und zwar ohne oder mit Anfangsbedingungen. Er kann in folgenden Formen angewendet werden:

- **dsolve**(DG);
- **dsolve**(DG, y(t), optionen);
- **dsolve**({DG, AnfBed}, y(t), optionen);

Parameter:

DG   gewöhnliche Differentialgleichung oder Menge oder Liste von Dgln.
y(t)   gesuchte Funktion oder Menge oder Liste von Funktionen
AnfBed   Anfangsbedingungen in der Form y(a) = b, D(y)(a) = d; a,b,d Konstanten
Optionen   Diese sind abhängig vom Typ der Differentialgleichungen und dem Lösungsverfahren (siehe Hilfe zu dsolve), z. B.

type = series	Lösung in Form einer Potenzreihe
type = numeric	Anwendung eines numerischen Verfahrens
method = laplace	Lösung mittels Laplace-Transformation
method = fourier	Lösung mittels Fourier-Transformation

Die Anfangswerte können auch als Variablen oder als mathematische Ausdrücke vorgegeben werden. Für die Anfangswerte von Ableitungen ist die Schreibweise mit dem D-Operator zu verwenden. Dazu einige Beispiele:

$$y(0) = 1, \quad D(y)(0) = 0, \ D(y)(t0) = y0, \quad (D@@2)(y)(a) = b \wedge c.$$

Das Ergebnis des Befehls **dsolve** ist eine Gleichung $y(t)$, eine Gleichungsliste oder eine Gleichungsmenge (je nach Ordnung des Systems und Form der Vorgabe der gesuchten Funktionen). In allen Fällen ist aber die rechte Seite der Gleichung den zu berechnenden Funktionen $y_i(t)$ noch nicht zugewiesen. Die Zuweisung einer Lösung an $y_i(t)$ oder eine andere Variable muss extra vorgenommen werden.

Sind im Befehl **dsolve** keine Anfangswerte vorgegeben, dann enthält die von Maple ermittelte Lösung freie Parameter, die mit _C1, …, _Cn bezeichnet sind. Den Ablauf der Arbeit von **dsolve** zeigt Maple an, wenn die Variable **infolevel[dsolve]** auf einen höheren Wert, beispielsweise 3, gesetzt wird.

Im Allgemeinen sollte man niemals darauf verzichten, die Richtigkeit einer Lösung zu überprüfen. Mit dem Befehl **odetest** ist das sehr einfach möglich. Dieser hat folgende Syntax:

- **odetest**(Loes, DG)
- **odetest**(Loes, DG, y(t))
- **odetest**(Loes, DG, series, point $= t_0$)

Parameter:

Loes	zu prüfende Lösung
DG	Differentialgleichung oder Menge od. Liste v. Differentialgleichungen
y(t)	berechnete Funktion oder Menge oder Liste von Funktionen
series	Test einer Potenzreihenlösung
point $=$ t0	(optional) Expansionspunkt t_0 für Potenzreihenlösung

3.2.2 Differentialgleichungen 1. Ordnung

Beispiel: Einschalten eines RL-Kreises mit Gleichspannungsquelle
Die Berechnung des Einschaltvorgangs in einem Gleichstromkreis (Abb. 3.1) mit einem ohmschen Widerstand und einer Induktivität diene als erstes Beispiel. Zum Zeitpunkt $t = t_0$ wird der Schalter geschlossen. Im Einschaltaugenblick hat der Strom den Wert Null.

Abb. 3.1 RL-Kreis mit
Gleichspannungsquelle

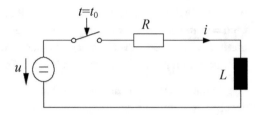

Differentialgleichung:

$$u = i \cdot R + L \frac{di}{dt} \quad \text{bzw.} \quad \frac{di}{dt} = \frac{u}{L} - \frac{R}{L} i$$

Anfangsbedingung:

$$i(t_0) = i(0) = 0$$

Es folgt die Lösung des Anfangswertproblems mit Maple.

> `restart:`

Notierung der Differentialgleichung:
Die Ableitung wird mit dem Befehl **diff** ausgedrückt. Dabei muss der Strom i als Funktion von t beschrieben werden. Das zweite Argument von **diff** bezeichnet die Größe, nach der abzuleiten ist.

> `DG:= diff(i(t),t) = u/L-i(t)*R/L;`

$$DG := \frac{\mathrm{d}}{\mathrm{d}t} i(t) = \frac{u}{L} - \frac{i(t)\, R}{L}$$

Lösen der Differentialgleichung DG ohne Anfangsbedingung:

> `Loe1:= dsolve(DG);`

$$Loe1 := i(t) = \frac{u}{R} + \mathrm{e}^{-\frac{R\,t}{L}}\, \_C1$$

Weil keine Anfangsbedingung angegeben wurde, erscheint in der Lösung die Integrationskonstante_C1. Mit dem Befehl **odetest** wird das Ergebnis geprüft.

> `odetest(Loe1, DG);`

$$0$$

Die Ausgabe von **odetest** zeigt an, dass die ermittelte Lösung korrekt ist. Für die gleiche Differentialgleichung wird noch eine zweite Lösung durch Vorgabe einer Lösungsmethode ermittelt.

```
> Loe2:= dsolve(DG, i(t), method=laplace);
```

$$Loe2 := i(t) = \frac{u}{R} + \frac{(i(0)\,R - u)\,\mathrm{e}^{-\frac{Rt}{L}}}{R}$$

Lösen der Differentialgleichung DG mit Anfangsbedingung:

```
> AnfBed:= i(0)=0;
```

$$AnfBed := i(0) = 0$$

```
> Loes:= dsolve({DG,AnfBed});
```

$$Loes := i(t) = \frac{u}{R} - \frac{\mathrm{e}^{-\frac{Rt}{L}}\,u}{R}$$

```
> odetest(Loes, DG);
```

$$0$$

Auswertung der Lösung:
Die Lösung wird in Form einer Gleichung der Lösungsvariablen (hier: Loes) zugewiesen. Eine Wertzuweisung an die Variable $i(t)$ auf der linken Gleichungsseite ist damit nicht verbunden. Mittels **assign**(Loes) kann man die Zuweisung der auf der rechten Gleichungsseite stehenden Lösung an die Variable auf der linken Seite der Gleichung ganz einfach vornehmen. Im Hinblick auf die weiteren Schritte der Auswertung ist das aber nicht immer die beste Variante. Eine zweite Variante des Zugriffs ist die Form i1:= **rhs**(Loes). Im Folgenden bevorzugt wird aber die lokale Zuweisung durch Verwendung der Befehle i1:= **subs**(Loes, i(t)) oder i1:= **eval**(i(t), Loes). Dabei steht i1 für einen beliebigen Namen. Die genannten Möglichkeiten werden auf den folgenden Zeilen demonstriert.

```
> i1:= rhs(Loes);
```

$$i1 := \frac{u}{R} - \frac{e^{-\frac{Rt}{L}} u}{R}$$

```
> i2:= subs(Loes,i(t));;
```

$$i2 := \frac{u}{R} - \frac{e^{-\frac{Rt}{L}} u}{R}$$

```
> i3:= eval(i(t), Loes);
```

$$i3 := \frac{u}{R} - \frac{e^{-\frac{Rt}{L}} u}{R} \cdot$$

Mit dem Befehl **assign** wird die ermittelte Lösungsfunktion der abhängigen Variablen der Differentialgleichung, im vorliegenden Beispiel also $i(t)$, zugewiesen. Das funktioniert auch dann, wenn es sich um mehrere abhängige Variable bzw. mehrere Lösungsfunktionen handelt. Nachteil bei der Verwendung von **assign** ist, dass sowohl die Differentialgleichung (DG) als auch die Lösungsvariable (Loes) verändert werden, im weiteren Ablauf der Rechnung also nicht mehr nutzbar sind.

```
> assign(Loes);   i(t);
```

$$\frac{u}{R} - \frac{e^{-\frac{Rt}{L}} u}{R}$$

Festlegung von Werten für die Parameter und die Eingangsgröße u:[1]

```
> param:= [R=1, L=0.1, u=10]:
> i1:= eval(i(t), param);
```

$$i1 := 10 - 10 \, e^{-10.00000000 \, t}$$

Grafische Darstellung der Ergebnisse:
Schließlich fehlt noch die grafische Darstellung des Ausgleichvorgangs, d. h. des Verlaufs des Stromes i1 $= i(t)$ und der Spannungen an R und L nach dem Zuschalten auf die Gleichspannungsquelle:

---

[1]Hier und im Folgenden werden die Werte der Parameter in den SI-Grundeinheiten (R in Ohm, L in Henry, u in Volt usw.) eingesetzt, die Einheiten aber nicht explizit angegeben.

```
> with(plots):
> setoptions(font=[TIMES,10], labelfont=[TIMES,12], gridlines=true):
> plot(i1, t=0..0.6, labels=["t","i(t)"]);
```

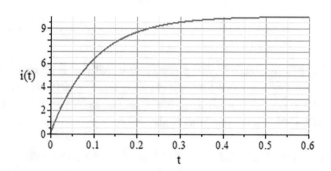

Für die Spannungen an den Netzwerkelementen R und L gelten die folgenden Beziehungen:

```
> uR:= eval(R*i1, param): uL:= eval(L*diff(i1, t), param):
> plot([uR, uL], t=0..0.6, labels=["t","uR(t),uL(t)"],
      legend=["uR","uL"]);
```

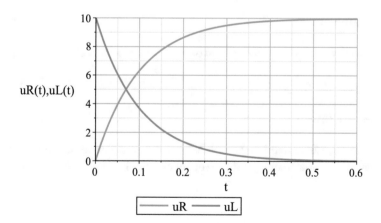

Abb. 3.2 RL-Kreis mit
Wechselspannungsquelle

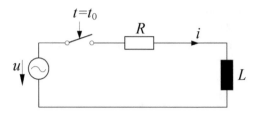

Eine Analyse der Zeitverläufe bestätigt die Plausibilität der Ergebnisse: Der Strom i nähert sich mit zunehmender Zeit immer mehr dem Endwert u/R. Der Anfangswert der Spannung an der Induktivität nach dem Schließen des Schalters ist gleich u und fällt dann nach einer e-Funktion auf den Wert Null.

Beispiel: Einschalten eines RL-Kreises mit Wechselspannungsquelle
Die Differentialgleichung für diesen in Abb. 3.2 dargestellten Vorgang unterscheidet sich vom vorangegangenen Beispiel nur durch die Beschreibung der Spannungsquelle.
Differentialgleichung:

$$U_{max} \sin(\omega t + \psi) = i \cdot R + L \frac{di}{dt} \quad \text{bzw.} \quad \frac{di}{dt} = \frac{U_{max} \sin(\omega t + \psi)}{L} - \frac{R}{L} i$$

Anfangsbedingung:

$$i(t_0) = i(0) = 0$$

Maple-Programm

```
> DG:= diff(i(t), t) = Umax*sin(omega*t+psi)/L-i(t)*R/L;
```

$$DG := \frac{d}{dt} i(t) = \frac{Umax \sin(\omega t + \psi)}{L} - \frac{i(t) R}{L}$$

```
> AnfBed:= i(0)=0:
```

Um Informationen über den internen Ablauf bei der Ausführung des Befehls **dsolve** zu erhalten, wird die Variable **infolevel[dsolve]** auf einen höheren Wert gesetzt (Standard: 0).

```
> infolevel[dsolve]:= 3;
```

$$infolevel_{dsolve} := 3$$

```
> Loes:= dsolve({DG,AnfBed});
Methods for first order ODEs:
--- Trying classification methods ---
trying a quadrature
trying 1st order linear
<- 1st order linear successful
```

$$Loes := i(t) = \frac{\mathrm{e}^{-\frac{R\,t}{L}}\,Umax\,\left(\cos(\psi)\,\omega\,L - \sin(\psi)\,R\right)}{R^2 + \omega^2\,L^2}$$
$$- \frac{Umax\,\left(\cos(\omega\,t + \psi)\,\omega\,L - \sin(\omega\,t + \psi)\,R\right)}{R^2 + \omega^2\,L^2}$$

Test der Richtigkeit der Lösung:

```
> odetest(Loes,DG);
```

$$0$$

Der erste Summand von $i(t)$ beschreibt einen nach einer e-Funktion abklingenden Gleichstromanteil, der zweite Summand stellt den stationären Wechselstrom, der auch nach Abklingen des Ausgleichsvorgangs im RL-Kreis fließt, dar.

Das Ergebnis *Loes* wird der Variablen $i(t)$ zugewiesen:

```
> assign(Loes);
```

Term für den Gleichstromanteil des Stroms $i(t)$ herauslösen:

```
> gleichanteil:= op(1, i(t));
```

$$gleichanteil := \frac{\mathrm{e}^{-\frac{R\,t}{L}}\,Umax\,\left(\cos(\psi)\,\omega\,L - \sin(\psi)\,R\right)}{R^2 + \omega^2\,L^2}$$

Größe und Verlauf des Gleichanteils sind offensichtlich vom Einschaltwinkel ψ abhängig.

Bestimmung des Einschaltwinkels ψ, bei dem der Gleichanteil verschwindet:

```
> psi_gl_null:= solve(gleichanteil=0,psi);
```

$$psi\_gl\_null := \arctan\left(\frac{\omega L}{R}\right)$$

Bestimmung des Einschaltwinkels ψ, bei dem der Gleichanteil seinen Maximalwert erreicht:

```
> psi_gl_max:= solve(diff(gleichanteil,psi)=0, psi);
```

$$psi\_gl\_max := -\arctan\left(\frac{R}{\omega L}\right)$$

Parameterwerte festlegen:
$R = 5\ \Omega$, $L = 0{,}1$ H, $Umax = 10$ V, $\omega = 314\ \text{s}^{-1}$

```
> R:= 5: L:= 0.1: Umax:= 10: omega:= 314:
```

Für die vorgegebenen Parameterwerte ergeben sich folgende Einschaltwinkel (in Grad) für verschwindenden und maximalen Gleichanteil:

```
> psi_0:= evalf(psi_gl_null*180/Pi); psi_1:= evalf(psi_gl_max*180/Pi);
```

$$psi\_0 := 80.95693894$$
$$psi\_1 := -9.043061072$$

Setzen der Optionen für die grafische Darstellung der Ergebnisse:

```
> Optionen:= font=[TIMES,10],labelfont=[TIMES,12],gridlines=true:
```

Verlauf des Einschaltvorgangs bei maximalem Gleichstromanteil:

```
> psi:= psi_gl_max:
> plot([i(t), gleichanteil], t=0..0.1, labels=["t","i(t)"],
        legend=["i(t)","Gleichanteil"], Optionen);
```

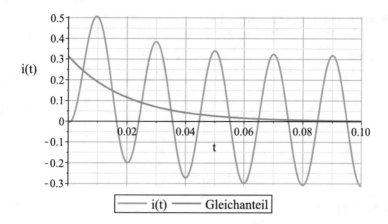

3.2.3   Abschnittsweise definierte Differentialgleichungen 1. Ordnung

Der Befehl **piecewise** erlaubt es, Differentialgleichungen abschnittsweise zu definieren. Beispielsweise kann man so für verschiedene Zeitabschnitte unterschiedliche Differentialgleichungen vorgeben.

Beispiel: Zeitabhängige Umschaltung im RC-Kreis
In einem RC-Kreis (Abb. 3.3) werde abwechselnd zwischen Laden und Entladen des Kondensators umgeschaltet. Jeder Ladevorgang dauere $3T$, jeder Entladevorgang $1T$, wobei T beliebig groß sei. Zu berechnen ist das Verhalten über je zwei Lade- und Entladevorgänge. Die Differentialgleichungen haben die Form

Laden: $\dfrac{du_C}{dt} = \dfrac{u - u_C}{R \cdot C}$ Entladen: $\dfrac{du_C}{dt} = -\dfrac{u_C}{R \cdot C}$

Anfangsbedingung: $u_C(0) = 0$

Für die Formulierung der abschnittsweise zusammengesetzten Differentialgleichung wird die Funktion **piecewise** genutzt.

Abb. 3.3 Laden/ Entladen im RC-Kreis

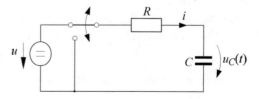

```
> Dgl:= diff(uc(t),t)=piecewise(t<3*T,(u-uc(t))/(C*R),
      t<4*T,-uc(t)/(C*R),  t<7*T,(u-uc(t))/(C*R),  t<8*T,-uc(t)/(C*R));
```

$$Dgl := \frac{\mathrm{d}}{\mathrm{d}t}\, uc(t) = \begin{cases} \dfrac{u - uc(t)}{C\,R} & t < 3\,T \\[2mm] -\dfrac{uc(t)}{C\,R} & t < 4\,T \\[2mm] \dfrac{u - uc(t)}{C\,R} & t < 7\,T \\[2mm] -\dfrac{uc(t)}{C\,R} & t < 8\,T \end{cases}$$

```
> AnfBed:= uc(0)=0:
> assume(R>0, C>0, T>0, u>0);
> Dsol:= simplify(dsolve({Dgl, AnfBed}));
```

Der Befehl **dsolve** wird hier mit **simplify** kombiniert, um einen Schritt bzw. eine relativ umfangreiche Ergebnisausgabe einzusparen.

$$Dsol := uc(t) = \begin{cases} -u\left(-1 + e^{-\frac{t}{C R}}\right) & t < 3\,T \\[2mm] -u\left(e^{-\frac{t}{C R}} - e^{\frac{3\,T - t}{C R}}\right) & t < 4\,T \\[2mm] -u\left(-1 + e^{-\frac{t}{C R}} - e^{\frac{3\,T - t}{C R}} + e^{\frac{4\,T - t}{C R}}\right) & t < 7\,T \\[2mm] -u\left(e^{-\frac{t}{C R}} - e^{\frac{3\,T - t}{C R}} + e^{\frac{4\,T - t}{C R}} - e^{\frac{7\,T - t}{C R}}\right) & t < 8\,T \\[2mm] u\,e^{-\frac{t}{C R}}\left(-e^{-\frac{7\,T}{C R}} + e^{-\frac{4\,T}{C R}} - e^{-\frac{3\,T}{C R}} + 1\right) & 8\,T \le t \end{cases}$$

Mit konkreten Werten der Systemparameter wird nun die Spannung am Kondensator für die Zeit $t = 0{,}5$ s berechnet und der Zeitverlauf der Spannung über 8 s grafisch dargestellt.

```
> assign(Dsol);
> param1:= [R= 20, C=0.02, T=1, u=10]:
> uc1:= eval(uc(t), param1):  eval(uc1, t=0.5);
```

$$7.134952031$$

```
> plot(uc1, t=0..8, gridlines=true, labels=["t","uc(t)"]);
```

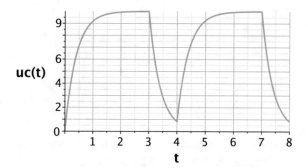

3.2.4 Differentialgleichungen 2. und höherer Ordnung

Differentialgleichungen 2. Ordnung und höherer Ordnung werden ebenfalls mit dem Befehl **dsolve** gelöst. Bei einer Anfangswertaufgabe n-ter Ordnung sind dann n Anfangs-bedingungen vorzugeben, wobei die Ableitungen mit dem **D-Operator** zu notieren sind: die erste Ableitung einer Variablen y an der Stelle t_0 in der Form $\mathbf{D(y)(t_0) = v_{10}}$ und die k-te Ableitung einer Funktion y an der Stelle t_0 in der Form $\mathbf{(D@@k)(y)(t_0) = v_{k0}}$.

Als Beispiel wird ein Anfangswertproblem der Form

$$\ddot{y}(t) + a \cdot \dot{y}(t) + b \cdot y(t) = s(t), \quad (a,b \in \mathbb{R}); \quad y(t_0) = y_0, \quad \dot{y}(t_0) = \dot{y}_0 \quad (3.3)$$

gewählt, da dieses sehr viele Vorgänge in Naturwissenschaft und Technik beschreibt. Die Differentialgleichung ist eine inhomogene, lineare Differentialgleichung 2. Ordnung mit konstanten Koeffizienten. Obwohl Maple die eigentliche Arbeit des Lösens der Differentialgleichung übernehmen wird, sollen einige Bemerkungen zur Form der Lösung vorangestellt werden, weil diese für den betreffenden Aufgabentyp Allgemeingültigkeit haben und daher u. a. für die Prüfung der Plausibilität der Ergebnisse wichtig sind.

Bekanntlich erhält man die allgemeine Lösung der inhomogenen Differentialgleichung (3.3), indem man zu einer beliebigen partikulären Lösung derselben alle Lösungen der zugehörigen homogenen Gleichung

$$\ddot{y}(t) + a \cdot \dot{y}(t) + b \cdot y(t) = 0 \quad (3.4)$$

addiert. Die Form der Lösungen der homogenen Differentialgleichung wird durch das Vorzeichen der Diskriminante $\Delta = a^2 - 4b$ bestimmt. Folgende Ergebnisse sind bei der Lösung von (Gl. 3.4) zu erwarten (Heuser 2004):

I) $y(t) = C_1 e^{\lambda_1 t} + C_2 e^{\lambda_2 t}$ mit $\lambda_{1,2} = \dfrac{1}{2}\left(-a \pm \sqrt{\Delta}\right)$, falls $\Delta > 0$

II) $y(t) = (C_1 + C_2 \cdot t)e^{-\delta t}$ mit $\delta = -\dfrac{a}{2}$, falls $\Delta = 0$

III) $y(t) = e^{\delta t}(C_1 \cos \omega t + C_2 \sin \omega t)$ mit $\delta = -\dfrac{a}{2}$, $\omega = \dfrac{\sqrt{-\Delta}}{2}$, falls $\Delta < 0$

$$(3.5)$$

Abb. 3.4 RLC-Kreis an
Gleichspannungsquelle

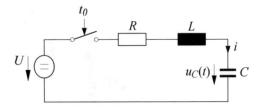

Dabei bezeichnen δ die Abklingkonstante und ω die Kreisfrequenz der Schwingung. Die Konstanten C_1 und C_2 ergeben sich aus den Anfangsbedingungen.

Beispiel: RLC-Glied auf Gleichspannungsquelle schalten
Der Verlauf des Stromes i in der Schaltung nach Abb. 3.4 und der Spannung am Kondensator C nach dem Zuschalten der Spannungsquelle ist zu berechnen. Durch Einsetzen der Beziehungen

$$i = C \cdot \frac{du_C}{dt} \qquad \frac{di}{dt} = C \cdot \frac{d^2 u_C}{dt^2} \tag{3.6}$$

(siehe Kap. 4) in die Maschengleichung

$$i \cdot R + L \cdot \frac{di}{dt} + u_C = U \tag{3.7}$$

ergibt sich die Differentialgleichung 2. Ordnung

$$\frac{d^2 u_C}{dt^2} + \frac{R}{L} \cdot \frac{du_C}{dt} + \frac{u_C}{L \cdot C} = \frac{1}{L \cdot C} U \tag{3.8}$$

Es ist $u_C = uC(t)$. Als Anfangsbedingungen werden vorgegeben

$$u_C(0) = uc0; \qquad \frac{du_C(0)}{dt} = \frac{i(0)}{C} = 0 \tag{3.9}$$

Maple-Programm
Differentialgleichung für die Spannung uc des Kondensators

```
> DG:= diff(uc(t),t$2)+R/L*diff(uc(t),t)+1/(L*C)*uc(t)=1/(L*C)*U;
```

$$DG := \frac{d^2}{dt^2} uc(t) + \frac{R\left(\dfrac{d}{dt} uc(t)\right)}{L} + \frac{uc(t)}{LC} = \frac{U}{LC}$$

Anfangsbedingungen:

```
> AnfBed:= uc(0)=uc0, D(uc)(0)=0;
```

$$AnfBed := uc(0) = uc0, \mathrm{D}(uc)(0) = 0$$

```
> Loe1:= dsolve({DG, AnfBed}, uc(t), method=laplace);
```

$$Loe1 := uc(t) = U + \frac{1}{CR^2 - 4L}\left(\left(-\sqrt{C(CR^2 - 4L)}\,\sinh\!\left(\frac{t\sqrt{C(CR^2 - 4L)}}{2LC}\right)\right)R\right.$$
$$\left. + \cosh\!\left(\frac{t\sqrt{C(CR^2 - 4L)}}{2LC}\right)(-CR^2 + 4L)\right)e^{-\frac{tR}{2L}}\,(U - uc0)\right)$$

Zur weiteren Verarbeitung wird die Lösung für uc(t) der Variablen UC zugewiesen und danach unter Verwendung der Gl. (3.6) der Zeitverlauf von IC, des Stromes im Kondensator, ermittelt.

```
> UC:= rhs(Loe1);
```

$$UC := U + \frac{1}{CR^2 - 4L}\left(\left(-\sqrt{C(CR^2 - 4L)}\,\sinh\!\left(\frac{t\sqrt{C(CR^2 - 4L)}}{2LC}\right)\right)R\right.$$
$$\left. + \cosh\!\left(\frac{t\sqrt{C(CR^2 - 4L)}}{2LC}\right)(-CR^2 + 4L)\right)e^{-\frac{tR}{2L}}\,(U - uc0)\right)$$

```
> IC:= simplify(C*diff(UC,t));
```

$$IC := \frac{2\,e^{-\frac{tR}{2L}}\,(U - uc0)\,\sinh\!\left(\frac{t\sqrt{C(CR^2 - 4L)}}{2LC}\right)\sqrt{C(CR^2 - 4L)}}{CR^2 - 4L}$$

Die Verläufe von $UC(t)$ und $IC(t)$ im Netzwerk sollen nun für die Parameterwerte $R = 1\Omega$, $L = 0{,}01\mathrm{H}$ und $C = 0{,}005\mathrm{F}$ dargestellt werden.

```
> para:= R=1, L=1/100, C=5/1000;
```

$$para := R = 1, L = \frac{1}{100}, C = \frac{1}{200}$$

Die unter *para* angegebenen Parameterwerte werden durch die aktuellen Werte für U und $uc0$ ergänzt und in die Ausdrücke für UC und IC eingesetzt.

```
> param1:= para, U=10, uc0=5;
```

$$param1 := R = 1, L = \frac{1}{100}, C = \frac{1}{200}, U = 10, uc0 = 5$$

```
> UC1:= subs(param1, UC);
```

$$UC1 := 10 - \frac{1}{7}\left(1000\left(-\frac{\sqrt{-7}\sqrt{40000}\sinh\left(\frac{t\sqrt{-7}\sqrt{40000}}{4}\right)}{40000}\right.\right.$$
$$\left.\left.+\frac{7\cosh\left(\frac{t\sqrt{-7}\sqrt{40000}}{4}\right)}{200}\right)e^{-50t}\right)$$

```
> IC1:= subs(param1, IC);
```

$$IC1 := -\frac{e^{-50t}\sinh\left(\frac{t\sqrt{-7}\sqrt{40000}}{4}\right)\sqrt{-7}\sqrt{40000}}{140}$$

```
> plot([UC1, IC1], t=0..0.1, legend=["UC/V","IC/A"],gridlines,
size=[300,200]);
```

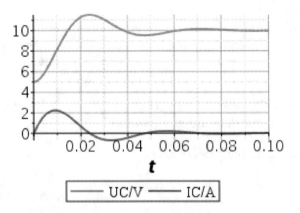

Die oben ermittelte Lösung *Loe1* beschreibt mit $U=0$ auch das Abklingen der Kondensatorspannung bei kurzgeschlossener Spannungsquelle U.

```
> param2:= para, U=0, uc0=10;
```

$$param2 := R = 1, L = \frac{1}{100}, C = \frac{1}{200}, U = 0, uc0 = 10$$

```
> plot([subs(param2, UC),subs(param2, IC)], t=0..0.10,
        view=[0..0.10,-5..12], legend=["uC/V","iC/A"], gridlines,
        size=[300,200]);
```

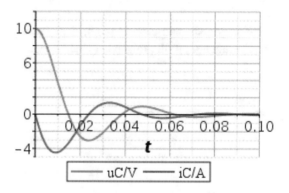

Im Folgenden soll nun soll nun unter Vorgabe des Vorzeichens der Diskriminate Δ (siehe Gl. 3.5) eine gegenüber *Loe1* günstigere symbolische Form der Lösung ermittelt werden. Es ist $\Delta = a^2 - 4b$.

Durch Vergleich der Differentialgleichung Gl. (3.9) mit Gl. (3.3) ergibt sich:

```
> Delta:= R^2/L^2 - 4/L/C = (R^2*C - 4*L)/(L^2*C);
```

$$\Delta := \frac{R^2}{L^2} - \frac{4}{LC} = \frac{CR^2 - 4L}{L^2C}$$

Das Vorzeichen von Δ und demnach das Vorzeichen des Ausdrucks $CR^2 - 4L$ entscheidet gemäß Gl. (3.5) über den Charakter der Lösung. Angenommen wird für die folgenden Umstellungen eine schwingende Lösungsfunktion, also $\Delta < 0$.

```
> Loe2:= dsolve({DG, AnfBed}, uc(t),method=laplace)
           assuming R>0,C>0,L>0,R^2*C-4*L<0;
```

$$Loe2 := uc(t) = \frac{1}{\sqrt{-CR^2+4L}}\left(\left(\cos\left(\frac{\sqrt{\frac{-CR^2+4L}{C}}\,t}{2L}\right)\sqrt{-CR^2+4L}\right.\right.$$

$$\left.\left.+R\sqrt{C}\sin\left(\frac{\sqrt{\frac{-CR^2+4L}{C}}\,t}{2L}\right)\right)e^{-\frac{tR}{2L}}(-U+uc0)\right)+U$$

Das Argument der Funktionen **sin** und **cos** entspricht dem Produkt der Zeit t mit der Kreisfrequenz ω der Schwingung. Für die folgenden Operationen wird damit Gleichung *G1* formuliert.

```
> G1:= sqrt((-C*R^2+4*L)/C)*t/(2*L)= omega*t;
```

$$G1 := \frac{\sqrt{\frac{-CR^2+4L}{C}}\,t}{2L} = \omega\,t$$

Außerdem wird noch eine Beziehung zur Eliminierung des Wurzelausdrucks am Anfang der linken Seite der Gleichung benötigt.

```
> G2:= isolate(G1, -C*R^2+4*L)
```

$$G2 := -CR^2+4L = 4\omega^2 L^2 C$$

Die Gleichungen G1 und G2 sowie die Abklingkonstante δ gemäß Gl. (3.5, III) werden in die Lösung *Loe2* eingesetzt.

```
> Loe2_a:= subs(G1, Loe2) assuming R>0,C>0,L>0,R^2*C-4*L<0;
```

$$Loe2\_a := uc(t) = \frac{\left(\cos(\omega t)\sqrt{-CR^2+4L}+R\sqrt{C}\sin(\omega t)\right)e^{-\frac{tR}{2L}}(-U+uc0)}{\sqrt{-CR^2+4L}}+U$$

```
> Loe2_b:= subs(G2, R= 2*L*delta, Loe2_a);
```

$$Loe2\_b := uc(t) = \frac{\left(\cos(\omega t)\sqrt{4}\sqrt{\omega^2 L^2 C}+2L\delta\sqrt{C}\sin(\omega t)\right)e^{-t\delta\sqrt{4}}(-U+uc0)}{4\sqrt{\omega^2 L^2 C}}$$
$$+U$$

```
> Loe2_c:= simplify(Loe2_b) assuming R>0,C>0,L>0,omega>0
```

$$Loe2\_c := uc(t) = \frac{-\left(\sin(\omega t)\delta+\cos(\omega t)\omega\right)(U-uc0)e^{-t\delta}+U\omega}{}$$

In *Loe2_c* wird ohne Unterstützung durch Maple nochmals umgeformt.

```
> Loe_uc:= uc(t)= U-(U-uc0)*exp(-delta*t)*
                  ((delta/(omega)*sin(omega*t)+cos(omega*t)));
```

$$Loe\_uc := uc(t) = U - (U-uc0)e^{-t\delta}\left(\frac{\delta\sin(\omega t)}{\omega}+\cos(\omega t)\right)$$

Loe_uc beschreibt eine mit der Dämpfungskonstanten δ abklingende harmonische Schwingung $uc(t)$ mit der Eigenkreisfrequenz ω.

3.2.5 Differentialgleichungssysteme

Die Syntax für die Verwendung von **dsolve** zur Lösung von Differentialgleichungssystemen wurde bereits unter Abschn. 3.2.1 angegeben. Sie schreibt vor, dass die einzelnen Differentialgleichungen und die Anfangsbedingungen zu einer Menge zusammengefasst das 1. Argument von **dsolve** bilden. Mögliche Notierungsformen dafür zeigen schematisch die folgenden zwei Beispiele.

```
> AnfBed:= y(0)=1, D(y)(0)=0, … :
  dsolve({DG1, …, DGn, AnfBed}, [y1(t), …, yn(t)]);
…
> DGsys:= {DG1, …, DGn}:
  AnfBed2:= {y(0)=1, D(y)(0)=0, … }:
  dsolve(DGsys union AnfBed2, [y1(t), …, yn(t)]);
```

Die gesuchten Lösungsfunktionen $y(t)$ könnte man ebenfalls als Menge notieren, aber dann ist nicht garantiert, dass diese Funktionen nach jeder Ausführung von **dsolve** in der Ergebnismenge in der gleichen Reihenfolge vorliegen. Bei einer Vorgabe als Liste erscheinen sie in der durch die Liste vorgegebenen Reihenfolge, wodurch auch bei wiederholter Ausführung des Programms ein eindeutiger Zugriff auf die Listenelemente gesichert ist. Beispiele für die Behandlung von Differentialgleichungssystemen bringen die folgenden Abschnitte.

3.3   Laplace-Transformation

Analytische Lösungen von Differentialgleichungen lassen sich auch – und oft sehr vorteilhaft – auf dem Weg über die Laplace-Transformation gewinnen. Die Laplace-Transformierte einer Funktion $f(t)$ ist definiert durch

$$L(f(t)) = F(s) = \int\limits_0^\infty f(t) \cdot e^{-s \cdot t} dt \tag{3.10}$$

3.3.1   Maple-Befehle für Transformation und Rücktransformation

Im Paket **inttrans** (Integraltransformation) stellt Maple die Befehle **laplace** und **invlaplace** für die Laplace-Transformation und die inverse Laplace-Transformation zur Verfügung.

Syntax von laplace und invlaplace
- **laplace**(f(t), t, s); Laplace-Transformation
- **invlaplace**(F(s), s, t); inverse Laplace-Transformation

Parameter:

f(t)...   ausdruck
t...   unabhängige Variable von f
s...   Variable der Transformierten
F(s)...   Transformierte in s (Bildfunktion)

Die Laplace-Transformierte $F(s)$ darf Parameter enthalten. Bei einfachen Funktionen ist Maple in der Lage, bei der Rücktransformation vom Bild- in den Originalbereich die zugehörige Zeitfunktion mit diesen Parametern zu bestimmen. Liegen komplizierte Funktionen vor, dann müssen ggf. Annahmen über die Parameter getroffen werden (z. B. mit **assume**).

Für die Rücktransformation komplizierter Ausdrücke ist häufig die vorherige Partialbruchzerlegung des Ausdrucks, d. h. eine Zerlegung in mehrere Teilbrüche, erforderlich bzw. sinnvoll. Dafür kann der Befehl **convert/parfrac** genutzt werden.

Syntax von convert/parfrac

- **convert**(G(s), parfrac, s)
- **convert**(G(s), parfrac, s, real)
- **convert**(G(s), parfrac, s, complex)

Parameter:

G(s)	Ausdruck, gebrochen-rationales Polynom
s	Variable, nach der zerlegt werden soll
real, complex	Zerlegung über reellen bzw. komplexen Gleitpunktzahlen

3.3.2   Lösung gewöhnlicher Differentialgleichungen

Zur Lösung einer Differentialgleichung mittels Laplace-Transformation sind die in Abb. 3.5 dargestellten Schritte erforderlich:

1. Laplace-Transformation der Differentialgleichung
2. Auflösen der transformierten Gleichung nach der Transformierten der gesuchten Lösungsfunktion
3. Rücktransformation der gefundenen Beziehung

Beispiel: Feder-Masse-System mit Dämpfung
Eine Masse *m* hängt an einem Feder-Dämpfer-System (siehe Beispiel unter Abschn. 5.3.2). Bis zum Zeitpunkt $t = 0$ wird die Masse durch eine äußere Kraft bei einer Auslenkung $x(0) = 1\text{m}$ festgehalten, dann wird sie freigegeben. Der darauf folgende Einschwingvorgang bis zum annähernden Erreichen der neuen Ruhelage soll berechnet werden. Es gilt die Differentialgleichung

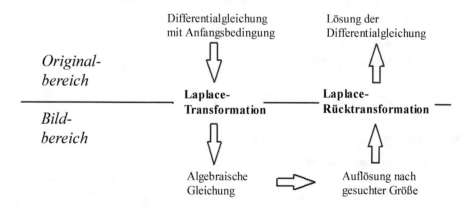

Abb. 3.5 Lösung von Differentialgleichungen mittels Laplace-Transformation

$$m \cdot \ddot{x} + d \cdot \dot{x} + c \cdot x = 0$$

x ... Federweg, c ... Federkonstante, d ... Dämpfungskonstante

Maple-Worksheet

```
> with(inttrans):
```

Differentialgleichung des Feder-Masse-Systems

```
> DG:= m*diff(x(t),t$2)+d*diff(x(t),t)+c*x(t)=0;
```

$$DG := m \left(\frac{d^2}{dt^2} x(t) \right) + d \left(\frac{d}{dt} x(t) \right) + c\, x(t) = 0$$

Laplace-Transformation der Differentialgleichung:

```
> DG_trans:= laplace(DG, t, s);
```

$$DG\_trans := m\, s^2\, laplace(x(t), t, s) - m\, D(x)(0) - m\, s\, x(0)$$
$$+ d\, s\, laplace(x(t), t, s) - d\, x(0) + c\, laplace(x(t), t, s) = 0$$

Durch Einführen der Bildvariablen X(s) mithilfe des Befehls **alias** wird die Übersichtlichkeit des Ergebnisses der Laplace-Transformation verbessert.

```
> alias(X(s)=laplace(x(t),t, s)):
> DG_trans;
```

$$m\, s^2\, X(s) - m\, D(x)(0) - m\, s\, x(0) + d\, s\, X(s) - d\, x(0) + c\, X(s) = 0$$

Festlegung der Anfangswerte und Auflösen der Gleichung nach der Transformierten der gesuchten Lösungsfunktion:

```
> D(x)(0):= 0: x(0):= 1:
> X(s):= solve(DG_trans, X(s));
```

$$X(s) := \frac{m\, s + d}{m\, s^2 + d\, s + c}$$

Rücktransformation von X(s) – Berechnung von x(t)

```
> x(t):= invlaplace(X(s), s, t);
```

$$x(t) := e^{-\frac{t\,d}{2\,m}} \left(\cosh\left(\frac{t\sqrt{-4\,m\,c + d^2}}{2\,m} \right) + \frac{d \sinh\left(\frac{t\sqrt{-4\,m\,c + d^2}}{2\,m} \right)}{\sqrt{-4\,m\,c + d^2}} \right)$$

Festlegung der Parameter und grafische Darstellung des Ergebnisses:
$M = 10$ kg, $d = 5$ Ns/m, $c = 100$ N/m

```
> param1:= [m=10, d=5, c=100]:
> x1:= eval(X(t), param1);
```

$$xl := e^{-\frac{1}{4}t}\left(\cosh\left(\frac{1}{20}t\sqrt{-3975}\right) - \frac{1}{795}\sqrt{-3975}\sinh\left(\frac{1}{20}t\sqrt{-3975}\right)\right)$$

```
> plot(x1, t=0..10, labels=["t", "x(t)"], gridlines=true);
```

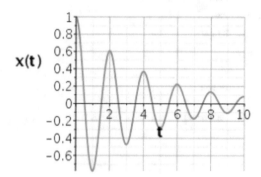

3.3.3   Die Befehle addtable und savetable

Eine angemessene Darstellung der Laplace-Transformierten wurde im obigen Beispiel durch die Verwendung des Befehls **alias** erzielt, kann aber auch mit dem Befehl **addtable** vorgegeben werden. Im Beispiel müsste man dazu den Befehl **addtable**(laplace, x(t), X(s), t, s) einfügen. Dieser bewirkt, dass in der nutzerdefinierten Transformationstabelle des Befehls **laplace** dem Symbol $x(t)$ des Originalbereichs das Symbol $X(s)$ im Bildbereich zugeordnet wird. Der Befehl **addtable** hat die allgemeine Form

- **addtable**(tname, patt, expr, t, s, parameter, condition, additional)
  mit
  tname = *laplace, invlaplace, fourier, invfourier, fouriercos, fouriersin, hilbert, invhilbert, mellin, invmellin, hankel*

Mit **addtable** kann man nicht nur einen Eintrag in die Transformationstabelle für *laplace*, sondern auch in eine andere Transformationstabelle, die durch den Wert von *tname* bezeichnet wird, vornehmen. Nach der Ausführung des Befehls wird bei einem

Aufruf von *tname* mit dem Argument *patt* das Ergebnis *expr,* die Transformation von *patt,* zurückgegeben. Der Parameter *t* bezeichnet die unabhängige Variable in *patt* und *s* die unabhängige Variable in *expr.* Das Argument *parameter* ist ebenso wie *condition* optional. Es bezeichnet eine Liste oder Menge von Parametern, die in der Original-funktion und auch in der Bildfunktion auftreten.

Mit dem Befehl **savetable**(tname, „filename") kann man die erzeugte Tabelle über die jeweilige Sitzung hinaus in einer Datei speichern und später mit **read** „filename" wieder einlesen.

Beispiele

```
> with(inttrans):     assume(a>0):
> addtable(laplace, x(t), X(s), t, s):
> laplace(x(t), t, s);
```

$$X(s)$$

Verschiebung im Originalbereich:

```
> addtable(laplace, x(t-a), exp(-a*s)*X(s), t, s, {a}):
> laplace(x(t-a), t, s);
```

$$e^{-as} X(s)$$

Faltung im Originalbereich – Multiplikation im Bildbereich:

```
> addtable(laplace, f(t), F(p), t, p):
> addtable(laplace, g(t), G(p), t, p):
> laplace(int(f(u)*g(t-u), u=0..t), t, s);
```

$$F(s)\, G(s)$$

```
> invlaplace(F(s)*G(s), s, t);
```

$$invlaplace(F(s)\, G(s), s, t)$$

Um wieder die Ausgangsdarstellung zu erhalten, wird der entsprechende Eintrag für die Rücktransformation in der Tabelle für **invlaplace** vorgenommen.

```
> addtable(invlaplace, F(s)*G(s), int(f(u)*g(t-u), u=0..t), s, t):
> invlaplace(F(s)*G(s), s, t);
```

$$\int_0^t f(u)\, g(t-u)\, \mathrm{d}u$$

Sicherung der in den Tabellen für **laplace** und **invlaplace** vorgenommenen Eintragungen und Test der Wiederherstellung der Transformationstabellen:

```
> savetable(laplace, "Laplacetable.m");
> savetable(invlaplace, "Invlaplacetable.m");
> restart:
> with(inttrans): assume(a>0):
> read "Laplacetable.m":  read "Invlaplacetable.m":
> laplace(x(t), t, p);
```

$$X(p)$$

```
> laplace(x(t-a), t, s);
```

$$e^{-as}X(s)$$

```
> invlaplace(F(s)*G(s), s, t);
```

$$\int_0^t f(u)\, g(t-u)\, du$$

3.4   Numerisches Lösen gewöhnlicher Differentialgleichungen

Numerische Lösungen von Anfangswertaufgaben und Randwertaufgaben, beschrieben durch Differentialgleichungssysteme oder Systeme von Differentialgleichungen und algebraischen Gleichungen (DAE), werden wie analytische mit dem Befehl **dsolve** ermittelt, allerdings mit dem zusätzlichen Argument **numeric** bzw. **type=numeric**. Den Typ des Problems – Anfangswert- oder Randwertaufgabe – ermittelt **dsolve** automatisch. Für die Lösung von Anfangswertaufgaben wird als Standard die Methode *rkf45* (Runge-Kutta-Fehlberg 4./5. Ordnung) eingesetzt. Der Anwender kann jedoch aus einer Liste (siehe Abschn. 3.4.5) ein anderes Verfahren auswählen.

Syntax von dsolve/numeric
- **dsolve**({DG, AnfBed}, numeric, var)
- **dsolve**({DG, AnfBed}, numeric, method=…, var, optionen)
  Parameter:

  DG …   Differentialgleichungen und algebraische Gleichungen, DAEs (Menge, Liste)
  AnfBed …   Anfangs- bzw. Randbedingungen
  var …   zu bestimmende Funktion oder Liste oder Menge von Funktionen
  method …   Lösungsverfahren (optional)

Zur grafischen Darstellung der mit dsolve/numeric ermittelten Lösungen kann der Befehl **odeplot** des Pakets **plots** verwendet werden.

- **odeplot**(Dsol, var, bereich, optionen)
  Parameter:

  Dsol   Ergebnis des Aufrufs von dsolve(…, numeric)
  Var   (optionale Liste): darzustellende Achsen und Funktionen
  Bereich   (optional) Bereich der unabhängigen Variablen
  Optionen   Gleichungen mit spezifischen Vorgaben (siehe Befehl plot)

Numerische Lösungen berechnet **dsolve** mit der Hardware-Gleitpunktarithmetik im Format *double precision,* wenn Maple mit der Standardeinstellung **Digits**=10 arbeitet. Wird jedoch eine Einstellung **Digits** $\geq$ **evalhf**(Digits) gewählt, verwendet **dsolve** die Software-Gleitpunktarithmetik von Maple, benötigt dann also wesentlich mehr Rechenzeit.

Vor der Beschreibung möglicher Optionen von **dsolve/numeric** sollen zwei Beispiele die numerische Lösung eines Differentialgleichungssystems unter Verwendung dieses Befehls ohne Angabe von Optionen verdeutlichen, denn die Lösung vieler Aufgaben ist auch mit den Standard-Vorgaben für die Parameter von **dsolve** möglich.

3.4.1   Einführende Beispiele

Beispiel: Periodische Umschaltungen im RC-Stromkreis
Ausgegangen wird von dem in Abb. 3.3 (Abschn. 3.2) dargestellten, aus einer Gleich-spannungsquelle versorgten RC-Netzwerk. Periodisch wird zwischen Laden und Ent-laden des Kondensators umgeschaltet, wobei im jetzigen Fall der Vorgang ohne eine durch das Modell vorgegebene Zeitbegrenzung beschrieben werden soll. Deshalb wird die periodische Umschaltung über eine periodische Funktion, im vorliegenden Beispiel die Sinusfunktion, definiert. Außerdem wird für die Spannungsquelle noch ein innerer Widerstand R_i angenommen. Die Periodendauer, eine Aufladung und eine Entladung umfassend, sei T. Das zeitliche Verhältnis der Teilzustände „Aufladung" (t_{auf}) und „Ent-ladung" ist im Programm beliebig festlegbar.

Notierung der Differentialgleichung

```
> Dgl:= diff(uc(t),t) = piecewise(sin(2*Pi*t/T+phi)>=sin(phi),
          (u-uc(t))/(C*(Ri+R)), -uc(t)/(C*R));
```

$$Dgl := \frac{d}{dt} uc(t) = \begin{cases} \dfrac{u - uc(t)}{C\,(Ri + R)} & \sin(\phi) \leq \sin\left(\dfrac{2\,\pi\,t}{T} + \phi\right) \\[2ex] -\dfrac{uc(t)}{C\,R} & \textit{otherwise} \end{cases}$$

Festlegung der Parameter und der Eingangsgröße u

Bei der numerischen Berechnung von Differentialgleichungen müssen alle Parameter und alle Eingangsgrößen durch Zahlenwerte belegt sein.

```
> T:=2: tauf:=0.75*T: # T..Periodendauer, tauf..Dauer einer Aufladung
> phi:= Pi/2-Pi*tauf/T;
```

$$\phi := -0.2500000000\,\pi$$

```
> R:= 20: Ri:= 20: C:=0.04: u:=10:
```

Anfangsbedingung für die Kondensatorspannung *uc*

```
> AnfBed:= uc(0)=0:
```

Lösung der Differentialgleichung

Differentialgleichung und Anfangsbedingung werden in einer Menge zusammengefasst.

```
> Dsol:= dsolve({Dgl, AnfBed}, uc(t), numeric);
```

$$Dsol := \mathbf{proc}(x\_rkf45)\ ...\ \mathbf{end\ proc}$$

Beispiele für die Auswertung der Lösungen von dsolve/numeric

Die Lösungen des Differentialgleichungssystems werden beim Aufruf von **dsolve/numeric** als Prozedur übergeben, wenn nicht durch eine Option **output** eine andere Vorgabe erfolgt. Die folgenden Anweisungen sind Beispiele für verschiedene Möglichkeiten des Zugriffs auf die berechneten Ergebnisse.

1. Grafische Darstellung der Lösung mithilfe des Befehls odeplot des Pakets plots

```
> with(plots,odeplot):
> odeplot(Dsol, [t,uc(t)], t=0..8, numpoints=400, gridlines=true);
```

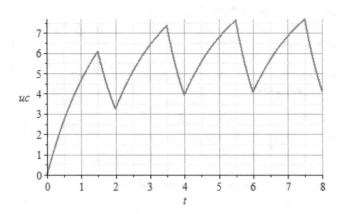

Die Angabe der darzustellenden Funktion [t, uc(t)] im obigen Befehl **odeplot** könnte auch entfallen, weil die Lösung *Dsol* nur eine Funktion enthält.

2. **Ermittlung von Einzelwerten der Lösung:**

> Dsol(0.03);

$$[t = 0.03, \, uc(t) = 0.185753122635992390]$$

> A := subs(Dsol(0.04),[t,uc(t)]);

$$A := [0.04, \, 0.246900879766587034]$$

> uc1:= A[2];

$$uc1 := 0.246900879766587034$$

3. **Umwandlung der numerischen Lösung Dsol in eine Funktion:**
   Im Anschluss an die Umwandlung kann man die Funktion auswerten bzw. mittels **plot** grafisch darstellen.

> UC:= theta -> eval(uc(t), Dsol(theta));

$$UC := \theta \rightarrow eval\big(uc(t), \, Dsol(\theta)\big)$$

> UC(1);

$$4.64738601603157876$$

> plot(UC, 0..8, numpoints=400, gridlines=true);

Auf die Darstellung dieser Graphik wird verzichtet, weil sie sich nicht vom obigen Bild unterscheidet.

Beispiel: Einschalten einer Drehstromdrossel

Die Drehstromdrossel bestehe aus drei magnetisch nicht gekoppelten Spulen, die in einem freien Sternpunkt verbunden sind und zum Zeitpunkt $t = t_0$ auf das Drehstromnetz geschaltet werden (Abb. 3.6).

Die Drossel arbeite abschnittsweise im gesättigten Bereich, d. h. die Induktivitäten L_1, L_2 und L_3 der drei Drosselspulen sind abhängig von den in ihnen fließenden Strömen. Die Funktion $L_k = L(|i_k|)$ ist als Wertetabelle vorgegeben. Der Verlauf der Ströme in den drei Strängen nach dem Schließen des Schalters soll berechnet werden (Jentsch 1969).

Für das Drehstromsystem gelten die Gleichungen

$$u_1 = \hat{u} \cdot \cos\left(\omega \cdot t + \varphi_0\right); \quad u_2 = \hat{u} \cdot \cos\left(\omega \cdot t + \varphi_0 - \frac{2\pi}{3}\right);$$

$$u_3 = \hat{u} \cdot \cos\left(\omega \cdot t + \varphi_0 - \frac{4\pi}{3}\right)$$

Zwischen den Strömen der drei Induktivitäten besteht die algebraische Beziehung

$$i_1 + i_2 + i_3 = 0$$

Das dynamische Verhalten des Netzwerks wird durch zwei Differentialgleichungen erster Ordnung beschrieben (Herleitung siehe Kap. 4).

$$\frac{di_1}{dt} = \frac{(-L_2R_1 - L_2R_3 - L_3R_1)i_1 + (L_3R_2 - L_2R_3)i_2 + (L_2 + L_3)u_1 - L_3u_2 - L_2u_3}{L_1L_2 + L_1L_3 + L_2L_3}$$

$$\frac{di_2}{dt} = \frac{(L_3R_1 - L_1R_3)i_1 - (L_1R_2 + L_1R_3 + L_3R_2)i_2 - L_3u_1 + (L_1 + L_3)u_2 - L_1u_3}{L_1L_2 + L_1L_3 + L_2L_3}$$

Abb. 3.6 Einschalten einer Drehstromdrossel

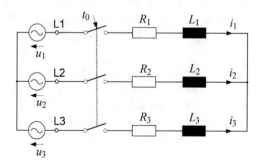

Maple-Notierung der Differentialgleichungen

```
> interface(displayprecision=4):
> N:= L1*L2+L1*L3+L2*L3:
> Dgl1:= diff(i1(t),t) = ((-L2*R1-L2*R3-L3*R1)*i1(t)+
         (L3*R2-L2*R3)*i2(t)+(L2+L3)*u1-L3*u2-L2*u3)/N;
```

$$Dgl1 := \frac{\mathrm{d}}{\mathrm{d}t}\, i1(t) = \frac{1}{L1\,L2 + L1\,L3 + L2\,L3}\,((\,-L2\,R1 - L2\,R3 - L3\,R1)\,i1(t)$$
$$+ (L3\,R2 - L2\,R3)\,i2(t) + (L2 + L3)\,u1 - L3\,u2 - L2\,u3)$$

```
> Dgl2:= diff(i2(t),t) = ((L3*R1-L1*R3)*i1(t)-
         (L1*R2+L1*R3+L3*R2)*i2(t)-L3*u1+(L1+L3)*u2-L1*u3)/N;
```

$$Dgl2 := \frac{\mathrm{d}}{\mathrm{d}t}\, i2(t) = \frac{1}{L1\,L2 + L1\,L3 + L2\,L3}\,((L3\,R1 - L1\,R3)\,i1(t) - (L1\,R2$$
$$+ L1\,R3 + L3\,R2)\,i2(t) - L3\,u1 + (L1 + L3)\,u2 - L1\,u3)$$

Anfangsbedingungen

```
> Anfangsbed:= i1(0)=0, i2(0)=0:
```

Die Differentialgleichungen und die Anfangsbedingungen werden zur Menge *Dsys* zusammengefasst:

```
> Dsys:= {Dgl1, Dgl2, Anfangsbed}:
> i3(t):= -i1(t)-i2(t);
```

$$i3(t) := -i1(t) - i2(t)$$

Festlegung der Eingangsgrößen und der Parameter

Bei der numerischen Lösung von Differentialgleichungen müssen alle Parameter und alle Eingangsgrößen durch Zahlenwerte belegt sein.

```
> u1 := Umax*cos(omega*t):
> u2 := Umax*cos(omega*t-2*Pi/3):
> u3 := Umax*cos(omega*t-4*Pi/3):
> Umax:= 220*sqrt(2): omega:= 314:
> R1:= R: R2:= R: R3:= R: R:= 0.2:
```

Definition der Funktionen L1, L2 und L3

Der Zusammenhang zwischen dem Betrag von i und der Induktivität L wird durch Wertepaare beschrieben, die in der Variablen *Stuetzpunkte* als Tabelle (i, L) angegeben sind.

```
> Stuetzpunkte:= [[0,0.072],[1.5,0.071],[9,0.043],[15,0.031],
                  [25,0.021],[40,0.015],[67.5,0.01],[125,0.007]]:
```

Zwischenwerte sollen durch lineare Interpolation ermittelt werden. Zur Berechnung der Ausdrücke für die Beschreibung des Funktionsverlaufs $L(i)$ wird der Befehl **Spline** des Pakets **CurveFitting** verwendet (siehe Abschn. 2.8).

```
> with(CurveFitting):
> L1:= Spline(Stuetzpunkte, i1, degree=1);
```

$$L1 := \begin{cases} 0.0720 - 0.0007\, i1 & i1 < 1.5000 \\ 0.0766 - 0.0037\, i1 & i1 < 9 \\ 0.0610 - 0.0020\, i1 & i1 < 15 \\ 0.0460 - 0.0010\, i1 & i1 < 25 \\ 0.0310 - 0.0004\, i1 & i1 < 40 \\ 0.0223 - 0.0002\, i1 & i1 < 67.5000 \\ 0.0135 - 0.0001\, i1 & otherwise \end{cases}$$

Die Induktivitäten sind vom Betrag des durchfließenden Stromes abhängig. Daher wird i1 durch |i1(t)| ersetzt.

```
> L1:= subs(i1 = abs(i1(t)), L1);
```

$$L1 := \begin{cases} 0.0720 - 0.0007\, |i1(t)| & |i1(t)| < 1.5000 \\ 0.0766 - 0.0037\, |i1(t)| & |i1(t)| < 9 \\ 0.0610 - 0.0020\, |i1(t)| & |i1(t)| < 15 \\ 0.0460 - 0.0010\, |i1(t)| & |i1(t)| < 25 \\ 0.0310 - 0.0004\, |i1(t)| & |i1(t)| < 40 \\ 0.0223 - 0.0002\, |i1(t)| & |i1(t)| < 67.5000 \\ 0.0135 - 0.0001\, |i1(t)| & otherwise \end{cases}$$

Die Ausdrücke für L_2 und L_3 werden aus L_1 durch Ersetzen von $i_1(t)$ gebildet:

```
> L2:= algsubs(i1(t) = i2(t), L1):
> L3:= algsubs(i1(t) = i3(t), L1):
```

Lösung des Differentialgleichungssystems

Die Unbekannten des Differentialgleichungssystems, die zu berechnenden Funktionen $i_1(t)$ und $i_2(t)$, werden im Folgenden als Liste und nicht als Menge notiert, weil bei der

Angabe als Menge die Reihenfolge der von **dsolve** ausgegebenen Lösungsfunktionen nicht bei jeder erneuten Berechnung gleich ist und sich dadurch bei Wiederholung der Berechnung Probleme bei nachfolgenden Operationen, die auf die einzelnen Lösungen zugreifen, ergeben können.

```
> Dsol:= dsolve(Dsys,numeric,[i1(t),i2(t)]);
```
$$:= \mathbf{proc}(x\_rkf45) \; ...$$

Für die grafische Darstellung der numerisch ermittelten Lösungen wird wieder die Prozedur **odeplot** des Pakets **plots** verwendet.

```
> with(plots): setcolors([red,blue,green]):
> Stil:= gridlines=true, numpoints=400, font=[TIMES,14],
          labelfont=[TIMES,18], legendstyle=[font=[TIMES,14],
          location=left]:
> Ausgabeliste:= [[t,i1(t)],[t,i2(t)],[t,i3(t)]]:
> odeplot(Dsol, Ausgabeliste, 0..0.06, Stil,
          legend=["i1(t)","i2(t)","i3(t)"]);
```

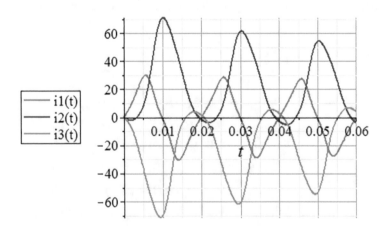

3.4.2   Steuerung der Ergebnisausgabe über die Option output

Diese Option legt fest, in welcher Form die Resultate von **dsolve** zu übergeben sind. Sie kann als Schlüsselwort (keyword) oder als Feld (array) angegeben werden. Als Schlüsselworte sind die Werte *procedurelist, listprocedure, operator* oder *piecewise* zugelassen.

3.4.2.1 Option output=procedurlist

Diese Form der Ergebnisausgabe von **dsolve** wurde in den Beispielen unter Abschn. 3.4.1 verwendet. Sie ist die Standardform, wird also von **dsolve** gewählt, wenn die Option **output** nicht angegeben wird. Bei ihr liefert **dsolve** eine Prozedur, die Werte der unabhängigen Variablen als Argument akzeptiert und eine Liste der Lösungen in der Form *variable = wert* zurückgibt.

Aus dem Beispiel „Drehstromdrossel" unter Abschn. 3.4.1:

```
> Dsol(0.01);
```

$$[t = 0.01,\ i1(t) = -0.579793459539629906,\ i2(t) = 70.6979716111470680]$$

3.4.2.2 Option output=listprocedure

Bei dieser Belegung der Option *output* erfolgt die Ergebnisausgabe als Liste von Gleichungen der Form *variable = procedure*. Dabei stehen auf den linken Seiten die Namen der unabhängigen und der abhängigen Variablen sowie der Ableitungen und auf den rechten Seiten Prozeduren zur Berechnung der Lösungswerte für die jeweilige Komponente.

Diese Ausgabeform ist nützlich, wenn eine zurückgegebene Prozedur für weitere Berechnungen verwendet werden soll. Zur Demonstration wird wieder das Beispiel „Drehstromdrossel" benutzt.

```
> Dsol_2:= dsolve(Dsys,numeric,[i1(t),i2(t)], output=listprocedure);
```

$Dsol\_2 := [t = \mathbf{proc}(t) \ \dots \ \mathbf{end\ proc},\ i1(t) = \mathbf{proc}(t) \ \dots \ \mathbf{end\ proc},\ i2(t) = \mathbf{proc}(t) \ \dots \ \mathbf{end\ proc}]$

```
> Ausgabeliste:= [[t,i1(t)],[t,i2(t)],[t,i3(t)]]:
> odeplot(Dsol_2, Ausgabeliste, 0..0.04, Stil);
```

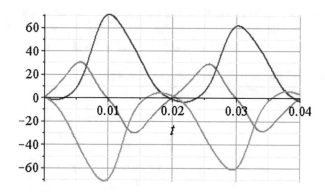

Aus der Liste der Lösungsprozeduren kann man eine Prozedur separieren und damit weiter operieren.

```
> i1_:= eval(i1(t),Dsol_2);
```

$$i1\_ := \mathbf{proc}(t) \ ... \ \mathbf{end\ proc}$$

```
> i1_(0.01); i1_(0.03);
```

$$-0.5798$$

$$-0.4699$$

Ausgabe der Werte von $i1$ im Bereich t = (0...0.04) s in Schritten von 0.01 s:

```
> seq(i1_(t), t=0..0.04, 0.01);
```

$$0.0000, \ -0.5798, \ -0.0287, \ -0.4699, \ -0.0598$$

Es ist aber auch möglich, auf die Komponenten der Ausgabeliste Dsol_2 direkt zuzu-greifen und so eine Zuweisung der einzelnen Lösungsprozeduren an neue Variable vor-zunehmen.

```
> Dsol_2[2];   i1_:= rhs(Dsol_2[2]);
```

$$i1(t) = \mathbf{proc}(t) \ ... \ \mathbf{end\ proc}$$

$$i1\_ := \mathbf{proc}(t) \ ... \ \mathbf{end\ proc}$$

Zuweisung mehrerer Lösungskomponenten an neue Variable:

```
> i1_, i2_:= seq(rhs(Dsol_2[k]), k=2..3):
```

3.4.2.3 Option output=array oder output=Array

Bei Verwendung der Option *output=Array* muss ein Vektor von Gleitpunktzahlen *(float)* mit den Werten der unabhängigen Variablen, für die Lösungswerte zu berechnen sind, vorgegeben werden. Demonstrationsbeispiel ist wieder die „Drehstromdrossel".

```
> Dsol_3:= dsolve(Dsys,numeric,[i1(t),i2(t)],
        output=Array([0.01,0.02,0.03,0.04]));
```

$$Dsol\_3 := \begin{bmatrix} \begin{bmatrix} t & i1(t) & i2(t) \end{bmatrix} \\ \begin{bmatrix} 0.0100 & -0.5798 & 70.6981 \\ 0.0200 & -0.0287 & -1.5025 \\ 0.0300 & -0.4699 & 61.1144 \\ 0.0400 & -0.0598 & -2.8172 \end{bmatrix} \end{bmatrix}$$

Ausgegeben wird eine (2,1)-Matrix, in die die Lösungsmatrix eingebettet ist. Die erste Zeile der Matrix ist ein Feld, das die Namen der unabhängigen Variablen und der abhängigen Variablen und deren Ableitungen enthält, das also gewissermaßen die Überschriften für die Spalten der darunter befindlichen Lösungsmatrix liefert. Die erste Spalte der Lösungsmatrix ist eine Kopie des output-Vektors, d. h. der vorgegebenen Werte der unabhängigen Variablen. Die anderen Spalten enthalten die Werte der abhängigen Variablen und der Ableitungen. Zeile *i* dieser Matrix ist demnach der Vektor, der sowohl den Wert der unabhängigen Variablen als auch die berechneten Werte der abhängigen Variablen zum Element *i* des output-Vektors enthält.

Beispiele für den Zugriff auf die Lösungsmatrix oder einzelne Komponenten derselben:

```
> A:= Dsol_3[2,1];
```

$$A := \begin{bmatrix} 0.0100 & -0.5798 & 70.6985 \\ 0.0200 & -0.0289 & -1.5025 \\ 0.0300 & -0.4701 & 61.1137 \\ 0.0400 & -0.0599 & -2.8173 \end{bmatrix}$$

```
> A[2,3];
```

$$-1.5025$$

```
> B:= A[2,1..3];
```

$$B := \begin{bmatrix} 0.0200 & -0.0289 & -1.5025 \end{bmatrix}$$

Die grafische Darstellung der Lösungen mit dem Befehl **odeplot** ist bei dieser Form der Ergebnisausgabe ebenfalls möglich. Wird die Option *output=array* benutzt, dann ist die Ausgabe dieselbe wie bei der Option *output=Array,* es werden lediglich die älteren Datentypen *array* und *matrix* verwendet.

3.4.2.4 Option output=operator und output=piecewise
Bezüglich dieser Optionen wird auf die Hilfe zum Befehl **dsolve/numeric** verwiesen.

3.4.3 Steuerung der Ergebnisausgabe über die Optionen range und maxfun

Mit *range* wird der Bereich der unabhängigen Variablen angeben, für den Lösungswerte gewünscht werden. Bei Verwendung dieser Option berechnet **dsolve** Werte für den vorgegeben Bereich und speichert diese. Bei einem nachfolgenden Aufruf der von **dsolve** zurückgegeben Prozedur wird dann die Lösung für den gewünschten speziellen Wert der unabhängigen Variablen anhand der gespeicherten Werte durch Interpolation bestimmt; das Ergebnis steht also relativ schnell zur Verfügung. Wird **dsolve** kein Lösungsbereich vorgegeben (Angabe von *range* fehlt), dann werden die Lösungswerte erst beim Aufruf der von dsolve bereitgestellten Prozedur ermittelt. In diesem Fall ist die Gesamtrechenzeit meist sehr viel größer. Den Umfang des für *range* reservierten Speicherbereichs kann man über "Limit expression length to" unter *Tools/Options/Precision* einstellen.

Bei Anfangswertaufgaben wird die Option *range* nur von den Verfahren *rkf45, rosenbrock* und *taylorseries* sowie deren DAE-Modifikationen unterstützt.

Die Option **maxfun** begrenzt die Zahl der berechneten Lösungspunkte. Standardvorgaben sind *maxfun* = 30000 für die Verfahren *rkf45, ck45* und *rosenbrock, maxfun* = 50000 für die Methoden vom Typ *classical* und *maxfun* = 0 bei allen anderen Methoden. Die Einstellung *maxfun* = 0 macht *maxfun* unwirksam. Das kann jedoch bei Verfahren, die mit variabler Schrittweite arbeiten, problematisch sein und dazu führen, dass die Rechnung zu keinem Ende kommt; beispielsweise, wenn Singularitäten vorhanden sind. Nützlich ist eine Vorgabe von *maxfun* auch bei sehr berechnungsintensiven Funktionen oder großen Integrationsintervallen.

Als Beispiel wird wieder auf das oben definierte Differentialgleichungssystem zurückgegriffen.

```
> Dsol:= dsolve(Dsys, numeric, [i1(t),i2(t)], range=0..0.6);
```
Warning, cannot evaluate the solution further right of .23740518, maxfun limit exceeded (see ?dsolve,maxfun for details)

$$Dsol := \mathbf{proc}(x\_rkf45\,)\,\dots\,\mathbf{end\ proc}$$

Im obigen Beispiel werden zwar Lösungen im Bereich $t = 0..0.6$ gewünscht, aber bereits bei $t = 0.23740518$ ist die durch **maxfun** festgelegte Obergrenze von Lösungspunkten erreicht und die Berechnung wird mit Ausgabe einer Warnung abgebrochen. Eine neue Berechnung mit maxfun = 100000 umfasst den gesamten durch *range* festgelegten Bereich.

```
> Dsol:= dsolve(Dsys,numeric, [i1(t),i2(t)], range=0..0.6,
         maxfun=100000);
```

$$Dsol := \mathbf{proc}(x\_rkf45\,)\,\dots\,\mathbf{end\ proc}$$

```
> Dsol(0.4);
```

$$[\,t = 0.4000,\ i1(t) = -0.8928,\ i2(t) = -15.1115\,]$$

Wird ein Lösungssatz für einen Wert der unabhängigen Variablen angefordert, der außerhalb des Bereichs von *range* liegt, dann fügt Maple eine Warnung an.

```
> Dsol(0.7);
```

```
Warning, extending a solution obtained using the range argument with
'maxfun' large or disabled is highly inefficient, and may consume a
great deal of memory. If this functionality is desired, it is sug-
gested to call dsolve without the range argument
```

$$[\,t = 0.7000,\ i1(t) = -1.7103,\ i2(t) = -16.9062\,]$$

Auf den Aufruf von *Dsol* mit einem noch größeren Argument reagiert Maple schließlich mit einer Fehlermeldung. Die Grenze wird auch in diesem Fall durch den aktuellen Wert von **maxfun** gesetzt.

```
> Dsol(3.0);
```

```
Error, (in Dsol) cannot evaluate the solution further right of
.77007337, maxfun limit exceeded (see ?dsolve,maxfun for details)
```
```
> Dsol:= dsolve(Dsys,numeric,[i1(t),i2(t)],maxfun=0);
```

$$Dsol := \mathbf{proc}(x\_rkf45)\ ...\ \mathbf{end\ proc}$$

```
> Dsol(3.0);
```

$$[\,t = 3.0000,\ i1(t) = -8.8542,\ i2(t) = -11.3432\,]$$

3.4.4 Ereignisbehandlung bei Anfangswertproblemen

Ereignisse (Events), die bei der Lösung von Differentialgleichungen berücksichtigt werden sollen, kann man in Maple mithilfe der Option **events** erkennen und behandeln. Events werden in der Parameterliste von **dsolve** in folgender Form notiert:

$$events = [Event1,\ Event2, \ldots]$$

Dabei wird jeder Event ebenfalls als Liste angegeben:

$$Event = \big[Trigger,\ Aktion\big]$$

Die Komponente Trigger beschreibt das Ereignis und Aktion legt die Ereignisbehandlung fest.

Trigger
Für Trigger zum Erkennen von Nullstellen oder des Verlassens eines Wertebereichs stehen folgende Beschreibungsformen zur Verfügung:

y(t)	Nullstelle finden
f(t, y(t))	Nullstelle finden
[f(t, y(t)), c(t, y(t)) < 0]	Nullstelle finden mit einer Bedingung
[f(t, y(t)), And(c1(t, y(t))>0, c2(t, y(t))>0)]	Nullstelle mit Bedingungskombination

f(t, y(t)) = lo..hi	Verlassen \eines Bereichs erkennen
[0, c(t, y(t)) < 0]	Erfüllung einer Bedingung erkennen

Dabei stehen c, c1 und c2 für Funktionen, die bestimmte Bedingungen beschreiben.

Aktionen

Zulässige Aktionen sind u. a. das Unterbrechen der Operation *(halt)* oder das Ändern von Variablenwerten. Die Aktionen sind allerdings auf Operationen beschränkt, die sich auf Variablen beziehen und können nicht verwendet werden, um die Struktur des Differentialgleichungssystems zu verändern oder Differentialgleichungen auszutauschen. Wie mit etwas mehr Aufwand dennoch eine Umschaltung zwischen zwei Differentialgleichungen realisiert werden kann, zeigt das weiter unten folgende Beispiel 3.

Ausgewählte Beschreibungsformen für Aktion

- halt Integration unterbrechen und Meldung ausgegeben

u(t) = −u(t)	Anweisung ausführen
[u(t) = −u(t), y(t) = −y(t)]	mehrerer Anweisungen ausführen
[If(y(t) < 0, y(t) = −y(t), halt)]	Anweisungen bei erfüllter Bedingung ausführen

Für die Notierung von Bedingungen für *Trigger* und *Aktion* kann man die inerte Form logischer Operatoren, also **And, Or, Xor, Implies** und **Not,** verwenden. Bei der Beschreibung von Aktionen sind außerdem **If**-Bedingungen und temporäre Variable zulässig, sofern deren Namen sich von denen der unabhängigen oder abhängigen Variablen der Problembeschreibung unterscheiden.

Ableitungen von Variablen bis zu einer Ordnung niedriger als in der Anfangswertaufgabe kann man für die Formulierung von Events ebenfalls verwenden, also beispielsweise bei einer Differentialgleichung zweiter Ordnung die erste Ableitung der zu berechnenden Lösungsfunktion.

Die Option **events** steht nur bei den Runge-Kutta-Fehlberg- und bei den Rosenbrock-Verfahren zur Verfügung. Die folgenden drei Beispiele demonstrieren Anwendungsmöglichkeiten. Weitere Detailinformationen und Beispiele sind in den Abschn. 9.1 und 9.9.3 sowie in der Maple-Hilfe zu finden.

Beispiel 1: Nullstellen einer Lösungsfunktion bestimmen

Dieses Beispiel basiert wieder auf dem System Drehstromdrossel (Abschn. 3.4.1). Gesucht sind die Nullstellen der Funktion $i_2(t)$ im Bereich t = (0... 0.3) *s*. Dazu wird mithilfe der Option *events* eine Halt-Aktion in der Lösungsprozedur vorgesehen, die während der Ausführung des Befehl **dsolve/numeric** bei jedem Nulldurchgang von $i_2(t)$ wirksam wird. Die ungefähre Lage der Nullstellen zeigt eine grafische Darstellung der Lösung der Differentialgleichung.

```
> odeplot(Dsol,[t,i2(t)], t=0..0.06, color="CornflowerBlue");
```

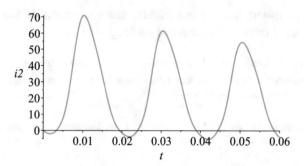

Mit der Option events = [[i2(t) = 0, halt]] wird jetzt die Lösung von *Dsys* berechnet.

```
> Dsol_Ev:= dsolve(Dsys,numeric,[i1(t),i2(t)],
             events=[[i2(t)=0,halt]]);
```

$$Dsol\_Ev := \mathbf{proc}(x\_rkf45\ )\ ...\ \mathbf{end\ proc}$$

Ein Aufruf der erhaltenen Lösungsprozedur *Dsol_Ev* liefert die erste Nullstelle.

```
> Dsol_Ev(0.03);
```
Warning, cannot evaluate the solution further right of .33291786e-2,
event #1 triggered a halt

$$\left[t = 0.0033,\ i1(t) = 18.2310,\ i2(t) = 8.9501\ 10^{-17} \right]$$

Das definierte Ereignis führte zum Stopp der Berechnung an der Stelle, wo $i_2(t)$ vom negativen in den positiven Bereich übergeht, d. h. die erste Nullstelle liegt bei $t = 0.0033$. Der letzte berechnete Wert $i_2(t)$ ist noch negativ. Mit **eventclear** wird das Ereignis, das zum Halt geführt hat, gelöscht und danach die Berechnung neu gestartet.

```
> Dsol_Ev(eventclear);  Dsol_Ev(0.03);
```
Warning, cannot evaluate the solution further right of .19404594e-1,
event #1 triggered a halt

$$\left[t = 0.0194,\ i1(t) = -2.6486,\ i2(t) = 3.1359\ 10^{-15} \right]$$

An der Stelle $t = 0.0194...$ wechselt $i_2(t)$ von positiven zu negativen Werten und es kommt wieder zu einem Stopp. Wie zuvor wird auch bei diesem die Berechnung fortgesetzt. Auf diese Weise werden schrittweise alle Nullstellen ermittelt.

Mittels **eventstatus** kann man abfragen, ob Events erlaubt oder blockiert sind. Wie schon aus den von Maple ausgegebenen Warnungen ersichtlich, wird jeder Event mit einer Nummer bezeichnet, über die er auch gesteuert werden kann.

```
> Dsol_Ev(eventstatus);
```

$$enabled = \{1\},\ disabled = \{\ \}$$

Blockiert werden Events durch **eventdisable,** durch **eventenable** werden sie wieder erlaubt und dabei auf ihren Anfangszustand zurückgesetzt.

```
> Dsol_Ev(eventdisable={1});  # Event 1 blockieren
> Dsol_Ev(eventstatus);   # Zustand der Events anzeigen
```

$$enabled = \{\ \},\ disabled = \{1\}$$

```
> Dsol_Ev(eventenable={1});  # Event 1 erlauben und zurücksetzen
```

Beispiel 2: Springender Ball (bouncing ball)

Dieses Beispiel, das man auch in der Maple-Hilfe zur Option *events* findet, demonstriert, dass neben der Aktion *halt* auch andere Reaktionen auf ein Ereignis (Event) möglich sind. Ein Ball wird aus einer Höhe $y(0)$ in horizontaler Richtung x mit der Anfangsgeschwindigkeit $v_x(0)$ geworfen. In y-Richtung wirkt die Erdbeschleunigung $g \approx 9{,}81$ m/s^2. Bei seinem Aufprall auf den Boden ($y(t)=0$) wird er mit dem gleichen Betrag der Geschwindigkeit in y-Richtung zurückgeworfen, die er beim Aufprall hatte, d. h. seine Geschwindigkeit in y-Richtung kehrt sich gerade um. Daraus resultiert die Formulierung der Option events = [[y(t), diff(y(t), t)=- (diff(y(t), t))]] im folgenden Befehl **dsolve.** Beim Zurückspringen verringert sich die y-Geschwindigkeit des Balls auf Grund der Erdbeschleunigung stetig bis auf den Wert Null, danach kehrt er seine Bewegungsrichtung wieder um und fällt zu Boden usw. Dämpfungseinflüsse werden bei dieser Betrachtung vernachlässigt.

```
> AnfBed := {x(0) = 0, y(0) = 1, D(x)(0) = 1, D(y)(0) = 0};
```

$$AnfBed := \{x(0) = 0,\ y(0) = 1,\ \mathrm{D}(x)(0) = 1,\ \mathrm{D}(y)(0) = 0\}$$

```
> DGsys := {diff(x(t), t,t) = 0, diff(y(t), t,t) = -9.81};
```

$$DGsys := \left\{ \frac{\mathrm{d}^2}{\mathrm{d}t^2}\, x(t) = 0,\ \frac{\mathrm{d}^2}{\mathrm{d}t^2}\, y(t) = -9.81 \right\}$$

```
> Loe := dsolve(DGsys union AnfBed, numeric,
        events = [[y(t), diff(y(t),t) = -(diff(y(t),t))]]);
```

$$Loe := \mathbf{proc}(x\_rkf45)\ ...\ \mathbf{end\ proc}$$

```
> plots[odeplot](Loe, [x(t), y(t)], t=0..3, numpoints=400);
```

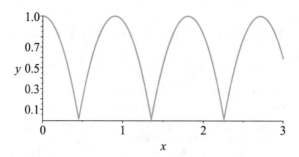

Beispiel 3: Spannungsgesteuerte Umschaltung eines RC-Kreises

Vorgegeben ist die in Abb. 3.7 dargestellte Schaltung. Für die Kondensatorspannung $u_C(t)$ seien ein oberer und ein unterer Grenzwert festgelegt. Anfangs wird der Kondensator geladen, bis das Erreichen von U_{max} zur Umschaltung führt. Es folgt ein Entladevorgang, bis $u_C = U_{min}$ erreicht ist und wieder auf „Laden" umgeschaltet wird usw.

Lade- und Entladevorgang werden durch unterschiedliche Differentialgleichungen beschrieben (siehe Abschn. 3.2.3). Beim Auftreten der Ereignisse $u_C(t) = U_{max}$ bzw. $u_C(t) = U_{min}$ muss also auf die jeweils andere Differentialgleichung umgeschaltet werden. Weil sich die beiden Differentialgleichungen nur durch den Wert von u unterscheiden, kann beim Auftreten der Ereignisse die Struktur der Gleichung beibehalten werden, es ist lediglich der Wert von u zu ändern. Im Beispiel werden zu diesem Zweck die Konstanten u1 = 5 und u2 = 0 eingeführt.

Die Umschaltung wird im Programm mithilfe der diskreten Variablen u(t) realisiert. Durch die Option 'discrete_variables' = [u(t)] im Befehl **dsolve** wird diese deklariert. Außerdem wird ihr in der Notierung des Anfangswertproblems der Anfangswert u1 = 5 zugewiesen. (Die Vorgabe von Anfangswerten für diskrete Variable fordert Maple auch dann, wenn die Werte im Folgenden nicht verwendet werden). Sobald bei der Ausführung des Befehls **dsolve** der Trigger (uc(t) = Umax) "feuert" wird die Aktion u(t) = u2 ausgeführt, u(t) also auf den Wert Null gesetzt. Beim Eintreten des Ereignisses uc(t) = Umin erhält u(t) wieder den Wert u1 usw.

Abb. 3.7 Laden/ Entladen
im RC-Kreis

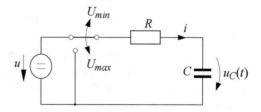

```
> restart:
> dglsys:= [diff(uc(t),t)=(u(t)-uc(t))/(C*R), u(0)=u1, uc(0)=0.];
```

$$dglsys := \left[\frac{\mathrm{d}}{\mathrm{d}t}\, uc(t) = \frac{u(t) - uc(t)}{C\,R}, u(0) = u1, uc(0) = 0. \right]$$

```
> R:= 20.: C:= 0.02: u1:= 5.: u2:= 0.:
> Umax:= 4.:  Umin:= 1.:       # Grenzwerte von uc(t)
> Dsol:= dsolve(dglsys, uc(t), numeric, 'discrete_variables'=[u(t)],
               'events'=[[(uc(t)=Umax) ,[u(t)=u2]],
                         [(uc(t)=Umin) ,[u(t)=u1]]]);
```

$$Dsol := \mathbf{proc}(x\_rkf45) \;...\; \mathbf{end\ proc}$$

```
> with(plots, odeplot):
> odeplot(Dsol, [t, uc(t)], t=0..2, numpoints=500, gridlines=true);
```

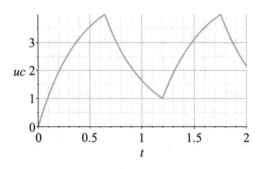

Wenn beim Auftreten eines Ereignisses die Struktur der Differentialgleichung zu verändern ist, dann lässt sich das mit den für die Option **events** zulässigen Aktionen nicht so einfach umsetzen und es ist etwas mehr Aufwand notwendig, wie das Beispiel „Verladebrücke" im Abschn. 9.1 zeigt.

3.4.5 Numerische Methoden für Anfangswertaufgaben

Standardverfahren für die numerische Lösung mit **dsolve** ist das Runge-Kutta-Fehlberg-Verfahren 4./5. Ordnung, ein Einschrittverfahren mit Schrittweitensteuerung. Es kann aber durch die Angabe der Option **method**=... auch eines der in Tab. 3.1 aufgeführten Verfahren ausgewählt werden. Jedes der genannten Verfahren hat einen speziellen Anwendungsbereich, für den es besonders geeignet ist. Gegenüber den Verfahren vom Typ *classical* sind die anderen wesentlich komplexer und dadurch in vielen Fällen auch leistungsfähiger. Ein spezielles Merkmal aller Verfahren – mit Ausnahme der Verfahren vom Typ *classical* – ist das Arbeiten mit veränderlichen Schrittweiten.

Tab. 3.1 Numerische Methoden für Anfangswertaufgaben

Method	Erläuterung
rkf45, rkf45_dae	Runge-Kutta-Fehlberg-Verfahren 4./5. Ordnung. Standardmethode für nicht-steife Anfangswertprobleme
ck45, ck45_dae	Cash-Karp-Verfahren 4./5. Ordnung; spezielles Runge-Kutta-Verfahren 4. Ordnung mit Fehlerkontrolle 5. Ordnung
rosenbrock rosenbrock_dae	Rosenbrock-Verfahren; implizites Runge-Kutta-Verfahren 3./4. Ordnung mit Interpolation 3. Grades; Standard für steife, aber nicht sehr steife Systeme
dverk78	Runge-Kutta-Verfahren 7./8. Ordnung
lsode[choice]	Livermore Stiff ODE Solver; Methodenkomplex für sehr hohe Genauigkeits-anforderungen
gear gear[choice]	Einschritt-Extrapolationsmethode nach Gear. choice = bstoer, polyextr (Burlirsch-Stoer-, Polynomextrapolation)
taylorseries	Lösung mittels Taylor-Reihen; für hochgenaue Rechnungen geeignet
mebdfi	BDF-Methoden (Modified Extended Backward Differentiation Equation Implicit method); für die Lösung von DAEs; für steife Systeme geeignet
classical[choice]	Klassische Methoden mit fester Schrittweite; vorwiegend für Lehrzwecke

Der von Maple als Standard verwendete Runge-Kutta-Fehlberg-Algorithmus 4./5. Ordnung *rkf45* arbeitet mit der Kombination zweier Runge-Kutta-Verfahren, eines Verfahrens 4. Ordnung und eines Verfahrens 5. Ordnung. Die Formeln des Verfahrens 4. Ordnung sind in die des Verfahrens höherer Ordnung eingebettet, sodass gegenüber einem Runge-Kutta-Verfahren 4. Ordnung nur zwei zusätzliche Funktionsauswertungen erforderlich sind. Die Differenz der beiden Lösungen liefert eine Schätzung des lokalen Fehlers für die Steuerung der Schrittweite.

Das *Rosenbrock-Verfahren* ist ein implizites Runge-Kutta-Verfahren, genauer ein „linear-implizites Runge-Kutta-Verfahren", das durch seinen größeren Stabilitätsbereich auch für die Berechnung steifer Systeme geeignet ist. Nähere Informationen zum Rosenbrock-Verfahren sind in (Hairer et al. 1996; Herrmann 2009) zu finden. Die Verfahren *rkf45_dae* und *rosenbrock_dae* sind die für die Behandlung von DAEs modifizierten Varianten der Verfahren *rkf45* bzw. *rosenbrock*.

Für das Arbeiten mit sehr hoher Genauigkeit stellt Maple das Verfahren *dverk78* zur Verfügung, das auf einem Runge-Kutta-Verfahren 7./8. Ordnung basiert (Verner 1978). Für eine fehlerfreie Funktion dieses Verfahrens ist es notwendig, eine ausreichende Zahl von Rundungsstellen zu berücksichtigen. Es muss die über Digits vorgegebene Stellen-zahl größer sein, als die durch die vorgegebene Fehlertoleranz erforderliche.

Beim Verfahren *lsode* handelt es sich um den bekannten *Livermore Stiff ODE Solver*. Es ist ein sehr komplexer, leistungsfähiger Methodenkomplex. Über *choice* kann eine der folgenden Untermethoden ausgewählt werden: *adamsfunc, adamsfull, adamsdiag, adamsband, backfunc, backfull, backdiag und backband*. Der Namensvorsatz *adams* steht für ein implizites Adams-Verfahren während der Vorsatz **back** darauf hinweist, dass es sich um ein BDF-Verfahren handelt, das besonders für steife Systeme geeignet ist. Der zweite Teil der Bezeichnung der Untermethoden bezieht sich auf die Benutzung der Jacobi-Matrix durch das Lösungsverfahren bzw. auf deren Form. Ohne spezielle Auswahl verwendet **lsode** das Unterverfahren *adamsfunc* – ein Adams-Verfahren mit Iteration ohne Rückgriff auf die Jacobi-Matrix. Weitere Informationen über die sehr vielfältigen Einstellmöglichkeiten müssen der Maple-Hilfe entnommen werden. Grundlagen des Verfahrens werden in (Hindmarsh 1980; Hindmarsh et al. 1983) beschrieben.

Die *Gear-Verfahren* sind Extrapolationsmethoden. Für die Extrapolation kann das Burlirsch-Stoer-Verfahren (Gear 1971) oder eine Polynom-Extrapolation verwendet werden. Die Auswahl wird durch die die Option *method = gear*[choice] getroffen, wobei für choice entweder *bstoer* oder *polyextr* anzugeben ist. Standard bei fehlender Angabe von choice ist *bstoer.*

Der Befehl **dsolve** mit der Option *method = **taylorseries*** ermittelt eine numerische Lösung einer Differentialgleichung unter Verwendung der Taylorreihen-Methode. Mit diesem Verfahren können Lösungen sehr hoher Genauigkeit erzielt werden, es benötigt aber schon bei normalen Genauigkeitsanforderungen mehr Rechenzeit als andere Verfahren.

Das Verfahren **mebdfi** (*Modified Extended Backward Differentiation Formula Implicit* method) gehört zur Klasse der **Rückwärtsdifferentiationsmethoden** (BDF-Methoden). Die Differentialgleichung $dy/dt = f(t,y)$ wird an der Stelle t_{k+1} unter Verwendung zurückliegender Funktionswerte approximiert. Die folgenden Beispiele sollen das verdeutlichen. Setzt man

$$\dot{y}_{k+1} = f(t_{k+1}, y_{k+1}) \approx \frac{y_{k+1} - y_k}{h} \tag{3.11}$$

so ergibt sich die 1-Schritt-BDF-Formel, die mit dem impliziten Euler-Verfahren identisch ist.

$$y_{k+1} - y_k = h \cdot f(t_{k+1}, y_{k+1}) \tag{3.12}$$

Ganz analog ergibt sich die 2-Schritt-BDF- Formel:

$$\frac{3}{2}y_{k+1} - 2y_k + \frac{1}{2}y_{k-1} = h \cdot f(t_{k+1}, y_{k+1}) \tag{3.13}$$

Beide Formeln beschreiben implizite Verfahren. Ihr Vorteil ist, dass sie A-stabil sind, d. h. ihr Stabilitätsgebiet schließt die gesamte linke Halbebene der komplexen $h \cdot \lambda$-Ebene ein (Anhang C und (Schwarz 1997)).

Das Verfahren *mebdfi* ist in Maple für die Behandlung von *DAEs* vorgesehen, ist aber auch für steife Systeme sehr gut geeignet. Einfache Anfangswertprobleme kann es zwar auch behandeln, sein Einsatz für diese Fälle wird aber nicht empfohlen.

Die Verfahren vom Typ *classical* werden zusammen mit einigen Grundlagen für die numerische Lösung von Anfangswertproblemen im Anhang C beschrieben.

Durch eine Vielzahl von Optionen ist es möglich, die Arbeitsweise der einzelnen Verfahren den unterschiedlichen Bedingungen anzupassen und einen effizienten Ablauf bei ausreichender Genauigkeit der Ergebnisse zu sichern. Die Probleme der Lösung einer Anfangswertaufgabe zeigen sich oft erst beim Experimentieren. Daher sind Versuche mit verschiedenen Lösungsverfahren und unterschiedlichen Vorgaben der Optionen nicht immer zu vermeiden. Im Folgenden werden einige ausgewählte Optionen beschrieben, die von allgemeinem Interesse sind und die Möglichkeiten der Verfahrenssteuerung andeuten.

3.4.5.1 Schrittweitensteuerung – die Optionen abserr und relerr

Eine automatische Schrittweitensteuerung orientiert sich an einer Schätzung des lokalen Fehlers. Je nachdem, ob der Betrag des aktuellen lokalen Fehlers im vorgegebenen zulässigen Fehlerintervall $[\varepsilon_{min}, \varepsilon_{max}]$ bzw. darunter oder darüber liegt, wird die Schrittweite entweder nicht verändert bzw. vergrößert oder verkleinert. Ist eine Verkleinerung notwendig, dann muss der letzte Integrationsschritt wiederholt werden. Leistungsfähige Verfahren, wie beispielsweise *lsode,* kombinieren außerdem verschiedene Methoden und schalten während eines Lösungsvorgangs zwischen diesen um, beispielsweise von einer steifen Methode auf eine nicht-steife.

Bei allen Verfahren der Tab. 3.1, ausgenommen die Gruppe *classical,* kann die Genauigkeit der numerischen Rechnung durch Festlegung von Schranken für den absoluten und den relativen Fehler eines erfolgreichen Lösungsschritts gesteuert werden. Über die Option *abserr* wird die Grenze für den absoluten Fehler festgelegt, mit *relerr* die des relativen Fehlers. Die Runge-Kutta-Fehlberg- und die Rosenbrock-Methode erlauben es auch, den absoluten Fehler für jede Variable separat als Liste vorzugeben. Dabei erfolgt die Zuordnung durch die Reihenfolge in den beiden Listen. Auf diese Weise wird unterschiedlichen Wertebereichen der Variablen Rechnung getragen. Ohne Angabe der Optionen *abserr* und *relerr* verwendet Maple Standardwerte, die je nach Methode unterschiedlich sind.

rkf45:	abserr = Float(1, –7) = 1E–7	relerr = Float(1,–6) = 1E–6
dverk78:	abserr = Float(1, –8) = 1E–8	relerr = Float(1,–8) = 1E–8

Generell gilt, dass die Genauigkeit der Rechnung auch durch die Einstellung von **Digits** beeinflusst wird. Bei Standardaufgaben sollen allerdings höhere Genauigkeitsanforderungen, als sie *rkf45* erfüllt, nicht durch Veränderung von **Digits** oder der Werte der zulässigen Fehlertoleranzen, sondern durch Verwendung der Verfahren *dverk78* oder *gear* realisiert werden. Weitere Einzelheiten zu numerischen Fehlern und zur Fehlerkontrolle sind im Anhang C oder in der Maple-Hilfe unter **dsolve**[Error_Control] beschrieben.

3.4.5.2 Die Optionen maxstep, minstep und initstep

Diese Optionen dienen der „Feinabstimmung" der Schrittweitensteuerung. Mit *maxstep* wird die größte Schrittweite festgelegt, die vom Programm vorgegeben werden darf. Die Anwendung dieser Option ist beispielsweise dann angebracht, wenn die Anzahl der berechneten Lösungspunkte andernfalls für die Darstellung der Lösungsfunktion nicht ausreicht.

Die Option *minstep* legt das Minimum der Schrittweite fest und führt zu einer Fehlermeldung, wenn das Lösungsverfahren die vorgegebene Fehlertoleranz unter dieser Bedingung nicht einhalten kann. Auf diese Weise lassen sich beispielsweise Singularitäten erkennen.

Die Schrittweite beim Start des Lösungsverfahrens kann man mit *initstep* beeinflussen.

Die Optionen *maxstep* und *minstep* stehen bei den Standardmethoden *rkf45* und *rosenbrock* sowie bei den entsprechenden *DAE*-Verfahren nicht zur Verfügung.

3.4.5.3 Steife Differentialgleichungssysteme – die Optionen stiff und interr

Das Phänomen *Steifheit* wird im Anhang C beschrieben. Steife Probleme erfordern Verfahren mit einem großen Stabilitätsbereich. Diese Bedingung erfüllen das *Rosenbrock-Verfahren,* alle Unterverfahren von *lsode* mit dem Namensvorsatz *back* und die BDF-Methoden, also das Verfahren *mebdfi.* Wenn die optionale Angabe *stiff=true* im Befehl **dsolve** benutzt wird, wählt Maple ein Rosenbrock-Verfahren, das mit einer moderaten Genauigkeit von 10^{-3} arbeitet. Wird eine höhere Genauigkeit benötigt, dann sollte ein Verfahren von *lsode*, beispielsweise *lsode[backfull]*, verwendet werden (rel. Fehler 10^{-7}).

Obwohl Maple bei der Angabe *stiff=true* ein Rosenbrock-Verfahren wählt, akzeptiert es diese nicht zusammen mit der Angabe *method=rosenbrock*. Auch sind die Rechenzeiten beider Varianten unterschiedlich.

Wenn sich Variablenwerte in bestimmten Regionen sprungartig oder außerordentlich schnell ändern, kann es passieren, dass das Lösungsverfahren mit einer Warnung vorzeitig beendet wird, wie das folgende Beispiel zeigt.

```
> Loe_stiff:= dsolve({DG1,DG2} union AnfBed, numeric, [i(t), Phi(t)],
    stiff = true, output = listprocedure, range = 150..150.1, maxfun= 0,
    abserr = 1.*10^(-7), relerr = 1.*10^(-6));
Warning, cannot evaluate the solution further right of 98.587166,
probably a singularity
```

$$Loe\_stiff := \left[t = \mathbf{proc}(t) \ \ldots \ \mathbf{end\ proc}, \ i(t) = \mathbf{proc}(t) \ \ldots \ \mathbf{end\ proc}, \ \Phi(t) = \mathbf{proc}(t) \ \ldots \ \mathbf{end\ proc} \right]$$

Ursache für diese Warnung ist oft nicht eine tatsächliche, sondern nur eine vermeintliche Singularität. Wenn sich ein Lösungswert sehr stark ändert, wird der lokale Lösungsfehler ebenfalls wesentlich zunehmen. Das Lösungsverfahren reagiert darauf mit einer Verringerung der Schrittweite. Allerdings wird dadurch der Fehler nicht immer so weit reduziert, dass er in den zugelassenen Grenzen liegt, weil auch Rundungsfehler (siehe C.2 im Anhang C) einen Einfluss haben. Das Lösungsverfahren kann dann an der betreffenden Stelle keinen Lösungsfortschritt erzielen und bricht die Rechnung ab. Sofern mit der Option *stiff = true* gearbeitet wird, kann durch Setzen der Option *interr = false* (Standard: *interr = true*) bewirkt werden, dass an Stellen sehr schneller Änderungen (z. B. Diskontinuitäten in Ableitungen) ein größerer Fehler akzeptiert wird, als durch die vorgegebenen Fehlergrenzen festgelegt, sodass es nicht mehr zum Abbruch der Rechnung kommt. Eine andere Lösung im Falle von Problemen mit Diskontinuitäten besteht darin, diese mit *events* (siehe Abschn. 3.4.4) zu beschreiben.

Bei den Verfahren *mebdfi* und *lsode* lassen sich die beschriebenen Schwierigkeiten mit Diskontinuitäten bzw. sehr schnellen Änderungen der Lösungsfunktionen dadurch umgehen, dass man die zulässigen Fehlertoleranzen (*abserr* und *relerr*) vergrößert bzw. für **Digits** einen größeren Wert festlegt.

Abschließend sei betont, dass hier nur ein grober Überblick über Maples numerische Methoden zur Lösung von Anfangswertaufgaben gegeben werden kann und auch nicht alle Optionen vorgestellt wurden. Ein zusätzlicher Blick in die Maple-Hilfe zu **dsolve/ numeric**/IVP ist also zu empfehlen.

3.4.6 Anwendung von fsolve auf Lösungen von dsolve/numeric

Numerische Lösungen von **dsolve** können mit dem Befehl **fsolve** weiter verarbeitet werden. Dabei ist folgendes zu beachten: Wird **dsolve** mit einer Genauigkeit **Digits** $\geq$ **evalhf(Digits)** ausgeführt, dann muss die durch **Digits** vorgegebene Genauigkeit bei der Ausführung von **fsolve** in der Regel um mindestens 5 Einheiten kleiner sein. Eine Ausnahme bildet dabei **dsolve** mit den Verfahren *rkf45, ck45, rosenbrock* und *taylorseries*. Das folgende Beispiel demonstriert diesen Sachverhalt. Mit **fsolve** soll die Nullstelle der mit **dsolve** berechneten Lösung $y1(x) = y(x)$ der Differentialgleichung *DG* bestimmt werden.

```
> restart: evalhf(Digits);
```

$$15.$$

```
> interface(displayprecision=-1):
> Digits:= 15:  DG:= diff(y(x), x) = -y(x) + 5;
```

$$DG := \frac{d}{dx}\, y(x) = -y(x) + 5$$

```
> Loe:= dsolve({DG, y(0)=-1}, numeric, method=gear,
              output=listprocedure);
```

$$Loe := [\,x = \mathbf{proc}(x) \;\dots\; \mathbf{end\ proc},\, y(x) = \mathbf{proc}(x) \;\dots\; \mathbf{end\ proc}\,]$$

```
> y1:= rhs(Loe[2]);
```

$$y1 := \mathbf{proc}(x) \;\dots\; \mathbf{end\ proc}$$

```
> fsolve(y1(x)=0);
```

$$fsolve(\,y1(x) = 0,\, x)$$

Demnach findet **fsolve** mit Digits = 15 keine Lösung. Der Wert von Digits wird daher herabgesetzt.

```
> Digits := 10:  fsolve(y1(x)=0);
```

$$0.1823215568$$

3.4.7 Differentialgleichungen mit Totzeiten

Lösungen von Anfangswertaufgaben mit Totzeiten (engl. DDEs) kann der Befehl **dsolve** von Maple erst ab der Version 2015 berechnen, und zwar in der Form **numeric.** Dazu stehen die Methoden rkf45, ck45 und rosenbrock zur Verfügung.

Das Vorhandensein von Tot- bzw. Verzögerungszeiten erkennt **dsolve** automatisch. Lediglich im Fall von variablen Totzeiten braucht es eine zusätzliche Information. Zu den schon beschriebenen Optionen dieses Befehls kommen für die Behandlung von Differentialgleichungssystemen mit Totzeiten noch **delaymax** und **delaypts** hinzu:

Delaymax = Zahl

Sie gibt die maximale Größe aller Zeitverzögerungen des Systems an und ist erforderlich, wenn die Verzögerungszeiten variabel sind.

delaypts = positive ganze Zahl

Diese Option gibt die maximale Zahl aller zu speichernden Verzögerungsdaten vor. Standardmäßig wird dieser Wert konservativ auf 10000 gesetzt. Bei kleineren Werten wird für die Berechnung weniger Speicher benutzt, aber die Ergebnisse können ungenau sein. Eine Warnung erscheint, wenn ein Wert unten 100 angegeben wird.

Die für den numerischen Solver implementierte Berechnung verzögerter Werte arbeitet mit Interpolation. Für die abhängigen Variablen wird die Annahme getroffen, dass ihre Werte auch für $t < t_0$ mit den vorgegebenen Anfangswerten übereinstimmen. Für die Werte ihrer Ableitungen wird Null für alle Zeiten $t < t_0$ angenommen.

In einigen Fällen ist die Verwendung der Anfangswerte oder von Null nicht sinnvoll, und in diesen Fällen kann ein Wert für $t < t_0$ als das zweites Argument zur Verzögerungsfunktion angegeben werden. Zum Beispiel gibt $y(t-1)$ an, dass für $t < 1$ dessen Anfangswert benutzt wird, während gibt $y(t-1, 0)$ vorgibt, dass für $t < 1$ der Wert 0 zu benutzen ist. Ähnlich gibt $D(y)(t-1)$ an, dass für $t < t_0$ der Anfangswert 0 benutzt werden soll, während $D(y)(t-1, 1)$ besagt, dass für $t < 1$ der Wert 1 einzusetzen ist.

Verzögerungen können auch bei Anfangswertaufgaben mit DAEs und bei Anfangswertproblemen mit Events benutzt werden. Zu beachten ist jedoch, dass Events die Einstellung eines vergangenen Wertes über Event-Trigger nicht unterstützen. Außerdem ist zu berücksichtigen, dass die Interpolation nur C1-kontinuierlich ist und deshalb bei einigen DAE-Problemen, bei denen eine zweite Ableitung einer Verzögerung erforderlich ist, die Diskontinuitäten die Fehlerkontrolle beeinflussen können.

Beispiel: Steuerung eines Flugobjekts

Das Beispiel ist aus (Amborski und Schmidt 1986), wo die Aufgabe mit GPSS-FORTRAN gelöst wurde, entnommen. Mit dem Simulationsprogramm *ISIKS* wurde es in (Müller 1993) behandelt. Zugrunde liegt das in Abb. 3.8 dargestellte System. Ein Flugobjekt soll einer vorgegebenen Flugbahn folgen. Abweichungen davon, verursacht durch die Einwirkung einer Störgröße z(t), werden mithilfe eines Reglers und einer Steuereinrichtung kompensiert.

Das verwendete Modell ist gegenüber praktischen Problemen stark vereinfacht. Vorausgesetzt wird, dass sich die Bahn des Objekts durch ein zweidimensionales Koordinatensystem (x, y) beschreiben lässt, dass die Bewegung anfangs auf der y-Achse verlaufe und dass die Störgröße, die eine Änderung der Bahn bewirkt, parallel zur x-Achse gerichtet ist. Der Flugkörper wird als integrale Strecke betrachtet. Die Störgröße z sei identisch mit einer unerwünschten Geschwindigkeitskomponente in x-Richtung, die über die Steuergröße $u(t)$ ausgeglichen werden muss.

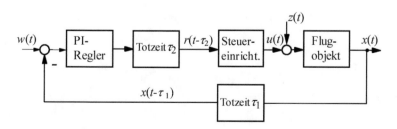

Abb. 3.8 Regelkreis des Flugobjekts

$$\frac{dy(t)}{dt} = v_y = konst; \qquad \frac{dx(t)}{dt} = u(t) + z(t) \tag{3.14}$$

Für den Steuermechanismus wird PT1-Verhalten angenommen. Auf der Übertragungsstrecke vom Regler zur Steuereinrichtung tritt die Totzeit τ_2 auf.

$$T_1 \cdot \frac{du(t)}{dt} + u(t) = p \cdot r(t - \tau_2) \tag{3.15}$$

Der Regler sei ein PI-Regler ohne Verzögerung. Bei der Rückführung der Regelgröße x auf den Eingang des Reglers tritt die Totzeit τ_1 auf.

$$r(t) = K_p \cdot (w(t) - x(t - \tau_1)) + K_i \int (w(t) - x(t - \tau_1)) \, dt \tag{3.16}$$

Durch Differenzieren ergibt sich die Differentialgleichung

$$\frac{dr(t)}{dt} = Kp \cdot \left(\frac{dw(t)}{dt} - \frac{dx(t - \tau_1)}{dt} \right) + K_i \cdot (w(t) - x(t - \tau_1)) \tag{3.17}$$

Mit der Führungsgröße $w(t)$ gleich Null nimmt das Differentialgleichungssystem folgende Form an

$$\frac{dx(t)}{dt} = u(t) + z(t)$$

$$T_1 \cdot \frac{du(t)}{dt} + u(t) = p \cdot r(t - \tau_2) \tag{3.18}$$

$$\frac{dr(t)}{dt} = -Kp \cdot \frac{dx(t - \tau_1)}{dt} - K_i \cdot x(t - \tau_1)$$

Untersucht werden soll das Systemverhalten für den Fall, dass ab dem Zeitpunkt $t=5\,s$ eine Störung $z(t)$ auf das Flugobjekt einwirkt.

$$z(t) = 0 \text{ für } t < 5s \quad \text{und} \quad z(t) = 1{,}9 \text{ für } \quad t \geq 5s$$

Für die Anfangswerte $x(0)$, $u(0)$ und $r(0)$ wird der Wert Null vorausgesetzt.

Maple-Programm

```
> restart:
> DG1:= diff(x(t),t) = u(t) + z;
```

$$DG1 := \frac{\mathrm{d}}{\mathrm{d}t} x(t) = u(t) + z$$

```
> DG2:= diff(u(t),t) = (p*r(t-tau2) - u(t))/T1;
```

$$DG2 := \frac{\mathrm{d}}{\mathrm{d}t} u(t) = \frac{p\, r(t - \tau 2) - u(t)}{T1}$$

```
> DG3:= diff(r(t),t) = -Kp*diff(x(t-tau1),t) - Ki*x(t-tau1);
```

$$DG3 := \frac{\mathrm{d}}{\mathrm{d}t} r(t) = -Kp\, \mathrm{D}(x)(t - \tau 1) - Ki\, x(t - \tau 1)$$

```
> DG4:= z(t) = piecewise(t<5, 0, 19/10);
```

$$DG4 := z(t) = \begin{cases} 0 & t < 5 \\ \dfrac{19}{10} & otherwise \end{cases}$$

```
> DGsys:= {DG1,DG2,DG3,DG4}:
> param1:= T1=1, p=3/8, Kp=1, Ki=1/4, tau1=1/2, tau2=1/2;
```

$$param1 := T1 = 1, p = \frac{3}{8}, Kp = 1, Ki = \frac{1}{4}, \tau 1 = \frac{1}{2}, \tau 2 = \frac{1}{2}$$

```
> DGsys1:= subs(param1, DGsys):
> AnfBed:= {x(0)=0, u(0)=0, r(0)=0};
```

$$AnfBed := \{ r(0) = 0, u(0) = 0, x(0) = 0 \}$$

```
> Loe:= dsolve(DGsys1 union AnfBed, numeric, [x(t),u(t),r(t),z(t)]);
```

$$Loe := \mathbf{proc}(x\_rkf45\_dae) \ ... \ \mathbf{end\ proc}$$

```
> plots[odeplot](Loe, [t, x(t)], 0..50, gridlines=true);
```

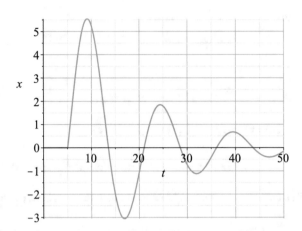

Die Darstellung des Verlaufs von $x(t)$ zeigt, dass die Störung trotz der im Regelkreis auftretenden Totzeiten ausgeregelt wird.

Das Beispiel wird nun auch für den Fall zeitvarianter Totzeiten verwendet, indem angenommen wird, dass der Regler sich nicht im Flugobjekt befindet, sondern auf der Erde stationiert ist, sodass die Totzeiten mit zunehmender Entfernung des Flugobjekts von der Erde zunehmen. Bei einer Übertragung der Signale mit Lichtgeschwindigkeit beträgt deren Laufzeit

$$\Delta t = \frac{h}{c} \qquad (3.19)$$

Dabei ist h die vom Flugobjekt seit seinem Start zurückgelegte Strecke in y-Richtung. Weil es sich mit der Geschwindigkeit v_y von der Erde weg bewegt, hat es die Höhe h zum Zeitpunkt

$$t = \frac{h}{v_y} \qquad (3.20)$$

erreicht. Indem man mithilfe von (Gl. 3.16) die Variable h in (Gl. 3.15) ersetzt, ergibt sich

$$\Delta t = \frac{v_y}{c} \cdot t \qquad (3.21)$$

Für das Verhältnis v_y/c wird im Folgenden der Wert 3/100 und zusätzlich ein konstanter Wert der Verzögerungszeit von 0,0001 s angenommen. Im Anschluss an das obige Programm beschreiben die folgenden Zeilen die Reaktion des Flugobjekts unter den geänderten Bedingungen.

```
> param2:= T1=1, p=3/8, Kp=1, Ki=1/4, tau1=1/10000 + 3*t/100,
         tau2=1/10000 + 3*t/100;
```

$$param2 := T1 = 1, p = \frac{3}{8}, Kp = 1, Ki = \frac{1}{4}, \tau1 = \frac{1}{10000} + \frac{3}{100} t, \tau2 = \frac{1}{10000} + \frac{3}{100} t$$

```
> DGsys2:= subs(param2, DGsys);
```

$$DGsys2 := \left\{ \frac{d}{dt} r(t) = -D_1(x) \left(\frac{97}{100} t - \frac{1}{10000}, 0 \right) - \frac{1}{4} x \left(\frac{97}{100} t - \frac{1}{10000} \right), \frac{d}{dt} u(t) \right.$$

$$= \frac{3}{8} r \left(\frac{97}{100} t - \frac{1}{10000} \right) - u(t), \frac{d}{dt} x(t) = u(t) + z(t), z(t) = \left\{ \begin{array}{ll} 0 & t < 5 \\ \frac{19}{10} & otherwise \end{array} \right.$$

```
> AnfBed:= {x(0)=0, u(0)=0, r(0)=0}:
> Loe2:= dsolve(DGsys2 union AnfBed, numeric, range=0..50,
         delaymax=2, [x(t),u(t),r(t),z(t)]);
```

$$Loe2 := \mathbf{proc}(x\_rkf45\_dae) \dots \mathbf{end\ proc}$$

```
> plots[odeplot](Loe2, [t,x(t)], 0..50, gridlines=true);
```

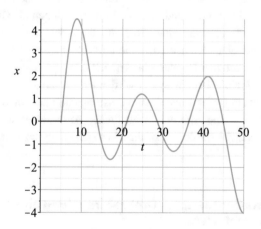

Das Diagramm zeigt, dass die Regelung nach einer gewissen Zeit infolge der wachsenden Entfernung zwischen Flugobjekt und Regler und der damit zunehmenden Totzeit instabil wird.

3.5 Das Paket DynamicSystems

3.5.1 Einführung

Dieses Paket ist eine Zusammenstellung von Prozeduren zum Manipulieren und Simulieren **linearer** Systemmodelle. Kontinuierliche und diskrete Systeme können in ihm durch Differential- oder Differenzengleichungen, durch Übertragungsfunktionen, Zustandsraum-Matrizen, Pol-Nullstellen-Listen usw. beschrieben und auf vielfältige Weise untersucht werden. Bode-Diagramme, Wurzelortskurven, Beobachtbarkeits- und Steuerbarkeitsmatrizen werden auf Anforderung erstellt und auch Simulationen sind ausführbar (Tab. 3.2).

Häufig soll auch bei nichtlinearen Systemen nur deren Verhalten in der Umgebung eines bestimmten Arbeitspunktes untersucht werden. Daher ist eine Linearisierung nichtlinearer Modelle oft zulässig und der Anwendungsbereich von **DynamicSystems** somit relativ groß.

Das Paket **DynamicSystems** ist erst seit der Version 12 Teil von Maple. Konzipiert ist es, ebenso wie viele andere Maple-Pakete, als Modul. Module genügen dem Software-Konzept der objektorientierten Programmierung. Ihr Programmcode und die Daten sind nicht einsehbar, ansprechbar sind sie nur über eine genau definierte Schnittstelle, sie bündeln Prozeduren und sind wie Prozeduren wiederverwendbar (siehe Walz 2002; Maplesoft 2014). Kontinuierliche und diskrete Systeme können als Objekte unterschiedlicher Art definiert und auch von einer Form in die andere transformiert werden. Ein Systemobjekt ist dabei eine Datenstruktur, die alle Informationen zu einem (Teil-) System enthält. Mit den erzeugten Objekten lassen sich dann weitere Funktionen des Pakets nutzen. Anhand eines einfachen Beispiels wird im nächsten Abschnitt lediglich in die Nutzung dieses Pakets eingeführt und dessen Leistungsfähigkeit angedeutet. Die meisten Prozeduren des Pakets können mit unterschiedlichen Argumenten und oft auch mit sehr vielen Optionen verwendet werden. Ausführlichere Angaben dazu sind im Anhang E zu finden.

3.5.2 Demonstrationsbeispiel: Drehzahlregelung eines Gleichstromantriebs

Untersucht werden soll das Verhalten eines drehzahlgeregelten fremderregten Gleichstrommotors, dessen Führungsgröße n_soll sich zur Zeit t_0 sprunghaft ändert, nachdem er sich zuvor in einem stationären Zustand befand. Abb. 3.9 zeigt das Wirkungsschema des Antriebssystems. Drehzahl bzw. Winkelgeschwindigkeit ω des Motors werden durch eine Tacho-Maschine erfasst (n_ist) und mit dem Sollwert n_soll verglichen. Die Differenz beider Werte ist das Eingangssignal des Reglers/Verstärkers, der die Ankerspannung u des Motors liefert. Die Arbeitsmaschine belastet den Motor mit dem Widerstandsmoment m_w.

Tab. 3.2   Befehle des Pakets DynamicSystems (Auswahl)

Erzeugen von Objekten

AlgEquation	Systemobjekt Algebraische Gleichung
DiffEquation	Systemobjekt Differentialgleichung
PrintSystem	Ausgabe des Inhalts eines Systemobjekts
StateSpace	Zustandsraum-Systemobjekt
SystemOptions	Abfragen/ Ändern der Standardwerte von Optionen der Befehle
ToDiscrete	Diskretisierung eines Systemobjekts
TransferFunction	Systemobjekt Übertragungsfunktion
ZeroPoleGain	Pol-Nullstellen-Systemobjekt
SeriesConnect	Systemobjekt, bestehend aus Reihenschaltung mehrerer Einzelsysteme
FeedbackConnect	Erzeugt Systemobjekt mit negativer oder positiver Rückkopplung
SystenConnect	Verknüpfung von Einzelsystemen zu System komplexer Struktur

Manipulation von Objekten

CharacteristicPolynomial	Charakteristisches Polynom eines Zustandsraum-Objekts berechnen
Controllable, Observable	Bestimmung der Steuerbarkeit, bzw. Beobachtbarkeit
ControllabilityMatrix	Steuerbarkeitsmatrix eines Systems in Zustandsform
ObservabilityMatrix	Beobachtbarkeitsmatrix eines Systems in Zustandsform
GainMargin	Berechnung von Amplitudenreserve und Phasen-Durchtrittsfrequenz
PhaseMargin	Berechnung von Phasenrand und Durchtrittsfrequenz
SSTransformation	Ähnlichkeitstransformationen von Zustandsraum-Matrizen

Simulation

FrequencyResponse	Bestimmung der Frequenzantwort frequency response
ImpulseResponse	Bestimmung der Impulsantwort
Simulate	Simulation eines Systems
Step, Ramp, Sine, …	Erzeugen der Signalfunktionen Sprung, Rampe, Sinus usw.

Grafische Darstellung

BodePlot	Darstellung der Frequenzkennlinien (Bode-Diagramm)
ImpulseResponsePlot	Grafische Ausgabe der Impulsantwort
MagnitudePlot	Amplitudengang
PhasePlot	Phasengang
ResponsePlot	Antwort eines Systems auf ein vorgegebenes Eingangssignal
ZeroPolePlot	Pol-Nullstellen-Darstellung

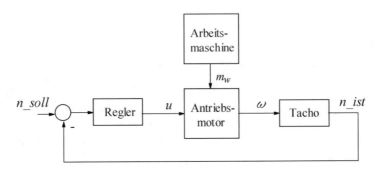

Abb. 3.9 Wirkungsschema der Drehzahlregelung

Vorausgesetzt wird, dass die beiden Eingangsgrößen des Systems – der Drehzahl-Sollwert bzw. die Ankerspannung u und das Widerstandsmoment der Arbeitsmaschine mw – sich nur in kleinen Bereichen ändern, sodass die Parameterwerte des Motors als konstant angenommen werden können. Unter diesen Bedingungen können für die Beschreibung des dynamischen Verhaltens des Systems statt der Absolutwerte der Variablen u, ω usw. deren Abweichungen Δu, $\Delta \omega$ usw. vom vorherigen Arbeitspunkt verwendet werden. Obwohl die Variablen in den folgenden Differentialgleichungen des Motors also die Abweichungen der betreffenden Größen vom Arbeitspunkt bezeichnen, wird wegen der einfacheren Schreibweise das Zeichen Δ weggelassen.

Die Gleichung des Ankerkreises des Motors und die Bewegungsgleichung lauten

$$u = R_a \cdot i_a + L_a \frac{di_a}{dt} + KM \cdot \omega \tag{3.22}$$

$$J \frac{d\omega}{dt} = KM \cdot i_a - m_w \tag{3.23}$$

mit den beiden Zeitkonstanten

$$T_a = \frac{L_a}{R_a} \qquad T_m = \frac{J \cdot R_a}{KM^2} \tag{3.24}$$

Dabei sind R_a und L_a der ohmsche Widerstand und die Induktivität des Ankerkreises, KM eine Motorkonstante, in die verschiedene Maschinendaten und der magnetische Fluss der Erregerwicklung eingehen und J das auf die Motorwelle reduzierte Trägheitsmoment von Motor und Arbeitsmaschine. Weil im vorliegenden Abschnitt die Beschreibung von **DynamicSystems** und nicht der Motor im Vordergrund steht, wird bezüglich genauerer Aussagen zum Motormodell bzw. zu den dabei getroffenen Annahmen bzw. Vernachlässigungen auf das Beispiel im Abschn. 9.2 verwiesen.

3.5.2.1 Notierung des Motormodells

```
> restart:
> with(DynamicSystems):
> DG1:= u(t)= KM*omega(t)+Ra*ia(t)+La*diff(ia(t),t);
```

$$DG1 := u(t) = KM\,\omega(t) + Ra\,ia(t) + La\left(\frac{\mathrm{d}}{\mathrm{d}t}\,ia(t)\right)$$

```
> DG2:= J*diff(omega(t), t) = KM*ia(t)- mw(t);
```

$$DG2 := J\left(\frac{\mathrm{d}}{\mathrm{d}t}\,\omega(t)\right) = KM\,ia(t) - mw(t)$$

Differentialgleichungen und Differentialgleichungssysteme, die in ein DynamicSystems-Objekt transformiert werden sollen, müssen in Listenform, d. h. mit eckigen Klammern, vorgegeben werden. Diese Klammern sind auch entscheidend dafür, dass im Kontext-menü der Gleichungen (rechte Maustaste) der Menüpunkt *DynamicSystems* erscheint. Über dieses Kontextmenü mit den Unterpunkten *Conversion, Manipulation, Plots* und *System Creation* sind die gleichen Operationen wie mit den in Tab. 3.2 aufgeführten Befehlen ausführbar.

```
> DGsys:= [DG1, DG2];
```

$$DGsys := \left[u(t) = KM\,\omega(t) + Ra\,ia(t) + La\left(\frac{\mathrm{d}}{\mathrm{d}t}\,ia(t)\right), J\left(\frac{\mathrm{d}}{\mathrm{d}t}\,\omega(t)\right) = KM\,ia(t) - mw(t)\right]$$

3.5.2.2 Erzeugung/ Verwendung von DynamicSystems-Objekten für den Gleichstrommotor

Erzeugung eines Objekts vom Typ DiffEquation

```
> deGM:= DiffEquation(DGsys, inputvariable = [u,mw],
                       outputvariable = [ia,omega]):
```

Zu beachten ist, dass im obigen Befehl die Eingangs- und die Ausgangsvariablen als Liste angegeben werden müssen (es können auch mehrere Variablen sein).

> `PrintSystem(deGM);`

Diff. Equation

continuous

2 output(s); 2 input(s)

inputvariable $= [u(t), mw(t)]$

outputvariable $= [ia(t), \omega(t)]$

$de = \begin{cases} [u(t) = KM\,\omega(t) + Ra\,ia(t) + La\,\dot{ia}(t), \\ J\dot{\omega}(t) = KM\,ia(t) - mw(t)] \end{cases}$

Erzeugung eines StateSpace-Objekts unter Verwendung des DiffEquation-Objekts:

> `ssGM:= StateSpace(deGM): PrintSystem(ssGM);`

State Space

continuous

2 output(s); 2 input(s); 2 state(s)

inputvariable $= [u(t), mw(t)]$

outputvariable $= [ia(t), \omega(t)]$

statevariable $= [x1(t), x2(t)]$

$a = \begin{bmatrix} -\dfrac{Ra}{La} & -\dfrac{KM}{La} \\ \dfrac{KM}{J} & 0 \end{bmatrix}$

$b = \begin{bmatrix} \dfrac{1}{La} & 0 \\ 0 & -\dfrac{1}{J} \end{bmatrix}$

$c = \begin{bmatrix} 1 & 0 \\ 0 & 1 \end{bmatrix}$

$d = \begin{bmatrix} 0 & 0 \\ 0 & 0 \end{bmatrix}$

Der Befehl **exports** liefert die Namen der durch ein Modul bzw. Systemobjekt exportierten Variablen.

> `exports(ssGSM);`

a, b, c, d, inputcount, outputcount, statecount, sampletime, discrete, systemname, inputvariable, outputvariable, statevariable, systemtype, ModulePrint

Export der Systemmatrix A:

```
> A:= ssGM:-a;
```

$$
A := \begin{bmatrix} -\dfrac{Ra}{La} & -\dfrac{KM}{La} \\[2ex] \dfrac{KM}{J} & 0 \end{bmatrix}
$$

Die Eigenwerte der Matrix A kann man mit dem Befehl **Eigenvalues** des Pakets **Linear-Algebra** berechnen.

```
> eigenwerte:= LinearAlgebra[Eigenvalues](A);
```

$$
eigenwerte := \begin{bmatrix} -\dfrac{1}{2}\,\dfrac{Ra\,J - \sqrt{Ra^2\,J^2 - 4\,J\,La\,KM^2}}{J\,La} \\[3ex] -\dfrac{1}{2}\,\dfrac{Ra\,J + \sqrt{Ra^2\,J^2 - 4\,J\,La\,KM^2}}{J\,La} \end{bmatrix}
$$

```
> eval(eigenwerte,[Ra=1, KM=5, La=0.005, J=12.5]);
```

$$
\begin{bmatrix} -2.0204 \\ -197.9796 \end{bmatrix}
$$

Erzeugung eines Objekts vom Typ TransferFunction

Für die weitere Behandlung der Drehzahlregelung gemäß Abb. 3.9 wird von den Übertragungsfunktionen der Elemente des Regelkreises ausgegangen. Für den Gleichstrommotor könnte dieses aus dem Objekt *deGSM* oder aus dem Objekt *ssGSM* erzeugt werden. Weil für die Übertragungsfunktion aber die Form des Motormodells mit den Zeitkonstanten T_a und T_m (siehe Gl. 3.24) bevorzugt wird, muss das oben formulierte Differentialgleichungssystem *DGsys* entsprechend modifiziert werden.

```
> DGsys2:= eval(DGsys, [La=Ta*Ra, J=KM^2*Tm/Ra]);
```

$$
DGsys2 := \left[u(t) = KM\,\omega(t) + Ra\,ia(t) + Ta\,Ra\left(\frac{\mathrm{d}}{\mathrm{d}t}\,ia(t) \right), \right.
$$
$$
\left. \frac{KM^2\,Tm\left(\dfrac{\mathrm{d}}{\mathrm{d}t}\,\omega(t) \right)}{Ra} = KM\,ia(t) - mw(t) \right]
$$

```
> tfGM:= TransferFunction(sysDG2, inputvariable = [u,mw],
                          outputvariable = [ia,omega]):
```

```
> PrintSystem(tfGM);
```

$$
\begin{array}{l}
\textbf{Transfer Function} \\
\text{continuous} \\
\text{2 output(s); 2 input(s)} \\
\text{inputvariable} = [\,u(s),\, mw(s)\,] \\
\text{outputvariable} = [\,ia(s),\, \omega(s)\,] \\
\\
\mathrm{tf}_{1,\,1} = \dfrac{Tm\,s}{Ra\,Tm\,Ta\,s^2 + Ra\,Tm\,s + Ra} \\
\\
\mathrm{tf}_{2,\,1} = \dfrac{1}{KM\,Tm\,Ta\,s^2 + KM\,Tm\,s + KM} \\
\\
\mathrm{tf}_{1,\,2} = \dfrac{1}{KM\,Tm\,Ta\,s^2 + KM\,Tm\,s + KM} \\
\\
\mathrm{tf}_{2,\,2} = \dfrac{-Ta\,Ra\,s - Ra}{KM^2\,Tm\,Ta\,s^2 + KM^2\,Tm\,s + KM^2}
\end{array}
$$

Der erste Index der dargestellten Übertragungsfunktionen tf steht für das Ausgangssignal, der zweite für das Eingangssignal.

Im Folgenden interessiert nur das Führungsverhalten des Antriebssystems bezüglich der Drehzahl. Daher wird ein Subsystem von *tfGM* gebildet. Das 2. Argument des folgenden Befehls bezeichnet die übernommene Eingangsgröße, das 3. Argument die Ausgangsgröße.

```
> tfGM1:= Subsystem(tfGM, {1}, {2}, outputtype=tf):
> PrintSystem(tfGM1);
```

$$
\begin{array}{l}
\textbf{Transfer Function} \\
\text{continuous} \\
\text{1 output(s); 1 input(s)} \\
\text{inputvariable} = [\,u(s)\,] \\
\text{outputvariable} = [\,\omega(s)\,] \\
\\
\mathrm{tf}_{1,\,1} = \dfrac{1}{KM\,Ta\,Tm\,s^2 + KM\,Tm\,s + KM}
\end{array}
$$

3.5.2.3 TF-Objekte von Regler, Tacho, offenem und geschlossenem Regelkreis

Im Regelkreis befinden sich neben dem Motor der Regler und die Tacho-Maschine (Abb. 3.9). Für die beiden Letztgenannten sollen nun ebenfalls DynamicSystem-Objekte erzeugt werden. Spezielle Aspekte der Regelungstechnik werden hierbei ausgeklammert, um das Beispiel möglichst einfach zu halten.

Als Regler wird ein P-Regler mit einer Zeitkonstanten $T1$ gewählt. Eingangsgröße des Reglers ist die Drehzahldifferenz $e = n\_soll - n\_ist$, Ausgangsgröße ist die Ankerspannung u.

```
> tfRegler:= TransferFunction(Kp/(1+s*T1), inputvariable=[e],
                                           outputvariable=[u]):
> PrintSystem(tfRegler);
```

$$
\begin{array}{|l}
\textbf{Transfer Function} \\
\text{continuous} \\
\text{1 output(s); 1 input(s)} \\
\text{inputvariable} = [\,e(s)\,] \\
\text{outputvariable} = [\,u(s)\,] \\
\text{tf}_{1,\,1} = \dfrac{Kp}{T1\ s + 1}
\end{array}
$$

Für die Tacho-Maschine wird ideales P-Verhalten mit dem Übertragungsfaktor KT angenommen. Ihre Eingangsgröße ist die Winkelgeschwindigkeit ω, ihre Ausgangsspannung $Un\_ist = n\_ist$ liefert den Istwert der Drehzahl. Der Übertragungsfaktor KT beschreibt also den Zusammenhang zwischen der Winkelgeschwindigkeit und der Zahl der Umdrehungen pro Sekunde an der Ankerwelle.

```
> tfTacho:= TransferFunction(KT, inputvariable=[omega],
                                 outputvariable=[n_ist]):
> PrintSystem(tfTacho);
```

$$
\begin{array}{|l}
\textbf{Transfer Function} \\
\text{continuous} \\
\text{1 output(s); 1 input(s)} \\
\text{inputvariable} = [\,\omega(s)\,] \\
\text{outputvariable} = [\,n\_ist(s)\,] \\
\text{tf}_{1,\,1} = KT
\end{array}
$$

Systemobjekte *tfG0* des offenen und *tfG1* des geschlossenen Kreises:

Die Übertragungsfunktion *tfG0* des offenen Regelkreises mit den in Reihe liegenden Übertragungsgliedern Regler, Motor und Tacho-Maschine wird mithilfe des Befehls **SeriesConnect** berechnet. Die Übertragungsfunktion *tfG1* des geschlossenen Kreises liefert anschließend der Befehl **FeedbackConnect.**

```
> tfG0:= SeriesConnect([tfRegler,tfGM1,tfTacho], outputtype=tf):
> PrintSystem(tfG0); # offener Kreis
```

> **Transfer Function**
>
> continuous
>
> 1 output(s); 1 input(s)
>
> inputvariable = $[u1(s)]$
>
> outputvariable = $[y1(s)]$
>
> $$\mathrm{tf}_{1,\,1} = \frac{KT\,Kp}{KM\,Ta\,Tm\,T1\,s^3 + KM\,(T1\,Tm + Ta\,Tm)\,s^2 + KM\,(T1 + Tm)\,s + KM}$$

```
> tfG1:= FeedbackConnect([tfG0], outputtype=tf):
> PrintSystem(tfG1);
```

> **Transfer Function**
>
> continuous
>
> 1 output(s); 1 input(s)
>
> inputvariable = $[u1(s)]$
>
> outputvariable = $[y1(s)]$
>
> $$\mathrm{tf}_{1,\,1} = \frac{KT\,Kp}{KM\,Ta\,Tm\,T1\,s^3 + (KM\,Tm\,T1 + KM\,Ta\,Tm)\,s^2 + (KM\,T1 + KM\,Tm)\,s + KT\,Kp + KM}$$

3.5.2.4 Simulation des Drehzahlverlaufs bei Sollwertsprung

Im folgenden Beispiel wird der Drehzahlsollwert zum Zeitpunkt t = 0,05 s sprungartig um 0,5 Umdrehungen/s erhöht. Alternativ zur Beschreibung dieses Zeitverhaltens des Drehzahlsollwerts mit **piecewise** bietet sich hier die Verwendung der Funktion **Step** an.

```
> n_soll:= Step(0.5, 0.05);
```

$$n\_soll := 0.5\,\mathrm{Heaviside}(t - 0.05)$$

```
> plot(n_soll, t=0..0.5, size=[250,150]);
```

Vorgegeben seien die Parameter $Ra = 1\ \Omega$, $KM = 5$ Vs, $La = 0.005$ H, $J = 12{,}5$ kgm², $Kp = 500$, $KT = 1/(2\pi)$, T1 = 0,001 s für Antriebssystem und Regler:

```
> param:= Ra=1, KM=5, La=0.005, J=12.5, Kp=500, KT=1/2/Pi, T1=0.001:
> param1:= [param, Ta=subs(param,La/Ra), Tm=subs(param,J*Ra/KM^2)];
```

$$param1 := \left[Ra = 1, KM = 5, La = 0.005, J = 12.5, Kp = 500, KT = \frac{1}{2\pi}, \right.$$

$$\left. T1 = 0.001, Ta = 0.005, Tm = 0.500 \right]$$

```
> Opt1:= title="Führungsverhalten Gleichstromantrieb",
         titlefont=[TIMES,14], labelfont=[TIMES,14], font=[TIMES,14],
         gridlines=true, labels=["t in s", "n in 1/s"],
         view=[0..0.4,0..0.5], color="CornflowerBlue":
```

Grafische Darstellung des Verlaufs von Drehzahl bei vorgegebenem Sprung n_soll der Führungsgröße mit dem Befehl **ResponsePlot:**

```
> ResponsePlot(tfG1,[n_soll],duration=0.4,parameters=param1,Opt1,
               size=[400,300]);
```

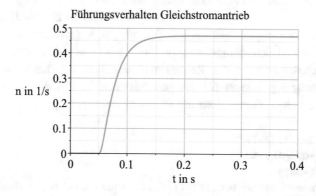

Weil eine Proportionalregelung gewählt wurde, bleibt die Ausgangsgröße der Drehzahl etwas unter dem vorgegebenen Sollwert.

Eine Alternative zum Befehl **ResponsePlot** ist die Lösung mit dem Befehl **Simulate** des Pakets **DynamicSystems.** Dieser hat die allgemeine Form **Simulate** (system, inputs, optionen).

```
> Loe:= Simulate(tfG1, n_soll, parameters=param1);
```

$$Loe := \mathbf{proc}(x\_rkf45\_dae) \ \ldots \ \mathbf{end\ proc}$$

```
> odeplot(Loe,[t,y1(t)], t=0..0.4, Opt1);
```

Die erzeugte grafische Darstellung unterscheidet sich nicht von der mit **ResponsePlot** gewonnenen.

3.5.2.5 Ermittlung der bleibenden Drehzahlabweichung (nach 2 s):

```
> Loe(2);
```

$$\left[t = 2., x1(t) = 7.39\,10^{-8}, x2(t) = -6.40\,10^{-12}, x3(t) = 6.45\,10^{-9}, y1(t) = 0.470, h_1(t) = 1.\right.$$

```
> n_ist:= subs(Loe(2), y1(t));
```

$$n\_ist := 0.470$$

```
> delta_n:= n_ist - eval(n_soll, t=2);
```

$$delta\_n := -0.0296$$

3.5.2.6 Lösung des Beispiels für Versionen vor Maple 18

Die Befehle **Subsystem, SeriesConnect** und **FeedbackConnect** sind erst ab Maple-Version 18 im Paket **DynamicSystems** vorhanden. Wenn also die betreffenden Befehle nicht anwendbar sind, kann man die fehlenden Systemobjekte trotzdem sehr einfach durch die folgenden Anweisungen erzeugen. Zuerst wird aus dem Systemobjekt *tfGM* (Übertragungsfunktionen des Motors) die Übertragungsfunktion $TF12 = \mathrm{tf}[1,2] = \omega(s)/u(s)$ exportiert. Die Übertragungsfunktion *G0* des offenen Regelkreises erhält man durch Multiplikation aller Übertragungsfunktionen im Kreis, also als Produkt von *TF12* und der Übertragungsfunktionen des Reglers und der Tachomaschine. Daraus gewinnt man die Übertragungsfunktion *G1* des geschlossenen Kreises durch Anwendung der bekannten Beziehung für einen Kreis mit Rückkopplung:

```
> TF12:= tfGM:-tf[1,2]:
> G0:= TF12*GRegler*KT:
> G1:= G0/(1+G0);
> tfGM1:= TransferFunction(TF12): # TF-Objekt ω(s)/u(s) des Motors
> tfG0:= TransferFunction(G0):    # TF-Objekt offener Kreis
> tfG1:= TransferFunction(G1):    # TF-Objekt geschlossener Kreis
```

3.5.2.7 Amplitudengang, Phasen-und Amplitudenreserve bestimmen

Das Paket **DynamicSystems** stellt auch eine Reihe von Anweisungen zum Frequenz-kennlinienverfahren, das für die Analyse und den Entwurf von Regelungssystemen besonders geeignet ist, zur Verfügung. Der Befehl **MagnitudePlot** erzeugt eine grafische Darstellung der Betragskennlinie |$G(j\omega)$|, oft auch als Amplitudengang bezeichnet. Die Phasenkennlinie, auch Phasengang genannt, wird durch den Befehl **PhasePlot** erzeugt.

Beide Kennlinien gemeinsam werden als Frequenzkennlinien, Amplituden-Phasen-Dia-
gramme oder Bode-Diagramme bezeichnet und durch den Befehl **BodePlot** zur Anzeige
gebracht. Dargestellt werden die Frequenzkennlinien üblicherweise in logarithmischen
Diagrammen mit einem Frequenzbereich von mehreren Dekaden. Auf der Ordinate ist
der logarithmierte Betrag linear aufgetragen - wahlweise in Dezibel oder in Absolut-
werten.

```
Opt2:= parameters=param1, range=10^(-2)..10^6, labelfont=[TIMES,14],
       font=[TIMES,14], gridlines=true, legendstyle=[font=[TIMES,14]],
       axis[1]=[mode=log], axis[2]=[tickmarks=[subticks=4]],
       color="CornflowerBlue":
```

Amplitudengang des Motors

```
> p1:= MagnitudePlot(tfGM1, Opt2, linestyle=dashdot,
                     legend="Motor"):
```

Amplitudengang des Reglers

```
> p2:= MagnitudePlot(tfRegler, Opt2, color=black, legend="Regler"):
```

Amplitudengang des offenen Kreises

```
> p3:= MagnitudePlot(tfG0, Opt2, color=black, linestyle=dashdot,
                     legend="G0"):
```

Amplitudengang des geschlossenen Kreises

```
> p4:= MagnitudePlot(tfG1, Opt2, legend="G1"):
```

Darstellung der Amplitudengänge

```
> plots[display](p1,p2,p3,p4, labels=["Freq[rad/s]","Magnitude[dB]"],
       view=[10^(-2)..10^6, -300..100], gridlines=true);
```

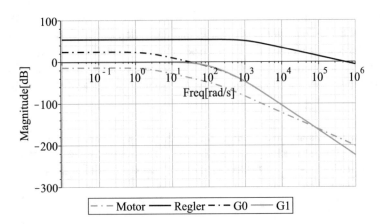

Außer den in obigen Befehlen **MagnitudePlot** verwendeten Optionen *parameters, range, color* und *linestyle,* deren Namen selbsterklärend sind, stehen auch viele Optionen des Befehls **plot** und einige weitere spezielle Optionen für diesen Befehl zur Verfügung (Maple-Hilfe). Von allgemeinerem Interesse sind dabei insbesondere solche, die die Form der Skalen betreffen: *decibels, hertz, linearfreq* und *linearmag.*

Phasenreserve und Durchtrittsfrequenz des offenen Kreises
Die Phasenreserve ist die Differenz zwischen 180° und dem Betrag des Phasenganges des offenen Regelkreises bei der Schnittfrequenz des Amplitudenganges. Der geschlossene Regelkreis ist stabil, wenn die Phasenreserve des offenen Kreises positiv ist, er ist instabil, wenn die Phasenreserve negativ ist.

```
> PhaseMargin(tfG0,parameters=param1, radians=false);
```

$$[82.7, 31.7]$$

Amplitudenreserve und Phasen-Durchtrittsfrequenz
Die Amplitudenreserve ist der Wert des Amplitudenganges des offenen Regelkreises bei der Frequenz ω, bei der der Wert des Phasenganges $-180°$ beträgt. Sie gibt an, wie viel zusätzliche Verstärkung toleriert werden kann, ohne den geschlossenen Regelkreis zu destabilisieren.

```
> GainMargin(tfG0,parameters=param1);
```

$$[31.5, 448.]$$

Die mit **GainMargin** und **PhaseMargin** berechneten Werte kann man auch aus der grafischen Darstellung der Frequenzkennlinien des offenen Regelkreises ableiten.

Der Verlauf dieser mit den Befehlen **MagnitudePlot** und **PhasePlot** erzeugten Kennlinien liefert außerdem Hinweise auf das dynamische und statische Verhalten des geschlossenen Regelkreises.

```
> MagnitudePlot(tfG0, Opt2);
```

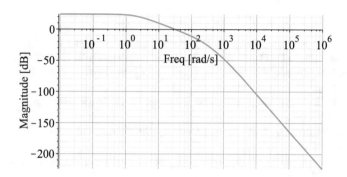

```
> PhasePlot(tfG0, Opt2);
```

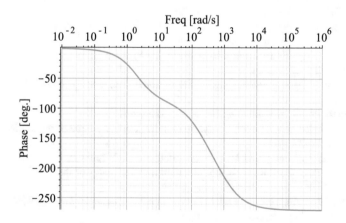

Eine gemeinsame Darstellung von Amplituden- und Phasenkennlinie (Bode-Diagramm) erzeugt auch der Befehl **BodePlot.**

Syntax: **BodePlot**(tfG0, output=verticalplot, color=blue, Opt2)

Die Optionen *arrayplot, dualaxis, horizontalplot, magnitudeplot, magnitudedata, phaseplot, phasedata* und *verticalplot* von **BodePlot** ermöglichen es, die Darstellungsart unterschiedlichen Wünschen anzupassen. Bezüglich sonstiger Optionen dieses Befehls gelten die obigen Bemerkungen zu den Optionen des Befehls **MagnitudePlot** sinngemäß.

Es sei nochmals betont, dass das Ziel dieses Abschnitts nicht die Auslegung einer Drehzahlregelung war, sondern die Vorstellung von Funktionen des Pakets **DynamicSystems,** die eine derartige Aufgabe unterstützen können. Eine zusammenfassende Beschreibung der Befehle des Pakets **DynamicSystems** und ihrer Syntax enthält Anhang E.

Literatur

Amborski, K. und Schmidt, B:. 1986. Digitale Simulation geregelter oder gesteuerter Systeme mit Hilfe von GPSS-FORTRAN Version 3. *messen, steuern, regeln.* 1986, S. 553–557.

Forst, W. und Hoffmann, D. 2005. *Gewöhnliche Differentialgleichungen.* Berlin Heidelberg: Springer-Verlag, 2005.

Gear, C. W. 1971. *Numerical Initial Value Problems in Ordinary Differential Equa-tions.* s.l.: Prentice-Hall, 1971.

Hairer, E. und Wanner, G. 1996. *Solving Ordinary Differential Equations II. 2nd ed.* New York: Springer-Verlag, 1996.

Heck, A. 2003. *Introduction to Maple.* New York, Berlin, Heidelberg: Springer-Verlag, 2003.

Herrmann, M. 2009. *Numerik gewöhnlicher Differentialgleichungen.* München Wien: Verlag Oldenbourg, 2009.

Heuser, H. 2004. *Gewöhnliche Differentialgleichungen.* Stuttgart Leipzig Wiesbaden: B.G. Teubner, 2004.

Hindmarsh, A. C. 1980. LSODE and LSODI, two new initial value ordinary differential equation solvers. *ACM-SIGNUM Newsletter 15.* 1980, S. 10–11.

Hindmarsh, A. C., Stepleman, R. S. und u.a. 1983. *Odepack, a systemized collection of ODE solvers.* Amsterdam: North-Holland: s.n., 1983.

Jentsch, W. 1969. *Digitale Simulation kontinuierlicher Systeme.* München Wien: Verlag R. Oldenbourg, 1969.

Kamke, E. 1956. *Differentialgleichungen: Lösungsmethoden und Lösungen.* Leipzig: Geest & Portig, 1956.

Maplesoft. 2014. *Maple Programming Guide.* s.l.: Maplesoft, 2014.

Müller, R. 1993. Interaktives Simulationsprogramm für kontinuierliche Systeme - ISIKS. *Elektrie.* 11 1993, S. 434–437.

Schwarz, H. R. 1997. *Numerische Mathematik.* Stuttgart: B.G. Teubner, 1997.

Verner, J. H. 1978. Explicit Runge-Kutta Methods with Estimates of the Local Truncation Error. *SIAM Journal of Numerical Analysis.* Aug. 1978.

Wagner, K. W. 1947. *Einführung in die Lehre von den Schwingungen und den Wellen.* Wiesbaden: Dieterich'sche Verlagsbuchhandlung, 1947.

Walz, A. 2002. *Maple 7.* München Wien: Oldenbourg Verlag, 2002.

Westermann, Th. 2008. *Mathematik für Ingenieure.* Berlin Heidelberg: Springer-Verlag, 2008.

Modellierung und Analyse elektrischer Netzwerke

4

4.1 Vorbemerkungen und Überblick

Die Aussagen dieses Kapitels beschränken sich auf Netzwerke, die aus zeitinvarianten ohmschen Widerständen, Kapazitäten und Induktivitäten sowie Spannungs- und Stromquellen – den Netzwerkelementen – bestehen. Die Spannungen bzw. Ströme, welche die Netzwerke erregen, seien voneinander unabhängig. Außerdem wird davon ausgegangen, dass die räumliche Ausdehnung der Netzwerkelemente für die physikalischen Abläufe im Netzwerk nicht von Bedeutung ist, d. h. dass Netzwerke mit „konzentrierten Elementen" vorliegen. In diesem Fall können beispielsweise der ohmsche Widerstand, die Kapazität und die Induktivität einer Leitung unabhängig von deren Länge durch die Elemente R, L, C und G in einer Ersatzschaltung gemäß Abb. 4.1 dargestellt werden.

Von den verschiedenen Möglichkeiten, elektrische Netzwerke zu modellieren und zu analysieren, werden im Folgenden einige dargestellt. Eine Vorgehensweise für die Ermittlung der Modelle dynamischer elektrischer Netzwerke in Form von Differentialgleichungen bzw. in der Zustandsraumdarstellung erläutert der nächste Abschnitt. Abschn. 4.3 zeigt die Modellierung und Analyse entsprechender Netzwerke im Bildbereich der Laplace-Transformation auf. Der Abschn. 4.4 knüpft daran an und beschreibt die komplexe Wechselstromrechnung und die Erzeugung von Ortskurven mit Hilfe von Maple für Netzwerke in stationären Zuständen. Abschn. 4.5 bringt schließlich eine

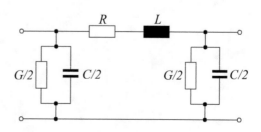

Abb. 4.1 Ersatzschaltbild einer symmetrischen Leitung (π-Schaltung)

© Springer Fachmedien Wiesbaden GmbH, ein Teil von Springer Nature 2020
R. Müller, *Modellierung, Analyse und Simulation elektrischer und mechanischer Systeme mit Maple™ und MapleSim™*, https://doi.org/10.1007/978-3-658-29131-0_4

Einführung in das Maple-Paket **Syrup**. Dieses unterstützt die symbolische Modellierung und Analyse elektrischer Netzwerke durch eine an **Spice** angelehnte Beschreibungsform und durch Befehle für die Netzwerkanalyse analog Spice, bietet aber auch Möglichkeiten zum Übergang in andere Beschreibungsformen, wie Übertragungsfunktionen und Zustandsraumdarstellungen. Abgeschlossen wird dieses Kapitel durch Hinweise zur Modellierung von realen Bauelementen (Spulen und Kondensatoren) und von Nichtlinearitäten, wie sie beispielsweise durch Sättigungseinflüsse im Eisen auftreten.

4.2 Ermittlung von Modellen in Zustandsraumdarstellung

4.2.1 Grundlagen

Mathematisch lässt sich das dynamische Verhalten von elektrischen Netzwerken mit konzentrierten Parametern durch gewöhnliche Differentialgleichungen erfassen. Die Modellierung basiert auf den Kirchhoffschen Sätzen und den Gleichungen der Zweigelemente (Tab. 4.1).

Der Richtungssinn der komplexen elektrischen Größen wird im Folgenden nach dem Verbraucherzählpfeilsystem festgelegt, d. h. die Klemmenspannung an einem Zweipol des Netzwerks wird im Sinne eines Spannungsabfalls eingeführt. Spannung u und Strom i werden im gleichen Sinne positiv gezählt. Energie fließt damit in einen Zweipol hinein, wenn bei einem positiven Strom im Sinne des Stromzählpfeiles auch die Spannung im Sinne des Spannungszählpfeiles positiv ist (Abb. 4.2).

1. **Kirchhoffscher Satz: Knotenregel**

$$\sum_j i_{k,j} = 0\,; \quad i_{k,j} \quad \text{Ströme im Knoten } k \tag{4.1}$$

Tab. 4.1 Gleichungen der Zweigelemente

	Widerstand R	Induktivität L	Kapazität C
Spannung	$u = R \cdot i$	$u = L \cdot \frac{di}{dt}$	$u = \frac{1}{C} \int i\, dt + u(0)$
Strom	$i = \frac{1}{R} \cdot u$	$i = \frac{1}{L} \int u\, dt + i(0)$	$i = C \cdot \frac{du}{dt}$
Energie	In Wärme umgewandelte elektrische Energie $W_R = \int R \cdot i^2 dt$	Gespeicherte magnetische Feldenergie $W_m = \frac{1}{2} L \cdot i^2$	Gespeicherte elektrische Feldenergie $W_{el} = \frac{1}{2} C \cdot u^2$

Abb. 4.2 Zählpfeile
für Strom und
Klemmenspannung eines
Zweipols

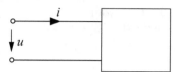

Die Summe der zum Knotenpunkt hin fließenden Ströme ist gleich der Summe der vom Knotenpunkt weg fließenden Ströme. Die Knotenregel resultiert aus dem Satz von der Erhaltung der Ladungen.

2. **Kirchhoffscher Satz: Maschenregel**

$$\sum_{j} u_{m,j} = 0 \, ; \quad u_{m,j} \quad \text{Spannungen in der Masche } m \tag{4.2}$$

Die Summe der Spannungen in einer Masche ist Null. Die Maschenregel entspricht dem Satz von der Erhaltung der Energie.

Zustandsgrößen eines elektrischen Netzwerks
Mithilfe der Kirchhoffschen Sätze und der Gleichungen der Zweigelemente kann man die Gleichungen, die das dynamische Verhalten eines elektrischen Netzwerkes beschreiben, aufstellen. Dabei sind jedoch bestimmte Regeln zu beachten, weil anderenfalls u. U. überflüssige Gleichungen bzw. problemfremde Eigenwerte in das Modell eingeschleppt werden, die dann bei der Anwendung der Modelle Schwierigkeiten bereiten.

1. Als Variablen des Netzwerks werden neben den das System erregenden Größen jene Größen eingeführt, die den energetischen Zustand der **linear unabhängigen** Energiespeicher des Netzwerks beschreiben (siehe Abschn. 1.4.2). Man bezeichnet sie als **Zustandsgrößen.** Aus den Werten der Zustandsgrößen eines Systems lassen sich die Werte aller anderen Variablen bestimmen.
2. Die **Anzahl der linear unabhängigen Energiespeicher** eines elektrischen Netzwerks erhält man, indem man von der Gesamtzahl der Induktivitäten und Kapazitäten des Netzwerks die Zahl der algebraischen Beziehungen zwischen den Strömen in den Induktivitäten und die Zahl der algebraischen Beziehungen zwischen den Spannungen der Kapazitäten abzieht.
3. Wie bereits früher erwähnt, entspricht die Anzahl der unabhängigen Energiespeicher des Systems der notwendigen Anzahl der Differentialgleichungen erster Ordnung des Systemmodells.

Abhängige Energiespeicher liegen beispielsweise vor bei Induktivitäten, die in Reihe liegen oder in Sternschaltung auftreten, sowie bei Netzwerkmaschen, die nur aus Kapazitäten gebildet werden – im einfachsten Fall eine Parallelschaltung von Kapazitäten.

Abb. 4.3 Induktivität als
abhängiger Energiespeicher

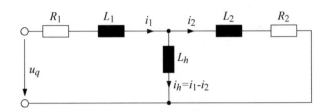

Abb. 4.4 Rechts:
Kapazität als abhängiger
Energiespeicher

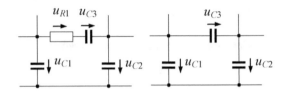

Von den drei Induktivitäten der Schaltung in Abb. 4.3 sind nur zwei unabhängig, denn für die Ströme in diesen gilt die algebraische Beziehung $i_1 - i_2 = i_h$ und der Energieinhalt der Induktivität L_h ist

$$w_{Lh} = \frac{L_h}{2}(i_1 - i_2)^2$$

Die in der Induktivität L_h gespeicherte Energie ist somit direkt von den Strömen in den beiden anderen Induktivitäten bzw. von der in diesen gespeicherten Energie abhängig.

Im folgenden Beispiel (Abb. 4.4) mit drei Kapazitäten sind in der linken Schaltung alle Kapazitäten unabhängige Energiespeicher, in der rechten dagegen sind nur zwei Energiespeicher unabhängig, weil zwischen den Spannungen, die den Energieinhalt $w_C = C \cdot u_C^2/2$ der Kapazitäten beschreiben, die algebraische Beziehung $u_{C1} - u_{C2} - u_{C3} = 0$ besteht.

4.2.2 Methode der Modellierung

Das im Folgenden beschriebene Verfahren zur Analyse von elektrischen Netzwerken zeichnet sich dadurch aus, dass die gewonnenen Gleichungen, die das dynamische Verhalten der Netzwerke beschreiben, Differentialgleichungen erster Ordnung sind und sich daher für eine rechentechnische Behandlung besonders eignen. Außerdem ist die Zahl der Variablen bzw. Differentialgleichungen von Anfang an minimal und das Verfahren kann auch relativ leicht auf nichtlineare Netzwerke und solche mit zeitabhängigen Elementen erweitert werden (Unbehauen 1990). Einige Grundbegriffe der Netzwerktopologie sind für die Beschreibung dieser Methode unverzichtbar.

Zweige und Knoten Als Zweig bezeichnet man einen Teil eines Netzwerks, der nur aus in Reihe geschalteten Netzwerkelementen besteht und über zwei Klemmpunkte mit anderen Teilen des Netzwerks verbunden ist. Die Verbindungspunkte der Zweige nennt man Knotenpunkte oder Knoten. Knoten, die über eine Leitung ohne Netzwerkelement verbunden sind, fallen bei der Netzwerkanalyse in einem Knoten zusammen. Ein Netzwerk mit k Knoten besitzt $k - 1$ unabhängige Knoten, d. h. es können $k - 1$ unabhängige Knotengleichungen formuliert werden.

Baum Als Baum bezeichnet man ein Teilsystem von Zweigen eines Netzwerks.

Vollständiger Baum Ein Baum, der alle k Knoten eines Netzwerks miteinander verbindet, ohne dass eine Masche auftritt, wird vollständiger Baum genannt. Er besitzt $k - 1$ Zweige. Mit mehr als $k - 1$ Zweigen kann man k Knoten nicht verbinden, ohne dass Maschen entstehen.

Baumkomplement ist der Teil eines Netzwerks, der nicht zum Baum gehört.

Unabhängiger Zweig heißt ein Netzwerkzweig, der nicht Teil des vollständigen Baumes ist. Besitzt ein Netzwerk l Zweige und k Knoten, dann hat es $l - (k - 1)$ unabhängige Zweige.

Unabhängige Masche oder fundamentale Masche ist jede Masche, die aus **genau einem** unabhängigen Zweig und Teilen des vollständigen Baumes gebildet wird. In einem Netzwerk gibt es demnach $l - (k - 1)$ fundamentale Maschen.

In Abb. 4.5 sind die Zweige des Netzwerks, die zum ausgewählten vollständigen Baum gehören, fett dargestellt. Als unabhängige Zweige ergeben sich somit $R_1 - L_1$, $L_2 - R_2$ und R_L. Mit den drei unabhängigen Zweigen kann man drei fundamentale Maschen M1, M2 und M3 – wie in Abb. 4.6 eingezeichnet – bilden. Auch die Zweigströme und die Kondensatorspannungen sind in Abb. 4.6 eingetragen.

Ein Netzwerk mit k Knoten und l Zweigen hat $k - 1$ unabhängige Knoten und $l - (k - 1)$ fundamentale Maschen. Man kann für dieses also $k - 1$ unabhängige Knotengleichungen und $l - (k - 1)$ fundamentale Maschengleichungen aufstellen.

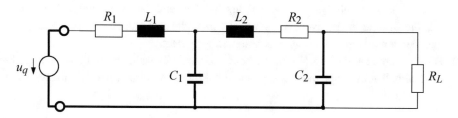

Abb. 4.5 Netzwerk 1 mit vollständigem Baum (dicke Linien)

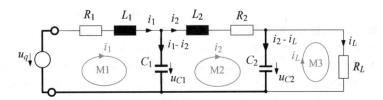

Abb. 4.6 Netzwerk 1 gemäß Abb. 4.5 mit unabhängigen Maschen

Unter Verwendung der unabhängigen Knotengleichungen lassen sich die $(k - 1)$ Ströme in den Zweigen des vollständigen Baumes durch die Ströme in den unabhängigen Zweigen ausdrücken. In den Gleichungen der Fundamentalmaschen treten dann nur noch die Ströme der unabhängigen Zweige auf, d. h. die Ströme der unabhängigen Zweige ergeben sich als Lösungen des Gleichungssystems der Fundamentalmaschen. Die Ströme in den Baumzweigen kann man danach mit Hilfe der Knotengleichungen aus den Strömen der unabhängigen Zweige bestimmen (Abb. 4.6).

Maschenstromanalyse Die beschriebene Vorgehensweise bei der Berechnung von Strömen und Spannungen in einem Netzwerk entspricht der als Maschenstromanalyse bekannten Methode. Bei dieser wird jeder Strom eines unabhängigen Zweiges als (fiktiver) Maschenstrom der zugehörigen Fundamentalmasche angesetzt. Dieser Maschenstrom durchfließt als geschlossener Ringstrom die gesamte Masche. Die Ströme in den Baumzweigen ergeben sich dann aus der Überlagerung der durch diese Zweige fließenden Maschenströme.

Die im Folgenden vorgestellte Methode zum Aufstellen der Netzwerkgleichungen basiert darauf, dass man den vollständigen Baum eines Netzwerks, der als Ausgangspunkt für die Maschenstromanalyse dient, nicht frei, sondern nach bestimmten Regeln wählt (Unbehauen 1990). Ein unter Einhaltung dieser Regeln entworfener Baum wird als **Normalbaum** bezeichnet.

Damit ist das Prinzip der Methode der Netzwerksanalyse aufgezeigt. Systematisch umgesetzt wird es durch die nachstehend aufgeführten Schritte:

1. Zu Anfang wird im Netzwerk ein Normalbaum festgelegt. Dabei handelt es sich um einen vollständigen Baum, der möglichst viele Kapazitäten und alle Spannungsquellen, jedoch möglichst wenig Induktivitäten und keine Stromquellen enthält. Für die Ströme in den Netzwerkszweigen bzw. die Spannungen an den Netzwerkselementen wird eine Richtung angenommen/festgelegt.

2. Die Spannungen aller im Normalbaum enthaltenen Kapazitäten und die Ströme aller im Normalbaumkomplement liegenden Induktivitäten werden als Zustandsvariablen eingeführt.

3. Mit jedem unabhängigen Zweig des Netzwerks wird eine unabhängige Masche (Fundamentalmasche) gebildet, die neben dem unabhängigen Zweig nur Baumzweige umfasst. Der Strom des unabhängigen Zweiges wird als Maschenstrom angesetzt.

4. Auf alle Fundamentalmaschen wird die Maschenregel angewendet, wobei die Spannungen an ohmschen Widerständen und Induktivitäten mithilfe der Maschenströme bzw. deren zeitlicher Ableitungen beschrieben werden. Die Spannungen an den Baumkapazitäten sind Zustandsgrößen, die in den Maschengleichungen durch ihre Symbole dargestellt werden. Man erhält $l - k + 1$ Maschengleichungen.

5. Durch Auflösen der Maschengleichungen nach den Ableitungen der Ströme in den Induktivitäten erhält man die Differentialgleichungen der Ströme. Ggf. sind noch algebraische Schleifen zu beseitigen, um zur Zustandsform zu gelangen. Aus den Maschengleichungen erhält man außerdem Gleichungen für die Ströme in unabhängigen Zweigen ohne Induktivität, also für die Ströme, die keine Zustandsgrößen sind.

6. Für jede Kapazität C im Normalbaum wird eine Differentialgleichung in der Form $du_C/dt = i_C/C$ notiert, wobei i_C sich aus der Überlagerung der Maschenströme ergibt. Sofern ein Modell in Zustandsform entwickelt werden soll, sind ggf. noch die Ströme, die keine Zustandsgrößen sind, mithilfe der unter 5. gewonnen Gleichungen zu ersetzen.

7. Besonderheiten bei Netzwerken mit abhängigen Energiespeichern, sofern der Normalbaum nach obigen Vorgaben gewählt wird:

   Abhängige Kapazitäten liegen in unabhängigen Zweigen. Der in ihnen fließende Strom lässt sich über den Differentialquotienten der Spannung an der Kapazität bestimmen, der sich wiederum aus der Summe bzw. Differenz der Ableitungen von Spannungen an Kapazitäten des Normalbaumes ergibt.

   Abhängige Induktivitäten liegen im Normalbaum. Ihre Spannung $L \cdot di/dt$ erhält man aus einer Kombination der ersten Ableitungen von Strömen in Induktivitäten unabhängiger Zweige.

Manchmal kann es zweckmäßig sein, die Reihenfolge einiger der genannten Schritte zu vertauschen, z. B. im Interesse der Übersichtlichkeit einzelner mathematischen Ausdrücke. Auch kann statt mit Maschenströmen mit den Zweigströmen gearbeitet werden, wobei dann in einem zusätzlichen Schritt die Ströme in den Zweigen des Normalbaumes mithilfe der Knotengleichungen durch die Ströme in den unabhängigen Zweigen zu ersetzen sind.

Bei der Aufstellung des Netzwerkmodells lassen sich auch gesteuerte Quellen berücksichtigen. Man sollte die Quellen jedoch anfangs als starr behandeln und erst nach der Analyse die Steuerbeziehungen mithilfe der Zustandsvariablen ausdrücken und in die Gleichungen einführen (Unbehauen 1990).

Beispiel: Netzwerk 1

Als einführendes Beispiel dient das in den Abb. 4.6 gezeigte elektrische Netzwerk. Der eingezeichnete vollständige Baum genügt den im Schritt 1 aufgeführten Regeln, ist also ein Normalbaum. Mit den drei unabhängigen Zweigen werden die drei Fundamentalmaschen M1, M2 und M3 gebildet. Diese sind in Abb. 4.7 zusammen mit den zugehörigen Maschenströmen i_1, i_2 und i_L dargestellt. Das Netzwerk enthält die vier unabhängigen Energiespeicher L_1, L_2, C_1 und C_2. Als Zustandsgrößen werden daher die Induktivitätsströme i_1 und i_2 sowie die Kapazitätsspannungen u_{C1} und u_{C2} gewählt (Schritte 2 und 3).

Schritt 4: Gleichungen der Fundamentalmaschen (Maschenregel).

$$\text{M1:} \quad u_q = i_1 \cdot R_1 + L_1 \frac{di_1}{dt} + u_{C1}$$

$$\text{M2:} \quad 0 = i_2 \cdot R_2 + L_2 \frac{di_2}{dt} + u_{C2} - u_{C1} \tag{4.3}$$

$$\text{M3:} \quad 0 = i_L \cdot R_L - u_{C2}$$

Schritt 5: Umstellung der Maschengleichungen.

Aus den Maschengleichungen M1 und M2 folgen die Differentialgleichungen

$$\frac{di_1}{dt} = \frac{1}{L_1}\left(u_q - i_1 \cdot R_1 - u_{C1}\right)$$

$$\frac{di_2}{dt} = \frac{1}{L_2}(u_{C1} - u_{C2} - i_2 \cdot R_2) \tag{4.4}$$

und aus M3 die Gleichung für den unabhängigen Strom i_L, der aber keine Zustandsgröße ist.

$$i_L = \frac{1}{R_L} u_{C2} \tag{4.5}$$

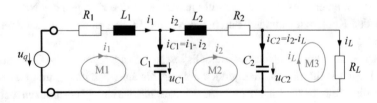

Abb. 4.7 Netzwerk 1 mit Zweig- und Maschenströmen

Schritt 6: Aufstellen der Differentialgleichungen der Kondensatorspannungen.

$$\frac{du_{C1}}{dt} = \frac{1}{C_1}i_{C1} = \frac{1}{C_1}(i_1 - i_2)$$

$$\frac{du_{C2}}{dt} = \frac{1}{C_2}i_{C2} = \frac{1}{C_2}(i_2 - i_L) = \frac{1}{C_2}\left(i_2 - \frac{u_{C2}}{R_L}\right)$$

(4.6)

Die Gleichungssysteme (4.4) bis (4.6) bilden das Modell des vorgegebenen Netzwerkes. Die vier Differentialgleichungen erster Ordnung entsprechen den vier unabhängigen Energiespeichern des Netzwerks. Sie können nun in die folgende Matrizendarstellung überführt werden. Dieser Schritt ist aber für die weitere Berechnung mit Maple nicht unbedingt erforderlich.

$$\begin{pmatrix} \dfrac{di_1}{dt} \\ \dfrac{di_2}{dt} \\ \dfrac{du_{C1}}{dt} \\ \dfrac{du_{C2}}{dt} \end{pmatrix} = \begin{pmatrix} -\dfrac{R_1}{L_1} & 0 & -\dfrac{1}{L_1} & 0 \\ 0 & -\dfrac{R_2}{L_2} & \dfrac{1}{L_2} & -\dfrac{1}{L_2} \\ \dfrac{1}{C_1} & -\dfrac{1}{C_1} & 0 & 0 \\ 0 & \dfrac{1}{C_2} & 0 & -\dfrac{1}{C_2 R_L} \end{pmatrix} \cdot \begin{pmatrix} i_1 \\ i_2 \\ u_{C1} \\ u_{C2} \end{pmatrix} + \begin{pmatrix} \dfrac{1}{L_1} \\ 0 \\ 0 \\ 0 \end{pmatrix} \cdot u_q \qquad (4.7)$$

Im Folgenden werden die dargestellten Schritte zur Entwicklung des Modells nochmals mit Hilfe von Maple ausgeführt. Anschließend wird das Verhalten des Netzwerks mit bestimmten Parameterwerten und Anfangswerten der Zustandsgrößen berechnet.

Gleichungen der unabhängigen Maschen in Maple-Notation

```
> M1:= uq = i1(t)*R1 + L1*diff(i1(t),t) + uc1(t);
  M2:= 0 = i2(t)*R2 + L2*diff(i2(t),t) + uc2(t) - uc1(t);
  M3:= 0 = iL(t)*RL - uc2(t);
```

$$M1 := uq = i1(t)\,R1 + L1\left(\frac{d}{dt}\,i1(t)\right) + uc1(t)$$

$$M2 := 0 = i2(t)\,R2 + L2\left(\frac{d}{dt}\,i2(t)\right) + uc2(t) - uc1(t)$$

$$M3 := 0 = iL(t)\,RL - uc2(t)$$

Es folgt die Auflösung der Maschengleichungen M1 und M2 nach den Ableitungen der Ströme i_1 und i_2 sowie der Maschengleichung M3 nach i_L:

```
> DG1:= isolate(M1, diff(i1(t),t));
  DG2:= isolate(M2, diff(i2(t),t));
  G1:=  isolate(M3, iL(t));
```

$$DG1 := \frac{d}{dt} i1(t) = -\frac{-uq + i1(t) R1 + uc1(t)}{L1}$$

$$DG2 := \frac{d}{dt} i2(t) = -\frac{i2(t) R2 + uc2(t) - uc1(t)}{L2}$$

$$G1 := iL(t) = \frac{uc2(t)}{RL}$$

Differentialgleichungen der Kondensatorspannungen
Ersetzen von i_L mithilfe von G1

```
> DG3:= diff(uc1(t),t) = (i1(t)-i2(t))/C1;
```

$$DG3 := \frac{d}{dt} uc1(t) = \frac{i1(t) - i2(t)}{C1}$$

```
> DG4:= subs(G1, diff(uc2(t),t) = (i2(t)-iL(t))/C2);
```

$$DG4 := \frac{d}{dt} uc2(t) = \frac{i2(t) - \dfrac{uc2(t)}{RL}}{C2}$$

DG1 bis DG4 bilden zusammen mit G1 das dynamische Modell des Netzwerks. Sie werden als Menge zusammengefasst und der Variablen DGsys zugewiesen.

```
> DGsys:={DG1,DG2,DG3,DG4,G1}:
```

Festlegen der Parameterwerte, Substitution in DGsys

```
> param1:= R1=10, R2=5, RL=10, L1=0.1, L2=0.04, C1=0.005, C2=0.1,
           uq(t)=10:
> DGsys1:= subs(param1, DGsys);
```

$$DGsys1 := \left\{ \frac{d}{dt} i1(t) = 100. - 100. i1(t) - 10. uc1(t), \frac{d}{dt} i2(t) = -125.0000000 i2(t) \right.$$

$$- 25.00000000 uc2(t) + 25.00000000 uc1(t), \frac{d}{dt} uc1(t) = 200.0000000 i1(t)$$

$$\left. - 200.0000000 i2(t), \frac{d}{dt} uc2(t) = 10. i2(t) - 1.000000000 uc2(t), iL(t) = \frac{uc2(t)}{10} \right\}$$

Festlegen der Anfangswerte, numerische Lösung des Systems

```
> AnfBed:= {i1(0)=0, i2(0)=0, uc1(0)=0, uc2(0)=0}:
> Erg:= dsolve(DGsys1 union AnfBed, numeric);
```

$$Erg := \mathbf{proc}(x\_rkf45) \ ... \ \mathbf{end \ proc}$$

Grafische Darstellung der Ergebnisse

```
> with(plots): tend:=0.2:
> setoptions(font=[TIMES,10], labelfont=[TIMES,14], gridlines=true):
> odeplot(Erg,[[t,i1(t),linestyle=solid],[t,i2(t),linestyle=dash],
        [t,iL(t),color=black]],0..tend, legend=["i1","i2","iL"]);
```

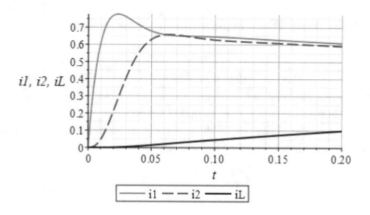

```
> odeplot(Erg,[[t,uc1(t)],[t,uc2(t)]],0..tend,legend=["uc1","uc2"]);
```

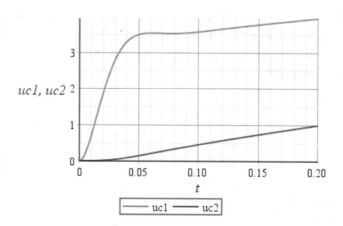

Wenn die Zustandsraumdarstellung nicht gesucht wird, sondern lediglich das Verhalten des Netzwerks berechnet werden soll, können einige Schritte des obigen Lösungsweges entfallen und man kommt auch mit folgendem Befehl zur Lösung:

```
> Erg2:=dsolve(subs(param1,{M1,M2,M3,DG3,DG4}) union AnfBed,
             numeric);
```

4.2.3 Netzwerke mit abhängigen Induktivitäten

Beispiel: Einschalten einer Drehstromdrossel[1]

Die Drehstromdrossel bestehe aus drei magnetisch nicht gekoppelten Spulen, die in einem freien Sternpunkt verbunden sind und zum Zeitpunkt $t = t_0$ auf das Drehstromnetz geschaltet werden (Abb. 4.8).

Die Drossel arbeite abschnittsweise im gesättigten Bereich, d. h. die Induktivitäten L_1, L_2 und L_3 sind abhängig von den in den Spulen fließenden Strömen.

$$L_k = L(|i_k|)$$

Im Unterschied zum gleichen Beispiel im Abschn. 3.4.1 wird hier das Modell nicht mit drei verschiedenen Funktionen $L1$, $L2$ und $L3$ für die Induktivitäten formuliert, sondern mit einer Funktion $L(i)$, wobei i für $i1$, $i2$ und $i3$ stehen kann.

Zu berechnen ist der Verlauf der Ströme in den drei Strängen für den Zeitraum $t > t_0$. Für das Drehstromsystem gelten die Gleichungen

$$u_1 = \hat{u} \cdot \cos(\omega \cdot t + \varphi_0); \quad u_2 = \hat{u} \cdot \cos\left(\omega \cdot t + \varphi_0 - \frac{2\pi}{3}\right); \quad u_3 = \hat{u} \cdot \cos\left(\omega \cdot t + \varphi_0 - \frac{4\pi}{3}\right)$$

Von den drei Energiespeichern des Systems sind nur zwei unabhängig, weil zwischen den Strömen der drei Induktivitäten eine algebraische Beziehung besteht.

$$i_1 + i_2 + i_3 = 0$$

Das dynamische Verhalten des Netzwerks muss daher durch zwei Differentialgleichungen erster Ordnung beschrieben werden. Wählt man den Zweig (R_3, L_3) als vollständigen Baum, so ergeben sich mit den Maschenströmen i_1 und i_2 folgende Gleichungen der unabhängigen Maschen.

---

[1]Aufgabe aus Jentsch (1969).

Abb. 4.8 Einschalten einer Drehstromdrossel

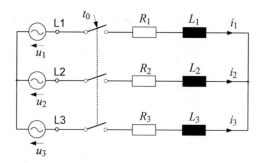

$$M1: \quad u_1 - u_3 = i_1(R_1 + R_3) + \frac{di_1}{dt}(L_1 + L_3) + i_2 R_3 + \frac{di_2}{dt}L_3$$

$$M2: \quad u_2 - u_3 = i_2(R_2 + R_3) + \frac{di_2}{dt}(L_2 + L_3) + i_1 R_3 + \frac{di_1}{dt}L_3$$

Die Umstellung dieser Gleichungen nach einer der Ableitungen von i_1 bzw. i_2 führt auf Gleichungen, bei denen auf der rechten Seite der neuen Gleichungen ebenfalls eine der Ableitungen von i_1 bzw. i_2 steht. Gemäß Abschn. 1.4.5 handelt es sich also um eine algebraische Schleife, die nach dem dort beschriebenen Verfahren beseitigt werden kann.

Maple-Notierung der Maschengleichungen

```
> M1:= u1-u3 = (R1+R3)*i1(t)+(L(i1)+L(i3))*diff(i1(t),t)+R3*i2(t)+
        L(i3)*diff(i2(t),t);
  M2:= u2-u3 = (R2+R3)*i2(t)+(L(i2)+L(i3))*diff(i2(t),t)+R3*i1(t)+
        L(i3)*diff(i1(t),t
```

$$M1 := u1 - u3 = (R1 + R3)\,i1(t) + (L(i1) + L(i3))\left(\frac{\mathrm{d}}{\mathrm{d}t}\,i1(t)\right) + R3\,i2(t)$$

$$+ L(i3)\left(\frac{\mathrm{d}}{\mathrm{d}t}\,i2(t)\right)$$

$$M2 := u2 - u3 = (R2 + R3)\,i2(t) + (L(i2) + L(i3))\left(\frac{\mathrm{d}}{\mathrm{d}t}\,i2(t)\right) + R3\,i1(t)$$

$$+ L(i3)\left(\frac{\mathrm{d}}{\mathrm{d}t}\,i1(t)\right)$$

Das implizite Differentialgleichungssystem {M1, M2} mit der algebraischen Schleife wird nun nach den Ableitungen der Ströme $i1$ und $i2$ aufgelöst.

```
> DGS:= solve({M1,M2},{diff(i1(t),t),diff(i2(t),t)});
```

$$DGS := \left\{ \frac{\mathrm{d}}{\mathrm{d}t}\, i1(t) = - \frac{1}{L(i2)\,L(i1) + L(i2)\,L(i3) + L(i3)\,L(i1)} \left(i2(t)\,L(i2)\,R3 \right. \right.$$

$$- i2(t)\,R2\,L(i3) + L(i2)\,i1(t)\,R1 + L(i2)\,i1(t)\,R3 + i1(t)\,L(i3)\,R1 - L(i2)\,u1$$

$$+ L(i2)\,u3 - L(i3)\,u1 + u2\,L(i3)), \frac{\mathrm{d}}{\mathrm{d}t}\, i2(t) =$$

$$- \frac{1}{L(i2)\,L(i1) + L(i2)\,L(i3) + L(i3)\,L(i1)} \left(i2(t)\,L(i1)\,R2 + i2(t)\,L(i1)\,R3 \right.$$

$$+ i2(t)\,R2\,L(i3) + i1(t)\,L(i1)\,R3 - i1(t)\,L(i3)\,R1 - L(i1)\,u2 + L(i1)\,u3$$

$$\left. \left. + L(i3)\,u1 - u2\,L(i3)) \right\} \right.$$

Die Lösung DGS enthält die zwei Zustandsdifferentialgleichungen des Modells. Durch Zusammenfassung von Teilausdrücken der Zähler der rechten Seiten werden sie noch etwas übersichtlicher. Das Gleichungssystem wird außerdem durch die Gleichung *G1* für den Strom *i*3(*t*) ergänzt.

```
> G1:= {i3(t) = -i1(t)-i2(t)};
```

$$G1 := \{i3(t) = -i1(t) - i2(t)\}$$

```
> DGsys:= collect(DGS,{i1(t),i2(t)}) union G1;
```

$$DGsys := \left\{ \frac{\mathrm{d}}{\mathrm{d}t}\, i1(t) = - \frac{(L(i3)\,R1 + L(i2)\,R1 + L(i2)\,R3)\,i1(t)}{L(i3)\,L(i1) + L(i2)\,L(i1) + L(i2)\,L(i3)} \right.$$

$$- \frac{(-L(i3)\,R2 + L(i2)\,R3)\,i2(t)}{L(i3)\,L(i1) + L(i2)\,L(i1) + L(i2)\,L(i3)}$$

$$- \frac{-L(i3)\,u1 + u2\,L(i3) - L(i2)\,u1 + L(i2)\,u3}{L(i3)\,L(i1) + L(i2)\,L(i1) + L(i2)\,L(i3)}, \frac{\mathrm{d}}{\mathrm{d}t}\, i2(t) =$$

$$- \frac{(L(i1)\,R3 - L(i3)\,R1)\,i1(t)}{L(i3)\,L(i1) + L(i2)\,L(i1) + L(i2)\,L(i3)}$$

$$- \frac{(L(i1)\,R2 + L(i1)\,R3 + L(i3)\,R2)\,i2(t)}{L(i3)\,L(i1) + L(i2)\,L(i1) + L(i2)\,L(i3)}$$

$$\left. - \frac{-L(i1)\,u2 + L(i1)\,u3 + L(i3)\,u1 - u2\,L(i3)}{L(i3)\,L(i1) + L(i2)\,L(i1) + L(i2)\,L(i3)}, i3(t) = -i1(t) - i2(t) \right\}$$

Verallgemeinernd kann man festhalten

1. Eine abhängige Induktivität in einem Baumzweig führt zu einer algebraischen Schleife, da mehrere Maschenströme über die Induktivität laufen und in den

Differentialgleichungen deshalb auch die Ableitungen der zugehörigen Maschenströme gemeinsam auftreten.

2. Lineare Differentialgleichungssysteme mit einer algebraischen Schleife kann man in die Zustandsform überführen, indem das System der Differentialgleichungen wie ein gewöhnliches lineares Gleichungssystem nach den Ableitungen der Ströme auflöst.

Berechnung der Lösungen des Differentialgleichungssystems
Festlegung der Eingangsgrößen und der Parameter:

```
> u1:= Umax*cos(omega*t);   u2:= Umax*cos(omega*t-2*Pi/3);
  u3:= Umax*cos(omega*t-4*Pi/3);
```

$$u1 := Umax \cos(\omega t)$$

$$u2 := -Umax \cos\left(\omega t + \frac{1}{3}\pi\right)$$

$$u3 := -Umax \sin\left(\omega t + \frac{1}{6}\pi\right)$$

```
> param1:= Umax=220*sqrt(2), omega=314, R1=0.2, R2=0.2, R3=0.2;
```

$$param1 := Umax = 220\sqrt{2}, \omega = 314, R1 = 0.2000, R2 = 0.2000, R3 = 0.2000$$

Substitution der Parameterwerte:

```
> DGsys1:=subs(param1, DGsys):
```

Definition der Funktion $L(|i|)$
Der Zusammenhang zwischen dem Betrag von i und der Induktivität L ist durch Stützpunkte vorgegeben, die in der Variablen *Stuetzpunkte* als Tabelle abgelegt sind.

```
> Stuetzpunkte:=[[0,0.072],[1.5,0.071],[9,0.043],[15,0.031],
                [25,0.021],[40,0.015],[67.5,0.01],[125,0.007]]:
```

Zwischenwerte sollen durch lineare Interpolation ermittelt werden. Zur Berechnung des Ausdrucks für die Interpolation des Funktionsverlaufs $L(i)$ wird der Befehl **Spline** des Pakets **CurveFitting** verwendet (siehe Abschn. 2.8 und Kap. 6). Zuerst wird mit **Spline** die stückweise definierte Funktion *La* mit der Variablen i gebildet und danach aus *La* die Funktion L mit dem Argument $|i(t)|$ erzeugt.

```
> with(CurveFitting):
> interface(displayprecision=4):
> La := Spline(Stuetzpunkte, i, degree=1);
```

$$La := \begin{cases} 0.07200 - 0.0006667\,i & i < 1.5 \\ 0.07660 - 0.003733\,i & i < 9 \\ 0.06100 - 0.002000\,i & i < 15 \\ 0.04600 - 0.001000\,i & i < 25 \\ 0.03100 - 0.0004000\,i & i < 40 \\ 0.02227 - 0.0001818\,i & i < 67.5 \\ 0.01352 - 0.00005217\,i & otherwise \end{cases}$$

```
> L:= unapply(subs(i=abs(i(t)), La), i);
```

$$L := i \mapsto \begin{cases} 0.07200 - 0.0006667\,|i(t)| & |i(t)| < 1.5 \\ 0.07660 - 0.003733\,|i(t)| & |i(t)| < 9 \\ 0.06100 - 0.002000\,|i(t)| & |i(t)| < 15 \\ 0.04600 - 0.001000\,|i(t)| & |i(t)| < 25 \\ 0.03100 - 0.0004000\,|i(t)| & |i(t)| < 40 \\ 0.02227 - 0.0001818\,|i(t)| & |i(t)| < 67.5 \\ 0.01352 - 0.00005217\,|i(t)| & otherwise \end{cases}$$

Anfangsbedingungen:

```
> Anfangsbed:={i1(0)=0, i2(0)=0}:
```

Lösung des Differentialgleichungssystems:

```
> Dsol:= dsolve(DGsys1 union Anfangsbed, numeric, [i1(t),i2(t)]);
```

$$Dsol := \mathbf{proc}(x\_rkf45) \ ... \ \mathbf{end\ proc}$$

Die grafische Darstellung von $i1(t)$, $i2(t)$ und $i3(t)$ wird nun mithilfe der Prozedur **ode-plot** des Pakets **plots** bewerkstelligt.

```
> with(plots): setcolors(["Red","CornflowerBlue","LightGreen"]):
> Stil:=gridlines=true, font=[TIMES,16], labelfont=[TIMES,18],
         legendstyle=[font=[TIMES,16]]:
> Ausgabe :=[[t,i1(t)],[t,i2(t)],[t,i3(t)]]:
> odeplot(Dsol, Ausgabe, 0..0.06, Stil, legend=["i1","i2","i3"]);
```

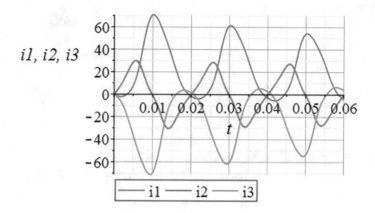

Die Zustandsform ist für das Ermitteln der Lösung dieses Beispiels nicht unbedingt erforderlich. Das Modell {M1, M2} könnte dafür ebenfalls als Grundlage dienen.

4.2.4 Netzwerke mit abhängigen Kapazitäten

Beispiel: Netzwerk mit abhängiger Kapazität
Der Fall abhängiger Kapazitäten wird am Beispiel des Netzwerks in Abb. 4.9 behandelt. Das Netzwerk enthält vier Energiespeicher. Es sind aber nur drei Energiespeicher unabhängig, weil die Kondensatoren C_1, C_2 und C_3 eine Masche bilden. Als Zustandsgrößen werden i_L, u_{C1} und u_{C2} gewählt, d. h. C_3 wird als von C_1 und C_2 abhängige Kapazität betrachtet.

Vorgehensweise bei der Festlegung des Normalbaumes
Die unabhängigen Kapazitäten werden in den Normalbaum aufgenommen, der Zweig mit der abhängigen Kapazität wird zum unabhängigen Zweig. Der Normalbaum umfasst somit die Zweige mit den Kapazitäten C_1 und C_2. Unabhängige Zweige sind die Netzwerkzweige mit den Elementen R_1, R_2, L und C_3 mit den Strömen i_1, i_2, i_L und i_{C3} (Abb. 4.10).

Abb. 4.9 Netzwerk mit abhängiger Kapazität

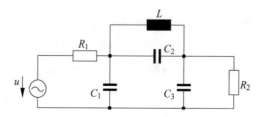

Abb. 4.10 Schaltung nach
Abb. 4.9 mit Normalbaum

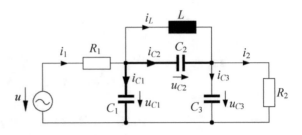

Berechnung des Stroms im unabhängigen Netzwerkzweig C3
Für die von den drei Kondensatorzweigen gebildete Masche gilt die Gleichung

$$u_{C3} = u_{C1} - u_{C2} \text{ und damit}$$

$$\frac{du_{C3}}{dt} = \frac{du_{C1}}{dt} - \frac{du_{C2}}{dt} = \frac{i_{C3}}{C_3}$$

$$i_{C3} = C_3 \frac{du_{C3}}{dt} = C_3 \left(\frac{du_{C1}}{dt} - \frac{du_{C2}}{dt} \right) \tag{4.8}$$

Nach dem Einsetzen der noch aufzustellenden Differentialgleichungen für u_{C1} und u_{C2} in Gl. (4.8) kann somit der Strom i_{C3} über eine algebraische Beziehung ermittelt werden. Alle weiteren Schritte der Entwicklung des Netzwerkmodells laufen wie unter Abschn. 4.2 beschrieben ab. Die folgenden Rechnungen werden mit Unterstützung von Maple durchgeführt.

Knotengleichungen, aufgelöst nach den Strömen in C_1 und C_2:

```
> K1:= ic1(t) = i1(t)-ic3(t)-i2(t);
```
$$K1 := ic1(t) = i1(t) - ic3(t) - i2(t)$$

```
> K2:= ic2(t) = ic3(t)+i2(t)-iL(t);
```
$$K2 := ic2(t) = ic3(t) + i2(t) - iL(t)$$

Maple-Notierung der Maschengleichungen:

```
> M1:= u(t)-i1(t)*R1-uc1(t)=0;
```
$$M1 := u(t) - i1(t)\, R1 - uc1(t) = 0$$

```
> M2:= L*diff(iL(t),t)-uc2(t)=0;
```
$$M2 := L \left(\frac{d}{dt} iL(t) \right) - uc2(t) = 0$$

> M3:= uc3(t)=uc1(t)-uc2(t);

$$M3 := uc3(t) = uc1(t) - uc2(t)$$

> M4:= i2(t)*R2-uc1(t)+uc2(t)=0;

$$M4 := i2(t)\, R2 - uc1(t) + uc2(t) = 0$$

Ausgehend von M3 wird die Ableitung von uc3 gebildet und daraus – wie oben dargestellt – die Gleichung für ic3 entwickelt:

> M3d:= diff(M3,t);

$$M3d := \frac{d}{dt}\, uc3(t) = \frac{d}{dt}\, uc1(t) - \left(\frac{d}{dt}\, uc2(t) \right)$$

> G3:= ic3(t) = C3*diff(uc3(t),t);

$$G3 := ic3(t) = C3 \left(\frac{d}{dt}\, uc3(t) \right)$$

> G3:= subs(M3d, G3);

$$G3 := ic3(t) = C3 \left(\frac{d}{dt}\, uc1(t) - \left(\frac{d}{dt}\, uc2(t) \right) \right)$$

Aus den Maschengleichungen *M1* und *M4* ergeben sich durch Umstellung nach den unabhängigen Zweigströmen i_1 und i_2 die Gleichungen *G1* und *G2*.

> G1:= isolate(M1, i1(t));

$$G1 := i1(t) = -\frac{-u(t) + uc1(t)}{R1}$$

> G2:= isolate(M4, i2(t));

$$G2 := i2(t) = \frac{uc1(t) - uc2(t)}{R2}$$

Aufstellen der Differentialgleichungen der Spannungen an den unabhängigen Kapazitäten C1 und C2; Ersetzen der Ströme in den Kapazitäten durch Ströme der unabhängigen Zweige und diese durch G1, G2 und G3:

> DG1:= diff(uc1(t),t) = ic1(t)/C1;

$$DG1 := \frac{d}{dt}\, uc1(t) = \frac{ic1(t)}{C1}$$

```
> DG2:= diff(uc2(t),t)=ic2(t)/C2;
```

$$DG2 := \frac{\mathrm{d}}{\mathrm{d}t}\, uc2(t) = \frac{ic2(t)}{C2}$$

Die Ströme in den Gleichungen DG1 und DG2 werden nun durch Ströme der unabhängigen Zweige ersetzt:

```
> DGS1:= subs([K1,K2],[DG1,DG2]);
```

$$DGS1 := \left[\frac{\mathrm{d}}{\mathrm{d}t}\, uc1(t) = \frac{i1(t) - ic3(t) - i2(t)}{C1}, \; \frac{\mathrm{d}}{\mathrm{d}t}\, uc2(t) = \frac{ic3(t) + i2(t) - iL(t)}{C2} \right]$$

```
> DGS2:= subs([G1,G2,G3], DGS1);
```

$$DGS2 := \left[\frac{\mathrm{d}}{\mathrm{d}t}\, uc1(t) \right.$$

$$= \frac{-\dfrac{-u(t) + uc1(t)}{R1} - C3\left(\dfrac{\mathrm{d}}{\mathrm{d}t}\, uc1(t) - \left(\dfrac{\mathrm{d}}{\mathrm{d}t}\, uc2(t)\right)\right) - \dfrac{uc1(t) - uc2(t)}{R2}}{C1},$$

$$\left. \frac{\mathrm{d}}{\mathrm{d}t}\, uc2(t) = \frac{C3\left(\dfrac{\mathrm{d}}{\mathrm{d}t}\, uc1(t) - \left(\dfrac{\mathrm{d}}{\mathrm{d}t}\, uc2(t)\right)\right) + \dfrac{uc1(t) - uc2(t)}{R2} - iL(t)}{C2} \right]$$

Die in DGS2 enthaltenen Differentialgleichungen bilden eine algebraische Schleife, die nach dem unter Abschn. 1.4.5 beschriebenen Verfahren aufgelöst wird.

```
> Loe:= solve(DGS2,[diff(uc1(t),t),diff(uc2(t),t)]);
```

$$Loe := \left[\left[\frac{\mathrm{d}}{\mathrm{d}t}\, uc1(t) = -\frac{1}{R1\, R2\, (C1\, C3 + C1\, C2 + C3\, C2)}\left(-R2\, u\, C3 + R2\, uc1(t)\, C3 \right.\right.\right.$$

$$+ R1\, C3\, iL(t)\, R2 - C2\, R2\, u + C2\, R2\, uc1(t) - R1\, uc2(t)\, C2 + R1\, uc1(t)\, C2),$$

$$\frac{\mathrm{d}}{\mathrm{d}t}\, uc2(t) = \frac{1}{R1\, R2\, (C1\, C3 + C1\, C2 + C3\, C2)}\left(R2\, u\, C3 - R2\, uc1(t)\, C3 \right.$$

$$\left.\left.\left. - R1\, C1\, uc2(t) - R1\, C1\, iL(t)\, R2 + R1\, C1\, uc1(t) - R1\, C3\, iL(t)\, R2\right)\right]\right]$$

```
> DG_1:= Loe[1,1];     DG_2:= Loe[1,2];
```

$$DG\_1 := \frac{d}{dt} uc1(t) = -\frac{1}{R1\,R2\,(C1\,C3 + C1\,C2 + C3\,C2)}\,(-R2\,u\,C3 + R2\,uc1(t)\,C3$$
$$+ R1\,C3\,iL(t)\,R2 - C2\,R2\,u + C2\,R2\,uc1(t) - R1\,uc2(t)\,C2 + R1\,uc1(t)\,C2)$$

$$DG\_2 := \frac{d}{dt} uc2(t) = \frac{1}{R1\,R2\,(C1\,C3 + C1\,C2 + C3\,C2)}\,(R2\,u\,C3 - R2\,uc1(t)\,C3$$
$$- R1\,C1\,uc2(t) - R1\,C1\,iL(t)\,R2 + R1\,C1\,uc1(t) - R1\,C3\,iL(t)\,R2)$$

Bildung der Differentialgleichung für *iL* aus der Maschengleichung M2:

```
> DG_3:= isolate(M2, diff(iL(t),t));
```

$$DG\_3 := \frac{d}{dt} iL(t) = \frac{uc2(t)}{L}$$

Die Differentialgleichungen *DG_1*, *DG_2* und *DG_3* stellen das Modell für die Berechnung des dynamischen Verhaltens des Netzwerks dar und werden zum Differentialgleichungssystem *DGsys* zusammengefasst.

```
> DGsys:={DG_1,DG_2,DG_3}
```

Abschließend wird die Lösung einer entsprechenden Anfangswertaufgabe ermittelt und grafisch dargestellt. Eine symbolische Lösung findet Maple nach der Vorgabe von Parameterwerten. Wegen ihres Umfangs ist diese aber nur für eine maschinelle Weiterverarbeitung geeignet und wir hier nicht angegeben.

Lösung des Differentialgleichungssystems und Auswertung

```
> param1:= R1=2, R2=10, L=0.1, C1=0.1, C2=0.1, C3=1, u(t)=10:
> AnfBed:= {iL(0)=0, uc1(0)=0, uc2(0)=0}:
> DGsys1:= subs(param1,DGsys);
```

$$DGsys1 := \left\{ \frac{d}{dt} iL(t) = 10.\,uc2(t),\ \frac{d}{dt} uc1(t) = -4.76\,iL(t) + 26.2 - 2.67\,uc1(t) \right.$$
$$\left. + 0.0476\,uc2(t),\ \frac{d}{dt} uc2(t) = -5.24\,iL(t) - 2.33\,uc1(t) - 0.0476\,uc2(t) + 23.8 \right\}$$

Für *DGsys1* wird die Lösung des Differentialgleichungssystems berechnet. Die von Maple gefundene analytische Lösung ist außerordentlich umfangreich und wird daher nicht angezeigt.

```
> Loes:=dsolve(DGsys1 union AnfBed, [iL(t),uc1(t),uc2(t)]):
> IL:=subs(Loes, iL(t)): UC1:=subs(Loes, uc1(t)):
  UC2:=subs(Loes, uc2(t)):
> plot([UC1, UC2, IL], t=0..8, legend=["uC1","uC2","iL"],
       color=["Green","Orange","Red"],gridlines);
```

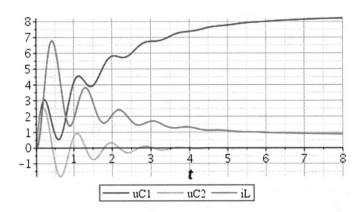

4.2.5 Netzwerke mit magnetischer Kopplung

Magnetische Kopplungen sind bei der Modellierung von Netzwerken mit Transformatoren in Form von Übertragern und Leistungstransformatoren zu berücksichtigen. Beide arbeiten nach dem gleichen physikalischen Prinzip. Während bei Leistungstransformatoren der Wirkungsgrad ein wesentliches Gütekriterium ist, fordert man von Übertragern, dass sie vor allem die Signalform der zu transformierenden Analog- oder Digitalsignale erhalten.

Ein **idealer Transformator** mit einer Primär- und einer Sekundärwicklung wird charakterisiert durch die Induktivitäten L_1 und L_2 dieser beiden Wicklungen sowie durch die zwischen beiden wirksame Gegeninduktivität M (Abb. 4.11).

Beispiel: Netzwerk mit idealem Transformator
In diesem Beispiel (Unbehauen und Hohneker 1987) wird zum Zeitpunkt $t_0 = 0$ der Schalter im Primärkreis des Transformators geschlossen. Dabei liegen folgende

Abb. 4.11 Netzwerk mit
magnetischer Kopplung

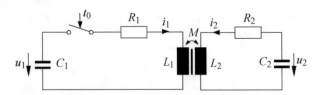

Anfangsbedingungen vor: Die Kapazität C_1 ist auf die Spannung $u_1 = U$ aufgeladen, alle Ströme und die Spannung u_2 der Kapazität C_2 haben den Wert Null. Ein Modell für die Berechnung des Verlaufs der Ströme i_1 und i_2 sowie der Spannungen u_1 und u_2 nach dem Schließen des Schalters ist aufzustellen.

Das Netzwerk verfügt mit zwei Induktivitäten und zwei Kapazitäten über insgesamt vier Energiespeicher. Als Zustandsvariablen werden daher die Ströme i_1 und i_2 sowie die Kapazitätsspannungen u_1 und u_2 gewählt.

Maschengleichungen:

$$M1: i_1 R_1 + L_1 \frac{di_1}{dt} + M \frac{di_2}{dt} - u_1 = 0$$
$$M2: i_2 R_2 + L_2 \frac{di_2}{dt} + M \frac{di_1}{dt} - u_2 = 0$$

Differentialgleichungen der Kondensatorspannungen:

$$\frac{du_1}{dt} = \frac{-i_1}{C_1} \qquad \frac{du_2}{dt} = \frac{-i_2}{C_2}$$

Die Maschengleichungen bilden eine algebraische Schleife. Das Gleichungssystem wird daher mit Unterstützung von Maple nach den Ableitungen der Ströme aufgelöst:

```
> M1:= i1(t)*R1+L1*diff(i1(t),t)+M*diff(i2(t),t)-u1(t)=0;
```

$$M1 := i1(t)\, R1 + L1 \left(\frac{\mathrm{d}}{\mathrm{d}t}\, i1(t) \right) + M \left(\frac{\mathrm{d}}{\mathrm{d}t}\, i2(t) \right) - u1(t) = 0$$

```
> M2:= i2(t)*R2+L2*diff(i2(t),t)+M*diff(i1(t),t)-u2(t)=0;
```

$$M2 := i2(t)\, R2 + L2 \left(\frac{\mathrm{d}}{\mathrm{d}t}\, i2(t) \right) + M \left(\frac{\mathrm{d}}{\mathrm{d}t}\, i1(t) \right) - u2(t) = 0$$

```
> DGS:= solve({M1,M2},[diff(i1(t),t),diff(i2(t),t)]);
```

$$DGS := \left[\left[\frac{\mathrm{d}}{\mathrm{d}t}\, i1(t) = -\frac{-i2(t)\, R2\, M + L2\, i1(t)\, R1 - L2\, u1(t) + u2(t)\, M}{L2\, L1 - M^2}, \right. \right.$$
$$\left. \left. \frac{\mathrm{d}}{\mathrm{d}t}\, i2(t) = -\frac{L1\, i2(t)\, R2 - L1\, u2(t) - i1(t)\, R1\, M + u1(t)\, M}{L2\, L1 - M^2} \right] \right]$$

```
> DG1:= DGS[1,1];  DG2:= DGS[1,2];
```

$$DG1 := \frac{\mathrm{d}}{\mathrm{d}t}\, i1(t) = -\frac{-i2(t)\, R2\, M + L2\, i1(t)\, R1 - L2\, u1(t) + u2(t)\, M}{L2\, L1 - M^2}$$
$$DG2 := \frac{\mathrm{d}}{\mathrm{d}t}\, i2(t) = -\frac{L1\, i2(t)\, R2 - L1\, u2(t) - i1(t)\, R1\, M + u1(t)\, M}{L2\, L1 - M^2}$$

Die Differentialgleichungen *DG1* und *DG2* stellen zusammen mit den Differential-gleichungen der Kondensatorspannungen das mathematische Modell des Netzes dar.

4.3   Netzwerksmodelle im Bildbereich

4.3.1   Laplace-Transformation, Impedanzoperatoren, Überlagerungsprinzip

Ein Modell eines linearen Netzwerks in Form einer Übertragungsfunktion kann man ausgehend von der Differentialgleichung bzw. dem Differentialgleichungssystem durch Laplace-Transformation ermitteln oder auf direktem Weg unter Verwendung so-genannter Impedanz-Operatoren. Mit der zuletzt genannten Methode lassen sich auch Modelle komplizierter linearerer Netzwerke relativ einfach aufstellen. Sie wird im Folgenden beschrieben.

Die Impedanz-Operatoren Z(s) (auch operatorische Impedanzen genannt) (Böning 1992) gewinnt man durch Anwendung der Laplace-Transformation auf die Strom-Spannungs-Beziehungen der Grundelemente des elektrischen Netzwerkes (Tab. 4.2 und Abb. 4.12).

Die bei der Ableitung der Impedanz-Operatoren getroffene Annahme, dass die Ströme und Spannungen im Netzwerk im Zeitraum $t \leq 0$ gleich Null seien, hat auf die Verwend-barkeit des beschriebenen Verfahrens bei linearen Netzwerken keinen Einfluss, da mit-hilfe des Überlagerungsprinzips auch Lösungen für die Fälle ermittelt werden können,

Tab. 4.2 Netzwerkelemente und Impedanz-Operatoren

Element	Zeitbereich	Bildbereich	$Z(s) = U(s)/I(s)$
Widerstand R	$u(t) = R \cdot i(t)$	$U(s) = R \cdot I(s)$	$Z_R(s) = R$
Induktivität L	$u(t) = L \cdot \dfrac{di(t)}{dt}$ $i(t \leq 0) = 0$	$U(s) = L \cdot s \cdot I(s) - i(-0)$ $U(s) = L \cdot s \cdot I(s)$, wenn $i(-0) = 0$	$Z_L(s) = s \cdot L$
Kapazität C	$\dfrac{du(t)}{dt} = \dfrac{1}{C} \cdot i(t)$ $t \leq 0 \rightarrow u(t) = 0$	$s \cdot U(s) - u(-0) = \dfrac{1}{C} \cdot I(s)$ $s \cdot U(s) = \dfrac{1}{C} \cdot I(s)$, wenn $u(-0) = 0$	$Z_C(s) = \frac{1}{s \cdot C}$

Abb. 4.12 Impedanz-Operatoren

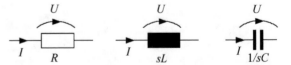

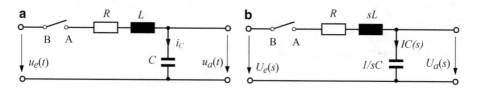

Abb. 4.13 RLC-Netzwerk im Zeit- und im Bildbereich. **a** Größen im Zeitbereich, **b** Größen im Bildbereich

in denen die Anfangsbedingungen ungleich Null sind. Dies wird im zweiten Teil des folgenden Beispiels „RLC-Netzwerk" gezeigt.

Beispiel: RLC-Netzwerk
Die Vorgehensweise beim Aufstellen der Übertragungsfunktion wird anhand des RLC-Netzwerks in Abb. 4.13 beschrieben. An die Stelle der Netzwerkelemente R, L und C der Schaltung (Abb. 4.13a) treten die entsprechenden Impedanz-Operatoren R, sL und $1/sC$ (Abb. 4.13b). Analog dazu sind an die Stelle der Spannungen und Ströme des Netzwerks im Zeitbereich die komplexen Amplituden der Spannungen und Ströme im Bildbereich zu setzen. Mit diesen transformierten Größen kann man nun wie in einem Gleichstromnetz rechnen. Für das obige Beispiel ergibt sich unter Verwendung der Spannungsteilerregel[2]

$$\frac{U_a(s)}{U_e(s)} = \frac{\frac{1}{sC}}{R + sL + \frac{1}{sC}} = \frac{1}{1 + sCR + s^2CL}$$

bzw.

$$U_C(s) = U_a(s) = \frac{U_e(s)}{1 + sCR + s^2CL}$$

Durch Rücktransformation dieser Gleichung in den Zeitbereich (inverse Laplace-Transf.) erhält man die Lösung für $u_C(t)$, wenn vorher für U_e die Eingangsgröße in der Bildbereichsnotierung eingesetzt wird.

Die Aufgabenstellung zum Beispiel wird noch wie folgt ergänzt: An die in Reihe liegenden Netzwerkelemente R, L und C wird bei $t = 0$ eine Gleichspannung u_e angelegt. Der Kondensator sei zu diesem Zeitpunkt vollkommen entladen. Die Spannung am Kondensator ist daher $u_C(0) = 0$.

---

[2]Die Spannungsabfälle über vom gleichen Strom durchflossenen Widerständen verhalten sich zueinander wie die entsprechenden Widerstände bzw. die Widerstandsoperatoren.

```
> restart:
> with(inttrans):
> UC := 1/(s*C)/(R+s*L+1/(s*C))*Ue;
```

$$UC := \frac{Ue}{sC\left(R + sL + \dfrac{1}{sC}\right)}$$

Eingangsgröße im Bildbereich:

```
> Ue := laplace(ue, t, s);
```

$$Ue := \frac{ue}{s}$$

UC, die Kondensatorspannung im Bildbereich, wird in den Zeitbereich transformiert, Parameterwerte werden vorgegeben und die grafische Darstellung des Zeitverlaufs uC(t) ermittelt.

```
> uC:= invlaplace(UC, s, t);
```

$$uC := ue\left(1 + \frac{1}{CR^2 - 4L}\left(\left(-R\sqrt{C(CR^2 - 4L)}\,\sinh\left(\frac{1}{2}\frac{t\sqrt{C(CR^2 - 4L)}}{CL}\right)\right.\right.\right.$$
$$\left.\left.\left. + \cosh\left(\frac{1}{2}\frac{t\sqrt{C(CR^2 - 4L)}}{CL}\right)(-CR^2 + 4L)\right)e^{-\frac{1}{2}\frac{tR}{L}}\right)\right)$$

```
> param:= R=30, L=2, C=1/1000, ue=10:
> uC1:= subs(param, uC);
```

$$uC1 := 10 - \frac{100}{71}\left(-\frac{3}{1000}\sqrt{-71}\sqrt{10000}\,\sinh\left(\frac{1}{40}t\sqrt{-71}\sqrt{10000}\right)\right.$$
$$\left. + \frac{71}{10}\cosh\left(\frac{1}{40}t\sqrt{-71}\sqrt{10000}\right)\right)e^{-\frac{15}{2}t}$$

```
> plot(uC1, t=0..1, gridlines, view=[0..1, 0..15], title="uC(t)");
```

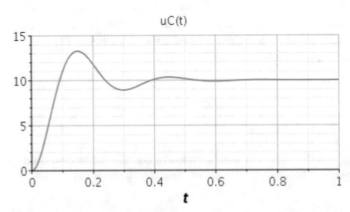

Beispiel: RLC-Netzwerk, Anfangswert uC(0) $\neq$ 0

Im Beispiel wird angenommen, dass der Kondensator C zum Zeitpunkt des Schließens des Schalters AB nicht vollkommen entladen ist, die Kondensatorspannung habe die Größe $u_C(0) = u_{C0}$. Weil bei der Formulierung der Impedanz-Operatoren aber als Voraussetzung gilt, dass alle Anfangswerte der Spannungen bzw. Ströme Null sind, muss für die Lösung der vorliegenden Aufgabe das **Überlagerungsprinzip** angewendet werden. Dabei geht man von folgendem Gedanken aus: An den Klemmen des Schalters liegt vor dem Schließen die Spannung $u_{AB0} = u_{C0} - u_e$, danach ist $u_{AB0} = 0$. Das Schließen des Schalters lässt sich gedanklich also auch durch das Anlegen einer fiktiven Spannung $-u_{AB0}$ an die offenen Schalterklemmen ersetzen. Auch in diesem Fall wird die resultierende Spannung am Schalter zu Null. Das Netz wird dabei als energielos angenommen, d. h. alle Spannungen und Ströme seien Null und die Spannungsquellen im Netz werden durch ihren Innenwiderstand ersetzt. Der durch das Anlegen der fiktiven Spannung eingeleitete Ausgleichsvorgang hat die Spannungs- und Stromverläufe $\Delta uC(t)$ und $\Delta iC(t)$ (bzw. $D\_UC(s)$ und $IC(s)$ im Bildbereich) zur Folge. Den vollständigen Ausgleichsvorgang nach dem Schließen des Schalters unter Berücksichtigung der Anfangsspannung des Kondensators erhält man dann durch Überlagerung der Spannungen bzw. Ströme bei offenem Schalter (Böning 1992).

```
> u[AB] := -ue+uC0;
```

$$u_{AB} := -ue + uC0$$

Der Spannung u_{AB} im Zeitbereich entspricht im Bildbereich die Spannung U_{AB}:

```
> U[AB] := laplace(u[AB], t, s);
```

$$U_{AB} := \frac{-ue + uC0}{s}$$

Das Zuschalten der Spannung -U[AB] bewirkt das Auftreten der Kondensator-Differenzspannung D_UC. Diese ist dann unter Anwendung der Spannungsteilerregel

```
> D_UC:= -U[AB] * 1/(s*C)/(R + s*L + 1/(s*C));
```

$$D\_UC := -\frac{-ue + uC0}{s^2 C \left(R + sL + \dfrac{1}{sC} \right)}$$

```
> D_UC:= simplify(D_UC);
```

$$D\_UC := \frac{ue - uC0}{s \left(s^2 LC + RsC + 1 \right)}$$

Die Spannung D_UC treibt durch die Reihenschaltung der Netzwerkelemente R, sL und $1/(sC)$ den Strom

```
> IC:= D_UC/(R + s*L + 1/(s*C));
```

$$IC := \frac{ue - uC0}{s\left(s^2 L C + R s C + 1\right)\left(R + s L + \dfrac{1}{s C}\right)}$$

Die Zeitverläufe $u_C(t)$ und $i_C(t)$ werden nun durch Rücktransformation in den Originalbereich und anschließende Addition der Anfangswerte gewonnen.

```
> D_uC:= invlaplace(D_UC, s, t);
```

$$D\_uC := ue - uC0 + \frac{1}{C R^2 - 4L}\left(e^{-\frac{tR}{2L}}\left(-ue\right.\right.$$

$$+ uC0)\left(R\sqrt{C\left(C R^2 - 4L\right)}\sinh\left(\frac{t\sqrt{C\left(C R^2 - 4L\right)}}{2 C L}\right)\right.$$

$$+ \cosh\left(\frac{t\sqrt{C\left(C R^2 - 4L\right)}}{2 C L}\right)\left(C R^2 - 4L\right)\Bigg)\Bigg)$$

```
> uC:= D_uC + uC0;
```

$$uC := ue + \frac{1}{C R^2 - 4L}\left(e^{-\frac{tR}{2L}}\left(-ue\right.\right.$$

$$+ uC0)\left(R\sqrt{C\left(C R^2 - 4L\right)}\sinh\left(\frac{t\sqrt{C\left(C R^2 - 4L\right)}}{2 C L}\right)\right.$$

$$+ \cosh\left(\frac{t\sqrt{C\left(C R^2 - 4L\right)}}{2 C L}\right)\left(C R^2 - 4L\right)\Bigg)\Bigg)$$

Transformation von IC in den Zeitbereich: Weil im ungestörten Zustand kein Strom fließt, ist keine Überlagerung erforderlich.

```
> iC:= invlaplace(IC, s, t);
```

$$iC := \frac{1}{\left(C R^2 - 4L\right)^2}\left(2 e^{-\frac{tR}{2L}}\left(-ue\right.\right.$$

$$+ uC0)\left(2\sinh\left(\frac{t\sqrt{C\left(C R^2 - 4L\right)}}{2 C L}\right)\sqrt{C\left(C R^2 - 4L\right)}\, L\right.$$

$$+ \cosh\left(\frac{t\sqrt{C\left(C R^2 - 4L\right)}}{2 C L}\right)\left(-C R^2 + 4L\right) t\Bigg)\Bigg)$$

Für die grafische Auswertung werden folgende Parameterwerte angenommen:
$R = 30\ \Omega$, $L = 2$ H, $C = 1/1000$ F, $u_e = 10$ V, $u_{C0} = 5$ V.

```
> param:=R=30, L=2, C=1/1000, ue=10, uC0=5:
> puC:=plot(subs(param, uC), t=0..1, gridlines, view=[0..1, 0..12],
           title="uC(t)"):
> piC:=plot(subs(param, iC), t=0..1, gridlines, title="iC(t)"):
> plots[display](array([puC, piC]));
```

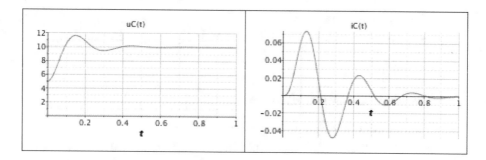

Analog zum geschilderten Vorgehen beim Schließen eines Schalters lassen sich auch die Vorgänge beim Öffnen eines Schalters im Netz ermitteln, indem durch überlagern („einprägen") eines Gegenstroms in die Schalterstrecke das Öffnen simuliert wird.

4.3.2   Modellierung gekoppelter Stromkreise

Auch für Netzwerke, die aus mehreren Maschen bestehen, kann man die Modellbildung im Bildbereich der Laplace-Transformation sehr einfach durchführen (Böning 1992; Wunsch 1969). Zu beachten ist lediglich, dass die Laplace-Transformation nur bei linearen Systemen anwendbar ist.

Ausgegangen werde bei den folgenden Betrachtungen von dem in Abb. 4.14 dargestellten Netzwerk. Darin sind die Z_i bzw. $Z_{i,k}$ operatorische Impedanzen gemäß Abb. 4.12 bzw. Reihenschaltungen von zwei oder drei derselben. Auch alle anderen eingezeichneten Größen sind Bildfunktionen: die Maschenströme i_1, i_2, i_3 sowie die Spannungen u_1 und u_2.

Durch die Festlegung des dick eingezeichneten vollständigen Baumes ergeben sich die unabhängigen Zweige mit den Impedanzen Z_1, Z_2 und Z_3 sowie die mit diesen gebildeten unabhängigen Maschen, die durch die gedachten Maschenströme i_1, i_2 und i_3 beschrieben werden. Die von mehreren Maschenströmen durchflossen Impedanzen Z_{12}, Z_{13} und Z_{23} sind durch ihre Indizes als Koppelimpedanzen gekennzeichnet.

Abb. 4.14 Netzwerk mit
drei unabhängigen Maschen

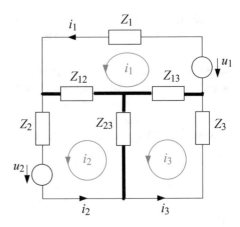

Aus Abb. 4.14 folgen die drei Maschengleichungen

$$M1: \quad i_1 Z_1 + (i_1 - i_2)Z_{12} + (i_1 - i_3)Z_{13} - u_1 = 0$$
$$M2: \quad i_2 Z_2 + (i_2 - i_3)Z_{23} + (i_2 - i_1)Z_{12} + u_2 = 0 \tag{4.9}$$
$$M3: \quad i_3 Z_3 + (i_3 - i_1)Z_{13} + (i_3 - i_2)Z_{23} = 0$$

Durch Umstellung von Gl. (4.9) ergibt sich

$$M1: \quad i_1(Z_1 + Z_{12} + Z_{13}) - i_2 Z_{12} - i_3 Z_{13} = +u_1$$
$$M2: \quad i_2(Z_2 + Z_{12} + Z_{23}) - i_1 Z_{12} - i_3 Z_{23} = -u_2 \tag{4.10}$$
$$M3: \quad i_3(Z_3 + Z_{13} + Z_{23}) - i_1 Z_{13} - i_2 Z_{23} = 0$$

Bei den durch Klammern zusammengefassten Impedanzen handelt es sich um die Summen der Zweigimpedanzen der betreffenden Maschen, nachstehend Gesamtimpedanzen der Maschen genannt und durch die folgenden Abkürzungen bezeichnet:

$$Z_{11} = Z_1 + Z_{12} + Z_{13}$$
$$Z_{22} = Z_2 + Z_{12} + Z_{23} \tag{4.11}$$
$$Z_{33} = Z_3 + Z_{13} + Z_{23}$$

Damit kann Gl. (4.10) in folgender Form notiert werden:

$$+ i_1 Z_{11} - i_2 Z_{12} - i_3 Z_{13} = +u_1$$
$$- i_1 Z_{12} + i_2 Z_{22} - i_3 Z_{23} = -u_2 \tag{4.12}$$
$$- i_1 Z_{13} - i_2 Z_{23} + i_3 Z_{33} = 0$$

In Matrizenschreibweise geht Gl. (4.12) über in

$$\begin{pmatrix} Z_{11} & -Z_{12} & -Z_{13} \\ -Z_{12} & Z_{22} & -Z_{23} \\ -Z_{13} & -Z_{23} & Z_{33} \end{pmatrix} \cdot \begin{pmatrix} i_1 \\ i_2 \\ i_3 \end{pmatrix} = \begin{pmatrix} +u_1 \\ -u_2 \\ 0 \end{pmatrix} \tag{4.13}$$

bzw. in Kurzform

$$\mathbf{Z} \cdot \mathbf{I_M} = \mathbf{U} \quad \text{mit} \tag{4.14}$$

Z ... Maschenimpedanz-Matrix

$\mathbf{I_M}$ ... Spaltenmatrix der Bildfunktionen der Maschenströme

U ... Spaltenmatrix der Bildfunktionen der Quellenspannungen

Die Maschenimpedanz-Matrix **Z** ist charakterisiert durch folgende Merkmale:

1. Die Hauptdiagonale wird durch die Gesamtimpedanzen der Maschen gebildet.
2. In den Nebendiagonalen stehen die Impedanzen $Z_{i,k}$, die die Maschen i und k gemeinsam haben (auch Koppelimpedanzen genannt). Sie haben bei gegenläufigen Umlaufrichtungen der beiden Maschenströme ein negatives Vorzeichen, bei gleichem Umlaufsinn ist ihr Vorzeichen positiv.
3. Die Matrix ist symmetrisch, d. h. $z_{i,k} = z_{k,i}$. Dabei bezeichnet $z_{i,k}$ hier nicht die Impedanz Z_{ik}, sondern die Komponente der Matrix **Z** in der Zeile i und der Spalte k.

Damit kann die Maschenimpedanz-Matrix auf direktem Weg aus dem Netzwerk „abgelesen" werden, d. h. das Aufstellen der Maschengleichungen kann entfallen.

Die Komponenten des Vektors der Quellenspannungen erhalten ein negatives Vorzeichen, wenn die Orientierung der betreffenden Spannung mit der Umlaufrichtung des Maschenstromes übereinstimmt und ein positives, wenn beide entgegengesetzt gerichtet sind.

Gl. (4.14), nach der Spaltenmatrix der Maschenströme umgestellt, ergibt

$$\mathbf{I_M} = \mathbf{Z}^{-1} \cdot \mathbf{U} \tag{4.15}$$

Mit Unterstützung von Maple ist die Inversion der Matrix **Z** leicht zu bewerkstelligen, ebenso auch die Berechnung des Stromvektors I_M durch Multiplikation der invertierten Matrix mit dem Vektor **U** der Quellenspannungen. Durch Anwendung der inversen Laplace-Transformation erhält man dann den Zeitverlauf der Maschenströme. An zwei Beispielen soll das beschriebene Verfahren verdeutlicht werden. Um Vergleiche zu ermöglichen, werden dazu Netzwerke gewählt, für die bereits eine Lösung berechnet wurde.

Den Zusammenhang zwischen den berechneten Maschenströmen und den Zweigströmen stellt die Impedanzmatrix **A** her. Sie basiert auf den Knotengleichungen bzw. der Überlagerung der Maschenströme.

$$\mathbf{I} = \mathbf{A} \cdot \mathbf{I_M}$$

(4.16)

I ...   Spaltenmatrix der Zweigströme

Für das in Abb. 4.14 dargestellte Netzwerk hat Gl. (4.16) die Form

$$
\begin{pmatrix} i_1 \\ i_{12} \\ i_{13} \\ i_2 \\ i_{23} \\ i_3 \end{pmatrix}
=
\begin{pmatrix} 1 & 0 & 0 \\ 1 & -1 & 0 \\ 1 & 0 & -1 \\ 0 & 1 & 0 \\ 0 & 1 & -1 \\ 0 & 0 & 1 \end{pmatrix}
\cdot
\begin{pmatrix} i_1 \\ i_2 \\ i_3 \end{pmatrix}
$$

Beispiel: Netzwerk 1 (siehe Abschn. 4.2)

Aus Abb. 4.15 lassen sich die Gesamtimpedanzen der Maschen und ihre Koppelimpedanzen ablesen.

```
> Z11:=R1+s*L1+1/(s*C1):
> Z22:=R2+s*L2+1/(s*C1)+1/(s*C2):
> Z33:=RL+1/(s*C2):
> Z12:=-1/(s*C1):
> Z13:=0:
> Z23:=-1/(s*C2):
```

Aufstellen der Impedanzmatrix:

```
> Z:= Matrix([[Z11,Z12,Z13],[Z12,Z22,Z23],[Z13,Z23,Z33]]);
```

$$
Z := \begin{bmatrix}
R1 + s\,L1 + \dfrac{1}{s\,C1} & -\dfrac{1}{s\,C1} & 0 \\[2ex]
-\dfrac{1}{s\,C1} & R2 + s\,L2 + \dfrac{1}{s\,C1} + \dfrac{1}{s\,C2} & -\dfrac{1}{s\,C2} \\[2ex]
0 & -\dfrac{1}{s\,C2} & RL + \dfrac{1}{s\,C2}
\end{bmatrix}
$$

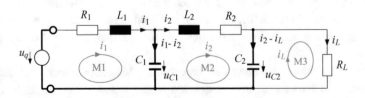

Abb. 4.15 Netzwerk 1

Quellspannungsvektor und Maschenstromvektor im Bildbereich festlegen:
Bei sprungförmiger Änderung der Spannung uq ist deren Bildfunktion uq/s. Die Maschenströme werden durch die Angabe der Variablen s als Bildfunktionen gekennzeichnet.

```
> U:= Vector([uq/s,0,0]);  IM:= Vector([i1(s),i2(s),iL(s)]);
```

$$U := \begin{bmatrix} \dfrac{uq}{s} \\ 0 \\ 0 \end{bmatrix}$$

$$IM := \begin{bmatrix} i1(s) \\ i2(s) \\ iL(s) \end{bmatrix}$$

Es folgt die Darstellung des Netzwerksmodells im Bildbereich. Für die Multiplikation von Matrizen ist in Maple das Operationszeichen Punkt zu verwenden.

```
> GL:= Z.IM = U;
```

$$GL := \begin{bmatrix} \left(R1 + s\,L1 + \dfrac{1}{s\,C1}\right) i1(s) - \dfrac{i2(s)}{s\,C1} \\ -\dfrac{i1(s)}{s\,C1} + \left(R2 + s\,L2 + \dfrac{1}{s\,C1} + \dfrac{1}{s\,C2}\right) i2(s) - \dfrac{iL(s)}{s\,C2} \\ -\dfrac{i2(s)}{s\,C2} + \left(RL + \dfrac{1}{s\,C2}\right) iL(s) \end{bmatrix} = \begin{bmatrix} \dfrac{uq}{s} \\ 0 \\ 0 \end{bmatrix}$$

Für die Berechnung der Inversen der Impedanzmatrix **Z** wird eine Funktion des Pakets **LinearAlgebra** verwendet:

```
> with(LinearAlgebra): Zinv:=MatrixInverse(Z):
```

Die symbolische Darstellung der invertierten Matrix ist sehr umfangreich und auch die weiteren Ergebnisse sind in dieser Form nicht sehr aufschlussreich. Daher werden für die weitere Rechnung Parameterwerte vorgegeben.

```
> param1:=R1=10, R2=5, RL=10, L1=0.1, L2=0.04, C1=0.005, C2=0.1,
        uq=10:
```

Vektor der Maschenströme im Bildbereich berechnen:

```
> IM:= Zinv.U;
```

```
> IM1:= subs(param1, IM);
```

$$IM1 := \begin{bmatrix} \dfrac{10\left(0.0252\,s^2 + 1.0750\,s + 0.0002\,s^3 + 1\right)}{\left(0.3995\,s^2 + 15.8900\,s + 0.0045\,s^3 + 25 + 0.0000\,s^4\right)s} \\[2em] \dfrac{10\left(1.0000\,s + 1\right)}{\left(0.3995\,s^2 + 15.8900\,s + 0.0045\,s^3 + 25 + 0.0000\,s^4\right)s} \\[2em] \dfrac{10}{\left(0.3995\,s^2 + 15.8900\,s + 0.0045\,s^3 + 25 + 0.0000\,s^4\right)s} \end{bmatrix}$$

Transformation des Stromvektors **IM1** in den Zeitbereich und grafische Darstellung der Maschenströme:

```
> with(inttrans): interface(displayprecision=4):
```

```
> it:= map(invlaplace,IM1,s,t);
```

$$\begin{aligned} it := \Big[&\big[-0.5160\,e^{-108.3\,t} + (-0.08718 + 0.2844\,I)\,e^{(-58.02 - 60.59\,I)\,t} - (0.08718 \\ &+ 0.2844\,I)\,e^{(-58.02 + 60.59\,I)\,t} + 0.2903\,e^{-1.640\,t} + 0.4000 \big], \\ &\big[-0.7486\,e^{-108.3\,t} + (0.04086 - 0.6264\,I)\,e^{(-58.02 - 60.59\,I)\,t} + (0.04086 \\ &+ 0.6264\,I)\,e^{(-58.02 + 60.59\,I)\,t} + 0.2669\,e^{-1.640\,t} + 0.4000 \big], \\ &\big[0.006975\,e^{-108.3\,t} + (0.005147 + 0.005517\,I)\,e^{(-58.02 - 60.59\,I)\,t} + (0.005147 \\ &- 0.005517\,I)\,e^{(-58.02 + 60.59\,I)\,t} - 0.4173\,e^{-1.640\,t} + 0.4000 \big] \Big] \end{aligned}$$

```
> Optionen:= gridlines, linestyle=[solid,dot,dash], color=[blue]:
```

```
> plot([it[1],it[2],it[3]], t=0..0.2, Optionen,
        legend=(["i1","i2","iL"]));
```

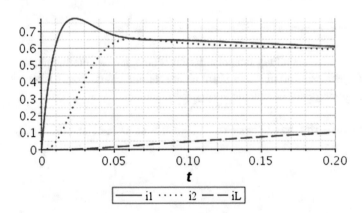

Zur Berechnung der Kondensatorspannungen u_{C1} und u_{C2} wird nochmals auf Ergebnisse im Bildbereich zurückgegriffen. Aus

$$\frac{du_{C1}}{dt} = \frac{i_{C1}}{C_1} = \frac{i_1 - i_2}{C_1}$$

folgt durch Laplace-Transformation bei verschwindenden Anfangsbedingungen

$$s \cdot u_{C1}(s) = \frac{i_1(s) - i_2(s)}{C_1}$$

und damit

$$u_{C1}(s) = \frac{i_1(s) - i_2(s)}{s \cdot C_1} \quad \text{sowie analog} \quad u_{C2}(s) = \frac{i_2(s) - i_L(s)}{s \cdot C_2}$$

```
> I1:= IM[1]: I2:= IM[2]: IL:= IM[3]: # Maschenströme im Bildbereich
> UC1:= subs(param1,(I1-I2)/(s*C1));
```

$$UC1 := \frac{1}{s}\left(200.0000 \left(\frac{10\left(0.0252\,s^2 + 1.0750\,s + 0.0002\,s^3 + 1\right)}{\left(0.3995\,s^2 + 15.8900\,s + 0.0045\,s^3 + 25 + 0.0000\,s^4\right)s} \right.\right.$$
$$\left.\left. - \frac{10\left(1.0000\,s + 1\right)}{\left(0.3995\,s^2 + 15.8900\,s + 0.0045\,s^3 + 25 + 0.0000\,s^4\right)s} \right)\right)$$

```
> UC2:= subs(param1,(I2-IL)/(s*C2));
```

$$UC2 := \frac{1}{s}\left(10.0000 \left(\frac{10\left(1.0000\,s + 1\right)}{\left(0.3995\,s^2 + 15.8900\,s + 0.0045\,s^3 + 25 + 0.0000\,s^4\right)s} \right.\right.$$
$$\left.\left. - \frac{10}{\left(0.3995\,s^2 + 15.8900\,s + 0.0045\,s^3 + 25 + 0.0000\,s^4\right)s} \right)\right)$$

```
> uc1:= invlaplace(UC1, s, t):
> uc2:= invlaplace(UC2, s, t):
> plot([uc1, uc2], t=0..0.2, Optionen, legend=["uc1","uc2"]);
```

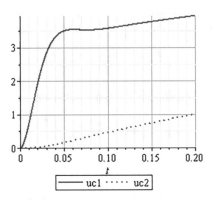

Beispiel: Netzwerk mit abhängiger Kapazität (siehe Abschn. 4.2.4)

Dick gezeichnet ist in Abb. 4.16 der Normalbaum. Bei diesem Beispiel ist zu beachten, dass die Maschenströme i_2 und i_{C3} in den Koppelimpedanzen der zugehörigen Maschen die gleiche Richtung haben und diese Koppelimpedanzen daher mit positivem Vorzeichen in die Impedanzmatrix eingehen.

Operatorische Gesamtimpedanzen und Koppelimpedanzen:

```
> Z11:=R1+1/(s*C1):
> Z22:=R2+1/(s*C1)+1/(s*C2):
> Z33:=1/(s*C1)+1/(s*C2)+1/(s*C3):
> Z44:=s*L+1/(s*C2):
> Z12:=-1/(s*C1):
> Z13:=-1/(s*C1):
> Z14:=0:
> Z23:=+1/(s*C2)+1/(s*C1): # Gleiche Richtung der Maschenströme
> Z24:=-1/(s*C2):
> Z34:=-1/(s*C2):
```

Aufstellen der Impedanzmatrix:

```
> Z:= Matrix([[Z11,Z12,Z13,Z14],[Z12,Z22,Z23,Z24],[Z13,Z23,Z33,Z34],
        [Z14,Z24,Z34,Z44]]);
```

$$
Z := \begin{bmatrix}
R1 + \dfrac{1}{s\,C1} & -\dfrac{1}{s\,C1} & -\dfrac{1}{s\,C1} & 0 \\[2ex]
-\dfrac{1}{s\,C1} & R2 + \dfrac{1}{s\,C1} + \dfrac{1}{s\,C2} & \dfrac{1}{s\,C2} + \dfrac{1}{s\,C1} & -\dfrac{1}{s\,C2} \\[2ex]
-\dfrac{1}{s\,C1} & \dfrac{1}{s\,C2} + \dfrac{1}{s\,C1} & \dfrac{1}{s\,C1} + \dfrac{1}{s\,C2} + \dfrac{1}{s\,C3} & -\dfrac{1}{s\,C2} \\[2ex]
0 & -\dfrac{1}{s\,C2} & -\dfrac{1}{s\,C2} & s\,L + \dfrac{1}{s\,C2}
\end{bmatrix}
$$

Abb. 4.16 Netzwerk mit
abhängiger Kapazität

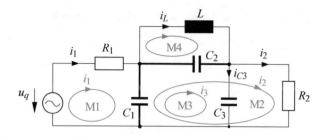

Quellspannungsvektor U und Maschenstromvektor IM im Bildbereich festlegen;
Spannungssprung auf uq bei $t = 0$:

```
> U:= Vector([uq/s,0,0,0]);
```

$$U := \begin{bmatrix} \dfrac{uq}{s} \\ 0 \\ 0 \\ 0 \end{bmatrix}$$

```
> IM:= Vector([i1(s),i2(s),i3(s),iL(s)]);
```

$$IM := \begin{bmatrix} i1(s) \\ i2(s) \\ i3(s) \\ iL(s) \end{bmatrix}$$

Der Maschenstrom i3(s) entspricht dem Zweigstrom $i_{C3}(s)$:
Die Inverse der Impedanz-Matrix bilden und Parameterwerte einführen:

```
> Zinv:=LinearAlgebra[MatrixInverse](Z):
> param1:=R1=2, R2=10, L=0.1, C1=0.1, C2=0.1, C3=1:
```

Vektor der Maschenströme im Bildbereich berechnen:

```
> IM:= Zinv.U;
> IM1 := subs(param1, IM);
```

$$IM1 := \begin{bmatrix} \dfrac{\left(0.210\,s^3 + 0.02\,s^2 + 11.0\,s + 1\right) uq}{\left(0.420\,s^3 + 1.14\,s^2 + 22.1\,s + 12\right) s} \\[2ex] \dfrac{\left(0.01\,s^2 + 1\right) uq}{\left(0.420\,s^3 + 1.14\,s^2 + 22.1\,s + 12\right) s} \\[2ex] \dfrac{10\left(0.01\,s^2 + 1\right) uq}{0.420\,s^3 + 1.14\,s^2 + 22.1\,s + 12} \\[2ex] \dfrac{\left(10\,s + 1\right) uq}{\left(0.420\,s^3 + 1.14\,s^2 + 22.1\,s + 12\right) s} \end{bmatrix}$$

Transformation von **IM** in den Zeitbereich und Darstellung der Ergebnisse:

```
> with(inttrans):
> interface(displayprecision=3):
> it:= map(invlaplace,IM,s,t):
> it1:= subs([param1,uq=10], it):
> it1:= simplify(it1);
```

$$it1 := \Big[\Big[(-0.0969 + 0.767\,I)\,e^{(-1.08 + 7.09\,I)\,t} + 4.36\,e^{-0.556\,t} - (0.0969$$

$$+ 0.767\,I)\,e^{(-1.08 - 7.09\,I)\,t} + \frac{5}{6}\Big],$$

$$\Big[(0.00865 + 0.0152\,I)\,e^{(-1.08 + 7.09\,I)\,t} - 0.851\,e^{-0.556\,t} + (0.00865$$

$$- 0.0152\,I)\,e^{(-1.08 - 7.09\,I)\,t} + \frac{5}{6}\Big],$$

$$\Big[(-1.17 + 0.449\,I)\,e^{(-1.08 + 7.09\,I)\,t} + 4.73\,e^{-0.556\,t} - (1.17$$

$$+ 0.449\,I)\,e^{(-1.08 - 7.09\,I)\,t}\Big],$$

$$\Big[(-2.35 + 0.206\,I)\,e^{(-1.08 + 7.09\,I)\,t} + 3.86\,e^{-0.556\,t} - (2.35$$

$$+ 0.206\,I)\,e^{(-1.08 - 7.09\,I)\,t} + \frac{5}{6}\Big]\Big]$$

```
> Optionen:= color=["Red","Orange","Green","CornflowerBlue"],
        gridlines:
> plot([it1[1],it1[2],it1[3],it1[4]], t=0..5, Optionen,
      legend=(["i1","i2","iC3","iL"]));
```

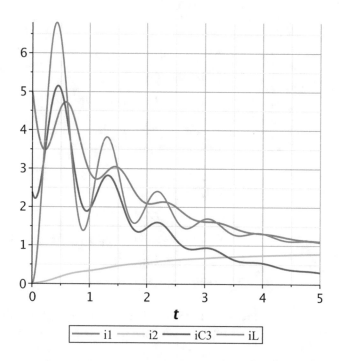

Übergang zu Übertragungsfunktionen oder zur Zustandsraumdarstellung
Die Elemente des obigen Vektors **IM1** sind das Produkt aus einer Übertragungsfunktion und uq/s als transformierte Eingangsgröße. Die Übertragungsfunktionen ergeben sich daher durch Multiplikation der Elemente von IM1 mit s/uq. Auf diesem Wege kann man beispielsweise unter Verwendung des Pakets **DynamicSystems** (siehe Abschn. 3.5 und Anhang E) ein TransferFunction-Objekt erzeugen und mit diesem weiter arbeiten oder auch dieses Objekt in eine Zustandsraumdarstellung überführen, wie die folgenden Befehle zeigen.

```
> with(DynamicSystems):
> tfNW:= TransferFunction(IM1*s/uq, inputvariable=[uq],
                          outputvariable=[i1,iC3,i2,iL]):
> PrintSystem(tfNW, compact=false);
```

$$\begin{array}{l}
\textbf{Transfer Function} \\[4pt]
\text{continuous} \\[4pt]
\text{4 output(s); 1 input(s)} \\[4pt]
\text{inputvariable} = [\, uq(s)\,] \\[4pt]
\text{outputvariable} = [\, i1(s), i2(s), iC3(s), iL(s)\,] \\[8pt]
\mathrm{tf}_{1,\,1} = \dfrac{0.210\,s^3 + 0.0200\,s^2 + 11.\,s + 1}{0.420\,s^3 + 1.14\,s^2 + 22.1\,s + 12.} \\[16pt]
\mathrm{tf}_{2,\,1} = \dfrac{0.0100\,s^2 + 1.}{0.420\,s^3 + 1.14\,s^2 + 22.1\,s + 12.} \\[16pt]
\mathrm{tf}_{3,\,1} = \dfrac{0.100\,s^3 + 10.\,s}{0.420\,s^3 + 1.14\,s^2 + 22.1\,s + 12.} \\[16pt]
\mathrm{tf}_{4,\,1} = \dfrac{10.\,s + 1.}{0.420\,s^3 + 1.14\,s^2 + 22.1\,s + 12.}
\end{array}$$

Abschließend wird mit **ResponsePlot** die Reaktion auf ein vorgegebenes Eingangssignal h berechnet und dargestellt. Das Ergebnis stimmt mit dem oben berechneten überein.

```
> h:= piecewise(t<0, 0, 10);    # Sprung zur Zeit t=0
```

$$h := \begin{cases} 0 & t < 0 \\ 10 & \textit{otherwise} \end{cases}$$

```
> Opt:=  color=["Red","Orange","Green", "CornflowerBlue"],
               gridlines=true:
> ResponsePlot(tfNW, h, duration=5, Opt,
                          legend=["i1","i2","iC3","iL"]);
```

4.4   Komplexe Wechselstromrechnung und Ortskurven

4.4.1   Rechnen mit komplexen Größen

In den vorangegangenen Abschnitten stand zwar die Berechnung von Ausgleichsvorgängen nach einer Änderung des Zustands von elektrischen Netzwerken im Vordergrund, die beschriebenen Rechnungen können aber auch Aussagen über die Netzwerkgrößen im stationären Zustand nach Ablauf der Einschwingvorgänge liefern, und zwar für beliebige Erregungen. Oft interessiert jedoch der Einschalt- oder Übergangsvorgang nicht, sondern nur der darauf folgende stationäre Zustand bei sinusförmigen Erregungen unter Beschränkung auf lineare Netzwerke. Für solche Fälle ist das Rechnen mit komplexen Größen – auch als symbolische Methode bezeichnet – ein sehr leistungsfähiges Verfahren. Bei dieser werden die sinusförmigen Ströme und Spannungen als komplexe Größen bzw. als Zeiger dargestellt. Dadurch kommt man zu komplexen Widerständen (Impedanzen), mit deren Hilfe die für Gleichstromnetze gültigen Gesetze (Abschn. 4.1) in analoger Form auch für die Berechnung komplexer Zeitfunktionen, komplexer Amplituden und komplexer Effektivwerte in Wechselstromnetzen anwendbar sind.

Die Angaben in Tab. 4.3 haben Ähnlichkeit mit den Impedanz-Operatoren der Laplace-Transformation (Tab. 4.2). An Stelle der Variablen $j\omega$ steht bei den Laplace-Transformierten die Bildvariable s. Diese Ähnlichkeit darf aber nicht den unterschiedlichen Anwendungsbereich beider Verfahren vergessen lassen. Den zwei Verfahren gemeinsam ist, dass sie nur auf lineare Netzwerke anwendbar sind.

Anhand von Beispielen wird im Folgenden demonstriert, wie man Maple beim Rechnen mit komplexen Größen in der Wechselstromtechnik sowie bei der Darstellung der Ergebnisse nutzen kann. Als bekannt vorausgesetzt werden dabei die Grundlagen der komplexen Berechnung von Wechselstromschaltungen (siehe z. B. Frohne 2011; Weißgerber 2009) und die Darlegungen des Abschn. 2.6 zum Arbeiten mit komplexen Zahlen und Zeigerdarstellungen in Maple.

Die mit der Anwendung vom Maple erzielbaren Vorteile kommen häufig nicht voll zur Wirkung, wenn man die einzelnen Netzwerkgleichungen sofort in Form von Zuweisungen notiert. Oft ist es besser, einen Ausdruck, beispielsweise zur Berechnung eines Stromes *Ia,* nicht in der Form *Ia:=ausdruck* zu schreiben, sondern als Gleichung und diese Gleichung einer Variablen zuzuweisen, d. h. sie mit einem Namen zu versehen: *G1:=Ia = ausdruck.* Auf diese Weise dargestellte Gleichungen können dann mithilfe der im Kap. 2 beschriebenen Befehle umgeformt bzw. ineinander eingesetzt werden. So geht die Übersichtlichkeit der Formeln – ein wesentlicher Vorteil der komplexen Rechnung – nicht dadurch verloren, dass Maple nach einer Zuweisung an eine Variable diese Zuweisung bei den folgenden Befehlen sofort benutzt.

Tab. 4.3 Netzwerkelemente und komplexe Impedanzen

Element	Zeitbereich	Bildbereich	$\underline{Z}=\underline{U}/\underline{I}$
Widerstand R	$u(t) = R \cdot i(t)$	$\underline{U} = R \cdot \underline{I}$	$\underline{Z}_R = R$
Induktivität L	$u(t) = L \cdot \frac{di(t)}{dt}$	$\underline{U} = j\omega \cdot L \cdot \underline{I}$	$\underline{Z}_L = j\omega \cdot L$
Kapazität C	$\frac{du(t)}{dt} = \frac{1}{C} \cdot i(t)$	$j\omega \cdot \underline{U} = \frac{1}{C} \cdot \underline{I}$	$\underline{Z}_C = \frac{1}{j\omega \cdot C} = -\frac{j}{\omega \cdot C}$

Beispiel: Einfaches RC-Netzwerk

Die Spannung $u_2(t)$ am Widerstand R_2 und die komplexen Ströme in den Zweigen des Netzwerks der Abb. 4.17 sollen berechnet werden.

Bei der Lösung der vorliegenden Aufgabe wird mit Effektivwerten gerechnet. Die Eingangsspannung wird daher abgebildet durch den komplexen Zeiger

$$\underline{U} = Ueff \cdot e^{j\alpha}$$

Eine spezielle Kennzeichnung komplexer Größen als Zeiger (hier durch Unterstrich) erfolgt im Folgenden nur dann, wenn eine Verwechslung möglich ist.

```
> restart: with(plots):
> interface(imaginaryunit=j):
```

Effektivwertzeiger der komplexen Spannung U in Maple-Notierung:

```
> G1:= U = Ueff*exp(j*alpha);
```

$$G1 := U = Ueff\, e^{j\alpha}$$

Gleichung für die Impedanz der Parallelschaltung von Z_{R2} und Z_C:

```
> G2:= Zpar = Z[R2]*Z[C]/(Z[R2]+Z[C]);
```

$$G2 := Zpar = \frac{Z_{R2}\,Z_C}{Z_{R2} + Z_C}$$

Die Beziehung für die Spannung U_2 an Z_{R2} lässt sich mithilfe der Spannungsteilerregel formulieren.

```
> G3:= U2 = U*Zpar/(R[1]+Zpar);
```

$$G3 := U2 = \frac{U\,Zpar}{R_1 + Zpar}$$

Abb. 4.17 Einfaches RC-Netzwerk, im rechten Bild mit komplexen Größen

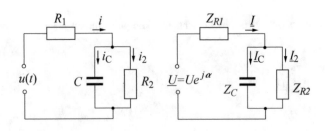

Die Gleichungen G1 und G2 werden nun in die Gleichung G3 eingesetzt.

```
> G4:= subs([G1,G2], G3);
```

$$G4 := U2 = \frac{Ueff\, e^{j\,\alpha}\, Z_{R2}\, Z_C}{\left(Z_{R2} + Z_C\right)\left(R_1 + \dfrac{Z_{R2}\, Z_C}{Z_{R2} + Z_C}\right)}$$

Einführung der Definitionen der komplexen Impedanzen:

```
> Z[R1]:=R[1]: Z[R2]:=R[2]: Z[C]:=1/(j*omega*C):
> G4:= simplify(G4);
```

$$G4 := U2 = \frac{j\, R_2\, e^{j\,\alpha}\, Ueff}{\left(-C\,\omega\,R_1 + j\right) R_2 + j\, R_1}$$

Mit der folgenden Anweisung wird die rechte Seite der Gleichung *G4* der Variablen *U2* zugewiesen. Weil *G4* wird für die weitere Rechnung nicht mehr benötigt wird, ist es akzeptabel, dass durch **assign** die linke Seite von *G4* überschrieben wird.

```
> assign(G4);
```

Die nächsten Anweisungen bestimmen den Betrag und den Winkel des Zeigers <u>U</u>2. Die mit **assuming** angefügte Annahme benötigt Maple, um eine einfachere Lösung zu finden.

```
> U2eff:= abs(U2) assuming alpha::real;
```

$$U2eff := \left| \frac{R_2\, Ueff}{\left(-C\,\omega\,R_1 + j\right) R_2 + j\, R_1} \right|$$

```
> phi2:= argument(U2);
```

$$\phi2 := arg\left(\frac{j\, R_2\, e^{j\,\alpha}\, Ueff}{\left(-C\,\omega\,R_1 + j\right) R_2 + j\, R_1} \right)$$

Berechnung der komplexen Ströme in den Netzwerkzweigen:

```
> I2:= U2/Z[R2]; IC:= U2/Z[C]; I:= simplify(I2+IC);
```

$$I2 := -\frac{j\, e^{j\alpha}\, Ueff}{C\, \omega\, R_1\, R_2 - j\, R_1 - j\, R_2}$$

$$IC := \frac{e^{j\alpha}\, Ueff\, R_2\, \omega\, C}{C\, \omega\, R_1\, R_2 - j\, R_1 - j\, R_2}$$

$$I := \frac{e^{j\alpha}\, Ueff\, (R_2\, \omega\, C - j)}{C\, \omega\, R_1\, R_2 - j\, R_1 - j\, R_2}$$

Parameterwerte zuweisen:
Damit im Folgenden die Auswertung der gefundenen Beziehungen für unterschiedliche
Parameterwerte möglich ist, werden diese den Variablen nicht fest zugewiesen, sondern
in der Gleichungsfolge *param1* vereinbart.

```
> param1:=R[1]=1, R[2]=2, C=0.001, omega=314, Ueff=10, alpha=Pi/60:
```

Komplexe Spannung am Widerstand R_2:

```
> U2_1:= subs(param1, U2);
```

$$U2\_1 := (6.386794493 - 1.336968981\, j)\, e^{\frac{j}{60}\pi}$$

```
> U2eff_1:= subs(param1, U2eff);
```

$$U2eff\_1 := |-1.336968981 - 6.386794494\, j|$$

```
> simplify(%);
```

$$6.525230261$$

Winkel von $\underline{U}_2$: Berechnung zuerst im Bogenmaß

```
> phi2_1:= subs(param1, phi2);
```

$$phi2\_1 := arg\left((6.386794493 - 1.336968981\, j)\, e^{\frac{j}{60}\pi}\right)$$

```
> simplify(%);
```

$$-0.1539937227$$

Winkel von $\underline{U}_2$ im Gradmaß:

```
> phi2_1_grad:= simplify(phi2_1*180/Pi)
```

$$phi2\_1\_grad := -8.823190382$$

Für die komplexen Ströme in den Zweigen des Netzwerks ergeben sich mit den Parameterwerten *param1* folgende Werte:

```
> I2_1:= simplify(subs(param1,I2));
```
$$I2\_1 := 3.224006582 - 0.5004388570\,\mathrm{j}$$

```
> IC_1:= simplify(subs(param1, IC));
```
$$IC\_1 := 0.3142756023 + 2.024676133\,\mathrm{j}$$

```
> I_1:= I2_1 + IC_1;
```
$$I\_1 := 3.538282184 + 1.524237276\,\mathrm{j}$$

Die Ergebnisse sollen im Zeigerbild dargestellt werden. Um den Schreibaufwand zu verringern bzw. die Übersichtlichkeit zu erhöhen, wird die Prozedur *zeiger* definiert.

```
> zeiger:=proc(x, ap, opt)
    # Plotstruktur für einen Zeiger x mit dem Anfangspunkt ap
    # opt…Optionen für Zeigerdarstellung (z. B. Farbe, Dicke)
    local zeiger;
    zeiger:=arrow([Re(ap),Im(ap)],[Re(x),Im(x)],op(opt)):
  end proc:
```

Die als Zeiger darzustellende Größe wird über den formalen Parameter *x* übermittelt. Der Parameter *ap* legt den Anfangspunkt des Zeigers fest (siehe Abschn. 2.6). Die Optionen für die Zeigerdarstellung sind über den 3. Parameter *(opt)* als Menge zu übergeben. Die Prozedur gibt ein Plot-Konstrukt des Zeigers zurück.

```
> Opt1:={color="Red",width=0.05,head_length=0.5,head_width=0.2,
          shape=arrow}:
> zgI:=zeiger(I_1, 0, Opt1):
> zgI2:=zeiger(I2_1, 0, Opt1):
> zgIC:=zeiger(IC_1, I2_1, Opt1):
```

Diese Zeiger der komplexen Ströme sollen noch durch die Zeiger der Spannungen im Netzwerk und einige Bezeichnungen ergänzt werden. Die Spannung am Widerstand R_1 ist die Differenz der komplexen Spannungen U und $U2$:

```
> U1 := subs(G1, U-U2);
```
$$U1 := e^{\mathrm{j}\,\alpha}\,Ueff - \frac{\mathrm{j}\,R_2\,e^{\mathrm{j}\,\alpha}\,Ueff}{\left(-C\,\omega\,R_1 + \mathrm{j}\right)R_2 + \mathrm{j}\,R_1}$$

```
> U1_1:= simplify(subs(param1,U1))
```

$$U1\_1 := (3.613205507 + 1.336968981\,\mathrm{j})\,\mathrm{e}^{\frac{\mathrm{j}}{60}\,\pi}$$

```
> Opt2:= {color=blue, width=0.1,head_length=0.5,head_width=0.2,
          shape=arrow}:
> zgU:= zeiger(subs(param1,rhs(G1)), 0, Opt2):
> zgU2:= zeiger(U2_1, 0, Opt2):
> zgU1:= zeiger(U1_1, U2_1, Opt2):
> bez:= textplot([[1.9,1.3,"I"],[1.8,-0.8,"I2"],[6.0,0.8,"U"],
          [4.7,-1.2,"UR2"]],font=[TIMES,14]):
> display(zgI,zgIC,zgI2,zgU,zgU2,zgU1,bez,scaling=constrained,
          axes=none, size=[300,100]);
```

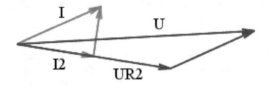

Die im Befehl **textplot** anzugebenden Positionen für die Darstellung der Texte kann man ermitteln, indem man im Kontextmenüpunkt „Probe Info" die Auswahl „Cursor position" markiert und danach den Mauszeiger an die gewünschte Stelle der Grafik führt.

4.4.2 Ortskurven

Änderungen der Frequenz des sinusförmigen Wechselstroms beeinflussen die Größe und die Lage der Zeiger der komplexen Größen. Betrachtet werden dabei wieder nur eingeschwungene Zustände, keine Übergangsvorgänge. Die Linie, auf der sich die Spitze eines Zeigers bei diesen Änderungen bewegt, bezeichnet man als Ortskurve. Auch die Abhängigkeit der Eigenschaften eines Netzwerks von anderen Größen (z. B. vom Widerstand) kann man durch Ortskurven darstellen.

Beispiel: Reihenschaltung R-L
Für die Reihenschaltung eines Widerstands R mit einer Induktivität L sollen die Ortskurven der Impedanz und der Admittanz berechnet und dargestellt werden.

```
> restart: with(plots):
> interface(imaginaryunit=j):
```

Komplexe Impedanz Z:

```
> Z:= R + j*omega*L;
```

$$Z := R + j\,\omega\,L$$

Wertzuweisung:

```
> Z1:= subs([R=2, L=10^(-2)], Z);
```

$$Z1 := 2 + \frac{1}{100}\, j\,\omega$$

Darstellung der Ortskurve der komplexen Impedanz $Z1$ bei variabler Kreisfrequenz ω:

```
> plot([Re(Z1), Im(Z1), omega=0..300], labels=[Re,Im],
       caption="Ortskurve von Z1");
```

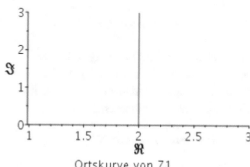

Ortskurve von Z1

Bestimmung der Ortskurve des komplexen Leitwerts $Y1$ bei veränderlicher Frequenz:

```
> Y1:= 1/Z1;
```

$$Y1 := \cfrac{1}{2 + \dfrac{1}{100}\, j\,\omega}$$

In der darzustellenden Ortskurve von $Y1$ soll der Zeiger für $\omega = 200$ Hz eingetragen werden. Dazu wird die Plot-Struktur *zeig* gebildet:

```
> Y200:= subs(omega=200, Y1);
```

$$Y200 := \frac{1}{4} - \frac{1}{4}\, j$$

```
> zeig:= plot([[0,0],[Re(Y200),Im(Y200)]], color=black):
```

Grafische Darstellung von Ortskurve und Zeiger mit Zusatzinformationen:

```
> pY:=plot([Re(Y1), Im(Y1), omega=0..infinity],
            labels=[Re,Im], caption="Ortskurve von Y1"):
> bez:=textplot([0.26,-0.27, typeset(omega,"=200 Hz")]):
> display(pY, zeig, bez, scaling=constrained);
```

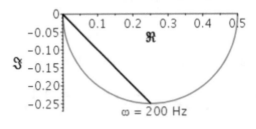

Ortskurve von Y1

Beispiel: Admittanz-Ortskurve eines Schwingkreises
Das in Abb. 4.18 gezeigte Netzwerk ist ein Beispiel aus (Frohne 2011, S. 413). Dessen Ortskurve soll mithilfe von Maple berechnet und dargestellt werden.

Gleichung für die Impedanz der Reihenschaltung von *R, L* und *C:*

```
> G1:= Zr = R+j*(omega*L-1/(omega*C));
```

$$G1 := Zr = R + j \left(\omega L - \frac{1}{\omega C} \right)$$

Gleichung für die Admittanz der Parallelschaltung der zwei Zweige (Addition der komplexen Leitwerte):

```
> G2:= Y = j*omega*Cp + 1/Zr;
```

$$G2 := Y = j \omega Cp + \frac{1}{Zr}$$

Gleichung G3 wird durch das Einsetzen von Gleichung G1 in G2 gebildet.

Abb. 4.18 Schwingkreis

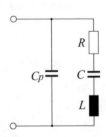

```
> G3:= subs(G1, G2);
```

$$G3 := Y = j\,\omega\,Cp + \cfrac{1}{R + j\left(\omega\,L - \cfrac{1}{\omega\,C}\right)}$$

Zuweisung der rechten Seite von G3 an die Variable *Y* auf der linken Seite von G3:

```
> assign(G3):
```

Festlegung der Parameterwertgleichungen:

```
> param1:= Cp=5*10^(-9), C=12.5*10^(-9), R=50, L=80*10^(-6):
> Y1:= subs(param1, Y);
```

$$Y1 := \frac{1}{200000000}\,j\,\omega + \cfrac{1}{50 + j\left(\cfrac{1}{12500}\,\omega - \cfrac{8.000000000\ 10^{7}}{\omega}\right)}$$

Die Ortskurve von *Y1* wird nun grafisch dargestellt.

```
> Opt:=gridlines, labelfont=[TIMES,10]:
> y:=plot([Re(Y1), Im(Y1), omega=0..4000000], Opt):
> with(plots): display(y, scaling=constrained,
                        view=[0..0.025,-0.005..0.02]);
```

Die Aussagekraft obiger Ortskurve soll durch Einfügen der Punkte ausgewählter Kreisfrequenzen, die in der Liste *Lomega_y* zusammengefasst sind, verbessert werden. Um die mehrfache Berechnung der komplexen Leitwerte zu vereinfachen, wird aus *Y1* die Funktion *fY1*(ω) gebildet.

```
> Lomega_y:= [500000,800000,900000,1000000,1100000,1700000,
             2000000,4000000]:
> fY1:= unapply(Y1, omega);
```

$$fY1 := \omega \rightarrow \frac{1}{200000000} \, j\, \omega + \frac{1}{50 + j \left(\dfrac{1}{12500}\, \omega - \dfrac{8.000000000 \; 10^7}{\omega} \right)}$$

Die Anwendung der Funktion *fY1* auf alle in der Liste *Lomega_y* enthaltenen Werte erfolgt am günstigsten mit dem Befehl **map**. Das Resultat ist die Liste *Ly*.

```
> Ly:= map(fY1, Lomega_y);
```

$$\begin{aligned} Ly := \; & [\,0.002958579882 + 0.009600591716\, j, 0.01317175975 \\ & + 0.01348366702\, j, 0.01795180936 + 0.01056372228\, j, 0.02000000000 \\ & + 0.005000000000\, j, 0.01829319916 - 0.000087740834\, j, \\ & 0.004802828118 - 0.000043383664\, j, 0.002958579882 \\ & + 0.002899408284\, j, 0.0005405405405 + 0.01675675676\, j\,] \end{aligned}$$

Aus der Liste *Ly* werden nun zwei Listen, die Liste der Realteile *LRy* und die Liste der Imaginärteile *LIy*, gebildet.

```
> LRy:=map(Re, Ly): LIy:=map(Im, Ly):
```

Damit sind alle Daten für die grafische Darstellung der ausgewählten Punkte vorhanden. Dazu wird die Plot-Struktur yp gebildet.

```
> yp:=plot(LRy, LIy, style=point, symbol=solidcircle, symbolsize=18,
          color=black):
```

Um die Ortskurvendarstellung noch mit Bezeichnungen zu versehen, wird die zusätzliche Plot-Struktur *bez* erzeugt.

```
> bez:=seq(textplot([LRy[i]+0.001,LIy[i]+0.0015,
          evalf(Lomega_y[i]/10^6,2)], font=[HELVETICA,12]),i=1..8):
> display(y, yp, bez, title="Ortskurve der Admittanz Y1",
          titlefont=[HELVETICA,12,BOLD], captionfont=[HELVETICA,12],
          caption=typeset("\nParameter ",omega,"/10^6 1/s"),
          scaling=constrained, view=[0..0.025,-0.005..0.02]);
```

```
> display(y, yp, bez, title="Ortskurve der Admittanz Y1",
        titlefont=[HELVETICA,12,BOLD], captionfont=[HELVETICA,12],
        caption=typeset("Parameter: ",omega,"/10^6 1/s"),
        scaling=constrained, view=[0..0.025,-0.005..0.02]);
```

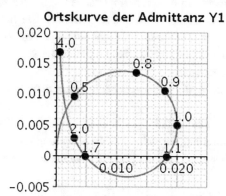

Ortskurve der Admittanz Y1

Parameter: ω/10^6 1/s

Die Maple-Graphik zeigt, dass die Ortskurve des Schwingkreises zwei Schnittpunkte mit der reellen Achse hat. Bei den Kreisfrequenzen $\omega_1 \approx 1{,}1 \cdot 10^6 \text{ s}^{-1}$ und $\omega_2 \approx 1{,}7 \cdot 10^6 \text{ s}^{-1}$ ist die Admittanz reell, d. h. es handelt sich dabei um die Resonanzfrequenzen der Schaltung.

4.4.3 Komplexe Netzwerksberechnung mit dem Maschenstromverfahren

Wegen der schon genannten Analogie zwischen der komplexen Rechnung und der Netzberechnung im Bildbereich der Laplace-Transformation kann das unter Abschn. 4.3.2 beschriebene Verfahren sinngemäß auch auf die komplexe Netzwerksberechnung angewendet werden. Definiert man nach der Festlegung eines vollständigen Baums für jede unabhängige Masche des vorgegebenen Netzwerks einen Maschenstrom, dann lässt sich für das Netzwerk eine Matrizengleichung gemäß Gl. (4.17) aufstellen.

$$\underline{Z} \cdot \underline{I} = \underline{U} \quad \text{mit} \tag{4.17}$$

$\underline{Z}$ ... Matrix der komplexen Maschenimpedanzen
$\underline{I}$ ... Spaltenmatrix der komplexen Maschenströme
$\underline{U}$ ... Spaltenmatrix der komplexen Quellenspannungen

Die Matrix $\underline{\mathbf{Z}}$ ist gemäß Abschn. 4.3.2 wie folgt aufgebaut:

1. Die Hauptdiagonale wird durch die Gesamtimpedanzen, d. h. durch die Summen der Impedanzen in den einzelnen Maschen gebildet.
2. In den Nebendiagonalen stehen die Impedanzen $\underline{Z}_{i,k}$, die die Maschen i und k gemeinsam haben (auch Koppelimpedanzen genannt). Sie haben bei gegenläufigen Umlaufrichtungen der beiden Maschenströme ein negatives Vorzeichen, bei gleichem Umlaufsinn ist ihr Vorzeichen positiv (siehe Abschn. 4.3.2).
3. Die Matrix $\underline{\mathbf{Z}}$ ist symmetrisch.
4. Die Maschenimpedanz-Matrix kann man leicht aus dem Netzwerk „ablesen".

Die Komponenten des Vektors der Quellenspannungen erhalten ein negatives Vorzeichen, wenn die Orientierung der betreffenden Spannung mit der Umlaufrichtung des Maschenstromes übereinstimmt und ein positives, wenn beide entgegengesetzt gerichtet sind.

Gl. (4.17), nach der Spaltenmatrix der Maschenströme umgestellt, ergibt

$$\underline{\mathbf{I}} = \underline{\mathbf{Z}}^{-1} \cdot \underline{\mathbf{U}} \tag{4.18}$$

Über die Maschenströme können dann alle Zweigströme und Zweigspannungen berechnet werden. Ein einfaches Beispiel soll das Verfahren verdeutlichen.

Beispiel: Netzwerk mit drei unabhängigen Maschen
Für das in Abb. 4.19 dargestellte Netzwerk mit der Spannung $u(t) = \sqrt{2} \cdot U_1 \cdot \cos(\omega \cdot t + \alpha)$ sind die Maschenströme zu berechnen.

Nach der Festlegung des vollständigen Baumes und der Richtungen der Maschenströme (Abb. 4.20) werden die komplexen Gesamtimpedanzen Z_{11}, Z_{22} und Z_{33} der drei unabhängigen Maschen sowie die komplexen Koppelimpedanzen $Z_{i,k}$ nach den oben genannten Regeln aus dem Netzwerk abgelesen und aufgeschrieben.

```
> restart:
> interface(imaginaryunit=j):
```

Abb. 4.19 Netzwerk mit drei Maschen

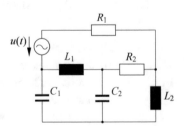

Abb. 4.20 Netzwerk wie
Abb. 4.19 mit komplexen
Maschenströmen

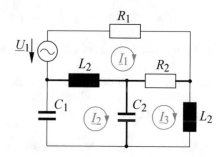

Komplexe Gesamtimpedanzen und Koppelimpedanzen:

```
> Z11:=R1+R2+j*omega*L1:
> Z22:=j*omega*L1+1/(j*omega*C1)+1/(j*omega*C2):
> Z33:=R2+j*omega*L2+1/(j*omega*C2):
> Z12:=-j*omega*L1:
> Z13:=-R2:
> Z23:=-1/(j*omega*C2):
```

Weil die Impedanzmatrix symmetrisch ist und damit $Z_{i,k}=Z_{k,i}$ gilt, kann mit den dargestellten Impedanzen die Matrix $\mathbf{Z}$ notiert werden.

```
> Z:= Matrix([[Z11,Z12,Z13],[Z12,Z22,Z23],[Z13,Z23,Z33]]);
```

$$
Z := \begin{bmatrix} R1 + R2 + j\,\omega\,L1 & -j\,\omega\,L1 & -R2 \\[2mm] -j\,\omega\,L1 & j\,\omega\,L1 - \dfrac{j}{\omega\,C1} - \dfrac{j}{\omega\,C2} & \dfrac{j}{\omega\,C2} \\[2mm] -R2 & \dfrac{j}{\omega\,C2} & R2 + j\,\omega\,L2 - \dfrac{j}{\omega\,C2} \end{bmatrix}
$$

Quellspannungsvektor und Maschenstromvektor:

```
> U:= Vector([U1,0,0]);
```

$$
U := \begin{bmatrix} U1 \\ 0 \\ 0 \end{bmatrix}
$$

Maschenstromvektor:

```
> I:= Vector('[I1,I2,I3]');
```

$$
I := \begin{bmatrix} I1 \\ I2 \\ I3 \end{bmatrix}
$$

Inverse der komplexen Impedanzmatrix **Z** bestimmen:

```
> Zinv:=LinearAlgebra[MatrixInverse](Z):
```

Effektivwertzeiger der Eingangsspannung:

```
> U1:=U1eff*exp(j*alpha):
```

Vektor der komplexen Maschenströme berechnen:

```
> I:=Zinv.U:
```

Parameterwerte:

```
> param:=R1=3, R2=3, L1=1, L2=0.5, C1=0.01, C2=0.01, U1eff=10,
         alpha=45*Pi/180, omega=10:
```

Mit den festgelegten Werten der Parameter ergeben sich folgende Werte der komplexen Maschenströme I_1, I_2 und I_3:

```
> I1:=subs(param,I[1]); I2:=subs(param,I[2]); I3:=subs(param,I[3]);
```

$$I1 := (1.804281346 - 0.4587155963\,\mathrm{j})\ \mathrm{e}^{\frac{1}{4}\mathrm{j}\pi}$$

$$I2 := (1.529051988 + 0.4587155963\,\mathrm{j})\ \mathrm{e}^{\frac{1}{4}\mathrm{j}\pi}$$

$$I3 := (3.333333333 - 0.\mathrm{j})\ \mathrm{e}^{\frac{1}{4}\mathrm{j}\pi}$$

Die Effektivwerte der Maschenströme erhält man durch Anwendung der Funktion **abs**:

```
> I1eff:= abs(I1); I2eff:= abs(I2); I3eff:= abs(I3);
```

$$I1\mathit{eff} := 1.861679665$$
$$I2\mathit{eff} := 1.596377142$$
$$I3\mathit{eff} := 3.333333333$$

Für die Berechnung der Winkel der Ströme wird die Funktion *winkel* definiert, die den Winkel einer komplexen Größe *x* im Gradmaß liefert.

```
> winkel:= x -> evalf(180*argument(x)/Pi);
```

$$winkel := x \rightarrow evalf\left(\frac{180 \; \text{argument}(x)}{\pi} \right)$$

```
> phi[1]:= winkel(I1); phi[2]:= winkel(I2); phi[3]:= winkel(I3);
```

$$\phi_1 := 30.73548770$$

$$\phi_2 := 61.69924421$$

$$\phi_3 := 44.99999998$$

Damit ist die Angabe der gesuchten Maschenströme im Zeitbereich möglich:

$$i_1(t) \approx \sqrt{2} \cdot 1,86 \cdot \cos\left(10/s \cdot t + 30,7°\right)$$
$$i_2(t) \approx \sqrt{2} \cdot 1,6 \cdot \cos\left(10/s \cdot t + 61,7°\right)$$
$$i_3(t) \approx \sqrt{2} \cdot 3,33 \cdot \cos\left(10/s \cdot t + 45°\right)$$

4.5   Analyse elektrischer Netzwerke mit dem Maple-Paket Syrup

Das Paket **Syrup** (Riel 2002, 2013) dient der symbolischen und numerischen Analyse elektrischer Netzwerke. Die zu untersuchende Schaltung wird entweder mit einer *Deck* genannten Notation, ähnlich der Netzliste des bekannten Schaltungssimulators **SPICE**, oder mit einer sogenannten *Ladder-Notation* beschrieben. Die Deck-Notation ist allgemeiner, die Ladder-Notation dagegen erlaubt es auch, ein Schema der Schaltung (des Netzwerkes) zeichnen zu lassen. **Syrup** kann sich der Maple-Anwender über das *Maplesoft Application Center* herunterladen und gemäß der beigefügten Anleitung installieren. Die Nutzung des Pakets ist relativ einfach, da es eine sehr ausführliche Online-Hilfe besitzt.

4.5.1   Beschreibung der Netzwerke

Ein Syrup-Deck ist eine Folge von Textzeilen, die mit einer Titelzeile beginnt und der die Beschreibungen der Schaltungselemente, Kommentare, Subschaltungsdefinitionen

Tab. 4.4 Elementtypen von Syrup

C: Kapazität	D: Diode	E: VCVS	F: CCCS	G: VCCS
H: CCVS	I: Stromquelle	J: JFET	K: Couple	L: Induktivität
M: MOSFET	Q: Bipolar-Transistor	R: Widerstand	V: Spannungsquelle	X: Subschaltung

CCCS = Stromgesteuerte Stromquelle
CCVS = Stromgesteuerte Spannungsquelle
VCCS = Spannungsgesteuerte Stromquelle
VCVS = Spannungsgesteuerte Spannungsquelle

und eine Endzeile folgen. Die Titelzeile kann leer sein, muss aber vorhanden sein (Leer-string). Eine Elementzeile umfasst im Allgemeinen den Namen eines Netzwerkelements, die Nummern der zwei Knoten, zwischen denen das Element liegt, optional den Para-meterwert des Elements und bei den Elementen Induktivität und Kapazität ebenfalls optional eine Angabe zum Anfangszustand. Der Anfangsbuchstabe des Namens der Ele-mente benennt ihren Typ. **Syrup** kennt die in Tab. 4.4 aufgeführten Elementtypen.

Beispiel: Parallelschwingkreis (Abb. 4.21)
Der in Abb. 4.21 dargestellte Parallelschwingkreis wird im Deck-Format durch die fol-genden Zeilen beschrieben.

```
> restart: with(Syrup):
> PSK:="Parallelschwingkreis
  Vu    1 0 Vu(t)
  R1    1 2
  RL    2 3
  L     3 0
  RC    2 4
  C     4 0
  .end":
```

Sofern die Schaltungsbeschreibung auch für eine Transientenanalyse (siehe Abschn. 4.5.2) genutzt werden soll und der Wert der Spannung Vu nicht unbedingt

Abb. 4.21 Parallelschwingkreis

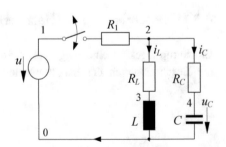

konstant ist, muss diese Zeitabhängigkeit in der Beschreibung angegeben werden (z. B. Vu(t) als Parameter hinter der zweiten Knotenbezeichnung von Vu), weil andernfalls Ableitungen dieser Spannung Null werden und somit das erzeugte Differentialgleichungssystem falsch sein kann.

Alle Grundelemente haben genau zwei Knoten; der erste Knoten ist der positive, der zweite der negative Knoten. Positiv ist der Stromfluss in Richtung vom positiven Knoten zum negativen Knoten. Knoten können durch ganze Zahlen oder Maple-Namen benannt werden. Der Masseknoten wird mit 0 bezeichnet.

Die Angabe des Parameterwerts eines Elementes ist optional; jeder gültige Maple-Ausdruck oder ein Zahlenwert in Techniknotation kann dafür angegeben werden. Fehlt eine Wertangabe, dann wird als Standardwert der Name des Elementes benutzt; die einzige Ausnahme von dieser Regel ist, dass abhängigen Quellen 1 als Standardwert zugeordnet wird.

Ein Zahlenwert in Techniknotation besteht aus einer ganzen Zahl oder einer Gleitkommazahl und einer optionalen Nachsilbe (Suffix), die eine Potenz von 10 der Dimension bezeichnet, zum Beispiel 10 uF (Tab. 4.5).

Ein Anfangszustand wird nur bei einer Transientenanalyse und nur bei Kapazitäten und Induktvitäten benutzt. Spezifiziert wird er durch das Anhängen des Strings IC = ⟨init⟩ oder ic = ⟨init⟩ an die Elementzeile, wobei ⟨init⟩ ein Maple-Ausdruck oder eine Zahl in der Techniknotation ist. In dem String dürfen sich keine Leerzeichen befinden.

Kommentarzeilen werden mit einem Stern (*) gekennzeichnet, Inline-Kommentare durch das Zeichen # kenntlich gemacht. Eine Zeile, die mit einem Pluszeichen (+) beginnt, setzt die vorhergehende Zeile fort.

Eine Verbindung zwischen zwei Knoten, die kein Netzwerkelement enthält (Kurzschluss), kann man durch eine kurzgeschlossene Spannungsquelle nachbilden, z. B. Vshort a b 0.

Es ist akzeptabel, ein Ende eines Elementes offen zu lassen, jedoch wird eine Warnung erzeugt, wenn kein Strom durch ein Element fließt.

Die Deck-Endzeile beginnt mit .END oder .end; der Rest der Zeile wird ignoriert. Ein Syntax-Fehler verursacht eine Fehlermeldung.

Weitere Möglichkeiten der Schaltungsbeschreibung sind Begrenzungszeilen, freie Variable, die Definition von Subschaltungen usw. In der Syrup-Bibliothek sind die Subschaltungen *Transformer, Diode, IdealOpAmp* und *NonIdealOpAmp* enthalten.

Tab. 4.5 Suffixe der Techniknotation

Femto	Pico	Nano	Micro	Milli	Kilo	Mega	Giga	Tera
f, F	p, P	n, N	u, U	m, M	k, K	MEG	g, G	t, T
1e−15	1e−12	1e−9	1e−6	1e−3	1e+3	1e+6	1e+9	1e+12

4.5.2 Analyse von Netzwerken mit dem Befehl Solve

Der Syrup-Befehl **Solve** erzeugt das Gleichungssystem, das zur Schaltungsbeschreibung (Deck oder Ladder) gehört und führt die Analyse der Schaltung durch. Diese kann als DC-Analyse, AC-Analyse oder Transientenanalyse erfolgen. Der Befehl **Solve** hat die allgemeine Form

- **Solve**(deck, optionen)
  deck zu analysierende Schaltung in SPICE-(Deck-) oder Ladder-Notation

Optionen von Solve:

analysis = *ac, dc, tran;* die Angabe „analysis = " kann dabei entfallen
returnall = *true, false;* Ausgabe aller berechneten Knotenspannungen und Zweigströme. Standard: *false.*
symbolic = *true, false;* bei *true* werden die für Elemente vorgegebenen Zahlenwerte ignoriert; Standard: *false*
use_default_ics = *true, false;* bei *true* werden für Induktivitäten und Kapazitäten die Standard-Anfangswerte Null eingesetzt, sofern diese nicht extra vorgegeben sind. Standard: *false.*

Anhand des oben dargestellten Parallelschwingkreises sollen nun die verschiedenen Funktionen des Befehls **Solve** genauer beschrieben werden.

4.5.2.1 AC-Analyse des Einschaltvorgangs des Parallelschwingkreises

Die AC-Analyse (Frequenzanalyse) benutzt die Laplace-Transformation, um die Netzwerkgleichungen zu lösen. Beim Ansatz wird vorausgesetzt, dass alle Komponenten linear sind. Nichtlineare Komponenten liefern sinnlose Ergebnisse. Das zurückgegebene Resultat ist eine Folge von Gleichungen, in denen die Variable s die komplexe Frequenz bedeutet.

```
> Loe_ac:= Solve(PSK, 'ac', 'returnall');
Solve: Analyzing SPICE deck "Parallelschwingkreis" (ignoring
this line)
```

$$Loe\_ac := \left\{ v_1 = Vu(t), v_2 \right.$$

$$= \frac{Vu(t)\left(CLs^2 RC + RLCRCs + Ls + RL\right)}{CLs^2 R1 + CLs^2 RC + CR1RCs + CR1RLs + RLCRCs + Ls + R1 + RL}, v_3$$

$$= \frac{sLVu(t)\left(CRCs+1\right)}{CLs^2 R1 + CLs^2 RC + CR1RCs + CR1RLs + RLCRCs + Ls + R1 + RL}, v_4$$

$$\left. = \frac{Vu(t)\left(Ls+RL\right)}{CLs^2 R1 + CLs^2 RC + CR1RCs + CR1RLs + RLCRCs + Ls + R1 + RL} \right\}, \left\{ i_C \right.$$

$$= \frac{CsVu(t)\left(Ls+RL\right)}{CLs^2 R1 + CLs^2 RC + CR1RCs + CR1RLs + RLCRCs + Ls + R1 + RL}, i_L$$

$$= \frac{Vu(t)\left(CRCs+1\right)}{CLs^2 R1 + CLs^2 RC + CR1RCs + CR1RLs + RLCRCs + Ls + R1 + RL}, i_{R1}$$

$$= \frac{Vu(t)\left(CLs^2 + CRCs + CRLs + 1\right)}{CLs^2 R1 + CLs^2 RC + CR1RCs + CR1RLs + RLCRCs + Ls + R1 + RL}, i_{RC}$$

$$= \frac{CsVu(t)\left(Ls+RL\right)}{CLs^2 R1 + CLs^2 RC + CR1RCs + CR1RLs + RLCRCs + Ls + R1 + RL}, i_{RL}$$

$$= \frac{Vu(t)\left(CRCs+1\right)}{CLs^2 R1 + CLs^2 RC + CR1RCs + CR1RLs + RLCRCs + Ls + R1 + RL}, i_{Vu} =$$

$$- \frac{Vu(t)\left(CLs^2 + CRCs + CRLs + 1\right)}{CLs^2 R1 + CLs^2 RC + CR1RCs + CR1RLs + RLCRCs + Ls + R1 + RL}, v_C$$

$$= \frac{Vu(t)\left(Ls+RL\right)}{CLs^2 R1 + CLs^2 RC + CR1RCs + CR1RLs + RLCRCs + Ls + R1 + RL}, v_L$$

$$= \frac{sLVu(t)\left(CRCs+1\right)}{CLs^2 R1 + CLs^2 RC + CR1RCs + CR1RLs + RLCRCs + Ls + R1 + RL}, v_{R1}$$

$$= \frac{Vu(t)\left(CLs^2 + CRCs + CRLs + 1\right)R1}{CLs^2 R1 + CLs^2 RC + CR1RCs + CR1RLs + RLCRCs + Ls + R1 + RL}, v_{RC}$$

$$= \frac{CsVu(t)\left(Ls+RL\right)RC}{CLs^2 R1 + CLs^2 RC + CR1RCs + CR1RLs + RLCRCs + Ls + R1 + RL}, v_{RL}$$

$$\left. = \frac{Vu(t)RL\left(CRCs+1\right)}{CLs^2 R1 + CLs^2 RC + CR1RCs + CR1RLs + RLCRCs + Ls + R1 + RL}, v_{Vu} = Vu(t) \right\}$$

Der obige Befehl bewirkt durch die Angabe der Option *returnall = true* bzw. *‚returnall'*, dass alle berechneten Knotenspannungen und Zweigströme in der Form $v_{Knotenname}$ bzw. $i_{Elementname}$ ausgegeben werden.

Für die weitere Auswertung der im Frequenzbereich ermittelten Lösungen des Beispiels wird das Paket **DynamicSystems** genutzt:

```
> assign(Loe_ac); # Zuweisung an die Variablen
> with(DynamicSystems):
```

Bildung des Vektors der Ströme i_C, i_L und i_{R1}:

```
> sys:=<i[C], i[L], i[R1] >:
```

Erzeugen eines TransferFunction-Objekts:
Die Divison des Vektors *sys* durch die Eingangsgröße *Vu*(t) liefert die Übertragungsfunktionen. Mit diesen wird das TranferFunction-Objekt *tf_PSK* gebildet.

```
> tf_PSK:= TransferFunction(sys/Vu(t), inputvariable=[Vu],
                            outputvariable=[i1,iL,iC]);
```

$$tf\_PSK := \begin{bmatrix} \textbf{Transfer Function} \\ \text{continuous} \\ \text{3 output(s); 1 input(s)} \\ \text{inputvariable} = [\,Vu(s)\,] \\ \text{outputvariable} = [\,i1(s), iL(s), iC(s)\,] \end{bmatrix}$$

Festlegung der Parameter der Netzwerkelemente:

```
> param1:=[R1=10, RL=1, RC=1, L=0.5, C=0.002]:
```

Die grafische Darstellung des Zeitverlaufs der Ergebnisse für die Eingangsgröße $Vu = 10$ V erfolgt mit der Funktion **ResponsePlot.** Als Eingangsgröße wird ein Sprung der Spannung Vu von 0 auf 10 V bei t = 0 gewählt. Diese Größe muss der Funktion ResponsePlot als 2. Argument übergeben werden.

```
> Opt:=color=["Green","Brown","Blue"], linestyle=[solid,solid,dash]:
> ResponsePlot(tf_PSK, [10], duration=0.3, parameters=param1,
               gridlines=true, Opt, legend=["i1","iL","iC"]);
```

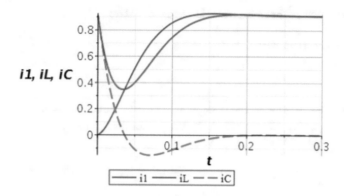

Für die genaue Berechnung des Endwertes von $u_C = v_C$ wird auf das Ergebnis zurück-gegriffen, das bei der Berechnung von *Loe_ac* dieser Variablen zugewiesenen wurde. Für die Beziehung zwischen Zeit- und Frequenzbereich gilt: wenn $t \to \infty$, dann $s \to 0$.

```
> vCend:= limit(v[C], s=0);
```

$$vCend := \frac{RL \, Vu(t)}{R1 + RL}$$

```
> subs(param1, Vu(t)=10, vCend);
```

$$\frac{10}{11}$$

4.5.2.2 Untersuchung des Ausschaltvorgangs mittels Transienten-Analyse

Die Transientenanalyse liefert die Menge der Differentialgleichungen und eine Menge mit algebraischen Gleichungen für die Berechnung der Variablen der unbekannten Funktionen. Das Differentialgleichungssystem kann dann mit dem Maple-Befehl **dsolve** gelöst werden.

Als Beispiel wird der Ausschaltvorgang der Schaltung in Abb. 4.21 untersucht. Beim Ausschalten sind die Anfangswerte des Stromes in der Induktivität L und der Spannung am Kondensator C gleich den beim Einschaltvorgang ermittelten Endwerten dieser Größen. Sie können aus der AC- oder der DC-Analyse entnommen werden.

Die Vorgabe von Anfangswerten in der Netzwerkbeschreibung erfordert gleichzeitig auch die Festlegung der Parameterwerte der Elemente.

```
> PSK_aus:= "PSK, Spannungsquelle abgeschaltet
  RL 1 2 1
  L   2 0 500mH IC=909mA
  RC 1 3 1
  C   3 0 2mF IC=909mV
  .end":
> (DGS_aus, AG_aus):= Solve(PSK_aus, 'tran', returnall=true);
```

Solve: Analyzing SPICE deck "PSK, Spannungsquelle abgeschaltet"
(ignoring this line)

$$DGS\_aus, AG\_aus := \left\{ \frac{d}{dt} i_L(t) = 2v_C(t) - 4i_L(t), \frac{d}{dt} v_C(t) = -500 i_L(t), i_L(0) = \frac{909}{1000}, \right.$$

$$v_C(0) = \frac{909}{1000} \right\}, \left\{ v_C = v_C(t), v_L = v_C(t) - 2i_L(t), v_{RC} = v_1 - v_3, v_{RL} = v_1 - v_2, i_C(t) = \right.$$

$$-i_L(t), i_{RC}(t) = -i_L(t), i_{RL}(t) = i_L(t), v_1(t) = v_C(t) - i_L(t), v_2(t) = v_C(t) - 2i_L(t), v_3(t)$$

$$= v_C(t), v_L(t) = v_C(t) - 2i_L(t), v_{RC}(t) = -i_L(t), v_{RL}(t) = i_L(t) \right\}$$

```
> Loe_aus:= dsolve(DGS_aus):

> uC:= simplify(eval(v[C](t), Loe_aus));
```

$$uC := 10 e^{-2t} \left(-\sqrt{249} \sin(2\sqrt{249}\, t) + \cos(2\sqrt{249}\, t) \right)$$

```
> iL:= simplify(eval(i[L](t), Loe_aus));
```

$$iL := 10 e^{-2t} \cos(2\sqrt{249}\, t)$$

```
> plot([iL,uC], t=0..0.6, gridlines=true, Opt, legend=["iL","uC"]);
```

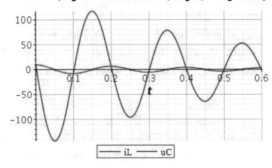

4.5.2.3 DC- bzw. Arbeitspunktanalyse

Bei der **DC-Analyse** werden alle Zweige mit Kapazitäten als offen und alle Induktivitäten als kurzgeschlossen betrachtet (Impedanzen bei Frequenz Null).

```
> Loe_dc:= Solve(PSK, 'dc', returnall);
```
Solve: Analyzing SPICE deck "Parallelschwingkreis" (ignoring this line)
Solve: There may be an unconnected component.
The following component(s) have zero current: {RC}.

$$Loe\_dc := \left\{ v_1 = Vu(t), v_2 = \frac{Vu(t)\,RL}{R1 + RL}, v_3 = 0, v_4 = \frac{Vu(t)\,RL}{R1 + RL} \right\}, \left\{ i_C = 0, i_L \right.$$

$$= \frac{Vu(t)}{R1 + RL}, i_{R1} = \frac{Vu(t)}{R1 + RL}, i_{RC} = 0, i_{RL} = \frac{Vu(t)}{R1 + RL}, i_{Vu} = -\frac{Vu(t)}{R1 + RL}, v_C$$

$$= \frac{Vu(t)\,RL}{R1 + RL}, v_L = 0, v_{R1} = \frac{R1\,Vu(t)}{R1 + RL}, v_{RC} = 0, v_{RL} = \frac{Vu(t)\,RL}{R1 + RL}, v_{Vu} = Vu(t) \right\}$$

Zuweisung der Lösungen an die Variablen und Berechnung der Werte von i_L und v_C:

```
> assign(Loe_dc);
```

Strom in L und Spannung an C:

```
> i[L], v[C]
```

$$\frac{Vu(t)}{R1 + RL}, \frac{Vu(t)\,RL}{R1 + RL}$$

```
> param2:= [R1=10, RL=1, RC=1, L=0.5, C=0.002, Vu(t)=10]:
> i[L]:= subs(param2, i[L]);
```

$$i_L := \frac{10}{11}$$

```
> v[C]:= subs(param2, v[C]);
```

$$v_C := \frac{10}{11}$$

Die Ergebnisse bestätigen den unter Abschn. 4.5.2.1 berechneten Endwert von v_C.

4.6   Modellierung realer Bauelemente elektrischer Systeme

4.6.1   Spulen, Kondensatoren und technische Widerstände

Die in den bisherigen Beispielen verwendeten Induktivitäten, Kapazitäten und Widerstände waren ideale Elemente und daher in einer technischen Realisierung nur näherungsweise mit Spulen, Kondensatoren und technische Widerständen gleichzusetzen. Umgekehrt erfordert die Modellierung eines aus technischen Widerständen, Spulen und Kondensatoren aufgebauten Netzwerks manchmal eine aufwändigere Nachbildung, als sie die einfache Ersetzung durch ohmsche Widerstände, Induktivitäten und Kapazitäten darstellt.

Eine **Spule** verfügt immer auch über einen ohmschen Widerstand. Außerdem bestehen zwischen den Windungen der Spule und zwischen der Spule und ihrem Eisenkern bzw. ihrer Abschirmung Kapazitäten, also zusätzlicher Energiespeicher. Die Eigenschaften einer technischen Induktivität – einer Spule – kann man daher auch durch das in Abb. 4.22 dargestellte Ersatzschaltbild beschreiben, sie verhält sich also wie ein Parallelschwingkreis, der normalerweise weit unterhalb der Resonanzfrequenz betrieben wird.

Die Größe der Parallelkapazität in Abb. 4.22 ist von der Bauart der Spule abhängig und ihr Einfluss auf das Gesamtsystem wird durch die Frequenz, mit der die Spule betrieben wird, bestimmt. Je nach Netzfrequenz sind deshalb unterschiedliche Ersatzschaltbilder sinnvoll. Bei Spulen mit Eisenkern muss man unter Umständen auch die Eisenverluste berücksichtigen.

Auch **Kondensatoren** lassen sich bei genauer Betrachtung nicht nur mit Hilfe von Kapazitäten beschreiben. Durch Umladungsprozesse im Dielektrikum entstehen ohmsche Verluste und der Ladestrom eines Kondensators bildet auch ein elektromagnetisches Feld aus, d. h. die Leiter, die die Kapazität bilden und die Zuleitungen des Kondensators bringen auch eine induktive Komponente in das System. Eine technische Kapazität kann man daher durch das in Abb. 4.23 gezeigte Schaltbild modellieren.

Technische Widerstände besitzen je nach Bauform neben der ohmschen Komponente mehr oder weniger große induktive und kapazitive Anteile. Bei in Spulenform gewickelten Drahtwiderständen ist vor allem mit einer zusätzlichen Induktivität zu rechnen, die man sich in Reihe mit dem Wirkwiderstand liegend denken kann. Dagegen sind Schichtwiderstände bis ins Ultrakurzwellengebiet induktionsfrei. Bei sehr großen Widerständen dieser Art bestehen allerdings zwischen einzelnen Teilen des Widerstands und gegenüber der Umgebung Streukapazitäten, die durch eine zum Wirkwiderstand parallel geschaltete Ersatzkapazität nachgebildet werden kann.

Die in den Abb. 4.22 und 4.23 dargestellten Ersatzschaltungen sind auch wiederum nur Näherungen. Beispielsweise ist bei sehr hohen Frequenzen als Modell eines großen Schichtwiderstandes u. U. eine Ersatzschaltung gemäß Abb. 4.24 angebracht.

Je höher die Frequenz, desto feiner ist dabei die Unterteilung zu wählen. Wie genau die Nachbildung eines Netzwerkelements sein muss, ist also aufgabenabhängig von Fall zu Fall zu entscheiden.

Abb. 4.22 Ersatzschaltbild einer Spule(technische Induktivität) (Meinke 1949)

Abb. 4.23 Ersatzschaltbild eines Kondensators (technische Kapazität)

Abb. 4.24 Modell eines Schichtwiderstands bei sehr hohen Frequenzen (Meinke 1949)

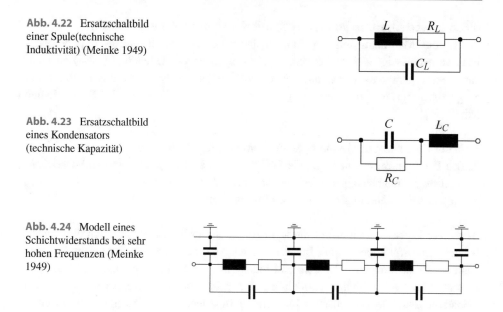

4.6.2   Magnetisierungskennlinie und magnetische Sättigung

Die in den vorangegangenen Beispielen mehrfach getroffene Annahme einer konstanten Induktivität der Drosselspulen ist in der Praxis häufig nicht haltbar, da sie den nichtlinearen Zusammenhang zwischen magnetischer Feldstärke H und magnetischer Induktion B bzw. zwischen Strom i und Induktivität L nicht berücksichtigt. Dieser kann dann nicht mehr vernachlässigt werden, wenn die Spulen, Transformatoren und andere elektrische Maschinen auch im Sättigungsbereich des Magnetmaterials arbeiten. Allerdings ist die analytische Behandlung der Vorgänge im gesättigten Eisen mit der Schwierigkeit verknüpft, dass sich der Verlauf der Magnetisierungskurve mathematisch nicht einfach beschreiben lässt. Häufig wird die Kennlinie anhand ausgewählter Stützpunkte approximiert, beispielsweise mit einer Spline-Funktion (siehe Abschn. 2.8 und 6.2.3). Diese abschnittsweise Beschreibung durch verschiedene Funktionen ist für numerische Rechnungen gut geeignet. Numerische Rechnungen haben aber den Nachteil, dass ihre Ergebnisse nur für einen speziellen Fall gültig sind und dass man daraus keine qualitativen Aussagen über die grundsätzlichen Erscheinungen in dem betrachteten technischen System treffen kann. Es werden deshalb trotz der genannten Schwierigkeit immer wieder mathematische Standardfunktionen für die Approximation von Magnetisierungskennlinien verwendet, um über eine geschlossene Beschreibung des zu analysierenden Systems zumindest zu qualitativen Aussagen zu kommen, die dann ggf. durch numerische Rechnungen präzisiert werden können. Bei einer solchen Vorgehensweise kann man bezüglich der Genauigkeit der analytischen Beschreibung einige Einschränkungen zulassen.

4.6.2.1 Modellierung von H = H(B) mit der Hyperbelsinus-Funktion

Sofern die Mehrdeutigkeit der Magnetisierungskurve und damit die Hystereseverluste vernachlässigt werden können, ist ein Vorschlag von Ollendorff (1928) anwendbar. Dieser geht davon aus, dass eine Funktion zur analytischen Beschreibung der Magnetisierungskennlinie dann gut geeignet ist, wenn sie die folgenden Eigenschaften hat:

1. In der Umgebung des Ursprunges muss die Funktion linear sein.
2. Die Funktion muss eine ungerade Funktion sein, also zugleich mit dem Vorzeichenwechsel der unabhängigen Variablen das Vorzeichen umkehren.
3. Sie muss den Sättigungscharakter des Eisens ausdrücken.

Alle diese Eigenschaften erfüllt die Approximation der Feldstärke H durch eine hyperbolische Sinusfunktion mit der Induktion B als Argument. Ollendorff bezieht für seine weiteren Betrachtungen Feldstärke und Induktion auf gewählte „Normalwerte" H_n und B_n und kommt schließlich zu dem einfachen Ausdruck $h = sinh(b)$ mit der numerischen Feldstärke h und der numerischen Induktion b. In Ollendorff (1928) und auch in Herold (2008) werden die entsprechenden Herleitungen beschrieben. Im Kap. 6 dieses Buches wird jedoch ein modifizierter Ansatz mit dem Modell

$$H = a \cdot B + b \cdot \sinh(c \cdot B) \tag{4.19}$$

gewählt, wobei die Parameter a, b und c mithilfe von Maple so bestimmt werden, dass die Abweichung gegenüber einer durch Stützpunkte vorgegebenen Magnetisierungskennlinie möglichst klein ist. Für diese Approximationsaufgabe wird der Befehl **Fit** des Maple-Pakets **Statistics** verwendet.[3] **Fit** führt die Anpassung an das vorgegebene Modell mithilfe der Methode der kleinsten Quadrate durch.

Es ist einleuchtend, dass die Qualität der Anpassung der sinh-Funktion i. Allg. schlechter wird, wenn man den Bereich, für den die Anpassung erfolgen soll, vergrößert. Für die Modellierung sehr großer Bereiche der Magnetisierungskennlinie muss man daher entweder auf Genauigkeit verzichten oder eine andere Art der Modellierung, beispielsweise die Spline-Interpolation, wählen. Unter Umständen lässt sich die Anpassung auch durch unterschiedliche Wichtung der Stützpunkte verbessern.

4.6.2.2 Modellierung von H = H(B) mit Spline-Funktionen

Die Approximation einer in Form von Stützpunkten vorgegebenen Magnetisierungskennlinie durch mehrere analytische Funktionen, von denen jede nur zwischen zwei Stützpunkten gültig ist, erlaubt eine wesentlich bessere Anpassung, als sie bei nur einer

---

[3]In älteren Maple-Versionen steht für diese Aufgabe nur das Paket **stat** mit dem Befehl **fit** zur Verfügung. Die Syntax der Befehle **fit** und **Fit** ist unterschiedlich.

Funktion möglich wäre. Kap. 6 enthält auch ein ausführliches Beispiel zur Modellierung einer Magnetisierungskennlinie mit kubischen Splines. Der Befehl **Spline** des Pakets **CurveFitting** beschreibt Splinefunktionen mithilfe der Funktion **piecewise** (siehe Abschn. 2.8.3, 2.8.4 und 6.2.3).

Bei manchen Anwendungen wird die Ableitung $dH(B)/dB$ der Magnetisierungsfunktion benötigt. Diese kann von Funktionen, die mit **piecewise** definiert wurden, problemlos ermittelt werden (siehe Abschn. 6.2.3).

Generell ist zu beachten, dass bei einer Approximation mittels Interpolation die Funktionswerte nur an den Stützstellen genau mit den Werten der nachzubildenden Funktion übereinstimmen und zwischen den Stützpunkten erhebliche Abweichungen auftreten können, wenn Interpolationsfunktion und Stützstellen nicht sorgfältig gewählt werden. Noch krasser machen sich ungenügende Anpassungen bei den Ableitungen von Interpolationsfunktionen bemerkbar. Eine grafische Kontrolle der Ergebnisse ist daher immer wichtig.

Keinesfalls sollten durch Interpolation gewonnene Funktionen extrapolativ, d. h. über den Bereich der Stützstellen hinaus, verwendet werden. Bei Spline-Funktionen 1. Grades bilden sich an den Rändern keine Schwingungen aus, sodass bei diesen eine Extrapolation im Fall der Magnetisierungkennlinie im gesättigten Bereich jedoch vertretbar sein kann.

4.6.3 Sonstige Elemente elektrischer Systeme

Elektrische Einrichtungen existieren für sehr unterschiedliche Aufgaben. Bauelemente und Baugruppen der Energietechnik unterliegen vollkommen anderen Anforderungen als solche der Nachrichten- oder Hochfrequenztechnik und unterscheiden sich auch in Bauform und Größe sehr stark. Diese Verschiedenartigkeiten müssen selbstverständlich in den Modellen der jeweiligen Bauelemente zum Ausdruck kommen. Es ist daher unmöglich, ein Standardmodell beispielsweise für den Transformator vorzugeben. Vielmehr muss von Fall zu Fall genau geprüft werden, welches Modell unter den speziellen Bedingungen die Wirklichkeit ausreichend genau beschreibt. „Ausreichend genau" heißt, dass die mit ihm durchgeführten Untersuchungen nicht zu falschen Ergebnissen führen, dass aber andererseits das Modell auch nicht aufwändiger bzw. komplizierter ist als nötig.

Wesentlich für die Gestaltung der Modelle mit konzentrierten Elementen sind unter Umständen auch der Zeitraum, über den die Untersuchung laufen soll, und die Netzfrequenz. Das ergibt sich aus den Ausführungen unter Abschn. 4.6.4. Ist der Zeitraum so klein, dass die reflektierte Wanderwelle den Ort der Schalthandlung nicht mehr erreicht, können entfernte Netzteile vereinfacht dargestellt werden (Slamecka und Waterschek 1972).

Im konkreten Fall wird die Lösung einer Modellierungsaufgabe daher fast immer spezielle theoretische und praktische Untersuchungen sowie ein gründliches

Literaturstudium erfordern. Ansatzpunkte für die Modellierung von Motoren sowie Hinweise auf weiterführende Literatur sind u. a. in Müller (1995), Schröder (2009), Budig (2001) und Mrugowsky (1989) zu finden. Die Modellierung von Leitungen und Transformatoren in Niederspannungs- und Hochspannungsnetzen behandeln u. a. (Slamecka und Waterschek 1972; Rüdenberg 1974; Herold 2008; Miri 2000). Mit dem Lichtbogen als zusätzliches Element bei Ausschaltvorgängen in Elektroenergiesystemen befassen sich Rüdenberg (1974) und Herold (2003) ausführlich.

4.6.4 Konzentrierte oder verteilte Parameter?

Alle bisherigen Betrachtungen bezogen sich auf elektrische Netze mit konzentrierten Elementen. Genau betrachtet sind aber Ausgleichsvorgänge in elektrischen Netzen immer auch ortsabhängig, weil sich alle elektromagnetischen Erscheinungen nur mit endlicher Geschwindigkeit, maximal mit Lichtgeschwindigkeit, ausbreiten können. Die Modellierung elektrischer Systeme durch Netzwerke mit konzentrierten Elementen ist daher nur eine Annäherung an die Wirklichkeit. Bei sehr langen Leitungen bzw. hohen Frequenzen kann man die Ortsabhängigkeit nicht mehr vernachlässigen. In Anlehnung an (Böning 1992) soll das am Beispiel des Schaltens einer Gleichspannung auf eine Leitung der Länge l beschrieben werden (Abb. 4.25).

Zum Zeitpunkt $t=t_0$ werde der Schalter S geschlossen. Dadurch kommt es zum Aufbau eines (dreidimensionalen) elektrischen Feldes zwischen den Leitungsdrähten und in deren Umgebung, das sich ebenso wie die Quellenspannung U mit der Geschwindigkeit v von der Stelle $x=0$ der Leitung bis zur Stelle $x=l$ ausbreitet. Damit verbunden ist die Ausbildung eines Stromes i in der Leitung, der wiederum ein dreidimensionales magnetisches Feld in der Leitung und deren Umgebung hervorruft. Alle diese elektrodynamischen Erscheinungen „wandern" gemäß der Maxwellschen Theorie als Welle entlang der Leitung und haben erst nach der Laufzeit $\tau=l/v$ das Leitungsende $x=l$ erreicht. Bis zum Zeitpunkt $t=t_0+\tau$ fließt also im Widerstand R kein Strom und erst nachdem nochmals ein Vielfaches der Laufzeit τ verstrichen ist, erreicht der Strom seinen endgültigen Wert, da wegen der beschriebenen elektromagnetischen Felder räumliche

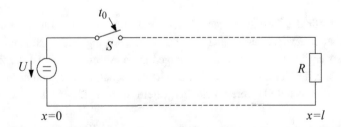

Abb. 4.25 Einschalten über eine Leitung der Länge l

Wellen und zeitliche Schwingungen zwischen Anfang und Ende der Leitung auftreten. Die Ausbreitungsgeschwindigkeit v ist höchstens gleich der Lichtgeschwindigkeit c. Bei einer Leitungslänge von 300 km ist demnach in R ein Strom frühestens 1 ms nach dem Schließen des Schalters messbar.

Die Periodendauer des Ausgleichsvorganges – der Schwingung – ist ebenfalls von der Leitungslänge abhängig und beträgt $T = 4 \cdot l/v$ (Freitag und Körner 1963). Sie ist also gleich dem Vierfachen der Laufzeit τ. Je kürzer die Leitung, desto kleiner ist die Periodendauer bzw. desto höher ist die Frequenz der Schwingung und desto schneller klingt die Schwingung ab.

Der beschriebene Einschaltvorgang verläuft zeitlich und räumlich, d. h. alle beteiligten physikalischen Größen sind Funktionen der Zeit sowie der Raumkoordinaten x, y und z. Die exakte mathematische Beschreibung des Vorgangs erfordert daher das vollständige System der Maxwellschen Gleichungen – ein System von partiellen Differentialgleichungen, dessen Lösung mit einem erheblichen Rechenaufwand verbunden ist. Bei „elektrisch kurzen" Leitungen ist allerdings die Laufzeit τ außerordentlich klein und kann deshalb vernachlässigt werden – der Ausgleichsvorgang nach einem Schaltvorgang findet im gesamten Netzwerk praktisch gleichzeitig statt. Vernachlässigt man die Laufzeit τ bei der Modellierung, dann kann man die räumliche stetige Verteilung der Felder, Spannungen und Ströme ersetzen durch eine diskrete Verteilung von Schaltungselementen, die „punktförmig" angenommen werden (genauere Ausführungen in Böning 1992). Ein Stromkreis mit stetig verteilten Parametern wird so auf ein Netzwerk mit konzentrierten, diskreten Schaltungselementen bzw. Parametern abgebildet. Zur Berechnung der Zeitverläufe von Spannungen und Strömen genügen dann gewöhnliche Differentialgleichungen mit der Zeit als einziger unabhängigen Variablen.

Unter welchen Bedingungen kann man Leitungen als „elektrisch kurz" bezeichnen und somit Netzwerkmodelle mit konzentrierten Parametern verwenden? Diese Frage ist allgemein nicht leicht zu beantworten, weil einerseits die Leitungslänge und andererseits auch die Charakteristik der Spannungsquelle dabei zu berücksichtigen sind. Liegt aber beispielsweise an einer Leitung eine sinusförmige Wechselspannung, dann kann man über das Verhältnis von Leitungslänge l zu Wellenlänge λ eine Antwort formulieren. Sie lautet:

Immer dann, wenn die Leitungslänge l sehr viel kleiner als die Wellenlänge λ ist, handelt es sich um elektrisch kurze Leitungen.

In der Elektroenergietechnik gelten Leitungen mit einer Länge $l < \lambda/60$ als elektrisch kurz (Miri 2000). Bei einer Frequenz von 50 Hz ergibt sich damit für $v = c$

$$\lambda = \frac{v}{f} \approx \frac{3 \cdot 10^8 \, \text{m/s}}{50 \, \text{s}^{-1}} = 6 \cdot 10^6 \, \text{m} \rightarrow l < \frac{\lambda}{60} = \frac{6 \cdot 10^6 \, \text{m}}{60} \rightarrow l < 100 \, \text{km} \quad (4.20)$$

v Ausbreitungsgeschwindigkeit der Welle entlang der Leitung

In der Praxis ist v meist kleiner als die Lichtgeschwindigkeit, sodass sich für die Länge l noch kleinere Werte ergeben. Drastisch geringere Werte für die Länge „elektrisch kurzer Leitungen" erhält man gemäß Gl. (4.20) im Hochfrequenzbereich.

Literatur

Böning, W. 1992. *Einführung in die Berechnung elektrischer Schaltvorgänge.* Berlin und Offenbach: VDE-Verlag, 1992.

Budig, P.-K. 2001. *Stromrichtergespeiste Drehstromantriebe.* Berlin: VDE-Verlag, 2001.

Freitag, K. und Körner, S. 1963. *Theorie der Leitungen. 4. Lehrbrief, TU Dresden.* Berlin: VEB Verlag Technik, 1963.

Frohne, H. u. a. 2011. *Moeller Grundlagen der Elektrotechnik.* s.l.: Vieweg+Teubner Verlag, 2011.

Herold, G. 2008. *Elektrische Energieversorgung II. Parameter elektr. Stromkreise, Leitungen, Transformatoren.* Wilburgstetten: J. Schlembach Fachverlag, 2008.

—. 2003. *Elektrische Energieversorgung IV.* Wilburgstetten: J. Schlembach Fachverlag, 2003.

Jentsch, W. 1969. *Digitale Simulation kontinuierlicher Systeme.* München Wien: R. Oldenbourg Verlag, 1969.

Meinke, H.H. 1949. *Die komplexe Berechnung von Wechselstromschaltungen.* Berlin: Walter de Gruyter & Co, 1949.

Miri, A. M. 2000. *Ausgleichsvorgänge in Elektroenergiesystemen.* Berlin Heidelberg New York: Springer-Verlag, 2000.

Mrugowsky, H. 1989. Bestimmung der Modellparameter und der aktuellen Läufertemperatur für Drehstrom-Asynchronmaschinen mit Kurzschlußläufer. *etzArchiv.* Heft 6 1989, S. 187–192.

Müller, G. 1995. *Theorie elektrischer Maschinen.* Mannheim: Verlag VCH, 1995.

Ollendorff, F. 1928. Zur qualitativen Theorie gesättigter Eisendrosseln. *Archiv für Elektrotechnik XXI. Band.* 1928, S. 9–24.

Riel, J. 2002. *Syrup. A Symbolic Circuit Analyzer for Maple. User Manuel 7.1-01.* 2002.

—. 2013. *Syrup: Circuits Analysis Package. Ver. 0.1.16.* s.l.: Maplesoft Application Center, 2013.

Rüdenberg, R. 1974. *Elektrische Schaltvorgänge.* Berlin Heidelberg New York: Springer-Verlag, 1974.

Schröder, D. 2009. *Elektrische Antriebe – Regelung von Antriebssystemen.* Berlin Heidelberg: Springer-Verlag, 2009.

Slamecka, E. und Waterschek, W. 1972. *Schaltvorgänge in Hoch- und Niederspannungsnetzen.* Berlin und München: Siemens Aktiengesellschaft, 1972.

Unbehauen, R. 1990. *Elektrische Netzwerke.* Berlin Heidelberg: Springer-Verlag, 1990.

Unbehauen, R. und Hohneker, W. 1987. *Elektrische Netzwerke. Aufgaben.* Berlin Heidelberg: Springer-Verlag, 1987.

Weißgerber, W. 2009. *Elektrotechnik für Ingenieure 2.* s.l.: Vieweg+Teubner Verlag, 2009.

Wunsch, G. 1969. *Systemanalyse. Bd. 1.* Berlin: VEB Verlag Technik, 1969.

Modellierung und Analyse mechanischer Systeme

5

Die Darlegungen dieses Kapitels beschränken sich auf mechanische Modelle mit konzentrierten Parametern. Auch werden nur Grundlagen für die Modellierung von Systemen, deren Mechanismen sich in einer Ebene oder in parallelen Ebenen bewegen, vermittelt. Bezüglich komplexerer Systeme wird gegebenenfalls auf weiterführende Literatur verwiesen.

5.1 Grundelemente mechanischer Modelle

Mechanische Systeme werden für sehr unterschiedliche Aufgaben eingesetzt und können daher auch im technischen Aufbau, hinsichtlich der Art der verwendeten Funktionselemente und der an diese gestellten Forderungen, große Unterschiede aufweisen. Diese Vielfalt spiegelt sich in den Ansätzen und Vorgehensweisen bei ihrer Modellierung wider. Die folgenden Darstellungen konzentrieren sich auf die mechanischen Komponenten der Antriebe von Bearbeitungs- und Verarbeitungsmaschinen. Grundelemente von Modellen mechanischer Systeme der genannten Art sind

- Massen: Speicher für kinetische Energie
- Federn: Speicher für potentielle Energie
- Dämpfer: Elemente, die mechanische Energie entziehen
- Erreger: Elemente zur Energiezufuhr

Für diese Grundelemente gelten die in Tab. 5.1 beschrieben Zusammenhänge und Analogien. Es handelt sich dabei um idealisierte Elemente mit linearem Verhalten, die gegebenenfalls modifiziert werden müssen. In der Zusammenstellung fehlen auch noch die idealen Umformer für Kräfte und Momente (Hebel und Getriebe), die bei

© Springer Fachmedien Wiesbaden GmbH, ein Teil von Springer Nature 2020
R. Müller, *Modellierung, Analyse und Simulation elektrischer und mechanischer Systeme mit Maple™ und MapleSim™*, https://doi.org/10.1007/978-3-658-29131-0_5

Tab. 5.1 Grundelemente für Modelle mechanischer Systeme

Mechanische Grundelemente F Kraft; s Weg; v Geschwindigkeit		Elektrische Analogie F-i-Analogie; $i \stackrel{\wedge}{=} F \quad u \stackrel{\wedge}{=} v$
Masse m	$F = m\dfrac{dv}{dt}$ Kinetische Energie: $E_{kin} = \dfrac{m}{2} \cdot v^2$	$i = C\dfrac{du}{dt}; \quad C \stackrel{\wedge}{=} m$
Feder	$F = c \cdot s = c \int v \cdot dt$ Potentielle Energie: $E_{pot} = \dfrac{c}{2} \cdot s^2$	$i = \dfrac{1}{L} \int u \cdot dt; \quad L \stackrel{\wedge}{=} \dfrac{1}{c}$
Dämpfer	$F = d \cdot v$ Umgewandelte Energie: $E_d = d \int v^2 dt$	$i = \dfrac{1}{R}u; \quad R \stackrel{\wedge}{=} \dfrac{1}{d}$
Kraft F, Erreger	$F = \sum F_i$	$i(t)$

der Modellierung mechanischer Systeme häufig zu berücksichtigen sind. Mit diesen beschäftigt sich der Abschn. 5.3.4.

Statt der in Tab. 5.1 gezeigten F-i-Analogie zwischen mechanischen und elektrischen Systemen wird manchmal auch die F-u-Analogie verwendet. Für die F-i-Analogie spricht aber vor allem die Tatsache, dass bei dieser die aus der Elektrotechnik bekannten Verschaltungsgleichungen (Knoten- und Maschensatz) sinngemäß anwendbar sind (Isermann 2008).

$$\sum F_i = 0 \stackrel{\wedge}{=} \sum i = 0 \quad \text{Knotenregel} \tag{5.1}$$

$$\sum v_i = 0 \stackrel{\wedge}{=} \sum u_i = 0 \quad \text{Maschenregel} \tag{5.2}$$

Bezüglich der Analogie Masse – Kapazität (Tab. 5.1) besteht allerdings eine Einschränkung: Die angegebene Gleichung für die Masse gilt nur, wenn die Geschwindigkeit der Masse sich auf ein unbeschleunigtes Koordinatensystem bezieht. Um die Analogie herzustellen, muss also in der elektrischen Ersatzschaltung ein Anschluss des einer Masse zugeordneten Kondensators auf einem konstanten Potential (Erde, Masse) liegen (Klotter 1960).

5.2 Systemparameter

Die Parameter mechanischer Systeme, wie Federsteifigkeit c und Dämpfungskonstante d, wurden im Abschn. 5.1 implizit mit den Grundelementen der Modellierung eingeführt. Die Ermittlung der Werte dieser Parameter für die Nachbildung realer Systeme ist eine nicht immer einfache Aufgabe, denn das Verhalten der realen Komponenten eines mechanischen Systems lässt sich in der Regel nicht durch ein Modell-Grundelement allein beschreiben. Beispielsweise sind die charakteristischen Parameter einer Welle in einer Arbeitsmaschine Massenträgheitsmoment, Torsionsfedersteifigkeit und Dämpfungskonstante bzw. Dämpfungsgrad.

Die Kunst des Modellierers ist es, ein vorgegebenes reales System mithilfe von Modell-Grundelementen bzw. von Modifikationen dieser Elemente so abzubilden, dass das Modell das Verhalten des realen Systems ausreichend genau beschreibt. Dabei darf jedoch nicht übersehen werden, dass die Parameter der Modellelemente in der Regel nur durch Vereinfachungen zu Konstanten werden. Beispielsweise ist in der Praxis die Dämpfung oft nichtlinear und auch konstante Werte der Federsteifigkeiten stellen eine Idealisierung dar. Einige Fragen zur Festlegung der Systemparameter werden im Folgenden behandelt, manchmal ist jedoch nur ein Hinweis auf weiterführende Literatur möglich, weil die damit zusammenhängenden Probleme so komplex sind, dass sie den Rahmen dieses Buches überschreiten.

5.2.1 Masse und Massenträgheitsmoment

Eine Eigenschaft der Masse eines Körpers ist die Trägheit. Diese bezeichnet den Widerstand, den ein Körper der Veränderung seines Bewegungszustands entgegensetzt. Auf einen ruhenden Körper der Masse m muss über eine bestimmte Zeit eine Kraft F einwirken, um ihn auf eine bestimmte Geschwindigkeit v zu bringen.

$$F = m\frac{dv}{dt} \quad bzw. \quad v = \frac{1}{m} \int_0^t F dt \tag{5.3}$$

Analog zur Masse charakterisiert das Massenträgheitsmoment die Trägheit eines Körpers gegenüber einer Änderung seiner Rotationsbewegung. Auf einen ruhenden Körper mit dem Trägheitsmoment J muss über eine bestimmte Zeit ein Drehmoment M wirken, um ihn auf eine bestimmte Winkelgeschwindigkeit ω zu beschleunigen.

$$M = J\frac{d\omega}{dt} \quad bzw. \quad \omega = \frac{1}{J} \int_0^t M dt \tag{5.4}$$

Das Massenträgheitsmoment eines Körpers ist abhängig von der Masseverteilung im Körper und von der Drehachse. Ein Massenelement dm, das im Abstand r um eine Achse rotiert, hat das Trägheitsmoment $r^2 \cdot dm$ und für einen Körper der Masse m ist daher

$$J = \int_m r^2 dm \tag{5.5}$$

Die Einheit des Massenträgheitsmoments ist gemäß Gl. (5.5) kg $\cdot$ m^2.

Beispiel: Hohlzylinder

Für die Berechnung des Trägheitsmoments eines konzentrischen Hohlzylinders der Länge l und der Dichte ρ betrachtet man als Massenelement dm einen dünnen Zylinder mit der Wanddicke dr und dem Radius r.

$$dm = \rho \cdot dV = \rho \cdot 2\pi r \cdot l \cdot dr$$

Das Trägheitsmoment bezogen auf den Schwerpunkt S des Hohlzylinders ergibt sich somit zu

$$J_S = \int_m r^2 dm = \rho \cdot 2\pi l \int_{r_i}^{r_a} r^2 \cdot r \cdot dr = \frac{1}{2}\rho l \pi \left(r_a^4 - r_i^4\right)$$

Zusammenstellungen der Trägheitsmomente weiterer Körper findet man in Tab. 5.2 sowie u. a. in (Dubbel 2007). Bei komplizierten Strukturen der Körper, beispielsweise bei Rotoren elektrischer Maschinen oder komplexen Teilen von Arbeitsmaschinen, ist die Berechnung des Massenträgheitsmoments schwierig oder praktisch nicht möglich. In solchen Fällen ist eine experimentelle Bestimmung angebracht. Eine dafür oft angewendete Methode ist der Auslaufversuch. Den Körper, dessen Trägheitsmoment ermittelt werden soll, bringt man auf eine bestimmte Drehzahl, lässt ihn dann auslaufen und zeichnet dabei die Auslaufkurve $n = n(t)$ bzw. $\omega = \omega(t)$ auf. Aus dieser lässt sich das Trägheitsmoment bestimmen, wenn zuvor für verschiedene Drehzahlen auch das wirksame Last-Drehmoment (Bremsmoment) ermittelt wurde. Eine genaue Beschreibung des Verfahrens ist beispielsweise in Nürnberg und Hanitsch (2000) zu finden.

Tab. 5.2 Massenträgheits-momente von Körpern mit elementarer Form	Vollzylinder, glatte Welle	$J = \dfrac{d^4}{32} l \cdot \pi \cdot \rho$
	Hohlzylinder	$J = \dfrac{l \cdot \pi \cdot \rho}{32}\left(d_a^4 - d_i^4\right)$
	Kegelstumpf, konische Welle	$J = \dfrac{l\pi\rho}{160(d_1 - d_2)}\left(d_1^5 - d_2^5\right)$

Satz von Steiner

Mit dem Satz von Steiner lässt sich das auf eine Drehachse A bezogene Trägheitsmoment J_A eines starren Körpers berechnen, wenn A nicht durch den Massenmittelpunkt des Körpers verläuft. Es seien J_S das auf den Schwerpunkt S bezogene Massenträgheitsmoment, m die Masse des Körpers und r_A der Abstand zwischen der Drehachse A und dem Schwerpunkt. Dann gilt

$$J_A = J_S + m \cdot r_A^2 \tag{5.6}$$

Zusammenfassung von Trägheitsmomenten

Bei einem Antriebssystem, das aus mehreren trägen Massen besteht, kann man die Einzelträgheitsmomente zu einem resultierenden Trägheitsmoment (Gesamtträgheitsmoment) zusammenfassen. Unter der Voraussetzung, dass alle Einzelträgheitsmomente auf die gleiche Drehachse bezogen sind, ist

$$J_{gesamt} = J_1 + J_2 + \dots \tag{5.7}$$

Obige Formel folgt aus dem Energieerhaltungssatz.

$$E_{kin,1} + E_{kin,2} + \dots = \frac{J_1}{2}\omega^2 + \frac{J_2}{2}\omega^2 + \dots = \frac{J_1 + J_2 + \dots}{2}\omega^2 = \frac{J_{gesamt}}{2}\omega^2 \tag{5.8}$$

Schwungmoment

In der Antriebstechnik, beispielsweise bei Elektromotoren, wird speziell in der älteren Literatur statt des Trägheitsmoments oft das Schwungmoment GD^2 in der technischen Maßeinheit kp m^2 angegeben. Es ist definiert als das Produkt aus der Gewichtskraft G in Kilopond (kp) und dem Quadrat des Trägheitsdurchmessers D in Meter (m). Der Wert des Trägheitsmoments J ergibt sich aus dem Schwungmoment GD^2 anhand folgender Beziehung

$$J = \frac{GD^2/kp\,m^2}{4}kg\,m^2 \tag{5.9}$$

5.2.2 Federsteifigkeit

Die Federsteifigkeit c beschreibt das elastische Verhalten von Federn sowie sonstiger Bauelemente mit Elastizitäten. In Antriebssystemen sind das beispielsweise Wellen, Getriebezahnräder, Kupplungen, Seile, Treibriemen usw.

Die Drehfedersteifigkeit (Torsionssteifigkeit) einer Welle (Tab. 5.3) lässt sich durch die folgende Gleichung definieren, sofern die Formänderung der Spannung proportional ist, d. h. sofern der Gültigkeitsbereich des Hook'schen Gesetzes nicht überschritten wird.

$$c_\varphi = \frac{M}{\varphi} = \frac{G \cdot I_p}{l} \tag{5.10}$$

Tab. 5.3 Drehfedersteifig-keiten von Körpern mit elementarer Form	Vollzylinder (Welle)	$c_\varphi = \dfrac{\pi}{32} \cdot \dfrac{G}{l} \cdot d^4$
	Hohlzylinder	$c_\varphi = \dfrac{\pi}{32} \cdot \dfrac{G}{l} \cdot (d_a^4 - d_i^4)$
	Konische Welle	$c_\varphi = \dfrac{\pi}{32} \cdot \dfrac{3G}{l} \cdot \dfrac{d_1^3 d_2^3}{d_1^2 + d_1 d_2 + d_2^2}$

Dabei sind

M ... Torsionsmoment φ ... Torsionswinkel

G ... Schubmodul I_p ... polares Flächenträgheitsmoment

l ... Bauteillänge

Der Schubmodul (Gleitmodul) ist eine Materialkonstante, die Auskunft über die lineare elastische Verformung infolge einer Scherkraft oder Schubspannung gibt. Er hat für **Stahl** der verschiedensten Sorten den Wert $G \approx 8 \cdot 10^{10}$ N/m^2.

Reihenschaltung mehrerer Steifigkeiten
Bei hinter einander („in Reihe") liegenden Federn addieren sich die Federwege.

$$x_{ges} = x_1 + x_2 + \ldots + x_n = \frac{F}{c_1} + \frac{F}{c_2} + \ldots + \frac{F}{c_n} = \frac{F}{c_{ges}} \tag{5.11}$$

Analog dazu addieren sich bei einer abgesetzten Welle die Torsionswinkel der Wellenabschnitte.

$$\varphi_{ges} = \varphi_1 + \varphi_2 + \ldots + \varphi_n = \frac{M}{c_1} + \frac{M}{c_2} + \ldots + \frac{M}{c_n} = \frac{M}{c_{ges}} \tag{5.12}$$

Die Gesamtsteifigkeit ergibt sich dann aus

$$\frac{1}{c_{ges}} = \sum_{i=1}^{n} \frac{1}{c_i} \tag{5.13}$$

Parallelschaltung mehrerer Steifigkeiten

$$F = \sum_i F_i = c_1 \cdot x + c_2 \cdot x + \ldots + c_n \cdot x = x \cdot \sum_{i=1}^{n} c_i = x \cdot c_{ges} \tag{5.14}$$

$$c_{ges} = \sum_{i=1}^{n} c_i \tag{5.15}$$

Kupplungen

Wegen ihres komplexen Aufbaues und der unterschiedlichen Ausführungsformen ist die Beschreibung der Steifigkeits- und Dämpfungseigenschaften von Kupplungen meist nur mithilfe experimenteller Untersuchungen möglich. Die üblichen Herstellerangaben sind experimentell ermittelte Steifigkeitsparameter c_{dyn} bei verschiedenen Kupplungsbeanspruchungen M_{dyn} für unterschiedliche Frequenzen (dynamische Kupplungssteifigkeit). Experimentell werden auch die Werte der statischen Kupplungssteifigkeit c_{stat} ermittelt. Für die Simulation empfiehlt es sich, das Übertragungsverhalten einer Kupplung auf der Basis der Herstellerangaben oder eigener Messwerte als Kennlinie M (φ, $d\varphi/dt$) zu beschreiben (Schlecht 2006).

Federsteifigkeit von Zahnrädern, Lagern usw.

In komplexen mechanischen Systemen kann ggf. auch der Einfluss dieser Komponenten und anderer nicht vernachlässigt werden, obwohl sie in erster Näherung meist als starr angenommen werden. Auch die Kontaktsteifigkeit von Verbindungselementen kann die Gesamtsteifigkeit eines Systems wesentlich beeinflussen. Bezüglich weiterführender Hinweise zur Problematik der Federsteifigkeit kann hier allerdings nur auf die Spezialliteratur verwiesen werden (z. B. Dresig 2006; Dresig und Holzweißig 2009).

5.2.3 Dämpfung

Eine Dämpfung bewirkt, dass bei einem schwingenden System die Schwingungsamplitude mit der Zeit abnimmt, weil mechanische Energie in andere Energieformen, insbesondere in Wärme, umgewandelt wird. Man unterscheidet innere und äußere Dämpfungen.

Innere Dämpfungen sind die Material- bzw. Werkstoffdämpfung infolge von Verformungswiderständen in Werkstoffen und die Berührungs- oder Kontaktdämpfung, beispielsweise an Schrauben- und Nietverbindungen. Als **äußere Dämpfungen** bezeichnet man äußere Bewegungswiderstände, wie beispielsweise die Reibung in Führungen und Lagern.

Die Werkstoffdämpfung lässt sich in erster Näherung durch ein Voigt-Kelvin-Modell beschreiben, das aus einer Parallelschaltung eines (linearen oder nichtlinearen) Steifigkeitsanteils und eines Dämpfungsanteils besteht (Abb. 5.1).

Für nicht zu große Ampliten- und Frequenzbereiche kann man von einer geschwindigkeitsproportionalen Werkstoffdämpfung ausgehen. Dieses Dämpfungsmodell wird als viskose Dämpfung bezeichnet.

$$\begin{aligned} F_d &= d \cdot \dot{x} & \text{Dämpfungskraft} \\ M_d &= d \cdot \dot{\varphi} & \text{Dämpfungsmoment} \end{aligned} \tag{5.16}$$

Die Größe d heißt Dämpfungskonstante. Ihre Berechnung ist allerdings sehr aufwendig, weil Werkstoff- und Geometrieeinflüsse des Bauteils zu berücksichtigen sind. Sehr

Abb. 5.1 Voigt-Kelvin-
Modell für Steifigkeit und
Dämpfung

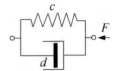

Tab. 5.4 Erfahrungswerte für den Dämpfungsgrad D (Dresig 2006)

Übertragungselement	Dimensionsbereich	Richtwert Dämpfungsgrad D
Welle (aus Stahl)	d < 100 mm	0,005
Welle (aus Stahl)	d > 100 mm	0,01
Zahnradstufe	P < 100 kW	0,02
Zahnradstufe	P = 100 ... 1000 kW	0,04
Zahnradstufe	P > 1000 kW	0,06
Elastische Kupplung	Siehe Herstellerkataloge	0,02 ... 0,2

häufig werden die Dämpfungsparameter mechanischer Elemente daher experimentell bestimmt. Für lineare Schwinger sind gebräuchliche Verfahren der Ausschwingversuch und die erzwungene harmonische Bewegung (Dresig 2006).

Außer der Dämpfungskonstanten d werden noch andere Dämpfungskennwerte verwendet. Weit verbreitet ist der Dämpfungsgrad D (Lehrsches Dämpfungsmaß). Zwischen beiden Werten besteht für $D \ll 1$ die Beziehung

$$d = 2D\sqrt{c \cdot m} = 2D \cdot c/\omega_0 = 2D \cdot m \cdot \omega_0 \qquad (5.17)$$

Dabei sind c die Federsteifigkeit, m die Masse und ω_0 die Eigenkreisfrequenz des ungedämpften Systems. Erfahrungswerte für den Dämpfungsgrad D sind in Tab. 5.4 zusammengestellt.

Auf die Berücksichtigung der Dämpfung kann man meist verzichten, wenn nur folgende Größen interessieren (Dresig und Holzweißig 2009):

- niedere Eigenfrequenzen (und Resonanzgebiete) eines Antriebssystems,
- Spitzenwerte nach Stoßvorgängen oder Schwingungszustände außerhalb der Resonanzgebiete.

Dämpfungskräfte sollten aber zumindest näherungsweise als viskose oder modale Dämpfung einbezogen werden, wenn folgende Aufgaben zu lösen sind:

- Resonanzamplituden linearer Systeme bei periodischer Belastung,
- Lastwechselzahl bei Ausschwingvorgängen, z. B. nach Stößen.

Dem Modell der modalen Dämpfung liegt die Annahme zugrunde, dass jede Eigen-schwingung für sich durch eine modale Dämpfungskraft gedämpft wird, die proportional zur modalen Geschwindigkeit ist.

Es ist auch zu bedenken, dass Dämpfungen oft frequenzabhängig oder nichtlinear wirken bzw. dass der geschwindigkeitsproportionale Zusammenhang gemäß Gl. (5.15) nicht immer gilt. Weiterführende Hinweise zu dieser doch sehr komplizierten Problema-tik sind u. a. in Dresig (2006) und Dresig und Holzweißig (2009) zu finden. Ein Spezial-fall der äußeren Dämpfung ist die im folgenden Abschnitt behandelte Reibung.

5.2.4 Reibung

Immer dann, wenn Körper, die sich berühren, gegeneinander bewegt werden, tritt Rei-bung auf. Man unterscheidet Festkörperreibung, Flüssigkeitsreibung und Mischreibung.

Bei der **Festkörperreibung** (trockener Reibung) ist zwischen Haft- und Gleitreibung zu unterscheiden. Die der Bewegung entgegen gerichtete Reibungskraft F_R ist in beiden Fällen proportional zur auf die Berührungsfläche wirkende Normalkraft F_N, unterschied-lich sind jedoch die Reibungszahlen. Die Haftreibung wird durch die Haftreibungszahl μ_0 beschrieben, die Gleitreibung (auch Coulomb'sche Reibung genannt) durch die Gleit-reibungszahl μ.

$$F_{R,H} = \mu_0 \cdot F_N \qquad F_{R,G} = \mu \cdot F_N \qquad\qquad (5.18)$$

Normalerweise gilt $\mu_0 > \mu$. Haftreibung tritt auf, wenn Körper gegeneinander bewegt werden sollen, die sich zuvor zueinander in Ruhe befanden. Haft- und Gleitreibungs-zahlen für verschiedene Stoffpaare und die Bedingungen „trocken" und „geschmiert" sind beispielsweise (Dubbel 2007 S. B 14) zu entnehmen. Weil die Reibungskraft der jeweiligen Bewegung entgegen gerichtet ist, wird bei wechselnder Bewegungsrichtung $\dot{x}$ oft folgender Ansatz gewählt:

$$F_R = -sign(\dot{x}) \cdot \mu \cdot F_N \qquad\qquad (5.19)$$

Bei der numerischen Integration von Bewegungsgleichungen hat diese Lösung im Falle sehr häufiger Richtungswechsel den Nachteil großer Rechenzeiten, denn es müssen dabei die Zeitpunkte der einzelnen Richtungswechsel (Nulldurchgänge der Geschwindigkeit v) numerisch bestimmt werden oder man muss mit sehr kleinen Schritt-weiten arbeiten. Aus diesem Grunde wurde eine Reihe von stetigen Näherungen für Gl. (5.19) entwickelt. Dresig (2006) gibt solche Näherungsformeln an und macht auch Aussagen zum Einfluss von Schwingungen auf die Reibungszahl.

Für eine sehr genaue Nachbildung der Reibung ist auch der Übergang von Haft- auf Gleitreibung zu berücksichtigen. Nach (Bo und Pavelescu 1982) ist die Gleitreibungs-kraft nicht konstant, sondern fällt während der Beschleunigung exponentiell vom Los-reißwert $F_{R,H}$ der Haftreibung auf den kinetischen Reibwert $F_{R,G}$.

$$F_{R,gleit} = \left(\left(F_{R,H} - F_{R,G} \right) e^{-|\dot{x}|/K_D} + F_{R,G} \right) \cdot sign(\dot{x}) \tag{5.20}$$

Wenn sich ein Körper im Ruhezustand befindet ($\dot{x} = 0$, weil die auf ihn einwirkende äußere Kraft kleiner ist als die Haftreibungskraft, dann wird der Ruhezustand durch ein Kräftegleichgewicht garantiert, d. h. die wirksame Reibungskraft $F_{R,eff}$ ist immer genau so groß wie die Summe der externen Kräfte (F_{ext}), die antreibend auf die Masse des Körpers wirken. Erst dann, wenn die resultierende antreibende Kraft den Wert der Haftreibungskraft $F_{R,H}$ erreicht oder gar überschreitet, nimmt auch die wirksame Reibungskraft $F_{R,eff}$ den Wert $F_{R,H}$ an. Sie geht aber auf den Wert $F_{R,gleit}$ über, wenn der Körper in Bewegung kommt, weil die antreibende Kraft größer als die Haftreibungskraft ist. Es gelten also folgende Gleichungen:

$$\left| F_{R,eff}(t) \right| = \begin{cases} |F_{ext}| & \text{wenn } \dot{x} = 0 \text{ und } |F_{ext}| \leq F_{R,H} \\ F_{R,H} & \text{wenn } \dot{x} = 0 \text{ und } |F_{ext}| > F_{R,H} \\ F_{R,gleit} & \text{wenn } \qquad \dot{x} \neq 0 \end{cases} \tag{5.21}$$

Im Haft-Zustand der zu bewegenden Masse (1. Zeile von Gl. (5.21)) befindet sich die Reibkraft im statischen Gleichgewicht mit F_{ext}. Die zweite Zeile beschreibt den Augenblick des Losbrechens, d. h. die resultierende externe Kraft überschreitet $F_{R,H}$. Den darauf folgenden Zustand des Gleitens beschreibt die dritte Zeile. Gemäß Gl. (5.20) hat die Reibungskraft eine gewisse Zeit nach Überwindung der Haftreibung den konstanten Betrag $F_{R,G}$. Das gilt jedoch nur für die Festkörperreibung, nicht für die im Folgenden beschriebene Mischreibung.

Flüssigkeitsreibung oder viskose Reibung liegt vor, wenn sich zwischen den gleitenden Körpern eine Flüssigkeitsschicht befindet. Die Reibungskraft ist in diesem Fall von der Relativgeschwindigkeit v abhängig und meist wesentlich kleiner als bei Festkörperreibung.

Mischreibung ist eine Reibungsart, bei der Festkörperreibung und Flüssigkeitsreibung nebeneinander bestehen. Sie wird u. a. bei sehr gut geschmierten Gleitlagern beobachtet und tritt dann auf, wenn das Verhältnis λ von Dicke h des Schmierstofffilms zum mittleren Rauhwert σ der Gleitpartner sich im Bereich

$$1 < \lambda = \frac{h}{\sigma} < 3 \tag{5.22}$$

bewegt (Isermann 2008). Bei $\lambda < 1$ liegt Festkörperreibung vor, bei $\lambda > 3$ Flüssigkeitsreibung (Tab. 5.5).

Detailliertere Aussagen insbesondere zur Modellierung der Mischreibung sind beispielsweise in Klotzbach und Henrichfreise (2002) zu finden.

Tab. 5.5 Größenordnung der Reibungszahlen (Czichos und Hennecke 2008, S. D86)

Reibungsart	Zwischenstoff	Reibungszahl μ
Festkörperreibung	–	$>10^{-1}$
Mischreibung	Partieller Schmierstofffilm	$10^{-2}\ldots 10^{-1}$
Flüssigkeitsreibung	Schmierstofffilm	$<10^{-2}$
Rollreibung	Wälzkörper	$\approx 10^{-3}$
Luftreibung	Gas	$\approx 10^{-4}$

5.2.5 Lose (Spiel)

Funktionsbedingt lässt sich bei Getrieben, aber auch bei Kupplungen und Gelenken, Lose (Spiel) nicht ganz vermeiden. In Zahnradgetrieben (Abb. 5.2(a)) ist ein gewisses Flankenspiel notwendig, um ein Klemmen der Verzahnung infolge von Fertigungsungenauigkeiten und Erwärmung auszuschließen. Nicht selten beträgt bei Antrieben mit großen Übersetzungsverhältnissen das reduzierte Spiel an der Motorwelle Dutzende von Grad (Dresig und Holzweißig 2009). Das Spiel führt dazu, dass der Kontakt zwischen Teilen des Antriebs zeitweilig verloren geht, wenn das zu übertragende Drehmoment sein Vorzeichen ändert und dadurch die treibenden Zahnflanken wechseln. Während des Spieldurchlaufs bewegen sich die angetriebene und die getriebene Seite unabhängig voneinander und es kommt zu einer Differenz zwischen den Winkelgeschwindigkeiten beider Seiten. Am Ende des Spieldurchlaufs können dadurch erhebliche Drehmomentstöße im mechanischen System entstehen, die sich in Form von Ausgleichsschwingungen auf das gesamte Antriebssystem auswirken und eventuell Überlastungen bzw. Schadensfälle zur Folge haben, wenn sie bei der Projektierung nicht berücksichtigt wurden. Bei der Modellbildung dürfen daher Lose-Effekte nicht in jedem Fall vernachlässigt werden.

Das Übertragungsverhalten eines Getriebes mit Lose lässt sich durch eine Hysteresefunktion gemäß Abb. 5.2(b) beschreiben. Der Einfachheit halber wurde bei dieser Darstellung eine Getriebeübersetzung von 1 angenommen, d. h. alle Größen sind auf die Antriebsseite des Getriebes (Motorwelle, Index M) bezogen. Nur wenn $|\Delta\varphi| = |\varphi_M - \varphi_L| \geq \delta$ ist, bewirkt eine Änderung von φ_M auch eine Änderung von φ_L, d. h. nur dann besteht zwischen den Zahnflanken Kraftschluss für die Übertragung eines Drehmoments. Eine mathematische Formulierung des Hysteresemodells – als trägheitsgetriebenes Hysteresemodell bezeichnet – lautet unter der Annahme vollkommen steifer Übertragungselemente [Nordin und Gutman (2002)]

$$
\begin{aligned}
\dot{\varphi}_L(t) &= \dot{\varphi}_M(t) \ \text{wenn} \ \dot{\varphi}_M(t) > 0 \ \text{und} \ \varphi_L(t) = \varphi_M(t) - \delta \\
\dot{\varphi}_L(t) &= \dot{\varphi}_M(t) \ \text{wenn} \ \dot{\varphi}_M(t) < 0 \ \text{und} \ \varphi_L(t) = \varphi_M(t) + \delta \\
\ddot{\varphi}_L(t) &= 0 \quad \text{sonst}
\end{aligned}
\tag{5.23}
$$

Das Modell Gl. (5.23) geht davon aus, dass das angetriebene Element (Lastseite L) während des Spieldurchlaufs nicht beschleunigt oder verzögert wird, d. h. sich mit gleich

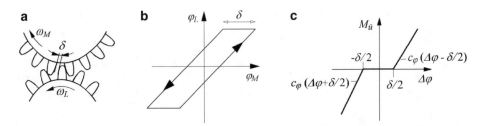

Abb. 5.2 **a** Spiel δ zwischen Zahnflanken, **b** Hysterekennlinie, **c** Totzone-Modell (Verdrehwinkel der Lastseite auf die Motorwelle umgerechnet)

bleibender Geschwindigkeit bewegt. Da auf der Lastseite beispielsweise auch Reibung wirksam sein kann, muss in solch einem Fall das Modell entsprechend angepasst werden.

Die Hysteresefunktion wird bei der Modellierung häufig durch eine Totzone in der Steifigkeitskennlinie (Abb. 5.2(c)) nachgebildet. Die Dämpfung wird bei diesem Ansatz vernachlässigt. Unter Berücksichtigung des Spiels gilt dann für das von einer Welle übertragene Torsionsmoment $M_{\ddot{u}}$

$$M_{\ddot{u}} = \begin{cases} c_\varphi(\Delta\varphi + \delta/2) & \text{für} \quad \Delta\varphi \leq -\delta/2 \\ 0 & \text{für} \; -\delta/2 < \Delta\varphi < \delta/2 \\ c_\varphi(\Delta\varphi - \delta/2) & \text{für} \quad \Delta\varphi \geq \delta/2 \end{cases} \qquad (5.24)$$

Weitere Möglichkeiten der Modellierung von Lose in mechanischen Systemen werden in Nordin and Gutman (2002) und Wohnhaas (1990) beschrieben. Ausführliche Beispiele zur Modellierung unter Berücksichtigung des Spiels findet man auch in Dresig (2006) und Dresig und Holzweißig (2009).

5.3 Grundgleichungen für die Modellierung mechanischer Systeme

5.3.1 Modellierung nach der Newton-Euler-Methode

Die im Folgenden vorgestellten Methoden zur Modellierung mechanischer Systeme basieren auf den bekannten Erhaltungssätzen der Physik. Ein Erhaltungssatz besagt, dass in einem räumlich abgeschlossenen System die jeweilige Erhaltungsgröße, z. B. die Energie, unveränderlich ist. Eine Änderung der Quantität der Energie in einem abgegrenzten Teilsystem ist also nur möglich, wenn ein Energiestrom über die Grenzen des betrachteten Systems hinweg existiert. Erhaltungssätze gelten außer für die Energie u. a. auch für die Masse, die elektrische Ladung und für den Impuls bzw. den Drehimpuls.

Die Newton/Euler-Methode der Modellierung basiert auf den Newtonschen Axiomen und umfasst folgende Schritte:

1. Zerschneiden des Systems in Einzelelemente und Einführung von Kräften bzw. Momenten als Schnittgrößen
2. Anwendung des Impuls- bzw. des Drallsatzes (siehe Abschn. 5.3.2)
3. Formulierung der Modellgleichungen auf der Basis der Gleichungen der Einzelelemente und der Schnittkräfte bzw. -momente.

5.3.2   Grundgesetz der Dynamik für geradlinige Bewegung

Impuls und Impulserhaltungssatz
Ein Körper mit der Masse m werde durch die Kraft F auf einer geraden Bahn x mit der Geschwindigkeit v bewegt. Das Produkt aus seiner Masse und seiner Geschwindigkeit ist der Impuls p des Körpers – eine vektorielle Größe mit der Richtung der Geschwindigkeit.

$$p = m \cdot v \tag{5.25}$$

Die vektorielle Summe der Impulse eines Systems ist zeitlich konstant, wenn keine äußeren Kräfte auf dieses System wirken (**Impulserhaltungssatz**).

Grundgesetz der Dynamik

$$\boxed{F = \frac{dp}{dt} = \frac{d(m \cdot v)}{dt} = v \cdot \frac{dm}{dt} + m \cdot \frac{dv}{dt}} \tag{5.26}$$

Das Newtonsche Grundgesetz der Dynamik[1] besagt, dass die resultierende äußere Kraft F, die auf einen Körper wirkt, gleich der Impulsänderung je Zeiteinheit ist, d. h. gleich der Ableitung des Impulses nach der Zeit. Die Kraft F sei beispielsweise die Resultierende aus der Antriebskraft F_M eines Motors und einer der Bewegung entgegenwirkenden Lastkraft F_L (Abb. 5.3).

Bei konstanter Masse $m = m_0$ und mit $v = dx/dt$ folgt aus Gl. (5.26) die Differentialgleichung

$$m_0 \cdot \frac{dv}{dt} = m_0 \cdot \frac{d^2x}{dt^2} = F; \quad m = m_0 = konst. \tag{5.27}$$

---

[1]Es wird auch als Impulssatz, Newtonsche Bewegungsgleichung oder 2. Newtonsches Axiom bezeichnet.

Abb. 5.3 Translation einer
Masse

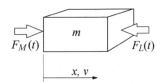

Abb. 5.4 Feder-Masse-
System mit Dämpfung

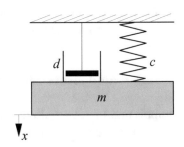

Beispiel: Feder-Masse-System mit Dämpfung

Abb. 5.4 zeigt ein einfaches Schwingungssystem, bestehend aus Masse, Feder und
Dämpfungselement. Durch eine äußere Kraft wird die Masse aus ihrer Ruhelage $x = 0$
in die Position $x(0) = x_0$ gebracht und dann freigegeben. Die darauf folgende Ausgleichs-
bewegung der Masse soll berechnet werden.

Als Ruhelage $x = 0$ wird der statische Gleichgewichtszustand zwischen Gravitationskraft $m \cdot g$ und Vorspannung der Feder angenommen. In der Kräftebilanz tritt daher
die Gravitationskraft nicht mehr auf. Die Federkraft F_c sei linear vom Weg x und die
Dämpfungskraft F_d sei linear von der Geschwindigkeit $v = \dot{x}$ abhängig. Beide Kräfte
wirken der in Abb. 5.4 eingezeichneten Bewegungsrichtung der Masse m entgegen. Aus
Gl. (5.27) folgt

$$m \cdot \frac{d^2 x}{dt^2} = m \cdot \ddot{x} = -F_d - F_c$$

Mit

$$F_d = d \cdot \dot{x} \quad \text{und} \quad F_c = c \cdot x$$

ergibt sich die **Schwingungsgleichung**

$$\ddot{x} + \frac{d}{m} \cdot \dot{x} + \frac{c}{m} \cdot x = 0. \tag{5.28}$$

Diese Gleichung wird oft auch in den Formen

$$\ddot{x} + 2\delta \cdot \dot{x} + \omega_0^2 \cdot x = 0 \quad \text{und} \tag{5.29}$$

$$\ddot{x} + 2D \cdot \omega_0 \cdot \dot{x} + \omega_0^2 \cdot x = 0 \tag{5.30}$$

angegeben. Dabei sind

$$\delta = \frac{d}{2m} \qquad \text{der Abklingkoeffizient,}$$

$$\omega_0 = \sqrt{\frac{c}{m}} \qquad \text{die Eigenkreisfrequenz der ungedämpften Schwingung,} \tag{5.31}$$

$$D = \frac{\delta}{\omega_0} \qquad \text{der Dämpfungsgrad, Lehrsches Dämpfungsmaß}$$

Alle drei Größen folgen aus der Interpretation der Lösung der Schwingungsgleichung (5.28) bzw. (5.29). Das formulierte Anfangswertproblem wird nun mithilfe von Maple berechnet.

```
> DG:= diff(x(t),t$2)+ d/m*diff(x(t),t)+ c/m*x(t) = 0;
```

$$DG := \frac{d^2}{dt^2} x(t) + \frac{d\left(\dfrac{d}{dt} x(t) \right)}{m} + \frac{c\, x(t)}{m} = 0$$

```
> AnfBed:= x(0)=x0, D(x)(0)=0:
> Loe1:= dsolve({DG, AnfBed});
```

$$Loe1 := x(t) = \frac{1}{2}\, \frac{x0\left(-d^2 - d\sqrt{d^2 - 4\,c\,m} + 4\,c\,m\right) e^{\frac{1}{2}\frac{\left(-d + \sqrt{d^2 - 4\,c\,m}\right) t}{m}}}{-d^2 + 4\,c\,m}$$

$$+ \frac{1}{2}\, \frac{\left(-d^2 + d\sqrt{d^2 - 4\,c\,m} + 4\,c\,m\right) x0\, e^{-\frac{1}{2}\frac{\left(d + \sqrt{d^2 - 4\,c\,m}\right) t}{m}}}{-d^2 + 4\,c\,m}$$

Ermittlung der Lösung für den Fall fehlender Dämpfung:

```
> Loe2:= subs(d=0, Loe1);
```

$$Loe2 := x(t) = \frac{1}{2}\, x0\, e^{\frac{1}{2}\frac{\sqrt{-4\,c\,m}\, t}{m}} + \frac{1}{2}\, x0\, e^{-\frac{1}{2}\frac{\sqrt{-4\,c\,m}\, t}{m}}$$

```
> Loe2:= simplify(Loe2) assuming c>0, m>0;
```

$$Loe2 := x(t) = x0\, \cos\left(\frac{\sqrt{c}\, t}{\sqrt{m}}\right)$$

Es ergibt sich erwartungsgemäß eine harmonische Schwingung mit konstanter Amplitude x_0. Das Argument der Kosinus-Funktion ist die in Gl. (5.31) angegebene Eigenkreisfrequenz ω_0 der ungedämpften Schwingung, multipliziert mit der Zeit t.

Der Charakter der Lösung der Schwingungsgleichung wird bekanntlich durch die Art der Wurzeln des charakteristischen Polynoms bestimmt. Diese erscheinen in den Exponenten der e-Funktionen der Lösung *Loe*1. Schwingungen treten auf, wenn konjugiert-komplexe Wurzeln vorhanden sind, wenn also der Radikand $d^2 - 4cm$ ein negatives Vorzeichen hat. Für diesen Fall wird eine spezielle Lösung von *DG* ermittelt.

```
> Loe3:= dsolve({DG, AnfBed}) assuming (d^2<4*c*m);
```

$$Loe3 := x(t) = \frac{x0\, d\, e^{-\frac{1}{2}\frac{d\,t}{m}} \sin\left(\frac{1}{2}\frac{\sqrt{-d^2 + 4\,c\,m}\,t}{m}\right)}{\sqrt{-d^2 + 4\,c\,m}} + x0\, e^{-\frac{1}{2}\frac{d\,t}{m}} \cos\left(\frac{1}{2}\frac{\sqrt{-d^2 + 4\,c\,m}\,t}{m}\right)$$

Es ergibt sich als Lösung eine abklingende harmonische Schwingung. Die Geschwindigkeit des Abklingens beschreibt der Abklingkoeffizient $\delta = d/(2m)$ im Exponenten der e-Funktion (siehe Gl. (5.31)). Die Eigenkreisfrequenz ω_1 der gedämpften Schwingung folgt aus den Argumenten der Sinus- und der Kosinus-Funktion. ω_1 und δ werden in die Lösung eingeführt.

```
> G1:= (1/2)*sqrt(-d^2+4*c*m)/m*t=omega[1]*t;
```

$$G1 := \frac{1}{2}\frac{\sqrt{-d^2 + 4\,c\,m}\,t}{m} = \omega_1\, t$$

```
> G2:= exp(-1/2*d*t/m) = exp(-delta*t);
```

$$G2 := e^{-\frac{1}{2}\frac{d\,t}{m}} = e^{-\delta t}$$

```
> Loe3a:= subs(G1, G2, Loe3);
```

$$Loe3a := x(t) = \frac{x0\, d\, e^{-\delta t} \sin\left(\omega_1\, t\right)}{\sqrt{4\,c\,m - d^2}} + x0\, e^{-\delta t} \cos\left(\omega_1\, t\right)$$

Die Richtigkeit der obigen Substitution kann man anhand der bekannten Beziehung

$$\omega_1 = \sqrt{\omega_0^2 - \delta^2}$$

mithilfe der Gl. (5.31) leicht überprüfen. Die weitere Vereinfachung von *Loe3a*, z. B. durch Zusammenfassen der Sinus- und der Kosinusfunktionen, sei dem Leser überlassen.

Abb. 5.5 Feder-Masse-
Schema des LKW-Sitzes

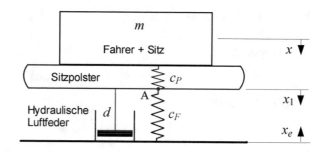

Beispiel: Fahrersitz eines LKW [2]

Der mit einer hydraulisch gedämpften Luftfeder ausgestattete Fahrersitz eines LKW
wird während der Fahrt durch die Fußpunkterregung $x_e(t)$ in Schwingung versetzt
(Schema in Abb. 5.5). Die Masse m von Fahrer und Sitz beträgt 100 kg. Die Wirkung der
gedämpften Luftfeder beschreiben die Federsteifigkeit c_F und die Dämpfungskonstante
d (geschwindigkeits-proportionale Dämpfung). Die Steifigkeit des Sitzpolsters werde
durch die Federkonstante c_P berücksichtigt.

Von dem vorangegangenen Beispiel unterscheidet sich das Vorliegende, abgesehen
vom anderen Aufbau des Schwingungssystems, durch die Fußpunkterregung, die
Schwingungen der Masse m erzwingt. Die Schwingung wird also nicht durch eine auf
die Masse wirkende periodische Kraft, sondern durch die periodische Bewegung des
Federendes erzwungen (Wegerregung). Das dynamische Verhalten des Systems soll im
Normalzustand und beim Ausfall der hydraulischen Dämpfung analysiert werden.

Verhalten im Normalzustand

Obwohl der Dämpfer zwischen Anfangs- und Endpunkt der Feder c_F angeordnet ist, wird
für die folgende Modellierung vereinfachend angenommen, dass er über die gesamte
Federlänge (einschließlich des Sitzpolsters) wirkt. Die beiden Federn liegen daher praktisch „in Reihe" und die Federsteifigkeiten c_P und c_F können gemäß Gl. (5.11) zu einer
Gesamtsteifigkeit c zusammengefasst werden (vereinfachtes Modell).

$$\frac{1}{c} = \frac{1}{c_P} + \frac{1}{c_F} \qquad c = \frac{c_P \cdot c_F}{c_P + c_F}$$

---

[2]Die Aufgabenstellung für dieses Beispiel ist aus (Richard und Sander 2008) entnommen.

Unter diesen Bedingungen sind

- die Federkraft

$$F_c = c(x + x_e) \text{ und}$$

- die Dämpfungskraft

$$F_d = d(\dot{x} + \dot{x}_e)$$

Beide wirken der Bewegung der Masse entgegen. Damit ergibt sich die Bewegungsgleichung für das im Abb. 5.5 dargestellte System:

$$m \cdot \ddot{x} = -c \cdot (x + x_e) - d(\dot{x} + \dot{x}_e) \quad \text{bzw.}$$
$$m \cdot \ddot{x} + c \cdot x + d \cdot \dot{x} = -c \cdot x_e - d \cdot \dot{x}_e$$

Bei der Formulierung der Bewegungsgleichung wurde wieder davon ausgegangen, dass
die Gravitationskraft durch die Federvorspannung kompensiert wird, der Wert $x = 0$ also
dem Ruhezustand bei der Belastung der Feder mit der Masse m entspricht. Für die Fußpunkterregung wird angenommen

$$x_e(t) = r \cdot \sin(\omega_e \cdot t)$$

Die Lösung obiger Differentialgleichung wird nun Maple übertragen.

```
> restart: interface(displayprecision=5):
```

Fußpunkterregung:

```
> xe(t) := r*sin(omega[e]*t);
```

$$xe(t) := r \sin\left(\omega_e\, t\right)$$

```
> DG1:=  m*diff(x(t),t,t) + d*diff(x(t),t) + c*x(t) =
                                    -c*xe(t)- d*diff(xe(t),t);
```

$$DG1 := m\left(\frac{\mathrm{d}^2}{\mathrm{d}t^2}\, x(t)\right) + d\left(\frac{\mathrm{d}}{\mathrm{d}t}\, x(t)\right) + c x(t) = -c\, r \sin\left(\omega_e\, t\right) - d\, r \cos\left(\omega_e\, t\right) \omega_e$$

Anfangszustand ist der Ruhezustand ohne Erregung bei belastetem Fahrersitz.

```
> AnfBed:= x(0)=0, D(x)(0)=0;
```

$$AnfBed := x(0) = 0, \mathrm{D}(x)(0) = 0$$

```
> Loes1:= dsolve({DG1,AnfBed}, x(t)) assuming d^2<4*c*m;
```

$$Loes1 := x(t) = -\frac{e^{-\frac{dt}{2m}}\sin\left(\frac{\sqrt{4cm - d^2}\,t}{2m}\right)r\omega_e m\left(2cm\omega_e^2 - d^2\omega_e^2 - 2c^2\right)}{\sqrt{4cm - d^2}\left(m^2\omega_e^4 - 2cm\omega_e^2 + d^2\omega_e^2 + c^2\right)}$$

$$-\frac{e^{-\frac{dt}{2m}}\cos\left(\frac{\sqrt{4cm - d^2}\,t}{2m}\right)dmr\omega_e^3}{m^2\omega_e^4 - 2cm\omega_e^2 + d^2\omega_e^2 + c^2}$$

$$-\frac{r\left(\left(\left(-cm + d^2\right)\omega_e^2 + c^2\right)\sin\left(\omega_e t\right) - \cos\left(\omega_e t\right)dm\omega_e^3\right)}{m^2\omega_e^4 + \left(-2cm + d^2\right)\omega_e^2 + c^2}$$

In der ermittelten Lösung wird nun die resultierende Federkonstante c gemäß obiger Gleichung durch die Federkonstanten c_P und c_F ersetzt.

```
> Loes1a:=subs(c=cp*cf/(cp+cf), Loes1):
```

Mit einem vorgegebenen Satz von Parameterwerten wird eine spezielle Lösung $x1$ berechnet und graphisch dargestellt.

Folgende Parameterwerte werden für die weitere Rechnung gewählt:

$$cp = 100000\,\text{N/m},\ cf = 10000\,\text{N/m},\ d = 30\,\text{Ns/m},\ r = 0{,}3\,\text{m},\ omega = 5\,\text{s}^{-1}$$

```
> param1:= m=100, cp=100000, cf=10000, d=30, r=0.03, omega[e]=5:
> x1:= simplify(subs(param1, rhs(Loes1a)));
```

$$x1 := 0.021695\,e^{-\frac{3t}{20}}\sin\left(\frac{\sqrt{399901}\,\sqrt{11}\,t}{220}\right)$$

$$- 0.00025884\,e^{-\frac{3t}{20}}\cos\left(\frac{\sqrt{399901}\,\sqrt{11}\,t}{220}\right) - 0.041373\sin(5t)$$

$$+ 0.00025884\cos(5t)$$

```
> evalf(x1);
```

$$0.021695\,e^{-0.15000\,t}\sin(9.5334\,t) - 0.00025884\,e^{-0.15000\,t}\cos(9.5334\,t)$$
$$- 0.041373\sin(5.\,t) + 0.00025884\cos(5.\,t)$$

Die Auswertung von x1 ergibt für die Schwingungskreisfrequenz ω_1 den Wert 9,5334 Hz. Die Abklingkonstante der Ausgleichsschwingung ist $\delta = d/2m = 0{,}15\ \mathrm{s}^{-1}$.

Grafische Darstellung der Schwingung *x1* der Masse *m* und der Erregerschwingung *xe1*:

```
> xe1:= subs(param1, xe(t));
```

$$xe1 := 0.03000\sin(5\,t)$$

```
> plot([x1, -xe1], t=0..20, gridlines, legend=["x1","xe1"]);
```

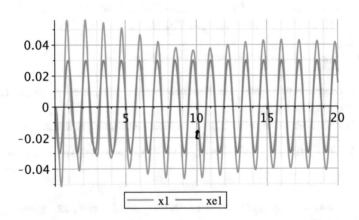

Die Vorzeichenfestlegung in der Aufgabenstellung führt dazu, dass im Plot-Befehl die Erregung *xe1* mit negativem Vorzeichen eingetragen werden muss. Wie zu erwarten, klingt die Eigenschwingung (Lösung der homogenen Differentialgleichung) durch die Dämpfung ab und es bleibt nach hinreichender Zeit nur die erzwungene Schwingung (Partikularlösung der Differentialgleichung) bestehen. Diese wird repräsentiert durch den Ausdruck

```
x1end:=-0,04137*sin(5.00000*t)+0.00026*cos(5.00000*t)
```

Darstellung der Erregerschwingung und der Dauerschwingung des LKW-Sitzes:

```
> plot([x1end, -xe1], t=0..3, legend=["x1end(t)","Erregung xe(t)"]);
```

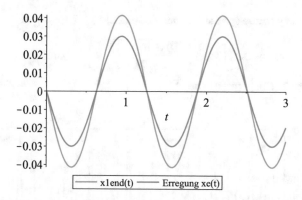

Zwischen Erregung und Dauerschwingung besteht die sehr geringe Phasenverschiebung von $\varphi = -0{,}36°$, d. h. die erregte Schwingung eilt der Schwingung der Erregung um den Winkel φ nach. Sichtbar wird dieser Effekt erst bei einem wesentlich größeren Dämpfungskoeffizienten und vor allem in der Nähe der Resonanz.

Verhalten des Systems bei Ausfall der hydraulischen Dämpfung

Dieses Verhalten lässt sich aus dem Ergebnis *Loes1a* durch die Substitution $d = 0$ bestimmen.

```
> Loes2:= simplify(subs(d=0, Loes1));
```

$$Loes2 := x(t) = \frac{\left(\sin\left(\dfrac{\sqrt{c\,m}\;t}{m} \right) \omega_e\, m - \sin(\omega_e t)\sqrt{c\,m} \right) c\,r}{\left(-m\,\omega_e^2 + c \right)\sqrt{c\,m}}$$

```
> Loes2:= expand(Loes2);
```

$$Loes2 := x(t) = \frac{c\,r\sin\left(\dfrac{\sqrt{c\,m}\;t}{m} \right)\omega_e\, m}{\left(-m\,\omega_e^2 + c \right)\sqrt{c\,m}} - \frac{c\,r\sin(\omega_e t)}{-m\,\omega_e^2 + c}$$

Mit dem vorgegebenen Parametersatz wird das Verhalten grafisch dargestellt.

```
> Loes2a:= subs(c=cp*cf/(cp+cf), Loes2):
> param2:= m=100, cp=100000, cf=10000, d=0, r=0.03, omega[e]=5;
```

$$param2 := m = 100, cp = 100000, cf = 10000, d = 0, r = 0.03, \omega_e = 5$$

```
> x2:= simplify(subs(param2, rhs(Loes2a)));
```

$$x2 := 0.02170 \sin\left(\frac{10\sqrt{10}\sqrt{11}\, t}{11} \right) - 0.04138 \sin(5\,t)$$

```
> plot(x2, t=0..30, gridlines);
```

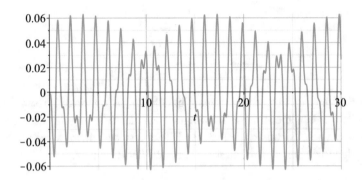

Weil die Dämpfung fehlt, klingt die Schwingung nicht ab. Wesentlich für deren Form ist das Verhältnis η von Erregerkreisfrequenz ω_e zu Eigenkreisfrequenz ω_1 des Systems. Bei fehlender Dämpfung ist $\omega_1 = \omega_0$ und damit ergibt sich unter Verwendung für den Nenner von *Loes2*

$$c - \omega_e^2 \cdot m = c\left(1 - \omega_e^2 \frac{m}{c} \right) = c\left(1 - \eta^2 \right).$$

Die Lösung *Loes2* wird entsprechend umgeformt, d. h. in sie werden η und ω_0 eingeführt.

```
> Loes2b:= eval(Loes2, [c-omega[e]^2*m=c*(1-eta^2),
            sqrt(c*m)=m*omega[0], 1/sqrt(c*m)=1/(m*omega[e]/eta)]);
```

$$Loes2b := x(t) = \frac{r\eta \sin\left(\omega_0\, t\right)}{-\eta^2 + 1} - \frac{r\sin\left(\omega_e\, t\right)}{-\eta^2 + 1}$$

$x(t)$ ist proportional zur Amplitude r der erregenden Schwingung und umgekehrt proportional zu $1 - \eta^2$. Der kritischste Punkt ergibt sich für das Frequenzverhältnis $\eta = 1$, d. h. wenn $\omega_e = \omega_1$ ist. In diesem Fall wächst der Schwingungsausschlag theoretisch über alle Grenzen, d. h. es liegt Resonanz vor.

5.3.3 Grundgesetz der Dynamik für rotierende Bewegung um eine feste Achse

Analog zur Gl. (5.26) gilt bei rotierender Bewegung eines Körpers mit dem Trägheitsmoment J und der Winkelgeschwindigkeit ω für die Änderung des Drehimpulses $J \cdot \omega$ die Beziehung

$$\boxed{M = \frac{d(J \cdot \omega)}{dt} = J \cdot \frac{d\omega}{dt} + \omega \cdot \frac{dJ}{dt}} \quad \text{(Drallsatz)} \qquad (5.32)$$

Dabei ist M das resultierende Drehmoment, beispielsweise die Differenz von Antriebsmoment M_M und Lastmoment M_L (Abb. 5.6). Für konstantes Trägheitsmoment $J = J_0$ folgt mit dem Drehwinkel φ bzw. mit Winkelgeschwindigkeit $\omega = d\varphi/dt$

$$J_0 \cdot \frac{d\omega}{dt} = J_0 \cdot \frac{d^2\varphi}{dt^2} = M_M - M_L; \quad J = J_0 = konst. \qquad (5.33)$$

5.3.4 Transformation von Systemgrößen durch Getriebe

Getriebe setzen beispielsweise die Drehzahl der Antriebsmotoren auf die von den Arbeitsmaschinen benötigte Drehzahl um. Hier werden unter dem Begriff „Getriebe" aber alle Systemelemente zusammengefasst, die einer Anpassung von Drehzahlen und Bewegungsformen (z. B. Translation – Rotation) dienen.

Für die folgenden Betrachtungen ist vor allem das Übersetzungsverhältnis der Getriebe für Rotationsbewegungen wesentlich. Dieses ist definiert als Verhältnis von Antriebsdrehzahl n_1 zu Abtriebsdrehzahl n_2.

$$\ddot{u} = \frac{n_1}{n_2} = \frac{\omega_1}{\omega_2} \qquad (5.34)$$

ω…Winkelgeschwindigkeit
Index 1…Antriebsseite, Index 2…Abtriebsseite

Getriebe transformieren nicht nur die Umlaufgeschwindigkeiten, sondern auch Kräfte bzw. Drehmomente. Für ein **ideales Getriebe** (verlustfrei, trägheitslos, ohne Schlupf oder Lose) folgt aus dem Energieerhaltungssatz für das Drehmoment M_2 auf der Abtriebsseite

Abb. 5.6 Rotation einer Masse

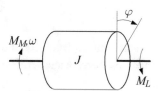

$$M_1 \cdot \omega_1 = M_2 \cdot \omega_2$$

$$M_2 = M_1 \frac{\omega_1}{\omega_2} = M_1 \cdot \ddot{u} \tag{5.35}$$

Reale Getriebe kann man in erster Näherung durch ein ideales Getriebe mit der Über-setzung $\ddot{u}$ oder durch ein ideales Getriebe mit einer Ersatzfedersteifigkeit und ggf. auch mit einem Ersatzdämpfer annähern. Bei genauen Modellen muss man aber für jede Getriebestufe mindestens eine Drehträgheit und ein Feder-Dämpfer-Element vorsehen.

Bildwellentransformation

Ist eine träge rotierende Masse nicht direkt, sondern über ein Getriebe mit anderen rotie-renden Massen verbunden, so darf man die Einzelträgheitsmomente nur addieren, wenn sie sich auf die gleiche Drehachse beziehen. Häufig ist es vorteilhaft, alle Größen eines Antriebssystems auf eine Welle, Bildwelle genannt, zu transformieren und dadurch das Getriebe aus der Rechnung zu eliminieren.

Bei der Bildwellentransformation müssen nach dem Energieerhaltungssatz die kine-tischen und potentiellen Energien sowie die Dämpfungs- und Erregerarbeiten konstant bleiben. Für das Umrechnen eines Trägheitsmoments J_2 von einer Welle mit der Dreh-zahl n_2 auf eine Welle mit der Drehzahl n_1 ergibt sich somit

$$E_{kin} = \frac{J_2}{2}\omega_2^2 = \frac{J_2'}{2}\omega_1^2 \tag{5.36}$$

$$J_2' = J_2 \cdot \left(\frac{\omega_2}{\omega_1}\right)^2 = J_2 \cdot \left(\frac{n_2}{n_1}\right)^2 \tag{5.37}$$

J_2' ist das auf die Antriebsdrehzahl n_1 umgerechnete Trägheitsmoment J_2. Das Träg-heitsmoment eines Elements des Gesamtsystems wirkt sich also umso geringer auf das Gesamtträgheitsmoment aus, je niedriger seine Drehzahl ist.

Unter der Voraussetzung der Energieerhaltung ergeben sich außerdem die folgenden Transformationsformeln für Torsionssteifigkeiten c_φ und Dämpfungskonstanten d_ω

$$c_{\varphi 2}' = c_{\varphi 2}\left(\frac{\varphi_2}{\varphi_1}\right)^2 = c_{\varphi 2}\left(\frac{n_2}{n_1}\right)^2 \tag{5.38}$$

$$d_{\omega 2}' = d_{\omega 2}\left(\frac{\omega_2}{\omega_1}\right)^2 = d_{\omega 2}\left(\frac{n_2}{n_1}\right)^2 \tag{5.39}$$

Wählt man als Bildwelle die Motorwelle, dann ergeben sich mit dem in Gl. (5.34) defi-nierten Übersetzungsverhältnis $\ddot{u}$ für die transformierten Größen die Beziehungen

Abb. 5.7 Kombination von
Rotation und Translation

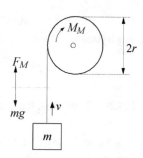

$$
\begin{aligned}
J_2' &= J_2/\ddot{u}^2 \qquad &&\text{Trägheitsmoment} \\
c_{\varphi 2}' &= c_{\varphi 2}/\ddot{u}^2 \qquad &&\text{Torsionssteifigkeit} \\
d_{\omega 2}' &= d_{\omega 2}/\ddot{u}^2 \qquad &&\text{Dämpfungskonstante}
\end{aligned}
\tag{5.40}
$$

Kombination von Drehbewegungen und geradlinigen Bewegungen

Bei verschiedenen Antriebssystemen, wie Förderanlagen, Aufzügen und Werkzeugmaschinen, treten neben Drehbewegungen auch geradlinige Bewegungen auf. Zwecks Vereinfachung der Rechnung kann man dann eine der beiden Bewegungsformen auf die andere umrechnen. Als Beispiel dafür diene eine Förderanlage mit massefreier Seiltrommel (Abb. 5.7).

Die Masse m wird durch die Differenz zwischen der Hubkraft F_M und der Gravitation $m \cdot g$ beschleunigt. F_M wird durch das Drehmoment M_M aufgebracht.

$$
F_M - m \cdot g = F_b = m\frac{dv}{dt}
\tag{5.41}
$$

$$
v = r \cdot \omega; \qquad \frac{dv}{dt} = r\frac{d\omega}{dt}
\tag{5.42}
$$

Der Beschleunigungskraft F_b entspricht ein Beschleunigungsmoment M_b für ein noch zu ermittelndes Ersatzträgheitsmoment J_{ers}. Gemäß Gl. (5.33) ist

$$
M_b = J_{ers}\frac{d\omega}{dt}
\tag{5.43}
$$

Es ist aber auch

$$
M_b = r \cdot F_b = r \cdot m\frac{dv}{dt} = r \cdot m \cdot r\frac{d\omega}{dt} = m \cdot r^2\frac{d\omega}{dt}
\tag{5.44}
$$

Das an der Drehachse wirksame **Ersatzträgheitsmoment J_{ers} der Masse m** ist also

$$
J_{ers} = m \cdot r^2
\tag{5.45}
$$

Die Gl. (5.45) kann man analog benutzen, wenn das Trägheitsmoment J eines rotierenden Systems auf eine Ersatzmasse m_{ers} mit geradliniger Bewegung umgerechnet werden soll.

5.3.5   Beispiel: Rotierendes Zweimassensystem

Eine Arbeitsmaschine wird durch einen Motor mit Getriebe über eine relativ lange Welle bewegt (Abb. 5.8). Das mathematische Modell dieses Antriebssystems ist zu entwickeln.

Die Welle zwischen Getriebe und Arbeitsmaschine kann man wegen ihrer Länge nicht als mechanisch starr ansehen. Sie wird daher als Drehfeder mit der Torsionssteifigkeit c_W und der Dämpfungskonstanten d_W modelliert (Voigt-Kelvin-Modell). Ihre träge Masse ist vernachlässigbar. Vernachlässigbar klein sei auch die Elastizität des Getriebes und der kurzen Welle zwischen Motor und Getriebe. Die Trägheitsmomente des Motors und des Getriebes kann man deshalb zusammenfassen, sodass sich als Modell ein elastisch gekoppeltes Zweimassensystem ergibt, das unter den genannten Annahmen drei Energiespeicher umfasst (Abb. 5.9):

1. die träge Masse von Motor/Getriebe (kinetische Energie),
2. die elastische Welle (potentielle Energie),
3. die träge Masse der Arbeitsmaschine (kinetische Energie).

In der Zustandsform wird das Modell daher durch ein Differentialgleichungssystem 3. Ordnung repräsentiert.

Das über die Welle übertragene Moment M_W verdreht diese um den Winkel $\varphi = \varphi_G - \varphi_L$. Es setzt sich aus den Übertragungsmomenten durch die Feder (M_c) und durch die

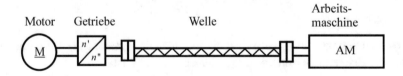

Abb. 5.8   Schematische Darstellung des Zweimassensystems

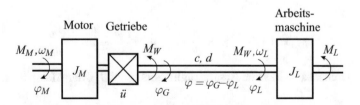

Abb. 5.9   Größen am System Motor – Welle – Arbeitsmaschine

Dämpfung (M_d) zusammen. Bei Verwendung des schon erwähnten Voigt-Kelvin-Modells ist

$$M_W = M_c + M_d = c \cdot \varphi + d \cdot \dot{\varphi}$$

Über das Getriebe wirkt MW auf der Motorseite als M'_W.

$$M'_W = \frac{M_W}{\ddot{u}} \qquad \ddot{u} = \frac{n_M}{n_G} = \frac{\omega_M}{\omega_G} \qquad \text{Übersetzungsverhältnis des Getriebes}$$

Die Differenz zwischen dem Motormoment M_M und M'_W beschleunigt die trägen Massen von Motor und Getriebe gemäß Gl. (5.34).

$$J_M \frac{d\omega_M}{dt} = M_M - M'_W = M_M - \frac{M_W}{\ddot{u}} = M_M - \frac{c \cdot \varphi + d \cdot \dot{\varphi}}{\ddot{u}}$$

Analog dazu wirkt auf J_L das Beschleunigungsmoment $M_W - M_L$:

$$J_L \frac{d\omega_L}{dt} = M_W - M_L = c \cdot \varphi + d \cdot \dot{\varphi} - M_L$$

Neben diesen beiden Differentialgleichungen 1. Ordnung wird für ein System 3. Ordnung noch eine weitere benötigt. Für die in der Welle gespeicherte potentielle Energie ist die Winkeldifferenz $\varphi = \varphi_G - \varphi_L$ charakteristisch. Es wird daher zusätzlich φ als Zustandsgröße eingeführt.

$$\varphi = \varphi_G - \varphi_L$$
$$\dot{\varphi} = \dot{\varphi}_G - \dot{\varphi}_L = \omega_G - \omega_L = \tfrac{\omega_M}{\ddot{u}} - \omega_L$$

Aus den beschriebenen Beziehungen folgt das Modell des Zweimassensystems:

$$DG1: \quad \dot{\omega}_M = \frac{1}{J_M} \left(M_M - \frac{c}{\ddot{u}} \varphi - \frac{d}{\ddot{u}} \left(\frac{\omega_M}{\ddot{u}} - \omega_L \right) \right) \qquad (5.46)$$

$$DG2: \quad \dot{\omega}_L = \frac{1}{J_L} \left(c \cdot \varphi + d \cdot \left(\frac{\omega_M}{\ddot{u}} - \omega_L \right) - M_L \right) \qquad (5.47)$$

$$DG3: \quad \dot{\varphi} = \frac{\omega_M}{\ddot{u}} - \omega_L \qquad (5.48)$$

Zum vollständigen Modell des in Abb. 5.8 gezeigten Antriebssystems gehören auch die Gleichungen, die das Verhalten des Antriebsmotors beschreiben. Im Kap. 9 wird das Beispiel wieder aufgegriffen und weitergeführt.

Ausgehend vom Differentialgleichungssystem Gl. (5.46–5.48) sollen nun die Zustandsform des Modells des Zweimassensystems bestimmt, die Eigenwerte der Systemmatrix **A** berechnet und die Steuerbarkeit des Systems kontrolliert werden. Diese Aufgaben sind mithilfe der Pakete **DynamicSystems** (siehe Abschn. 3.5) und **Linear Algebra** leicht zu lösen.

```
> DG1:= diff(omega[M](t),t)=1/J[M]*(M[M](t)-c/ü*phi(t)-
        d/ü*(omega[M](t)/ü-omega[L](t)));
```

$$DG1 := \frac{d}{dt}\,\omega_M(t) = \frac{M_M(t) - \dfrac{c\,\phi(t)}{ü} - \dfrac{d\left(\dfrac{\omega_M(t)}{ü} - \omega_L(t)\right)}{ü}}{J_M}$$

```
> DG2:= diff(omega[L](t),t)=1/J[L]*(c*phi(t)+d*(omega[M](t)/ü -
        omega[L](t))-M[L](t));
```

$$DG2 := \frac{d}{dt}\,\omega_L(t) = \frac{c\,\phi(t) + d\left(\dfrac{\omega_M(t)}{ü} - \omega_L(t)\right) - M_L(t)}{J_L}$$

```
> DG3:= diff(phi(t),t)=omega[M](t)/ü-omega[L](t);
```

$$DG3 := \frac{d}{dt}\,\phi(t) = \frac{\omega_M(t)}{ü} - \omega_L(t)$$

Mithilfe von **DynamicSystems** wird die Zustandsform des Modells bzw. ein State-Space-Objekt gewonnen und aus diesem die Systemmatrix **A** exportiert.

```
> with(DynamicSystems):
> ssDGsys:= StateSpace([DG1,DG2,DG3], inputvariable=[M[M],M[L]],
            outputvariable=[omega[M],omega[L],phi]):
> PrintSystem(ssDGsys);
```

$$\begin{array}{c}
\textbf{State Space}\\[4pt]
\text{continuous}\\[4pt]
3\ \text{output(s)};\ 2\ \text{input(s)};\ 3\ \text{state(s)}\\[4pt]
\text{inputvariable} = \left[M_M(t),\, M_L(t) \right]\\[4pt]
\text{outputvariable} = \left[\omega_M(t),\, \omega_L(t),\, \phi(t) \right]\\[4pt]
\text{statevariable} = \left[x1(t),\, x2(t),\, x3(t) \right]
\end{array}$$

$$a = \begin{bmatrix}
-\dfrac{d}{J_L} & \dfrac{d}{J_L\,\ddot{u}} & \dfrac{c}{J_L}\\[12pt]
\dfrac{d}{J_M\,\ddot{u}} & -\dfrac{d}{J_M\,\ddot{u}^2} & -\dfrac{c}{J_M\,\ddot{u}}\\[12pt]
-1 & \dfrac{1}{\ddot{u}} & 0
\end{bmatrix}$$

$$b = \begin{bmatrix}
0 & -\dfrac{1}{J_L}\\[10pt]
\dfrac{1}{J_M} & 0\\[10pt]
0 & 0
\end{bmatrix}$$

$$c = \begin{bmatrix}
0 & 1 & 0\\
1 & 0 & 0\\
0 & 0 & 1
\end{bmatrix}$$

$$d = \begin{bmatrix}
0 & 0\\
0 & 0\\
0 & 0
\end{bmatrix}$$

Ausgabe der Namen Variablen, die exportiert werden können:

```
> exports(ssDGsys);
```

  a, b, c, d, inputcount, outputcount, statecount, sampletime, discrete, systemname,
  inputvariable, outputvariable, statevariable, systemtype, ModulePrint

Export der Systemmatrix **A**:

```
> A:= ssDGsys:-a:
> eigenwerte:= LinearAlgebra[Eigenvalues](A);
```

eigenwerte :=

$$
\begin{bmatrix}
0 \\[2mm]
\dfrac{1}{2}\ \dfrac{-d\,J_L - d\,J_M\,\ddot{u}^2 + \sqrt{d^2\,J_L^2 + 2\,d^2\,J_L\,J_M\,\ddot{u}^2 + d^2\,J_M^2\,\ddot{u}^4 - 4\,J_M\,\ddot{u}^2\,J_L^2\,c - 4\,J_M^2\,\ddot{u}^4\,J_L\,c}}{J_M\,\ddot{u}^2\,J_L} \\[5mm]
-\dfrac{1}{2}\ \dfrac{d\,J_L + d\,J_M\,\ddot{u}^2 + \sqrt{d^2\,J_L^2 + 2\,d^2\,J_L\,J_M\,\ddot{u}^2 + d^2\,J_M^2\,\ddot{u}^4 - 4\,J_M\,\ddot{u}^2\,J_L^2\,c - 4\,J_M^2\,\ddot{u}^4\,J_L\,c}}{J_M\,\ddot{u}^2\,J_L}
\end{bmatrix}
$$

Aus dem Vergleich dieser Lösung mit der allgemeinen Form der Eigenwerte eines Schwingungssystems

$$
\lambda_{1,2} = -\delta \pm i \cdot \sqrt{\omega_0^2 - \delta^2}
$$

ergeben sich für die Kreisfrequenz ω_0 der ungedämpften Schwingung (Kennkreisfrequenz) und für den Abklingkoeffizienten δ die folgenden Beziehungen:

$$
\omega_0 = \sqrt{\frac{c\left(J_L + J_M \cdot \ddot{u}^2\right)}{J_L \cdot J_M \cdot \ddot{u}^2}} \qquad \delta = \frac{d}{2} \cdot \frac{J_L + J_M \cdot \ddot{u}^2}{J_L \cdot J_M \cdot \ddot{u}^2} \tag{5.49}
$$

Für vorgegebene Parameterwerte werden nun noch die konkreten Eigenwerte des Systems ohne und mit Dämpfung berechnet und ausgewertet.

$$
c = 41.200\,\text{N m},\ d = 0,\ JM = 2\,\text{kg m}^2,\ JL = 1\,\text{kg m}^2,\ \ddot{u} = 1
$$

```
> eval(eigenwerte, [c=4.12e+4, d=0, J[M]=2, J[L]=1, ü=1]);
```

$$\begin{bmatrix} 0 \\ 248.5961\ I \\ -248.5961\ I \end{bmatrix}$$

Die Eigenkreisfrequenz des Systems ohne Dämpfung beträgt demnach 248,596 Hz.

```
> eval(eigenwerte, [c=4.12e+4, d=4, J[M]=2, J[L]=1, ü=1]);
```

$$\begin{bmatrix} 0 \\ -3.0000 + 248.5780\ I \\ -3.0000 - 248.5780\ I \end{bmatrix}$$

Mit Dämpfung (d = 4) hat das Zweimassensystem die Eigenkreisfrequenz 248,578 Hz und den Abklingkoeffizienten $\delta = 3$.

Aus dem mit **DynamicSystems** gebildeten StateSpace-Objekt werden nun noch die Matrix **C** sowie die Vektoren der Zustands- und Ausgangsvariablen exportiert und damit die Ausgangsgleichung berechnet.

```
> C:= ssDGsys:-c:
> xx:= ssDGsys:-statevariable;
```

$$xx := \left[\, x1(t), x2(t), x3(t) \,\right]$$

```
> x:= Vector(xx):    y:= Vector(ssDGsys:-outputvariable):
> AG:= y = C.x;  # Ausgangsgleichung
```

$$AG := \begin{bmatrix} \omega_M(t) \\ \omega_L(t) \\ \phi(t) \end{bmatrix} = \begin{bmatrix} x2(t) \\ x1(t) \\ x3(t) \end{bmatrix}$$

Die ausgewertete Ausgangsgleichung liefert folgenden Zusammenhang zwischen Zustands- und Ausgangsvariablen: $x_1 = \omega_L$, $x_2 = \omega_M$ und $x_3 = \varphi$. Abschließend werden die Übertragungsfunktionen des Zweimassensystems bestimmt. Auch diese Aufgabe kann man mithilfe von **DynamicSystems** ohne Schwierigkeiten lösen.

```
> tfDGsys:= TransferFunction([DG1,DG2,DG3], inputvariable=[M[M],
          M[L]], outputvariable=[omega[M], omega[L],phi]):
> PrintSystem(tfDGsys);
```

Transfer Function

continuous

3 output(s); 2 input(s)

$$\text{inputvariable} = \left[M_M(s), M_L(s) \right]$$

$$\text{outputvariable} = \left[\omega_M(s), \omega_L(s), \phi(s) \right]$$

$$\text{tf}_{1,1} = \frac{\ddot{u}^2 J_L s^2 + \ddot{u}^2 d s + \ddot{u}^2 c}{J_M \ddot{u}^2 J_L s^3 + \left(d J_L + d J_M \ddot{u}^2 \right) s^2 + \left(c J_L + c J_M \ddot{u}^2 \right) s}$$

$$\text{tf}_{2,1} = \frac{\ddot{u} d s + c \ddot{u}}{J_M \ddot{u}^2 J_L s^3 + \left(d J_L + d J_M \ddot{u}^2 \right) s^2 + \left(c J_L + c J_M \ddot{u}^2 \right) s}$$

$$\text{tf}_{3,1} = \frac{J_L \ddot{u}}{\ddot{u}^2 J_M J_L s^2 + \left(d J_L + d J_M \ddot{u}^2 \right) s + c J_L + c J_M \ddot{u}^2}$$

$$\text{tf}_{1,2} = \frac{-\ddot{u} d s - c \ddot{u}}{J_M \ddot{u}^2 J_L s^3 + \left(d J_L + d J_M \ddot{u}^2 \right) s^2 + \left(c J_L + c J_M \ddot{u}^2 \right) s}$$

$$\text{tf}_{2,2} = \frac{-\ddot{u}^2 J_M s^2 - d s - c}{J_M \ddot{u}^2 J_L s^3 + \left(d J_L + d J_M \ddot{u}^2 \right) s^2 + \left(c J_L + c J_M \ddot{u}^2 \right) s}$$

$$\text{tf}_{3,2} = \frac{J_M \ddot{u}^2}{\ddot{u}^2 J_M J_L s^2 + \left(d J_L + d J_M \ddot{u}^2 \right) s + c J_L + c J_M \ddot{u}^2}$$

In der Maple-Ausgabe bezeichnet $tf_{i,k}$ die Übertragungsfunktion (transfer function) für die i-te Ausgangsgröße und die k-te Eingangsgröße gemäß der Reihenfolge der Elemente von *inputvariable* und *outputvariable*.

5.4 Lagrangesche Bewegungsgleichungen 2. Art

Das Aufstellen der Bewegungsgleichungen eines mechanischen Systems lässt sich häufig vereinfachen, wenn man dafür spezielle Koordinaten verwendet. Beispielsweise benötigt man zwei kartesische Koordinaten für die Beschreibung der Lage eines ebenen mathematischen Pendels. Der Umstand, dass der pendelnde Massepunkt nur die durch die Pendellänge r vorgegebenen Punkte in der Ebene erreichen kann, wird dabei durch die Bindungsgleichung $x^2 + y^2 = r^2$ berücksichtigt. Diese Gleichung führt also zu einer Verknüpfung der beiden kartesischen Koordinaten – sie sind nicht voneinander unabhängig.

Lagrangesche Bewegungsgleichungen[3] benutzen für die Lagebeschreibung Koordinaten, die voneinander unabhängig sind. Man bezeichnet diese als **verallgemeinerte** oder **generalisierte Koordinaten** q_i. Sinngemäß heißen die Ableitungen der Koordinaten q_i nach der Zeit verallgemeinerte oder generalisierte Geschwindigkeiten $\dot{q}_i$. Beispielsweise kann man beim oben genannten Pendel als verallgemeinerte Koordinate den Auslenkungswinkel φ und als verallgemeinerte Geschwindigkeit die Winkelgeschwindigkeit ω festlegen.

Hat ein System f Freiheitsgrade, so gibt es f voneinander unabhängige Koordinaten q_i (generalisierte Koordinaten), die den jeweiligen Zustand des Systems vollständig beschreiben.

Die Zahl der Freiheitsgrade eines Systems gibt an, wie viele voneinander unabhängige Bewegungen die Elemente, die das System bilden, ausführen können. Ein aus n Elementen bestehendes System, in dem r kinematische Bindungen existieren, hat bei Bewegungen in einer Ebene $f = 2n\text{-}r$ Freiheitsgrade, bei Bewegungen im Raum gilt $f = 3n\text{-}r$.

Lagrangesche Bewegungsgleichungen 2. Art haben die allgemeine Form

$$\boxed{\begin{aligned} &\frac{d}{dt}\left(\frac{\partial L}{\partial \dot{q}_i}\right) - \frac{\partial L}{\partial q_i} = Q_i^*; \quad i = 1, 2, \ldots, f \\ &L = E_{kin} - E_{pot} \qquad \text{Lagrangesche Funktion} \end{aligned}}$$

(5.50)

E_{kin}…kinetische Energie, E_{pot}…potentielle Energie
Q_i^*… Summe der potentialfreien Kräfte in Richtung q_i
Durch Einsetzen von $L = E_{kin} - E_{pot}$ kommt man auf

$$\frac{d}{dt}\left(\frac{\partial E_{kin}}{\partial \dot{q}_i}\right) - \frac{\partial E_{kin}}{\partial q_i} + \frac{\partial E_{pot}}{\partial q_i} = Q_i^*; \quad i = 1, 2, \ldots, f \qquad (5.51)$$

Potentialfreie Kräfte sind von außen einwirkende Kräfte sowie Reibungs- und Dämpfungskräfte. Wie schon das Beispiel „Pendel" zeigte, haben die verallgemeinerten Koordinaten nicht notwendigerweise die Dimension der Länge. Das Produkt von $q_i \cdot Qi^*$ muss aber stets die Dimension der Arbeit haben. Wenn also im Falle der Rotation als Lagekoordinate qi ein Winkel (Dimension rad) gewählt wird, dann können als potentialfreie „Kräfte" Qi^* nur Drehmomente (Dimension Nm) vorkommen. Die Herleitung der Lagrangeschen Bewegungsgleichungen wird in (Gross 2006) beschrieben.

Der Vorteil dieser schematischen, allein von Energien ausgehenden Vorgehensweise, den der Modellierungsansatz über die Lagrangeschen Bewegungsgleichungen

---

[3]Joseph Louis de Lagrange, geb. 1736 in Turin, gest. 1813 in Paris. Mathematiker, Physiker und Astronom, Begründer der analytischen Mechanik. 1766–1786 Direktor der Preußischen Akademie der Wissenschaften.

Abb. 5.10   Verladebrücke

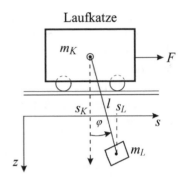

im Vergleich zum Ansatz nach Newton bei komplexen Systemen besitzt, geht selbstverständlich verloren, wenn man an den Kräften interessiert ist. Bei einfachen mechanischen Problemen ist es daher oft sinnvoll, den Newtonschen Ansatz vorzuziehen, weil „er intuitiv und analytisch leichter fassbar ist und so das Verständnis des Problems erleichtert" (Fowkes und Mahony 1996).

Beispiel: Verladebrücke[4]
Die Laufkatze einer Verladebrücke (Abb. 5.10) transportiert eine Last m_L. Die Laufkatze selbst hat die Masse m_K. Sie wird durch die Kraft F (t) angetrieben bzw. am Zielort durch diese Kraft gebremst.

Für die Untersuchung, wie sich verschiedene Zeitverläufe von Antriebs- und Bremskraft auf die Schwingungen der Last und die Bewegung der Laufkatze auswirken, soll ein mathematisches Modell des Systems entwickelt werden. Dabei sei die Annahme zulässig, dass die Seilmasse gegenüber der Masse der Last vernachlässigbar und dass die Seillänge l konstant ist.

Das System hat zwei Freiheitsgrade und wird daher durch zwei generalisierte Koordinaten vollständig beschrieben. Als Koordinaten werden gewählt

s_K ...die Position der Laufkatze
φ ... der Pendelwinkel der Last.

Die Ableitungen der generalisierten Koordinaten nach der Zeit sind

$$\dot{s}_K = v_K \qquad \dot{\varphi} = \omega.$$

---

[4]Das Beispiel „Verladebrücke" wird in der Literatur zur Regelungstechnik häufig verwendet (siehe u. a. Föllinger 1992; Schmidt 1980).

Dieser Ansatz führt auf zwei Lagrangesche Gleichungen mit der allgemeinen Form

$$\frac{d}{dt}\left(\frac{\partial L}{\partial \dot{s}_K}\right) - \frac{\partial L}{\partial s_K} = Q_{s_K}^* \rightarrow \frac{d}{dt}\left(\frac{\partial L}{\partial v_K}\right) - \frac{\partial L}{\partial s_K} = Q_{s_K}^*$$

$$\frac{d}{dt}\left(\frac{\partial L}{\partial \dot{\varphi}}\right) - \frac{\partial L}{\partial \varphi} = Q_\varphi^* \rightarrow \frac{d}{dt}\left(\frac{\partial L}{\partial \omega}\right) - \frac{\partial L}{\partial \varphi} = Q_\varphi^*$$

Die kinetische Energie des Systems setzt sich zusammen aus den kinetischen Energien der Laufkatze und der daran hängenden Last.

$$E_{kin} = \frac{m_K}{2}v_K^2 + \frac{m_L}{2}v_{Lr}^2$$

v_K ... Geschwindigkeit der Laufkatze

v_{Lr}... Geschwindigkeit der Last, resultierend aus Bewegung in s- und in z-Richtung

Die potentielle Energie der Last infolge der Bewegung in z-Richtung bei Auslenkung um den Winkel φ ist

$$E_{pot} = m_L \cdot g(1 - \cos\varphi) \cdot l$$

Die[5] potentialfreien Kräfte sind in Richtung der Koordinate s_K

$$Q_{s_K}^* = F_A(t) - F_{Br}(t) = F(t)$$

und in Richtung der Koordinate φ

$$Q_\varphi^* = 0$$

Auf die Last wirkende äußere Kräfte, wie beispielsweise die Luftreibung, werden also vernachlässigt. Die bei der Formulierung von E_{kin} benutzte Geschwindigkeit v_{Lr} wird nun mithilfe der allgemeinen Koordinaten s_K und φ bzw. deren Ableitungen nach der Zeit beschrieben. Aus den geometrischen Verhältnissen (Abb. 5.10) lassen sich folgende Gleichungen entwickeln:

$$v_{Lr} = \sqrt{v_{Ls}^2 + v_{Lz}^2}$$

---

[5]Der Bezugspunkt für die Angabe der potentiellen Energie kann beliebig gewählt werden, weil in die folgenden Rechnungen nur die Ableitung der potentiellen Energie, d. h. deren Änderung, eingeht. Es wäre daher auch folgender Ansatz möglich: $E_{pot} = -m_L \cdot g \cdot l \cdot \cos\varphi$.

Die Last legt in *s*- und in *z*-Richtung folgende Wege zurück:

$$s_L = s_K + l \cdot \sin\varphi \rightarrow \dot{s}_L = v_{Ls} = \dot{s}_K + l \cdot \cos(\varphi) \cdot \dot{\varphi} = v_K + l \cdot \cos(\varphi) \cdot \omega$$

$$z_L = l \cdot \cos\varphi - l \rightarrow \dot{z}_L = v_{Lz} = -l \cdot \sin(\varphi) \cdot \dot{\varphi} = -l \cdot \sin(\varphi) \cdot \omega$$

Die nächsten Rechnungen werden mit Unterstützung von Maple ausgeführt. Wegen der notwendigen partiellen Ableitungen der Lagrangeschen Funktion wird die Zeitabhängigkeit der Variablen anfangs nicht angegeben, sondern erst später eingeführt.

Kinetische und potentielle Energie:

```
> E[kin] := (1/2)*m[K]*v[K]^2+(1/2)*m[L]*v[L,r]^2;
```

$$E_{kin} := \frac{1}{2}\, m_K\, v_K^2 + \frac{1}{2}\, m_L\, v_{L,r}^2$$

```
> E[pot] := m[L]*g*l*(1-cos(phi));
```

$$E_{pot} := m_L\, g\, l\, \left(1 - \cos(\phi)\right)$$

Potentialfreie Kräfte:

```
> Q[sK] := F;   Q[phi] := 0;
```

$$Q_{sK} := F$$

$$Q_{\phi} := 0$$

Ersetzen der resultierenden Geschwindigkeit v_{Lr} der Last unter Verwendung der generalisierten Koordinaten.

```
> v[Lr]:=sqrt(v[L,s]^2+v[L,z]^2);
```

$$v_{L,r} := \sqrt{v_{L,s}^2 + v_{L,z}^2}$$

```
> v[Ls]:= v[K]+l*cos(phi)*omega;
```

$$v_{Ls} := v_K + l\cos(\phi)\,\omega$$

```
> v[Lz]:= -l*sin(phi)*omega;
```

$$v_{Lz} := -l \sin(\phi)\, \omega$$

Bildung der Lagrangeschen Funktion:

```
> LF(t):= E[kin]-E[pot];
```

$$LF(t) := \frac{1}{2} m_K v_K^2 + \frac{1}{2} m_L \left(\left(v_K + l \cos(\phi)\, \omega \right)^2 + l^2 \sin(\phi)^2 \, \omega^2 \right)$$
$$- m_L g l \left(1 - \cos(\phi) \right)$$

Aufstellen der Lagrangeschen Gleichungen:

Die in Gl. (5.51) in allgemeiner Form dargestellten Lagrangeschen Gleichungen werden nun für das System Verladebrücke formuliert. Zuerst sind die partiellen Ableitungen der Lagrangeschen Funktion LF nach den verallgemeinerten Koordinaten s_K bzw. φ und den verallgemeinerten Geschwindigkeiten v_K bzw. ω des Systems zu bilden. Dann müssen die Ableitungen nach den Geschwindigkeiten v_K und ω noch nach der Zeit t abgeleitet werden, nachdem die betreffenden Variablen mittels **subs** durch Variablen mit Abhängigkeit von der Zeit ersetzt worden sind. Die Ersetzungsgleichungen sind in der Variablen *sset* zusammengefasst.

```
> sset:= {s[K]=s[K](t), v[K]=diff(s[K](t),t),
          phi=phi(t), omega=diff(phi(t),t)};
```

$$sset := \left\{ \phi = \phi(t),\ \omega = \frac{\mathrm{d}}{\mathrm{d}t}\, \phi(t),\ s_K = s_K(t),\ v_K = \frac{\mathrm{d}}{\mathrm{d}t}\, s_K(t) \right\}$$

```
> DG1:= diff(subs(sset, diff(LF(t),v[K])), t) -
            subs(sset, diff (LF(t),s[K])) = Q[sK]:
> DG1:= simplify(DG1);
```

$$DG1 := \left(m_K + m_L \right) \left(\frac{\mathrm{d}^2}{\mathrm{d}t^2}\, s_K(t) \right) + l\, m_L \left(-\sin(\phi(t)) \left(\frac{\mathrm{d}}{\mathrm{d}t}\, \phi(t) \right)^2 + \left(\frac{\mathrm{d}^2}{\mathrm{d}t^2}\, \phi(t) \right) \cos(\phi(t)) \right) = F(t)$$

```
> DG2:= diff(subs (sset, diff(LF(t),omega)), t) -
           subs (sset, diff (LF(t),phi)) = 0:
> DG2:= simplify(DG2)/m[L]/l;
```

$$DG2 := l\left(\frac{\mathrm{d}^2}{\mathrm{d}t^2}\,\phi(t)\right) + \left(\frac{\mathrm{d}^2}{\mathrm{d}t^2}\,s_K(t)\right)\cos(\phi(t)) + g\sin(\phi(t)) = 0$$

Die beiden Differentialgleichungen DG1 und DG2 bilden das Modell des Systems Verladebrücke.

Meist kann man in der Praxis davon ausgehen, dass die Bewegung der Laufkatze durch Steuerung oder Regelung so beeinflusst wird, dass die Schwingungen der Last und damit |φ| nur kleine Werte annehmen. In diesem Fall sind folgende, in der Maple-Liste S zusammengefasste, Substitutionsgleichungen anwendbar:

```
> S:= [sin(phi(t))=phi(t), cos(phi(t))=1, (diff(phi(t), t))^2=0]:
```

Damit ergibt sich **das linearisierte Modell** *(DG1k, DG2k)* für kleine Lastausschläge:

```
> DG1k:= subs(S, DG1);  DG2k:= subs(S, DG2);
```

$$DG1k := \left(m_K + m_L\right)\left(\frac{\mathrm{d}^2}{\mathrm{d}t^2}\,s_K(t)\right) + l\,m_L\left(\frac{\mathrm{d}^2}{\mathrm{d}t^2}\,\phi(t)\right) = F(t)$$

$$DG2k := l\left(\frac{\mathrm{d}^2}{\mathrm{d}t^2}\,\phi(t)\right) + \frac{\mathrm{d}^2}{\mathrm{d}t^2}\,s_K(t) + g\,\phi(t) = 0$$

Oft wird das Modell in Zustandsform benötigt, d. h. in Form von Differentialgleichungen 1. Ordnung. Für diese Umformung werden die Substitutionsgleichungen *S1* bis *S4* formuliert:

```
> S1:= diff(s[K](t),t) = v[K](t);  S2 := diff(S1,t);
```

$$S1 := \frac{\mathrm{d}}{\mathrm{d}t}\,s_K(t) = v_K(t)$$

$$S2 := \frac{\mathrm{d}^2}{\mathrm{d}t^2}\,s_K(t) = \frac{\mathrm{d}}{\mathrm{d}t}\,v_K(t)$$

```
> S3:= diff(phi(t),t) = omega(t);  S4:= diff(S3,t);
```

$$S3 := \frac{\mathrm{d}}{\mathrm{d}t}\,\phi(t) = \omega(t)$$

$$S4 := \frac{\mathrm{d}^2}{\mathrm{d}t^2}\,\phi(t) = \frac{\mathrm{d}}{\mathrm{d}t}\,\omega(t)$$

```
> DG11:= subs([S2,S4], DG1k);  DG22:= subs([S2,S4], DG2k);
```

$$DG11 := \left(m_K + m_L\right)\left(\frac{\mathrm{d}}{\mathrm{d}t}\,v_K(t)\right) + l\,m_L\left(\frac{\mathrm{d}}{\mathrm{d}t}\,\omega(t)\right) = F(t)$$

$$DG22 := l\left(\frac{\mathrm{d}}{\mathrm{d}t}\,\omega(t)\right) + \frac{\mathrm{d}}{\mathrm{d}t}\,v_K(t) + g\,\phi(t) = 0$$

Es fehlt noch die Auflösung des Differentialgleichungssystems *(DG11, DG22)* nach den Ableitungen von $v_K(t)$ und $\omega(t)$; Beseitigung der algebraischen Schleife:

```
> Loe:= solve({DG11, DG22}, [diff(v[K](t), t), diff(omega(t), t)]);
```

$$Loe := \left[\left[\frac{\mathrm{d}}{\mathrm{d}t}\,v_K(t) = \frac{g\,\phi(t)\,m_L + F(t)}{m_K},\ \frac{\mathrm{d}}{\mathrm{d}t}\,\omega(t) = -\frac{g\,\phi(t)\,m_L + g\,\phi(t)\,m_K + F(t)}{l\,m_K}\right]\right]$$

```
> DG1z:= Loe[][1];
```

$$DG1z := \frac{\mathrm{d}}{\mathrm{d}t}\,v_K(t) = \frac{g\,\phi(t)\,m_L + F(t)}{m_K}$$

```
> DG2z:= Loe[][2];
```

$$DG2z := \frac{\mathrm{d}}{\mathrm{d}t}\,\omega(t) = -\frac{g\,\phi(t)\,m_L + g\,\phi(t)\,m_K + F(t)}{l\,m_K}$$

DG1z und *DG2z* bilden zusammen mit den Substitutionsgleichungen *S1* und *S3* das neue Modell mit den Zustandsvariablen s_K, v_K, φ und ω. Die Zustandsdifferentialgleichung in Matrizenform kann man daraus relativ leicht entwickeln. Alternativ dazu erhält man mithilfe des Befehls **StateSpace** des Pakets **DynamicSystems** die komplette Zustandsraumdarstellung in Matrizenform unmittelbar aus dem Gleichungssystem *(DG11, DG22, S1, S3)*.

```
> with(DynamicSystems):
> StateSpace([DG11,DG22,S1,S3], inputvariable=[F],
      outputvariable=[s[K],phi], statevariable=[s[K],v[K],phi,omega]):
> PrintSystem(%);
```

State Space

continuous

2 output(s); 1 input(s); 4 state(s)

inputvariable $= \begin{bmatrix} F(t) \end{bmatrix}$

outputvariable $= \begin{bmatrix} s_K(t), \phi(t) \end{bmatrix}$

statevariable $= \begin{bmatrix} s_K(t), v_K(t), \phi(t), \omega(t) \end{bmatrix}$

$$a = \begin{bmatrix} 0 & 1 & 0 & 0 \\ 0 & 0 & \dfrac{g\,m_L}{m_K} & 0 \\ 0 & 0 & 0 & 1 \\ 0 & 0 & -\dfrac{g\,m_K + g\,m_L}{l\,m_K} & 0 \end{bmatrix}$$

$$b = \begin{bmatrix} 0 \\ \dfrac{1}{m_K} \\ 0 \\ -\dfrac{1}{l\,m_K} \end{bmatrix}$$

$$c = \begin{bmatrix} 1 & 0 & 0 & 0 \\ 0 & 0 & 1 & 0 \end{bmatrix}$$

$$d = \begin{bmatrix} 0 \\ 0 \end{bmatrix}$$

Zustandsform mit der Ausgangsgröße s_L

Für die Position s_L der Last gilt unter Berücksichtigung der Linearisierung die Gleichung

```
> GSL:= s[L](t) = s[K](t) + l*phi(t);
```

$$GSL := s_L(t) = s_K(t) + l\,\phi(t)$$

Die Matrizen bzw. Vektoren für die Zustandsform mit s_L als Ausgangsgröße erhält man dann wie folgt:

```
> StateSpace([DG11, DG22, S1, S3, GSL], inputvariable=[F],
      outputvariable=[s[L]], statevariable=[s[K],v[K], phi,omega]):
> PrintSystem(%);
```

$$
\begin{bmatrix}
\textbf{State Space} \\
\text{continuous} \\
\text{1 output(s); 1 input(s); 4 state(s)} \\
\text{inputvariable} = [\,F(t)\,] \\
\text{outputvariable} = \big[\,s_L(t)\,\big] \\
\text{statevariable} = \big[\,s_K(t),\, v_K(t),\, \phi(t),\, \omega(t)\,\big] \\[2mm]
a = \begin{bmatrix}
0 & 1 & 0 & 0 \\
0 & 0 & \dfrac{g\,m_L}{m_K} & 0 \\
0 & 0 & 0 & 1 \\
0 & 0 & -\dfrac{g\,m_K + g\,m_L}{l\,m_K} & 0
\end{bmatrix} \\[2mm]
b = \begin{bmatrix}
0 \\
\dfrac{1}{m_K} \\
0 \\
-\dfrac{1}{l\,m_K}
\end{bmatrix} \\[2mm]
c = \begin{bmatrix} 1 & 0 & l & 0 \end{bmatrix} \\[2mm]
d = \begin{bmatrix} 0 \end{bmatrix}
\end{bmatrix}
$$

Beispiel: Antrieb der Laufkatze durch eine konstante Kraft F0

Zunächst wird das Verhalten des Systems unter der Einwirkung einer konstanten Antriebskraft analysiert, wobei auch Dämpfungseinflüsse vernachlässigt werden. Im Abschn. 9.1 wird das Beispiel nochmals aufgegriffen und durch Modelle des Antriebsmotors und der Bremseinrichtung ergänzt. Zugrunde gelegt wird das linearisierte Modell, bestehend aus den beiden Differentialgleichungen DG1k und DG2k.

```
> DG1k; DG2k;
```

$$\left(m_K + m_L \right) \left(\frac{\mathrm{d}^2}{\mathrm{d}t^2}\, s_K(t) \right) + l\, m_L \left(\frac{\mathrm{d}^2}{\mathrm{d}t^2}\, \phi(t) \right) = F(t)$$

$$l\left(\frac{\mathrm{d}^2}{\mathrm{d}t^2}\, \phi(t) \right) + \frac{\mathrm{d}^2}{\mathrm{d}t^2}\, s_K(t) + g\,\phi(t) = 0$$

Anfangsbedingungen:

```
> AnfBed:= {s[K](0)=0, D(s[K])(0)=0, phi(0)=0, D(phi)(0)=0};
```

$$AnfBed := \left\{ \phi(0) = 0,\, s_K(0) = 0,\, \mathrm{D}(\phi)(0) = 0,\, \mathrm{D}\!\left(s_K \right)(0) = 0 \right\}$$

Mit der Vorgabe F(t)=F0 als konstante Eingangsgröße wird nun ein modifiziertes Differentialgleichungssystem sysDG erzeugt und dessen Lösung berechnet.

```
> sysDG:= eval({DG1k,DG2k}, F(t)=F0);
```

$$sysDG := \left\{ \left(m_K + m_L \right) \left(\frac{\mathrm{d}^2}{\mathrm{d}t^2}\, s_K(t) \right) + l\, m_L \left(\frac{\mathrm{d}^2}{\mathrm{d}t^2}\, \phi(t) \right) = F0, \right.$$

$$\left. l\left(\frac{\mathrm{d}^2}{\mathrm{d}t^2}\, \phi(t) \right) + \frac{\mathrm{d}^2}{\mathrm{d}t^2}\, s_K(t) + g\,\phi(t) = 0 \right\}$$

```
> Loes:= dsolve(sysDG union AnfBed, [s[K](t),phi(t)], method=laplace)
          assuming(m[K]>0, m[L]>0, g>0, F0>0, l>0);
```

$$Loes := \left[\phi(t) = \frac{F0\left(\cos\left(\frac{\sqrt{\dfrac{\left(m_K + m_L \right) m_K\, g}{l}}\; t}{m_K} \right) - 1 \right)}{g\left(m_K + m_L \right)},\ s_K(t) \right.$$

$$= \frac{1}{2}\, F0\left(\frac{t^2}{m_K + m_L} + \frac{2\left(-\cos\left(\frac{\sqrt{\dfrac{\left(m_K + m_L \right) m_K\, g}{l}}\; t}{m_K} \right) + 1 \right) m_L\, l}{\left(m_K + m_L \right)^2 g} \right) \Bigg]$$

Nach Festlegung der Werte der Systemparameter wird eine spezielle Lösung berechnet. Es seien $m_K = 1000$ kg, $m_L = 4000$ kg, $g = 9{,}81$ m/s², $l = 10$ m und $F_0 = 1000$ N.

```
> param1:= [m[K]=1000, m[L]=4000, g=9.81, l=10, F0=1000];
```

$$param1 := \left[m_K = 1000, \, m_L = 4000, \, g = 9.81, \, l = 10, \, F0 = 1000 \right]$$

```
> interface(displayprecision=4):
> Loes1:= subs(param1, Loes);
```

$$Loes1 := \left\{ \phi(t) = 0.0204 \cos(2.2147\,t) - 0.0204, \, s_K(t) = \frac{1}{10}\,t^2 - 0.1631 \cos(2.2147\,t) + 0.1631 \right\}$$

Die Teillösungen für $\varphi(t)$ und sK(t) werden im Hinblick auf die folgende Weiterverarbeitung neuen Variablen zugewiesen.

```
> sK1:= subs(Loes1, s[K](t)); phi1:= subs(Loes1, phi(t));
```

$$sK1 := \frac{1}{10}\,t^2 - 0.1631 \cos(2.2147\,t) + 0.1631$$

$$\phi1 := 0.0204 \cos(2.2147\,t) - 0.0204$$

Wie die Lösung Loes zeigt, sind die Amplitude des Lastwinkels ϕ und der zurückgelegte Weg s_K proportional zur antreibenden Kraft F. Der Wert der Kosinusfunktion liegt im Bereich $-1...1$, d. h. der Lastwinkel wird niemals positiv. Der betragsgrößte Lastwinkel hat den Wert

```
> A:= -2*F0/(g*(m[K]+m[L]));
```

$$A := -\frac{2\,F0}{g\left(m_K + m_L\right)}$$

Betragsgrößter Lastwinkel im Gradmaß:

```
> A2:= evalf(subs(param1, A*180/Pi));
```

$$A2 := -2.336219348$$

Grafische Darstellung der Ergebnisse. Der Lastwinkel wird ins Gradmaß umgerechnet.

```
> setoptions(gridlines=true, titlefont=[HELVETICA,BOLD,12],
                              labelfont=[HELVETICA,12]):
> setcolors(["Blue","Black"]):
> p1:=plot(sK1, t=0..15, title="Weg der Laufkatze in m",
          labels=["t/s","sK/m"]):
> p2:=plot(eval(phi1*180/Pi), t=0..15,
          title="Winkel der Last in Grad", labels=["t/s",phi/
Grad]):
> display(array([p1,p2]));
```

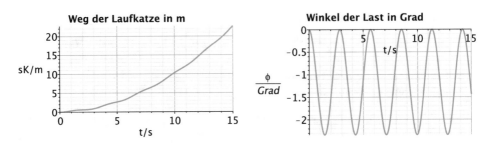

Im Weg-Zeit-Diagramm der Laufkatze sind die Rückwirkungen der Schwingungen der Last auf die Bewegung der Katze deutlich zu erkennen.

5.5   Torsionsschwingungen mit Übertragungsmatrizen berechnen

5.5.1   Grundlagen

Im Abschn. 5.3.5 wurde das Modell eines rotierenden Zweimassensystems entwickelt und aus der Lösung des Differentialgleichungssystems u. a. eine Formel für die Eigenkreisfrequenz des Zweimassensystems abgeleitet. Oft interessiert aber das Schwingungsverhalten eines rotierenden Systems lediglich im stationären, eingeschwungenen Zustand. Auch haben die Systeme nicht selten mehr als zwei Drehmassen. In einem solchen Fall ist die Methode der Übertragungsmatrizen für die Berechnung der Eigenkreisfrequenzen gut geeignet. Sie wird am Beispiel des im Abb. 5.11 gezeigten Rotationssystems, bestehend aus drei Drehmassen (Scheiben) S_i mit den Trägheitsmomenten J_{Si}, die durch zwei als masselos angenommene Wellen mit den Federkonstanten c_{Wi} verbunden sind, beschrieben (Göldner und Sähn 1967; Holzweißig und Dresig 1994).

Die Methode der Übertragungsmatrizen beruht auf der Aufteilung des Gesamtsystems in Segmente (oft auch Felder genannt). Die Schnittstellen zwischen den k Segmenten werden durch die dort wirkenden Zustandsgrößen, im vorlegenden Beispiel Drehwinkel φ und Moment M, beschrieben. Den Zusammenhang zwischen den Zustandsgrößen am rechten und am linken Rand eines Segments liefert eine Matrix (Übertragungsmatrix), die für jedes Segment aus Gleichgewichtsbeziehungen und kinematischen Zwangsbedingungen bestimmt werden kann. In Abb. 5.12 ist das segmentierte System mit den Zustandsgrößen dargestellt. Die Indizes der Trägheitsmomente und der Federkonstanten sind darin der Bezeichnung der Segmente angepasst.

Für die Drehmasse (Scheibe) des Segments k in Abb. 5.12 gilt

$$\varphi_k = \varphi_{k-1} \tag{5.52}$$

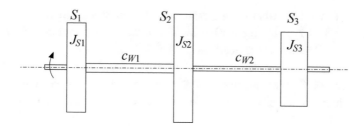

Abb. 5.11 Rotierendes System mit drei Massen

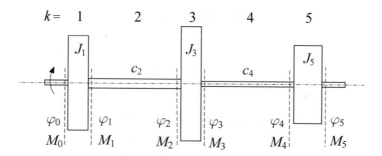

Abb. 5.12 Schnittstellen und Segmente des Rotationssystems

Der Drehwinkel φ wird in der Wirkungsrichtung des Momentes M auf der linken Seite einer Scheibe als positiv angenommen. Damit ist

$$M_{k-1} - M_k - J_k \cdot \ddot{\varphi} = 0 \tag{5.53}$$

Für die ungedämpfte Eigenschwingung ist bekanntlich

$$\varphi = A \cdot e^{j\omega \cdot t}; \qquad \ddot{\varphi} = -A \cdot \omega^2 \cdot e^{j\omega \cdot t} = -\omega^2 \cdot \varphi \tag{5.54}$$

Gl. (5.52) und (5.54) in (5.53) eingesetzt liefert

$$M_k = M_{k-1} + J_k \cdot \omega^2 \cdot \varphi_{k-1} \tag{5.55}$$

Die Gl. (5.52) und (5.55) beschreiben die Zustandsgrößen rechts von der Drehmasse im Segment k mithilfe der Zustandsgrößen links von ihr. Der Übergang zur Matrizendarstellung führt zu den Gl. (5.56) und (5.57).

$$\begin{pmatrix} \varphi_k \\ M_k \end{pmatrix} = \begin{pmatrix} 1 & 0 \\ J_k \cdot \omega^2 & 1 \end{pmatrix} \cdot \begin{pmatrix} \varphi_{k-1} \\ M_{k-1} \end{pmatrix} \tag{5.56}$$

bzw. in Kurzschreibweise

$$\mathbf{z}_k = \mathbf{T}_{\mathrm{M},k} \cdot \mathbf{z}_{k-1} \qquad \text{mit}$$
$$\mathbf{z}_k = \begin{pmatrix} \varphi_k \\ M_k \end{pmatrix} \qquad \mathbf{T}_{\mathrm{M},k} = \begin{pmatrix} 1 & 0 \\ J_k \cdot \omega^2 & 1 \end{pmatrix} \tag{5.57}$$

Die Matrix $\mathbf{T}_{\mathrm{M},k}$ wird als Übertragungsmatrix der Drehmasse im Segment k bezeichnet. Die Vektoren $\mathbf{z}_k$ und $\mathbf{z}_{k-1}$ sind die Zustandsvektoren der rechten und der linken Seite der Drehmasse oder allgemeiner des Segments k (Abb. 5.12).

Die Beziehung zwischen den Zustandsgrößen auf der linken und der rechten Seite einer Torsionsfeder (Welle) mit der Federkonstanten c_i lässt sich ebenfalls durch eine Matrizengleichung beschreiben. Für jede masselose Welle des Segments k gilt das Momentengleichgewicht

$$M_k = M_{k-1} \tag{5.58}$$

und

$$M_{k-1} = c_k(\varphi_{k-1} - \varphi_k) \tag{5.59}$$

$$\varphi_k = \varphi_{k-1} - \frac{M_{k-1}}{c_k} \tag{5.60}$$

Aus Gl. (5.58) und (5.60) folgt daher für die Torsionsfeder

$$\begin{pmatrix} \varphi_k \\ M_k \end{pmatrix} = \begin{pmatrix} 1 & -1/c_k \\ 0 & 1 \end{pmatrix} \cdot \begin{pmatrix} \varphi_{k-1} \\ M_{k-1} \end{pmatrix} \tag{5.61}$$

bzw. in Kurzschreibweise

$$\mathbf{z}_k = \mathbf{T}_{\mathrm{F},k} \cdot \mathbf{z}_{k-1} \quad \text{mit}$$
$$\mathbf{z}_k = \begin{pmatrix} \varphi_k \\ M_k \end{pmatrix} \quad \mathbf{T}_{\mathrm{F},k} = \begin{pmatrix} 1 & -1/c_k \\ 0 & 1 \end{pmatrix} \tag{5.62}$$

Ein Schwingungssystem gemäß Abb. 5.12 kann man nun stufenweise wie folgt berechnen:

$$\mathbf{z}_0 \to \mathbf{z}_1 := \mathbf{T}_1 \cdot \mathbf{z}_0 \to \mathbf{z}_2 := \mathbf{T}_2 \cdot \mathbf{z}_1 \to \mathbf{z}_3 := \mathbf{T}_3 \cdot \mathbf{z}_2 \to \mathbf{z}_4 := \mathbf{T}_4 \cdot \mathbf{z}_3 \to \mathbf{z}_5 := \mathbf{T}_5 \cdot \mathbf{z}_4$$

Die Randbedingungen $\mathbf{z}_0$ bzw. $\mathbf{z}_5$ sind durch die konkreten Bedingungen vorgegeben. Für das in Abb. 5.12 gezeigte Beispiel sind die Elemente des Zustandsvektors $\mathbf{z}_0$ folgendermaßen definiert: $M_0 = 0$; φ_0 unbekannt.

Der beschriebene Algorithmus wird nun auf das in Abb. 5.12 dargestellte Beispiel angewendet.

```
> interface(displayprecision=3):
```

Notierung der Übertragungsmatrizen T_k:

```
> T[1]:= Matrix([[1,0],[J[1]*omega^2, 1]]);
```

$$T_1 := \begin{bmatrix} 1 & 0 \\ J_1\,\omega^2 & 1 \end{bmatrix}$$

```
> T[2]:= Matrix([[1, -1/c[2]],[0, 1]]);
```

$$T_2 := \begin{bmatrix} 1 & -\dfrac{1}{c_2} \\ 0 & 1 \end{bmatrix}$$

```
> T[3]:= Matrix([[1,0],[J[3]*omega^2, 1]]):
> T[4]:= Matrix([[1, -1/c[4]],[0, 1]]):
> T[5]:= Matrix([[1,0],[J[5]*omega^2, 1]]):
```

Vorgabe der Bedingungen am linken Rand:

```
> M[0]:=0:
> z[0]:=Vector([phi[0], M[0]]):
```

5.5.2   Berechnung der Zustandsvektoren

Operationszeichen für die Multiplikation von zwei Matrizen oder von einer Matrix mit einem Vektor ist der Punkt. In der folgenden for-Schleife werden die Vektoren aller Zustandsgrößen des Schwingungssystems ermittelt.

```
> for k from 1 to 5 do
    z[k]:= T[k].z[k-1];
    end do;
```

$$z_1 := \begin{bmatrix} \phi_0 \\ J_1\,\omega^2\,\phi_0 \end{bmatrix}$$

$$z_2 := \begin{bmatrix} \phi_0 - \dfrac{J_1\,\omega^2\,\phi_0}{c_2} \\ J_1\,\omega^2\,\phi_0 \end{bmatrix}$$

$$z_3 := \left[\begin{array}{c} \phi_0 - \dfrac{J_1\,\omega^2\,\phi_0}{c_2} \\[4mm] J_3\,\omega^2 \left(\phi_0 - \dfrac{J_1\,\omega^2\,\phi_0}{c_2} \right) + J_1\,\omega^2\,\phi_0 \end{array} \right]$$

$$z_4 := \left[\begin{array}{c} \phi_0 - \dfrac{J_1\,\omega^2\,\phi_0}{c_2} - \dfrac{J_3\,\omega^2\left(\phi_0 - \dfrac{J_1\,\omega^2\,\phi_0}{c_2}\right) + J_1\,\omega^2\,\phi_0}{c_4} \\[6mm] J_3\,\omega^2\left(\phi_0 - \dfrac{J_1\,\omega^2\,\phi_0}{c_2}\right) + J_1\,\omega^2\,\phi_0 \end{array} \right]$$

$$z_5 := \left[\left[\phi_0 - \dfrac{J_1\,\omega^2\,\phi_0}{c_2} - \dfrac{J_3\,\omega^2\left(\phi_0 - \dfrac{J_1\,\omega^2\,\phi_0}{c_2}\right) + J_1\,\omega^2\,\phi_0}{c_4} \right], \right.$$
$$\left[J_5\,\omega^2\left(\phi_0 - \dfrac{J_1\,\omega^2\,\phi_0}{c_2} - \dfrac{J_3\,\omega^2\left(\phi_0 - \dfrac{J_1\,\omega^2\,\phi_0}{c_2}\right) + J_1\,\omega^2\,\phi_0}{c_4}\right) + J_3\,\omega^2\left(\phi_0 \right.\right.$$
$$\left.\left.\left. - \dfrac{J_1\,\omega^2\,\phi_0}{c_2}\right) + J_1\,\omega^2\,\phi_0 \right] \right]$$

Das Moment am rechten Rand des Schwingungssystems wird durch die 2. Komponente des zuletzt berechneten Zustandsvektors $z5 = z[5]$ beschrieben. Der folgende Befehl stellt dieses nach Potenzen von ω geordnet dar.

```
> M[5]:= collect(z[5][2], omega);
```

$$
M_5 := \frac{J_5\,J_3\,J_1\,\phi_0\,\omega^6}{c_4\,c_2} + \left(-\frac{J_3\,J_1\,\phi_0}{c_2} + J_5\left(-\frac{J_1\,\phi_0}{c_2} - \frac{J_3\,\phi_0 + J_1\,\phi_0}{c_4} \right) \right)\omega^4
$$
$$
+ \left(J_5\,\phi_0 + J_1\,\phi_0 + J_3\,\phi_0 \right)\omega^2
$$

5.5.3   Berechnung der Eigenkreisfrequenzen

Weil die rechte Seite der dritten Drehmasse (Segment 5) frei ist, muss das Moment M_5 gleich Null sein. Unter Verwendung der Bedingung $M_5 = z[5][2] = 0$ können daher die Eigenkreisfrequenzen berechnet werden. Um zu einigermaßen übersichtlichen Ausdrücken zu gelangen, werden zuerst die Quadrate der Eigenkreisfrequenzen bestimmt. Dazu wird ω^2 in M_5 durch die Variable *omq* ersetzt und dann die dadurch entstandene neue Gleichung *w* nach *omq* aufgelöst. Für die Substitution wird der Befehl **algsubs** (und nicht **subs**) verwendet, weil auch die Potenzen von ω^2 ersetzt werden sollen.

```
> w:= algsubs(omega^2=omq, M[5]);
```

$$
w := \frac{1}{c_4\,c_2}\Big(\phi_0\,omq\,\big(J_5\,J_3\,J_1\,omq^2 - omq\,J_3\,J_1\,c_4 - omq\,J_5\,J_1\,c_4 - omq\,J_5\,c_2\,J_3
$$
$$
- omq\,J_5\,c_2\,J_1 + c_4\,c_2\,J_5 + c_4\,c_2\,J_1 + c_4\,c_2\,J_3 \big) \Big)
$$

Quadrate der Eigenkreisfrequenzen:

```
> EWq:= solve(w, omq);
```

$$
EWq := 0,\ \frac{1}{2}\,\frac{1}{J_5\,J_3\,J_1}\Big(J_3\,J_1\,c_4 + J_5\,J_1\,c_4 + J_5\,c_2\,J_3 + J_5\,c_2\,J_1
$$
$$
+ \big(J_3^2\,J_1^2\,c_4^2 + 2\,J_3\,J_1^2\,c_4^2\,J_5 - 2\,J_3^2\,J_1\,c_4\,J_5\,c_2 - 2\,J_3\,J_1^2\,c_4\,J_5\,c_2 + J_5^2\,J_1^2\,c_4^2
$$
$$
- 2\,J_5^2\,J_1\,c_4\,c_2\,J_3 + 2\,J_5^2\,J_1^2\,c_4\,c_2 + J_5^2\,c_2^2\,J_3^2 + 2\,J_5^2\,c_2^2\,J_3\,J_1 + J_5^2\,c_2^2\,J_1^2 \big)^{1/2} \Big),
$$
$$
-\frac{1}{2}\,\frac{1}{J_5\,J_3\,J_1}\Big(-J_3\,J_1\,c_4 - J_5\,J_1\,c_4 - J_5\,c_2\,J_3 - J_5\,c_2\,J_1
$$
$$
+ \big(J_3^2\,J_1^2\,c_4^2 + 2\,J_3\,J_1^2\,c_4^2\,J_5 - 2\,J_3^2\,J_1\,c_4\,J_5\,c_2 - 2\,J_3\,J_1^2\,c_4\,J_5\,c_2 + J_5^2\,J_1^2\,c_4^2
$$
$$
- 2\,J_5^2\,J_1\,c_4\,c_2\,J_3 + 2\,J_5^2\,J_1^2\,c_4\,c_2 + J_5^2\,c_2^2\,J_3^2 + 2\,J_5^2\,c_2^2\,J_3\,J_1 + J_5^2\,c_2^2\,J_1^2 \big)^{1/2} \Big)
$$

Die gleiche Lösung erhält man, wenn im Befehl **solve** als erstes Argument der unveränderte Ausdruck z[5][2] und als zweites omega^2 angegeben wird, allerdings mit der Maple-Warnung, dass diese Notierungsform nicht zu empfehlen ist.

Warning, solving for expressions other than names or functions is not recommended.

Die Eigenkreisfrequenzen erhalten wir nun durch Berechnung der Quadratwurzeln aller Elemente der Lösungsfolge *EWq*. Zu diesem Zweck wird *EWq* als Liste notiert und der Befehl **map** benutzt. Dieser bewirkt, dass die Funktion **sqrt** auf alle Elemente der Liste [*EWq*] angewendet wird. Das Ergebnis ist dann die Liste *EW*.

```
> EW:=map(sqrt, [EWq]);
```

Das Ergebnis unterscheidet sich in der Darstellung von der für *EWq* nur dadurch, dass an die Ausdrücke für die Quadrate der Eigenkreisfrequenzen der Exponent 1/2 angehängt ist.

Die Alternative zur Angabe von *EWq* als Liste wäre die Angabe als Menge. In diesem Fall würde auch das Ergebnis *EW* als Menge erscheinen. Damit wäre aber der Nachteil verbunden, dass bei der nachfolgenden Auswertung die Reihenfolge der Elemente der Ergebnismenge nicht mehr mit der in *EW* übereinstimmen müsste. Beispielsweise wäre es dann möglich, dass der symbolische Ausdruck für die Grundschwingung in *EW* als 3. Komponente angegeben ist, der später daraus berechnete numerische Wert aber als 2. Komponente der Menge *EW3* erscheint.

Numerische Auswertung

Für das in Abb. 5.12 dargestellte Schwingungssystem seien folgende Parameterwerte bekannt:

$$J_1 = 1\,\mathrm{kg\,m^2},\ J_3 = 2\,\mathrm{kg\,m^2},\ J_5 = 1\,\mathrm{kg\,m^2},\ c_2 = 100\,\mathrm{N\,m/rad},\ c_4 = 200\,\mathrm{N\,m/rad}$$

```
> param3:=J[1]=1, J[3]=2, J[5]=1, c[2]=100, c[4]=200:
```

Mit dem Parametersatz *param3* liefert die Auswertung von *EW* folgende Werte für die Eigenkreisfrequenzen:

```
> EW3:= evalf(subs(param3, EW));
```

$$EW3 := [\,0.000,\ 18.113,\ 11.042\,]$$

Das System mit drei Drehmassen hat demnach drei Eigenfrequenzen, wenn $\omega_1 = 0$ mitgezählt wird (Dresig und Holzweißig 2009, S. 226). Im Folgenden interessieren jedoch nur die beiden Werte, die größer als Null sind. Der kleinere davon ist die Grundschwingung mit der Kreisfrequenz $\omega = 11{,}042\,\mathrm{s^{-1}}$, der größere die Oberschwingung mit $\omega = 18{,}113\,\mathrm{s^{-1}}$. Zur Vereinfachung zukünftiger Operationen mit Grund- und Oberschwingung werden die betreffenden Werte separaten Variablen zugewiesen.

```
> GS:=EW3[3]: OS:=EW3[2]:
```

5.5.4 Amplituden A_i und der Amplitudenverhältnisse der Drehmassen

Zur Ermittlung der Amplituden wird auf die 1. Komponenten der oben berechneten Zustandsvektoren zugegriffen.

Amplitude von Drehmasse S_1 ($k=1$):

```
> A1:= z[1][1];
```

$$A1 := \phi_0$$

Amplitude von Drehmasse S_2 ($k=3$):

```
> A2:= z[3][1];
```

$$A_2 := \phi_0 - \frac{J_1 \, \omega^2 \, \phi_0}{c_2}$$

Amplitude von Drehmasse S_3 ($k=5$):

```
> A3:= z[5][1];
```

$$A_3 := \phi_0 - \frac{J_1 \, \omega^2 \, \phi_0}{c_2} - \frac{J_3 \, \omega^2 \left(\phi_0 - \dfrac{J_1 \, \omega^2 \, \phi_0}{c_2} \right) + J_1 \, \omega^2 \, \phi_0}{c_4}$$

Daraus ergeben sich die symbolischen Ausdrücke für die Amplitudenverhältnisse v_i. Alle Amplituden werden auf $A_1 = \varphi_0$ bezogen.

```
> v[1]:= 1:
> v[2]:= simplify(A[2]/A[1]);
```

$$v_2 := -\frac{-c_2 + J_1 \, \omega^2}{c_2}$$

```
> v[3]:= simplify(A[3]/A[1]);
```

$$v_3 := \frac{c_4 \, c_2 - J_1 \, \omega^2 \, c_4 - \omega^2 \, c_2 \, J_3 + \omega^4 \, J_3 \, J_1 - \omega^2 \, c_2 \, J_1}{c_4 \, c_2}$$

Mithilfe des Befehls **collect** wird der Ausdruck für v[3] geordnet.

```
> v[3]:= collect(v[3], omega);
```

$$v_3 := 1 + \frac{J_3 J_1 \omega^4}{c_4 c_2} + \frac{\left(-J_1 c_4 - c_2 J_3 - c_2 J_1\right) \omega^2}{c_4 c_2}$$

5.5.5 Darstellung der Eigenschwingformen

Eigenschwingformen (Eigenformen) beschreiben die Form einer Schwingung bei einer bestimmten Eigenfrequenz. Sie ergeben sich durch Einsetzen der betreffenden Frequenz in die Ausdrücke für die Amplitudenverhältnisse. Die Eigenschwingformen sind bei der Bewertung des Einflusses von Parameteränderungen auf die Eigenfrequenzen und für die Analyse der Anregbarkeit erzwungener Schwingungen hilfreich (Dresig und Holzweißig 2009, S. 237).

Eigenschwingform der Grundschwingung:

```
> V1:= evalf(subs([param3,omega=GS], [v[1],v[2],v[3]]));
```

$$V1 := [\,1.000,\ -0.219,\ -0.562\,]$$

Eigenschwingform der Oberschwingung:

```
> V2:= evalf(subs([param3,omega=OS], [v[1],v[2],v[3]]));
```

$$V2 := [\,1.000,\ -2.281,\ 3.562\,]$$

Vorgabe der Positionen der Drehmassen für die grafische Darstellung der Eigenschwingformen:

```
> x:=[0, 1, 3]:
```

Grafische Darstellung der Eigenschwingformen der Grundschwingung (schwarz) und der Oberschwingung (rot):

```
> with(plots):
> multiple(plot,[x,V1,color=black],[x,V2, color=red],
          title="Eigenschwingformen \n von Grund- und Oberschwingung",
          titlefont=[HELVETICA,12], labels=["x","v"]);
```

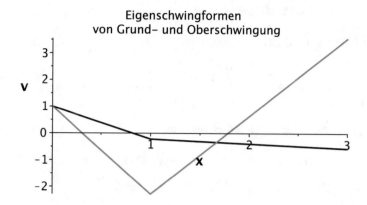

Die Nulldurchgänge der Kurven geben die Stellen der verbindenden Welle an, an denen keine Verdrehung durch die betreffende Schwingung auftritt (Schwingungsknoten). Für die Grundschwingung (schwarzer Kurvenzug) ist die Differenz der Amplitudenverhältnisse zwischen Drehmasse 1 (bei $x = 0$) und Drehmasse 2 (bei $x = 1$) wesentlich größer als zwischen Drehmasse 2 und Drehmasse 3 (bei $x = 3$). Die Federsteifigkeit c_1 hat demnach auf die Frequenz der Grundschwingung einen stärkeren Einfluss als c_2.

Der für die Erzeugung der obigen Graphik verwendete Befehl **multiple** des Pakets **plots** erzeugt Plot-Kombinationen. Er hat die allgemeine Form:

multiple(plotkommando, plotargs_1, …, plotargs_n, optionen).
Parameter:
plotkommando…Plot-Befehl von Maple
plotargs_i…   i-te Liste mit Argumenten für plotkommando

5.5.6 Ermittlung der Momente

Die Momente in den Wellenabschnitten sind die 2. Größen in den Zustandsvektoren $\mathbf{z}_k$.

Moment zwischen den Drehmassen S_1 und S_2:

```
> M1:= z[1][2];
```

$$M1 := J_1\, \omega^2\, \phi_0$$

Moment zwischen den Drehmassen S_2 und S_3:

```
> M2:= collect(z[3][2], omega);
```

$$M2 := -\frac{J_3\, J_1\, \phi_0\, \omega^4}{c_2} + \left(J_3\, \phi_0 + J_1\, \phi_0\right) \omega^2$$

Momentenamplituden für die Grundschwingung:

```
> evalf(subs([param3, omega=GS], [M1, M2]));
```

$$\left[121.922\, \phi_0,\, 68.466\, \phi_0 \right]$$

Momentenamplituden für die Oberschwingung:

```
> evalf(subs([param3, omega=OS], [M1, M2]));
```

$$\left[328.078\, \phi_0,\, -1168.466\, \phi_0 \right]$$

Ist Drehwinkel φ_0 bekannt, dann kann man die exakte Größe der Drehmomente berechnen.

5.5.7 Rotierende Systeme mit beliebiger Zahl von Drehmassen

Im Folgenden soll das Verfahren der Übertragungsmatrizen auf die Ermittlung der Eigenschwingungen eines Systems mit n Drehmassen, die durch masselos gedachte Wellen gekoppelt sind, angewendet werden. Dabei werden die Drehmassen S_i und die ihnen zugeordneten Trägheitsmomente J_{si} von links nach rechts fortlaufend nummeriert. Ebenso wird bei der Bezeichnung der Torsionsfedersteifigkeiten der masselosen Wellen c_{wi} verfahren.

Um die Rechnung für eine unterschiedliche Zahl n von gekoppelten Drehmassen einfach durchführen zu können, wird auf der Basis des oben beschriebenen Algorithmus eine Prozedur definiert.

```
> torsion:=proc(n, param)
   # n Anzahl der gekoppelten Drehmassen
   # param Liste der Gleichungen für die Parameter
   global z;
   local w, phi, M, i;
   phi[0]:=1; M[0]:=0;
   z[0]:=Vector([phi[0], M[0]]):
   for i from 1 to 2*n-1 do
     if is(i, odd)
       then z[i]:=Matrix([[1,0],[Js[(i+1)/2]*omega^2, 1]]).z[i-1];
```

```
      else z[i]:=Matrix([[1, -1/cw[i/2]],[0, 1]]).z[i-1];
      end if;
  end do:
  w:=subs(param, z[2*n-1][2]);
  fsolve(w=0, omega, 0.0001..infinity);
end proc:
```

Weil für größere Werte von n die Ergebnisse der symbolischen Rechnung sehr lang und unübersichtlich werden, wenn die einzelnen Drehmassen und Torsionsfedersteifigkeiten unterschiedlich sind, werden die Eigenkreisfrequenzen numerisch berechnet **(fsolve)**. Das erforderte die Vorgabe eines Zahlenwertes für φ_0. Die Variable z wurde als globale Variable vereinbart, damit sie auch nach Ausführung der Prozedur für die Verarbeitung zur Verfügung steht.

Beispiel: Rotierendes System mit 6 Drehmassen
Für die folgenden Rechnungen wird ein Parametersatz aus (Holzweißig und Dresig 1994) verwendet (Werte der Trägheitsmomente in kg m², Werte der Federsteifigkeiten in N m/rad). Das System besteht aus 6 Drehmassen, die durch 5 Wellen verbunden sind.

```
> param6:= [Js[1]=0.04611, Js[2]=0.0135, Js[3]=0.0135, Js[4]=0.0135,
            Js[5]=0.0135, Js[6]=0.3934, cw[1]=161900, cw[2]=760300,
            cw[3]=616100, cw[4]=760300, cw[5]=1108500]:
> EW6:= torsion(6, param6);
```

$$EW6 := 1416.530,\ 3833.351,\ 8024.333,\ 11950.998,\ 13894.724$$

Ermittlung der Amplitudenverhältnisse und der Eigenschwingformen:
Die symbolische Ausdrücke für die Amplituden A_1 bis A_3 stimmen unter Berücksichtigung von $\varphi_0 = 1$ mit den oben berechneten Werten überein. Wegen $A_1 = 1$ ist für die neu berechneten Werte das Amplitudenverhältnis $v_i = A_i$.

```
> for i from 1 to 6 do
    v[i] :=z[2*(i-1)][1];
    end do:
```

Auf die Angabe der Ergebnisse wird an dieser Stelle wegen ihres Umfangs verzichtet. Die Eigenschwingformen ergeben sich durch Einsetzen der Eigenkreisfrequenzen.

```
> for i from 1 to 5 do
    V[i] := evalf(subs([param6[],omega=EW6[i]],
            [v[1],v[2],v[3],v[4],v[5],v[6]]));
  end do;
```

$$V_1 := [\,1.000,\ 0.429,\ 0.292,\ 0.110,\ -0.042,\ -0.144\,]$$

$$V_2 := [\,1.000,\ -3.185,\ -3.245,\ -2.275,\ -0.894,\ 0.212\,]$$

$$V_3 := [\,1.000,\ -17.339,\ -1.420,\ 20.228,\ 14.643,\ -0.670\,]$$

$$V_4 := [\,1.000,\ -39.678,\ 52.285,\ 2.140,\ -43.921,\ 0.884\,]$$

$$V_5 := [\,1.000,\ -53.985,\ 119.371,\ -171.687,\ 181.011,\ -2.681\,]$$

Grafische Darstellung der Eigenschwingungsformen:

```
> x:= [0, 4, 5, 6, 7, 8]: # Positionen der Drehmassen
```

```
> for i from 1 to 5 do
    plot(x, V[i], title=typeset("Eigenschwingform \n der ", i,
        ". Eigenfrequenz"), titlefont= [HELVETICA,12],
        labels= ["x","v"]);
  end do;
```

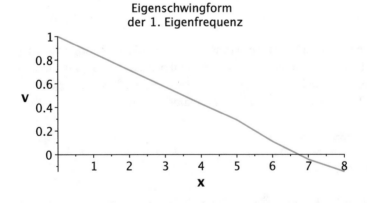

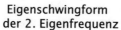

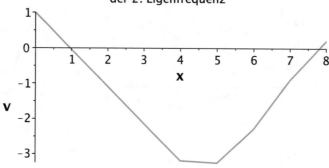

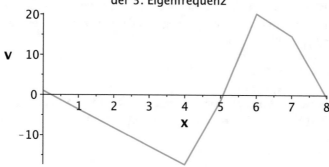

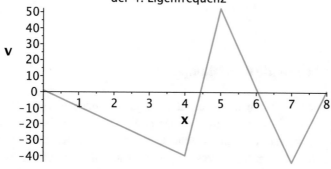

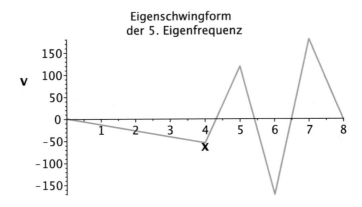

Berechnung der Drehmomente

Zu beachten ist, dass bei der Berechnung in der Prozedur *torsion* für den Drehwinkel φ_0 der Drehmasse 1 der Wert 1 zugrunde gelegt wurde. Daher müssen die hier ermittelten Werte noch mit φ_0 multipliziert werden.

```
> for i from 1 to 5 do
    M[i]:= z[2*i-1][2]:
    wert:= evalf(subs([param6[], omega=EW6[1]], M[i]));
    printf("M[%d] = %10.4e*phi[0]\n", i, wert);
    end do:
M[1] = 9.2522e+04*phi[0]
M[2] = 1.0413e+05*phi[0]
M[3] = 1.1203e+05*phi[0]
M[4] = 1.1500e+05*phi[0]
M[5] = 1.1388e+05*phi[0]
```

5.5.8　Abschließende Bemerkungen

Das beschriebene Verfahren ist auch auf Systeme mit massebelegten Wellen, massebelegten Getrieben, Torsionsfedern mit Dämpfung usw. anwendbar und auch Biegeschwingungen kann man mit ihm berechnen. Bei unverzweigten Strukturen ohne oder mit harmonischer Erregung bringt es gegenüber anderen Verfahren (z. B. FEM) Vorteile hinsichtlich der Eleganz der Formulierung und des Rechenaufwandes (Heimann und Popp; Teichmann und Wagner). Numerische Schwierigkeiten, wie sie sich bei Verwendung der normalen Gleitpunktarithmetik infolge der vielfachen Matrizenmultiplikationen bzw. durch Subtraktionen sehr großer Zwischenwerte (Auslöschungen) einstellen können, lassen sich beim Arbeiten mit einem Computeralgebra-System

Tab. 5.6 Analogie zwischen Längs- und Torsionsschwingungen

Längsschwingung	Torsionsschwingung
Masse m	Trägheitsmoment J
Weg s	Winkel φ
Federsteifigkeit c	Torsionsfedersteifigkeit c
Kraft F	Moment M

vermeiden, indem man eine ausreichend große Stellenzahl vorgibt (Digits) oder die Rechnungen weitgehend symbolisch ausführt.

Das Berechnungsverfahren mit Übertragungsmatrizen funktioniert ebenfalls bei Bewegungsvorgängen mit Längsschwingungen. Wegen der Analogie zwischen Rotation und Translation (Tab. 5.6) können die Übertragungsmatrizen für Massen und Federn aus den oben angegebenen Matrizen abgeleitet werden.

Literatur

Bo, L. und Pavelescu, D. 1982. The Friction-Speed Relation and its Influence on the Critical Velocity of Stick-Slip-Motion. *Wear.* 1982, S. 277–288.

Czichos, H. und Hennecke, M. 2008. *Hütte. Das Ingenieurwissen. 33. Aufl.* Berlin Heidelberg New York: Springer, 2008.

Dresig, H. 2006. *Schwingungen und mechanische Antriebssysteme.* Berlin Heidelberg: Springer-Verlag, 2006.

Dresig, H. und Holzweißig, F. 2009. *Maschinendynamik.* Berlin Heidelberg: Springer, 2009.

Dubbel. 2007. *Taschenbuch für den Maschinenbau.* s.l.: Springer, 2007.

Föllinger, O. 1992. *Regelungstechnik.* Heidelberg: Hüthig Buch Verlag, 1992.

Fowkes, N. D. und Mahony, J. J. 1996. *Einführung in die Mathematische Modellierung.* Heidelberg Berlin Oxford: Spektrum Akademischer Verlag, 1996.

Göldner, H. und Sähn, S. 1967. *Technische Mechanik. Dynamik. Lehrbriefe für das Fernstudium. TU Dresden.* Berlin: VEB Verlag Technik, 1967.

Gross, D. u. a. 2006. *Technische Mechanik. Bd. 3.* Berlin Heidelberg: Springer-Verlag, 2006.

Heimann, B. und Popp, K. Maschinendynamik. Institutsverbund Mechanik, Uni Hannover. [Online] www.ids.uni-hannover.de/.../MD_Vorlesung_Vorlesungsmanuskript_V2.3.pdf.

Holzweißig, F. und Dresig, H. 1994. *Lehrbuch der Maschinendynamik.* Leipzig-Köln: Fachbuchverlag Leipzig GmbH, 1994.

Isermann, R. 2008. *Mechatronische Systeme. Grundlagen. 2. Aufl.* Berlin Heidelberg New York: Springer-Verlag, 2008.

Klotter, K. 1960. *Technische Schwingungslehre. Zweiter Band.* s.l.: Springer-Verlag, 1960.

Klotzbach, S. und Henrichfreise, H. 2002. Ein nichtlineares Reibmodell für die numerische Simulation reibungsbehafteter mechatronischer Systeme. [Online] 2002. http://www.clm-online.de/public/clm_reib_paper.pdf.

Nordin, M. und Gutman, P.-O. 2002. Controlling mechanical systems with backlash – a survey. *Automatica 38.* 2002, S. 1633–1649.

Nürnberg, W. und Hanitsch, R. 2000. *Die Prüfung elektrischer Maschinen.* Berlin Heidelberg: Springer-Verlag, 2000.

Richard, H.A. und Sander, M. 2008. *Technische Mechanik. Dynamik.* Wiesbaden: Friedr. Vieweg & Sohn Verlag, 2008.

Schlecht, B. 2006. *Modellbildung und Simulation mechanisch-elektrischer An-triebssysteme. Skript. TU Dresden.* 2006.

Schmidt, G. 1980. *Simulationstechnik.* München: R. Oldenbourg Verlag, 1980.

Teichmann, H. und v. Wagner, U. *Dynamik von Antriebssystemen. Vorlesungsskript.* s.l.: Inst. für Mechanik, TU Berlin.

Wohnhaas, A. 1990. Modeling Techniques of Link Mechanism with Nonlinearities. *Proc. of the Summer Computer Simulation Conf. Calgary, Kanada.* 1990.

Modellbildung durch diskrete Approximation

6

6.1 Prinzipien der Approximation

Gegenstand dieses Kapitels ist die Entwicklung von Modellen, wie man sie beispielsweise benötigt, um den Zusammenhang zweier Größen x und y in einem nichtlinearen System zu beschreiben. Ein Beispiel dafür ist der nichtlineare Zusammenhang zwischen der magnetischen Feldstärke H und magnetischen Flussdichte B in einer Magnetspule unter dem Einfluss der Sättigung des Eisens, der analytisch oft nicht ausreichend genau beschreibbar ist. Aus Messungen seien aber für einzelne Werte H_i (die Stützstellen x_i; i=0, 1, ..., n) die diesen zugeordneten Funktionswerte B_i (die Stützwerte y_i) bekannt. Die Aufgabe besteht nun darin, den durch diese Stützpunkte (x_i, y_i) beschriebenen Zusammenhang $y_i = f(x_i)$ zumindest näherungsweise durch eine mathematische Funktion darzustellen. Die unbekannte und nur durch die Wertepaare teilweise beschriebene Funktion $f(x)$ soll durch eine Ersatzfunktion $\Phi(x)$ approximiert werden (approximare (lat.): sich annähern, anpassen). Diesen Vorgang bezeichnet man mit den Begriffen diskrete Approximation bzw. Datenapproximation.

Die Qualität des Ergebnisses einer Approximation hängt entscheidend von der Art der Ersatzfunktion $\Phi(x)$ und der Wahl der Stützpunkte ab. Man sollte daher zweckmäßigerweise die Stützpunkte zuerst grafisch darstellen, um einen günstigen Ansatz vornehmen zu können. Approximationsfunktionen können beispielsweise sein

Polynome:
$$\Phi(x) = a_0 + a_1 x + a_2 x^2 + \ldots + a_n x^n$$
verallgemeinerte Polynome:
$$\Phi(x) = a_0 \varphi_0(x) + a_1 \varphi_1(x) + a_2 \varphi_2(x) + \ldots + a_n \varphi_n(x)$$

Ziel der Modellbildung ist es, die Parameter der Ersatzfunktion $\Phi(x)$ so zu bestimmen, dass eine möglichst gute Annäherung an die punktweise bekannte Funktion $f(x)$ erfolgt. Was man im jeweiligen Fall unter einer „guten Annäherung" versteht, muss durch ein

© Springer Fachmedien Wiesbaden GmbH, ein Teil von Springer Nature 2020
R. Müller, *Modellierung, Analyse und Simulation elektrischer und mechanischer Systeme mit Maple™ und MapleSim™*, https://doi.org/10.1007/978-3-658-29131-0_6

Gütekriterium (Approximationskriterium) festgelegt werden. Nach dessen Form unterscheidet man verschiedene Methoden, von denen für die Modellbildung mittels diskreter Approximation die Interpolation und die Methode der kleinsten Quadrate besonders geeignet sind (siehe z. B. (Überhuber 1995; Schwarz 1997).

Die Interpolation
Bei dieser verlangt das Approximationskriterium, dass der Wert der Ersatzfunktion $\Phi(x)$ an den Stützstellen x_i exakt mit den Stützwerten y_i übereinstimmt:

$$\Phi(x_i) = y_i \qquad i = 0, 1, \ldots, n \tag{6.1}$$

Ausgleichsrechnung – Methode der kleinsten Quadrate[1]
Die Modellierung mittels Interpolation ist offensichtlich nur dann sinnvoll, wenn die vorgegebenen Daten – die Stützpunkte – keine oder nur sehr geringe Fehler aufweisen. Sind die Daten mit zufälligen Fehlern behaftet (z. B. Ableseungenauigkeiten), dann muss man versuchen, eine größere Anzahl von Stützpunkten zu gewinnen, als es die Zahl der zu bestimmenden Parameter erfordert, und mit diesen eine Approximationsfunktion bestimmen, deren Abweichungen (Residuen) von den Werten der Stützpunkte im Mittel minimal sind. Unter der Annahme statistisch normalverteilter Messfehler ist für die Ausgleichsrechnung die Methode der kleinsten Quadrate besonders geeignet. Diese verwendet das Gütekriterium

$$\sum_{i=1}^{n} \left[y_i - \Phi(x_i) \right]^2 = \text{Min} \tag{6.2}$$

Die Parameter der Ersatzfunktion $\Phi(x_i)$ werden gemäß (Gl. 6.2) so bestimmt, dass die Summe der quadrierten Abweichungen zwischen den vorgegebenen Funktionswerten $y_i = f(x_i)$ und den zugehörigen Werten der Ersatzfunktion $\Phi(x_i)$ minimal wird. Zu beachten ist, dass sich der Einfluss systematische Fehler durch eine Ausgleichsrechnung nicht verringert.

6.2 Polynominterpolation

Als Interpolationsfunktion Φ sind beliebige Funktionen einsetzbar, häufig werden aber aus mathematischen Gründen Polynome verwendet. Der Grad des Polynoms soll möglichst niedrig sein. Eine lineare Interpolation ist jedoch nur in Sonderfällen bzw. bei gro-

---

[1](engl.: method of least squares). Die Grundlagen des Verfahrens hat Gauß 1795 im Alter von 18 Jahren entwickelt. Gauß benutzte diese Methode für astronomische *Berechnungen* und bei der Vermessung des Königreichs Hannover durch Triangulation. Schon vor Gauß beschäftigte sich der kroatische Jesuit Rugjer Josip Bošković (1711–1787) mit der Ausgleichsrechnung zum Zwecke der Bahnbestimmung von Himmelskörpern.

ßer Stützstellendichte ausreichend. Polynome zweiten Grades beschreiben nach oben oder unten geöffnete Parabeln. Für die Darstellung von Wendepunkten sind mindestens Polynome dritten Grades erforderlich.

Zur Berechnung eines Polynoms n-ten Grades werden $n + 1$ Stützpunkte benötigt. Zu beachten ist aber, dass bei Polynomen höheren Grades der Graph zur Welligkeit neigt (Runge-Problematik). Dann bildet $\Phi(x)$ die Funktionswerte zwar an den Stützstellen exakt ab, zwischen den Stützstellen aber und insbesondere an den Rändern des Interpolationsintervalls kann eine große Abweichung zwischen dem tatsächlichen Verlauf und dem Graphen der Interpolationsfunktion $\Phi(x)$ auftreten. Es ist daher nicht sinnvoll, eine durch $n + 1$ Punkte gestützte Funktion $f(x)$ schematisch durch ein Polynom n-ten Grades zu beschreiben. Sofern die genaue Approximation einer Funktion im Intervall $[a, b]$ eine große Zahl von Stützpunkten erfordert, ist i. Allg. eine abschnittsweise Interpolation mit Polynomen niedrigen Grades der Interpolation mit einem global gültigen Polynom vorzuziehen. Das Intervall $[a, b]$ wird dann in mehrere Teilintervalle zerlegt, für die jeweils ein separates Interpolationspolynom bestimmt wird. Das Prinzip der Berechnung eines konkreten Interpolationspolynoms $\Phi(x)$ ist relativ einfach.

$$\Phi(x) = a_0 + a_1 \cdot x + a_2 \cdot x^2 + \ldots + a_n \cdot x^n$$

Die Stützpunkte (x_i, y_i) sollen Punkte der durch ein Polynom darzustellenden Funktion $\Phi(x)$ sein. Durch Einsetzen der Stützpunkte in den gewählten Ansatz des Polynoms erhält man das Gleichungssystem

$$y_0 = a_0 + a_1 x_0 + a_2 x_0^2 + \ldots + a_n x_0^n$$
$$y_1 = a_0 + a_1 x_1 + a_2 x_1^2 + \ldots + a_n x_1^n$$
$$\ldots \tag{6.3}$$
$$y_n = a_0 + a_1 x n + a_2 x_n^2 + \ldots + a_n x_n^n$$

Die Lösung des linearen Gleichungssystems liefert die gesuchten Koeffizienten a_0, a_1, ..., a_n des Interpolationspolynoms $\Phi(x)$. Mit diesen Darlegungen soll aber nur der prinzipielle Lösungsweg verdeutlicht werden, nicht die tatsächlichen Lösungsansätze, die den Befehlen von Maple zugrunde liegen. Für deren Anwendung ist dieses Wissen nicht erforderlich.

Das Maple-Paket **CurveFitting** stellt für die Modellbildung mehrere Befehle zur Verfügung.

```
> restart:
> with(CurveFitting);
```

[*ArrayInterpolation, BSpline, BSplineCurve, Interactive, LeastSquares,*
  PolynomialInterpolation, RationalInterpolation, Spline, ThieleInterpolation]

Die Befehle PolynomialInterpolation, ArrayInterpolation, RationalInterpolation, Spline und LeastSquares werden im Folgenden beschrieben. Auf die anderen Befehle wird hier nicht eingegangen.

6.2.1   Der Befehl PolynomialInterpolation

Syntax
- **PolynomialInterpolation**(xydata, v, opts)
- **PolynomialInterpolation**(xdata, ydata, v, opts)

Parameter:

xydata Liste, Feld oder Matrix der Form $[[x_1, y_2], [x_2, y_2], ..., [x_n, y_n]]$
xdata   Liste, Feld oder Vektor der Form $[x_1, x_2, ... x_n]$; unabhängige Werte
ydata   Liste, Feld oder Vektor der Form $[y_1, y_2, ... y_n]$; abhängige Werte
v   Name oder numerischer Wert
opts   Gleichung **form** = *Lagrange, monomial, power* oder *Newton*

Der Befehl **PolynomialInterpolation** liefert ein Polynom mit dem Grad $d \leq n{-}1$ zur Variablen v, wenn n Stützpunkte vorgegeben werden. Ist v ein numerischer Wert, dann gibt der Befehl den Wert des Polynoms an der betreffenden Stelle zurück. Die Ausgabeform des Polynoms kann mit der Option **form** gewählt werden.

Beispiele
Gegeben sind vier Stützpunkte. Mit diesen werden verschiedene Darstellungen eines Interpolationspolynoms 3. Grades berechnet.

```
> xydata:= [[-2,-29],[0,-3],[1,1],[3,21]]:
> Phi1:= PolynomialInterpolation(xydata, x);
```
$$\Phi 1 := x^3 - 2x^2 + 5x - 3$$
```
> Phi2:= PolynomialInterpolation(xydata, x, form=Newton);
```
$$\Phi 2 := ((x - 4)x + 13)(x + 2) - 29$$
```
> Phi3:= PolynomialInterpolation(xydata, x, form=Lagrange);
```
$$\Phi 3 := \frac{29}{30}x(x-1)(x-3) - \frac{1}{2}(x+2)(x-1)(x-3) - \frac{1}{6}(x+2)x(x$$
$$-3) + \frac{7}{10}(x+2)x(x-1)$$
```
> Phi4:= PolynomialInterpolation(xydata, 1.5);
```
$$\Phi 4 := 3.375$$
```
> Phi5:= PolynomialInterpolation(xydata, x, form=monomial);
```
$$\Phi 5 := x^3 - 2x^2 + 5x - 3$$
```
> Phi6:= PolynomialInterpolation(xydata, x, form=power);
```
$$\Phi 6 := x^3 - 2x^2 + 5x - 3$$

Existenz- und Eindeutigkeitssatz für Polynome
Es gibt genau ein Polynom vom Grade n, das für alle $n+1$ Stützstellen x_i die Bedingung
$y_i = \Phi_n(x_i)$ erfüllt. Ein bestimmter Satz von Stützpunkten führt also immer auf das gleiche Polynom, das aber in verschiedenen Formen darstellbar ist.

Alle Lösungen Phi1 bis Phi6 müssen also das gleiche Polynom beschreiben.

```
> Phi2:= expand(Phi2);
```

$$\Phi2 := x^3 - 2\,x^2 + 5\,x - 3$$

```
> Phi3:= expand(Phi3);
```

$$\Phi3 := x^3 - 2\,x^2 + 5\,x - 3$$

Die Stützpunkte werden nun zusammen mit dem berechneten Polynom grafisch dargestellt.

```
> with(plots):
> multiple(plot,[xydata, color=black, style=point, symbolsize=30],
          [Phi5, x=-2..3, color=blue]);
```

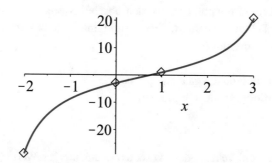

Der verwendete Befehl **multiple** des Pakets **plots** erzeugt Plot-Kombinationen. Er hat die Syntax

- **multiple**(plotcommand, plotargs_1, …, plotargs_n, options).

Parameter:

Plotcommand   Plot-Kommando von Maple
plotargs_i   i-te Liste mit Argumenten für plotcommand

Stützstellen bei der Polynominterpolation

Die Wahl der Stützstellen hat wesentlichen Einfluss auf die Genauigkeit der Interpolation. Äquidistante Stützstellen sind häufig nicht die beste Wahl. Wesentlich bessere Ergebnisse erreicht man u. U. mit den sogen. Tschebyscheff-Stützstellen. Diese sind wie folgt definiert:

$$x_i = \frac{a+b}{2} + \frac{b-a}{2} \cos \frac{i \cdot \pi}{n} \quad \text{für } a \leq x \leq b$$

mit $i = 0\,(1)\,n$ und

   n Grad des Polynoms

Die Kosinusfunktion bewirkt, dass die Stützstellen an den Rändern des Intervalls $[a, b]$ dichter als in der Mitte angeordnet sind. Allgemein sollte man in Bereichen starker Krümmung der zu interpolierenden Funktion die Stützpunkte dichter legen als in solchen mit geringer Krümmung.

6.2.2   Der Befehl ArrayInterpolation

Mit dem Befehl **ArrayInterpolation** werden abschnittsweise Interpolationen und das Interpolieren in Tabellen ausgeführt. Der Befehl interpoliert numerische Daten in n Dimensionen ($n > 0$, ganzzahlig).

- **ArrayInterpolation**(xdata, ydata, x, optionen)
- **ArrayInterpolation**(xydata, x, optionen)

Parameter:

xdata...   Liste, Feld, Vektor oder Matrix der unabhängigen Werte (numeric, reell)

ydata...   Liste, Feld oder Vektor der abhängigen Werte

xydata...   Liste der Stützpunkte [[x_1, y_1], [x_2, y_2], ...] oder Feld oder Matrix

x...   numerischer Wert oder Liste, Vektor oder Feld mit den Koordinaten, für die durch Interpolation Werte berechnet werden sollen

optionen...   Gleichungen mit den Schlüsselworten **method, degree, endpoints, knots, uniform, verify, extrapolate** oder **container.**

Mit der Option **method** kann man die Art der Interpolation vorgeben. Zulässig sind neben anderen die Attribute **linear, cubic** und **spline**. Standard ist **method = linear**, d. h. es wird eine n-dimensionale lineare Interpolation ausgeführt, wenn die Option method nicht in der Argumentliste des Befehls erscheint.

   method = cubic steht für die abschnittsweise kubische Hermite-Interpolation. Bei dieser wird vorausgesetzt, dass an den $n+1$ Interpolationsknoten x_0, ..., x_n nicht nur die Funktionswerte, sondern auch die Werte der ersten Ableitungen der aufeinander stoßenden, stückweise gültigen Interpolationsfunktionen übereinstimmen. Dadurch ergibt sich an den Stützstellen ein glatter Verlauf, der bei der abschnittsweisen Interpolation mit "einfachen" Interpolationspolynomen nicht gewährleistet ist.

Mit der Option **method = spline** wird eine Spline-Interpolation durchgeführt (Standard: natürliche kubische Splines). Die Optionen **degree, endpoints** und **knots** gelten nur für die Spline-Interpolation (Erläuterungen siehe Abschn. 6.2.3).

Beispiel: Nichtlineare Induktivität L(i)

```
> restart: with(plots): with(CurveFitting):
```

Stützstellen i, Stützwerte L und Plot der Stützpunkte $L(i)$:

```
> idata:= [0, 3, 9.0, 15, 25, 40, 67]: # Stützstellen
> Ldata:= [0.072, 0.071, 0.043, 0.03, 0.02, 0.015, 0.01]:
> pointplot(idata, Ldata, symbolsize=20);
```

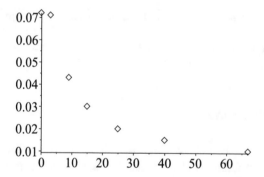

Für $i = 10$ (A) soll der Wertes L (H) durch lineare Interpolation mit dem Befehl berechnet werden.

```
> L:= ArrayInterpolation(idata, Ldata, 10);
```
$$L := 0.0408333333333333$$

Weiter soll mit verschiedenen Interpolationsmethoden je eine Wertefolge L(i) im Intervall i = 0...67 ermittelt werden.

```
> i := [seq(0..67, 1)]:
> Stil:= symbol=solidcircle, color=red, titlefont=[TIMES,16]:
> L1:= ArrayInterpolation(idata, Ldata, i):
> p1:= pointplot(i, L1, title="Lineare Interpolation", Stil):
> L2:= ArrayInterpolation(idata, Ldata, i, method = spline):
> p2:= pointplot(i, L2, title="Kubische Spline-Interpolation", Stil):
```

```
> L3:= ArrayInterpolation(idata, Ldata, i, method = cubic):
> p3:= pointplot(i, L3, title="Kubische Hermite-Interpolation", Stil):
> display(array([p1, p2, p3]));
```

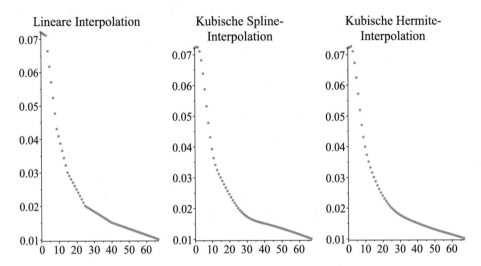

Bezüglich weiterer Informationen, insbesondere auch zu anderen Formen der Daten-
bereitstellung, wird auf die Maple-Hilfe verwiesen.

6.2.3 Der Befehl Spline

Die Spline-Interpolation ist ein Verfahren der abschnittsweisen Interpolation, bei dem
an den Grenzen der Teilintervalle, an den Stoßstellen der einzelnen Interpolationsfunktionen, bestimmte Glattheitsforderungen erfüllt werden. Die sehr unterschiedlichen
Bedingungen, die durch die verschiedenartigen Anwendungen vorgegeben werden,
haben dazu geführt, dass eine Vielzahl von Definitionen für Spline-Funktionen erarbeitet
wurde und die Theorie dazu sehr umfangreich ist. Die größte Bedeutung haben in der
Praxis polynomiale Spline-Funktionen, sogenannte Polynom-Splines. Für jedes durch
die Stützstellen definierte Teilintervall $[x_i \dots x_{i+1}]$ wird ein Interpolationspolynom $P_i(x)$
so berechnet, dass die aus den einzelnen Polynomen zusammengesetzte interpolierende
Funktion an den inneren Stützstellen stetig und – abhängig vom Grad der Polynome –
ein- oder mehrfach stetig differenzierbar ist. Die zusammengesetzte interpolierende
Funktion bezeichnet man als Spline-Funktion oder kurz als Spline[2] (Abb. 6.1).

---

[2]Die Bezeichnung Spline stammt von einem speziellen Kurvenlineal, einem dünnen, biegsamen
Stab aus Metall oder Holz. Damit wurden früher u. a. im Schiffsbau bestimmte vorgegebene
(berechnete) Punkte durch eine interpolierende glatte Linie verbunden. Der Stab nimmt dabei zwischen den Stützpunkten die Lage ein, die durch die geringste aufzuwendende Biegeenergie charakterisiert ist.

Abb. 6.1 Prinzip der Spline-Interpolation

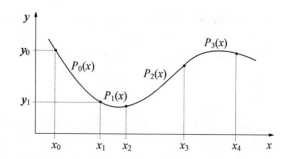

Beispielsweise wird ein kubischer Spline durch mehrere Polynome dritten Grades gebildet, für die an den Teilungspunkten des Interpolationsintervalls $[a, b]$, den Knotenstellen, die Funktionswerte sowie die erste und zweite Ableitung mit den entsprechenden Werten des benachbarten Polynoms übereinstimmen. Die Teilpolynome $P_i(x)$ haben die Form

$$P_i(x) = a_i + b_i(x - x_i) + c_i(x - x_i)^2 + d_i(x - x_i)^3; \quad i = 0(1)n - 1$$

Für die Berechnung der Spline-Funktionen ist außerdem die Festlegung von Randbedingungen notwendig. Je nach deren Vereinbarung unterscheidet man

1. Natürliche Splines: $P_0''(x_0) = 0$; $P_{(n-1)}''(x_n) = 0$
2. Periodische kubische Splines: $P_0'(x_0) = P_{n-1}'(x_n)$
$$P_0''(x_0) = 0; \ P_{n-1}''(x_n) = 0$$
3. Kubische Splines mit vorgegebener Randableitung

Syntax des Befehls Spline
- **Spline**(xdata, ydata, v [, degree = d] [, endpts = e]) oder
- **Spline**(xydata, v [, degree = d] [, endpoints = e])

Parameter:

xdata   Liste, Feld oder Vektor der x-Werte (Stützstellen)

ydata   Liste, Feld oder Vektor der y-Werte (Stützwerte)

xydata   Liste, Feld od. Matrix d. Stützpunkte in Form $[[x_0, y_0], [x_1, y_1], \ldots, [x_n, y_n]]$

v   Variable der Spline-Funktion

degree   Grad der Teilpolynome; d ist eine ganze positive Zahl, Standard: d = 3

endpts   Festlegung für die Endpunkte der Spline-Funktion;

        endpts = *natural, periodic, notaknot* (siehe oben)

Beispiele zur Anwendung der Spline-Interpolation enthalten die Abschn. 6.5 sowie 2.8.4 und 9.5.2.

6.3   Rationale Interpolation

Die Konstruktion einer gebrochen rationalen Interpolationsfunktion

$$R(x) = \frac{P(x)}{Q(x)} \quad \text{mit } R(x_i) = y_i; \quad i = 0, 1, \ldots, n \tag{6.4}$$

mit den Polynomen $P(x)$ und $Q(x)$ bezeichnet man als rationale Interpolation. Die Anwendung der Interpolationsbedingung auf die Gl. (6.4) ergibt das Gleichungssystem (6.5), dessen Lösung die Koeffizienten $\{p, q\}$ von $R(x)$ liefert.

$$p_0 + p_1 \cdot x_i + \ldots + p_r \cdot x_i^r - y_i\left(q_0 + q_1 \cdot x_i + \ldots + q_s \cdot x_i^s\right) = 0 \tag{6.5}$$

In Gl. (6.5) kann man einen der Koeffizienten zu Eins normieren, indem man die Gleichung beispielsweise mit $1/p_0$ multipliziert. Der Ansatz zur Bestimmung von $R(x)$ enthält demnach $r+s+1$ Unbekannte, zur Berechnung der unbekannten Koeffizienten sind also $r+s+1$ Stützstellen erforderlich. Die rationale Interpolation liefert oft bessere Ergebnisse als die Polynom-Interpolation, insbesondere wenn die zu interpolierende Funktion einen Pol oder ihr Graph eine schiefe oder horizontale Asymptote besitzt (Schwarz 1997).

6.3.1   Befehl RationalInterpolation

Syntax
- **RationalInterpolation**(xydata, v, optionen)
- **RationalInterpolation**(xdata, ydata, v, optionen)

Parameter:

xydata…	Liste, Feld oder Matrix der Form $[[x_1, y_1], [x_2, y_2], \ldots]$
xdata…	Liste, Feld oder Vektor der Form $[x_1, x_2, \ldots]$; unabhängige Werte
ydata…	Liste, Feld oder Vektor der Form $[y_1, y_2, \ldots]$; abhängige Werte
v…	Name oder numerischer Wert
optionen	Gleichung der Form **method** = methodtype oder **degrees** = [r, s]
	mit methodtype = *lookaround* (Standard) oder *subresultant*

Den Grad des Zähler- und des Nennerpolynoms kann man durch die Option **degrees** vorgeben. Andernfalls werden automatisch die Standardwerte

$$d_1 = \text{floor}\left(\frac{n}{2}\right) \quad \text{und} \quad d_2 = \text{floor}\left(\frac{n+1}{2}\right)$$

gewählt. Dabei ist n die um Eins verringerte Anzahl der Datenpunkte. Die Elemente von xydata, xdata und ydata müssen vom Typ algebraisch sein; Gleitpunktzahlen (Typ Float)

sind nicht zulässig. Außerdem müssen alle Werte der Stützstellen verschieden sein. Wird
für v ein numerischer Wert angegeben, dann liefert die Routine den für diese Stelle
berechneten interpolierten Funktionswert.

Beispiel 1: wie oben

```
> with(CurveFitting):
> xydata:= [[-2,-29],[0,-3],[1,1],[3,21]]:
> r:= RationalInterpolation(xydata, x);
```

$$r := \frac{-401\,x + 300}{-100 - 11\,x + 10\,x^2}$$

```
> multiple(plot,[xydata, color=black, style=point, symbolsize=30],
          [r, x=-2..3, color=blue]);
```

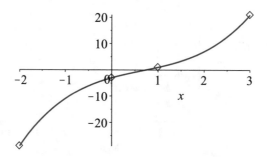

Beispiel 2: Drehmoment-Drehzahl-Kennlinie eines Asynchronmotors
Dieses Beispiel stellt Lösungen der Polynominterpolation und der rationalen
Interpolation gegenüber und zeigt charakteristische Phänomene auf. Die durch
Messwertpaare (siehe Tafel) festgelegte Drehmoment-Drehzahl-Kennlinie eines Dreh-
strom-Asynchronmotors wird mit den Befehlen **PolynomInterpolation** und **RationalIn-
terpolation** approximiert.

Tafel: Drehmoment M eines Drehstrom-Asynchronmotors abhängig von Drehzahl n

n in 1/min	0	200	400	500	600	650	700	750	800	840	880
M in Nm	1,3	1,33	1,36	1,46	1,64	1,80	1,94	1,99	1,98	1,94	1,80

n in 1/min	900	940	960	1000
M in Nm	1,60	1,00	0,60	0

Weil der Befehl **RationalInterpolation** nur mit algebraischen Daten arbeitet und keine
Gleitpunktzahlen zulässt, werden die in der Tafel angegebenen Werte des Drehmoments
M mit 100 multipliziert und damit in der Einheit Ncm vorgegeben.

```
> with(CurveFitting):
> Daten:= [[133,0],[136,400],[146,500],[164,600],[180,650],[194,700],
  [199,750],
  [198,800],[194,840],[180,880],[160,900],[100,940],[60,960],[0,1000]]:
```

Die folgende grafische Darstellung der Stützpunkte dient der Orientierung bei der Auswahl der Interpolationsfunktion.

```
> plot(Daten, style=point,symbolsize=20,color=red,gridlines,
    labels=["M in Ncm","n in 1/min"]);
```

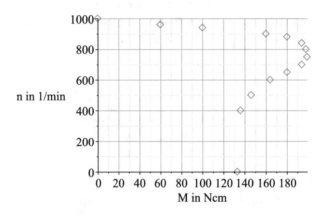

1. Approximation im Bereich des stationären Betriebs: M = 60 ... 194 Ncm

```
> Daten2:= Daten[9..13];
```

$$Daten2 := [\,[\,194, 840\,], [\,180, 880\,], [\,160, 900\,], [\,100, 940\,], [\,60, 960\,]\,]$$

```
> p2:= PolynomialInterpolation(Daten2, M);
```

$$p2 := -\frac{46169}{11991392000}\, M^4 + \frac{34252019}{17987088000}\, M^3 - \frac{50728973}{149892400}\, M^2$$
$$+ \frac{1110896953}{44967720}\, M + \frac{125418400}{374731}$$

```
> r2:= RationalInterpolation(Daten2, M);
```

$$r2 := \frac{1223160\, M^2 - 779366400\, M + 106421328000}{1049\, M^2 - 753260\, M + 108151200}$$

```
> multiple(plot,[Daten2,color=red,style=point,symbolsize=20],
           [p2,M=60..194,color=red],[r2,M=60..194,color=blue],
           labels=["M in Ncm","n in 1/min"]);
```

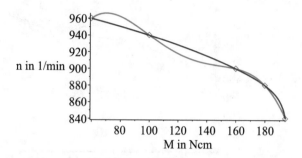

Das Resultat der rationalen Interpolation ist zufriedenstellend, das Ergebnis der Polynominterpolation nicht. Damit diese auch brauchbare Ergebnisse liefert, müsste in diesem Fall der Approximationsbereich in mehrere Teilintervalle zerlegt werden.

2. Approximation der quasistationären Anlaufkennlinie: M = 133 … 199 Ncm

```
> Daten3:= Daten[1..7];
```

$$Daten3 := [\,[\,133, 0\,], [\,136, 400\,], [\,146, 500\,], [\,164, 600\,], [\,180,$$
$$650\,], [\,194, 700\,], [\,199, 750\,]\,]$$

```
> r3:= RationalInterpolation(Daten3, M);
```

$$r3 := \left(1204772461600\, M^3 - 559237412084800\, M^2\right.$$
$$+\, 84221772261802400\, M - 4143537398192931200\left.\right) \big/$$
$$\left(1581591909\, M^3 - 715121888297\, M^2 + 104224288425906\, M\right.$$
$$-\, 4932232205381848\left.\right)$$

```
> p3:= PolynomialInterpolation(Daten3, M);
```

$$p3 := -\frac{183364283261}{118721429843592576}\, M^6 + \frac{421017281961443}{267123217148083296}\, M^5$$
$$-\frac{8198661741394181}{12281527225199232}\, M^4 + \frac{10030513370560732541}{66780804287020824}\, M^3$$
$$-\frac{1685849217359790249737}{89041072382694432}\, M^2$$
$$+\frac{1597324682518855314889}{1260015175226808}\, M - \frac{14448706254786291955}{410221658847}$$

```
> multiple(plot,[Daten3,color=black,style=point,symbolsize=20],
         [r3,M=133..199,color=blue],[p3,M=133..199,color=red],
         labels=["M in Ncm","n in 1/min"]);
```

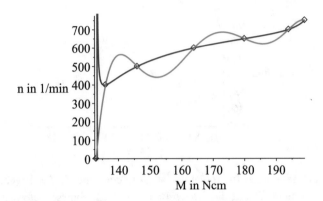

Die Polynominterpolation liefert in diesem Beispiel ein Polynom 6. Grades (7 Stütz-punkte). Die Lösungsfunktion hat einen stark schwingenden Verlauf. und das Ergeb-nis ist daher nicht befriedigend. Dagegen nähert sich die Lösung der rationalen Interpolation dem tatsächlichen Verlauf der Drehmoment-Drehzahl-Kennlinie im Bereich M = 136...199 Nm gut an. Lediglich zwischen erstem und zweitem Stütz-punkt kommt es zu einer großen Spitze in der Kurve, die vermutlich auf eine Polstelle der Lösung r3 zurückzuführen ist. Die nächsten Rechnungen sollen diese Vermutung bestätigen.

```
> Digits:= 20:
> N:= denom(r3);
```

$$N := 1581591909\,M^3 - 715121888297\,M^2 + 104224288425906\,M$$
$$- 4932232205381848$$

```
> LoeN:= fsolve(N=0, M);
```

$$LoeN := 114.43016337264045156,\ 133.34282898571541334,$$
$$204.38023644081852440$$

Tatsächlich liegt eine Nullstelle des Nenners bei M ≈ 133,343. Es wird daher noch eine Lösung für einen Datensatz ohne den ersten Stützpunkt bestimmt.

```
> Daten4:= Daten[2..7];
```

$$Daten4 := [\,[\,136, 400\,], [\,146, 500\,], [\,164, 600\,], [\,180, 650\,], [\,194,$$
$$700\,], [\,199, 750\,]\,]$$

```
> r4:= RationalInterpolation(Daten4, M);
```

$$r4 := \frac{3195574400\,M^2 - 1036331628000\,M + 77691273577600}{9425\,M^3 - 1034069\,M^2 - 333898550\,M + 30466960904}$$

```
> p4:= PolynomialInterpolation(Daten4, M);
```

$$p4 := \frac{2107741}{924780979584}\,M^5 - \frac{577090985}{308260326528}\,M^4$$
$$+ \frac{142044243157}{231195244896}\,M^3 - \frac{7766044335745}{77065081632}\,M^2$$
$$+ \frac{478036730297641}{57798811224}\,M - \frac{12825042871595}{47221251}$$

```
> multiple(plot,[Daten4,color=black,style=point,symbolsize=20],
        [r4,M=136..199,color=blue],[p4,M=136..199,color=red],
        labels=["M in Ncm","n in 1/min"]);
```

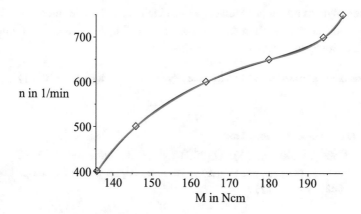

Die Ergebnisse sind in diesem Fall sowohl bei der rationalen Interpolation als auch bei der Polynominterpolation brauchbar.

6.3.2 Unerreichbare Punkte

Anders als bei der Polynom-Interpolation existiert allerdings nicht immer eine gebrochen rationale Funktion $R(x)$, die die Interpolationsaufgabe erfüllt. Gegebenenfalls kann die Lösung des Gleichungssystems ein Nennerpolynom $Q(x)$ liefern, das bei einer der

Stützstellen x_i eine Nullstelle aufweist. Das Zählerpolynom besitzt dann gemäß Gl. (6.5) die gleiche Nullstelle und aus den beiden Polynomen kann der gemeinsame Faktor $(x-x_i)$ gekürzt werden, sodass i. Allg. die Funktion $R(x)$ an der Stelle x_i nicht den Stützwert y_i annimmt (unerreichbarer Punkt).

Beispiel 2 (Schwarz 1997)

```
> xdata:= [-1, 1, 2]:  ydata:= [2, 3, 3]:
> r1:= RationalInterpolation(xdata, ydata, x);
```
$$r1 := 3$$

Gemäß der Beschreibung unter Abschn. 6.3.1 verwendet die Funktion **RationalInterpolation** bei obigem Befehl den Ansatz

$$R(x) = \frac{p_0 + p_1 \cdot x}{q_0 + q_1 \cdot x}$$

und findet als Ergebnis

$$R(x) = \frac{3 + 3 \cdot x}{1 + x} = \frac{3(1 + x)}{1 + x} = 3$$

Das Nennerpolynom hat an der Stelle $x_0 = -1$ eine Nullstelle. Die Interpolationsaufgabe ist demnach mit dem gewählten Ansatz nicht lösbar. Für die beiden Polynome werden daher andere Grade vorgegeben.

```
> r2:= RationalInterpolation(xdata, ydata, x, degrees=[0,2]);
```
$$r2 := \frac{36}{14 - 3\,x + x^2}$$
```
> factor(14-3*x+x^2, complex);
```
$$(x - 1.500000000 + 3.427827300\,\mathrm{I})\ (x - 1.500000000 - 3.427827300\,\mathrm{I})$$
```
> multiple(plot,[xdata,ydata,color=black,style=point,symbolsize=30],
          [r2, x=-1..2]);
```

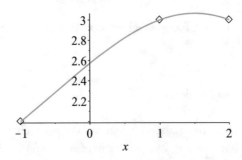

6.4   Approximation mit der Methode der kleinsten Quadrate

Sofern bekannt ist, dass die durch Messungen ermittelten Stützwerte der gesuchten Funktion fehlerbehaftet sind, ist eine Modellbildung durch Interplation nicht sinnvoll. In diesem Fall wird man beispielsweise für die Bestimmung eines Approximationspolynoms 3. Grades nicht wie bei der Interpolation nur 4 Stützpunkte zugrunde legen, sondern mithilfe einer größeren Zahl von Messungen einen Messfehlerausgleich anstreben. Aus mathematischer Sicht ist unter dieser Bedingung die Gaußsche Methode der kleinsten Quadrate, auch als diskrete Approximation im Mittel bezeichnet, zu empfehlen. Dieser liegt das durch Gl. (6.6) beschriebene Gütekriterium zugrunde.

$$Q_d = \sum_{i=0}^{m} \left[\Phi(x_i) - f(x_i) \right]^2 \overset{!}{=} \text{Min} \tag{6.6}$$

Die so bestimmte Approximationsfunktion hat die Eigenschaft, dass die Summe der quadrierten Abweichungen zwischen den mit ihr berechneten Werten $\Phi(x_i)$ und den für die Stelle x_i vorgegebenen Stützwerten $y_i = f(x_i)$ ein Minimum wird. Im Gegensatz zur Interpolation wird bei dieser also nicht gefordert, dass die Werte der vorgegebenen Funktion $f(x)$ und der Approximationsfunktion $\Phi(x)$ an den Stützstellen identisch sind.

Es sei die Funktion $y = f(x)$ durch eine Wertetafel (x_i, y_i) gegeben. Sie soll durch eine Funktion

$$\Phi(x) = \Phi(x; a_0, a_1, \ldots, a_n) \tag{6.7}$$

approximiert werden. Dabei sei $m > n$. ($m + 1$ = Zahl der Stützpunkte; Fall $m = n$ entspricht der Interpolation). Aus den Gl. (6.6) und (6.7) folgt

$$Q_d = \sum_{i=0}^{m} \left[\Phi(x_i, a_0, \ldots, a_n) - y_i \right]^2 \overset{!}{=} \text{Min} \tag{6.8}$$

Die notwendigen Bedingungen für die Minimierung von Q_d geben die folgenden **Normalgleichungen** vor.

$$\frac{\partial Q_d}{\partial a_0} = 0 \quad ; \quad \frac{\partial Q_d}{\partial a_1} = 0 \quad ; \quad \ldots \quad ; \quad \frac{\partial Q_d}{\partial a_n} = 0 \tag{6.9}$$

Die Koeffizienten $a_0, \ldots, a_n$ der Approximationsfunktion $\Phi(x)$ erhält man durch Lösung des Systems der Normalgleichungen. Haben die für die Approximation verwendeten $m + 1$ Funktionswerte an den Stützstellen unterschiedliche Genauigkeit, so ist es u. U. sinnvoll, die Fehlerquadrate im Ansatz für die Approximationsfunktion zu wichten.

Maple stellt für die diskrete Approximation unter Verwendung der Methode der kleinsten Quadrate im Paket **CurveFitting** den Befehl **LeastSquares** und im Paket **Statistics** mehrere Befehle zur Verfügung.

6.4.1   Befehl LeastSquares im Paket CurveFitting

Der Befehl **LeastSquares** berechnet eine lineare Funktion in v oder approximiert die Funktion f, sofern die Option **curve** $=$ f angegeben wird. Dabei muss $f(v)$ linear in den zu ermittelnden Parametern sein. Zulässig ist also beispielsweise $f = a_2 \cdot v^2 + a_1 \cdot v + a_0$.

- **LeastSquares**(xydata, v, optionen)
- **LeastSquares**(xdata, ydata, v, optionen)

Parameter:

xydata	Liste, Array oder Matrix der Form $[[x_1,y_1], [x_2,y_2], \ldots, [x_n,y_n]]$; Stützpunkte
xdata	Liste, Array oder Vektor der Form $[x_1, x_2, \ldots, x_n]$; Stützstellen
ydata	Liste, Array oder Vektor der Form $[y_1, y_2, \ldots, y_n]$; Stützwerte
v	Name der unabhängigen Variablen
optionen	Gleichungen der Form **weight** $=$ wlist, **curve** $=$ f oder **params** $=$ pset

Wird über die Option **curve** eine Approximationsfunktion vorgegeben, dann kann man die anzupassenden Parameter als Liste in der Option **params** notieren. Fehlt die Option params, dann betrachtet **LeastSquares** alle Variablen außer v als unbekannte, anzupassende Parameter. Eine Wichtung der Stützwerte ist mithilfe der Option **weigth** $=$ *wlist* möglich. Die Liste *wlist* muss dabei genauso viele nichtnegative Werte umfassen, wie Stützstellen vorhanden sind.

Beispiel

```
> restart: with(CurveFitting):
```

Liste der Stützpunkte:

```
> XY:= [[-1,-3],[0,-1], [1,1/2], [3,2], [5,3]]:
> y1:= LeastSquares(XY, x);
```

$$y1 := -\frac{71}{58} + \frac{221}{232}\, x$$

Ohne Vorgabe einer anzupassenden Funktion berechnet **LeastSquares** eine lineare Approximation. Es soll nun geprüft werden, ob ein Polynom 2. Grades beim vorliegenden Beispiel eine genauere Anpassung bringt. Der Vergleich erfolgt durch Darstellung der Lösungsfunktionen in einer gemeinsamen Grafik.

```
> y2:= LeastSquares(XY, x, curve=a*x^2+b*x+c);
```

$$y2 := -\frac{523}{469} + \frac{5987}{3752}x - \frac{593}{3752}x^2$$

```
> with(plots):
> multiple(plot,[XY,color=black,style=point,symbolsize=20], [y1,x=-
1..5,color=blue],[y2,x=-1..5,color=black], gridlines);
```

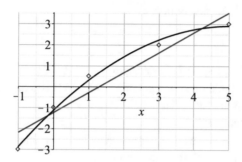

Soll einer der Parameter der Funktion frei bleiben, dann muss man die anzupassenden Parameter in der Option **params** angeben.

```
> y3:= LeastSquares(XY, x, curve=a*x^2+b*x+c, params={b,c});
```

$$y3 := -\frac{71}{58} - \frac{20}{29}a + \left(\frac{221}{232} - \frac{118}{29}a\right)x + a\,x^2$$

6.4.2 Befehle Fit, LinearFit und NonlinearFit des Pakets Statistics

Das Paket **Statistics** (Maplesoft 2015) ist ein sehr umfangreiches Paket für statistische Untersuchungen. Es enthält mehrere Befehle für die Berechnung von Approximations-funktionen unter Verwendung der Methode der kleinsten Quadrate. Diese liefern auch Informationen, mit denen man die Qualität der Approximation beurteilen bzw. vergleichen kann. Außerdem stellt Statistics neben vielen anderen Befehlen auch solche für die grafische Ausgabe von Ergebnissen zur Verfügung, die im Folgenden zwar verwendet, aber nicht explizit beschrieben werden. Beispiele dafür sind die Befehle **ScatterPlot** und **ScatterPlot3D** für die Darstellung von Streudiagrammen.

Die Befehle **Fit**, **LinearFit** und **NonlinearFit** dienen der Approximation algebraischer Modellfunktionen. Der Befehl **Fit** bestimmt, ob die Modellfunktion bezüglich der Modellparameter linear oder nichtlinear ist und führt dann entweder den Befehl **LinearFit** oder **NonlinearFit** aus. Welche Funktion im konkreten Fall aufgerufen wird, ist ersichtlich, wenn die Variable **infolevel[Statistics]** auf einen Wert gleich oder größer Eins gesetzt wird. Mit **LinearFit** können nicht nur Funktionen mit einer unabhängigen

Variablen (einfache lineare Regression), sondern auch mit mehreren unabhängigen Variablen (multiple lineare Regression) approximiert werden. Die drei Befehle haben folgende allgemeine Formen:

- **Fit**(falg, X, Y, v, optionen)
- **LinearFit**(falg1, X, Y, v, optionen)
- **NonlinearFit**(falg1, X, Y, v, optionen)

Parameter:

falg	Modellfunktion; algebraischer Ausdruck
falg1	Komponentenfunktionen in algebraischer Form (Liste oder Vektor)
X	Vektor oder Matrix der Stützstellen
Y	Vektor der Stützwerte
V	Name oder Liste von Namen der unabhängigen Variablen

optionen: **output, weigths** und **confidencelevel**

Die Art der Ergebnisausgabe wird bei allen drei Befehlen über die Option **output** gesteuert. Folgende Attribute kann man für output einzeln oder als Liste vorgeben:

leastsquaresfunction, parametervalues, parametervector, residualsumofsquares, degreesoffreedom, residualmeansquare, residual-standarddeviation, residual.

Ohne Angabe von Optionen liefern die Befehle nur das angepasste Modell. Bei den Befehlen **LinearFit** und **NonlinearFit** ist neben der algebraischen Form des Modells auch eine "Operatorform", bei der das Modell durch Prozeduren beschrieben wird, zulässig. Bei der Routine **LinearFit** sind für die Option **output** noch weitere Angaben möglich. Dazu gehören u. a. *standarderrors* und *confidenceintervals*.

6.4.2.1 Einfache Regression mit Fit bzw. LinearFit

Beispiel: 5 Stützpunkte
Für die Approximation wird ein Polynom 1. Grades vorgegeben und es werden die gleichen Stützpunkte wie im obigen Beispiel verwendet.

```
> restart: with(Statistics): with(plots):
> interface(displayprecision=3):
> X:= Vector([-1, 0, 1, 3, 5]):
> Y:= Vector([-3, -1, 1/2, 2, 3]):
> y:= Fit(a + b*t, X, Y, t);
```

$$y := -1.224 + 0.953\, t$$

Die Stützpunkte und die Approximationsfunktion sollen in einem gemeinsamen Diagramm dargestellt werden. Der Befehl **ScatterPlot** erzeugt ein Streudiagramm und stellt eine Alternative zur Verwendung des Befehls **pointplot** der Pakets **plots** dar.

```
> streudiagramm:= (X, Y, symbolsize=20):
> py:= plot(y, x=-1..5, color=red):
> display(py, streudiagramm);
```

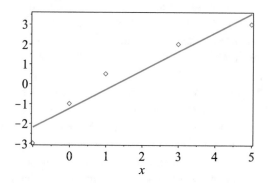

Durch die folgenden Befehle werden für die lineare und die quadratische Approximation die Residuen, d. h. die Differenzen zwischen den Stützwerten und den Werten der angepassten Funktion an den betreffenden Stützstellen, und die Standardabweichungen der Residuen berechnet. Sowohl der Vergleich der Werte der Residuen als auch der Standardabweichungen zeigt für die vorgegebenen Stützpunkte die wesentlich genauere Anpassung bei der Wahl eines quadratischen Polynoms.

```
> Fit(a + b*t, X, Y, t, output=[residuals,residualstandarddeviation]);
```
$$\left[\left[\ -0.823\ \ 0.224\ \ 0.772\ \ 0.366\ -0.539\ \right],\, 0.763\right]$$
```
> Fit(a + b*t + c*t^2, X, Y, t,
      output=[residuals,residualstandarddeviation]);
```
$$\left[\left[\ -0.131\ \ 0.115\ \ 0.178\ -0.249\ \ 0.088\ \right],\, 0.257\right]$$

6.4.3   Die Befehle ExponentialFit, LogarithmicFit, PolynomialFit und PowerFit

Syntax	Approximation
ExponentialFit(X, Y, v, options)	Exponentialfunktion $y = ae^{bx}$ (exponentielle Regression)
LogarithmicFit(X, Y, v, options)	Logarithmische Funktion $y = a + b\ln(x)$ (logarithmische Regression)
PolynomialFit(X, Y, v, options)	Polynomfunktion mit dem Grad d
PowerFit(X, Y, v, options)	Potenzfunktion $y = ax^b$

Neben Polynomen ist ggf. die Wahl anderer Approximationsfunktionen sinnvoll, beispielsweise von Exponentialfunktionen, Potenzfunktionen oder logarithmische Funktionen. Die Befehle **ExponentialFit, LogarithmicFit** und **PowerFit** berechnen die Parameter des Approximationsmodells, indem sie dieses in ein lineares Modell transformieren und dann den Befehl LinearFit ausführen. Die für LinearFit zulässigen Optionen sind also auch bei ihnen einsetzbar. Es ist jedoch insbesondere bei den output-Optionen (z. B. residuals) zu beachten, dass sich diese immer auf das transformierte Modell beziehen.

    PowerFit passt eine Funktion $y = a \cdot x^b$ durch Anwendung der Methode der kleinsten Quadrate an die transformierte Modellfunktion $\ln(y) = a_0 + b \cdot \ln(x)$ mit $a_0 = \ln(a)$ an. Diese Funktion ist in den Modellparametern a_0 und b linear, kann also durch Anwendung des Algorithmus für lineare Funktionen angepasst werden, wenn statt der x- und y-Werte jeweils die $\ln(x)$- und $\ln(y)$-Werte eingesetzt werden. Der gesuchte Wert des Parameters a folgt dann aus der Beziehung $a = e^{a_0}$. Die Approximation geschieht durch Minimierung der Quadratsumme der Residuen. Dabei ist das i-te Residuum der Wert $\ln(y) - a_0 - b \cdot \ln(x)$ am i-ten Datenpunkt. Das ist beim Vergleich der ausgegebenen Werte der Residuen und der darauf basierenden Kennziffern mit anderen Rechnungen bzw. mit einer grafischen Darstellung der Ergebnisse zu beachten.

    Beim Befehl **LogarithmicFit** berechnet sich das Residuum am i-ten Datenpunkt aus $y - a - b \cdot \ln(x)$.

Beispiel

```
> infolevel[Statistics]:= 2:
> X:= Vector([0.1, 1, 2, 3, 4, 5]):
> Y:= Vector([0.5, 3/2, 2, 2.7, 2.8, 3]):
```

Approximation durch eine Potenzfunktion:

```
> fp:= PowerFit(X, Y, v, output=[leastsquaresfunction, residuals,
                residualstandarddeviation]);
In PowerFit. Transforming to linear model
final value of residual sum of squares: .0106375314827503
```

$$fp := \left[1.483\, v^{0.468}, \left[\begin{array}{cccccc} -0.009 & 0.012 & -0.025 & 0.085 & -0.013 & -0.049 \end{array} \right], 0.052 \right]$$

Die Ausgabe der Ergebnisse fp erfolgt als Liste. Deren erstes Element ist die angepasste Funktion, danach folgt die Liste der Residuen und das letzte Element gibt die Standardabweichung der Residuen an.

Nachrechnung einzelner Residuen:
Residuum an der Stützstelle 1:

```
> ln(0.5)-ln(1.483)-0.468*ln(0.1);
```
$$-0.010$$

Residuum an der Stützstelle 6:

```
> ln(3.)-ln(1.483)-0.468*ln(5.);
```
$$-0.049$$

Die tatsächliche Differenz zwischen approximiertem Wert und vorgegebenen Stützwert y beträgt an der 6. Stützstelle mit $x=5$

```
> 1.483*5^0.468 - 3.;
```
$$0.150$$

Grafische Darstellung der Ergebnisse:

```
> stuetzpunkte:= pointplot(X, Y, color=black, style=point,
                           symbolsize=20):
> pp:= plot(fp[1], v=0..5, color=blue):
> display(stuetzpunkte, pp, gridlines);
```

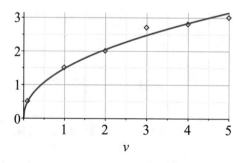

Anpassung durch eine Logarithmusfunktion:

```
> flog:= LogarithmicFit(X, Y, v, output=[leastsquaresfunction,
                        residuals, residualstandarddeviation]);
In LogarithmicFit
final value of residual sum of squares: .257770149765216
Summary:
----------------
Model: 1.8170092+.64306024*ln(v)
----------------
Coefficients:
             Estimate  Std. Error  t-value    P(>|t|)
Parameter 1   1.8170     0.1086    16.7298    0.0001
Parameter 2   0.6431     0.0784     8.1976    0.0012
----------------
R-squared: 0.9438, Adjusted R-squared: 0.9298
```

$$flog := \left[1.82 + 0.643 \ln(v), \left[0.164 \quad -0.317 \quad -0.263 \quad 0.177 \quad 0.0915 \quad 0.148 \right], 0.254 \right]$$

```
> pl:= plot(flog[1], v=0..5, color=blue):
> display(stuetzpunkte, pl, gridlines); #Plot 6.4-4
```

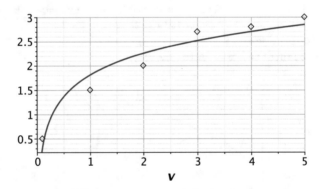

Beim Befehl **LogarithmicFit** berechnet sich das Residuum am i-ten Datenpunkt aus
$y - a - b \cdot \ln(x)$.

Vor der Verwendung der Befehle **ExponentialFit**, **Logarithmic-Fit** und **PowerFit** sollte ein Diagramm der Stützpunkte angefertigt werden, anhand dessen die Auswahl vorgenommen wird. Diese allgemein gültige Empfehlung ist bei der Verwendung der genannten Befehle besonders wichtig, weil durch die Transformationen die Kontrolle der Fehler der Approximation schwieriger ist.

6.5 Approximation von Magnetisierungskennlinien

6.5.1 Modellierung mittels Spline-Interpolation

Beispiel: Modellierung der Magnetisierungskurve H(B) für Dynamoblech
Eine durch Stützpunkte (H_i, B_i) vorgegebene Magnetisierungskennlinie soll mithilfe
kubischer Splines approximiert werden.

```
> restart: with(plots, display):
> interface(displayprecision=4):
```

Stützpunkte (H[A/m], B [T]) für Dynamoblech:

```
> Hdata:= [-120000,-57000,-31000,-20000,-13000,-7500,-4000,-2000,
          -1100,-700,-500,-300,-200,0,200,300,500,700,1100,2000,
          4000,7500,13000,20000,31000,57000,120000]:
> Bdata:= [-2.2,-2.1,-2.0,-1.9,-1.8,-1.7,-1.6,-1.5,-1.4,-1.3,-1.2,
          -1.0,-0.8,0,0.8,1.0,1.2,1.3,1.4,1.5,1.6,1.7,1.8,1.9,
          2.0,2.1,2.2]:
```

Berechnung der Spline-Funktionen:

```
> with(CurveFitting):
> H:= Spline(Bdata, Hdata, B, degree=3);
```

$$H := \begin{cases} 1.4620 \cdot 10^6 + 7.1909 \cdot 10^5 \cdot B - 8.9087 \cdot 10^6 (B + 2.2000)^3 & B < -2.1000 \\ 8.9183 \cdot 10^5 + 4.5183 \cdot 10^5 \cdot B - 2.6726 \cdot 10^6 (B + 2.1000)^2 + 7.5435 \cdot 10^6 (B + 2.1000)^3 & B < -2.0000 \\ 2.5622 \cdot 10^5 + 1.4361 \cdot 10^5 \cdot B - 4.0957 \cdot 10^5 (B + 2.0000)^2 + 7.3485 \cdot 10^5 (B + 2.0000)^3 & B < -1.9000 \\ \dots \end{cases}$$

Das Ergebnis wird hier aus Platzgründen nur andeutungsweise dargestellt.

Bildung der Funktion $fH = H(B)$:

```
> fH:= unapply(H,B);
```

$$fH := B \to piecewise(B < -2.1000, \; 1.4620 \cdot 10^6 + 7.1909 \cdot 10^5 B - 8.9087 \cdot 10^6 (B + 2.2000)^3, \dots)$$

Aus dem oben genannten Grund wird auch auf die vollständige Darstellung dieser Funktion verzichtet.

```
> plotdata:= plot(Bdata, Hdata, style=point, symbolsize=14):
> splineplot:= plot(fH, -2..2, gridlines):
> display(plotdata, splineplot, labels=["B","H"]);
```

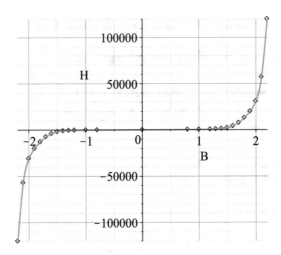

Bei manchen Anwendungen wird die Ableitung *dH(B)/dB* der Magnetisierungsfunktion benötigt. Diese kann auch von Funktionen, die mit **piecewise** definiert wurden, ermittelt werden.

```
> dH:= D(fH):
```

$$dH := B \rightarrow piecewise\,(B < -2.1000, 7.1909 \cdot 10^5 - 2.6726 \cdot 10^7\,(2.2000 + B)^2, B = -2.1000, Float\,(undefined),\ldots)$$

```
> plot(dH,-2.2..2.2, numpoints=1000, labels=["B","dH"]);
```

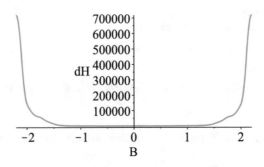

An den Knotenpunkten der Funktion, den vorgegebenen Stützpunkten, ist die Ableitungsfunktion nicht definiert. Die Wahrscheinlichkeit, dass bei einer nachfolgenden Rechnung Argumente benutzt werden, die mit Werten der Liste Bdata identisch sind, ist zwar gering, sollen jedoch Fehlermeldungen generell ausgeschlossen werden, dann muss man vor der Anwendung der Funktion dH(B) das Ergebnis für das Argument B mit dem Befehl **type** prüfen und B gegebenenfalls durch Addition eines sehr geringen Betrags modifizieren.

```
> type(dH(1.29), NumericClass(Float(undefined)));
```

$$false$$

```
> type(dH(1.30), NumericClass(Float(undefined)));
```

$$true$$

Keinesfalls sollten durch Interpolation gewonnene Funktionen extrapolativ, d. h. über den Bereich der Stützstellen hinaus, verwendet werden. Dass besonders die Ränder der Spline-Funktionen sehr kritisch betrachtet werden müssen, zeigt die obige Graphik dH = f(B). Lediglich bei Spline-Funktionen 1. Grades bilden sich an den Rändern keine Schwingungen aus, sodass eine Extrapolation im Fall der Magnetisierungkennlinie im gesättigten Bereich vertretbar sein kann.

6.5.2 Modellierung von H(B) mittels sinh-Funktion

Unter den im Abschn. 4.6.2.1 beschriebenen Bedingungen ist die Funktion **sinh** zur Nachbildung der Magnetisierungskennlinie geeignet. Im folgenden Beispiel werden als Stützpunkte der Approximation die Werte eines kalt gewalzten, kornorientierten Blechs verwendet.

Beispiel: Magnetisierungskurve H(B) für kalt gewalztes, kornorientiertes Blech

```
> restart: with(plots): with(Statistics):
```

Notierung der Stützstellen B und der zugehörigen Stützwerte H in Form zweier Listen:

```
> Bdata:= [0,1.6,1.8,1.9,2.0,2.1]:        # Liste der B-Werte
> Hdata:= [0,500,1000,2000,4000,9000]:    # Liste der H-Werte
```

Anpassung der sinh-Funktion:

```
> H:= Fit(a*B+b*sinh(c*B), Bdata, Hdata, B);
Warning, limiting number of iterations reached
```

$$H := 182.6573\,B + 0.0004\,\sinh(8.3282\,B)$$

Eine grafische Darstellung soll einen ersten Eindruck von der Güte der Anpassung vermitteln.

```
> mkqplot:= plot(H, B=-2.1..2.1, gridlines):
> plotdata:= plot(Bdata, Hdata, style=point, symbolsize=14):
> display(plotdata,mkqplot,labels=["B","H"],
          labelfont=[TIMES,12,BOLD]);
```

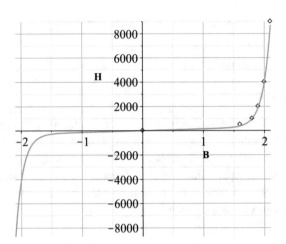

Offensichtlich ist die Anpassung schon recht gut, allerdings lässt die ausgegebene Warnung vermuten, dass noch eine Verbesserung möglich sein könnte. Experimente mit unterschiedlichen Werten des Parameters c ergaben, dass sich der geringste Werte der Standardabweichung der Residuen für $c = 8{,}72$ ergibt. Zur genaueren Kontrolle werden auch die Residuen der H-Werte berechnet.

```
> R:= Fit(a*B+b*sinh(8.72*B), Bdata, Hdata, B,
          output=[residuals, residualstandarddeviation]);
```

$$R := \left[\left[-7.3008 \ 10^{-13} \ \ 10.7129 \ -49.3239 \ 62.6257 \ -28.1996 \ 4.3109 \right], 42.6714\right]$$

Der Vergleich der Residuen mit den vorgegebenen H-Werten zeigt eine relativ gute Anpassung. Für den gefundenen Wert des Parameters c wird nun die Funktion $fH = H(B)$ bestimmt:

```
> H:= Fit(a*B+b*sinh(8.72*B), Bdata, Hdata, B);
```

$$H := 237.9513 \ B + 0.0002 \ \sinh(8.7200 \ B)$$

```
> fH:= unapply(H,B);
```

$$fH := B \rightarrow 237.9513 \ B + 0.0002 \ \sinh(8.7200 \ B)$$

Die berechneten Werte der Residuen und deren Standardabweichung werden auf einem anderen Weg überprüft. Für die Standardabweichung gilt die Formel

$$SA = \sqrt{\frac{1}{n-p} \sum_{k=1}^{n} (x - \hat{x})^2}$$

Dabei ist n die Anzahl der Stützpunkte, p die Zahl der mit diesen berechneten Parameter bzw. $f = n{-}p$ die Zahl der Freiheitsgrade. Der folgende **map**-Befehl wendet die Funktion *fH* auf alle B-Werte der Liste *Bdata* an, berechnet also die zugehörigen approximierten H-Werte.

```
> appH:= map(fH,Bdata);   # approximierte Werte
```
$$appH := [\,0.0000,\ 489.2871,\ 1049.3239,\ 1937.3743,\ 4028.1996,\ 8995.6891\,]$$

Die Residuen ergeben sich als Differenzen von vorgegebenen und approximierten H-Werten.

```
> R:= Hdata-appH;         # Residuen
```
$$R := [\,0.0000,\ 10.7129,\ -49.3239,\ 62.6257,\ -28.1996,\ 4.3109\,]$$
```
> QR:= seq(R[i]^2, i=1..6):  # Quadrate der Residuen
```

Die Zahl der ermittelten Parameter ist $p = 2$ (a und b), die Zahl der Freiheitsgrade daher 6 minus 2 gleich 4.

```
> SA:= sqrt(sum(QR[k],k=1..6)/4); # Standardabweichung der Residuen
```
$$SA := 42.6714$$

Es ist einleuchtend, dass die Qualität der Anpassung der sinh-Funktion i. Allg. schlechter wird, wenn man den Bereich, für den die Anpassung erfolgen soll, vergrößert. Für die Modellierung sehr großer Bereiche der Magnetisierungskennlinie muss man daher entweder auf Genauigkeit verzichten oder eine andere Art der Modellierung, beispielsweise die Spline-Interpolation, wählen. Unter Umständen kann man die Anpassung auch durch unterschiedliche Wichtung der Stützpunkte verbessern, d. h. durch Nutzung der Option **weights.** Die folgenden zwei Anweisungszeilen beschreiben diesen Weg, verringern aber im vorliegenden Beispiel den Anpassungsfehler nicht.

```
> Gewichte:= Vector([1,2,2,1,1,1]):
> H:= Fit(a*B+b*sinh(c*B), Bdata, Hdata, B, weights=Gewichte,
    output=[leastsquaresfunction,residuals,residualstandarddeviation]);
```

$$H := \Big[\,235.5794\,B + 0.0002\,\sinh(8.7798\,B),$$
$$\big[\,0.0000\ \ -35.1235\ \ 69.6890\ \ -82.7931\ \ 7.0728\ \ 2.2267\,\big], 65.8278\,\Big]$$

6.5.3   Abschnittsweise Modellierung von B(H) mit rationaler Interpolation

Die Magnetisierungskurve B = f(H) wird in der Praxis oft in mehrere Abschnitte zerlegt und mit verschiedenen Maßstäben für die magnetische Feldstarke H dargestellt. Nach diesem Prinzip wird auch bei der folgenden Modellierung unter Verwendung der rationalen Interpolation vorgegangen.

Beispiel: Magnetisierungskurve B(H) von Dynamoblech

```
> restart:
> with(CurveFitting): with(plots): setcolors=["CornflowerBlue"]:
```

Stützstellen und Stützwerte; Material Dynamoblech; B in Tesla, H in A/cm

```
> Bdata:= [0, 40, 90, 112, 127, 134, 138,  141, 160, 176, 203, 219]:
> Hdata:= [0,100,200,300,500,700,900,1100,4000,10000,40000,100000]:
> Stuetzpunkte:= zip(`[]`,Hdata,Bdata);
```

$$Stuetzpunkte := [\,[\,0,0\,],\,[\,100,40\,],\,[\,200,90\,],\,[\,300,112\,],\,[\,500,$$
$$127\,],\,[\,700,134\,],\,[\,900,138\,],\,[\,1100,141\,],\,[\,4000,160\,],$$
$$[\,10000,176\,],\,[\,40000,203\,],\,[\,100000,219\,]\,]$$

```
> Punkte1:= Stuetzpunkte[1..6];
```

$$Punkte1 := [\,[\,0,0\,],\,[\,100,40\,],\,[\,200,90\,],\,[\,300,112\,],\,[\,500,127\,],$$
$$[\,700,134\,]\,]$$

```
> B1:= RationalInterpolation(Punkte1, H);
```

$$B1 :=$$
$$\left(-54794256000\,H^2 + 137035200000\,H\right)\Big/\left(97547\,H^3\right.$$
$$\left. - 504681000\,H^2 + 37650970000\,H - 12171810000000\right)$$

```
> fB1:= unapply(B1, H):
> multiple(plot,[Punkte1,color=black,style=point,symbolsize=20],
[fB1,0..700], gridlines, labels=["H in A/cm","B in T"]);
```

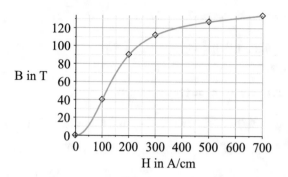

```
> Punkte2:= Stuetzpunkte[5..10];
```

$$Punkte2 := [\,[\,500, 127\,], [\,700, 134\,], [\,900, 138\,], [\,1100, 141\,],$$
$$[\,4000, 160\,], [\,10000, 176\,]\,]$$

```
> B2:= RationalInterpolation(Punkte2, H);
```

$$B2 := \big(-15752006520000\,H^2 - 12621162879360000\,H$$
$$+ 5504897063040000000\big)\big/\big(793373\,H^3 - 93280665200\,H^2$$
$$- 114422423570000\,H + 43080348140000000\big)$$

```
> fB2:= unapply(B2, H):
> multiple(plot,[Punkte2,color=black,style=point,symbolsize=20],
          [fB2,500..10000], gridlines, labels=["H in A/cm","B in T"]);
```

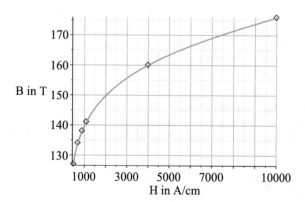

```
> Punkte3:= Stuetzpunkte[7..12];
```

$$Punkte3 := [\,[\,900, 138\,], [\,1100, 141\,], [\,4000, 160\,], [\,10000, 176\,],$$
$$[\,40000, 203\,], [\,100000, 219\,]\,]$$

```
> B3:= RationalInterpolation(Punkte3, H);
```

$$B3 := \big(-23189612207228570400\,H^2 - 26684698669711913760000\,H$$
$$- 6481046530873011840000000\big)\big/\big(3985750763\,H^3$$
$$- 10438908136678260\,H^2 - 176322340179834288000\,H$$
$$- 6746332677568256000000\big)$$

```
> fB3:= unapply(B3, H):
> multiple(plot,[Punkte3,color=black,style=point,symbolsize=20],
         [fB3,900..100000], gridlines, labels=["H in A/cm","B in T"]);
```

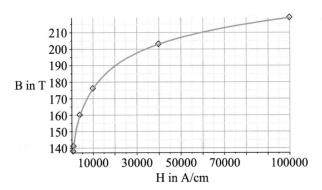

Literatur

Maplesoft. (2015). *Package Statistcs – Help.*
Schwarz, H. R. (1997). *Numerische Mathematik.* Stuttgart: B. G. Teubner.
Überhuber, C. (1995). *Computer-Numerik* (Bd. 1). Berlin, Heidelberg, New York: Springer-Verlag.

MapleSim und das MapleSim-API

7

7.1 Objektorientierte Modellierung und Modelica®

MapleSim ist ein Werkzeug zur objekt- bzw. komponentenorientierten multidisziplinären Modellierung und Simulation physikalischer und technischer Systeme. Es basiert auf **Modelica** (Otter et al. 1999; Tiller 2001; Fritzson 2011; Tiller n. d.) und stützt sich auf die symbolischen und numerischen Fähigkeiten von **Maple.** Der Inhalt dieses Kapitels kann nur eine einführende Beschreibung von **MapleSim** vermitteln, weil dieses System mit seinen Verbindungen zu Maple, zur Sprache Modelica und zu den Bibliotheken von Modelica außerordentlich komplex ist. Ebenso wie bei Maple ist man auch bei MapleSim auf die Unterstützung durch **MapleSim-Help,** das sehr umfangreiche Hilfe-System von MapleSim, angewiesen. Auch das Handbuch (Maplesoft 2018) bietet mit Erläuterungen und Tutorien eine ausführliche Einführung.

7.1.1 Die Modellierungssprache Modelica

Modelica wurde von der Modelica Association entwickelt (www.modelica.org) und zeichnet sich u. a. durch folgende Merkmale aus:

- Modellkomponenten aus unterschiedlichen Fachgebieten (Elektrotechnik, Mechanik, Hydraulik, Thermodynamik usw.)
- Direkte Modellierung von Energieflüssen und damit von physikalischen Bedingungen, wie Gleichgewichtsbedingungen und Kirchhoffsche Gesetze
- Hierarchischer Modellaufbau
- Unterstützung einer effizienten Simulation (Ereignisbehandlung usw.)
- Umfangreiche, frei verfügbare Standardbibliotheken

© Springer Fachmedien Wiesbaden GmbH, ein Teil von Springer Nature 2020
R. Müller, *Modellierung, Analyse und Simulation elektrischer und mechanischer Systeme mit Maple™ und MapleSim™*, https://doi.org/10.1007/978-3-658-29131-0_7

Eingesetzt wird Modelica in Verbindung mit einer grafischen Entwicklungsumgebung, mit deren Unterstützung der Anwender Modelle aus Komponenten in Form von Objektdiagrammen (siehe Abb. 7.4) aufbauen kann. Die einzelnen Komponenten (Objekte, Baugruppen, Bauteile) eines solchen Diagramms sind über Schnittstellen (Konnektoren) untereinander verbunden. Die Verbindungen (ungerichtet oder gerichtet) entsprechen den physikalischen Verbindungen im realen System. Die Komponenten sind i. Allg. hierarchisch aus einfacheren Komponenten aufgebaut oder werden intern durch Differentialgleichungen und algebraische Gleichungen beschrieben (Otter 1999, 2009).

Unter dem Gesichtspunkt der Behandlung komplexer Systeme mit mehreren unterschiedlichen physikalischen Medien werden bei der objektorientierten Modellierung Variablen für die Kopplung der Teilsysteme gewählt, die allgemeingültig sind. Diese Bedingung ist erfüllt, wenn die Variablen den Energieaustausch der Teilsysteme definieren. Jeder Energiefluss wird durch das Produkt einer Potentialvariablen e_i und einer Flussvariablen f_i beschrieben.

$$\frac{dE}{dt} = \sum_{i=1}^{n} e_i \cdot f_i \quad \text{Summe der Energieflüsse}$$

(7.1)

$E \ldots$ Gesamtenergie eines Systems

Wenn die Energie an einem Punkt zusammenfließt und in diesem Punkt keine Energie gespeichert wird, dann muss die Summe der zufließenden Energien Null sein. Weil außerdem an einem Knotenpunkt die Potentiale identisch sind, folgt

$$\sum_{i=1}^{n} e_i \cdot f_i = e \cdot \sum_{i=1}^{n} f_i = 0$$

und damit

(7.2)

$$\sum_{i=1}^{n} f_i = 0$$

Diese Eigenschaft von f_i kommt beispielsweise in der Elektrotechnik im Kirchhoffschen Knotenpunktsatz und in der Mechanik im Newtonschen Gesetz *actio = reactio* zum Ausdruck. Es sind somit zwei Arten von Verbindungsgleichungen zu unterscheiden:

1. Verbundene Variablen, die den gleichen Wert haben, z. B. elektrisches Potential, Druck, Dichte. Man bezeichnet diese Variablen als **Potentialvariablen** (engl.: through variables).
2. Verbundene Variablen, deren Summe auf einen Knotenpunkt bezogen Null ist, z. B. elektrischer Strom, Kraft, Moment, Wärmefluss, Massenstrom. Diese Variablen bezeichnet man als **Flussvariablen** (engl.: flow variables) (Tab. 7.1).

Für die Nutzung von MapleSim ist die Beherrschung der Sprache Modelica nicht erforderlich, jedoch ist es zweckmäßig einige Grundlagen derselben zu kennen, beispielsweise um bestimmte Bezeichnungen von Modellvariablen zu interpretieren. Als

Tab. 7.1 Schnittstellenvariable in der Modelica-Bibliothek

Typ	Potentialvariable e	Energieträger	Flussvariable f
Elektrisch	u: elektrisches Potential	q: Ladung	$dq/dt = i$: elektr. Strom
1D-translatorisch	s: Weg, Position[a]	p: Impuls	$dp/dt = F$: Kraft
1D-rotatorisch	φ: Winkel 1	L: Drehimpuls	$dL/dt = \tau$: Moment
Hydraulisch	p: Druck	M: Masse	dM/dt: Massenstrom
Thermisch	T: Temperatur	S: Entropie	$dS/dt = Q$: Wärmestrom

[a]Potentialvariablen wären, wenn man von Analogiebetrachtungen bzw. von Gl. (7.1) ausgeht, die Geschwindigkeit v bzw. die Winkelgeschwindigkeit ω. Aus praktischen Erwägungen (z. B. soll ein Stellantrieb eine bestimmte Position anfahren) wurde aber die Festlegung nach Tab. 7.1 gewählt (Otter, Objektorientierte Modellierung und Simulation von Antriebssystemen, 2009)

erstes Beispiel wird die Komponente *Resistor*, d. h. das Modell eines ohmschen Widerstands gewählt. Dessen grafische Modelica-Darstellung zeigt Abb. 7.1.

Die Einbindung der Komponente R in ein elektrisches Netzwerk erfolgt über zwei Konnektoren, bei Komponenten der Bibliothek *Electrical* Pins genannt und mit p (plus; gefülltes Rechteck) und n (minus) bezeichnet. Variablen des Modells sind die Ströme i_p und i_n sowie die Potentiale v_p und v_n. (Modelica verwendet v statt u für elektrische Spannungen bzw. Potentiale). Das mathematische Modell nimmt damit folgende Form an:

$$0 = i_p + i_n$$
$$v = v_p - v_n$$
$$i = i_p; \quad v = R \cdot i$$

Die Richtung des Stromes i im Widerstand R ist demnach identisch mit der Richtung von i_p, d. h. mit der Richtung des Stromes am positiven Pin. In MapleSim setzen sich dann die Variablenbezeichnungen aus dem Namen des jeweiligen Bauelements, z. B. R1, und dem Namen der Potential- oder Flussgröße zusammen, also beispielsweise R1.p.i bzw. R1_p_i(t) für den Strom am Pin p. Sinngemäß ist R1_p_v das Potential am Pin p (gegen Masse) und R1_v der Spannungsabfall über R1, also die Differenz R1_p_v – R1_n_v.

Das in der Modelica-Bibliothek befindliche Modell des ohmschen Widerstands ist allerdings noch allgemeiner formuliert, und zwar unter Berücksichtigung einer möglichen Temperaturabhängigkeit des Widerstands, wobei die Temperatur optional über einen dritten Pin erfasst wird. Dieses allgemeinere Modell stützt sich auf das im

Abb. 7.1 Objektdiagramm des einfachen ohmschen Widerstands

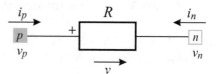

Folgenden dargestellte Teilmodell **OnePort,** in dessen Modelica-Notierung man obige Gleichungen erkennt (Help-System von MapleSim).

```
partial model OnePort
"Component with two electrical pins p and n and current i from p to n"
  SI.Voltage v "Voltage drop between the two pins (= p.v - n.v)";
  SI.Current i "Current flowing from pin p to pin n";
  PositivePin p
    "Positive pin (potential p.v > n.v for positive voltage drop v)";
  NegativePin n "Negative pin";
equation
  v = p.v - n.v;
  0 = p.i + n.i;
  i = p.i;
end OnePort;
```

Die Beziehung $v = R \cdot i$ findet sich in der Notierung für den temperaturabhängigen Widerstand, auf deren Darstellung hier verzichtet wird, die aber im Help-System von MapleSim zu finden ist. Im Gegensatz zu Abb. 7.1 verwendet MapleSim für die grafische Darstellung des Widerstands (Resistors) die aus Abb. 7.12 ersichtliche Form.

7.1.2 Modelica-Bibliotheken

Die praktische Verwendung von Modelica wird durch vorgefertigte Modelica-Komponentenbibliotheken sehr vereinfacht. Die Modelica-Gruppe erstellte eine umfangreiche, frei verfügbare Modelica-Standardbibliothek, die auch in kommerziellen Produkten eingesetzt wird. Weitere Bibliotheken – freie und kommerzielle – wurden von anderen Organisationen entwickelt und ständig werden weitere erarbeitet. Die Internet-Seite www.modelica.org/libraries bietet eine aktuelle Übersicht über verfügbare freie und kommerzielle Bibliotheken. Die Standardbibliothek ist, wie in Tab. 7.2 dargestellt, nach Unterbibliotheken organisiert.

Beispielsweise findet man in der Bibliothek *Modelica.Mechanics.Rotational* unter anderem die Komponenten Drehmasse, Drehfeder, Dämpfer, Getriebe, Reibungskupplung, Bremse, Sensor und in der Bibliothek *Modelica.Electrical.Analog* solche Komponenten wie Widerstand, Kapazität, Induktivität, Operationsverstärker, Übertragungsleitungen und Halbleiterbauelemente. Als Vorbereitung auf die in diesem Kapitel folgenden MapleSim-Beispiele werden noch die Modelle der Komponenten *Inertia, Clutch* und *Brake* aus der Unterbibliothek *Rotational* kurz vorgestellt.

7.1.3 Die Modelica-Komponente Drehmasse (Inertia)

Das MapleSim-Symbol einer Drehmasse, ergänzt durch Angaben zur Richtungsdefinition der Variablen, zeigt die Abb. 7.2.

Tab. 7.2 Modelica-Standardbibliothek (Otter 2009 und www.modelica.org)

Modelica	Inhalt
.Blocks	Kontinuierliche, diskrete, logische, Ein- und Ausgangsblöcke, Tabellen
.StateGraph	Hierarchische Zustandsmaschinen
.Electrical.Analog	Analoge Komponenten, wie Stromquelle, Widerstand, Diode
.Electrical.Digital	Digitale Komponenten, wie And, Or, Konverter, Signalquellen
.Electrical.Machines	Asynchron-, Synchron- und Gleichstrommaschinen
.Electrical.MultiPhase	Analoge Komponenten für 2, 3 und mehr Phasen
.Electrical.QuasiStationary	Quasistationäre Ein- und Mehrphasen Wechselstromsysteme
.Magnetic	Komponenten für Magnetmaterial, Sensoren, Quellen usw.
.Mechanics.Translational	1-dim. translatorische mechanische Komponenten
.Mechanics.Rotational	1-dim. rotatorische mechanische Komponenten
.Mechanics.Multibody	3-dim. mechan. Komponenten, wie Körper, Gelenke
.Math	Mathemat. Grundfunktionen, Funktionen für Matrizen
.Fluid	1-dim. Thermo-Fluid-Modelle mit Bezug auf Modelica.Media
.Media	Medien (1240 Gase und Mischungen zwischen diesen)
.Thermal.FluitHeatFlow	Komponenten zur Modellierung von Rohrströmungen mit inkompressiblen Medien (z. B. Kühlwassersysteme)
.ThermalHeatTransfer	Einfache Komponenten für Wärmetransportvorgänge
.Utilities	Operationen mit Dateien, Strings usw.
.Constants	Mathematische Konstanten, Naturkonstanten
.SIunits	SI-Einheiten (Modelica-Definitionen)

Abb. 7.2 Drehmasse (Inertia); MapleSim-Symbol mit Richtungsdefinitionen für die Variablen

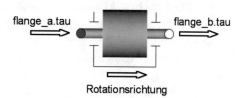

Die Komponente *Inertia* besitzt zwei Verbindungsstellen zu benachbarten Komponenten, Flansche genannt; links den Flansch *flange_a* und rechts den Flansch *flange_b*. Als Flussvariable des Modells wird, wie in Tab. 7.1 angegeben, das Drehmoment und als Potenzialvariable der Drehwinkel verwendet. Die Potenzialgröße Drehwinkel ist auf beiden Seiten der Drehmasse gleich.

$$\varphi_a = \varphi_b = \varphi$$

Die Winkelgeschwindigkeit der Drehmasse ist damit

$$\omega = \frac{d\varphi}{dt}$$

Auf der linken Seite der Drehmasse wirke das Drehmoment τ_a, auf der rechten Seite das Drehmoment τ_b. Für die Beschleunigung einer Drehmasse mit dem Trägheitsmoment J gilt daher mit den im Abb. 7.2 angegebenen Richtungsangaben die Beziehung

$$J\frac{d\omega}{dt} = \tau_a + \tau_b$$

In der Modelica-Notierung von *Inertia* findet man diesen Zusammenhang wie folgt:

```
equation
  phi = flange_a.phi;
  phi = flange_b.phi;
  w = der(phi);
  a = der(w);
  J*a = flange_a.tau + flange_b.tau;
end Inertia;
```

7.1.4   Die Modelica-Komponenten Kupplung (Clutch) und Bremse (Brake)

Diese zwei Komponenten der Bibliothek *Modelica.Mechanics.Rotational* sind für die Modellierung von Antriebssystemen ebenfalls wichtig. Beide Modelle beruhen auf dem Effekt der Reibung (Friktion) und weisen daher große Gemeinsamkeiten auf. Ihre grafischen Modelica- bzw. MapleSim-Symbole zeigt Abb. 7.3.

Die Komponente **Clutch** modelliert eine Kupplung, die im einfachsten Fall aus zwei Platten besteht, die mit je einem Flansch verbunden sind. Eine dieser Platten ist verschiebbar und wird durch eine von außen einwirkende steuerbare Normalkraft *fn* auf die andere Platte gepresst. Das dadurch bei unterschiedlichen Winkelgeschwindigkeiten der Platten entstehende Reibungsdrehmoment τ_{fric} ist eine Funktion des von der relativen

Abb. 7.3 Grafisches Symbol der Kupplung (links) und der Bremse (rechts)

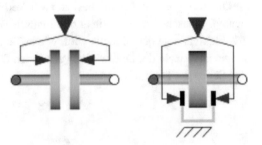

Winkelgeschwindigkeit abhängigen Koeffizienten $\mu(\omega_{rel})$, der Normalkraft f_n und einer Konstanten c_{geo}, die die Geometrie des Geräts berücksichtigt.

$$\tau_{fric} = c_{geo} \cdot \mu(\omega_{rel}) \cdot f_n$$

Typische Werte des Reibungskoeffizienten sind:

trocken: $\mu = 0.2 \ldots 0.4$
in Öl: $\mu = 0.05 \ldots 0.1$

Die Funktion $\mu(\omega_{rel})$ kann man in der Tabelle $\mu_{pos}[\omega_{rel}, \mu(\omega_{rel})]$ definieren (siehe Parameterscheibe des MapleSim-Fensters). Die Einträge sind nach aufsteigenden Werten vom ω_{rel} zu sortieren, wobei der erste Eintrag derjenige für $\omega_{rel} = 0$ sein muss. Standard ist die Einstellung $\mu_{pos}[0, 0.5]$. Die Ermittlung von Zwischenwerten wird zurzeit nur durch eine lineare Interpolation unterstützt.

Die Normalkraft f_n ist das Produkt aus der Eingangsgröße $f_{normalized}$ des Modells (Eingang: Dreieck am Kopf des Symbols) und dem als Parameter vorgegebenen Wert fn_{max}.

$$f_n = fn_{max} \cdot f_{normalized}; \quad f_{normalized} \le 1$$

Für die Geometriekonstante wird in der Modelica-Beschreibung die Formel

$$c_{geo} = \frac{n(r_a + r_i)}{2}$$

angegeben. Dabei ist n die Zahl der Reibungsflächen, r_i der Innenradius und r_a der Außenradius der Platten. Als Standardwert wird $c_{geo} = 1$ angenommen. Normalerweise ist ein genauer Wert dieser Konstanten uninteressant, weil das von der Kupplung übertragene Drehmoment durch das Produkt f_n*c_{geo} eingestellt werden kann. Wichtig für das Übergangsverhalten des Kupplungsmodells ist allerdings die Genauigkeit der Nachbildung der Funktion $\mu(\omega_{rel})$.

Wenn die Normalkraft f_n groß genug ist, dann wird durch das Reibungsmoment der Kupplung die Differenz der Winkelgeschwindigkeiten der beiden Kupplungsflansche nach einer Übergangsphase zu Null. Die beiden Kupplungshälften verhalten sich dann wie fest verbunden und das von der Kupplung übertragbare Drehmoment (Haftreibungsmoment) hat den Wert $\tau_{fric,max}$.

$$\tau_{fric,max} = peak \cdot c_{geo} \cdot \mu(\omega_{rel} = 0) \cdot f_n$$
$$\text{mit}$$
$$peak = \frac{\mu_{max}}{\mu(0)} \ge 1$$

Das in dieser Phase von der Kupplung tatsächlich übertragene Drehmoment wird dann aus dem Drehmoment-Gleichgewicht beider Seiten unter der Voraussetzung berechnet, dass die relative Winkelbeschleunigung Null ist.

Die Kupplungshälften beginnen sich zu lösen, wenn das auf die Kupplung wirkende Drehmoment das Haftreibungsmoment überschreitet bzw. wenn sich durch Veränderung der Anpresskraft *fn* das Haftreibungsmoment verringert. Einen Eindruck von der Umsetzung der beschriebenen Beziehungen in die Modelica-Notierung soll der folgende Ausschnitt aus dem Help-System von MapleSim vermitteln.

```
model Clutch "Clutch based on Coulomb friction "
....
equation
  // Constant auxiliary variable
  mue0 = Modelica.Math.tempInterpol1(0, mue_pos, 2);

  // Relative quantities
  w_relfric = w_rel;
  a_relfric = a_rel;

  // Normal force and friction torque for w_rel=0
  fn = fn_max*f_normalized;
  free = fn <= 0;
  tau0 = mue0*cgeo*fn;
  tau0_max = peak*tau0;

  // friction torque
  tau = if locked then sa*unitTorque
        else if free then 0
        else cgeo*fn*(
          if startForward then
            Modelica.Math.tempInterpol1(w_rel, mue_pos, 2)
          else if startBackward then
            -Modelica.Math.tempInterpol1(-w_rel, mue_pos, 2)
          else if pre(mode) == Forward then
            Modelica.Math.tempInterpol1(w_rel, mue_pos, 2)
          else
            -Modelica.Math.tempInterpol1(-w_rel, mue_pos, 2));
end Clutch;
```

Aus der Modelica-Notierung ist ersichtlich, dass die Unterscheidung zwischen den verschiedenen Zuständen der Kupplung (gelöst, gleitend, fest verbunden, vorwärts und rückwärts drehend) durch mehrere Verzweigungsanweisungen gesteuert wird. Die dafür notwendigen Bedingungen beschreiben Variablen, auf die hier nicht näher eingegangen wird, die auch bei der Nutzung von MapleSim keine Rolle spielen, von denen aber manche bei der Modellanalyse mithilfe des API MapleSim (Abschn. 7.3) angezeigt werden. Der vollständige Modelica-Code des Kupplungsmodells ist unter www.modelica.org/libraries dargestellt.

Das Modell der Bremse **(Brake)** unterscheidet sich von dem der Kupplung dadurch, dass ein Flansch fest ist. Statt ω_{rel} erscheint daher in den entsprechenden Gleichungen die absolute Winkelgeschwindigkeit ω. Unter MapleSim sind für die beiden beschriebenen Modelle folgende Parameter einstellbar: μ_{pos}, *peak*, c_{geo} und fn_{max}.

7.2 Modellierung und Simulation mit MapleSim

7.2.1 Objektdiagramme

Unter MapleSim setzt der Anwender seine Systemmodelle aus einzelnen Bausteinen (Objekten, Komponenten) zusammen, die MapleSim in Bibliotheken zur Verfügung stellt. Zur „Standardausrüstung" gehören die Modelica-Bibliotheken *Signal Blocks, Electrical, 1-D Mechanical, Multibody, Hydraulic, Thermal, Magnetic* und *Examples*. Der Anwender kann aber auch eigene Bibliotheken anlegen. Auf die Bibliothekskomponenten, die in Gruppen auf Paletten zusammengefasst sind, wird über grafische Symbole zugegriffen. Für jede von ihnen ist eine ausführliche Beschreibung über *Help* in ihrem Kontextmenü (rechte Maustaste) abrufbar. Durch Anklicken und Ziehen mit der Maus werden die zum Aufbau eines Modells benötigten Bausteine nacheinander auf ein Arbeitsblatt gezogen, geordnet und durch Einfügen von Verbindungslinien zu einem Objektdiagramm verknüpft (Abb. 7.4). Die Komponenten der Gruppe *1-D Mechanical, Translational* sind in einem 1-D-Koordinatensystem definiert. Dessen positive Richtung wird durch einen grauen Pfeil neben dem Symbol der Komponente angegeben. Bei der Zusammenstellung derartiger Komponenten ist daher darauf zu achten, dass diese Wirkungspfeile alle in die gleiche Richtung zeigen.

Die Verbindungslinien stellen je nach Objekt die physikalischen Verbindungen, z. B. starre mechanische Verbindungen, elektrische oder hydraulische Leitungen, oder auch Signalflüsse, dar (siehe Tab. 7.1).

MapleSim erstellt aus einem vom Anwender konstruierten Objektdiagramm unter Verwendung der internen Komponentenbeschreibungen ein differential-algebraisches Gleichungssystem (DAE), das mittels symbolischer Transformationsalgorithmen in eine für die weitere Verarbeitung effiziente, optimal reduzierte Darstellung umgeformt und dann numerisch gelöst wird. Dadurch erzielt es bei der numerischen Lösung außerordentlich gute Ergebnisse.

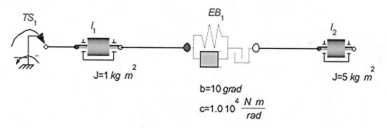

Abb. 7.4 Objektdiagramm zum Zweimassensystem mit Spiel analog 8.8.1

Das in Abb. 7.4 dargestellte Objektdiagramm ist das MapleSim-Modell des Zwei-massensystems mit Spiel. Es wird – wie im Beispiel des Abschn. 9.8.1 – auf der Antriebsseite mit einem Momentensprung beaufschlagt. Die einzelnen Komponenten haben folgende Bedeutung:

I_1, I_2 *Inertia*; träge Massen
EB_1 *Elasto-Backlash*; Feder-Dämpfer-Komponente mit Spiel
TS_1 *Torque Step*; Drehmomentsprung

Für die Auswertung der Simulation stellt MapleSim außerdem eine Reihe von Sensoren zur Verfügung. Folgende Sensoren werden in das obige Objektdiagramm eingefügt:

AS   *Angle Sensor*; Sensor für absoluten Winkel
RAS   *Relative Angle Sensor*; Sensor für Winkeldifferenz

Damit ergibt sich das folgende Objektdiagramm in Abb. 7.5, das in Abb. 7.6 nochmals innerhalb der Arbeitsumgebung von MapleSim dargestellt ist.

Die Komponenten *Probe1* bis *Probe5* legen die „Messpunkte" und die Art der zu erfassenden Werte fest. Die Messfühler *Probe1* und *Probe2* erfassen die Torsionswinkel φ_1 und φ_2, *Probe3* die Winkeldifferenz $\Delta\varphi$, *Probe4* und *Probe5* die Drehmomente τ_1 und τ_2. MapleSim erlaubt es, diese und andere Angaben aus dem Diagramm auszublenden.

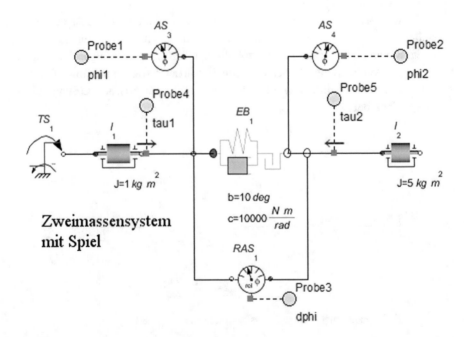

Abb. 7.5 Objektdiagramm mit Sensoren

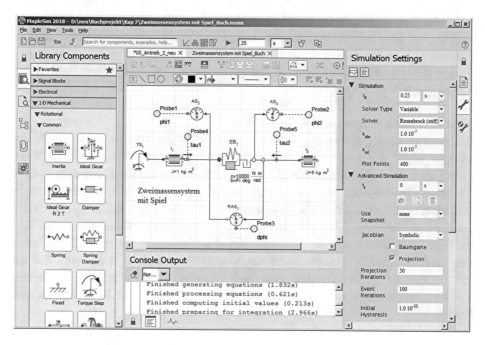

Abb. 7.6 Arbeitsumgebung von MapleSim

Am Symbol der Messfühler (probes) für Flussgrößen, wie elektrische Ströme, Kräfte oder Drehmomente, zeigt ein Pfeil die positive Richtung an. Diese kann man umkehren, indem man im Kontextmenü des Messfühlers (rechte Maustaste) auf den Eintrag *Reverse Probe* klickt.

7.2.2   Das MapleSim-Fenster/ Parametereinstellung

7.2.2.1 Palettenscheibe

Auf der linken Seite des in Abb. 7.6 dargestellten MapleSim-Fensters sind ausschnitts-weise die Paletten sichtbar, über die auf die Bibliothekskomponenten und vorbereitete MapleSim-Beispiele zugegriffen werden kann. Sie sind Teil der Palettenscheibe, auf der über die 5 Symbole am äußersten linken Rand verschiedene Menüs ausgewählt wer-den können, durch die das Erstellen und das Untersuchen von Projekten bzw. Model-len unterstützt wird. Von oben nach unten sind das die Symbole „Library Components", „Local Components", „Model Tree", „Attached Files" und „Add Apps or Templates".

- **Library Components** enthält Paletten mit Beispielmodellen und bereichsspezifischen Bestandteilen, die zu Modellen hinzufügt werden können.
- **Local Components** enthält die Paletten der Subsysteme des aktuell geladenen Modells.

- **Model Tree** zeigt einen Baum für die Navigation durch das aktuelle Modell an.
- **Attached Files** enthält Anhänge zum aktuellen Modell, Dokumente, Parametersätze und CAD-Zeichnungen.
- **Add Apps or Templates** stellt Werkzeuge für Modellentwicklung und Analyse zur Verfügung (siehe Abb. 7.7).

7.2.2.2 Modell-Arbeitsfeld und Konsole

Rechts neben der Komponentenscheibe ist im oberen Teil das Modell-Arbeitsfeld *(Model Workspace)* für den Aufbau bzw. die grafische Darstellung der Modelle angeordnet. Direkt über diesem befindet sich in der Abb. 7.6 die Modell-Werkzeugleiste *(Model Workspace Toolbar)* mit Symbolen für die Gestaltung des Arbeitsfeldes, das Einfügen von Messfühlern usw. Über der Werkzeugleiste liegt die Hauptwerkzeugleiste *(Main Toolbar),* die den Zugriff auf die Simulationsergebnisse, den Modelica-Code, das Starten einer Simulation sowie das Speichern des aktuellen Modells oder das Laden eines gespeicherten Modells erlaubt. Unter der Modell-Werkzeugleiste kann über das auf dieser Leiste befindliche Symbol *Show/Hide Drawing Tools* die *Annotation Toolbar* ein- bzw. ausgeblendet werden. Diese unterstützt das Anfügen von Bemerkungen zum Modell.

Abb. 7.7 Add Apps or Templates

Unter dem Modell-Arbeitsfeld befindet sich die Konsole, auf der die Abläufe bei der Aufbereitung des Modells und der Simulation dokumentiert werden. Über die auf der Leiste unter der Konsole befindlichen Symbole kann man auf die Darstellung weiterer Informationen, wie Meldungen und Hilfetexte umschalten.

7.2.2.3 Parameterscheibe

An der rechten Seite des MapleSim-Fensters befindet sich die Parameterscheibe (siehe Abb. 7.8) mit den drei drei Wahlpunkten *Properties, Simulation Settings* und *Multibody Settings,* die über Symbole am äußersten rechten Rand des Fensters einstellbar sind.

- Unter **Properties** kann man die aktuellen Werte und Einstellungen der Parameter der Modellkomponenten betrachten, sofern diese mit der linken Maustaste markiert wurden. An dieser Stelle kann der Nutzer auch Änderungen der Werte vornehmen.
- Über **Simulation Settings** werden die aktuellen Einstellungen des Simulationssystems vorgenommen. Diese gliedern sich in die zwei Gruppen *Simulation* und *Advanced Simulation.* Unter **Simulation** befinden sich die Vorgaben für die Simulationsdauer t_d, den Typ des Lösungsverfahrens (feste oder variable Schrittweite), das Integrationsverfahren und die Mindestzahl der für die Ergebnisdarstellung erforderlichen Lösungspunkte. Als Integrationsverfahren mit fester Schrittweite stehen *Euler, Implicit Euler* und mehrere Runge-Kutta-Methoden zur Verfügung. Die Integrationsschrittweite ist einstellbar. Bei den Verfahren mit variabler Schrittweite kann man zwischen *RKF45* für nicht-steife Systeme, *CK45* für semi-steife Fälle und *Rosenbrock* (steife Systeme) wählen und außerdem die zulässigen Werte für den absoluten und den relativen Fehler vorgeben. Unter **Advanced Simulation** befindet sich eine Vielzahl weiterer Möglichkeiten zur Steuerung der Simulation. Hier kann die Startzeit t_S der Simulation festgelegt werden, für die ohne diese Einstellung der Wert Null verwendet wird. Außerdem kann man vorgeben, ob bei den impliziten Verfahren (Implicit Euler und Rosenbrock) die Jacobi-Matrix symbolisch oder numerisch formuliert werden soll. Die symbolische Bildung dauert länger, hat aber bei der Simulation einen Zeit- und Genauigkeitsgewinn zur Folge. Bei komplizierteren numerischen Problemen kann es hilfreich sein, die Funktion *Solver Diagnostics* zu aktivieren. Sie liefert am Ende des Simulationslaufs Angaben über gewählte Schrittweiten, behandelte Events, aufgetretene Iterations- und Fehlerbeschränkungen in grafischer Form (siehe Abschn. 7.2.3).
- *MultibodySettings* erlaubt es, anwenderspezifische Optionen für Multibody-Plots vorzugeben.

Der Inhalt der Parameterscheibe ist immer abhängig von der Auswahl im Model Workspace. Die Parameterscheibe kann ebenso wie die Palettenscheibe über das Schloss-Symbol am oberen Scheibenrand ein- bzw. ausgeblendet werden.

Abb. 7.8 Parameterscheibe

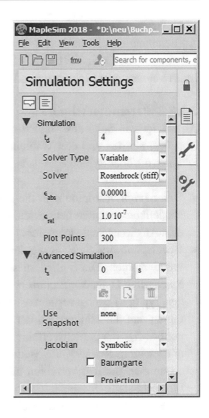

7.2.2.4 Simulationslauf

Nach der Vorgabe aller Parameter wird die Simulation über das dreieckige Symbol in der Symbolleiste des MapleSim-Fensters oder über den Punkt *Simulate* im Menü *File* gestartet und MapleSim führt folgende Schritte aus:

1. Bildung des Gleichungssystems aus dem Modelica-Code der Komponenten des Objektdiagramms
2. Vereinfachung (Optimierung) des Gleichungssystems. Im obigen Beispiel werden von den ursprünglich 65 Gleichungen 60 eliminiert. Es verbleiben also 5 Gleichungen
3. Generierung des Simulationscodes
4. Numerische Integration und Ereignisbehandlung

Danach erscheinen die gewünschten Ergebnisse in einem Plot-Fenster oder auch in mehreren Fenstern auf dem Bildschirm. Gegebenenfalls ist auch unterhalb des Maple-Sim-Fensters das **Debugging-Fenster** sichtbar, in dem Modellfehler oder Warnungen, wie beispielsweise Hinweise auf fehlende oder nicht korrekt ausgeführte Verbindungen zwischen Modellkomponenten, angezeigt werden. Sofern dieses Fenster sich nicht automatisch öffnet, kann man es durch einen Mausklick auf das Schloss-Symbol bzw. auf das Symbol *Diagnostics Information* am unteren Rand der MapleSim-Arbeitsfläche sichtbar machen.

7.2.3 Das Fenster Analysis Window

Ohne spezielle Einstellungen wird nach einem Simulationslauf das Fenster *Analysis Window* geöffnet und in ihm für jede Variable der Messpunkte (*Probe1, Probe2, …*) ein Plot angezeigt. Man kann dieses Fenster auch über die Funktionstaste F6 oder über das Symbol *Show Simulation Results* in der Hauptmenüleiste zur Anzeige bringen. Der Anwender kann über das Symbol bzw. die Scheibe *Simulation Results* auf der linken Seite des *Analysis Windows* weitere Ergebnisplots definieren. Diese Scheibe unterteilt sich in die Unter-Fenster *Stored Results, Variables* und *Plot Windows*.

Im **Fenster** *Stored Results* sind unter *Latest Results* die letzten Simulationsergebnisse gespeichert. Jede neue Simulation überschreibt die im letzten Lauf gespeicherten Ergebnisse. Um ein Simulationsergebnis dauerhaft zu speichern, muss man diese unter einem neuen Namen ablegen. Das Kontextmenü von *Latest Results* (Rechtsklick) zeigt die Optionen *Show Probe Plots, Export Probe Plots, Extract Parameters* und *Save* an. Über *Save* kann man die letzten Ergebnisse unter einem neu gewählten Namen dauerhaft speichern, beispielsweise um sie später mit anderen Simulationsergebnissen vergleichen zu können.

Im **Unterfenster** *Variables* werden die an das Modell angeschlossenen „Proben" sowie die an diesen Messfühlern abnehmbaren Messwerte/Variablen angezeigt. Über das Kontextmenü der Variablen kann man deren grafische Darstellung beeinflussen. Beispielsweise lässt sich die Grafik in Abb. 7.9 wie folgt erzeugen:

- Im Fenster *Variables* unter *Probe1* die Variable *phi1* auswählen/markieren und im Kontextmenü dieser Auswahl (rechte Maustaste) das Symbol „Create a new plot window …" wählen. Ein neues Fenster „PlotWindow" wird erzeugt.
- Nacheinander die Variablen *phi2* und *dphi* unter Probe2 und Probe3 markieren und im Kontextmenü die Option „Add to Primary Plot Axis" wählen. Die entsprechenden Kurvenzüge werden im PlotWindow angezeigt.
- Unter *Probe4* die Variable *tau1* markieren und im Kontextmenü die Option „Add to Secondary Plot Axis" wählen. Der Verlauf von *tau1* wird im PlotWindow hinzugefügt.
- Im Kontextmenü des so erzeugten neuen Diagramms die Option *Properties* wählen, unter dem Reiter *Vertical* die Markierung *Use data extents* löschen, für *Range min* und *Range max* die Werte −5 bzw. 35 eintragen und durch den Button *Apply* in die Grafik übernehmen.
- Nach Auswahl des Reiters *Secondary* des Fensters *Axis Properties* wiederum die Markierung von *Use data extents* löschen, für *Range min* und *Range max* die Werte

−100 bzw. 700 eintragen, durch den Button *Apply* in die Grafik übernehmen und „OK" betätigen.

- Im Fenster *Plot Windows* den Namen des neu erzeugten Plots markieren und über das Kontextmenü die Option *Rename* wählen und die Bezeichnung „Zweimassensystem mit Spiel" eingeben.
- Anschließend lässt sich das Aussehen der erzeugten Graphik über ihr Kontextmenü und über die Symbolleiste des Grafikfensters beeinflussen: Gitterlinien, Kurvenstil und Farbe, Skalierung usw. Für die Simulation zur Erzeugung der in Abb. 7.9 dargestellten Ergebnisse wurden die gleichen Parameter wie im Abschn. 9.8.1 gewählt.
- Diagnostic-Plots zum gleichen Simulationslauf zeigt Abb. 7.10. Deren Erzeugung wird durch einen Haken an *Solver Diagnostics* auf der Parameterscheibe des Maple-Sim-Fensters bewirkt.

Plot Windows ist das unterste der drei Fenster im *Analysis Window*. In diesem werden unter den Namen der zum aktuellen Simulationsprojekt vorhandenen Grafikfenster die darin dargestellten Kurvenverläufe von Variablen angegeben. Durch Doppelklick auf den Namen eines der angezeigten Plot Windows wird dieses dargestellt oder ausgeblendet. Als weitere Optionen stehen der Export von Daten und das Drucken von Plot Windows zur Verfügung.

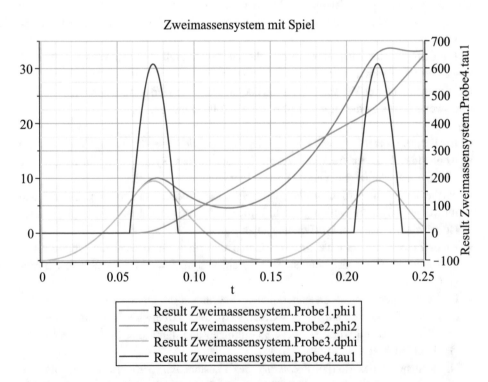

Abb. 7.9 Plot von MapleSim zum Zweimassensystem mit Spiel

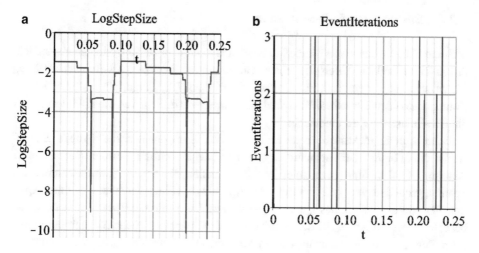

Abb. 7.10 Diagnostic-Plots zum Zweimassensysrem mit Spiel

7.2.4 Simulation fortsetzen

Nach dem Speichern der Simulationsergebnisse können diese für weitere Simulationen genutzt werden. Durch eine Klick auf das Symbol *Simulation Settings* (in Form eines Maulschlüssels) am der rechten Rand der MapleSim-Arbeitsumgebung wird das betreffende Feld (Abb. 7.8) sichtbar. Dort befindet sich im Abschnitt *Advanced Simulation* ein Kamerasymbol für die Ausführung eines Schnappschusses (Snapshot; Abb. 7.11). Mit dieser Funktion werden die Anfangsbedingungen für eine Fortsetzung des Simulationslaufs unter einem zu wählenden Namen gespeichert.

Um danach eine Folgesimulation auszuführen, muss man unter *Use Snapshot* den vorgegebenen Namen des Snapshots auswählen, den Startzeitpunkt t_S und die Dauer t_d der Folgesimulation festlegen (beides auf der Scheibe *Simulation Settings;* Abb. 7.8) und anschließend die Simulation über das dreieckige Symbol in der Symbolleiste des MapleSim-Fensters oder über den Punkt *Simulate* im Menü *File* starten. Dass für die Anfangsbedingungen der Simulation ein „Snapshot" ausgewählt wurde, ist an der modifizierten Form des Symbols für den Start der Simulation erkennbar.

Abb. 7.11 Ausschnitt *Advanced Simulation* unter *Simulation Settings*

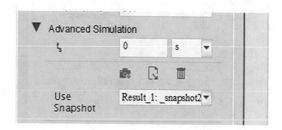

7.2.5　Bildung von Sub-Systemen

Mehrere Komponenten von MapleSim-Modellen kann man zu Subsystemen zusammenfassen. Das soll am Beispiel eines Gleichrichters in Zweipuls-Brückenschaltung (Graetzschaltung) demonstriert werden. Das in Abb. 7.12 dargestellte Modell ist aus Komponenten der Bibliothek *Electrical* zusammengesetzt. Sein Verhalten wird mit einer ohmsch-induktiven Last untersucht.

Beim Aufbau elektrische Netzwerke mit den Komponenten der Gruppe *Electrical* ist die „Polung" der Elemente zu beachten (siehe auch das Beispiel *Resistor* unter Abschn. 7.1). Ein Pfeil bezeichnet bei Stromquellen die positive Stromrichtung. Bei Spannungsquellen wird die Polarität der Anschlüsse (Pins) durch ein gefülltes Quadrat (+) und ein ungefülltes Quadrat (−) dargestellt. In diesem Zusammenhang ist zu beachten, dass im Abb. 7.12 der positive Port der Spannungsquelle SV_1 mit dem positiven Port des ersten Elements des zu versorgenden Netzwerks, der Induktivität L_k, verbunden ist. Jedes elektrische Netzwerk muss außerdem an einer Stelle mit einer **Komponente Ground** (Masse) verbunden sein. Diese ist der Bezugspunkt für die Spannungssignale.

In der realisierten Schaltung wird für die Dioden das Modell „Ideal Diode" verwendet. Es entspricht dem Diodenmodell d der Abb. 9.14 und hat folgende Form:

$$i_V = \begin{cases} u_V \cdot G_{off} & \text{für } u_V < U_S \\ \dfrac{u_V - U_S}{R_{on}} + U_S \cdot G_{off} & \text{für } U_S \le u_V \end{cases}$$

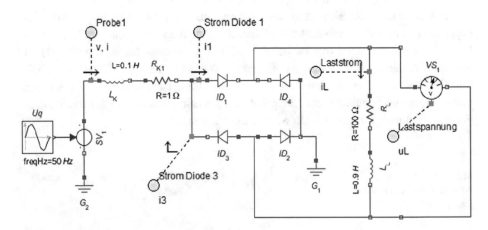

Abb. 7.12　Gleichrichter in 2-puls-Brückenschaltung

mit den Parametern (wählbar)

$$G_{off} = 10^{-5}\,\text{S}, \quad R_{on} = 10^{-5}\,\Omega, \quad V_{knee} = 0{,}7\,\text{V}$$

Bei einem Effektivwert der Netzspannung von $Uq = 100\,\text{V}$ liefert die Simulation die folgenden Ergebnisse:

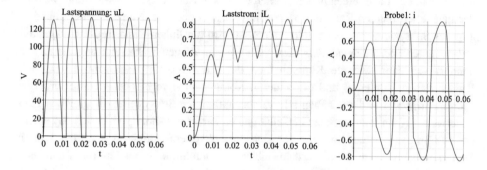

Um die Komponenten der Gleichrichter-Schaltung in einem Subsystem *B2 Gleichrichter* zusammenzufassen, muss man zuerst den betreffenden Teil des Diagramms markieren, indem man um ihn mit gedrückter linker Maustaste ein Rechteck zieht. Danach ist der Punkt *Create Subsystem* des Menüs *Edit* auszuwählen und der Name *B2 Gleichrichter* einzugeben. Auf diese Weise entsteht die im Abb. 7.13 gezeigte Form des Modells (Leitungsführung etwas geändert).

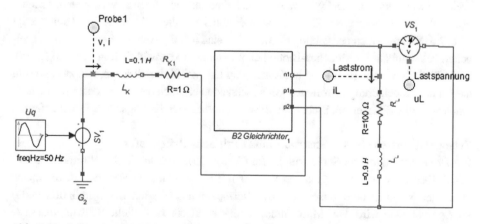

Abb. 7.13 Subsystem „B2-Gleichrichter" mit Netzwerk gemäß Abb. 7.10

Durch einen Doppelklick mit der linken Maustaste auf das Symbol des Subsystems wird dessen innerer Aufbau sichtbar.

Markiert man das Subsystem, dann wird auf der rechten Seite des MapleSim-Fensters nach einem Klick auf das Symbol *Properties* dessen Name und zusätzlich dessen Typ als *„Standalone Subsystem"* angezeigt. Sofern das Subsystem mehrfach verwendet werden soll, muss man es noch über sein Kontextmenü in ein *„Shared Subsystem"* umwandeln und dabei einen neuen Namen eingeben. Nach dieser Umwandlung wird auf der Palette am rechten Rand des MapleSim-Fensters der neue Name und der geänderte Typ des Subsystems angezeigt und außerdem wird am linken Rand in der *Components Palette* unter *Local Components* dieses Subsystem als neuer Baustein angezeigt. Man kann diesen dann wie die Komponenten der Standardbibliotheken auf das Modellfenster ziehen (kopieren) und mit anderen Komponenten verbinden, wenn erforderlich auch mehrfach. Allerdings haben alle so vervielfältigten Subsysteme die gleichen Parameterwerte. Wenn man in einem derselben einen Parameter ändert, wirkt sich das ebenso auf alle Subsysteme aus, die von der gleichen Subsystem-Definition stammen. Um ein *Shared Subsystem* von der bisherigen Subsystem-Definition zu trennen, muss man es in ein *Standalone Subsystem* umwandeln, indem in seinem Kontextmenü *Convert to Standalone Subsystem* ausgewählt wird. In der Palette *Definitions* erscheint beim vorliegenden Beispiel dann die Bezeichnung *copy of B2 Gleichrichter.* Danach ist es aber zweckmäßig, diesem Subsystem einen eigenständigen, aussagekräftigen Namen zuzuweisen.

7.2.6 MapleSim-Bibliotheken

Zur „Standardausrüstung" von MapleSim gehören die Modelica-Bibliotheken *Signal Blocks, Electrical, 1-D Mechanical, Multibody, Hydraulic, Thermal* und *Magnetic.* Mit der Weiterentwicklung von MapleSim werden auch diese an die aktuellen Versionen der Modelica-Bibliotheken angepasst. Einen kleinen Einblick in die Bibliothek Mechanics zeigt Abb. 7.6, Komponenten der Bibliothek *Machines* sind aus der Abb. 7.14 ersichtlich. Einzelheiten zum Aufbau der Modelica-Bibliothek *Machines* sind ausführlich in Fritzson (2011), Kral (2018), Kral et al. (n. d.) und in Haumer und Kral (2014) beschrieben, und zwar sowohl die bei der Modellierung getroffenen Voraussetzungen als auch die verwendeten mathematischen Modelle. Einen ersten Einblick in diese Bibliothek soll das folgende Beispiel liefern.

Beispiel: Anlassen eines Drehstrommotors mit Schleifringläufer
Ein Drehstrommotor mit Schleifringläufer (Abb. 7.15) wird durch eine Stromquelle SV_2 mit Drehstrom versorgt. Angelassen wird er mit einem externen Widerstand im Ankerkreis, der 6 s nach dem Zuschalten der Netzspannung (Beginn des Simulationslaufs) kurz geschlossen wird. Der Motor muss beim Anlauf ein zusätzliche Schwungmasse I_1 beschleunigen. Die in Abb. 7.15 verwendeten Modellbausteine stammen aus folgenden Unterbibliotheken von MapleSim:

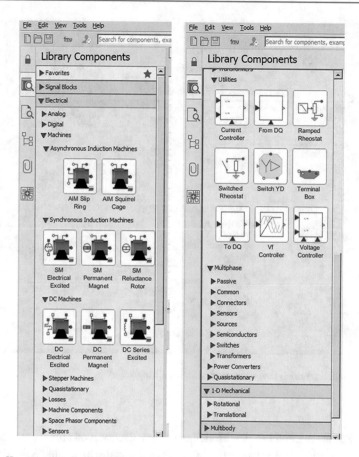

Abb. 7.14   Komponenten der Teilbibliothek *Machines*

Ground G$_1$ aus *Electrical/Multiphase/Common*
Star S$_1$ aus *Electrical/Multiphase/Connectors*
Multiphase Sine Voltage Source SV$_2$ aus *Electrical/Multiphase/Common*
Multiphase Current Sensor CS$_2$ aus *Electrical/Multiphase/Sensors*
Terminal Box aus *Electrical/Machines/Utilities*
AC-Motor AIM Slip Ring aus *Electrical/Machines/Asynchronous Induction Machines*
Switched Rheostat SR1 aus *Electrical/Machines/Utilities*
Schwungmasse Inertia I$_1$ aus *1-D Mechanical/Rotational/Common*

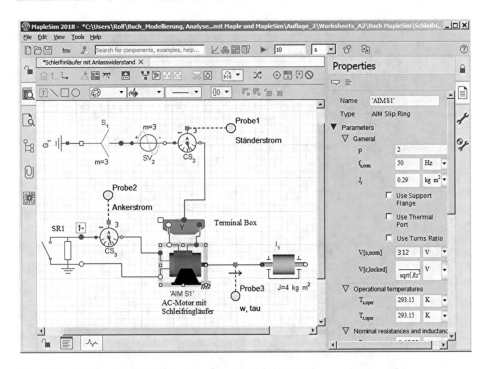

Abb. 7.15 Modell „Antrieb Drehstrommotor mit Schleifringläufer"

Nach der Zusammenstellung des Modells aus den Bibliothekskomponenten muss man die Parameterwerte der Komponenten in der Parameterscheibe (rechte Seite des Maple-Sim-Fensters) eintragen. Durch Markierung der Komponenten des Modells und Anwahl des Menüs *Properties* am rechten Rand werden die jeweiligen Parametermasken angezeigt. Für den schaltbaren Widerstand im Ankerkreis wird neben dem Widerstandswert die Zeit $t_{\text{Start}} = 6$ s für das Schließens des Schalters, also des Kurzschließen des Ankerkreises festgelegt. Im Anschluss an die Vorgabe der Parameterwerte wird die Simulation über die Funktionstaste *F5* oder über das Dreieckssymbol der Hauptmenü-leiste gestartet. Während des Simulationslaufs wird im Fenster *Console Output* das Diagnoseprotokoll angezeigt. Im Anschluss daran kann man über *F6* oder über den Hauptmenüpunkt *Show Simulation Results* die grafische Darstellung der Ergebnisse ansehen und mithilfe der unter Abschn. 7.2.3 beschriebenen Möglichkeiten spezielle Darstellungen nach eigenen Vorstellungen erzeugen. Im Anschluss an diesen Text sind die Ergebnisse zweier Simulationsläufe zusammen dargestellt. Beim ersten Lauf wurde der externe Ankerwiderstand nach 6 s kurzgeschlossen (grüne Kurve), beim zweiten wurde ein Anlauf mit ständig kurzgeschlossenem Ankerkreis simuliert (rote Kurve). Die Symbole *tau* und *w* stehen für das Drehmoment bzw. die Winkelgeschwindigkeit an der Ankerwelle des Motors.

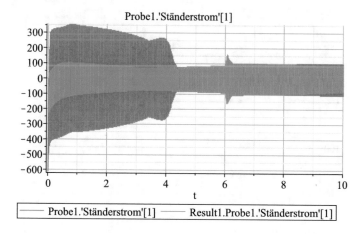

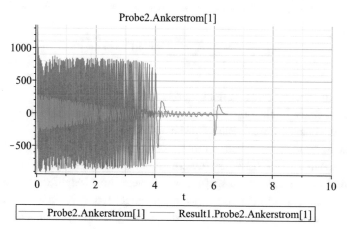

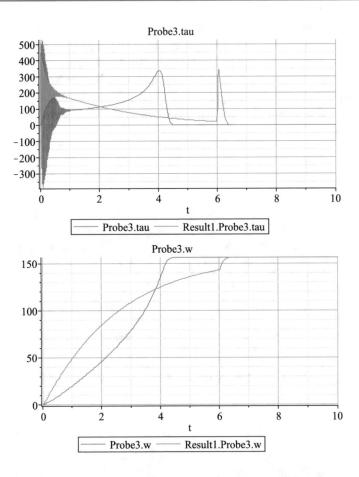

Wegen des objektorientierten Aufbaus der Modelle können Anwender die vorhandenen Bibliotheken relativ leicht durch selbst entwickelte Objektmodelle ergänzen bzw. sie können eigene nutzerdefinierte Bibliotheken aufbauen.

Nutzerdefinierte Bibliotheken werden als .msimlib-Dateien gespeichert und auf der Palettenscheibe unter *Libraries* (unterhalb der Palette *Examples*) angezeigt. Sofern die Operation *Create Library* ausgeführt wird, wenn im Modellfenster ein Modell mit einem *Shared Subsystem* oder mit Attachments angezeigt wird, erscheint anschließend die Dialogbox *Add to User Library*. In dieser werden alle vorhandenen Subsysteme und Attachments zur Auswahl angezeigt, die in diese Bibliothek aufgenommen werden können.

7.3 Analysieren der Modelle von MapleSim in Maple-Worksheets

7.3.1 Überblick

Maple verfügt mit dem **API MapleSim** (API … Application Programming Interface) über eine Sammlung von Prozeduren zur Manipulation, Simulation und Analyse eines MapleSim-Modells innerhalb von Maple, d. h. in einem Maple-Worksheet. Beispielsweise ist es möglich, aus den Modellen Gleichungen zu extrahieren, diese mit Maple-Befehlen weiter zu bearbeiten oder damit Objekte des Pakets *DynamicSystems* zu erzeugen und für die weitere Analyse die von diesem Paket bereitgestellten Funktionen zu nutzen. Ein Einblick in das Arbeiten mit dem API MapleSim soll anhand des im Abb. 7.16 dargestellten MapleSim-Modells eines einfachen Antriebs mit Gleichstrommotor vermittelt werden.

Das Modell des Ankerkreises des fremderregten Gleichstrommotors besteht aus dem ohmschen Widerstand R_a, der Induktivität L_a und der induzierten Ankerspannung *EMFa*. Die Bezeichnungen der Komponenten wurden über den Reiter *Inspector* der Parameterscheibe angepasst. Die Komponente *JAM* repräsentiert die Schwungmasse des Ankers und der Arbeitsmaschine. Das Gegenmoment der Arbeitsmaschine wird durch die Bremse B_1 aufgebracht und im dargestellten Beispiel 1 s nach dem Start der Simulation wirksam.

Für den Zugriff auf das MapleSim-Modell muss vom Maple-Worksheet aus eine Verbindung zum Modell hergestellt werden. Das kann mithilfe des Befehls **LinkModel** geschehen. Dieser ist Teil des **API MapleSim** und gibt ein ‚Verbindungsmodul' zurück. Man kann den Befehl, wie im folgenden Beispiel, in der Langform **MapleSim:-LinkModel** anwenden oder nach Ausführung des Befehls **with**(MapleSim) in der Kurzform **LinkModel**.

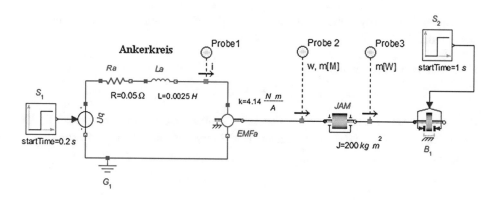

Abb. 7.16 Antriebssystem mit Gleichstrommotor

Einstellen des Arbeitsverzeichnisses:

```
> currentdir("D:/neu/Buchprojekt/Kap 7/"):
> GA:= MapleSim:-LinkModel('filename'="GS_Antrieb_2.msim"):
```

Als Name des erzeugten Moduls wurde im vorliegenden Beispiel GA gewählt. Die auf
dieses Modul anwendbaren API-Befehle kann man mit dem Befehl **exports** ermitteln.

```
> exports(GA);
```

> *ApplySubstitutions, CheckSystem, Convert, DeleteAttachment, GetAttachment,*
> *GetCompiledProc, GetEquations, GetFilename, GetFlatRecord, GetICs,*
> *GetModel, GetModelica, GetMultibody, GetParameters, GetPorts, GetProbes,*
> *GetResult, GetSettings, GetSubstitutions, GetSubsystemName, GetVariables,*
> *Linearize, ListAttachments, ListResults, ListSubsystems, MakeMovie,*
> *ReduceNames, SetAttachment, SetComponent, SetModel, SetParameters,*
> *SetSubstitutions, SetSubsystemName, ShowResultsManager, Simulate, _pexports*

Im Folgenden werden viele der angezeigten Befehle auf das vorliegende Beispiel
angewendet und genauer beschrieben. In Tab. 7.3 sind diese zusammenfassend dargestellt.

7.3.2 Die Befehle GetModel, ListSubsystems und GetSubsystemName

Der Befehl **GetModel** liefert den Namen des aktuell gelinkten Modells.

```
> GA:-GetModel();
```

$$\text{"Main"}$$

Der Befehl **ListSubsystems** stellt die Namen der im Modell Main definierten Subsysteme dar.

```
> GA:-ListSubsystems();
```

$$[\ ]$$

Das Modell Main enthält in diesem Fall kein „echtes" Subsystem. Der gleiche Befehl
mit der Option *'localonly'* = *false* zeigt auch die Subsysteme der untersten Ebene an.

Tab. 7.3 Befehle, die auf einen mit LinkModel erzeugten Modul anwendbar sind (Auswahl)

modulname:-GetModel();	Namen des aktuell gelinkten Modells ausgeben
modulname:-ListSubsystems(); modulname:-ListSubsystems('localonly' = false);	Namen der im Modell definierten Subsysteme Mit der Option *'localonly' = false* werden auch die Subsysteme der untersten Ebene angezeigt
modulname:- GetSubsystemName()	Aktives Subsystem ausgeben
modulname:- SetSubsystemName(subsystemname)	Neues aktives Subsystem vorgeben
modulname:-Simulate();	Simulation mit vorgegebenen Einstellungen ausführen
simdata:= modulname :-Simulate(output=datapoint, opt);	Ergebnisse werden als Datenpunkte in Matrix *simdata* gespeichert
var:= modulname:-GetEquations(output= …);	Durch die Option *output* bezeichnete Angaben zum aktiven MapleSim-Subsystem ermitteln;
modulname:-GetVariables();	Variablen des aktiven Systems
modulname:-GetSubstitutions();	Wirksame Substitutionen ermitteln
modulname:-SetSubstitutions({var_alt = var_neu});	Variablen- und Parameterbezeichnungen ersetzen
par:= modulname:-GetParameters(allparams = true);	Aktuelle Parameterwerte des aktiven Subsystems speichern;
modulname:-SetParameters(par = wert);	neue Parameterwerte festlegen
modulname:-SetSubstitutions({ }, forcereset);	Rücksetzen Variablensubstitutionen
Mcomp:= modulname:-GetCompiledProc();	ausführbares (compiliertes) Modul des gelinkten MapleSim-Modells erzeugen
simdata:= Mcomp(parameter);	Compilierten Modul ausführen
Mcomp:-GetSettings();	Parameterwerte des compilierten Moduls ausgeben

```
> GA:-ListSubsystems('localonly' = false);
```

$$["S1", "Ra", "G1", "Uq", "La", "EMFa", "EMFa.fixed",$$
$$"EMFa.internalSupport", "JAM", "S2", "B1"]$$

Mit dem Befehl **GetSubsystemName**() kann man das aktuell aktive Subsystem ermitteln und mit dem Befehl **SetSubsystemName**(subsystemname) kann man ein Subsystem für weitere Analysen zum aktiven Subsystem machen.

7.3.3   Der Befehl Simulate

Der folgende Befehl **Simulate** bewirkt die Simulationsrechnung mit den unter Maple-Sim vorgegebenen Einstellungen. Dargestellt werden die Ergebnisse für die im Modell angebrachten Messpunkte: Ankerstrom, Gegenmoment der Bremse, Drehmoment an der Welle zwischen Motor und Arbeitsmaschine und Winkelgeschwindigkeit.

```
> with(plots): setoptions(size=[300,250]):
> GA:-Simulate();
```

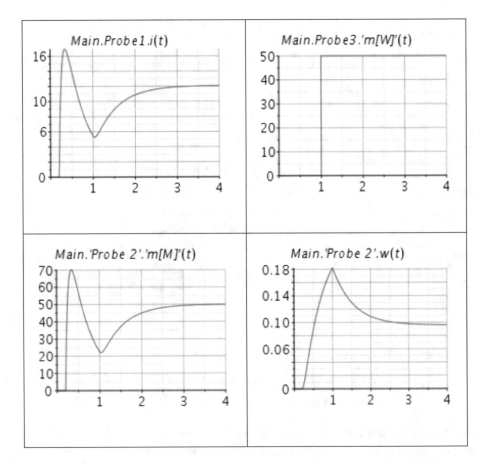

Für den Befehl **Simulate** ist eine sehr große Zahl von Optionen verfügbar. So ist es beispielsweise möglich, neue Werte der Modellparameter, andere Anfangswerte der Zustands- und Eingangsgrößen, eine Liste der auszugebenden Variablen oder Änderungen bezüglich der Einstellungen für das numerische Lösungsverfahren vorzugeben.

Von diesen Optionen werden hier nur diejenigen vorgestellt, mit denen man die Art der Ergebnisausgabe beeinflussen kann.

returntype legt die Form der Ausgabe durch den Befehl **Simulate** fest. Zugelassen sind dafür die Angaben *datapoint* und *plot* bzw. eine Liste [*plot, datapoint*].

returnTimeData ermöglicht es, die Aufnahme der Zeit in das Datenfeld zu unterbinden. Zugelassen sind die Werte *true* und *false*. Standard: *true*

outputs legt in Verbindung mit einer Variablenliste oder algebraischen Ausdrücken die auszugebenden Variablen fest. Standard ist die Ausgabe alle durch „Probes" bezeichneten Variablen.

ds spezifiziert die Abtastzeit in Sekunden. Bei Lösungsverfahren mit variabler Schrittweite ist der Standardwert $ds = (tf - t0)/minpoints$. Dabei sind tf die Endzeit und $t0$ die Anfangszeit der Simulation und *minpoints* gibt die minimale Zahl der Stützpunkte für die grafische Darstellung der Simulationsergebnisse an. Bei Verfahren mit fester Schrittweite wird der Standardwert von *ds* durch die Schrittweite *(stepsize)* vorgegeben. Voraussetzung für die Annahme der Option *ds* ist die Einstellung *false* für *Plot Events* in der Parameterscheibe von MapleSim.

Beim nächsten Befehl wird als Simulationsendzeit tf = 1 s eingestellt. Die Ausgabe erfolgt in Form eines Datenfeldes, dessen Datensätze einen zeitlichen Abstand von 0,01 s haben.

```
> simdata:= GA:-Simulate(returntype=datapoint, tf=1, ds=0.01);
```

$$simdata := \begin{bmatrix} 101 \text{ x } 5 \text{ Matrix} \\ Data\ Type: float_8 \\ Storage: rectangular \\ Order: Fortran\_order \end{bmatrix}$$

Die Matrix *simdata* wird, da sie relativ groß ist, in einer komprimierten Form dargestellt. Sie umfasst 101 Zeilen mit 5 Spalten. In der ersten Spalte stehen die Simulationszeitpunkte und in den nächsten die zugehörigen Werte des Stromes, des Gegenmoments der Bremse, des Motormoments und der Winkelgeschwindigkeit. Als Beispiel wird die Zeile 101, d. h. die letzte Zeile der Matrix simdata ausgegeben:

```
> simdata[101,1..5];
```

$$\begin{bmatrix} 1. & 5.42531849686188 & -0. & 22.4608185770082 & 0.182224903137239 \end{bmatrix}$$

Der detaillierte Inhalt der Matrix wird angezeigt, wenn man im Kontextmenü der Maple-Ausgabe von *simdata* den Punkt „Browse" wählt. Dieses Kontextmenü wird ab Version Maple 2018 am rechten Rand des Maple-Fensters angezeigt, wenn das Objekt markiert ist. Bei früheren Maple Versionen erscheint das Kontextmenü bei Betätigung der rechten Maustaste. Mit dem Befehl `interface(rtablesize=value)` kann man Maple so einstellen, dass auch Matrizen mit einer Dimension größer als 10 direkt angezeigt werden.

7.3.4 Die Befehle GetEquations und GetVariables

Der Befehl **GetEquations** liefert die Angaben zum gegenwärtig aktiven MapleSim-Subsystem, die durch die Option *output* bezeichnet werden. Einen der folgenden Namen oder eine Liste dieser Namen kann man *output* zuordnen: 'daes', definitions', 'events', 'relations', 'functions', 'aes', 'odes', 'all'.

- 'daes' (Standard): Satz der Gleichungen, die nach der Vereinfachung durch MapleSim für die Simulation benutzt werden.
- 'events': Spezifizierungen von Ereignissen, einschließlich interner Daten von MapleSim
- 'functions': Gleichungen, die im Modell benutzte Black-Box-Prozeduren definieren.
- 'odes': Menge der gewöhnlichen Differentialgleichungen (Untermenge von daes)
- 'aes': Algebraische Gleichungen (Teilmenge von daes)
- 'all': Alle Gleichungen des aktiven Subsystems

```
> DGS:= GA:-GetEquations(output='odes');
```

$$DGS := \left\{ \frac{\mathrm{d}}{\mathrm{d}t} JAM\_phi(t) = B1\_w\_relfric(t), \frac{\mathrm{d}}{\mathrm{d}t} Uq\_p\_i(t) = -20\ Uq\_p\_i(t) \right.$$

$$- 400\ Uq\_v(t) + 1656\ B1\_w\_relfric(t), \frac{\mathrm{d}}{\mathrm{d}t} B1\_w\_relfric(t) =$$

$$\left. -\frac{207}{10000}\ Uq\_p\_i(t) + \frac{1}{200}\ JAM\_flange\_b\_tau(t) \right\}$$

Die Variablen des aktiven Systems zeigt der Befehl **GetVariables** an:

```
> GA:-GetVariables();
```

$$[B1\_free(t), B1\_locked(t), B1\_mode(t), B1\_sa(t), B1\_startBackward(t),$$
$$B1\_startForward(t), B1\_tau0\_max(t), B1\_w\_relfric(t),$$
$$JAM\_flange\_b\_tau(t), JAM\_phi(t), Uq\_p\_i(t), Uq\_v(t)]$$

Die Bedeutung der meisten dieser Variablen ist aus deren Bezeichnung ablesbar. Die Aufgabe der Variablen der Bremse *B1* zeigt die Analyse des Modelica-Quellcodes der Komponente *Brake* oder auch die grafische Darstellung des Zeitverlaufs der Variablenwerte. Die Variablennamen entsprechen den Konditionen von MapleSim bzw. Modelica unter Berücksichtigung der vorgenommenen Substitutionen.

7.3.5   Die Befehle GetSubstitutions und SetSubstitutions

Die aktuell wirksamen Substitutionen für Variablennamen und Parameter innerhalb des MapleSim-API zeigt **GetSubstitution**s an (nur als Ausschnitt wiedergegeben).

```
> GA:-GetSubstitutions();
```

$\{Main.B1.a = B1\_a, Main.B1.cgeo = B1\_cgeo, Main.B1.fn = B1\_fn, Main.B1.fn\_max$
$\quad = B1\_fn\_max, Main.B1.free = B1\_free, Main.B1.locked = B1\_locked,$
$\quad Main.B1.mode = B1\_mode, Main.B1.mue0 = B1\_mue0, Main.B1.peak = B1\_peak,$
$\quad Main.B1.phi = B1\_phi, Main.B1.sa = B1\_sa, Main.B1.tau = B1\_tau, Main.B1.tau0$
$\quad = B1\_tau0, Main.B1.w = B1\_w, Main.B1.w\_small = B1\_w\_small, Main.EMFa.i$
$\quad = EMFa\_i, Main.EMFa.k = EMFa\_k, Main.EMFa.n.i = EMFa\_n\_i,$
$\quad Main.EMFa.n.v = EMFa\_n\_v, Main.EMFa.p.i = EMFa\_p\_i, Main.EMFa.p.v$
$\quad = EMFa\_p\_v, Main.EMFa.phi = EMFa\_phi, Main.EMFa.v = EMFa\_v,$
$\quad Main.EMFa.w = EMFa\_w, Main.G1.p.i = G1\_p\_i, Main.G1.p.v = G1\_p\_v,$
$\quad Main.JAM.J = JAM\_J, Main.JAM.a = JAM\_a, Main.JAM.phi = JAM\_phi,$
$\quad Main.JAM.w = JAM\_w, Main.La.L = La\_L, Main.La.i = La\_i, Main.La.n.i \quad \bullet$
$\quad = La\_n\_i, Main.La.n.v = La\_n\_v, Main.La.p.i = La\_p\_i, Main.La.p.v = La\_p\_v,$

Zur Interpretation obiger Ausgabe durch **GetSubstitutions** ist Folgendes zu bemerken:

- Auf der linken Seite der Gleichungen steht die Modelica-Notation einer Variablen. Da sie sich auf das Gesamtmodell bezieht, wird sie durch Main eingeleitet. Weitere Namensbestandteile sind durch einen Punkt getrennt. Ausnahmen davon gibt es aber auch, beispielsweise die Bezeichnung *Main.JAM.flange_a.tau* des Flansches der Drehmasse, da der Index von MapleSim-Bezeichnungen in der Maple-Darstellung durch einen Unterstrich getrennt wird.
- In den Namensersetzungen auf der rechten Seite der Gleichungen werden die Namensteile nicht durch Punkt, sondern durch einen Unterstrich (_) getrennt.

Sofern der Anwender bestimmte Variablenbezeichnungen nicht sofort einer Komponente des Modells zuordnen kann, hilft ihm ein Blick auf die Palette *Model Tree* unter dem Reiter *Project* auf der linken Seite der MapleSim-Arbeitsumgebung.

Die von MapleSim gewählten Variablen- und Parameterbezeichnungen kann man mittels **SetSubstitutions** durch noch einfachere bzw. anwendernähere Namen ersetzen. Davon wird im Folgenden Gebrauch gemacht. In den Substitutionsgleichungen muss auf der linken Seite entweder die Modelica-Notation der Variablen oder die letzte vorgenommenen Substitution und auf der rechten Seite die neu eingeführte Bezeichnung stehen.

```
GA:-SetSubstitutions({`Main.B1.w_relfric`= w,`Main.La.L`= L[a],
       `Main.Ra.R`= R[a],`Main.Ra.i`= i,`Main.EMFa.k`= k,
       `Main.JAM.J`= J[AM],`Main.Uq.v`= Uq, `Main.JAM.phi`= phi});
```

Kontrolle der Substitutionen:

```
> DGS:= GA:-GetEquations(output='odes');
```

$$DGS := \left\{ \frac{d}{dt}\, Uq\_p\_i(t) = -20\, Uq\_p\_i(t) - 400\, Uq(t) + 1656\, w(t), \frac{d}{dt}\, \phi(t) \right.$$

$$\left. = w(t), \frac{d}{dt}\, w(t) = -\frac{207}{10000}\, Uq\_p\_i(t) + \frac{1}{200}\, JAM\_flange\_b\_tau(t) \right\}$$

Nach der Substitution sind die betreffenden Parameter und Variablen unter dem neuen Namen, aber auch immer noch über die Modelica-Notation ansprechbar. Die neuen Namen gelten bis zur Ausführung einer weiteren Substitution für diese Namen, die dann die vorherige Substitution außer Kraft setzt. Über ihre Modelica-Notation kann eine Variable aber immer angesprochen werden. Vollkommen gelöscht werden alle Substitutionen durch den Befehl

GA:-SetSubstitutions({ }, forcereset).

MapleSim stellt aus den Modellen der einzelnen Komponenten das Gleichungssystem des Gesamtmodells zusammen und optimiert dieses durch das Entfernen überzähliger Gleichungen und Variablen. Die Auswahl der zu eliminierenden bzw. beizubehaltenden Variablen während dieses Prozesses trifft MapleSim, sofern ihm keine diesbezüglichen Vorgaben gemacht werden. In dem oben der Variablen DGS zugewiesenen Differentialgleichungssystem hat MapleSim die Variable $Uq\_p\_i(t)$ für den Strom im Ankerkreis gewählt. Nach der Vorzeichendefinition von Modelica für die Komponente Uq (bzw SV – Signal Voltage – vor der Umbenennung im MapleSim-Modell) ist aber der Strom am Pin p von Uq der Stromrichtung im Ankerkreis entgegen gerichtet. Auch das Bremsmoment *Main.B1.tau = B1.tau,* das als Eingangsgröße für weitere Untersuchungen dienen soll, tritt in dem obigen Differentialgleichungssystem nicht auf, erscheint aber in der Menge der Substitutionsgleichungen. Ab Version 6.1 kann man aber MapleSim eine Liste von

bevorzugten Variablen übergeben, die bei der von ihm vorgenommenen Gleichungsver-
einfachung nach Möglichkeit beibehalten werden sollen. Diese Variablen sind als Liste
der Option *prefvars* zu notieren, wobei die Priorität für die Beibehaltung der Variablen
in der Liste von links nach rechts abnimmt. Für den Strom im Ankerkreiswiderstand *Ra*
wurde durch die oben angegebene Substitution *Main.Ra.i`* = *i* der Name *i* eingeführt. Es
soll nun für das Modell des Antriebs ein Differentialgleichungssystem ermittelt werden,
in dem die Variablen *i* und *B1.tau* auftreten. *B1_tau* wird noch durch *tau* substituiert.

```
> GA:-SetSubstitutions({`Main.B1.tau`=tau});
> DGS2:= GA:-GetEquations(output='odes', prefvars = [i(t), tau(t)]);
```

$$DGS2 := \left\{ \frac{1}{400} \frac{d}{dt} i(t) + \frac{1}{20} i(t) - Uq(t) + \frac{207}{50} w(t) = 0, \frac{d}{dt} \phi(t) = w(t), \right.$$

$$\left. \frac{d}{dt} w(t) = -\frac{1}{200} \tau(t) + \frac{207}{10000} i(t) \right\}$$

7.3.6 Die Befehle GetParameters und SetParameters

Die aktuellen Parameterwerte des aktiven Subsystems, hier Main, liefert der Befehl **Get-
Parameters**.

```
> GA:-GetParameters(allparams=true);
```

$$\left[B1\_K\_locked = 0, B1\_cgeo = 1, B1\_fn\_max = 100, B1\_mue\_pos\_1\_2 = \frac{1}{2}, B1\_peak \right.$$

$$= 1, B1\_w\_small = 10000000000, EMFa\_fixed\_phi0 = 0, k = \frac{207}{50}, J_{AM} = 200, L_a$$

$$= \frac{1}{400}, R_a = \frac{1}{20}, Ra\_T\_ref = \frac{6003}{20}, Ra\_T = \frac{6003}{20}, Ra\_alpha = 0, S1\_height$$

$$\left. = 1, S1\_offset = 0, S2\_height = 1, S2\_offset = 0 \right]$$

Ausgegeben werden die Werte der Parameter in den intern von MapleSim verwendeten
Einheiten. Diese können von den in der MapleSim-Arbeitsumgebung eingestellten Ein-
heiten abweichen. Beispielsweise werden im Gradmaß vorgegebene Winkel intern im
Bogenmaß dargestellt.

Wie ist das Verhalten des Antriebs bei einer Erhöhung der Ankerspannung um 1 V, aber modifizierter Arbeitsmaschine? Um diese Frage zu beantworten müssen mit Hilfe des Befehls **SetParameters** neue Werte für die Schwungmasse *JAM* der Arbeitsmaschine und für das Widerstandsmoment (Bremsmoment) vorgegeben werden. Das Bremsmoment wird über die Variable *B1_fn_max* eingestellt. Für die aktive Bremse hat es den Wert *B1_fn_max*mue*(0). Für *mue*(0) ist in der Tabelle *mue_pos* der Wert 0.5 eingetragen.

Um nach der vorgesehenen Änderung von Parameterwerten am Programmende wieder eine Rückstellung auf die ursprünglichen Werte vornehmen zu können, werden die derzeit gültigen Werte in der Variablen *par* gespeichert und danach die neuen Werte gesetzt.

```
> par:= GA:-GetParameters(params=[J[AM], B1_fn_max]);
```

$$par := \left[J_{AM} = 200, B1\_fn\_max = 100 \right]$$

```
> GA:-SetParameters([J[AM] = 3, B1_fn_max=50]);
```

Nach dieser Parameteränderung wird das Verhalten des Modells unter den neuen Bedingungen simuliert, wieder mit dem Befehl **Simulate** von MapleSim. Als Ergebnis der Simulation sollen als Datenpunkte der Ankerstrom und die Motordrehzahl ausgegeben werden. Im Befehl wird deshalb die Umrechnung der Winkelgeschwindigkeit in die Drehzahl (1/min) vorgenommen.

```
> simdata3:= GA:-Simulate(returntype=datapoint,
                  output=[i(t), w(t)*30/Pi], tf=2);
```

$$simdata3 := \left[\begin{array}{l} 300 \ x \ 3 \ Matrix \\ Data \ Type: float_8 \\ Storage: rectangular \\ Order: Fortran\_order \end{array} \right]$$

Die Datensätze für die einzelnen Variablen werden im Hinblick auf die gewünschten grafischen Darstellungen separiert.

```
> ta:= simdata3[1..300,1]:
> ia:= simdata3[1..300,2]:
> n:= simdata3[1..300,3]:
> Stil:= gridlines, labelfont=[TIMES,16], titlefont=[TIMES,16,BOLD]:
> plot(ta, ia, labels=["s","A"], Stil, title="Ankerstrom",
       color="CornflowerBlue");
```

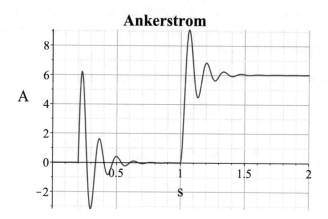

```
> plot(ta, n, labels=["s","1/min"], Stil, title="Drehzahl",
       color="CornflowerBlue");
```

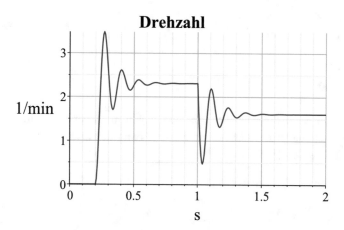

Rücksetzen der Parameterwerte auf die ursprünglichen Werte und Kontrolle:

```
> GA:-SetParameters(par);
> GA:-GetParameters(params=[J[AM], B1_fn_max]);
```

$$\left[J_{AM} = 200,\ B1\_fn\_max = 100 \right]$$

Die spezielle Stärke von Maple liegt in der Ausführung symbolischer Rechnungen. In Verbindung mit MapleSim kann diese ebenfalls genutzt werden, weil über das Maple-Sim-API die Gleichungen des Modells auch rein symbolisch, d. h. ohne Einsetzen der Parameterwerte, ausgegeben werden können. Das ist mithilfe der Option *params* des

Befehls **GetEquations** erreichbar. Mit der Option *params* = *all* werden alle symbolischen Parameterbezeichnungen beibehalten, es ist aber auch möglich eine bestimmte Auswahl als Liste oder Menge anzugeben.

```
> DGS3:= GA:-GetEquations(output='odes', prefvars = [i(t), tau(t)],
params=all);
Warning, indeterminates of equation differ for default value of pa-
rameter: `Main.B1.K_locked`
```

$$DGS3 := \left\{ L_a \left(\frac{\mathrm{d}}{\mathrm{d}t} i(t) \right) + i(t) R_a Ra\_T Ra\_alpha - i(t) R_a Ra\_T\_ref Ra\_alpha \right.$$

$$\left. + w(t) k + R_a i(t) - Uq(t) = 0, \frac{\mathrm{d}}{\mathrm{d}t} \phi(t) = w(t), \frac{\mathrm{d}}{\mathrm{d}t} w(t) = \frac{k i(t) - \tau(t)}{J_{AM}} \right\}$$

Unter der Bedingung, dass die Temperaturabhängigkeit des Ankerwiderstands vernachlässigt werden kann, erhält man aus *DGS3* das Differentialgleichungssystem *DGS3b*.

```
> DGS3b:= subs([Ra_alpha=0], DGS3);
```

$$DGS3b := \left\{ L_a \left(\frac{\mathrm{d}}{\mathrm{d}t} i(t) \right) + w(t) k + R_a i(t) - Uq(t) = 0, \frac{\mathrm{d}}{\mathrm{d}t} \phi(t) = w(t), \frac{\mathrm{d}}{\mathrm{d}t} w(t) \right.$$

$$\left. = \frac{k i(t) - \tau(t)}{J_{AM}} \right\}$$

Weil der Winkel φ für die weiteren Untersuchungen nicht benötigt wird, ist die zweite Differentialgleichung in *DGS3b* für die Beschreibung der Dynamik des Systems überflüssig. Die 2. Gleichung wird deshalb eliminiert.

```
> DGS3c:= [DGS3b[1], DGS3b[3]];
```

$$DGS3c := \left[L_a \left(\frac{\mathrm{d}}{\mathrm{d}t} i(t) \right) + w(t) k + R_a i(t) - Uq(t) = 0, \frac{\mathrm{d}}{\mathrm{d}t} w(t) = \frac{k i(t) - \tau(t)}{J_{AM}} \right]$$

Das Differentialgleichungssystem *DGS3c* dient als Basis für die folgenden Operationen unter Verwendung des Pakets **DynamicSystems.**

```
> with(DynamicSystems):
```

Ermittlung der Übertragungsfunktionen für Ankerstrom und Winkelgeschwindigkeit in symbolischer Darstellung:

```
> tf_GA:= TransferFunction(DGS3c, inputvariable = [Uq, tau],
                                   outputvariable = [i, w]):
> PrintSystem(tf_GA);
```

Transfer Function

continuous

2 output(s); 2 input(s)

inputvariable $= \left[Uq(s),\, \tau(s) \right]$

outputvariable $= \left[i(s),\, w(s) \right]$

$$\mathrm{tf}_{1,\,1} = \frac{s\, J_{AM}}{J_{AM} L_a s^2 + J_{AM} R_a s + k^2}$$

$$\mathrm{tf}_{2,\,1} = \frac{k}{J_{AM} L_a s^2 + J_{AM} R_a s + k^2}$$

$$\mathrm{tf}_{1,\,2} = \frac{k}{J_{AM} L_a s^2 + J_{AM} R_a s + k^2}$$

$$\mathrm{tf}_{2,\,2} = \frac{-L_a s - R_a}{J_{AM} L_a s^2 + J_{AM} R_a s + k^2}$$

In den Namen $tf_{o,i}$ der Übertragungsfunktionen bezeichnen die Indizes die Ausgangsgröße (*o*) und die Eingangsgröße (*i*) der Übertragungsfunktion gemäß der Reihenfolge der Variablenangaben für die Optionen *outputvariable* und *inputvariable*.

Abschließend wird mit dem Befehl **MagnitudePlot** der Amplitudengang für das Führungsverhalten des Antriebssystems dargestellt. Die betreffend Übertragungsfunktion gibt die Option *subsystem* mithilfe der vom Systemobjekt *tf_GA* verwendeten Bezeichnungen an. Die für die grafische Darstellung notwendigen Parameterwerte übermittelt die Option *parameters*.

```
> param1:= k=4.14, J[AM]=200, R[a]=0.05, L[a]=0.0025:
> MagnitudePlot(tf_GA, color=blue, parameters=[param1],
                              subsystem =[2,1]);
```

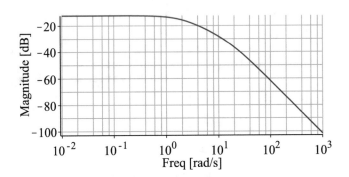

Rücksetzen der Variablensubstitutionen:

```
> GA:-SetSubstitutions({}, forcereset);
```

7.3.7 Der Befehl GetCompiledProc

Mit dem Befehl **GetCompiledProc** und dessen Standard-Option **ccodeonly = false** kann man ein ausführbares Maple-Modul mit der Simulationsumgebung des gelinkten Maple-Sim-Modells erzeugen. Da das Modul danach in compilerter Form vorliegt, reduzieren sich die Ausführungszeiten der darauf angewendeten Befehle wesentlich.

```
> GAcomp:= GA:-GetCompiledProc();
> simdata4:= GAcomp(tf=3);
```

$$simdata4 := \begin{bmatrix} 225 \times 5 \; Matrix \\ Data\;Type:\; float_8 \\ Storage:\; rectangular \\ Order:\; C\_order \end{bmatrix}$$

Aus der Matrix simdata4 werden die Zeitwerte (t) und den Stromwerte (i) entnommen und damit eine Grafik erstellt

```
> t:= simdata4[1..225, 1]:
> i:= simdata4[1..225, 2]:
> plot(t, i, gridlines, labels=["t","i"], color="CornflowerBlue");
```

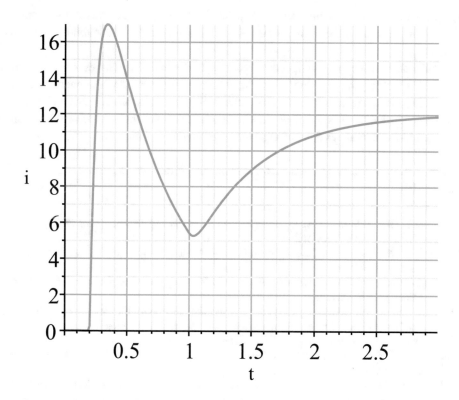

Die hier angegebene exemplarische Beschreibung des API MapleSim kann selbstverständlich nur einen kleinen Teil von dessen Möglichkeiten aufzeigen. Im Hilfesystem zu diesem API findet der Leser weitere nützliche Informationen über hier nicht erwähnte Befehle bzw. zu den oft sehr zahlreichen Optionen einzelner Befehle, auch von **Get-CompiledProc.**

7.4 Schlussbemerkungen

Trotz der Kürze vieler Darstellungen sollte deutlich geworden sein, dass die Kombination Maple/MapleSim die Modellierung, Analyse und Simulation dynamischer Systeme sehr wirkungsvoll unterstützt. Bezüglich weitergehender Informationen zu **Maple-Sim** wird auf die angegebene Literatur, insbesondere auf das Handbuch (Maplesoft 2018) und auf das sehr ausführliche Hilfe-System von MapleSim verwiesen. Die Einarbeitung in dieses System ist, sofern sie sich auf die Nutzung der vorhandenen Bibliotheken beschränkt, relativ einfach und wird durch eine Vielzahl mitgelieferter Beispiele und Tutorien erleichtert. Bei der Anwendung der vorgefertigten Bibliothekskomponenten sollte man jedoch stets prüfen, ob diese die Bedingungen des zu lösenden Problems genau genug wiederspiegeln, denn jedes Modell entsteht durch Abstraktion – annehmbar ist es nur, wenn auch die Voraussetzungen erfüllt sind, die der Modellbildung zugrunde lagen.

Außerdem sollte man Folgendes bedenken: MapleSim macht es dem Anwender zwar sehr leicht, eine Simulation durchzuführen, numerische Simulationen haben aber gegenüber analytischen Methoden die schon im Kap. 1 beschrieben Nachteile. Sofern analytische Methoden anwendbar sind, sollte man sie auch nutzen, um zu bestimmten tieferen Einsichten in das Systemverhalten zu gelangen.

Literatur

Fritzson, P. (2011). *Introduction to Modeling and Simulation of Technical and Physical Systems with Modelica.* John Wiley & Sons.

Haumer, A., & Kral, C. The New EDrives Library: A Modular Tool for Engineering of Electric Drives. Modelica 2014.

Kral, C. (2018). *Modelica. Objektorientierte Modellbildung von Drehstrommaschinen.* Leipzig: Carl Hanser Fachbuchverlag.

Kral, C., Haumer, A., & Grabner, C. (n. d.). Consistent Induction Motor Parameters for the Calculation of Partial Load Efficiencies by Means of an Advanced Simulation Model.

Maplesoft. (2018). *MapleSim User's Guide.* Waterloo Maple Inc.

Otter, M. (1999). Objektorientierte Modellierung physikalischer Systeme. *Automatisierungstechnik*, pp. A9–A12.

Otter, M. (2009). Objektorientierte Modellierung und Simulation von Antriebssystemen. In D. Schröder, *Elektrische Antriebe – Regelung von Antriebssystemen. 3. Aufl.* Berlin Heidelberg: Springer-Verlag.

Otter, M., Elmqvist, H., & Mattson, S. E. (1999). Hybrid Modeling in Modelica based on the Synchronous Data Flow Principle. *CACSD'99.* Hawaii.

Tiller, M. (2001). *Introduction to Physical Modeling with Modelica.* Dordrecht: Kluwer Academic Publishers.

Tiller, M. (n. d.). *Modelica by Example.* Retrieved from http://book.xogeny.com/.

Brücken von Maple zu MATLAB und Scilab

8

MATLAB, eine in Forschung, Lehre und Praxis häufig eingesetzte, sehr leistungsfähige Software der Firma *The Mathworks Inc.,* wurde primär für numerische Rechnungen entwickelt, wird aber heute in Verbindung mit verschiedenen Toolboxen für ein sehr breites Aufgabenspektrum genutzt. Für die Simulation von Regelungssystemen wird MATLAB in Verbindung mit der Toolbox **Simulink** angewendet. Mit dieser kann man Systeme in Form von Signalflussplänen, bestehend aus vorgefertigten oder selbst entwickelten Funktionsblöcken, darstellen und simulieren.

Eine frei nutzbare Alternative zu MATLAB ist das vom Institut INRIA in Frankreich entwickelte Programm **Scilab,** das mit **Xcos** eine Alternative zu Simulink bietet. **Scilab/ Xcos** ist ebenfalls ein sehr leistungsfähiges Paket, für das auch eine Vielzahl von Toolboxen existiert.

Eine Kombination von Maple mit MATLAB oder Scilab bei der Lösung bestimmter Aufgaben kann manchmal sehr hilfreich sein, insbesondere bei sehr aufwendigen numerischen Berechnungen. Ziel der Darlegungen dieses Kapitels ist es, Möglichkeiten dieses Zusammenwirkens anhand einzelner Beispiele zu beschreiben.

8.1 Das Maple-Paket Matlab

In Maple steht für die Zusammenarbeit mit MATLAB das **Paket Matlab** mit Befehlen für den Datenaustausch, für die Ausführung von Kommandos auf der MATLAB-Ebene und für die Übersetzung von MATLAB-Routinen in Maple-Code zur Verfügung (Maplesoft 2014). Um eine Verbindung von Maple zu MATLAB herzustellen, müssen unter Windows in der Umgebungsvariablen PATH (erreichbar über *Systemsteuerung → System → Erweiterte Systemeinstellungen → Umgebungsvariablen*) folgende Eintragungen vorhanden sein:

© Springer Fachmedien Wiesbaden GmbH, ein Teil von Springer Nature 2020
R. Müller, *Modellierung, Analyse und Simulation elektrischer und mechanischer Systeme mit Maple™ und MapleSim™,* https://doi.org/10.1007/978-3-658-29131-0_8

`<MATLAB>\bin;<MATLAB>\bin\win32.`

Dabei steht <MATLAB> für das Verzeichnis, in dem MATLAB installiert ist, also beispielsweise für *C:\Program Files\MATLAB\R2011b*.

Das Laden der Kurzformen der Befehle des Maple-Pakets Matlab bewirkt die Anweisung

> **with(Matlab);**

[*AddTranslator, FromMFile, FromMatlab, chol, closelink, defined, det, dimensions, eig,*

evalM, fft, getvar, inv, lu, ode15s, ode45, openlink, qr, setvar, size, square, transpose]

Man kann die angezeigten Befehle des Pakets verschiedenen Gruppen zuordnen. Zur Gruppe der primären Befehle gehören die Folgenden:

- **setvar**(name, Y [,'globalvar']); setzt ein numerisches Feld oder eine Matrix in MAT-LAB
  Parameter:
  name …   Name der Variablen unter MATLAB (String)
  Y …   Maple- oder MATLAB-Matrix

  Die Option 'globalvar' legt fest, dass es sich um eine globale Variable handelt
- **getvar**(name); übernimmt ein numerisches Feld oder eine Matrix von MATLAB
  Parameter:
  name …   Name der MATLAB-Variablen (String)

- **evalM**(„ausdruck"); führt den Befehl bzw. den Ausdruck in der MATLAB-Umgebung aus
- **defined**(name [, attribut]); prüft die Existenz einer Variablen unter MATLAB
  Parameter:
  name …   Name (String) der zu testenden Variablen
  attribut =   *'variable', 'function'* oder *'globalvar'*

  Als Ergebnis liefert der Befehl entweder *true* oder *false*.

Die sekundären Befehle des Pakets Matlab sind in der Tab. 8.1 aufgeführt. Sie führen spezifische MATLAB-Operationen aus und stützen sich auf die vorher genannten primären Befehle.

Bezüglich der Syntax der vollständigen Befehlsformen wird auf die folgenden Beispiele, vor allem aber auf die Maple-Hilfe verwiesen. Das Paket Matlab enthält außerdem die Befehle *FromMatlab, FromMFile* und *AddTranslator*. Diese arbeiten unabhängig von MATLAB und übersetzen MATLAB-Code in die Maple-Notation. Auf sie wird hier nicht näher eingegangen.

Das folgende einfache Beispiel soll einen Einblick in die Nutzung von MAT-LAB durch Maple ermöglichen. Eine ausführlichere Anleitung bietet die Online-Hilfe

Tab. 8.1 Sekundare Befehle des Pakets Matlab

chol	Cholesky-Faktorisierung einer Maple- oder MATLAB-Matrix
det	Determinante einer Maple- oder MATLAB-Matrix
dimensions	Dimensionen einer Maple- oder MATLAB-Matrix
eig	Eigenwerte einer Maple- oder MATLAB-Matrix
fft	Diskrete Fourier-Transformation eines Vektors
inv	Inverse einer Maple- oder MATLAB-Matrix
lu	LU-Dekomposition einer Maple- oder MATLAB-Matrix
ode15s	Lösung eines Differentialgleichungssystems mit ode15s
ode45	Lösung eines Differentialgleichungssystems mit ode45
qr	QR-Dekomposition einer Maple- oder MATLAB-Matrix
size	Größe einer Maple- oder MATLAB-Matrix
square	Prüfen, ob eine Maple- oder MATLAB-Matrix quadratisch ist
transpose	Transponierte einer Maple- oder MATLAB-Matrix berechnen

(Maplesoft 2014) unter *Mathematics → Numerical Computations*. Auf die Grundlagen von MATLAB wird nicht eingegangen (siehe Angermann 2003; Abel 2007).

Beispiel: Matrizenoperationen

```
> with(Matlab):
> A_maple:= Matrix([[3,1,2],[4,5,6],[10,3,6]]);
```

$$A\_maple := \begin{bmatrix} 3 & 1 & 2 \\ 4 & 5 & 6 \\ 10 & 3 & 6 \end{bmatrix}$$

```
> B_maple:= Matrix([[1,5,11],[7,3,8],[2,4,6]]);
```

$$B\_maple := \begin{bmatrix} 1 & 5 & 11 \\ 7 & 3 & 8 \\ 2 & 4 & 6 \end{bmatrix}$$

Die beiden Matrizen A_maple und B_maple werden unter den Namen A bzw. B nach MATLAB übertragen:

```
> setvar("A", A_maple); setvar("B", B_maple);
```

Nun kann die Matrizenmultiplikation unter MATLAB ausgeführt und anschließend der Wert der MATLAB-Variablen C an Maple übergeben werden.

```
> evalM("C=A*B");
> C_maple:= getvar("C");
```

$$C\_maple := \begin{bmatrix} 14. & 26. & 53. \\ 51. & 59. & 120. \\ 43. & 83. & 170. \end{bmatrix}$$

Maple kann die berechnete Matrix nun unter beiden Namen – C_maple und "C" – weiter nutzen. Dabei ist nur zu beachten, dass der MATLAB-Name als String angegeben werden muss. Die Verwendung des MATLAB-Namens von Variablen unter Maple funktioniert aber nur bei den Matlab-Funktionen von Maple.

Eigenwertberechnung mit dem Befehl **eig** des Maple-Pakets Matlab:

```
> eig("C");
```

$$\begin{bmatrix} 244.339918909209 \\ -2.10284746483346 \\ 0.762928555624825 \end{bmatrix}$$

```
> eig(C_maple);
```

$$\begin{bmatrix} 244.339918909209 \\ -2.10284746483346 \\ 0.762928555624825 \end{bmatrix}$$

Determinante von "C", berechnet über Matlab:

```
> det("C");
```

$$-391.999999999995168$$

Vergleichsrechnung mit Maple:

```
> LinearAlgebra[Determinant](C_maple);
```

$$-392.$$

Selbstverständlich wird der eigentliche Vorteil einer kombinierten Nutzung von Maple und MATLAB, die wesentliche Verringerung der Rechenzeit, erst bei größeren Matrizen sichtbar. Hinweise dazu sind beispielsweise in Neundorf (2003, 2007) enthalten. Bezüglich der Genauigkeit der numerischen Ergebnisse gilt, dass MATLAB normalerweise mit dem Gleitpunktformat *double precision* arbeitet. Das entspricht der Einstellung Digits = 16 unter Maple. Die an Maple zurückgegebenen Werte sind i. Allg. vom Typ float[8] oder complex[8].

```
> MatrixOptions(C_maple, datatype);
```

$$float_8$$

Ein weiteres Beispiel zeigt die Lösung eines Differentialgleichungssystems mit Totzeiten (DDEs).

Beispiel: Regelung eines Flugobjekts

Dieses bereits im Abschn. 3.4.7 verwendete Beispiel (Amborski und Schmidt 1986) wird hier nochmals kurz beschrieben und in Kombination von MATLAB und Maple behandelt. Zugrunde liegt das in Abb. 8.1 dargestellte System. Abweichungen eines Flugobjekts von einer vorgegebenen Flugbahn, verursacht durch die Einwirkung einer Störgröße $z(t)$, werden mithilfe eines Reglers und einer Steuereinrichtung kompensiert.

Vorausgesetzt wird, dass sich die Bahn des Objekts durch ein zweidimensionales Koordinatensystem (x, y) beschreiben lässt, dass die Bewegung anfangs auf der y-Achse verlaufe und dass die Störgröße, die eine Änderung der Bahn bewirkt, parallel zur x-Achse gerichtet ist. Der Flugkörper wird als integrale Strecke betrachtet. Die Störgröße z sei identisch mit einer unerwünschten Geschwindigkeitskomponente in x-Richtung, die über die Steuergröße $u(t)$ ausgeglichen werden muss.

Für das System Regler – Steuereinrichtung – Flugobjekt wurde im Abschn. 3.4.7 das folgende mathematische Modell entwickelt:

$$
\begin{aligned}
\frac{dx(t)}{dt} &= u(t) + z(t) \\
T_1 \cdot \frac{du(t)}{dt} + u(t) &= p \cdot r(t - \tau_2) \\
\frac{dr(t)}{dt} &= -K_p \cdot \frac{dx(t - \tau_1)}{dt} - K_i \cdot x(t - \tau_1)
\end{aligned}
\tag{8.1}
$$

In der dritten Gleichung von (8.1) lässt sich $dx(t)/dt$ mithilfe der ersten Gleichung ändern und so wird

$$
\frac{dr(t)}{dt} = -K_p(u(t - \tau_1) + z(t - \tau_1)) - K_i \cdot x(t - \tau_1)
\tag{8.2}
$$

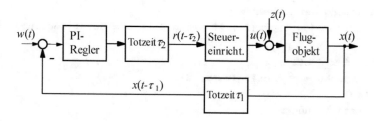

Abb. 8.1 Regelkreis des Flugobjekts

Untersucht werden soll das Systemverhalten für den Fall, dass ab dem Zeitpunkt $t = 5$ s eine Störung $z(t)$ auf das Flugobjekt einwirkt.

$$z(t) = 0 \quad für \quad t < 5 \text{ s} \text{ und } z(t) = 1{,}9 \quad für \quad t \geq 5 \text{ s}$$

Für die Anfangswerte wird $x(t_0) = u(t_0) = r(t_0) = 0$ vorausgesetzt.

Die Lösung von Differentialgleichungen mit Totzeit (DDEs) unter MATLAB wird beispielsweise in Angermann (2003) und Shampine und Thompson (2000) ausführlich beschrieben. Sie stützt sich auf den MATLAB-Befehl **dde23,** der folgende allgemeine Form hat:

- loesung = **dde23**(@xpunkt, tau, historie, tspan, optionen, …)
  Bedeutung der Parameter:
  @xpunkt …   Handle der Funktion, in der die Modellgleichungen beschrieben sind
  tau …   die Liste der (konstanten) Totzeiten
  historie …   Lösungspunkte für $t < t_0$; konstanter Spaltenvektor oder Function Handle
  tspan …   [Startzeit t_0, Endzeit t_{end}]; Integrationszeitraum

Function Handles sind in MATLAB Referenzen auf Funktionen. Sie werden erzeugt, indem einem Funktionsnamen das Zeichen @ voranstellt wird.

MATLAB-Programm:
Die Befehlsfolge für die oben formulierte Aufgabenstellung wird in der Datei **ddeflug.m** gespeichert. Sie stützt sich auf die Funktionen **x_ddeflug** und **hist_ddeflug,** die in separaten Dateien mit dem gleichen Namen wie die Funktionen abgelegt sind.

```
%%%% Datei ddeflug.m
% tspan …Zeitspanne der Simulation, festgelegt im aufrufenden
%         Programm als tspan=[Startzeit, Endzeit]
% Verzögerungszeiten
tau = [tau1, tau2]; % Wertzuweisungen im aufrufenden Programm
% Optionen:
options = ddeset('InitialY',[0;0;0]);
% Loesung der DGL
loesung = dde23(@x_ddeflug, tau, @hist_ddeflug, tspan, options);
% Vorbereitung der Auswertung
tint = linspace(0, tspan(2), 10*tspan(2)); x = deval(loesung, tint);


%%%% Datei x_ddeflug.m
function xpunkt = x_ddeflug(t, x, Z)
global tau1
% verzögerte Lösungen
```

```
x_tau1 = Z(:,1); % um tau1 verzoegerter Loesungsvektor
x_tau2 = Z(:,2); % um tau2 verzoegerter Loesungsvektor
% Parameter
if t<5, zz=0; else zz=1.9; end; % Stoergroesse
if t-tau1<5, zz1=0; else zz1=1.9; end; % verzoegerte   Stoergroesse
% Steuerung - Verzögerungsglied 1. Ordnung:
p = 0.375; % Verstaerkungsfaktor der Steuerung
T1 = 1;       % Zeitkonstante der Steuerung
% Regler - PI-Regler ohne Verzögerung
Kp = 1;    %
Ki = 0.25; %
% Ableitung berechnen
xpunkt = [x(2)+zz; (p*x_tau2(3)-x(2))/T1;  -Kp*(x_tau1(2)+zz1)-Ki*x_
tau1(1)];


%%%%% Datei hist_ddeflug.m
% Historie zu ddeflug.m
function s = hist_ddeflug(t)
s = [0; 0; 0];
```

Maple-Worksheet zur Ausführung des MATLAB-Programms:

```
> with(Matlab):
```

Verzögerungszeiten an MATLAB übertragen:

```
> setvar("tau1", 0.5, 'globalvar'):
> setvar("tau2", 0.5, 'globalvar'):
```

Simulationsintervall tspan festlegen: [Startzeit, Endzeit]

```
> setvar("tspan", [0, 50], 'globalvar'):
```

Arbeitsverzeichnis in MATLAB setzen und das MATLAB-Programm ddeflug ausführen:

```
> evalM("cd('D:/Beispiele/Matlab/DDE_Flugobjekt/')"):
> evalM("ddeflug");
```

Nun werden die Matrix mit den berechneten Werten der Zustandsgrößen und der Vektor
der Lösungszeitpunkte von Maple übernommen und die Ergebnisse grafisch dargestellt:

> **X:= getvar("x");**

$$X := \begin{bmatrix} \textit{3 x 500 Matrix} \\ \textit{Data Type: float}_8 \\ \textit{Storage: rectangular} \\ \textit{Order: Fortran\_order} \end{bmatrix}$$

> **t:= getvar("tint");**

$$t := \begin{bmatrix} \textit{1 .. 500 Vector}_{row} \\ \textit{Data Type: float}_8 \\ \textit{Storage: rectangular} \\ \textit{Order: Fortran\_order} \end{bmatrix}$$

Die Matrix X besteht aus den drei Zeilenvektoren $x = X[1]$, $u = X[2]$ und $r = X[3]$.

```
> p1:= plot(t, X[1], color=blue, legend="Abweichung x-Richtung"):
> p2:= plot(t, X[2], color=black, legend="Steuergröße u"):
> plots[display](p1, p2, gridlines);
```

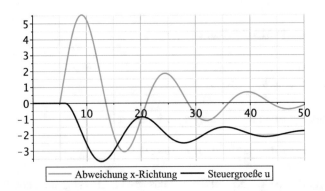

Das Simulationsergebnis zeigt, dass das System unter den vorgegebenen Bedingungen
stabil ist. Die durch die Störgröße bewirkte Abweichung von der Sollflugbahn in x-Rich-
tung wird ausgeregelt.

8.2   Maple und Scilab/Xcos

Scilab basiert wie MATLAB auf den quelloffenen Bibliotheken LAPACK und BLAS,
besitzt also eine ähnliche numerische Qualität. Es verfügt auch über eine grafische
Benutzeroberfläche (GUI) und mit **Xcos** über eine Alternative zu **Simulink.** Die Syntax

von Scilab ist der von MATLAB sehr ähnlich, viele Befehle sind vollkommen gleich. Es gibt zwischen beiden Systemen aber auch wesentliche Unterschiede, sodass MATLAB-Programme normalerweise erst angepasst werden müssen, wenn sie unter Scilab laufen sollen. Wie bei MATLAB ist auch bei Scilab die grundlegende Datenstruktur die Matrix und ebenso wie bei MATLAB wird die Grundfunktionalität des Systems durch Toolboxen erweitert. Die Toolbox **Xcos** (früherer Name **Scicos**) hat große Ähnlichkeit mit Simulink. Das Modell des zu simulierenden Systems wird bei ihm in einer grafischen Entwicklungsumgebung durch ein Blockschaltbild beschrieben, das aus Funktionsblöcken einer Xcos-Bibliothek zusammengestellt wird. Eine Einführung in Scilab/Xcos geben beispielsweise Campell et al. (2006), Zogg (2007) und Gomez (1999).

Für die Kommunikation mit **Scilab/Xcos** besitzt Maple allerdings keine mit dem Paket Matlab vergleichbaren Befehle. Der Datenaustausch muss deshalb über das wechselweise Schreiben bzw. Lesen von Dateien in den beiden Systemen erfolgen. Dafür werden im Folgenden zwei Wege aufgezeigt.

8.2.1 Austausch von numerischen Daten über Dateien

Für das Exportieren und Importieren von Matrizen bietet Maple mehrere Möglichkeiten, u. a. die sehr leistungsfähigen Befehle **ExportMatrix** und **ImportMatrix,** die durch Angabe von Optionen an sehr unterschiedliche Bedingungen angepasst werden können.

- **ImportMatrix**(f, optionen)
- **ExportMatrix**(f, M, optionen)
  Parameter:
  f ...   String oder Symbol; Name der Datei
  M ...   Matrix

Das Datenformat kann man bei **ExportMatrix** durch die Option *target* und für **ImportMatrix** durch die Option *source* angeben. Für die Optionen *target* und *source* sind *auto, csv, delimited, dif, Excel, MATLAB, MatrixMarket, ods, sxc* oder *tsv* zulässig. Bezüglich einer umfassenden Erläuterung dieser und anderer Optionen muss wegen des Umfangs auf die Maple-Hilfe verwiesen werden.

Die entsprechenden Befehle in **Scilab** sind **fprintfMat** und **fscanfMat** mit folgender Syntax:

- **fprintfMat**(file, daten [, format, text]);   Erzeugen einer Datei

- M = **fscanfMat**(file[, format]);   Lesen einer Datei

- [M, text] = **fscanfMat**(file [, format]));   Lesen einer Datei
  Parameter:
  file ...   String; Name (Bezeichner) der Datei einschl. Pfadname

daten ...	Matrix oder numerische Daten
format ...	Zeichenstring (wie fprintf)
text ...	Zeilen- oder Spaltenvektor von Strings, am Dateianfang gespeichert
M ...	gelesene Matrix reeller Zahlen
n ...	Zahl der zu lesenden Spalten

Sofern in den Dateibezeichnern zu lange Strings vermieden werden sollen, kann man das Arbeitsverzeichnis unter Maple durch den Befehl **currentdir** und unter Scilab mit dem Befehl **cd** einstellen. Beispiele dafür sind

unter Maple: **currentdir**("D:/Beispiele/Scilab/GS_Motor");
unter Scilab: **cd**('D:/Beispiele/Scilab/GS_Motor/')

Beispiel: Matrizenoperation
Eine unter Maple erstellte und als Datei exportierte Matrix G wird durch Scilab gelesen und invertiert. Die invertierte Matrix H wird dann über eine Datei an Maple zurückgegeben.

```
> restart: with(LinearAlgebra):
> G:= Matrix([[3,1,7],[4,5,9],[2,4,6]]);
```

$$G := \begin{bmatrix} 3 & 1 & 7 \\ 4 & 5 & 9 \\ 2 & 4 & 6 \end{bmatrix}$$

Setzen des Verzeichnisses und Speicherung der Matrix G in der Datei "G.txt":

```
> currentdir("D:/Beispiele/Scilab/Matrizenoperation");
```
$$\text{"D:\textbackslash Beispiele\textbackslash Scilab\textbackslash Matrizenoperation"}$$
```
> ExportMatrix("G.txt", G);
```
$$18$$

Bei Ausführung des Befehls **ExportMatrix** zeigt Maple die Zahl der ausgegebenen Bytes an. Die exportierte Matrix wird in **Scilab** durch die Ausführung des folgenden Skripts invertiert.

```
//  File Matrix.sce
cd('D:/Beispiele/Scilab/Matrizenoperation/')
G = fscanfMat("G.txt");
H = inv(G) // Invertieren der Matrix G
fprintfMat("H.txt", H)
```

Die invertierte Matrix wird danach von **Maple** importiert:

```
> H:= ImportMatrix("H.txt", delimiter=" ");
```

$$H := \begin{bmatrix} -0.333333000000000 & 1.22222200000000 & -1.44444400000000 \\ -0.333333000000000 & 0.222222000000000 & 0.0555560000000000 \\ 0.333333000000000 & -0.55555600000000 & 0.611111000000000 \end{bmatrix}$$

Die Option *delimiter* gibt die Art der Trennzeichen zwischen den Komponenten der Matrix an. Sie ist in beiden Befehlen **ImportMatrix** und **ExportMatrix** nur auf Textdateien anwendbar.

Beispiel: Drehzahlregelung eines Gleichstrommotors

Anhand dieses Beispiels soll das Lösen einer Aufgabe mithilfe von **Xcos** und die Auswertung der Ergebnisse durch Maple demonstriert werden. Durch Laplace-Transformation der Formeln (9.5) bis (9.8) des Kap. 9 erhält man das folgende Modell.

$$u(s) = R_a \cdot i(s) + L_a \cdot s \cdot i(s) - L_a \cdot i(0) + ui(s) \tag{8.3}$$

$$ui(s) = K_M \cdot \omega(s) \tag{8.4}$$

$$J \cdot s \cdot \omega(s) - J \cdot \omega(0) = m(s) - m_w(s) \tag{8.5}$$

$$m(s) = K_M \cdot i(s) \tag{8.6}$$

Unter den Bedingungen $i(0) = 0$ und $\omega(0) = 0$ folgt daraus nach einfacher Umstellung unter Weglassung der Kennzeichnung der unabhängigen Variablen (s)

$$i = (u - ui) \cdot \frac{1}{R_a \cdot (1 + s \cdot T_a)} \tag{8.7}$$

$$m = K_M \cdot i \tag{8.8}$$

$$\omega = (m - m_w) \cdot \frac{1}{J \cdot s} \tag{8.9}$$

$$ui = \omega \cdot K_M \tag{8.10}$$

Mit den Funktionsblöcken, die **Xcos** auf Paletten bereitstellt, kann man aus den Gl. (8.7) bis (8.10) das in Abb. 8.2 dargestellte Strukturbild erstellen. Dieses wird vervollständigt durch einen PID-Block, einen Block für die Simulation der Tachomaschine, zwei Blöcke CSCOPE für die grafische Darstellung von Ankerstrom und Drehzahl sowie einen Block „To workspace" für die Übergabe der Ergebnisse an Scilab. Auf den Eingang des PID-Reglers wirkt die Signaldifferenz n_soll – n_ist. Die Verstärkung des Ausgangssignals

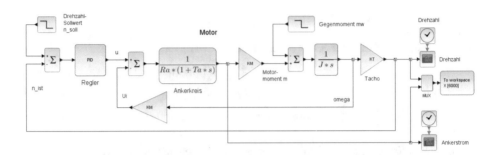

Abb. 8.2 Xcos-Strukturbild „Drehzahlregelung eines Gleichstrommotors"

des Reglers, die in der Praxis üblicherweise in einem separaten Stellglied erfolgt, ist hier
in den Regler integriert, sodass der Ausgang des Reglers die Ankerspannung u liefert.

Die Parameter der Funktionsblöcke sind im Blockschaltbild als Symbole vorgegeben.
Durch Ausführung des folgenden Skripts „Parameter_Drehzahl.sce" werden ihnen Werte
zugwiesen, danach wird die Ausführung der Simulation unter **Xcos** gestartet.

```
// Parameter fuer das Modell Drehzahlregelung
// Regler + Steuereinrichtung:
Kp = 800
Ki = 800
Kd = 20
T1 = 0.001 // Zeitkonstante der Steuereinrichtung
n_soll = 0.5  // Fuehrungsgroeße
KT = 1/6.283  // Tachomaschine; Drehzahl n in 1/s

// Parameter des Motors:
Ra = 1
Ta = 0.005
J = 12.5
KM = 5
```

Als Ergebnis der Simulation werden der Verlauf der Drehzahl und des Ankerstroms als
Grafik angezeigt und außerdem die Daten durch den Block *To worksspace* an die Variablen **X** an **Scilab** übergeben. **X** umfasst die beiden Vektoren *X.time* und *X.values*. Die
Ausführung des folgenden Scilab-Skripts bewirkt die Zusammenfassung dieser Vektoren
in der Matrix **MatX** und deren Speicherung in der Datei „X_PID.txt".

```
// Ergebnisvektoren Drehzahlregelung als Datei speichern
cd('D:/Beispiele/Scilab/Drehzahlregelung/');
MatX = [X.time, X.values]
fprintfMat("X_PID.txt", MatX)
```

Unter Maple wird dann die in der Datei abgelegte Matrix importiert und weiter ausgewertet.

```
> with(LinearAlgebra): with(plots):
> currentdir("D:/Beispiele/Scilab/Drehzahlregelung");
            "C:\Users\Rolf\Buch_Analyse_mit_Maple\Auflage_3\Worksheets_V3"
> MatX:= ImportMatrix("X_PID.txt",  delimiter=" ");
```

$$MatX := \begin{bmatrix} 3862 \times 3 \; Matrix \\ Data \; Type: float_8 \\ Storage: rectangular \\ Order: Fortran\_order \end{bmatrix}$$

```
> setoptions(gridlines=true, font=[TIMES,14], labelfont=[TIMES,12],
          legendstyle=[font=[TIMES,16]], titlefont=[TIMES,BOLD,16]):
> p1:= plot(Column(MatX,1),Column(MatX,3), view=[0..0.3,0..250],
          legend=["Ankerstrom i(t) in A"], color="CornflowerBlue"):
> p2:= plot(Column(MatX,1),Column(MatX,2), view=[0..0.3,0..0.5],
          legend=["Drehzahl n(t) in 1/s"], color="Black"):
> dualaxisplot(p1,p2, title="Antriebsregelung, Führungsverhalten");
```

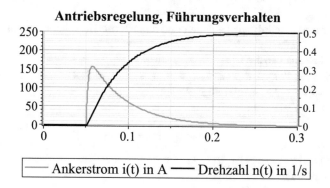

8.2.2   Die Maple-Prozedur maple2scilab

Die Prozedur **maple2scilab** übersetzt einen Maple-Ausdruck in eine Scilab-Funktion. Sie ist nicht Teil der Software Maple, man kann das entsprechende Paket aber kostenfrei über die Adresse http://claude-gomez.fr/maple2scilab/maple2scilab.html beziehen. Nach dem Laden als externe Prozedur wird sie wie folgt aufgerufen (Gomez 1999):

- **maple2scilab**(fname, expr, parameters, code [, directory])
  Parameter:

expr …	algebraischer Ausdruck, Vektor, Matrix, zweidimensionales Feld, Liste von Listen
fname …	Name der Scilab-Funktion
parameters …	Liste der in expr auftretenden Parameter, ggf. als leere Liste. Die Parameter werden in Argumente der Scilab-Funktion umgewandelt
code …	Übersetzungsart: s … Scilab, f … Fortran-Code, c … C-Code
directory …	Verzeichnis des Quellcodes (Standard: aktuelles Verzeichnis)

Nach Ausführung des Übersetzungsvorgangs zeigt die Prozedur an, wie mit der erzeugten Funktion unter Scilab weiter zu verfahren ist.

Die Prozedur **maple2scilab** arbeitet nur mit Vektoren und Matrizen des Maple-Pakets **linalg**. Ggf. sind also zusätzliche Konvertierungen nötig. Mit **maple2scilab** kann auch Fortran- oder C-Code erzeugt werden. Einzelheiten dazu sind in der Datei *Readme* zur Software enthalten.

Beispiel (Maple-Worksheet):

```
> currentdir("D:/Beispiele/Scilab/Bsp822"):
```

Die Prozedur **maple2scilab** wird geladen und danach mit Beispielen ausgeführt.

```
> read "maple2scilab.mpl":
> # # # # # # # # # # # # # # # # # # # # # # # #
> ## Ausdruck mit Parametern p und x
> m:= exp(-p*x)/sin(x);
```

$$m := \frac{e^{-px}}{\sin(x)}$$

```
> maple2scilab(fs1, m, [x,p], 's');
Scilab file created: fs1.sci
Usage in Scilab: exec('fs1.sci');
                 out=fs1(x,p)
> # # # # # # # # # # # # # # # # # # # # # # # #
> ## Vektor mit skalarem Parameter x
> v:= vector([sqrt(2*x+1), sin(1-x^2)]);
```

$$v := \left[\sqrt{2x+1} \quad -\sin(x^2 - 1) \right]$$

```
> maple2scilab(fs3, v, [x], 's');
Scilab file created: fs3.sci
Usage in Scilab: exec('fs3.sci');
                 out=fs3(x)
```

Beispiel (Scilab-Konsole):

Unter Scilab können nun die von der Prozedur **maple2scilab** erzeugten Funktionsskripts fs1.sci bzw. fs3.sci mit dem Befehl **exec** zu ausführbaren Funktionen umgewandelt und anschließend aufgerufen werden.

```
--> cd('D:/Beispiele/Scilab/Bsp822/') // Arbeitsverzeichnis festlegen
 ans  =
 D:\Beispiele\Scilab\Bsp822
--> exec('fs1.sci');
--> out=fs1(1.57, 0)
out  =
    1.0000003
--> exec('fs3.sci');
--> out=fs3(5)
out  =
    3.3166248
    0.9055784
```

Literatur

Abel, D. (2007). *Kurzeinführung in MATLAB, SIMULINK, STATEFLOW.* Aachen: IRT, RWTH.

Amborski, K. & Schmidt, B. (1986). Digitale Simulation geregelter oder gesteuerter Systeme mit Hilfe von GPSS-FORTRAN Version 3. messen, steuern, regeln 29 (1986) 12, S. 553–557.

Angermann, A. u. (2003). *Matlab - Simulink - Stateflow.* Müchen Wien: Oldenbourg.

Campell, S. L., Chancelier, J.-P., & Nikoukhah, R. (2006). *Modeling and Simulation in Scilab/ Scicos.* Springer.

Gomez, C. (1999). *Engineering and Scientific Computing with Scilab.* Springer-Science+Business Media, LLC.

Maplesoft. (2014). *Online Help Matlab.* Von www.maplesoft.com/support/help/Maple/view. aspx?path=examples/matlab abgerufen.

Neundorf, W. (2007). Kondition eines Problems sowie Gleitpunktarithmetik in den CAS Maple, MATLAB und in höheren Programmiersprachen. *Preprint No. M 16/07.* TU Ilmenau, Fakultät für Mathematik und Naturwissenschaften.

Neundorf, W. (2003). Spezielle Aspekte zu CAS Maple und Matlab. *Preprint No. M 10/03.* TU Ilmenau, Fakultät für Mathematik und Naturwissenschaften.

Shampine, L. F., & Thompson, S. (2000). Solving Delay Differential Equations with dde23.

Zogg, J.-M. (2007). *Arbeiten mit Scilab und Scicos.* HTW Chur (Schweiz).

Ausgewählte Beispiele

9

9.1 Verladebrücke

Die Laufkatze einer Verladebrücke (Abb. 9.1) transportiert eine Last m_L von der Startposition $s_K = 0$ zu einer Zielposition. Die Laufkatze selbst hat die Masse m_K. Sie wird durch eine Kraft $FA(t)$ angetrieben und am Zielort durch eine Kraft $FB(t)$ gebremst. Ihre Bewegung regt die an einem Seil der Länge l hängende Last zu Schwingungen an, die auf die Katze zurückwirken. Das Verhalten des Systems Laufkatze soll unter verschiedenen Bedingungen des Antriebs bzw. der Bremsung untersucht werden.

Im Folgenden wird vorausgesetzt, dass die Auslenkungen der schwingenden Last relativ klein bleiben, dass die Seilmasse gegenüber der Masse der Last vernachlässigt werden kann und dass die Seillänge l konstant ist. Diesen Bedingungen entspricht die linearisierte Form des im Abschn. 5.4 entwickelten Modells (Gl. 9.1).

$$\left(\frac{m_K}{m_L} + 1\right) \cdot \ddot{s}_K + l \cdot \ddot{\varphi} = \frac{1}{m_L} F(t); \qquad \ddot{s}_K + l \cdot \ddot{\varphi} + g \cdot \varphi = 0 \qquad (9.1)$$

Als Antrieb der Laufkatze ist ein Drehstrom-Schleifringläufermotor vorgesehen. Die Bremsung erfolge mechanisch durch Reibung. Sie soll durch eine der Bewegungsrichtung entgegen gerichtete, konstante Kraft modelliert werden, die solange wirkt, bis die Geschwindigkeit der Katze den Wert Null erreicht hat. Auch danach muss noch eine Bremskraft existieren, um trotz der Schwingungen der Last eine Bewegung der Laufkatze zu verhindern. Die Größe dieser Kraft $F(t)$ ergibt sich aus obigem Modell, wenn man das Gleichungssystem (9.1) nach der Unbekannten $\ddot{s}_K$ auflöst und für die Beschleunigung der Laufkatze den Wert Null einsetzt.

$$\ddot{s}_K = \frac{F(t)}{m_K} + \frac{m_L}{m_K} \cdot g \cdot \varphi = 0 \qquad (9.2)$$

© Springer Fachmedien Wiesbaden GmbH, ein Teil von Springer Nature 2020
R. Müller, *Modellierung, Analyse und Simulation elektrischer und mechanischer Systeme mit Maple™ und MapleSim™*, https://doi.org/10.1007/978-3-658-29131-0_9

Abb. 9.1 Laufkatze mit Last   Laufkatze

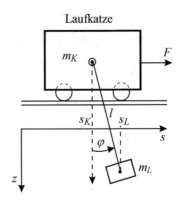

$$F(t) = -m_L \cdot g \cdot \varphi \qquad (9.3)$$

Allerdings gilt diese Beziehung nur, solange die Haltekraft der Bremse nicht überschritten wird, d. h. für $|F\,(t)| \leq FH$. Damit ergibt sich für die effektive Bremskraft $FB(t)$ das folgende Modell:

$$FB(t) = \begin{cases} FBr \cdot sign(v_K), & \text{wenn } v_K \neq 0 \\ m_L \cdot \varphi \cdot g, & \text{wenn } v_K = 0 \text{ und } |m_L \cdot \varphi \cdot g| \leq F_H \end{cases} \qquad (9.4)$$

Die Vorzeichen gelten unter der Annahme, dass $FB(t)$ der in Abb. 9.1 dargestellten Kraft $F(t)$ entgegen gerichtet ist. Der im Kap. 5 beschriebene Übergang von der Haft- zur Gleitreibung wird in Gl. (9.4) vernachlässigt.

Weil im Modell der Bremse die Geschwindigkeit v_K auftritt, wird das unter Abschn. 5.4 abgeleitete Modell in Zustandsraumdarstellung ($DG1z$, $DG2z$, $S1$, $S3$) verwendet.

```
> DG1z := diff(vK(t), t) = (g*phi(t)*mL+F(t))/mK;
```

$$DG1z := \frac{\mathrm{d}}{\mathrm{d}t}\, vK(t) = \frac{g\,\phi(t)\;mL + F(t)}{mK}$$

```
> DG2z := diff(omega(t), t) = -(g*phi(t)*mL+g*phi(t)*mK+F(t))/(l*mK);
```

$$DG2z := \frac{\mathrm{d}}{\mathrm{d}t}\, \omega(t) = -\frac{g\,\phi(t)\;mL + g\,\phi(t)\;mK + F(t)}{l\,mK}$$

```
> S1:= diff(sK(t),t) = vK(t);
```

$$S1 := \frac{\mathrm{d}}{\mathrm{d}t}\, sK(t) = vK(t)$$

```
> S3:= diff(phi(t),t) = omega(t);
```

$$S3 := \frac{\mathrm{d}}{\mathrm{d}t}\, \phi(t) = \omega(t)$$

```
> DGsys:= {DG1z, DG2z, S1, S3}:
```

Für die Kraft F(t) gelten in den Betriebsphasen Antreiben, Bremsen und Stillstand unterschiedliche Gleichungen. Das Verhalten des Antriebsmotors beschreibt die Kloss'sche Formel (siehe Abschn. 9.7), da die sehr schnell abklingenden elektromagnetischen Ausgleichsvorgänge in diesem Fall vernachlässigt werden können. Die vom Motor auf die Laufkatze wirkende Antriebskraft F ist dem Motormoment proportional ist. Auch zwischen der Drehzahl des Motors und der Geschwindigkeit der Katze besteht eine lineare Beziehung. Für den Schlupf s des Motors gilt daher

$$s = \frac{n_0 - n}{n_0} = \frac{v_{K,0} - v_K}{v_{K,0}} = 1 - \frac{v_K}{v_{K,0}}$$

$v_{K,0}$ ist die ideelle Geschwindigkeit bei der Synchrondrehzahl des Motors. Angenommen wird $v_{K,0} = 1$ m/s. Für die vom Motor aufgebrachte Antriebskraft gilt daher

$$FA = \frac{2 \cdot F\text{max}}{\dfrac{1 - v_K}{s_{kipp}} + \dfrac{s_{kipp}}{1 - v_K}}$$

bzw. in Maple-Notierung

```
> FA:= 2*Fmax/((1-vK(t))/sKipp+sKipp/(1-vK(t)));
```

$$FA := \frac{2\,Fmax}{\dfrac{1 - vK(t)}{sKipp} + \dfrac{sKipp}{1 - vK(t)}}$$

Der Einfluss von Rollreibung und Luftwiderstand wird vereinfachend in einer geschwindigkeitsproportionalen Kraft FD zusammengefasst, die sowohl beim Antrieb der Laufkatze durch den Motor als auch während der Bremsphase der jeweiligen Bewegungsrichtung entgegen wirkt.

```
> FD:= KD*vK(t);        # Dämpfungskraft
```

$$FD := KD\,vK(t)$$

Während des Antriebs der Laufkatze wirkt die Resultierende von Antriebskraft und Dämpfungskraft FD.

```
> dg5_A:= F(t) = FA - FD;   # resultierende äußere Kraft beim Antreiben
```

$$dg5\_A := F(t) = \frac{2\,Fmax}{\dfrac{1 - vK(t)}{sKipp} + \dfrac{sKipp}{1 - vK(t)}} - KD\,vK(t)$$

Beim Abbremsen der Laufkatze bis zum Stillstand (vK(t)=0) wirkt die in Gl. (9.4) beschriebene Kraft. Hinzu kommt noch die Dämpfungskraft FD.

```
> dg5_B:= F(t)= -FBr*signum(vK(t)) - FD;   # resultierende äußere Kraft
beim Bremsen
```

$$dg5\_B := F(t) = -FBr\,\text{signum}(vK(t)) - KD\,vK(t)$$

Wenn die Laufkatze zu Stillstand gekommen ist, wird sie trotz der Schwingungen der Last durch die Bremskraft FHeff$=-$g$\cdot\varphi\cdot$mL im Ruhezustand gehalten (Gl. (9.4)).

```
> FHeff:= mL*phi(t)*g;   # effektive Haltekraft der Bremse
```

$$FHeff := g\,\phi(t)\,mL$$

Die modellierten Nichtlinearitäten erlauben nur eine numerische Lösung des Differentialgleichungssystems. Aus numerischen Gründen (Integrationsschrittweite) sind daher nach der vorangegangenen Bremsphase geringe Abweichungen von vK(t)$=0$ nicht auszuschließen. Deshalb wird der im Stillstand wirkenden Bremskraft außerdem eine geschwindigkeitsabhängige Korrekturgröße FBr$\cdot$tan(vK(t)) hinzugefügt. Die Tangensfunktion bildet den Vorzeichenwechsel von vK(t) ab und ist im Bereich des Nullpunkts stetig. Mögliche numerische Probleme werden dadurch kompensiert.

```
> dg5_S:= F(t) = - FHeff - FBr*tan(vK(t));   # resultierende äußere
Kraft beim Stillstand
```

$$dg5\_S := F(t) = -g\,\phi(t)\,mL - FBr\,\text{tan}(vK(t))$$

Mit den beschriebenen Modellen der äußeren Kräfte ergeben sich die folgenden Differentialgleichungssysteme für die Phasen „Antreiben", „Bremsen" und „Stillstand".

```
> sys_A:= DGsys union {dg5_A}: # Antreiben
> sys_B:= DGsys union {dg5_B}: # Bremsen
> sys_S:= DGsys union {dg5_S}: # Bremsen beim Stillstand
```

Beim Eintritt der Ereignisse „$s_K = s_{Kend}$" und „$v_K = 0$" muss jeweils auf das nächste Gleichungssystem umgeschaltet werden. Für das Erkennen dieser Ereignisse wird die Option **events** des Befehls **dsolve** genutzt. Wenn **events** „feuert", wird die Ausführung des Befehls **dsolve** unterbrochen und die vorgegebene Aktion ausgeführt (siehe Abschn. 3.4.4). Im Folgenden wird als Aktion **halt** verwendet, die Ausführung des unterbrochenen Befehls beendet und der nächste Befehl **dsolve** mit geändertem Differentialgleichungssystem ausgeführt.

Für die numerische Lösung des Differentialgleichungssystems müssen alle Parameter mit Werten belegt sein.

```
> mK:=1000: mL:=4000: l:=10: g:=9.81: sKend:=10: Fmax:=500:
  sKipp:= 0.12: FBr:=1000: KD:=300: FH:=3000: eps:=0.00001: tend:=50:
```

Berechnung der Betriebsphase „Antreiben (A)"

```
> AnfBed_A:= {sK(0)=0, vK(0)=0, phi(0)=0, omega(0)=0, F(0)=0};
> StoppBed_A:= [sK(t)=sKend, halt];
```
$$StoppBed\_A := [sK(t) = 10, halt]$$
```
> Dsol_A:= dsolve(sys_A union AnfBed_A, numeric, maxfun=0,
          [sK(t),phi(t),vK(t),omega(t),F(t)], events=[StoppBed_A]):
```
$$Dsol\_A := \mathbf{proc}(x\_rkf45) \ ... \ \mathbf{end \ proc}$$

Die Lösungswerte beim Abbruch der Rechnung ergeben sich wie folgt:

```
> xA:= Dsol_A(tend);
```
Warning, cannot evaluate the solution further right of
33.388448, event #1 triggered a halt

$$xA := \big[t = 33.3884, \ sK(t) = 10.0000, \ \phi(t) = -0.0016, \ vK(t) = 0.5385,$$
$$\omega(t) = 0.0028, \ F(t) = 82.0046 \big]$$

```
> te_A:= rhs(xA[1]);
```
$$te\_A := 33.3884$$

Die Zeitverläufe der berechneten Funktionen $s_K(t)$ und $\varphi(t)$ werden in den Variablen ps_A und pp_A gespeichert und anschließend dargestellt.

```
> ps_A:= odeplot(Dsol_A, [t,sK(t)], t=0..te_A):
> pp_A:= odeplot(Dsol_A, [t,phi(t)*180/Pi], t=0..te_A):
> display(array([ps_A, pp_A]));
```

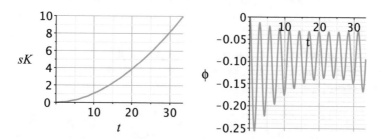

Nach ungefähr 33 s erreicht die Laufkatze die Position $s_K = 10 \, m$, bei der der Antrieb abgeschaltet und die Bremse eingelegt werden muss. Im folgenden Simulationsabschnitt wirkt daher die Kraft $F(t)$ gemäß Differentialgleichung *dg5_B*. Die Anfangswerte für die Berechnung des geänderten Differentialgleichungssystems sind die Endwerte der ermittelten Lösung *Dsol_A*, die der Variablen *xA* zugewiesenen wurden.

Berechnung der Betriebsphase „Bremsen (B)"

```
> AnfBed_B:= {sK(te_A)=rhs(xA[2]), phi(te_A)=rhs(xA[3]),
     vK(te_A)=rhs(xA[4]), omega(te_A)=rhs(xA[5]), F(te_A)=rhs(xA[6])};
```

$$AnfBed\_B := \{ F(33.3884) = 82.0046, \, \phi(33.3884) = -0.0016,$$
$$sK(33.3884) = 10.0000, \, vK(33.3884) = 0.5385, \, \omega(33.3884)$$
$$= 0.0028 \}$$

Die neu zu formulierende Stoppbedingung muss das Erreichen des Stillstands der Lauf-
katze bzw. den Übergang zur Haftreibung der Bremse signalisieren. Aus numerischen
Gründen wird die Umschaltung der Bremse dann veranlasst, wenn sich $v_K(t)$ dem Wert
Null bis auf den geringen Toleranzwert ε angenähert hat.

```
> StoppBed_B:= [[vK(t)-eps,(abs(FHeff)<FH)], halt];
```

$$StoppBed\_B := \big[\big[vK(t) - 0.0000, 39240.0000 \, |\phi(t)| < 3000 \big], halt \big]$$

Mit geändertem Differentialgleichungssystem sowie mit neuen Anfangs- und Stopp-
bedingungen wird die Rechnung fortgesetzt.

```
> Dsol_B:= dsolve(sys_B union AnfBed_B, numeric, maxfun=0,
          [sK(t),phi(t),vK(t),omega(t),F(t)], events=[StoppBed_B]):
> xB:= Dsol_B(tend);
```

Warning,   cannot   evaluate   the   solution   further   right   of
36.162741,   event #1 triggered a halt

$$xB := \big[t = 36.1627, \, sK(t) = 10.7036, \, \phi(t) = 0.0021, \, vK(t)$$
$$= 1.0000 \, 10^{-6}, \, \omega(t) = -0.0046, \, F(t) = -1000.0003 \big]$$

```
> te_B:= rhs(xB[1]);
```

$$te\_B := 36.1627$$

```
> ps_B:= odeplot(Dsol_B, [t,sK(t)], t=te_A..te_B):
> pp_B:= odeplot(Dsol_B, [t,phi(t)*180/Pi], t=te_A..te_B):
> display(array([ps_B,pp_B]));
```

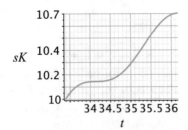 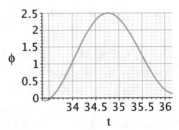

Berechnung der Betriebsphase „Stillstand (S)"

```
> AnfBed_S:= {sK(te_B)=rhs(xB[2]), phi(te_B)=rhs(xB[3]),
        vK(te_B)=rhs(xB[4]), omega(te_B)=rhs(xB[5]), F(te_B)=rhs(xB[6])}:
> Dsol_S:= dsolve(sys_S union AnfBed_S, numeric, maxfun=0,
                [sK(t),phi(t),vK(t),omega(t),F(t)]):
> ps_S:= odeplot(Dsol_S, [t,sK(t)], t=te_B..30):
> pp_S:= odeplot(Dsol_S, [t,phi(t)*180/Pi], t=te_B..30):
> display(array([ps_S,pp_S]));
```

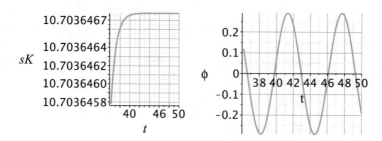

Nun werden die einzelnen Plots wieder in einem Diagramm zusammengefasst.

```
> ps:= display(ps_A,ps_B,ps_S, view=[0..30, -2..12]:
> pp:= display(pp_A,pp_B,pp_S, view=[0..30, -1..4]):
> display(array([ps, pp]));
```

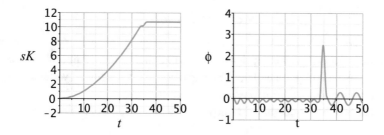

9.2 Dynamisches Verhalten eines Gleichstromantriebs

Ein Gleichstromantrieb, dessen Arbeitsmaschine ein pulsierendes Widerstandsmoment aufweist, soll unter folgenden Bedingungen untersucht werden:

a) Der Motor dreht sich ohne Last, aber mit der Schwungmasse der Arbeitsmaschine. In diesem Zustand kommt es zu einer Änderung der Ankerspannung um Δu.

b) Die Ankerspannung ist konstant, aber das Widerstandsmoment der Arbeitsmaschine pulsiert. Die periodische Änderung des Moments soll vereinfachend nur durch ihre Grundwelle mit der Periodendauer T_{Last} beschrieben werden.

Bei der Modellierung des Gleichstromantriebs wird von der schematischen Darstellung im Abb. 9.2 ausgegangen. Der Hauptfeldfluss Φe der Maschine ist konstant, weil der Erregerkreis an einer vom Ankerkreis unabhängigen konstanten Spannungsquelle liegt (Fremderregung) und weil außerdem angenommen wird, dass die Bürsten so eingestellt sind, dass sie sich genau in der neutralen Zone befinden, dass eine gute Kompensation des Ankerquerfeldes existiert und auch keine Sättigung oder Dämpfung im magnetischen Kreis des Wendepolflusses eintritt.

Der Ohmsche Widerstand R_a und die Induktivität L_a sind Summenwerte des gesamten Ankerkreises, schließen also die Wendepolwicklung, eine eventuelle Kompensationswicklung, den Bürstenspannungsabfall und die Netzzuleitungen ein. Am Anker des Motors, der sich mit der Winkelgeschwindigkeit Ω dreht, liegt die Spannung $u = u_a$ an. Für den Ankerkreis gilt gemäß Abb. 9.2 die Gleichung

$$u = R_a \cdot i + L_a \frac{di}{dt} + c \cdot \Phi_e \cdot \Omega \tag{9.5}$$

Dabei ist c eine Konstante, in die verschiedene Maschinendaten des Motors eingehen.

Der Ausdruck $c \cdot \Phi e \cdot \Omega$ beschreibt die im Anker induzierte Spannung u_i. Außerdem gilt die Bewegungsgleichung

$$J\frac{d\Omega}{dt} = m_M - m_W \quad \text{mit}$$
$$m_M = c \cdot \Phi_e \cdot i \tag{9.6}$$

J steht für das Trägheitsmoment von Motor einschließlich Arbeitsmaschine, m_M für das vom Motor aufgebrachte Antriebsmoment und m_W ist das zu überwindende Gegenmoment der Arbeitsmaschine. Die Reibungsverluste des Motors werden ebenso wie dessen Eisen- und Zusatzverluste vernachlässigt.

Das konstante Produkt $c \cdot \Phi e$ wird im Weiteren durch die Motorkonstante K_M ersetzt.

Abb. 9.2 Fremderregter
Gleichstrommotor

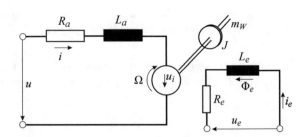

$$c \cdot \Phi_e = K_M$$

$$(9.7)$$

Variable Eingangsgrößen des Modells sind die Ankerspannung u und das Gegenmoment m_W. Betrachtet werden sollen die Änderungen dieser Größen gegenüber einem vorher existierenden stationären Zustand und die dadurch verursachten Änderungen der Ausgangsgrößen Ankerstrom i und Winkelgeschwindigkeit Ω. Die Abweichungen der Eingangsgrößen von ihren stationären Werten seien relativ klein. Daher können alle Motorparameter (La usw.) als konstant angenommen werden. Notiert man die variablen Eingangs- und Ausgangsgrößen in obigen Gleichungen in der Form $y = Y + \Delta y$ und subtrahiert von den so entstehenden Gleichungen die entsprechenden Beziehungen für den stationären Zustand (Y), so ergeben sich zwei Gleichungen für die Abweichungen vom stationären Arbeitspunkt, die sich von den vorherigen nur dadurch unterscheiden, dass an Stelle einer Variablen y die Variable Δy steht. Das ist auch nicht anders zu erwarten, da es sich um ein lineares System handelt. Um den Aufwand für die Notierung klein zu halten, wird im Folgenden auf die Angabe des Zeichens Δ verzichtet.

Aus (9.5) und (9.6) erhält man durch Umstellung nach den Ableitungen von i und Ω das Differentialgleichungssystem

$$\frac{di}{dt} = \frac{1}{L_a}(u - R_a \cdot i + L_a - K_M \cdot \Omega)$$
$$\frac{d\Omega}{dt} = \frac{1}{J}(K_M \cdot i - m_W)$$

$$(9.8)$$

Im Maple-Programm werden in die Gl. (9.8) noch die Ankerkreiszeitkonstante T_a und die mechanische Zeitkonstante T_m eingeführt.

$$T_a = \frac{L_a}{R_a} \qquad T_m = \frac{J \cdot R_a}{K_M^2}$$

$$(9.9)$$

9.2.1 Sprungförmige Änderung der Ankerspannung

Aufgabe

Sprungförmige Änderung der Ankerspannung um $\Delta u = u$ bei $t = 0$, Gegenmoment bleibt konstant

```
> restart: with(plots):
> interface(displayprecision=4):
```

Differentialgleichung des Ankerstromkreises:

```
> DG1:= diff(i(t),t) = (u(t)-Ra*i(t)-K[M]*Omega(t))/La;
```

$$DG1 := \frac{d}{dt}i(t) = \frac{u(t) - Ra\,i(t) - K_M\Omega(t)}{La}$$

Bewegungsgleichung des Motors:

```
> DG2:= diff(Omega(t), t) = (K[M]*i(t)-mw(t))/J;
```

$$DG2 := \frac{d}{dt}\,\Omega(t) = \frac{K_M i(t) - mw(t)}{J}$$

Bildung des Differentialgleichungssystems DGsys und Einführung der Zeitkonstanten T_m und T_a:

```
> DGsys:= eval({DG1, DG2}, [K[M]=sqrt(Ra*J/Tm), La=Ta*Ra]);
```

$$DGsys := \left\{ \frac{d}{dt}\,\Omega(t) = \frac{\sqrt{\frac{Ra\,J}{Tm}}\,i(t) - mw(t)}{J},\ \frac{d}{dt}\,i(t) = \frac{u(t) - Ra\,i(t) - \sqrt{\frac{Ra\,J}{Tm}}\,\Omega(t)}{Ta\,Ra} \right\}$$

Mit den aus der speziellen Aufgabenstellung folgenden Vorgaben wird aus DGsys ein modifiziertes Differentialgleichungssystem erstellt und dessen Lösung berechnet.

```
> DGsys1:= eval(DGsys, [u(t)=u, mw(t)=0]);
```

$$DGsys1 := \left\{ \frac{d}{dt}\,\Omega(t) = \frac{\sqrt{\frac{Ra\,J}{Tm}}\,i(t)}{J},\ \frac{d}{dt}\,i(t) = \frac{u - Ra\,i(t) - \sqrt{\frac{Ra\,J}{Tm}}\,\Omega(t)}{Ta\,Ra} \right\}$$

Zu Beginn befindet sich der Motor in einem stationären Zustand. Für die Anfangs-bedingungen gilt daher:

```
> AnfBed:= {i(0)=0, Omega(0)=0}:
> Loe1:= dsolve(DGsys1 union AnfBed, [i(t),Omega(t)], method=laplace)
          assuming Ta>0,Tm>0,Ra>0,u>0,J>0;
```

$$Loe1 := \left\{ \Omega(t) = \frac{1}{\sqrt{J\,Ra}} \left(\left(-\frac{Tm\,e^{-\frac{t}{2\,Ta}}\sinh\left(\frac{\sqrt{\frac{-4\,Ta + Tm}{Tm}}\,t}{2\,Ta}\right)}{\sqrt{-4\,Ta + Tm}} \right. \right. \right.$$

$$\left. \left. \left. -e^{-\frac{t}{2\,Ta}}\cosh\left(\frac{\sqrt{\frac{-4\,Ta + Tm}{Tm}}\,t}{2\,Ta}\right) + 1 \right)\sqrt{Tm} \right)u,\ i(t) \right.$$

$$\left. = \frac{2\sqrt{Tm}\,u\,e^{-\frac{t}{2\,Ta}}\sinh\left(\frac{\sqrt{\frac{-4\,Ta + Tm}{Tm}}\,t}{2\,Ta}\right)}{Ra\sqrt{-4\,Ta + Tm}} \right\}$$

```
> odetest(Loe1, DGsys1) assuming Ta>0,Tm>0,Ra>0,u>0,J>0;
```

$$\{0\}$$

Aus der Lösung *Loe1* des Differentialgleichungssystems ist ersichtlich, dass der Charakter der Lösungsfunktionen durch das Vorzeichen des Radikanden $(Tm - 4Ta)/Tm$ bestimmt wird. Zwecks Verbesserung der Übersichtlichkeit von Lösung *Loe1* wird im Argument der Funktionen sinh und cosh eine Substitution vorgenommen. Anschließend werden die Lösungsfunktionen für den Ankerstrom i(t) und die Winkelgeschwindigkeit $\Omega(t)$ separiert und aus $\Omega(t)$ die Drehzahl n(t) (in min-1) berechnet.

```
> Gomega:= (1/2)*sqrt((-4*Ta+Tm)/Tm)*t/Ta = omega*t
```

$$Gomega := \frac{\sqrt{\dfrac{-4\,Ta + Tm}{Tm}}\,t}{2\,Ta} = \omega\,t$$

```
> Loe1a:= subs(Gomega, Loe1):
> i1:= subs(Loe1a, i(t))
```

$$i1 := \frac{2\sqrt{Tm}\,u\,e^{-\frac{t}{2\,Ta}}\sinh(\omega\,t)}{Ra\sqrt{-4\,Ta + Tm}}$$

```
> n1:= subs(Loe1a, Omega(t))*60/2/Pi;
```

$$n1 := \frac{30\left(-\dfrac{Tm\,e^{-\frac{t}{2\,Ta}}\sinh(\omega\,t)}{\sqrt{-4\,Ta + Tm}} + \left(-e^{-\frac{t}{2\,Ta}}\cosh(\omega\,t) + 1\right)\sqrt{Tm}\right)u}{\sqrt{J\,Ra}\,\pi}$$

(a) Untersuchung für den Fall $Tm > 4\,Ta$

Im Fall $Tm > 4\,Ta$ ergeben sich keine komplexen Lösungen, d. h. der Verlauf der Lösungsfunktionen weist keine Schwingungen auf. Die Auswirkung einer Erhöhung der Ankerspannung um $\Delta u = 1$ V auf den Ankerstrom und die Drehzahl wird ermittelt. Es seien $R_a = 0{,}05$ Ω, $L_a = 0{,}0025$ H, $K_M = 4{,}14$ Vs und $J = 200$ kgm².

Die Zuweisung geschieht mit dem Befehl **eval/recurse**, da Ta, und Tm von den obigen Parametern abhängig sind und durch den Befehl **eval** berechnet werden sollen. Mit dem Index ‚recurse' für **eval** wird die Parameterersetzung solange wiederholt, bis sich das Ergebnis nicht mehr ändert oder bis eine unendliche Schleife entdeckt wird.

```
> param1:= [Ra=0.05, La=0.0025, K[M]=4.14, J=200, u=1, Ta=La/Ra,
           Tm=Ra*J/K[M]^2, omega=lhs(Gomega)/t];
```

$$param1 := \left[Ra = 0.05, La = 0.0025, K_M = 4.14, J = 200, u = 1, Ta = \frac{La}{Ra}, \right.$$

$$\left. Tm = \frac{Ra\,J}{K_M^2}, \omega = \frac{\sqrt{\dfrac{-4\,Ta + Tm}{Tm}}}{2\,Ta} \right]$$

```
> i1_1:= eval['recurse'](i1, param1)
```

$$i1\_1 := 49.3411\, e^{-10.0000\,t}\, \sinh(8.1068\,t)$$

Verlauf der Drehzahl:

```
> n1_1:= simplify(eval['recurse'](n1, param1));
```

$$n1\_1 := 2.307 + (-2.845\sinh(8.107\,t) - 2.307\cosh(8.107\,t))\, e^{-10.\,t}$$

```
> setoptions(titlefont=[HELVETICA,BOLD,10], gridlines=true,
             labelfont=[HELVETICA,BOLD,10], size=[400,300]):
> p1_1:= plot(i1_1, t=0..2, 0..20, labels=["t in s","i in A"],
             legend="i(t)", color="Black"):
> p2_1:= plot(n1_1, t=0..2, 0..2.5, labels=["t in s","n in 1/min"],
             legend="n(t)", color="CornflowerBlue"):
> dualaxisplot(p1_1, p2_1, title="Erhöhung der Ankerspannung um 1V");
```

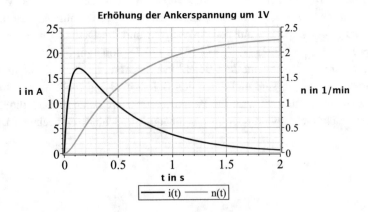

Das relativ große Trägheitsmoment des Antriebs hat zur Folge, dass die Drehzahl nur sehr langsam der Spannungsänderung folgt.

Für die Ermittlung des Maximalwertes des Stromes wird zuerst der Zeitpunkt des Maximums bestimmt und für diesen dann die Größe des Stromes berechnet.

```
> tmax:= solve(diff(i1_1, t)=0, t);
```
$$tmax := 0.1393$$
```
> i1_1max:= evalf(subs(t=tmax, i1_1));
```
$$il\_1max := 16.9712$$

(b) Veränderung des Parameters J, sodass $Tm < 4\,Ta$

Einen völlig anderen Charakter erhalten die Lösungsfunktionen, wenn der Wert des Trägheitsmoments J so gering ist, dass $Tm < 4 \cdot Ta$. Zum Vergleich mit den unter (a) berechneten Ergebnissen werden die Lösungen für $J = 3$ kgm^2 berechnet.

```
> param2:= [Ra=0.05, La=0.0025, K[M]=4.14, J=3, u=1, Ta=La/Ra,
            Tm=Ra*J/K[M]^2, omega=lhs(Gomega)/t];
```

$$param2 := \left[Ra = 0.05, La = 0.0025, K_M = 4.14, J = 3, u = 1, Ta = \frac{La}{Ra}, Tm \right.$$
$$\left. = \frac{Ra\,J}{K_M^2}, \omega = \frac{\sqrt{\dfrac{-4\,Ta + Tm}{Tm}}}{2\,Ta} \right]$$

```
> i1_2:= eval['recurse'](i1, param2);
```
$$il\_2 := 8.557\,e^{-10.00\,t}\sin(46.75\,t)$$
```
> n1_2:= simplify(eval['recurse'](n1, param2));
```
$$n1\_2 := 2.307 + \left(-0.4934\sin(46.75\,t) - 2.307\cos(46.75\,t) \right) e^{-10.\,t}$$
```
> p1_2:= plot(i1_2, t=0..1, -2..12, labels=["t in s","i in A"],
            legend="i(t)", color="Black"):
> p2_2:= plot(n1_2, t=0..1, -1..6, labels=["t/s","n in 1/min"],
            legend="n(t)", color="CornflowerBlue"):
> dualaxisplot(p1_2, p2_2, title="Erhöhung der Ankerspannung um 1V");
```

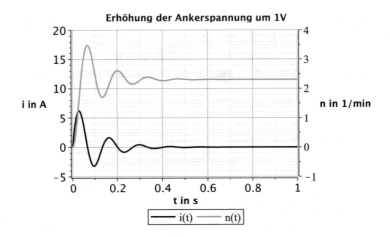

9.2.2   Periodische Änderung des Widerstandsmoments

Die Periodendauer der Lastschwankungen ist i. Allg. proportional zur Drehzahl des Antriebsmotors. Für diesen Ansatz findet **dsolve** aber keine analytische Lösung. Weil die durch die Schwankung verursachte Drehzahländerung nur gering ist, beschreibt jedoch auch die im Folgenden getroffene Annahme einer konstanten Lastperiode die tatsächlichen Verhältnisse ausreichend genau. Mit den neuen Vorgaben für die Werte der Eingangsgrößen wird ein modifiziertes Differentialgleichungssystem erstellt und dessen Lösung berechnet.

```
> m1:= mw0*sin(2*Pi/Tlast*t): # Widerstandsmoment
> DGsys2:= eval(DGsys, [u(t)=0, mw(t)= m1]);
```

Modifikation des oben definierten Differentialgleichungssystems *DGsys:*

```
> DGsys2:= eval(DGsys, [u(t)=0, mw(t)= m1]);
```

$$DGsys2 := \left\{ \frac{d}{dt}\,\Omega(t) = \frac{\sqrt{\dfrac{Ra\,J}{Tm}}\,i(t) - mw0\sin\left(\dfrac{2\pi t}{Tlast}\right)}{J},\ \frac{d}{dt}\,i(t) \right.$$

$$= \left. \frac{-Ra\,i(t) - \sqrt{\dfrac{Ra\,J}{Tm}}\,\Omega(t)}{Ta\,Ra} \right\}$$

```
> Loe2:= dsolve({DGsys2[],AnfBed}, [i(t),n(t)], method=laplace);
```

Die Lösung ist in ihrer allgemeinen Form sehr umfangreich und wird daher hier nicht angegeben. Für die weitere Behandlung werden die berechneten Lösungsfunktionen separaten Variablen zugewiesen.

```
> i2:= subs(Loe3, i(t)):
> Omega2:= subs(Loe3, Omega(t)):
```

Festlegung der Parameter des Motors und der Last:

$R_a = 0{,}05$ Ω, $L_a = 0{,}0025$ H, $K_M = 4{,}14$ V s, $J = 200$ kg m², $u = 1$, mw0 $= 300$ Nm, Tlast $= 2$ s

```
> param3:= [Ra=0.05, La=0.0025, K[M]=4.14, J=200, mw0=300, Tlast=2,
            Ta=La/Ra, Tm=Ra*J/K[M]^2];
```

$$param3 := \left[Ra = 0.0500, La = 0.0025, K_M = 4.1400, J = 200, mw0 = 300, \right.$$

$$\left. Tlast = 2, Ta = \frac{La}{Ra}, Tm = \frac{Ra\,J}{K_M^2} \right]$$

Verlauf des Ankerstroms:

```
> i2_3:= eval['recurse'](i2, param3):
> Last:= eval(m1, param3):
> p1_3:= plot(i2_3, t=0..6, -60..60, labels=["t/s", "I in A"],
           legend="i(t)", color="CornflowerBlue"):
> p2_3:= plot(Last, t=0..6, labels=["t/s", "mw in Nm"],
           legend="mw(t)", color="Black"):
> dualaxisplot(p1_3, p2_3,
              title="Strom u. Gegenmoment bei period. Laständerung");
```

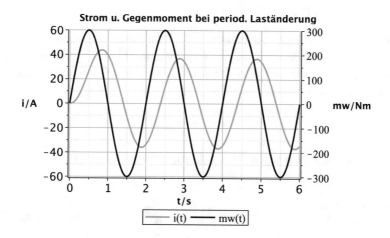

9.3   Modell eines Drehstrom-Asynchronmotors berechnen

Für die Simulation des Betriebsverhaltens von Antrieben mit Drehstrom-Asynchronmotoren sind verschiedene Modellansätze bekannt. Die dafür notwendigen Werte der
Modellparameter sind zwar aus den Katalogen der Motorhersteller meist nicht zu entnehmen, lassen sich aber aus anderen, gegebenen Katalogwerten näherungsweise
berechnen. Die dafür erforderlichen mathematischen Beziehungen werden im Folgenden für Asynchronmaschinen mit Schleifringläufer oder Einfachkäfigläufer entwickelt.
Dabei wird von den theoretischen Grundlagen, wie sie beispielsweise (Nürnberg 1963)
und (Müller 1990) beschreiben, und von der Annahme, dass die Eisen-, Reibungs- und
Zusatzverluste vernachlässigbar klein sind, ausgegangen.

9.3.1   Gleichungen der Drehstrom-Asynchronmaschine

Strom- und Spannungsgleichungen
Die Verhältnisse in einer Asynchronmaschine mit Schleifring- oder Einfach-Käfigläufer
lassen sich durch das Schema in Abb. 9.3 beschreiben.
   Dabei sind

$R_1, R_2 \ldots$ Ohmscher Widerstand der Ständer- und der Läuferwicklung
$X_{1\sigma}, X_{2\sigma} \ldots$ Streureaktanzen der Ständer- und der Läuferwicklung
$X_{1h}, X_{2h} \ldots$ Hauptreaktanzen
$X_{12} \ldots$ Koppelreaktanz, Verkettungsreaktanz

Mit

$$X_{1\sigma} + X_{1h} = X_1 \text{ und } X_{2\sigma} + X_{2h} = X_2$$

erhält man die Spannungsgleichungen der stromverdrängungsfreien Asynchronmaschine
mit kurzgeschlossener Läuferwicklung, die im Folgenden in Maple-Notation angegeben
werden. In der Spannungsgleichung der Sekundärseite tritt den Schlupf s auf, weil die
Läuferfrequenz diesem proportional ist.

$$s = \frac{n_0 - n}{n_0}$$

n_0 ist die Synchrondrehzahl und n die effektive Drehzahl des Motors.

Abb. 9.3 Ersatzschema
einer Asynchronmaschine

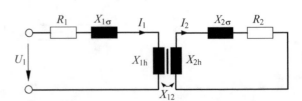

```
> restart:
> interface(imaginaryunit=j):
> G1:= U[1] = I[1]*(R1+j*X1) + I[2]*j*X12; # Nürnberg S.153
  G2:= 0 = I[1]*j*X12*s + I[2]*(R2+j*X2*s);
```

$$G1 := U_1 = I_1 \, (R1 + j \, X1) + j \, I_2 \, X12$$

$$G2 := 0 = j \, I_1 \, X12 \, s + I_2 \, (R2 + j \, X2 \, s)$$

Nach einigen in (Nürnberg 1963) und (Müller 2016) detailliert beschriebenen Umformungen gelangt man zu den Gleichungen

```
> G3:= U[1] = (R1+j*X1)*(I[1]-I°[2]);
  G4:= U[1]*exp((2*j)*alpha[0]) = (R1+R2°/s+j*X[Theta])*I°[2];
```

$$G3 := U_1 = (R1 + j \, X1) \left(I_1 - I^\circ_2 \right)$$

$$G4 := U_1 \, e^{2 \, j \, \alpha_0} = \left(R1 + \frac{R2^\circ}{s} + j \, X_\Theta \right) I^\circ_2$$

mit den neuen Variablen

α_0 arctan($R1/X1$), Winkel, um den U_1 gedreht wird
I°_2 auf die Ständerseite transformierter Läuferstrom I_2
$R2^\circ$ auf die Ständerseite transformierter Widerstand eines Strangs der Läuferwicklung
X_Θ Durchmesserreaktanz

Das entsprechende Ersatzschaltbild zeigt Abb. 9.4.

Aus den Gleichungen $G3$ und $G4$ folgen die Gleichungen für den Primärstrom I_1, den ideellen Leerlaufstrom I_0 und den auf die Primärseite reduzierten Sekundärstrom I°_2.

Ideeller Leerlaufstrom:

```
> GI0:= I[0] = U[1]/(R1+j*X1);
```

$$GI0 := I_0 = \frac{U_1}{R1 + j \, X1}$$

Abb. 9.4 Ersatzschaltbild
der Asynchronmaschine
(Müller 1990)

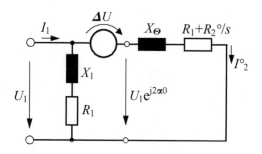

Der ideelle Leerlaufstrom I_0 tritt auf, wenn $I°_2 = 0$ ist. Er unterscheidet sich von dem im Leerlauf des Motors gemessenen Strom I[1,0], weil der Rotorstrom bei laufendem Motor nicht Null sein kann, da Reibungsverluste auftreten.

Gleichung für den Primärstrom:

```
> GI1 := I[1] = I[0] + I°[2]
```

$$GI1 := I_1 = I_0 + I°_2$$

Gleichung des auf die Primärseite reduzierten Sekundärstromes:

```
> GI2 := isolate(G4, I°[2]);
```

$$GI2 := I°_2 = -\frac{U_1\, e^{2\,j\,\alpha_0}}{-R1 - \dfrac{R2°}{s} - j X_\Theta}$$

Leistungen und Momente

Die vom Ständer auf den Rotor übertragene Wirkleistung ist gleich der im Widerstand $R2°/s$ umgesetzten Leistung $P_\delta = 3 \cdot |I°_2|^2 \cdot R2°/s$, die als Luftspaltleistung bezeichnet wird. Die Stromwärmeverluste im Rotor sind $P_{2,v} = 3 \cdot |I°_2|^2 \cdot R2°$. Daraus folgt $P_{2,v} = P_\delta \cdot s$. Die vom Motor abgegebene mechanische Leistung (einschließlich der Reibungsverluste P_R) ist dann gemäß Abb. 9.5 $P_{mech} = P_\delta - P_{2,v} = P_\delta - P_\delta \cdot s = P_\delta (1 - s)$.

Abb. 9.5 Leistungsfluss eines Drehstrom-Asynchronmotors

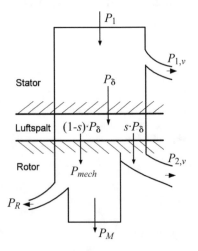

Es gilt aber auch $P_{mech} = M \cdot \omega$. Daraus folgt

$$M \cdot \omega = P_\delta (1-s) = 3 \cdot \left|I_2^\circ\right|^2 \cdot R2^\circ (1-s)/s$$

> GL1:= M*omega = 3*abs(I°[2])*R2°/s*(1-s);

$$GL1 := M\omega = \frac{3\left|I_2^\circ\right|^2 R2^\circ (1-s)}{s}$$

> GL2:= isolate(GL1, M);

$$GL2 := M = \frac{3\left|I_2^\circ\right|^2 R2^\circ (1-s)}{s\,\omega}$$

Die Beziehung zwischen der Winkelgeschwindigkeit ω der Motorwelle und dem Schlupf s beschreibt Gleichung GL3.

> GL3:= omega = n0/60*2*Pi*(1-s)

$$GL3 := \omega = \frac{1}{30}\, n0\, \pi\, (1-s)$$

Mit den Gleichungen GL3 und GI2 folgt aus GL2

> GL4:= subs(GL3, GI2, GL2);

$$GL4 := M = \frac{90 \left| -\dfrac{U_1\, e^{2j\alpha_0}}{-R1 - \dfrac{R2^\circ}{s} - jX_\Theta} \right|^2 R2^\circ}{s\,n0\,\pi}$$

> GL5:= simplify(GL4) assuming real, U[1]>0;

$$GL5 := M = \frac{90\, U_1^2\, R2^\circ s}{\left(R1^2 s^2 + s^2 X_\Theta^2 + 2\,R1\,R2^\circ s + R2^{\circ 2}\right) n0\,\pi}$$

Nach Division von Zähler und Nenner durch s und durch $R2^\circ$ erhält man für das Moment die Formel *GM*:

> GM:= M = 3*U[1]^2/(n0*Pi/30*((R1^2+X[Theta]^2)*s/R2°+R2°/s+2*R1));

$$GM := M = \frac{90\, U_1^2}{n0\,\pi \left(\dfrac{\left(R1^2 + X_\Theta^2\right) s}{R2^\circ} + \dfrac{R2^\circ}{s} + 2\,R1 \right)}$$

Zu beachten ist, dass das so berechnete Moment M die Reibungsverluste, die 0,5 % bis 1,5 % der Nennleistung betragen, mit einschließt. Der größere Wert gilt für schnelllaufende zweipolige Maschinen. Bei vierpoligen Asynchronmaschinen liegen die Reibungsverluste in der Regel deutlich unter 1 % der Nennleistung (Nürnberg 1963).

Bestimmung von Kippschlupf und Kippmoment

Das Maximum der durch Gleichung GM beschriebenen Funktion $M(s)$ wird ermittelt, indem die Nullstelle des Differentials dM/ds, d. h. des Differentials der rechten Seite von GM, gesucht wird:

```
> Loe_sk:= solve(diff(rhs(GM),s)=0, s);
```

$$Loe\_sk := \frac{R2°}{\sqrt{R1^2 + X_\Theta^2}}, \ -\frac{R2°}{\sqrt{R1^2 + X_\Theta^2}}$$

Für den Motorbetrieb gilt die erste Lösung der Gleichung. Aus dieser folgen die Gleichung $Gskipp$ und die Gleichung $GMkipp$ für das Kippmoment.

```
> Gskipp:= skipp = Loe_sk[1];
```

$$Gskipp := skipp = \frac{R2°}{\sqrt{R1^2 + X_\Theta^2}}$$

```
> GMkipp:= simplify(subs(M=Mkipp, s=Loe_sk[1], GM));
```

$$GMkipp := Mkipp = \frac{45\,U_1^2}{n0\,\pi\left(\sqrt{R1^2 + X_\Theta^2} + R1\right)}$$

Die Größe des Kippmoments $Mkipp$ ist demnach von $R2$ unabhängig.

Meist sind das Nennmoment Mn, das Anlaufmoment Ma und das Kippmoment $Mkipp$ als Katalogdaten verfügbar. Der Nennschlupf lässt sich aus der Nenndrehzahl berechnen. Damit kann man also mithilfe der Gleichung GM für das Moment M drei Gleichungen für die Berechnung der Modellparameter $R1$, $R2°$ und X_Θ bilden.

9.3.2 Stromortskurve und Anlasswiderstand eines Schleifringläufermotors

Für einen 200 kW-Schleifringläufer sollen die Stromortskurve und der Anlasswiderstand, der für ein bestimmtes Anlaufmoment erforderlich ist, bestimmt werden. Die bekannten Daten des Motors sind nachstehend unter dem Namen *katalog* zusammengefasst.

```
> Typ:= "Asynchronmotor mit Schleifringläufer":
> katalog:=    # Katalogdaten
  P=200,        # Nennleistung in kW
  Mn=1342,      # Nennmoment in Nm,
  Ma=1136,      # Anlaufmoment in Nm
  Mkipp=2558,   # Kippmoment in Nm
  Un=380,       # verkettete Spannung in V
  U[1]=380/sqrt(3), # Strangspannung in V
  R1=0.0388     # Strangwiderstand Ständerwicklung
  n0=1500,      # Synchrondrehzahl in 1/min
  nn=1424,      # Nenndrehzahl in 1/min
  In=376,       # Nennstrangstrom in A
  cosphi_n=0.95, # cos(phi) bei Nennlast
  I0=41.8,      # Effektivwert des gemessenen Leerlaufstroms in A
  cosphi_0=0.2924; # cos(phi) im Leerlauf
```

$$katalog := P = 200, Mn = 1342, Ma = 1136, Mkipp = 2558, Un = 380, U_1 = \frac{380}{3}\sqrt{3},$$

$$R1 = 0.0388000000, n0 = 1500, nn = 1424, In = 376, cosphi\_n = 0.9500000000, I0$$
$$= 41.8000000000, cosphi\_0 = 0.2924000000$$

```
> interface(displayprecision=4):
```

9.3.2.1 Parameterberechnung

R1 ist in diesem Beispiel als Messwert gegeben, daher sind nur zwei Gleichungen für die Berechnung von *R2°* und X_Θ erforderlich. Mit der Gleichung *GM* und den bekannten Werten des Anlaufmoments (*Ma*) und des Nennmoments (*Mn*) werden diese gebildet. Unter dem Namen *katalog* sind oben die für die weitere Rechnung erforderlichen Parameterwerte als Folge zusammengefasst.

Bildung der Gleichung des Anlaufmoments:

```
> GMa:= subs(M=Ma, s=1, katalog, GM);
```

$$GMa := 1136 = \cfrac{2888}{\pi\left(\cfrac{X_\Theta^2 + 0.0015}{R2°} + R2° + 0.0776\right)}$$

Formulierung der Gleichungen Gs für den Schlupf und Gsn für den Schlupf bei Nennlast.

```
> Gs:= s = 1-n/n0;
```

$$Gs := s = 1 - \frac{n}{n0}$$

```
> Gsn:= evalf(subs(n=nn, katalog, Gs));
```

$$Gsn := s = 0.0507$$

Bildung der Gleichung für das Nennmoment *Mn*:

```
> GMn:= subs(M=Mn, Gsn, katalog, GM);
```

$$GMn := 1342 = \cfrac{2888}{\pi \left(\cfrac{0.0507 \left(X_\Theta^2 + 0.0015 \right)}{R2^\circ} + 19.7368\,R2^\circ + 0.0776 \right)}$$

Berechnung der Parameter $R2^\circ$ und X_Θ als Lösung des Gleichungssystems $\{GMa, GMn\}$:

```
> Loe:= solve({GMa,GMn},[R2°,X[Theta]], useassumptions=true)
                                            assuming X[Theta]>0;
```

$$Loe := \left[\left[R2^\circ = 0.02897, X_\Theta = 0.1373 \right] \right]$$

Diese Lösungen werden in die Parameterfolge *param1* übernommen.

```
> param1:= katalog, op(Loe[1]);
```

$$param1 := P = 200, Mn = 1342, Ma = 1136, Mkipp = 2558, Un = 380, U_1 = \frac{380\sqrt{3}}{3},$$

$$R1 = 0.0388, n0 = 1500, nn = 1424, In = 376, cosphi\_n = 0.95, I0 = 41.8, cosphi\_0$$

$$= 0.2924, R2^\circ = 0.02897, X_\Theta = 0.1373$$

9.3.2.2 Ortskurven des Läufer- und des Ständerstromes

Der auf die Primärseite bezogene Läuferstrom bei Nennbetrieb wird aus Gleichung GI2 berechnet.

```
> I°[2]:= rhs(GI2);
```

$$I^\circ_2 := -\cfrac{U_1\, e^{2j\alpha_0}}{-R1 - \cfrac{R2^\circ}{s} - jX_\Theta}$$

Für den Nennbetrieb ergibt sich unter Vernachlässigung des sehr kleinen Winkels α_0 mithilfe der Gleichung *Gsn* für den Nennschlupf der Wert

```
> I°[2,n]:= subs(param1, alpha[0]=0, Gsn, I°[2]);
```

$$I^\circ_{2,n} := (197.4604 - 44.4009\,j)\sqrt{3}\; e^0$$

Der Nennstrom der Primärwicklung $I_{1,n}$ folgt aus den Katalogdaten:

```
> I[1,n]:= subs(param1, 'In*exp(-j*arccos(cosphi_n))');
```

$$I_{1,n} := 376\,e^{-\mathrm{j}\,\mathrm{arccos}(0.9500)}$$

```
> I[1,n];
```

$$357.2000 - 117.4060\,\mathrm{j}$$

Die Umstellung der Formel für den ideellen Leerlaufstrom liefert die Gleichung für die Impedanz des Querzweiges. Aus dieser lässt sich mit dem ideellen Leerlaufstrom gemäß Gleichung *GI1* der Wert von *X1* berechnen.

```
> GZ1 := isolate(GI0, R1+j*X1);
```

$$GZ1 := R1 + \mathrm{j}\,X1 = \frac{U_1}{I_0}$$

```
> GZ1p:= subs(param1, I[0]=I[1,n] - I°[2,n], GZ1);
```

$$GZ1p := 0.0388 + \mathrm{j}\,X1$$

$$= \frac{380}{3}\ \frac{\sqrt{3}}{357.2000 - 117.4060\,\mathrm{j} + (-197.4604 + 44.4009\,\mathrm{j})\,\sqrt{3}}$$

Mit *X1* und *param1* wird die neue Parameterfolge *param2* gebildet.

```
> param2:= param1, X1 = simplify(Im(rhs(GZ1p)));
```

$$param2 := P = 200, Mn = 1342, Ma = 1136, Mkipp = 2558, Un = 380, U_1 = \frac{380}{3}\sqrt{3},$$

$$R1 = 0.0388, n0 = 1500, nn = 1424, In = 376, cosphi\_n = 0.9500, I0 = 41.8000,$$

$$cosphi\_0 = 0.2924, R2° = 0.0290, X_{\Theta} = 0.1373, X1 = 4.7490$$

Darstellung der Ortskurve des Ständerstromes
Für die Darstellung des Heilandkreises wird, wie allgemein üblich, statt des ideellen Leerlaufstroms I_0 der durch eine Messung ermittelte Leerlaufstrom I[1,0] verwendet. Dieser ist

```
> I[1,0]:= subs(param2, 'I0*exp(-j*arccos(cosphi_0))');
```

$$I_{1,0} := 41.8000\,e^{-\mathrm{j}\,\mathrm{arccos}(0.2924)}$$

Neigungswinkel α_0 der Mittellinie des Kreises:

```
> Galpha:= alpha[0]=subs(param2,arctan(R1/X1));
```

$$Galpha := \alpha_0 = \arctan(0.0082)$$

```
> simplify(Galpha)*180/Pi; # Winkel in Grad
```

$$\frac{180\,\alpha_0}{\pi} = 0.4681$$

Die Folge der bekannten Parameterwerte wird nun durch α_0 und *skipp* ergänzt und erhält den Namen *param3*.

```
> param3:= param2, Galpha, subs(param2,Gskipp);
```

$$param3 := P = 200, Mn = 1342, Ma = 1136, Mkipp = 2558, Un = 380, U_1 = \frac{380}{3}\sqrt{3},$$

$$R1 = 0.0388, n0 = 1500, nn = 1424, In = 376, cosphi\_n = 0.9500, I0 = 41.8000,$$

$$cosphi\_0 = 0.2924, R2° = 0.0290, X_\Theta = 0.1373, X1 = 4.7490, \alpha_0 = 0.0082, skipp$$

$$= 0.2031$$

Die aktuelle Formel $I_1(s)$ der Ortskurve des Ständerstromes mit s als freiem Parameter gewinnt man aus *GI1* durch Einsetzen von *GI2*, des Messwerts des Leerlaufstroms und der Parameterwerte.

```
> I[1,s]:= subs(I[0]=I[1,0], GI2, param3, rhs(GI1));
```

$$I_{1,\,s} := 12.2223 - 39.9732\mathrm{j} - \frac{380}{3}\,\frac{\sqrt{3}\,e^{0.0163\,\mathrm{j}}}{-0.0388 - 0.1373\,\mathrm{j} - \dfrac{0.0290}{s}}$$

Der Anlaufstrom des Motors folgt aus I[1, s] mit $s = 1$:

```
> I[1,k]:= evalf(subs(s=1, I[1,s]));
```

$$I_{1,\,k} := 667.3369 - 1314.2991\,\mathrm{j}$$

```
> abs(I[1,k]);
```

$$1474.0152$$

Bei der grafischen Ausgabe einer komplexen Zahl mit dem Befehl **complexplot** liegt der Realteil auf der Abszisse und der Imaginärteil auf der Ordinate. In der üblichen Form des Kreisdiagramms wird aber der Realteil des Stromes auf der Ordinate und der Imaginärteil auf der Abszisse dargestellt. Daher werden für die Darstellung der Ortskurve alle Ströme durch Multiplikation mit j um $\pi/2$ entgegen dem Uhrzeigersinn gedreht.

```
> j*I[1,k]
```
$$1314.2991 + 667.3369\,\mathrm{j}$$

Definition spezieller Punkte und Linien der Ortskurve
Nennstrom:

```
> Pn:= evalf(subs(Gsn, j*I[1,s]));
```
$$Pn := 111.2794 + 355.4446\,\mathrm{j}$$

Kurzschlussstrom:

```
> Pk:= evalf(subs(s=1, j*I[1,s]));
```
$$Pk := 1314.2991 + 667.3369\,\mathrm{j}$$

Strom beim Kippmoment:

```
> Pkipp:= evalf(subs(s=skipp, Gskipp, param3, j*I[1,s]));
```
$$Pkipp := 609.0167 + 790.4660\,\mathrm{j}$$

Strom bei $s \to \infty$:

```
> Pinf:= evalf(subs(s=infinity, param3, j*I[1,s]));
```
$$Pinf := 1513. + 454.5\,\mathrm{j}$$

Die grafische Darstellung dieser Punkte der Ortskurve erfolgt mit dem Maple-Befehl **complexplot**. Um diese Befehlsnotierungen zu verkürzen, wird die Variable *Punkt* eingeführt, in der die Argumente zusammengefasst sind, die in den einzelnen Befehlen gleich sind.

```
> with(plots):
> Punkt:= style=point, symbol=solidcircle, symbolsize=15:
> pi1:= complexplot(j*I[1,s], s=infinity..-infinity):
> pi2:= complexplot([Pn], Punkt):
> pi3:= complexplot([Pkipp], Punkt):
> pi4:= complexplot([Pk], Punkt):
> pi5:= complexplot([Pinf], Punkt, symbol=solidbox):
```

Die Leistungslinie verläuft durch den Punkt *Pk*, die Drehmomentlinie durch den Punkt *Pinf*. Da der Anfangspunkt in beiden Fällen I[1,0] ist, können diese Linien unter Verwendung der genannten Punkte leicht gezeichnet werden.

Drehmomentlinie:

```
> ppm2:= complexplot([j*I[1,0], Pinf], color=blue,
                              legend=["Drehmomentlinie"]):
```

Leistungslinie:

```
> ppl2:= complexplot([j*I[1,0], Pk], color=red,
                              legend=["Leistungslinie"]):
> Titel:= subs(katalog, title=typeset(Typ,"\n", P, " kW, ",Un," V, "
                              , In," A\n")):
> d:= 0.05*abs(I[1,k]): # Textabstand
> text:= textplot(subs(katalog,[[Re(Pkipp), Im(Pkipp)+1.5*d,"Pkipp"],
          [Re(Pn)-d/2, Im(Pn)+d,"Pn"], [Re(Pk)+d,Im(Pk)+d,"Pk"],
          [Re(Pinf)+d,Im(Pinf)+d,"Pinf"]])):
> display(pi1,pi2,pi3,pi4,pi5,ppm2,ppl2,Titel,text, size=[450,350],
          scaling=constrained, gridlines, labels=['Im(I1)','Re(I1)']);
```

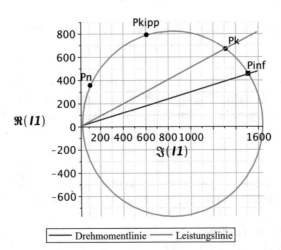

Asynchronmotor mit Schleifringläufer
200 kW, 380 V, 376 A

9.3.3 Weitere Auswertungen des Modells

9.3.3.1 Drehzahl-Drehmoment-Kennlinie

```
> pM:= subs( s=1-n/n0, param3, GM);
```

$$pM := M = \cfrac{2888}{\pi \left(0.7803 - 0.0005\,n + \cfrac{0.0290}{1 - \cfrac{1}{1500}\,n} \right)}$$

```
> plot(rhs(pM),n=0..1500, gridlines, size=[350,250],
                                     labels=["n","M"]);
```

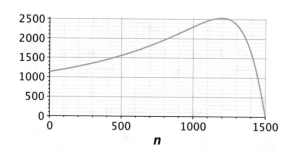

9.3.3.2 Vorwiderstand für das Anlassen mit dem Moment M = 1960 Nm

Für die Berechnung des Vorwiderstandes $Rv°$ wird die Gleichung GM durch Aufteilung des Widerstandes $R2°$ angepasst.

```
> GMv:= subs(R2°=R2°+Rv°, GM);
```

$$GMv := M = \cfrac{90\,U_1^2}{n0\,\pi \left(\cfrac{\left(R1^2 + X_\Theta^2 \right)\,s}{R2° + Rv°} + \cfrac{R2° + Rv°}{s} + 2\,R1 \right)}$$

Die Modellparameter werden eingesetzt und die neue Gleichung nach $Rv°$ aufgelöst.

```
> GMav:= subs(param3, s=1, M=1960, GMv);
```

$$GMav := 1960 = \cfrac{2888}{\pi \left(\cfrac{0.0204}{0.0290 + Rv°} + 0.1066 + Rv° \right)}$$

```
> LRv°:= solve(GMav, Rv°);
```

$$LRv° := 0.3007, 0.0328$$

Es ergeben sich zwei Lösungen, die bei gleichem Anlassmoment unterschiedliche
Momentenverläufe und auch verschiedene Verläufe des Anlassstroms repräsentieren.

```
> Rv1°:= LRv°[1]; Rv2°:= LRv°[2];
```
$$Rv1° := 0.3007$$
$$Rv2° := 0.0328$$
```
> Mv1:= subs(Rv°=Rv1°, param3, rhs(GMv));
```
$$Mv1 := \frac{2888}{\pi \left(0.0617\,s + \dfrac{0.3297}{s} + 0.0776 \right)}$$
```
> Mv2:= subs(Rv°=Rv2°, param3, rhs(GMv));
```
$$Mv2 := \frac{2888}{\pi \left(0.3297\,s + \dfrac{0.0617}{s} + 0.0776 \right)}$$
```
> plot([Mv1, Mv2],s=0..1, gridlines, legend=["Rv1","Rv2"],
                      title="Momentenverlauf M(s)");
```

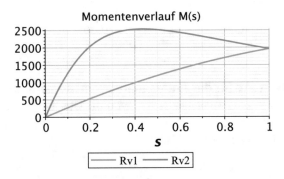

Die Gleichung des Ständerstroms mit Zusatzwiderstand wird aus GI1
abgeleitet.

```
> I[1]:= subs(I[0]=I[1,0], GI2, rhs(GI1));
```
$$I_1 := 12.2223 - 39.9732\mathrm{j} - \frac{U_1\,e^{2\mathrm{j}\alpha_0}}{-R1 - \dfrac{R2°}{s} - \mathrm{j}X_\Theta}$$
```
> Iv[1]:= subs(R2°=R2°+Rv°, I[1]);
```
$$Iv_1 := 12.2223 - 39.9732\mathrm{j} - \frac{U_1\,e^{2\mathrm{j}\alpha_0}}{-R1 - \dfrac{R2° + Rv°}{s} - \mathrm{j}X_\Theta}$$

Einsetzen der Parameter und der zwei Lösungen für den Vorwiderstand.

```
> Iv1[1]:= subs(param3, Rv°=Rv1°, Iv[1])
```

$$Iv1_1 := 12.2223 - 39.9732\,j - \frac{380}{3}\,\frac{\sqrt{3}\;e^{0.0163\,j}}{-0.0388 - 0.1373\,j - \dfrac{0.3297}{s}}$$

```
> Iv2[1]:= subs(param3, Rv°=Rv2°, Iv[1])
```

$$Iv2_1 := 12.2223 - 39.9732\,j - \frac{380}{3}\,\frac{\sqrt{3}\;e^{0.0163\,j}}{-0.0388 - 0.1373\,j - \dfrac{0.0617}{s}}$$

```
> plot([abs(Iv1[1]), abs(Iv2[1])], s=0..1, gridlines,
      legend=["Rv1","Rv2"], title="Stromverlauf I[1](s)");
```

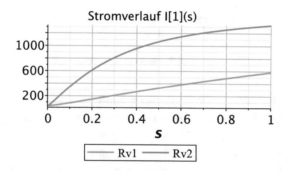

Die obigen Werte Rv° des Vorwiderstandes für das Anlassen des Motors sind auf die Primärseite bezogen und müssen noch in reale Werte umgerechnet werden.

```
> Rv1:= subs(ü=1.584, Rv1°/ü^2);
```

$$Rv1 := 0.1198$$

```
> Rv2:= subs(ü=1.584, Rv2°/ü^2);
```

$$Rv2 := 0.0131$$

9.4   Drehzahlregelung eines Gleichstromantriebs

Das Führungs- und das Störverhalten des in Abb. 9.6 gezeigten drehzahlgeregelten Gleichstromantriebs solluntersucht werden.

Dieses Beispiel (TH Ilmenau 1967; Müller 1999) setzt voraus, das der Leser mit Grundlagen der Regelungstechnik vertraut ist. Es demonstriert, dass sich mit Maple auch Manipulationen mit Übertragungsfunktionen einfach ausführen lassen und dass auch die Berechnung relativ komplexer Übertragungsfunktionen von Maple leicht bewältigt wird.

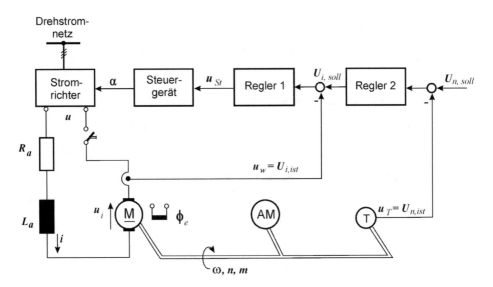

Abb. 9.6 Geräteschema der Drehzahlregelung eines Gleichstrommotors

Der Erregerkreis des Motors liege an einer konstanten Gleichspannungsquelle. Der Ankerkreis des Motors wird über einen steuerbaren Stromrichter gespeist. Für den Motor seien wieder die schon im Abschn. 9.2 getroffenen Voraussetzungen gültig. Die Regeleinrichtung ist als Kaskadenregelung, d. h. mit einem unterlagerten Stromregelkreis ausgeführt. Eingangsgröße des Stromreglers ist die Differenz zwischen dem vom übergeordneten Drehzahlregler vorgegebenen Sollwert $U_{i,soll}$ und dem über den Stromwandler erfassten Istwert des Stromes im Ankerkreis. Der Istwert der Drehzahl bzw. der Winkelgeschwindigkeit wird durch eine Tachomaschine als Spannung $u_T = U_{n,ist}$ ermittelt. Deren Differenz zum Sollwert $U_{n,soll}$ ist die Eingangsgröße des Drehzahlreglers. Die Parameter der beiden Regler wurden nach Optimalitätskriterien festgelegt und es soll nun am Modell experimentell überprüft werden, ob die vorgegebenen Einstellwerte zu akzeptablen Ergebnissen führen.

Bei der Aufstellung des Strukturbildes des Systems Motor/Regeleinrichtung (Abb. 9.7), von dem die weiteren Rechnungen ausgehen, ist die Ankergegenspannung u_i vernachlässigbar, da $T_a \ll T_m$ vorausgesetzt wird.

Das Blockschaltbild für das Motormodell erhält man durch Laplace-Transformation der in Abschn. 9.2 angegebenen Gl. (9.5) bis (9.8).

Den Ankerkreis des Motors speist ein Stromrichter. Für dessen Modellierung wird ein einfaches Modell verwendet (Leonhard 2000). Es geht von der Totzeit aus, die zwischen einer Änderung des Signals am Eingang der Zündsteuerung und dem Auftreten eines entsprechend verschobenen Zündimpulses liegt. Diese Zeit ist vom Zeitpunkt der Änderung des Steuersignals abhängig und liegt bei einem am 50 Hz-Netz betriebenen 6-pulsigen Stromrichter zwischen Null und $T = 20/6$ ms. Daher geht man in diesem Fall von einer mittleren statistischen Totzeit von $T_t = T/2 \approx 1{,}7$ ms aus. Diese Vereinfachung ist zulässig, solange nicht in der Nähe der Stabilitätsgrenze gearbeitet wird. Die geringe Größe der Totzeit T_t erlaubt die Benutzung der Näherung

$$e^{-sT_t} \approx 1 - sT_t \approx \frac{1}{1 + sT_{t_{ers}}}$$

Das Verhalten des Stromrichters mit Zündsteuerung wird dann durch die Übertragungsfunktion

$$\frac{u_G(s)}{\alpha(s)} = \frac{K_G}{1 + sT_{t_{ers}}}$$

beschrieben. Dabei ist K_G abhängig vom Steuerwinkel α, wird aber bei kleinen Änderungen von α als konstant angenommen.

Der Stromrichter wird vom Regler 1 gesteuert. Dessen Eingangsgröße ist die Differenz zwischen dem vom übergeordneten Drehzahlregler vorgegebenen Sollwert $U_{i,soll}$ und dem über den Stromwandler erfassten Istwert des Stromes im Ankerkreis. Der Stromwandler wird als PT1-Glied mit dem Übertragungsfaktor K_W und der zeitkonstanten T_W modelliert.

Der Istwert der Drehzahl bzw. der Winkelgeschwindigkeit wird durch eine Tachomaschine als Spannung $u_T = U_{n,ist}$ ermittelt. Deren Differenz zum Sollwert $U_{n,soll}$ ist die Eingangsgröße des Drehzahlreglers Regler 2. Die Parameter der beiden Regler wurden nach Optimalitätskriterien festgelegt und es soll nun am Modell experimentell überprüft werden, ob die vorgegebenen Einstellwerte zu akzeptablen Ergebnissen führen.

Die Berechnung des Verhaltens der Regelung ist mithilfe des Strukturbildes recht einfach, wenn man die Übertragungsfunktionen der einzelnen Blöcke unterschiedlichen Bezeichnern zuweist und dann die Übertragungsfunktionen für das Führungs- und das Störverhalten mit den Regeln der Blockalgebra formuliert.

Noch leichter als mit den Regeln der Blockalgebra lässt sich die Aufgabe jedoch mithilfe des Befehls **SystemConnect** des Pakets **DynamicSystems** lösen.

9.4.1   Beschreibung des Befehls SystemConnect

Allgemeine Form:
- **SystemConnect**(objektfolge, optionen)
- **SystemConnect**(objektfolge, uU, uy, YU, Yy, optionen)

Parameter:

objektfolge ...   Folge der zu verbindenden DynamicSystems-Objekte
uU, uy, YU, Yy ...   Matrizen, die die Verbindungen zwischen den Subsystemen (Blöcken) und zwischen den Subsystemen und den Ein- und Ausgängen des Gesamtsystems beschreiben.

Bedeutung der Bezeichnung der Verbindungsmatrizen:

U… Eingänge Gesamtsystem, Y… Ausgänge Gesamtsystem,
u … Eingänge Subsysteme, y… Ausgänge Subsysteme

Der erste Buchstabe der Bezeichnung der Verbindungsmatrizen benennt die Bedeutung
der Zeilen, der zweite die Bedeutung der Spalten der betreffenden Matrix.

Optionen:
- **outputtype** legt die Ausgabeform fest. **outputtype** $= tf,\ coeff,\ zpk,\ ss$ oder *de*.
- **connection** Art der Verbindungen, wenn keine Verbindungsmatrizen angegeben werden.
- **connection** $=$ serial, parallel, append, negativefeedback, positivefeedback oder feedforward.
  - *serial:* Die Subsysteme sind in „Reihenschaltung" zu verbinden.
  - *parallel:* Die Subsysteme sind als Parallelschaltung zu verbinden.
  - *append:* Die Subsysteme werden so verbunden, dass jedes Subsystem seine eigenen Eingaben von außen erhält und seine Ausgaben direkt zur Außenwelt abgibt.
  - *negativefeedback, positivefeedback:* Ein oder zwei Systeme können mit dem Systemparameter angegeben werden. Das erste Subsystem ist im Vorwärtspfad, und das zweite Subsystem liegt in der Rückkopplungsschleife. Wenn kein zweites System angegeben wird, dann wird eine einfache Rückkopplung auf den Eingang des ersten Systems angenommen: bei *negativefeedback* als Gegenkopplung, bei *positivefeedback* als Mitkopplung.
  - *feedforward*: Die Eingangsgröße wird zur Ausgangsgröße des Systems addiert.

9.4.2 Lösung der Beispielaufgabe

```
> restart:
> with(plots): with(DynamicSystems):
```

Erzeugung der Übertragungsfunktionsobjekte der Blöcke

```
> tf1:= TransferFunction(KR2*(1+s*T[N2])/(s*T[N2])/(1+s*T[R2])):
> PrintSystem(tf1); # Regler 2
```

Transfer Function

continuous

1 output(s); 1 input(s)

inputvariable $= [\,u1(s)\,]$

outputvariable $= [\,y1(s)\,]$

$$\text{tf}_{1,\,1} = \frac{KR2\,T_{N2}\,s + KR2}{T_{N2}\,T_{R2}\,s^2 + T_{N2}\,s}$$

```
> tf2:= TransferFunction(KR1*(1+s*T[N1])/(s*T[N1])/(1+s*T[R1])):
> PrintSystem(tf2); # Regler 1
```

Transfer Function

continuous

1 output(s); 1 input(s)

inputvariable $= [\,u1(s)\,]$

outputvariable $= [\,y1(s)\,]$

$$\text{tf}_{1,\,1} = \frac{KR1\,T_{N1}\,s + KR1}{T_{N1}\,T_{R1}\,s^2 + T_{N1}\,s}$$

```
> tf3:= TransferFunction(KSt/(1+s*T[St])):     # Steuergerät
> tf4:= TransferFunction(KG/(1+s*T[ers])):     # Stromrichter
> tf5:= TransferFunction(1/Ra/(1+s*Ta)):       # Motorblock FM1
> tf6:= TransferFunction(KW/(1+s*T[W])):       # Stromwandler
> tf7:= TransferFunction(KM):      # Motorblock FM2
> tf8:= TransferFunction(1/(s*J)): # Motorblock FM3
> tf9:= TransferFunction(KT):      # Tachomaschine
```

Die Verbindungsmatrizen **uU**, **uy**, **YU** und **Yy** für den Befehl **SystemConnect** lassen sich sehr übersichtlich mithilfe von Komponenten des Typs *Data Table* aus der Palette Components erstellen, in die man interaktiv die Bezeichnungen der Zeilen und Spalten und die aktuellen Belegungen einträgt. Die Anpassung der Dimension der Komponente *Data table* an die Größe der jeweiligen Matrix erfolgt über das Dialogfenster *Create Data Table,* das sich öffnet, sobald man die Komponente per "Drag and Drop" (Ziehen und Ablegen) in das aktuelle Programm einfügt. In diesem Fenster wird neben der Zahl der Zeilen und Spalten der Tabelle auch der Name der Matrix festgelegt, über den auf diese zugegriffen werden kann. Die weitere Konfigurierung der Tabelle, das betrifft im vorliegenden Fall die Festlegung der Namen der Zeilen und der Spalten, erfolgt wie bei anderen eingebetteten Maple-Komponenten über das Kontextmenü **Component Properties.**

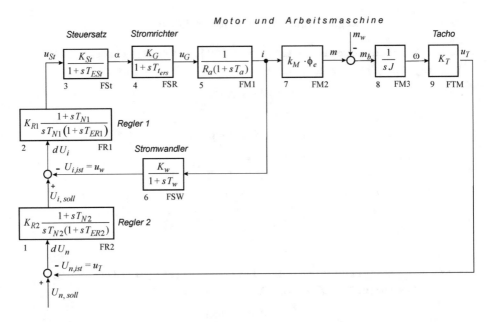

Abb. 9.7 Strukturbild der Drehzahlregelung mit unterlagerter Stromregelung

Die Blöcke des Strukturbilds (Abb. 9.7) sind am linken unteren Rand mit Nummern versehen, die für die Bezeichnung der Ein- und Ausgangsgrößen der Blöcke in den Matrizen von **SystemConnect** verwendet werden. Die Eintragung des Wertes 1 in einem Feld einer der Verbindungsmatrizen beschreibt eine einfache Kopplung. Ein Wert größer als 1 steht für einen Eingang mit vorgeschaltetem Verstärker und -1 für eine Gegenkopplung bzw. eine Subtraktion der betreffenden Größe an einem Summenknoten.

Verbindungsmatrix uU
Sie legt die Verbindung der Eingänge des Gesamtsystems (Spalten) mit den Eingängen der Subsysteme (Zeilen) fest. Das System hat 9 Subsystemeingangsgrößen u und 2 Eingangsgrößen U des Gesamtsystems, d. h. Matrix muss 9 Zeilen und 2 Spalten umfassen.

	U1.Un.soll	U2.mw
u1	1	0
u2	0	0
u3	0	0
u4	0	0
u5	0	0
u6	0	0
u7	0	0
u8	0	-1
u9	0	0

>

Das Gesamtsystems hat die Eingangsgrößen $U_{n,soll}$ und *mw*. Für die entsprechenden Spaltenbezeichnungen in der Matrix **uU** wurde U1.Unsoll und U2.mw gewählt. Die erste Zeile der Tabelle **uU** besagt, dass $U_{n,soll}$ Eingangsgröße des Blocks 1 ist. Die 8. Zeile ordnet Block 8 die Eingangsgröße *-mw* zu. Aufgabe des folgenden Befehls ist die Umwandlung des mit der Komponente *Data table* erzeugten Arrays in eine Matrix.>
uU:= Matrix(uU):

Verbindungsmatrix uy

Diese beschreibt die Verbindung der Ausgänge der Subsysteme (Spalten) mit den Subsystemeingängen (Zeilen). Das System hat 9 Subsystemeingangsgrößen u und 9 Subsystemausgangsgrößen. Die Matrix muss daher 9 Zeilen und 9 Spalten umfassen.

	y1	y2	y3	y4	y5	y6	y7	y8	y9
u1	0	0	0	0	0	0	0	0	-1
u2	1	0	0	0	0	-1	0	0	0
u3	0	1	0	0	0	0	0	0	0
u4	0	0	1	0	0	0	0	0	0
u5	0	0	0	1	0	0	0	0	0
u6	0	0	0	0	1	0	0	0	0
u7	0	0	0	0	1	0	0	0	0
u8	0	0	0	0	0	0	1	0	0
u9	0	0	0	0	0	0	0	1	0

>
> uy:= Matrix(uy):

Verbindungsmatrix YU

Die Matrix YU beschreibt die Verbindung der Eingänge des Gesamtsystems (Spalten) mit den Ausgängen des Gesamtsystems (Zeilen). Zwischen den Ein- und den Ausgangsgrößen des Gesamtsystems bestehen im vorliegenden Beispiel keine direkten Verbindungen.

	U1.Un.soll	U2.mw
Y1.omega	0	0
Y2.i	0	0

>
> YU:= Matrix(YU):

Verbindungsmatrix Yy

Die Verbindung der Ausgänge der Subsysteme (Spalten) mit den Ausgängen des Gesamtsystems (Zeilen) beschreibt die Matrix Yy. Das vorgegebene System hat 2 Systemausgangsgrößen Y und 9 Subsystemausgangsgrößen y.

	y1	y2	y3	y4	y5	y6	y7	y8	y9
Y1.omega	0	0	0	0	0	0	0	1	0
Y2.i	0	0	0	0	1	0	0	0	0

>

```
> Yy:= Matrix(Yy):
```

Bildung der Übertragungsfunktionen des Gesamtsystems

```
> GesSys:= SystemConnect(tf1,tf2,tf3,tf4,tf5,tf6,tf7,tf8,tf9,
                         uU, uy, YU, Yy, outputtype=tf);
```

$$GesSys := \begin{bmatrix} \textbf{Transfer Function} \\ \text{continuous} \\ 2\ \text{output(s); 2 input(s)} \\ \text{inputvariable} = [\,u1(s), u2(s)\,] \\ \text{outputvariable} = [\,y1(s), y2(s)\,] \end{bmatrix}$$

Auf die Darstellung des Objekts *GesSys* mit **PrintSystem** muss hier leider verzichtet werden, weil die vier Übertragungsfunktionen sehr umfangreich sind.

Festlegung der Parameter von Regelstrecke (S) und Reglern (R)

```
> param:= Ra=0.4,La=0.02,KM=3.92,J=3.9,KT=0.1145,KW=0.08,T[W]=0.001,
          KG=195,T[ers]=0.0017,KSt=0.262,T[St]=0.001:
> paramS:= param, Ta=subs(param,La/Ra), Tm=subs(param,J*Ra/KM^2);
```

$paramS := Ra = 0.4, La = 0.02, KM = 3.92, J = 3.9, KT = 0.1145, KW = 0.08, T_W = 0.001, KG$

$= 195, T_{ers} = 0.0017, KSt = 0.262, T_{St} = 0.001, Ta = 0.05000000000, Tm = 0.1015201999$

```
> paramR:= KR1=0.4902, T[N1]=0.05, T[R1]=0.0013, KR2=24.47,
           T[N2]=0.0566, T[R2]=0.001:
```

Simulation des Verhaltens des Regelkreises

Mit den vorgegebenen Parameterwerten wird nun das Führungs- und das Störverhalten des Regelungssystems mithilfe des Befehls **ResponsePlot** simuliert. Von Interesse sind dabei der zeitliche Verlauf der Drehzahl des Motors und des Ankerstroms. Gemäß

Verbindungsmatrix **Yy** entspricht die Winkelgeschwindigkeit ω der Ausgangsgröße *y1* des Systemobjekts *GesSys* und der Ankerstrom *i* wird über *y2* bereitgestellt. Das zweite Argument von **Responseplot** ist eine Liste mit den Werten der zwei Eingangsgrößen *Un. soll = u1* und *mW = u2* (siehe Matrix **uU**), die für die Berechnung vorgegeben werden.

```
> Optionen:= duration=0.3, color=blue,thickness=2,
              parameters=[paramS,paramR], font=[TIMES,12],
              labelfont=[TIMES,14],titlefont=[TIMES,14],gridlines=true:
> pn_F:= ResponsePlot(GesSys, [-0.6, 0], output=[60*y1/2/Pi],
              labels=["t/s", "n/1/min"], Optionen):
> pi_F:= ResponsePlot(GesSys, [-0.6, 0], output=[y2],
              labels=["t/s","i/A"], Optionen):
> display(array([pn_F, pi_F]), title="Führungsverhalten GS-Antrieb");
```

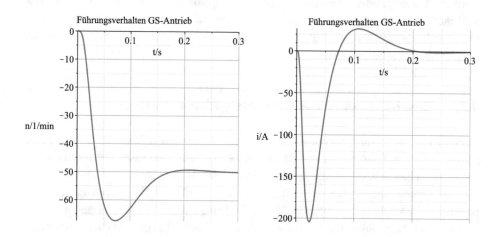

```
> pn_S:= ResponsePlot(GesSys, [0, 40], output=[60*y1/2/Pi],
              labels=["t/s", "n/1/min"], Optionen);
> pi_S:= ResponsePlot(GesSys, [0, 40], output=[y2],
              labels=["t/s","i/A"], Optionen);
> display(array([pn,pi]), title="Störverhalten GS-Antrieb");
```

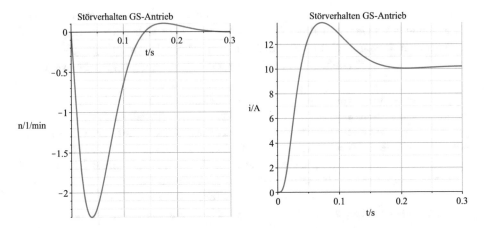

Wird im Befehl **SystemConnect** die Option **outputtype** = ss angegeben, dann erhält man die Zustandsform des Gesamtsystems. Zuvor sollte aber der Befehl **interface**(rtablesize = 20) ausgeführt werden, weil die Zeilen- bzw. Spaltenzahl der Matrizen die Standardgröße 10 überschreitet.

9.5   Einschaltstrom eines Einphasen-Transformators

Bekannt ist, dass beim Einschalten eines Transformators mit offener Sekundärwicklung Ströme auftreten können, die dessen Nennstrom um ein Vielfaches überschreiten. Die Größe des Einschaltstromes ist außer von den technischen Daten des Transformators und des vorgeschalteten Netzes auch vom Phasenwinkel der Netzspannung zum Zeitpunkt des Einschaltens und von Größe und Richtung des remanenten Magnetflusses im Transformatorkern abhängig. Im Folgenden wird dieser Vorgang ausgehend von den in der Literatur beschriebenen physikalisch-mathematischen Beziehungen[1] für einen Einphasen-Transformator (Abb. 8.8) untersucht. Vor allem interessiert dabei wieder die Frage, welche Unterstützung Maple bei der Lösung dieser Aufgabe bieten kann.

Der Zielstellung dieses Beispiels angemessen werden einige Vernachlässigungen getroffen: Der Streufluss, d. h. der Magnetfluss, der sich nicht über den Eisenkern schließt, Eisenverluste und Windungskapazitäten werden nicht berücksichtigt. Ebenso bleibt der Einfluss des speisenden Netzes außer Betracht. Relativ genau muss jedoch die Magnetisierungskennlinie des Transformatorblechs nachgebildet werden, und zwar vor allem im Sättigungsbereich.

---

[1]z. B. (Bödefeld und Sequenz 1965; Rüdenberg 1974; Schmidt 1958)

Abb. 9.8 Schema eines
Einphasen-Transformators

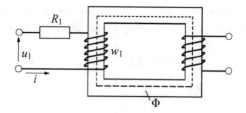

Aus Abb. 9.8 folgt mit w_1 für die Windungszahl der Primärwicklung

$$u_1 = i_1 R_1 + w_1 \frac{d\Phi}{dt} \tag{9.10}$$

Für die Spannung u_1 gelte

$$u_1 = U\sqrt{2}\cos(\omega \cdot t + \alpha) \tag{9.11}$$

Dabei ist α der Phasenwinkel zum Zeitpunkt des Einschaltens. Für den magnetischen Fluss besteht die Beziehung $\Phi = \Phi(i_1)$, die durch die Magnetisierungskennlinie des Transformators vorgegeben ist. Bei der ersten Analyse wird aber vereinfachend ein linearer Zusammenhang zwischen i und Φ angenommen.

9.5.1 Lineare Beziehung zwischen *i* und Φ

Bei konstanter Permeabilität des Eisens gilt

$$i = \frac{w_1}{L}\Phi \tag{9.12}$$

Aus (9.10) bis (9.12) folgt

```
> G1:= u1 = R1*w1*Phi(t)/L + w1*diff(Phi(t),t);
```

$$G1 := u1 = \frac{R1\, w1\, \Phi(t)}{L} + w1\left(\frac{\mathrm{d}}{\mathrm{d}t}\,\Phi(t)\right)$$

```
> u1:= U*sqrt(2)*cos(omega*t+alpha);
```

$$u1 := U\sqrt{2}\,\cos(\omega t + \alpha)$$

```
> DG:= isolate(G1, diff(Phi(t),t));
```

$$DG := \frac{\mathrm{d}}{\mathrm{d}t}\,\Phi(t) = -\frac{-U\sqrt{2}\,\cos(\omega t + \alpha) + \dfrac{R1\, w1\, \Phi(t)}{L}}{w1}$$

Zum Zeitpunkt des Einschaltens ist der Induktionsfluss im Transformator gleich dem remanenten Fluss Φ_r. Damit ergeben sich der Lösungsansatz und die Lösung

```
> Loe:= dsolve({DG, Phi(0)=Phi[r]});
```

$$Loe := \Phi(t) = e^{-\frac{R1\,t}{L}}\left(\Phi_r - \frac{U\sqrt{2}\,L\left(\cos(\alpha)\,R1 + \sin(\alpha)\,\omega L\right)}{w1\left(R1^2 + \omega^2 L^2\right)}\right)$$
$$+ \frac{U\sqrt{2}\,L\left(\cos(\omega\,t + \alpha)\,R1 + \sin(\omega\,t + \alpha)\,\omega L\right)}{w1\left(R1^2 + \omega^2 L^2\right)}$$

$\Phi(t)$ setzt sich aus zwei Anteilen zusammen: aus einem mit der Zeitkonstanten L/R_1 abklingenden Gleichanteil und einem sinusförmigen Anteil, der dem Fluss im eingeschwungenen Zustand entspricht und durch den zweiten Term der Lösung repräsentiert wird. Der Gleichanteil ist vom Wert der Remanenz und von der Größe des Phasenwinkels α abhängig. Vernachlässigt man R_1, da sein Wert bei Transformatoren gewöhnlich klein ist, ergibt sich ein sehr übersichtlicher Ausdruck, allerdings ohne Abkling-Komponente.

```
> eval(subs(R1=0, Loe));
```

$$\Phi(t) = \Phi_r - \frac{U\sqrt{2}\,\sin(\alpha)}{\omega\,w1} + \frac{U\sqrt{2}\,\sin(\omega\,t + \alpha)}{\omega\,w1}$$

Spannung u_1 und Magnetfluss des Transformators sind um 90° phasenverschoben. Wenn die Zuschaltung der Netzspannung in dem Augenblick erfolgt, in dem u_1 den Augenblickswert Null hat, müsste der Magnetfluss also sein Maximum haben. Wenn er aber wegen des vorherigen spannungslosen Zustands den Wert Null besitzt oder wenn ein Remanenzfluss vorhanden ist, dann wird der Übergang in den stationären Zustand durch einen Ausgleichsvorgang erreicht. Aus obigem Ausdruck für $\Phi(t)$ geht hervor, dass der Magnetfluss seinen größtmöglichen Wert eine halbe Periode nach dem Einschalten ($\omega\cdot t = \pi$) annimmt, wenn bei $\alpha = -\pi/2$ eingeschaltet wird. Bei $R_1 = 0$ ist dann

```
> Phi[max]:= eval(subs(R1=0, omega*t=Pi, alpha=-Pi/2, Loe));
```

$$\Phi_{max} := \Phi(t) = \Phi_r + \frac{2\,U\sqrt{2}}{\omega\,w1}$$

Dabei ist $U\sqrt{2}/(\omega\cdot w_1) = \Phi_{d,max}$ die Amplitude des stationären Magnetflusses. Φ_{max} erreicht demnach im Extremfall den Wert $\Phi_r + 2\Phi_{d,max}$. Dieser große Magnetfluss treibt den Eisenkern des Transformators bis weit in den Sättigungsbereich und führt damit zu einer überproportionalen Zunahme der magnetischen Feldstärke bzw. des Magnetisierungsstroms.

9.5.2 Nichtlineare Beziehung zwischen *i* und Φ

Nach den einführenden Betrachtungen soll nun der Einfluss der Sättigung des Magnet-
kerns des Transformators bei hohen Strömen nicht mehr vernachlässigt werden. Der
Strom *i* ist mit dem magnetischen Fluss Φ über die Magnetisierungskennlinie verknüpft.
Es gilt $\Theta = i \cdot w_1 = H \cdot l_m$.

Θ ist die durch den Strom *i* erzeugte Durchflutung, *H* die magnetische Feldstärke und
l_m die mittlere Länge der Feldlinien. *H* steht über die Magnetisierungskennlinie *B(H)* mit
der Induktion *B* in Zusammenhang. Somit ergibt sich

$$i = \frac{H \cdot l_m}{w_1} \quad \text{mit} \quad H = f(B) \quad und \quad B = \Phi/A$$

$$i = \frac{f(\Phi/A) \cdot l_m}{w_1}; \quad A \ldots \text{ vom Magnetfluss durchsetzter Querschnitt}$$

Beim Betrieb des Transformators im ungesättigten Bereich wären für l_m und *A* die entsprechenden Werte des Eisenkreises einzusetzen. Weil aber der Einschaltstrom den
Eisenkern bis weit in die Sättigung treibt und dadurch die Permeabilität des Eisens sich
von der der Luft nur unwesentlich unterscheidet, durchsetzt der Magnetfluss nicht mehr
nur hauptsächlich das Eisen. Die Werte für l_m und *A* werden in diesem Fall auch von der
Form und der Art der Wicklung (Röhren- oder Scheibenwicklung) beeinflusst. Ausgangspunkt für die folgende Rechnung ist wieder die Gl. (9.10).

```
> Phi:= 'Phi':  # Löschen der bisherigen Zuweisung an Phi
> G2:= u1 = i(t)*R1 + w1*diff(Phi(t),t);
```

$$G2 := U\sqrt{2}\,\cos(\omega t + \alpha) = i(t)\,R1 + w1\left(\frac{\mathrm{d}}{\mathrm{d}t}\,\Phi(t)\right)$$

```
> DG2:= isolate(G2, diff(Phi(t),t));
```

$$DG2 := \frac{\mathrm{d}}{\mathrm{d}t}\,\Phi(t) = -\frac{-U\sqrt{2}\,\cos(\omega t + \alpha) + i(t)\,R1}{w1}$$

Gleichung für Strom *i(t)*:

```
> G3:= i(t)= fH(Phi(t)/Ae)/w1*lm;
```

$$G3 := i(t) = \frac{fH\left(\dfrac{\Phi(t)}{Ae}\right)lm}{w1}$$

```
> AnfBed:= {Phi(0)=Phir}:
```

Das zu lösende Gleichungssystem besteht aus der Differentialgleichung DG2 und der
Gleichung G3 (DAE-Problem).

```
> Gsys:= {DG2, G3};
```

$$Gsys := \left\{ i(t) = \frac{fH\left(\dfrac{\Phi(t)}{Ae}\right) lm}{wl}, \frac{\mathrm{d}}{\mathrm{d}t} \Phi(t) = -\frac{-U\sqrt{2}\,\cos(\omega\,t + \alpha) + i(t)\,R1}{wl} \right\}$$

Die Magnetisierungskennlinie wird durch Stützpunkte beschrieben, deren *H*- und *B*-Werte in zwei getrennten Listen *Hdata* und *Bdata* notiert sind. Gewählt wurde die Magnetisierungskennlinie eines kaltgewalzten Blechs (*Hdata* in A/cm, *Bdata* in Tesla).

```
> Hdata:= [-10000,-3000,-1000,-500,-300,-200,-100,-50,-30,-10,0,
          10,30,50,100,200,300,500,1000,3000,10000]:
> Bdata:= [-2.0,-1.97,-1.93,-1.9,-1.87,-1.84,-1.78,-1.59,-1.5,-0.75,0,
          0.75,1.5,1.59,1.78,1.84,1.87,1.9,1.93,1.97,2.0]:
```

Für die Modellierung der Magnetisierungskennlinie wird die Spline-Interpolation genutzt. Weil sehr hohe Induktionen auftreten können, die evtl. außerhalb des Bereichs der Stützstellen liegen und eine Extrapolation erforderlich machen, wird ein Spline 1. Grades gewählt.

```
> with(CurveFitting):  H:= Spline(Bdata, Hdata, B, degree=1);
```

$$H := \begin{cases} 4.566666667 \cdot 10^5 + 2.333333333 \cdot 10^5 \cdot B & B < -1.97 \\ 95500.00000 + 50000.00000 \cdot B & B < -1.93 \\ 31166.66667 + 16666.66667 \cdot B & B < -1.9 \\ \dots \end{cases}$$

Die Ergebnisse des Befehls **Spline** werden aus Platzgründen hier nur angedeutet. Das Gleiche gilt für die darauf folgende Erzeugung der Funktion *fH* = *H*(*B*).

```
> fH:= unapply(H,B);
```

$$fH := B \to piecewise(B < -1.97, 4.566666667 \cdot 10^5 + 2.333333333 \cdot 10^5 \cdot B,\ B < -1.93, \dots$$

Parameter des Transformators:

$R_1 = 0{,}0112\ \Omega$, $U = 10000$ V, $w_l = 104$, $Ae = 0{,}2885$ m^2, $lm = 6$ m, $Phir = 0{,}2$ Vs, $\alpha = -\pi/2$, $\omega = 2\pi\ 50$/s

```
> R1:= 0.0112: U:= 10000: w1:= 104: Ae:= 0.2885: lm:= 6:
  Phir:= 0.2: alpha:= -Pi/2: omega:= 2*Pi*50:
```

Vor und nach der Berechnung der Lösung des Differentialgleichungssystems wird die aktuelle Systemzeit mittels **time**() bestimmt und aus der Differenz die aktuelle Rechenzeit ermittelt.

```
> st:= time():
   Loe:= dsolve(Gsys union AnfBed,numeric, method=rosenbrock_dae,
          [i(t),Phi(t)], output=listprocedure, maxfun=0);
```

$$Loe := \left[t = \mathbf{proc}(t) \; ... \; \mathbf{end\; proc},\; i(t) = \mathbf{proc}(t) \; ... \; \mathbf{end\; proc},\; \Phi(t) = \mathbf{proc}(t) \; ... \; \mathbf{end\; proc} \right]$$

$$rz := 0.156$$

```
> st:= time():
   Loe:= dsolve(Gsys union AnfBed,numeric, method=rosenbrock_dae,
          [i(t),Phi(t)], output=listprocedure, maxfun=0);
          rz:= time()-st;
```

Für die weitere Verarbeitung werden die Lösungsfunktionen separiert.

```
> Phi1:= eval(Phi(t),Loe):
> i1:= eval(i(t),Loe):
> setoptions(gridlines=true, labelfont=[TIMES,12,BOLD]):
> p1:= plot(Phi1(t), t=0..0.1, Phi=-0.5..1.5, labels=[t,Phi/Vs],
          legend=Phi(t), color=blue):
> p2:= plot(i1(t), t=0..0.1, labels=[t,i/A], legend=i(t)):
> dualaxisplot(p1, p2);
```

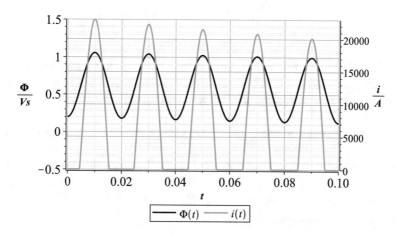

Um den Spitzenwert des Stromes nach dem Einschalten genauer zu bestimmen, wird $il(t)$ in die Funktion *fi1* überführt, diese Funktion nach der Zeit abgeleitet und die Nullstelle der Ableitung im Bereich t = (0 … 0.02) s bestimmt.

```
> fi1:= unapply(i1(t),t);
```

$$fi1 := t \rightarrow il(t)$$

```
> interface(displayprecision=5):
> t1:= fsolve(D(fi1)(t)=0, t, 0.001..0.02);
```

$$t1 := 0.00994$$

Bei dem ermittelten Zeitpunkt hat der Strom den Wert

```
> fi1(t1);
```

$$22979.60325$$

Ein anderer Lösungsweg soll das ermittelte Ergebnis bestätigen: Für zeitdiskrete Werte von $i1(t)$ wird mit sehr kleiner Schrittweite $h = \Delta t$ der zentrale Differenzenquotient gebildet und dessen Nulldurchgang grafisch bestimmt.

$$\frac{di}{dt} \approx \frac{i_{k+1} - i_{k-1}}{2 \cdot \Delta t} \tag{9.13}$$

```
> t0:= 0.0097:  tn:=0.0101:  h:= 0.000001:
> di:= Vector([seq((i1(t+h)-i1(t-h))/2/h, t=t0..tn, h)]);
```

$$di := \begin{bmatrix} 1 \, .. \, 401 \; Vector_{column} \\ Data \; Type: \; anything \\ Storage: \; rectangular \\ Order: \; Fortran\_order \end{bmatrix}$$

Für die Darstellung von Vektoren mit mehr 10 Elementen verwendet Maple in der Standardeinstellung eine Kurzform. Durch einen Doppelklick mit der linken Maustaste auf diese Ausgabe wird der Inhalt des Objekts, d. h. der Vektor mit seinen 401 Komponenten, dargestellt *(Browse Matrix dialog)*. Mit dem Befehl

```
interface(rtablesize = zahl) bzw. interface(rtablesize = infinity)
```

lässt sich die Grenze für die Volldarstellung ändern. Für Matrizen gilt diese Aussage analog.

```
> tt:= Vector([seq(t0..tn,h)]):
> plot(tt, di, labels=["t","di/dt"]);
```

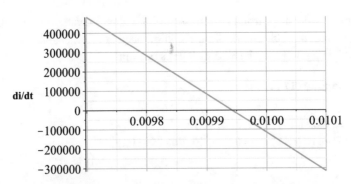

Die Graphik bestätigt, dass die Nullstelle der Steigung bei $t \approx 0{,}00994$ s liegt.

9.5.3 Fourieranalyse des Einschaltstroms des Transformators

Diese Untersuchung soll die Frage beantworten, welchen Anteil die einzelnen Harmonischen am Gesamtstrom $i(t)$ in der ersten Periode nach dem Einschalten, d. h. im Intervall $[0\ldots0.02]$ s, haben. Vorgestellt werden zwei Lösungen, um unterschiedliche Sprachmittel von Maple nochmals ins Blickfeld zu rücken. Beide greifen auf die bekannten Integrale zur Berechnung der Fourier-Koeffizienten zurück, unterscheiden sich also im mathematischen Ansatz nicht.

$$a_0 = \frac{1}{T} \int_0^T i_1(t) \cdot dt \quad a_k = \frac{2}{T} \int_0^T i_1(t) \cdot \cos\left(\frac{k \cdot 2\pi}{T}t\right)dt \quad b_k = \frac{2}{T} \int_0^T i_1(t) \cdot \sin\left(\frac{k \cdot 2\pi}{T}t\right)dt$$
$$k = 1, 2, 3, \ldots$$

$$(9.14)$$

Fourieranalyse 1
Bei dieser Lösungsvariante werden die Formeln zur Berechnung der Fourier-Koeffizienten als Funktionen a(k) und b(k) notiert.

```
> a:= k -> evalf(2/T*Int(i1(t)*cos(k*2*Pi/T*t),t=0..T,epsilon=eps)):
  b:= k -> evalf(2/T*Int(i1(t)*sin(k*2*Pi/T*t),t=0..T,epsilon=eps)):
```

Statt des Integrationsbefehls **int** wird dessen inerte Form **Int** verwendet und das Ergebnis mit **evalf** ausgewertet, um zu vermeiden, dass Maple vor der numerischen Auswertung des Integrals eine symbolische Lösung sucht. Der Parameter *eps* gibt die Genauigkeit für die Berechnung der Integrale vor. Zwecks Vereinfachung wird die Berechnung von a_0 auch über obige Beziehung vorgenommen. Das entsprechende Ergebnis muss daher später durch 2 dividiert werden.
Berechnung der Fourier-Koeffizienten:

```
> T:= 0.02: N:= 8: eps:=0.005:
> A:= seq(a(k),k=0..N);
```

$A := 15774.19601, -11861.50934, 4150.845381, 571.2422889, -726.6467519,$
$\quad -322.8923002, 248.5967855, 210.6435012, -91.98747788$

```
> B:= seq(b(k),k=1..N);
```

$B := 224.5242776, -153.0647894, -36.80572947, 56.33981493, 32.91632506,$
$\quad -28.78859239, -29.71305992, 14.15987193$

A und *B* sind Folgen der Fourier-Koeffizienten a_k und b_k, in Maple *Expression Sequences* genannt. Beim Zugriff auf einzelne Werte dieser Folgen ist zu beachten, dass die Indizierung bei 1 beginnt und dass $A[1] = 2a_0$ ist.

Mit den oben definierten Funktionen a und b wird nun die Fourier-Reihe berechnet und gezeichnet. Der Befehl **add** übernimmt die Summierung. Eine alternative Variante wäre der Zugriff auf Elemente der zuvor berechneten Folgen *A* und *B*.

```
> f_reihe:= a(0)/2 + add(a(n)*cos(2*n*Pi/T*t),n=1..N) +
            add(b(n)*sin(2*n*Pi/T*t),n=1..N):
> plot([i1(t), f_reihe], t=0..0.02, legend=["i(t)","f_reihe"],
        linestyle=[solid,dashdot], thickness=[2,3]);
```

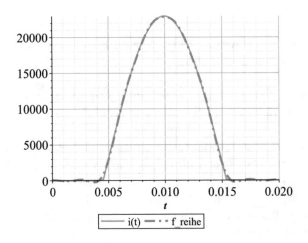

Fourieranalyse 2

```
> T:= 0.02: N:= 8: eps:= 0.005:
> for k from 0 to N do
    if k<>0 then
      a[k]:= evalf(2/T*Int(i1(t)*cos(k*2*Pi/T*t),t=0..T,epsilon=eps)):
      b[k]:= evalf(2/T*Int(i1(t)*sin(k*2*Pi/T*t),t=0..T,epsilon=eps)):
      printf("k=%2d:  %+8.4e  %+8.4e\n", k,a[k],b[k]);
      else
      a[0]:= evalf(1/T*Int(i1(t),t=0..T,epsilon=eps)):
      printf("k=%2d:  %+8.4e\n",k,a[0]);
    end if;
end do;
```

```
    k= 0:   +7.8871e+03
    k= 1:   -1.1862e+04   +2.2452e+02
    k= 2:   +4.1508e+03   -1.5306e+02
    k= 3:   +5.7124e+02   -3.6806e+01
    k= 4:   -7.2665e+02   +5.6340e+01
    k= 5:   -3.2289e+02   +3.2916e+01
    k= 6:   +2.4860e+02   -2.8789e+01
    k= 7:   +2.1064e+02   -2.9713e+01
    k= 8:   -9.1987e+01   +1.4160e+01
```

Im Unterschied zur vorherigen Lösung werden bei dieser die Koeffizienten in einer Programmschleife berechnet und in einer indizierten Variablen gespeichert. Aus der Sicht von Maple handelt es sich dabei um die implizite Erzeugung einer Tabelle (table). Eine mehrfache Auswertung der Integrale bei verschiedenen Zugriffen auf die Koeffizienten ist daher nicht mehr erforderlich. In der Schleife wird auch die tabellarische Ausgabe der Ergebnisse veranlasst. Für diese formatierte Ausgabe wird der Befehl **printf** verwendet, der im Anhang A beschrieben ist.

Unter Verwendung der gespeicherten Koeffizienten wird mit den folgenden Anweisungen die grafische Darstellung des Amplitudenspektrums erzeugt. Zuerst wird die Menge *Ampl_Spek* gebildet, in der jeder Balken des Amplitudenspektrums durch eine Liste beschrieben wird, die seinen Fußpunkt [x1, y1] und seinen Kopfpunkt [x2, y2] enthält.

```
> Ampl_Spek:= {[[0,0],[0,a[0]]], seq([[k,0],
                   [k,sqrt(a[k]^2+b[k]^2)]], k=1..N)}:
> plot(Ampl_Spek, color=black, thickness=4, labels=["k",""],
      title="Amplitudenspektrum", titlefont=[TIMES,14]);
```

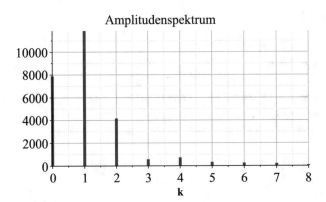

9.6   Antriebssystem mit elastisch gekoppelten Massen

Eine Arbeitsmaschine wird durch einen Getriebemotor über eine elastische Welle angetrieben (Abb. 9.9). Die elastische Welle aus Stahl hat den Durchmesser d_W und die Länge l_W. Der Motor besitzt das Massenträgheitsmoment J_M und die Getriebeübersetzung ist $\ddot{u}$. Die Arbeitsmaschine prägt an der Welle ab $t = 0$ ein periodisches Widerstandsmoment mit der Amplitude m_L und der Frequenz f_L ein.

Folgende Aufgaben sollen gelöst werden:

1. Die Drehmomentschwingungen im mechanischen Übertragungssystem sowie die Verdrehung der Welle sind zu bestimmen.
2. Im Hinblick auf eine beabsichtigte Realisierung einer Drehzahlregelung sind Frequenzkennlinien der Regelstrecke Motor – Welle – Arbeitsmaschine zu ermitteln.

Die Welle soll als Drehfeder mit der Torsionssteifigkeit c und der Dämpfungskonstanten d modelliert werden (Voigt-Kelvin-Modell). Die träge Masse der Welle sei vernachlässigbar. Das System wird daher als elastisch gekoppeltes Zweimassensystem beschrieben (Abb. 9.10).

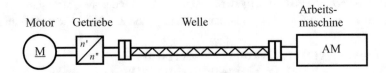

Abb. 9.9 Antriebssystem mit elastischer Welle

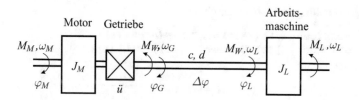

Abb. 9.10 Größen am System Motor – Welle – Arbeitsmaschine

Eine ähnliche Aufgabenstellung wurde schon im Abschn. 5.3.5 behandelt. Im Folgenden wird daher von den dort formulierten Gleichungen ausgegangen. Der Antriebsmotor ist ein fremderregter Gleichstrommotor. Bezüglich des Motormodells kann deshalb auf den Abschn. 9.2 Bezug genommen werden. So wie bei den genannten Beispielen bezeichnen auch bei diesem Beispiel die Modellvariablen die Abweichungen des Systems vom vorher vorhandenen stationären Arbeitspunkt.

9.6.1 Torsion und Drehmomentschwingungen der Welle

Differentialgleichung des Ankerstromkreises des Motors:

```
> DG1:= u(t)=KM*omega[M](t)+Ra*i(t)+La*diff(i(t),t);
```

$$DG1 := u(t) = KM\,\omega_M(t) + Ra\,i(t) + La\left(\frac{\mathrm{d}}{\mathrm{d}t}\,i(t)\right)$$

In obiger Gleichung sind R_a der ohmsche Widerstand und L_a die Induktivität des Ankerkreises. *KM* ist eine Motorkonstante. Die Bedeutung aller anderen Symbole ist aus Abb. 9.10 ersichtlich.

Bewegungsgleichung des Motors:

```
> DG2:= J[M]*diff(omega[M](t),t) = KM*i(t)-c/ü*phi(t)-
        d/ü*(omega[M](t)/ü-omega[L](t));
```

$$DG2 := J_M\left(\frac{\mathrm{d}}{\mathrm{d}t}\,\omega_M(t)\right) = KM\,i(t) - \frac{c\,\phi(t)}{ü} - \frac{d\left(\dfrac{\omega_M(t)}{ü} - \omega_L(t)\right)}{ü}$$

Bewegungsgleichung der Arbeitsmaschine:

```
> DG3:= diff(omega[L](t),t)=1/J[L]*(c*phi(t)+
       d*(omega[M](t)/ü-omega[L](t))-M[L](t));
```

$$DG3 := \frac{\mathrm{d}}{\mathrm{d}t}\,\omega_L(t) = \frac{c\,\phi(t) + d\left(\dfrac{\omega_M(t)}{\ddot{u}} - \omega_L(t)\right) - M_L(t)}{J_L}$$

Differentialgleichung des Torsionswinkels:

```
> DG4:= diff(phi(t),t)=omega[M](t)/ü-omega[L](t);
```

$$DG4 := \frac{\mathrm{d}}{\mathrm{d}t}\,\phi(t) = \frac{\omega_M(t)}{\ddot{u}} - \omega_L(t)$$

Modell der Last:

```
> Mlast:= M0-M0*cos(2*Pi/Tlast*t+psi);
```

$$Mlast := M0 - M0\cos\left(\frac{2\,\pi\,t}{Tlast} + \psi\right)$$

Bildung des Modells des Gesamtsystems unter der Annahme konstanter Ankerspannung:

```
> DGsys:= subs([u(t)=0, M[L](t)=Mlast], {DG1,DG2,DG3,DG4}):
```

Festlegung der Anfangsbedingungen und Lösung des Anfangswertproblems:

```
> Anfbed:= {omega[M](0)=0, omega[L](0)=0, phi(0)=0, i(0)=0};
```

$$Anfbed := \left\{i(0) = 0,\ \phi(0) = 0,\ \omega_L(0) = 0,\ \omega_M(0) = 0\right\}$$

```
> Loe:= dsolve(DGsys union Anfbed,
       [omega[M](t),omega[L](t),phi(t),i(t)], method=laplace):
```

Die für phi(t) ermittelte Lösung wird der Variablen phiW zugewiesen.

```
> phiW:= subs(Loe, phi(t)):
```

Festlegung der Parameter des Antriebssystems:
   Die Federsteifigkeit der Welle ist gemäß Tab. 5.4

$$c_W = \frac{\pi}{32} \cdot 8 \cdot 10^{10} \cdot \frac{d_W^4}{l_W}$$

```
> cW:= Pi/4*10^10*dW^4/lW;
```

$$cW := \frac{2500000000 \, \pi \, dW^4}{lW}$$

```
> param1:= J[M]=8, J[L]=1.6, d=15, c=evalf(subs(dW=0.06,lW=1.2,cW)),
          Tlast=0.02, ü=12, psi=-Pi/2, Ra=7.1, La=0.04, KM=2.07, M0=60;
```

$$param1 := J_M = 8, \, J_L = 1.6, \, d = 15, \, c = 84823.00166, \, Tlast = 0.02, \, ü = 12,$$

$$\psi = -\frac{1}{2} \, \pi, \, Ra = 7.1, \, La = 0.04, \, KM = 2.07, \, M0 = 60$$

Berechnung des Torsionswinkels der Welle in Grad:

```
> phiW1:= subs(param1, phiW*180/Pi):
> plot(phiW1, t=0..0.2, title="Torsionswinkel in Grad");
```

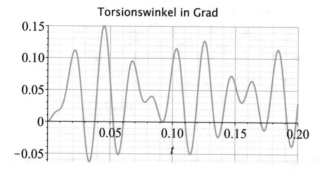

Die Lösungsfunktion *phiW1* bzw. der Zeitverlauf des Torsionswinkels φ wird nun noch etwas genauer betrachtet.

```
> interface(displayprecision=4):
> phiW1:= simplify(phiW1);
```

$$phiW1 := -0.0218 \, e^{(-4.6940 + 230.3606 \, I) \, t} - 0.0001 \, e^{-0.0754 \, t}$$
$$+ 1.3545 \, 10^{-8} \, e^{-177.4246 \, t} - 0.0218 \, e^{(-4.6940 - 230.3606 \, I) \, t}$$
$$+ 0.0469 \sin(314.1593 \, t) - 0.0324 \, I \, e^{(-4.6940 - 230.3606 \, I) \, t}$$
$$+ 0.0324 \, I \, e^{(-4.6940 + 230.3606 \, I) \, t} + 0.0030 \cos(314.1593 \, t) + 0.0405$$

Der Verlauf von *phiW1* lässt sich als Überlagerung zweier Schwingungen und einer konstanten Komponente beschreiben, die weiteren Anteile in *phiW1* sind vernachlässigbar klein. Die Schwingung mit der Kreisfrequenz $\omega = 314{,}1593$ Hz resultiert aus den Lastschwingungen. Deren Periodendauer *Tlast* entspricht der Kreisfrequenz $2\pi/Tlast$ Hz. Die zweite Schwingung mit einer Kreisfrequenz von ungefähr 230 Hz ist die abklingende Eigenschwingung des Antriebssystems. Der konstante Anteil von etwa 0,0405 ° ist der Mittelwert des Torsionswinkels, der sich nach dem Abklingen der Eigenschwingungen einstellt und der dem Mittelwert des Lastmoments von 60 Nm entspricht. Um die Zusammensetzung der Funktion *phiW1* zu veranschaulichen, wird der Ausdruck in zwei Teile zerlegt. Der erste Teil *A* repräsentiert die konstante Dauerschwingung um den Mittelwert 0,0405 °, der zweite Teil *B* umfasst die mit der Zeit abklingenden Komponenten. Die Zerlegung erfolgt durch Kopieren von Teilen der Maple-Ausgabe und Einfügen (*copy* und *paste*).

```
> A:= 0.405e-1+0.30e-2*cos(314.1593*t)+0.0469*sin(314.1593*t);
```
$$A := 0.0405 + 0.0030\cos(314.1593\,t) + 0.0469\sin(314.1593\,t)$$
```
> B:= -0.1e-3*exp(-0.754e-1*t)+1.3547*10^(-8)*exp(-177.4246*t)
     -0.218e-1*exp((-4.6940-230.3606*I)*t)
  +(0.324e-1*I)*exp((-4.6940+230.3606*I)*t)
  -0.218e-1*exp((-4.6940+230.3606*I)*t)
  -(0.324e-1*I)*exp((-4.6940-230.3606*I)*t);
```
$$B := -0.0001\,e^{-0.0754\,t} + 1.3547\,10^{-8}\,e^{-177.4246\,t}$$
$$- 0.0218\,e^{(-4.6940\,-\,230.3606\,\mathrm{I})\,t} + 0.0324\,\mathrm{I}\,e^{(-4.6940\,+\,230.3606\,\mathrm{I})\,t}$$
$$- 0.0218\,e^{(-4.6940\,+\,230.3606\,\mathrm{I})\,t} - 0.0324\,\mathrm{I}\,e^{(-4.6940\,-\,230.3606\,\mathrm{I})\,t}$$

```
> plot([A,B], t=0..0.2, title="Anteile der Torsionsschwingung");
```

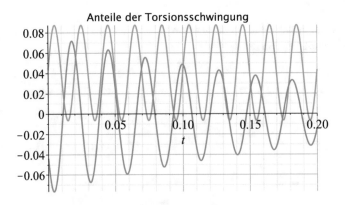

Bei der folgenden Berechnung des Übertragungsmoments der Welle wird der geringe Einfluss der Dämpfung vernachlässigt.

```
> MW:= subs(param1, phiW*c):
> plot(MW, t=0..0.3, title="Torsionsmoment der Welle in Nm");
```

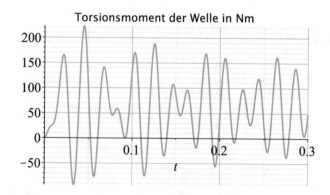

Die wesentlichen Kenngrößen des Schwingungssystems sind aus der Analyse von *phiW1* bekannt. Sie werden mithilfe der Gl. (5.46) überprüft.

```
> omega[0]:= sqrt(c*(J[L]+J[M]*ü^2)/(J[L]*J[M]*ü^2));
```

$$\omega_0 := \sqrt{\frac{c\left(J_L + J_M\, \ddot{u}^2\right)}{J_L\, J_M\, \ddot{u}^2}}$$

```
> omega[0,1]:= eval(omega[0], param1);   # aktuelle Kennkreisfrequenz
```

$$\omega_{0,\,1} := 230.4083$$

```
> delta:= d/2*(J[L]+J[M]*ü^2)/(ü^2*J[M]*J[L]);
```

$$\delta := \frac{1}{2}\, \frac{d\left(J_L + J_M\, \ddot{u}^2\right)}{J_L\, J_M\, \ddot{u}^2}$$

```
> delta[1]:= eval(delta, param1);        # aktueller Abklingkoeffizient
```

$$\delta_1 := 4.6940$$

```
> Dg1:= delta[1]/omega[0,1];             # aktueller Dämpfungsgrad
```

$$Dg1 := 0.0204$$

```
> omega[e,1]:= omega[0,1]*sqrt(1-Dg1^2); # Eigenkreisfrequenz
```

$$\omega_{e,\,1} := 230.3605$$

```
> f[e,1]:= evalf(omega[e,1]/2/Pi);       # Eigenfrequenz
```

$$f_{e,\,1} := 36.6630$$

Die Ergebnisse stimmen mit den Resultaten überein, die die Auswertung von *phiW1* lieferte. Zum Vergleich wird außerdem eine numerische Lösung berechnet.

```
> J[M]:=8: J[L]:=1.6: c:=84823.00166: d:=15: M0:=60: Tlast:=0.02:
  ü:=12: KM:=2.07: La:=0.04: Ra:=7.1: psi:=-Pi/2:
> Loe2:= dsolve(DGsys union Anfbed,
         [omega[M](t),omega[L](t),phi(t),i(t)], numeric, maxfun=0);
```

$$Loe2 := \mathbf{proc}(x\_rkf45) \ ... \ \mathbf{end\ proc}$$

```
> odeplot(Loe2, [t,phi(t)*180/Pi], t=0..0.2,
          title="Torsionswinkel in Grad");
```

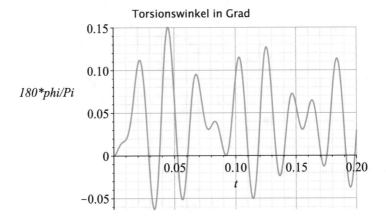

```
> odeplot(Loe2, [[t,omega[M](t)/2/Pi], [t,i(t)]], t=0..40,
   title="Motordrehzahl und Ankerstrom", legend=["n/1/s","i/A"]);
```

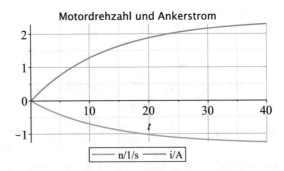

```
> odeplot(Loe2, [[t,omega[M](t)], [t,omega[L](t)]], t=0..0.3,
          title="Winkelgeschwindigkeiten auf Antriebs- und Lastseite",
          legend=[omega[M],omega[L]]);
```

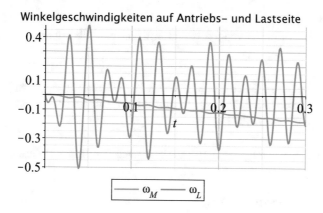

Winkelgeschwindigkeiten auf Antriebs– und Lastseite

9.6.2   Übertragungsfunktionen und Frequenzkennlinien

Der Weg zu den Frequenzkennlinien führt über die Übertragungsfunktionen. Mithilfe des Pakets **DynamicSystems** (siehe Abschn. 3.5) lassen sich diese sehr einfach ermitteln. Weil dieses Paket aber erst ab Maple-Version 12.0 verfügbar ist, soll hier ein anderer Weg beschritten werden: die Berechnung der Übertragungsfunktionen über die Laplace-Transformation; eine Methode, die ebenfalls schnell zum Ziel führt. Zu bestimmen ist die Übertragungsfunktion für das Motormoment M_M als Eingangsgröße und die Winkelgeschwindigkeit ω_L auf der Seite der Arbeitsmaschine als Ausgangsgröße. Wegen der im vorangegangenen Abschnitt berechneten numerischen Lösung stehen die originalen Differentialgleichungen nicht mehr zur Verfügung (Wertzuweisung an die Parameter) und müssen daher nochmals notiert werden.

```
> restart: with(inttrans): with(plots):
> DG2:= diff(omega[M](t),t)=1/J[M]*(M[M](t)-c/ü*phi(t)-
       d/ü*(omega[M](t)/ü-omega[L](t))):
> DG3:= diff(omega[L](t),t)=1/J[L]*(c*phi(t)+
       d*(omega[M](t)/ü-omega[L](t))-M[L](t)):
> DG4:= diff(phi(t),t)=omega[M](t)/ü-omega[L](t):
> phi(0):=0: omega[M](0):=0: omega[L](0):=0:
> DGsys1:= subs(M[L](t)=0, {DG2,DG3,DG4});
```

$$DGsys1 := \left\{ \frac{d}{dt}\,\phi(t) = \frac{\omega_M(t)}{\ddot{u}} - \omega_L(t),\ \frac{d}{dt}\,\omega_L(t) = \frac{c\,\phi(t) + d\left(\dfrac{\omega_M(t)}{\ddot{u}} - \omega_L(t)\right)}{J_L}, \right.$$

$$\left. \frac{d}{dt}\,\omega_M(t) = \frac{M_M(t) - \dfrac{c\,\phi(t)}{\ddot{u}} - \dfrac{d\left(\dfrac{\omega_M(t)}{\ddot{u}} - \omega_L(t)\right)}{\ddot{u}}}{J_M} \right\}$$

Vor Ausführung der Laplace-Transformation des Differentialgleichungssystems *DGsys1* werden einige Alias-Bezeichnungen eingeführt, um eine übersichtliche Darstellung zu erhalten.

```
> alias(Phi=laplace(phi(t),t,s), Omega[M]=laplace(omega[M](t),t,s),
  Omega[L]=laplace(omega[L](t),t,s), MM=laplace(M[M](t),t,s),
  ML=laplace(M[L](t),t,s)):
```

Das System wird zuerst transformiert und dann nach den transformierten Ausgangsgrößen aufgelöst.

```
> DG_trans:= laplace(DGsys1,t,s);
```

$$DG\_trans := \left\{ s\,\Phi = \frac{\Omega_M}{\ddot{u}} - \Omega_L, s\,\Omega_L = \frac{c\,\Phi}{J_L} + \frac{d\,\Omega_M}{J_L\,\ddot{u}} - \frac{d\,\Omega_L}{J_L}, s\,\Omega_M \right.$$

$$\left. = \frac{MM}{J_M} - \frac{c\,\Phi}{J_M\,\ddot{u}} - \frac{d\,\Omega_M}{J_M\,\ddot{u}^2} + \frac{d\,\Omega_L}{J_M\,\ddot{u}} \right\}$$

```
> DG_loe:= solve(DG_trans,[Omega[M], Omega[L], Phi]);
```

$$DG\_loe := \left[\left[\Omega_M = \frac{MM\,\ddot{u}^2\left(s^2\,J_L + d\,s + c\right)}{s\left(J_M\,\ddot{u}^2\,d\,s + J_M\,\ddot{u}^2\,c + s^2\,\ddot{u}^2\,J_M\,J_L + d\,s\,J_L + c\,J_L\right)}, \Omega_L \right. \right.$$

$$= \frac{(d\,s + c)\,\ddot{u}\,MM}{s\left(J_M\,\ddot{u}^2\,d\,s + J_M\,\ddot{u}^2\,c + s^2\,\ddot{u}^2\,J_M\,J_L + d\,s\,J_L + c\,J_L\right)}, \Phi$$

$$\left. \left. = \frac{\ddot{u}\,J_L\,MM}{J_M\,\ddot{u}^2\,d\,s + J_M\,\ddot{u}^2\,c + s^2\,\ddot{u}^2\,J_M\,J_L + d\,s\,J_L + c\,J_L} \right] \right]$$

Die Eingangsgröße der gesuchten Übertragungsfunktion ist das Motormoment M_M. Daher werden alle Terme von *DG_loe* durch *MM* dividiert. Das geschieht mithilfe des Befehls **map** in Verbindung mit der zu definierenden Hilfsfunktion *f*.

```
> f:= x -> x/MM;
```

$$f := x \rightarrow \frac{x}{MM}$$

```
> DG_loe1:= simplify(map(f, DG_loe[]));
```

$$DG\_loe1 := \left[\frac{\Omega_M}{MM} = \frac{\ddot{u}^2 \left(s^2 J_L + d\,s + c \right)}{s \left(J_M \ddot{u}^2 d\,s + J_M \ddot{u}^2 c + s^2 \ddot{u}^2 J_M J_L + d\,s\,J_L + c\,J_L \right)}, \right.$$

$$\frac{\Omega_L}{MM} = \frac{(d\,s + c)\,\ddot{u}}{s \left(J_M \ddot{u}^2 d\,s + J_M \ddot{u}^2 c + s^2 \ddot{u}^2 J_M J_L + d\,s\,J_L + c\,J_L \right)}, \quad \frac{\Phi}{MM}$$

$$\left. = \frac{\ddot{u}\,J_L}{J_M \ddot{u}^2 d\,s + J_M \ddot{u}^2 c + s^2 \ddot{u}^2 J_M J_L + d\,s\,J_L + c\,J_L} \right]$$

Die Übertragungsfunktion Ω_L/M_M wird separiert und Zähler und Nenner werden mithilfe des Befehls **sort** nach der Potenz von s sortiert:

```
> TF2:= DG_loe1[2];
```

$$TF2 := \frac{\Omega_L}{MM} = \frac{(d\,s + c)\,\ddot{u}}{s \left(s^2 \ddot{u}^2 J_L J_M + d\,s\,\ddot{u}^2 J_M + c\,\ddot{u}^2 J_M + d\,s\,J_L + c\,J_L \right)}$$

```
> TF2:= lhs(TF2) = sort(collect(numer(rhs(TF2)),s),s)/
               sort(collect(denom(rhs(TF2)),s),s);
```

$$TF2 := \frac{\Omega_L}{MM} = \frac{d\,\ddot{u}\,s + c\,\ddot{u}}{\ddot{u}^2 J_L J_M s^3 + \left(d\,\ddot{u}^2 J_M + d\,J_L \right) s^2 + \left(c\,\ddot{u}^2 J_M + c\,J_L \right) s}$$

Für den Übergang in den Frequenzbereich wird die Substitution $s = I\omega$ ausgeführt. Damit ergibt sich der Frequenzgang $F2$.

```
> F2:= subs(s=I*omega, rhs(TF2));
```

$$F2 := \frac{I\,d\,\ddot{u}\,\omega + c\,\ddot{u}}{-I\,\ddot{u}^2 J_L J_M \omega^3 - \left(d\,\ddot{u}^2 J_M + d\,J_L \right) \omega^2 + I \left(c\,\ddot{u}^2 J_M + c\,J_L \right) \omega}$$

Vereinbarung der Parameterwerte:

```
> param:= [J[M]=8, J[L]=1.6, c=84823.00166, d=15, ü=12];
```

$$param := \left[J_M = 8, J_L = 1.6, c = 84823.00166, d = 15, ü = 12 \right]$$

```
> F2p:= subs(param, F2);
```

$$F2p := \frac{180\,I\,\omega + 1.017876020\;10^6}{-1843.2\,I\,\omega^3 - 17304.0\,\omega^2 + 9.785181471\;10^7\,I\,\omega}$$

Der Amplitudengang wird aus *F2p* durch Berechnen des Betrags bestimmt. Um zur üblichen grafischen Darstellung zu kommen, wird anschließend der Logarithmus des Betrags gebildet, zwecks Umrechnung in Dezibel mit 20 multipliziert und dann mit dem Befehl **semilogplot** im halblogarithmischen Koordinatensystem dargestellt.

```
> betrag:= abs(F2p);
```

$$betrag := \left| \frac{180\,I\,\omega + 1.017876020\;10^6}{-1843.2\,I\,\omega^3 - 17304.0\,\omega^2 + 9.785181471\;10^7\,I\,\omega} \right|$$

```
> setoptions(labeldirections=[horizontal,vertical],
             titlefont=[HELVETICA,BOLD,12], labelfont=[HELVETICA,12]):
> semilogplot(20*log[10](betrag), omega=10..10^5, gridlines,
             title="Amplitudengang", labels=[omega,"|F2p| in dB"]);
```

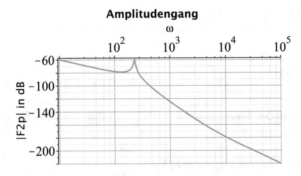

Der Phasengang ergibt sich aus der Differenz der Phasen von Zähler und Nenner des Frequenzganges *F2p*, dargestellt über log(ω). Die folgende grafische Darstellung wird mit der Umrechnung vom Bogen- in das Gradmaß verbunden.

```
> phase:= argument(numer(F2p))-argument(denom(F2p));
```

$$phase := \text{argument}\left(-180\,I\,\omega - 1.0179\;10^6 \right) - \text{argument}\left(\omega \left(1843.2000\,I\,\omega^2 \right.\right.$$
$$\left.\left. + 17304.0000\,\omega - 9.7852\;10^7\,I \right) \right)$$

```
> semilogplot(phase*180/Pi,omega=10..1000000,title="Phasengang",
             labels=[omega,"Phase in °"], gridlines);
```

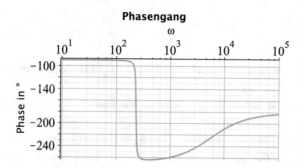

Die sehr schnelle Phasenabsenkung auf Werte unter $-180°$ im Bereich der Kennkreisfrequenz ist für eine Drehzahlregelung kritisch. Hinsichtlich detaillierter Betrachtungen zu diesem Sachverhalt muss aber auf die Literatur (z. B. Schröder 2009) verwiesen werden.

9.7   Schwungmassenanlauf von Asynchronmotoren

9.7.1   Momentkennlinie und Bewegungsgleichung

Nach dem Einschalten des Motors laufen zwei sich überlagernde Ausgleichsvorgänge ab: der elektromagnetische Ausgleichsvorgang in den Wicklungen des Motors und der elektromechanische Anlaufvorgang seines Läufers. Sind große Schwungmassen zu beschleunigen, dann ist die Dauer des der elektromagnetischen Vorgangs sehr kurz gegenüber dem gesamten Anlaufvorgang und kann deshalb vernachlässigt werden, wenn die transienten Erscheinungen der ersten Perioden nach dem Einschalten nicht interessieren. Davon soll auch bei den folgenden Betrachtungen ausgegangen werden, d. h. es wird von quasistationären Verhältnissen in den Wicklungen ausgegangen. Das von einem Drehstrommotor mit Schleifringläufer beim Anlauf entwickelte Drehmoment lässt sich daher in guter Annäherung durch die bekannte Kloss'sche Formel beschreiben.[2]

$$M = \frac{2 \cdot M_K}{\dfrac{s}{s_K} + \dfrac{s_K}{s}} \tag{9.15}$$

In Gl. (9.15) ist M_K das Kippmoment, s der Schlupf und s_K der Kippschlupf. Kippmoment und Kippschlupf sind durch die Auslegung des Motors vorgegeben. Den Zusammenhang zwischen Schlupf s und Drehzahl n liefert die Beziehung

---

[2]Gl. (9.15) ergibt sich bei Vernachlässigung des Widerstandes der Stator-wicklung und unter weiteren Annahmen, wie oberwellenfreies Drehstromnetz, Vernachlässigung von Sättigungserscheinungen im Eisen und von Eisenverlusten, aus dem Ersatzschaltbild der Asynchronmaschine (siehe z. B. Müller 1990; Stock 1969)

$$s = \frac{n_0 - n}{n_0} = 1 - \frac{n}{n_0} = 1 - \frac{\omega}{\omega_0} \tag{9.16}$$

Dabei sind n_0 die synchrone Drehzahl und ω_0 die Winkelgeschwindigkeit der Asynchronmaschine im Synchronismus.

Für die folgenden Betrachtungen wird angenommen, dass der Motor kein Widerstandsmoment einer Arbeitsmaschine überwinden muss und auch alle Reibungsverluste vernachlässigt werden können. Das Motormoment dient daher ausschließlich der Beschleunigung der Schwungmassen von Motor und Arbeitsmaschine. Das Trägheitsmoment der Arbeitsmaschine sei so groß, dass der Übergangsvorgang unter Vernachlässigung der schnell ablaufenden elektromagnetischen Vorgänge betrachtet werden kann. Es wird auf die Motordrehzahl bezogen (s. Kap. 5) und mit dem Trägheitsmoment des Motors zur resultierenden Größe J zusammengefasst. Daher gilt

$$J \cdot \frac{d\omega}{dt} = M = \frac{2 \cdot M_K}{\dfrac{s}{s_K} + \dfrac{s_K}{s}} \tag{9.17}$$

Für die folgenden Analysen wird das Motormoment M auf das Kippmoment M_K des Motors bezogen, $d\omega/dt$ ersetzt und die Kippanlaufzeitkonstante T_K (Rüdenberg 1974) in (9.17) eingeführt.

$$s = 1 - \frac{\omega}{\omega_0} \qquad \frac{d\omega}{dt} = -\omega_0 \frac{ds}{dt} \qquad T_K = \frac{J \cdot \omega_0}{M_K} \tag{9.18}$$

Damit ergibt sich

$$-T_K \cdot \frac{ds}{dt} = \frac{2}{\dfrac{s}{s_K} + \dfrac{s_K}{s}} \tag{9.19}$$

Maple-Programm

```
> M:= MK*2/(s/sK+sK/s);
```

$$M := \frac{2\,MK}{\dfrac{s}{sK} + \dfrac{sK}{s}}$$

Dargestellt werden soll die auf das Kippmoment M_K bezogene Momentenkennlinie als Funktion der relativen Drehzahl $nr = n/n_0$ für unterschiedliche Werte von s_K. Zu diesem Zweck wird aus M/M_K nach Substitution von s durch nr die Funktion Mr mit den Argumenten s_K und nr gebildet.

```
> Mr:= unapply(subs(s=1-nr, M/MK), sK, nr);
```

$$Mr := (sK, nr) \rightarrow \dfrac{2}{\dfrac{1 - nr}{sK} + \dfrac{sK}{1 - nr}}$$

```
> plot([Mr(0.2,nr),Mr(0.5,nr),Mr(0.8,nr)], nr=0..1,
      labels=[typeset(nr=n/n0 ), "Mr = M/MK"],
      title="Relatives Motormoment mit sK als Parameter\n",
      titlefont=[TIMES,12,BOLD], legend=["sK=0.2","sK=0.5","sK=0.8"]);
```

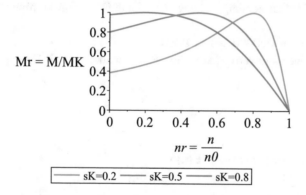

Durch die Zeichenfolge \n in einem auszugebenden Text wird die Ausgabe auf der nächsten Zeile fortgesetzt. In der obigen Plot-Anweisung wird dadurch der Abstand zwischen Titel und Graphik sowie zwischen der unteren Achsenbezeichnung und der Legende vergrößert. Im letztgenannten Fall muss die Funktion **typeset** verwendet werden, um den mathematischen Ausdruck $nr = n/n_0$ mit der Zeichenkette \n zu kombinieren.

9.7.2   Lösung der Bewegungsgleichung für den Anlaufvorgang

Die Bewegungsgleichung (9.19) hat in Maple-Notierung die Form:

```
> DG:= -TK*diff(s(t),t)=2/(s(t)/sK+sK/s(t));
```

$$DG := -TK\left(\dfrac{d}{dt}\, s(t)\right) = \dfrac{2}{\dfrac{s(t)}{sK} + \dfrac{sK}{s(t)}}$$

Der Motor wird aus dem Stillstand hochgefahren. Für den Anfangswert des Schlupfes gilt also $s(0) = 1$.

```
> AnfBed:= s(0)=1:
> Loe1:= dsolve({DG,AnfBed}, s(t)) assuming TK>0, sK>0, t>0;
```

$$
Loe1 := s(t) = \mathrm{e}^{-\dfrac{1}{2}\dfrac{\mathrm{LambertW}\left(\dfrac{1}{sK^2\left(\mathrm{e}^{-\frac{1}{4\,sK^2}}\right)^4\left(\mathrm{e}^{\frac{t}{TK\,sK}}\right)^4}\right)sK\,TK - \dfrac{TK}{sK} + 4\,t}{sK\,TK}}
$$

```
> odetest({Loe1}, DG);
```

$$0$$

In der Lösung der Differentialgleichung erscheint die Funktion **LambertW**.

Zur Funktion LambertW (Corless 1993)
LambertW ist eine mehrwertige, komplexe Funktion, definiert als Lösung der Gleichung

$$
f(x) \cdot e^{f(x)} = x
$$

```
> solve(f(x)*exp(f(x))=x, f(x));
```

$$
\mathrm{LambertW}(x)
$$

Benannt ist die Funktion nach dem bedeutenden Mathematiker, Astronomen, Physiker und Philosophen Johann Heinrich Lambert (geb. 1728 in Mülhausen (Elsass), gest. 1777 in Berlin). Lambert war Mitglied der Königlich-Preußischen Akademie der Wissenschaften.

Für die weitere Auswertung wird die gewählte Lösung $s(t)$ der Differentialgleichung der Variablen sa (Schlupf Anlaufvorgang) zugewiesen und dann die relative Zeit $\tau = t/T_K$ eingeführt.

```
> sa:= subs(Loe1, s(t)):   sa:= subs(t=tau*TK, sa);
```

$$
sa := \mathrm{e}^{-\dfrac{1}{2}\dfrac{\mathrm{LambertW}\left(\dfrac{1}{sK^2\left(\mathrm{e}^{-\frac{1}{4\,sK^2}}\right)^4\left(\mathrm{e}^{\frac{\tau}{sK}}\right)^4}\right)sK\,TK - \dfrac{TK}{sK} + 4\,\tau\,TK}{sK\,TK}}
$$

Grafisch dargestellt werden soll der zeitliche Verlauf der Drehzahl bezogen auf die Synchrondrehzahl des Motors. Dazu wird unter Verwendung der Beziehung

$$
n_r = \frac{n}{n_0} = 1 - s
$$

aus *sa* die Funktion $nr(s_K, \tau)$ gebildet und anschließend der Verlauf der relativen Drehzahl n/n_0 für die Kippschlupfwerte 10 %, 20 % und 60 % in einem Diagramm dargestellt.

```
> nr:= unapply((1-sa), sK, tau):
> Legende:= legend=["sK=0.1","sK=0.3","sK=0.8"]:
> plot([nr(0.1,tau),nr(0.3,tau),nr(0.8,tau)], tau=0..5,
        labels=[tau=t/TK,nr=n/n0], gridlines, Legende,
        title=" Hochlauf des Motors (Parameter: Kippschlupf)",
        titlefont=[HELVETICA,BOLD,12]);
```

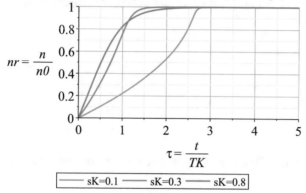

Die Geschwindigkeit des Hochfahrens ist demnach abhängig vom Wert des Kippschlupfes. Beim $s_K = 0,3$ benötigt der Asynchronmotor für das Hochfahren auf seine Nenndrehzahl, die knapp unterhalb der synchronen Drehzahl ($nr = 1$) liegt, weniger Zeit als bei einem Kippschlupf von 0,1 oder 0,8. Es gibt also offensichtlich einen Wert des Kippschlupfes, bei dem die Zeit für das Hochlaufen auf eine vorgegebene Drehzahl minimal ist.

Bestimmung des Kippschlupfes s_K, bei dem die Hochlaufzeit minimal ist τ_1 sei die relative Zeit, die der Motor beim Hochlauf benötigt, um den Schlupf s_1 zu erreichen. Der funktionale Zusammenhang $\tau_1 = \tau(s_1)$ ergibt sich wie folgt:

```
> tau1:= solve(sa=s1, tau);
```

$$\tau 1 := -\frac{1}{4} \frac{s1^2 - 1 + 2\ln(s1)\, sK^2}{sK}$$

Die ermittelte Formel stimmt mit derjenigen überein, die in (Rüdenberg 1974) auf einem anderen Weg bestimmt wird. Das Minimum der Funktion $\tau_1 = \tau(s_K)$ liefert die Beziehung zwischen dem zu erreichenden Schlupf und dem Kippschlupf s_K, bei dem die Hochlaufzeit minimal wird.

```
> sK_opt:= solve(diff(tau1,sK) = 0, sK) assuming s1<1, s1>0;
```

$$sK\_opt := \frac{1}{2} \frac{\sqrt{2} \sqrt{-\ln(s1)\left(1 - s1^2\right)}}{\ln(s1)}, \ -\frac{1}{2} \frac{\sqrt{2} \sqrt{-\ln(s1)\left(1 - s1^2\right)}}{\ln(s1)}$$

Für $s1 = 0.03$ liefern die beiden Lösungen folgende Werte:

```
> evalf(subs(s1=0.03, [sK_opt]));
```

$$[-0.3774409134, 0.3774409134]$$

Ein Schlupf von 3 % bzw. eine Drehzahl von 97 % der synchronen Drehzahl wird demnach am schnellsten bei einem Kippschlupf $s_K \approx 0{,}377$ erreicht. Nur die zweite Lösung ist relevant.

```
> sK_opt:= sK_opt[2];
```

$$sK\_opt := -\frac{1}{2} \frac{\sqrt{2} \sqrt{-\ln(s1)\left(1 - s1^2\right)}}{\ln(s1)}$$

9.7.3 Lösung der Bewegungsgleichung für den Reversiervorgang

Nun soll der Fall, dass der Motor durch Umkehrung des Drehfeldes abgebremst und danach in entgegengesetzter Drehrichtung bis zum Schlupf s hochgefahren wird, untersucht werden. Vor dem Beginn des Reversiervorgangs laufe der Motor mit annähernd synchroner Drehzahl, also mit $n/n_0 \approx -1$. Demzufolge ist der Anfangswert des Schlupfes $s(0) \approx 2$.

```
> AnfBed:= s(0)=2:
> # vor Drehrichtungswechsel läuft Motor etwa mit Synchrondrehzahl
> Loe2:= dsolve({DG,AnfBed}, s(t));
```

$$Loe2 := s(t) = RootOf\left(2\,sK^2\,TK\ln(\_Z) + TK\_Z^2 - 4\,TK - 2\,sK^2\,TK\ln(2) + 4\,sK\,t\right)$$

Weil auch der Befehl `allvalues(Loe2)` keine weiter verarbeitbare Lösung erzeugt, wird mit **dsolve** eine implizite Lösung gesucht.

```
> Loe3:= dsolve({DG,AnfBed}, s(t), implicit);
```

$$Loe3 := t + \frac{1}{4} \frac{TK\,s(t)^2}{sK} + \frac{1}{2}\,sK\,TK\ln(s(t)) - \frac{TK}{sK} - \frac{1}{2}\,sK\,TK\ln(2) = 0$$

```
> odetest({Loe3}, DG);
```

$$0$$

Für die Auswertung wird die gefundene Lösungsgleichung nach $s(t)$ aufgelöst und das Ergebnis der Variablen su zugewiesen. Anschließend wird die Zeit t durch die auf T_K bezogene relative Zeit τ ersetzt.

```
> su:= solve(Loe3, s(t)):   su:= subs(t=tau*TK, su);
```

$$su := e^{-\dfrac{1}{2}\dfrac{TK\,sK^2\,\text{LambertW}\left(\dfrac{e^{\frac{2\left(sK^2\,TK\ln(2)\,-\,2\,\tau\,TK\,sK\,+\,2\,TK\right)}{sK^2\,TK}}}{sK^2}\right)\,-\,2\,sK^2\,TK\ln(2)\,+\,4\,\tau\,TK\,sK\,-\,4\,TK}{sK^2\,TK}}$$

Bestimmung des Kippschlupfes, bei dem die relative Reversierzeit minimal wird

Dazu wird analog zur obigen Vorgehensweise im ersten Schritt $\tau = \tau(s_K)$ ermittelt und danach der Wert von s_K an der Nullstelle dieser Funktion bestimmt.

```
> tau2:= solve(su=s2, tau);
```

$$\tau2 := \frac{1}{4}\frac{2\ln(2)\,sK^2 - 2\ln(s2)\,sK^2 - s2^2 + 4}{sK}$$

```
> tau2:= combine(tau2);
```

$$\tau2 := \frac{1}{4}\frac{4 - 2\,sK^2\ln\left(\frac{1}{2}s2\right) - s2^2}{sK}$$

Das Minimum der Funktion $\tau2 = \tau(sK)$ liefert für einen vorgegebenen Wert des Schlupfes den Kippschlupf sK, bei dem die Hochlaufzeit minimal wird.

```
> sKu_opt:= solve(diff(tau2,sK)=0, sK);
```

$$sKu\_opt := \frac{1}{2}\frac{\sqrt{2}\sqrt{-\ln\left(\frac{1}{2}s2\right)\left(-s2^2 + 4\right)}}{\ln\left(\frac{1}{2}s2\right)}\,,\; -\frac{1}{2}\frac{\sqrt{2}\sqrt{-\ln\left(\frac{1}{2}s2\right)\left(-s2^2 + 4\right)}}{\ln\left(\frac{1}{2}s2\right)}$$

Für $s2 = 0.03$ liefern die beiden Lösungen folgende Werte:

```
> evalf(subs(s2=0.03, [sKu_opt]));
```

$$[\,-0.6900121490,\; 0.6900121490\,]$$

Das Reversieren von maximaler Drehzahl bis zum Erreichen eines Schlupfes von 3 % bzw. von 97 % der Synchrondrehzahl in der entgegengesetzten Drehrichtung erfolgt demnach am schnellsten bei einem Kippschlupf von 0,69. Nur die zweite Lösung ist relevant.

> sKu_opt:= sKu_opt[2];

$$sKu\_opt := -\frac{1}{2} \frac{\sqrt{2}\sqrt{\ln\left(\frac{1}{2}s2\right)(s2^2-4)}}{\ln\left(\frac{1}{2}s2\right)}$$

Der zeitliche Verlauf der auf die Synchrondrehzahl bezogenen Motordrehzahl für die Kippschlupfwerte 10 %, 20 %, 69 % und 150 % wird nun grafisch dargestellt.

```
> nr:= unapply((1-su), sK, tau):
> Legende2:= legend=["0.1","0.2","0.69","1.5"]:
> plot([nr(0.1,tau),nr(0.2,tau),nr(0.69,tau),nr(1.5,tau)], tau=0..5,
        labels=[tau=t/TK, nr=n/n0], gridlines, Legende2,
        title=typeset("Reversiervorgang ",'nr(tau)'),
        titlefont=[HELVETICA,BOLD,12]);
```

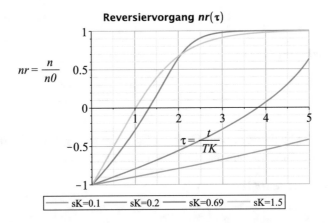

Der Kippschlupf von Drehstrom-Asynchronmotoren liegt üblicherweise im Bereich $s_K \approx (0{,}05\ldots0{,}2)$, ist also geringer als die für den Anlauf oder das Umsteuern berechneten optimalen Werte. Kippschlupfwerte in der berechneten Größe kann man aber bei Schleifringläufermotoren durch zusätzliche Widerstände im Läuferkreis erzielen.

Beim Gegenstrombremsen durchläuft der Motor den Schlupfbereich $s=(2..1)$ bzw. den Drehzahlbereich $nr=(-1\ldots0)$. Aus obigem Diagramm ist ersichtlich, dass in diesem Fall ein Kippschlupf $s_K=150\,\%$ noch schneller zum Stillstand ($nr=0$) führt, als der für das Umsteuern ermittelte günstigste Wert von 69 %. Der optimale Wert beträgt in diesem Fall $s_K=147\,\%$, wie die Berechnung von sKu_opt zeigt, wenn der Schlupfwert s2 = 1 gesetzt wird.

```
> subs(s2=1, sKu_opt);
```

$$-\frac{1}{2}\frac{\sqrt{2}\sqrt{-3\ln\left(\dfrac{1}{2}\right)}}{\ln\left(\dfrac{1}{2}\right)}$$

```
> evalf(%);
```

$$1.471068510$$

9.8   Rotierendes Zweimassensystem mit Spiel

Zwei rotierende Massen mit den Trägheitsmomenten J_1 und J_2 sind über eine lange Welle mit der Federsteifigkeit c und eine Kupplung mit Spiel (Spielwinkel α) verbunden. Angetrieben wird das System durch das Drehmoment M_1 (Abb. 9.11).

Das im Abschn. 9.6 verwendete Modell des Zweimassensystems ist bei diesem Beispiel durch das Modell des spielbehafteten Koppelelements zu ergänzen. Außerdem wird es an die aktuelle Aufgabenstellung angepasst, indem statt der Winkelgeschwindigkeiten die Winkel auf der Antriebs- und auf der Lastseite eingeführt werden, weil diese für die Auswertung der Ergebnisse nötig sind. Das Spiel wird durch eine Totzone-Kennlinie nachgebildet (siehe Abschn. 5.2.5). Der Verringerung des Schreibaufwands dient die folgende Einführung von Alias-Bezeichnungen für die Winkeldifferenz $\Delta\varphi$ zwischen den beiden Seiten der Welle und für den Spielwinkel α.

```
> alias(Delta[phi]=dphi, alpha=a);
```

$$\Delta_\phi,\ \alpha$$

Die Abhängigkeit des Übertragungsmoments *MW* der Welle von der Torsionskonstanten c, dem Torsionswinkel $\Delta\varphi$ und dem Spielwinkel α kann man mit den Mitteln von Maple analog zu Gl. (5.23) wie folgt beschreiben:

Abb. 9.11 Rotierendes Zweimassensystem mit Spiel

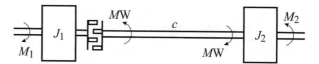

```
> G1:= MW(t)= piecewise(dphi(t)<=-a/2,c*(dphi(t)+a/2),
                        dphi(t)>=a/2,c*(dphi(t)-a/2), 0);
```

$$G1 := MW(t) = \begin{cases} c\left(\Delta_\phi(t) + \dfrac{1}{2}\alpha\right) & \Delta_\phi(t) \le -\dfrac{1}{2}\alpha \\ c\left(\Delta_\phi(t) - \dfrac{1}{2}\alpha\right) & \dfrac{1}{2}\alpha \le \Delta_\phi(t) \\ 0 & \textit{otherwise} \end{cases}$$

Für die Beispielrechnung wird der Spiel-Winkel mit 10° relativ groß gewählt, damit der Effekt deutlich hervortritt. Das Programm rechnet im Bogenmaß.

```
> plot(subs(a=10/180*Pi,c=10000, rhs(G1)), dphi=-0.3..0.3);
```

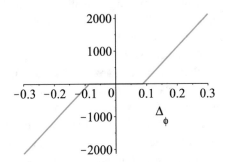

9.8.1 Antrieb durch konstantes Moment

Auf das vorher in Ruhe befindliche System wirkt ab dem Beginn der Simulationsrechnung ein konstantes Antriebsmoment M_1. Das Gegenmoment M_2 ist Null.

```
> DG1:= diff(phi1(t),t,t) = 1/J1*(M1-MW(t));
```

$$DG1 := \frac{d^2}{dt^2}\,\phi1(t) = \frac{M1 - MW(t)}{J1}$$

```
> DG2:= diff(phi2(t),t,t) = 1/J2*MW(t);
```

$$DG2 := \frac{d^2}{dt^2}\,\phi2(t) = \frac{MW(t)}{J2}$$

```
> G2:=  dphi(t) = phi1(t)-phi2(t);
```

$$G2 := \Delta_\phi(t) = \phi1(t) - \phi2(t)$$

```
> DGsys:= {DG1,DG2,G1,G2}:
```

Eine analytische Lösung dieser Aufgabenstellung ist wegen der Nichtlinearität nicht zu erwarten. Daher wird ein numerisches Lösungsverfahren für das aus Differentialgleichungen und algebraischen Gleichungen bestehende Modell gewählt.

Folgende Werte der Parameter und Anfangswerte liegen vor:

```
> M1:= 100: J1:= 1:  J2:= 5: a:= 10/180*Pi: c:=10000:
> AnfBed:= {phi1(0)=-a/2, phi2(0)=0, D(phi1)(0)=0, D(phi2)(0)=0};
```

$$AnfBed := \left\{ \phi1(0) = -\frac{1}{36}\,\pi,\ \phi2(0) = 0,\ \mathrm{D}\big(\phi1\big)(0) = 0,\ \mathrm{D}\big(\phi2\big)(0) = 0 \right\}$$

```
> Loes:= dsolve(DGsys union AnfBed,[phi1(t),phi2(t),dphi(t),MW(t)],
      numeric, method=rosenbrock_dae, output=listprocedure,
      maxfun=0, range=0..4);
```

$$Loes := \Big[t = \mathbf{proc}(t)\ \dots\ \mathbf{end\ proc},\ \phi1(t) = \mathbf{proc}(t)\ \dots\ \mathbf{end\ proc},$$

$$\frac{\mathrm{d}}{\mathrm{d}t}\,\phi1(t) = \mathbf{proc}(t)\ \dots\ \mathbf{end\ proc},\ \phi2(t) = \mathbf{proc}(t)\ \dots\ \mathbf{end\ proc},$$

$$\frac{\mathrm{d}}{\mathrm{d}t}\,\phi2(t) = \mathbf{proc}(t)\ \dots\ \mathbf{end\ proc},\ \Delta_\phi(t) = \mathbf{proc}(t)\ \dots\ \mathbf{end\ proc},$$

$$MW(t) = \mathbf{proc}(t)\ \dots\ \mathbf{end\ proc}\Big]$$

Wie aus der Lösung ersichtlich ist, umfasst diese bei Differentialgleichungen mit der Ordnung $n > 1$ automatisch auch die Ableitungen bis zur Ordnung $n - 1$. Zunächst wird der Zeitverlauf des Moments MW im Vergleich zum Antriebsmoment M_1 dargestellt.

```
> MW2:= subs(Loes, MW(t)):
> plot([MW2,M1], 0..0.6, legend=["MW(t)", "Antriebsmoment M1"]);
```

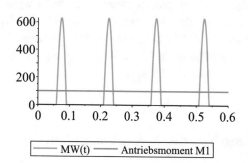

Der Anfangswert von $\varphi_1 = -\alpha/2$ hat zur Folge, dass nach dem Start das gesamte Spiel durchlaufen wird. Die dynamischen Belastungen der Welle sind wesentlich höher als bei einem spielfreien Antrieb, weil während des Spieldurchlaufs nur die relativ kleine Masse J_1 zu beschleunigen ist, diese deshalb eine relativ starke Beschleunigung erfährt und mit großer Geschwindigkeit auf die Gegenseite des spielbehafteten Koppelelementes prallt. Wie aus dem Verlauf des Moments $MW(t)$ ersichtlich ist, kommt es dabei zu erheblichen Drehmomentspitzen.

Die folgende Graphik stellt die Winkel von Antriebs- und Lastseite, die Winkeldifferenz, den Spielbereich α und das über die Welle übertragene Moment gegenüber.

```
> phi1_1:= evalf(subs(Loes, phi1(t))*180./Pi):
> phi2_1:= evalf(subs(Loes, phi2(t))*180./Pi):
> Delta1:= evalf(subs(Loes, dphi(t))*180/Pi):
> Optionen:= color=[cyan,brown,black,red,gray,gray],
            linestyle=[solid,solid,solid,solid,dash,dash]:
> plot([phi1_1, phi2_1, Delta1, MW2/100, 5, -5],0..0.25, Optionen,
    legend=[phi1,phi2,Delta[phi],"MW/100 in Nm",'alpha/2','-alpha/2']);
```

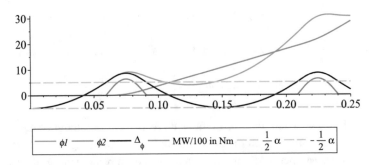

Nach dem anfänglichen Spieldurchlauf prallt die Drehmasse J_1 zum Zeitpunkt, bei dem $\varphi_1 = +\alpha/2$ ist, auf die noch still stehende Gegenseite und ein Gegenmoment (MW) wird wirksam, sodass der Anstieg des Drehwinkels φ_1 sich vorübergehend verringert bzw. sogar negativ wird. Auf der Antriebsseite kommt es zu Schwingungen, der Kontakt zwischen antreibender und angetriebener Seite des Zweimassensystems wird immer wieder unterbrochen. Nur dann wird ein Moment MW übertragen, wenn der Torsionswinkel $\Delta\varphi$ größer als der halbe Spiel-Winkel α, also größer als 5° ist. Außerhalb dieser Phasen wird die Drehmasse J_2 auf der Lastseite nicht beschleunigt, d. h. die Winkelgeschwindigkeit auf der Lastseite bleibt in dieser Zeit konstant und der Lastwinkel φ_2 wächst nur linear mit der Zeit.

9.8.2 Antriebsmoment mit periodisch wechselndem Vorzeichen

Das Vorzeichen des Moments M_1 auf der Antriebsseite soll bei den folgenden Rechnungen periodisch wechseln, der Betrag von M_1 bleibt aber konstant.

Der periodische Vorzeichenwechsel des Antriebsmoments wird mit der Heaviside-Funktion beschrieben. Eine andere Variante wäre die Verwendung der Funktion **piecewise**. T bezeichnet die Periodendauer des Moments M_1.

```
> T:= 1.6:
```

```
  M1:= 100*Heaviside(t)-200*Heaviside(t-T/2)+200*Heaviside(t-2*T/2)-
       200*Heaviside(t-3*T/2)+200*Heaviside(t-4*T/2)-
       200*Heaviside(t-5*T/2);
```

$M1 := 100\,\text{Heaviside}(t) - 200\,\text{Heaviside}(t - 0.8000) + 200\,\text{Heaviside}(t - 1.6000)$
$- 200\,\text{Heaviside}(t - 2.4000) + 200\,\text{Heaviside}(t - 3.2000) - 200\,\text{Heaviside}(t$
$- 4.0000)$

```
> plot(M1, t=0..5);
```

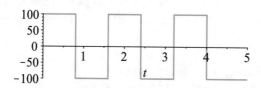

Die Parameterwerte und die Anfangswerte sind die gleichen wie unter Abschn. 9.8.1.

```
> J1:= 1: J2:= 5: a:= 10/180*Pi: c:=10000:
> AnfBed:= {phi1(0)=-a/2, phi2(0)=0, D(phi1)(0)=0, D(phi2)(0)=0}:
> Loes:= dsolve(DGsys union AnfBed,[phi1(t),phi2(t),dphi(t),MW(t)],
        numeric, method=rosenbrock_dae, output=listprocedure,
        maxfun=0, range=0..4);
```

$Loes := \left[t = \mathbf{proc}(t) \ \dots \ \mathbf{end\ proc}, \ \phi1(t) = \mathbf{proc}(t) \ \dots \ \mathbf{end\ proc}, \right.$

$\dfrac{\mathrm{d}}{\mathrm{d}t}\,\phi1(t) = \mathbf{proc}(t) \ \dots \ \mathbf{end\ proc}, \ \phi2(t) = \mathbf{proc}(t) \ \dots \ \mathbf{end\ proc},$

$\dfrac{\mathrm{d}}{\mathrm{d}t}\,\phi2(t) = \mathbf{proc}(t) \ \dots \ \mathbf{end\ proc}, \ \Delta_\phi(t) = \mathbf{proc}(t) \ \dots \ \mathbf{end\ proc},$

$\left. MW(t) = \mathbf{proc}(t) \ \dots \ \mathbf{end\ proc} \right]$

```
> MW2:= subs(Loes, MW(t)):
> plot([MW2(t),M1(t)], t=0..4, legend=["MW(t)", "Antriebsmoment M1"],
        labels=["t", "M/Nm"]);
```

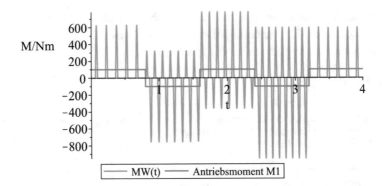

Die wechselnde Richtung des Antriebsmoments führt in Verbindung mit dem großen Spiel zu Schwingungen des Wellenmoments, die sich aufschaukeln und sehr große Werte annehmen.

Die nächste Graphik stellt die Winkelgeschwindigkeiten der beiden Drehmassen, die Winkeldifferenz $\Delta\varphi$ und den Spielbereich $-\alpha/2 \ldots \alpha/2$ für einen kleineren Zeitabschnitt gegenüber.

```
> omega1:= subs(Loes, diff(phi1(t),t)):
> omega2:= subs(Loes, diff(phi2(t),t)):
> dphi2:= evalf(subs(Loes, dphi(t))*180/Pi): # Winkeldifferenz in Grad
> Optionen:= gridlines=true, thickness=1, labelfont=[TIMES,14]:
> t0:= 0: tend:= 1.2:
> p1:= plot([omega1, omega2], t0..tend, Optionen, color=[blue],
        linestyle=[solid,dash], thickness=2, labels=["t", omega],
        legend=[omega1,omega2], view=[t0..tend,-5..20]):
> p2:= plot([dphi2, 5, -5], t0..tend, Optionen, color=[black],
        linestyle=[solid,dash,dash], labels=["t", dphi],
        legend=[Delta[phi],''alpha/2'',-''alpha/2''],
        view=[t0..tend,-15..10]):
```

In der Anweisung zur Erzeugung der Plot-Struktur p2 wird durch das Einfassen von $\alpha/2$ in Apostroph-Zeichen die Auswertung dieser Variablen verhindert, sodass $\alpha/2$ in der Legende nicht als Zahlenwert, sondern als Symbol erscheint. Zwei Apostroph-Zeichen blockieren die Auswertung zweimal, also auch im danach folgenden Befehl **dualaxisplot.**

```
> dualaxisplot(p1,p2);
```

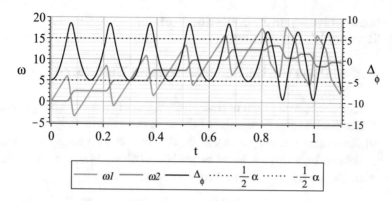

Um die Übersichtlichkeit des Diagramms zu erhöhen, wird der darzustellende Zeitabschnitt verkleinert. Die Maple-Anweisungen zur Ausgabe der folgenden Graphik unterscheiden sich nur durch andere Werte für t0 und tend und werden daher nicht mit aufgeführt.

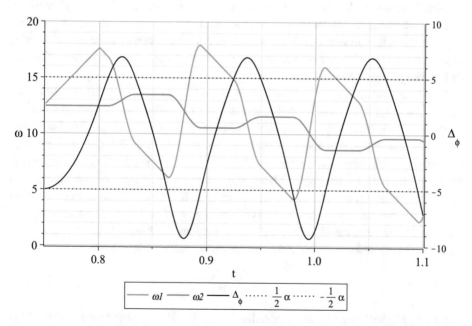

Bei $t = 0.8$ wechselt M_1 sein Vorzeichen, ω_1 verringert sich daher ab diesem Zeitpunkt. Etwa bei $t = 0.807$ kommt es dann wieder zum Kontakt zwischen antreibender und angetriebener Seite – $\Delta\varphi$ wird größer als $\alpha/2$ – und durch das zusätzliche Gegenmoment verstärkt sich der Abfall von ω_1 nochmals, bis bei $t \approx 0.83$ $\Delta\varphi$ wieder Werte kleiner als $\alpha/2$ annimmt. Bei $t \approx 0.86$ wird dann $\Delta\varphi$ kleiner als $-\alpha/2$, sodass jetzt die bisher angetriebene Masse J_2 die Schwungmasse J_1 beschleunigt, dadurch aber selbst an Energie verliert, d. h. ω_2 verringert sich ab diesem Zeitpunkt. Dieses Zusammenspiel wiederholt sich in der Folge immer wieder.

9.9   Modellierung und Simulation von Stromrichterschaltungen

9.9.1   Modellierung von Halbleiterdioden und Thyristoren

Leistungsdioden setzen dem Strom in einer Richtung, der Durchlassrichtung, einen sehr geringen Widerstand entgegen, dagegen ist dieser in der anderen so groß, dass nur ein sehr kleiner Sperrstrom von einigen mA fließt. Bei Simulationen auf Systemebene werden Dioden daher oft als ideale Schalter nachgebildet (Abb. 9.14a), d. h. der Widerstand R_V der idealen Diode hat entweder den Wert 0 oder den Wert ∞.

$$R_V = \begin{cases} 0 & \text{wenn } u_V > 0; \text{ Durchlasszustand} \\ \infty & \text{wenn } u_V < 0; \text{ Sperrzustand} \end{cases}$$

Die Kennlinie eines Thyristors geht in eine Diodenkennlinie über, wenn am Thyristor dauernd ein Steuerstrom anliegt, der gleich oder größer als der erforderliche Zündstrom ist. Ein Thyristormodell lässt sich daher aus einem Diodenmodell durch Hinzufügen einer Zündbedingung gewinnen. Das Modell „idealer Schalter" bildet die tatsächlichen Verhältnisse jedoch nur sehr grob ab, wie der Vergleich mit den Kennlinien eines realen Thyristors in Abb. 9.12 und 9.13 zeigt. Für Simulationen auf Schaltungsebene sind von Fall zu Fall genauere Modelle erforderlich.

Kennlinien verschiedener gebräuchlicher statischer Modelle von Dioden bzw. von Thyristoren zeigt Abb. 9.14. Modell *b* legt für den Leitzustand einen niedrigen und für den Sperrzustand einen sehr hohen, aber endlichen Widerstandswert fest. Die Durchlassspannung, d. h. der Spannungsabfall am Ventil bei Stromfluss in Durchlassrichtung, liegt bei Nennstrom im Bereich von 1,5 V bis 3 V. Modell *c* beschreibt das Halbleiterventil wieder als idealen Schalter, der aber erst bei einem bestimmten positiven Wert der anliegenden Spannung geschlossen wird. Diese Spannung U_S, Schleusen- oder Schwellspannung genannt, hat bei Siliziumdioden und Thyristoren einen Wert von meist weniger als 1 V. Variante *d* kombiniert die Modelle *b* und *c*. Die Steigung der Kennlinie des Modells *d* entspricht im Durchlassbereich dem Kehrwert des differentiellen Widerstands r_V.

$$r_V = \frac{dU_V}{dI_V}$$

Auf diese Modelle wird in den folgenden Beispielen Bezug genommen. Unter „Thyristor" wird dabei der „kathodenseitig steuerbare, rückwärtssperrende Thyristortriode" (Kurzbezeichnung *SCR*; *Silicon Controlled Rectifier*) verstanden. Für andere Thyristorarten und Anwendungen im Mittelfrequenzbereich bzw. mit hohen Schaltfrequenzen sind die beschriebenen statischen Modelle aber oft nicht genau genug. Nähere Informationen zum Schaltverhalten bzw. zur Modellierung von Dioden und anderen Thyristorvarianten (Triac, GTO, ASCR usw.) müssen der Spezialliteratur (u. a. Jäger und Stein 2011; Specovius 2011) entnommen werden.

Generell gilt, dass wegen der ausgeprägten Nichtlinearität der Vorgänge in Stromrichtern für die sie beschreibenden Differentialgleichungssysteme nur in sehr einfachen Fällen eine analytische (symbolische) Lösung gefunden werden kann (El Mahdi Assaid). In der Regel sind nur numerische Lösungen möglich. Bei der Entwicklung der Modellgleichungen können die symbolischen Fähigkeiten von Maple aber sehr nützlich sein.

9.9.2 Stromrichter in Zweipuls-Mittelpunktschaltung

Die Abb. 9.15 zeigt die Zweipuls-Mittelpunktschaltung (M2-Schaltung) mit ohmsch-induktiver Last (R_L, L_L). Die Induktivitäten L_1 und L_2 berücksichtigen zusammenfassend die Streureaktanzen des Stromrichtertransformators, die Reaktanzen der Kommutierungsdrosseln und des speisenden Netzes. Die ohmschen Widerstände der Transformatorwicklungen, der Drosseln und der Leitungen repräsentieren die Widerstände R_1 und R_2.

In Abhängigkeit vom Schaltzustand der beiden Thyristoren kann man drei Fälle unterscheiden:

	Thyristor 1	Thyristor 2
Fall 1:	leitend	sperrend
Fall 2:	sperrend	leitend
Fall 3	leitend	leitend

Fall 3 ist der Kommutierungszustand. Einer der Thyristoren geht in den Zustand "leitend" über, während die andere noch Strom führt. Zwischen beiden Zweigen fließt daher ein Kommutierungsstrom, der den Strom in einem der Zweige ab- und im anderen Zweig aufbaut.

Die Thyristoren werden im vorliegenden Beispiel als ideale Schalter betrachtet, d. h. sie führen im Sperrzustand keinen Strom. Beim Aufstellen des Modells für die genannten Fälle kann man daher den Zweig mit einem sperrenden Thyristor als nicht existent ansehen und somit wird jeder Fall durch ein separates Gleichungssystem

Abb. 9.12 Kennlinie eines Thyristors (nicht maßstabsgerecht) $I_H\cdots$ Haltestrom; $U_{B0}\cdots$ Nullkippspannung

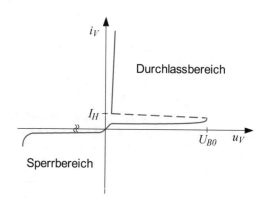

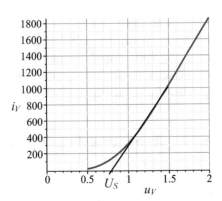

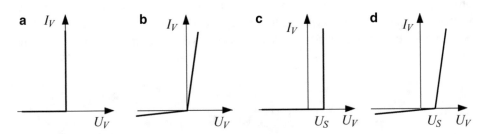

Abb. 9.14 Kennlinien verschiedener statischer Diodenmodelle

Abb. 9.15 Stromrichter
in Zweipuls-
Mittelpunktschaltung

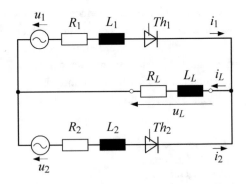

beschrieben. Nach dieser Vorgehensweise erhält man mit dem Lastzweig als vollständigen Baum (siehe Kap. 4) folgende Maschengleichungen in Maple-Notierung:

```
> M1:= (L1 + LL)*diff(i1(t),t) + (R1 + RL)*i1(t) = u1(t);
```

$$M1 := (L1 + LL) \left(\frac{\mathrm{d}}{\mathrm{d}t} i1(t) \right) + (R1 + RL)\, i1(t) = u1(t)$$

```
> M2:= (L2 + LL)*diff(i2(t),t) + (R2 + RL)*i2(t) = u2(t);
```

$$M2 := (L2 + LL) \left(\frac{\mathrm{d}}{\mathrm{d}t} i2(t) \right) + (R2 + RL)\, i2(t) = u2(t)$$

```
> M3_1:= (L1+LL)*diff(i1(t),t)+(R1 + RL)*i1(t) +
         RL*i2(t)+LL*diff(i2(t),t) = u1(t);
```

$$M3\_1 := (L1 + LL) \left(\frac{\mathrm{d}}{\mathrm{d}t} i1(t) \right) + (R1 + RL)\, i1(t) + RL\, i2(t)$$

$$+ LL \left(\frac{\mathrm{d}}{\mathrm{d}t} i2(t) \right) = u1(t)$$

```
> M3_2:= (L2+LL)*diff(i2(t),t)+(R2 + RL)*i2(t) +
         RL*i1(t)+LL*diff(i1(t),t) = u2(t);
```

$$M3\_2 := (L2 + LL) \left(\frac{\mathrm{d}}{\mathrm{d}t} i2(t) \right) + (R2 + RL)\, i2(t) + RL\, i1(t)$$

$$+ LL \left(\frac{\mathrm{d}}{\mathrm{d}t} i1(t) \right) = u2(t)$$

Die Maschengleichungen M1 und M2 liefern durch Umstellung die Differentiale di_1/dt für den Fall 1 und di_2/dt für den Fall 2.

```
> G1:= isolate(M1, diff(i1(t),t));
```

$$G1 := \frac{\mathrm{d}}{\mathrm{d}t} i1(t) = \frac{u1(t) - (R1 + RL)\, i1(t)}{L1 + LL}$$

```
> G2:= isolate(M2, diff(i2(t),t));
```

$$G2 := \frac{\mathrm{d}}{\mathrm{d}t} i2(t) = \frac{u2(t) - (R2 + RL)\, i2(t)}{L2 + LL}$$

In jeder Maschengleichung zum Fall 3 erscheinen die Ableitungen der beiden Ströme i_1 und i_2. Es liegt also eine algebraische Schleife vor, die sich aber durch Auflösung des linearen Gleichungssystems $\{M3\_1, M3\_2\}$ nach den Ableitungen von i_1 und i_2 beheben lässt.

```
> G3:= solve({M3_1, M3_2}, [diff(i1(t),t), diff(i2(t),t)]);
```

$$G3 := \left[\left[\frac{d}{dt}\, i1(t) = -\frac{1}{L1\,L2 + L1\,LL + L2\,LL}(L2\,i1(t)\,R1 + L2\,i1(t)\,RL + L2\,i2(t)\,RL\right.\right.$$

$$\left. + i1(t)\,R1\,LL - LL\,i2(t)\,R2 - L2\,u1(t) - u1(t)\,LL + LL\,u2(t)),\, \frac{d}{dt}\, i2(t) = \right.$$

$$-\frac{1}{L1\,L2 + L1\,LL + L2\,LL}(L1\,i1(t)\,RL + L1\,i2(t)\,R2 + L1\,i2(t)\,RL - i1(t)\,R1\,LL$$

$$\left.\left. + LL\,i2(t)\,R2 - L1\,u2(t) + u1(t)\,LL - LL\,u2(t))\right]\right]$$

Die Spannung u_L über dem Lastzweig wird beschrieben durch

```
> uL(t)  := RL*(i1(t)+i2(t)) + LL*(diff(i1(t),t)+diff(i2(t),t));
```

$$uL(t) := RL\,(i1(t) + i2(t)) + LL\left(\frac{d}{dt}\, i1(t) + \frac{d}{dt}\, i2(t)\right)$$

Weil jede der Gleichungen nur unter bestimmten Bedingungen gültig ist, werden geeignete Schaltbedingungen mithilfe der logischen Größen *Th*1 und *Th*2 formuliert. *Th*1 hat den Wert "wahr" *(true)*, wenn Thyristor 1 leitend ist, sonst den Wert "falsch". Sinngemäß gilt das für *Th*2 mit Thyristor 2. Leitend ist ein Thyristor, wenn er Strom führt ($i_V > 0$) oder wenn nach dem Sperrzustand wieder die Bedingung für das Einsetzen des Stromflusses erfüllt ist, d. h. wenn die treibende Spannung u_1 bzw. u_2 die Lastspannung u_L überschreitet und gleichzeitig das Steuersignal Z anliegt.

Thyristor 1: $(u_1 > u_L)$ UND Zündimpuls Z1 vorhanden
Thyristor 2: $(u_2 > u_L)$ UND Zündimpuls Z2 vorhanden

Um algebraische Schleifen über i_1, i_2 und u_L zu vermeiden, wird im Programm wie in (Jentsch 1969) statt u_L die gegenüber u_L geringfügig verzögerte Spannung u_{Lv} zur Bildung von *Th*1 und *Th*2 verwendet. u_{Lv} wird durch ein Verzögerungsglied 1. Ordnung gebildet.

```
> DG1:= diff(uLv(t),t) = ('uL(t)'-uLv(t))/Tverz;
```

$$DG1 := \frac{d}{dt}\, uLv(t) = \frac{uL(t) - uLv(t)}{Tverz}$$

Die Zeitkonstante T_{verz} muss möglichst klein sein, damit das Simulationsergebnis nicht unzulässig beeinflusst wird. Andererseits können zu kleine Werte zu Schwierigkeiten bei der numerischen Lösung des Differentialgleichungssystems führen (steifes System).

```
> Tverz:= 0.00001;
> Th1:= (i1(t) > 0) or ((u1(t) > uLv(t)) and (0.2 < fZ1(t)));
```
$$Th1 := 0 < i1(t) \text{ or } uLv(t) < u1(t) \text{ and } 0.2 < fZ1(t)$$
```
> Th2:= (i2(t) > 0) or ((u2(t) > uLv(t)) and (0.2 < fZ1(t)));
```
$$Th2 := 0 < i2(t) \text{ or } uLv(t) < u2(t) \text{ and } 0.2 < fZ2(t)$$

Mithilfe des Befehls **piecewise** (siehe Abschn. 2.8.3) werden nun die Differentialgleichungen für di_1/dt und di_2/dt stückweise aus den oben für die einzelnen Fälle ermittelten Gleichungen *G1* bis *G3* zusammengesetzt. Dabei ist darauf zu achten, dass die Auswertung der Bedingungen von links nach rechts erfolgt.

```
> DG2:= diff(i1(t),t) = piecewise(Th1 and Th2, 'rhs(G3[1,1])',
                                              Th1, rhs(G1)):
> DG3:= diff(i2(t),t) = piecewise(Th1 and Th2, 'rhs(G3[1,2])',
                                              Th2, rhs(G2)):
```

Die Funktionen für die Netzspannungen u_1 und u_2 sind

```
> u1 := t -> sqrt(2)*Ueff*sin(2*Pi*f*t);
> u2 := t -> -sqrt(2)*Ueff*sin(2*Pi*f*t);
```

Erzeugung der Zündimpulse

Die Zündimpulse *fZ1* und *fZ2* werden mithilfe der Heaviside-Funktion erzeugt (Switkes et al. 2004). Aus dem vorgegebenen Zündwinkel α wird die Zündzeit t_α berechnet:

$$\alpha = \omega \cdot t_\alpha = 2\pi \cdot f \cdot t_\alpha \quad \rightarrow \quad t_\alpha = \frac{\alpha}{2\pi \cdot f}$$

```
> zuend:= proc(alpha, f) # alpha...Zündwinkel, f...Netzfrequenz
    local talph, T, ti, t0, tv, tep, Z1, Z2, n;
    global fZ1, fZ2;
    talph:= alpha/(2*Pi*f): # Zündzeit
    T:= 1/f:      # Periodendauer
    ti:= 0.1*T: # Impulsbreite
    t0:= 0:      # Lage des 1. Impulses
    tv:= T/2:    # Verschiebung von Impuls Z2 gegen Impuls Z1
    tep:= 10*T: # Endzeit der Impulsfolge
    Z1:= 0: Z2:= 0:
    for n from t0/T by 1 to tep/T do
     Z1:= Z1 + Heaviside(t-(n*T)-talph) - Heaviside(t-(n*T+ti)-talph):
```

```
    Z2:= Z2 + Heaviside(t-(n*T)-talph+tv)
            - Heaviside(t-(n*T+ti)-talph+tv):
  end do:
  fZ1:= unapply(Z1, t): fZ2:= unapply(Z2, t):
end proc:
```

Werte der Parameter und Bildung der Zündfunktionen für $\alpha = \pi/3$

```
> Ueff:= 100: f:= 50: R1,R2,R3:= 1,1,20: L1,L2,L3:= 0.02,0.02,0.2:
  te:=0.04:
> alpha:= 60*Pi/180: zuend(alpha,f):
```

Kontrolle der Zündimpulse:

```
> pZ:= plot([fZ1, fZ2], 0..te, color=["Brown","Green"]):
> pu:= plot([u1/200, u2/200], 0..te, color=["Brown","Green"]):
> plots[display](pZ, pu);
```

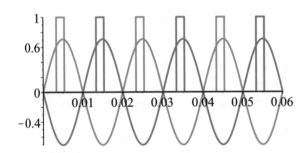

Lösung des Differentialgleichungssystems

```
> Loe:= dsolve({DG1,DG2,DG3,i1(0)=0,i2(0)=0,uLv(0)=0}, numeric,
        [i1(t),i2(t),uLv(t)], output=listprocedure, maxfun=0,
        method=ck45, interr=false, range=0..te);
```

$Loe := [\, t = \mathbf{proc}(t)\ \dots\ \mathbf{end\ proc},\ i1(t) = \mathbf{proc}(t)\ \dots\ \mathbf{end\ proc},\ i2(t) = \mathbf{proc}(t)$

$\dots$

$\mathbf{end\ proc},\ uLv(t) = \mathbf{proc}(t)\ \dots\ \mathbf{end\ proc}\,]$

Ggf. ist im Befehl **dsolve** die Option **interr=false,** die im Abschn. 3.4.5 beschrieben wurde, von Nutzen. Ohne diese Angabe kommt es u. U. zu einem vorzeitigen Abbruch der numerischen Rechnung, weil die Zwischenergebnisse eine Singularität vortäuschen.

Grafische Darstellung der Ergebnisse
Die Teillösungen werden Variablen zugewiesen und anschließend grafisch dargestellt.

```
> i1a:= subs(Loe, i1(t)): i2a:= subs(Loe, i2(t)):
> uLa:= subs(Loe, uLv(t)):
> plots[setoptions](labelfont=[Times,12], titlefont=[TIMES,14]):
> Titel:=
     title=typeset("Stromrichterschaltung M2, ", ''alpha''='alpha',
               "\nRL=",RL, "; LL=",LL):
> plot([i1a,i2a], 0..te, labels=["t/s", "i1, i2"], Titel,
        legend=["i1 in A", "i2 in A"], gridlines);
```

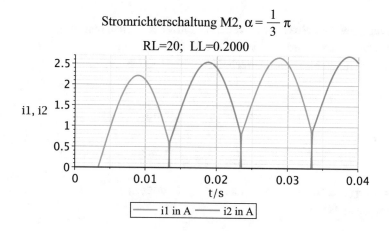

```
> p1:= plot([i1a+i2a,fZ1, fZ2], 0..te, y=-3..3,
            labels=["t/s","iL/A"], legend=["iL in A","Z1","Z2"],
            axis=[gridlines, tickmarks=[subticks=false]],
            color=["CornflowerBlue","Black","Black"]):
> p2:= plot(uLa, 0..te, -150..150, labels=["t/s","uL/V"], color="Red",
            legend=["uL in V"]):
> dualaxisplot(p1, p2, Titel);
```

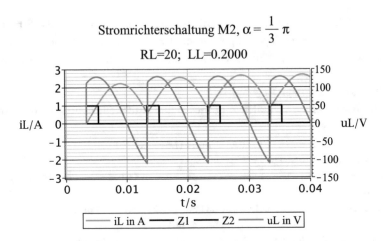

Stromrichterschaltung M2, $\alpha = \dfrac{1}{3}\pi$

RL=20; LL=0.2000

Damit die Gitterlinien nicht von beiden vertikalen Skalen ausgehen und sich dadurch ein unübersichtliches Bild ergibt, wurde im Plot p1 die Option **tickmarks=[subticks=false]** angewendet.

Berechnung des Mittelwerts *Um* der ungeglätteten Gleichspannung
Mit der Funktion **seq** wird eine Reihe von Werten uL(t) im Intervall $t = [t_0 \ldots t_0+T/2]$ s bestimmt und deren Mittelwert berechnet.

```
> t0:= 0.02;
```
$$t0 := 0.0200$$

```
> T:= 1/f;
```
$$T := \frac{1}{50}$$

```
> Ui:= seq(uLa(t), t=t0..(t0+T/2), 0.00001):
> n:= nops([Ui]):
```
$$n := 1001$$

```
> Um:= sum(Ui[k],k=1..(n-1))/(n-1);
```
$$Um := 41.2053$$

Fourieranalyse der gleichgerichteten Spannung
Die Formeln (Integrale) zur Berechnung der Fourier-Koeffizienten werden als Funktionen $a(k)$ und $b(k)$ in nachstehender Prozedur **procfourier** notiert, die die Folgen der Fourierkoeffizienten in den globalen Variablen A und B speichert. Der Parameter epsilon gibt die Genauigkeit für die Berechnung der Integrale vor, die Variable T steht für die Periodendauer und t0 bezeichnet die untere Integrationsgrenze. Zwecks Vereinfachung erfolgt die Berechnung von a0 über die gleiche Funktion wie a1, a2 usw. Nach Ausführung der Prozedur ist also A[1]=2*a0.

```
> interface(displayprecision=3):
> procfourier:= proc(f, t0, T, N)
    # f... zu analysierende Funktion
    # t0...unterer Grenzwert des Integrals
    # T... Periodendauer
    # N... Zahl der zu berechnenden Fourierkoeffizienten b
    local a, b;
    global A, B;
    a:= k ->
        2/T*int(f(t)*cos(k*2*Pi/T*t),t=t0..(t0+T),epsilon=1,numeric):
    b:= k ->
        2/T*int(f(t)*sin(k*2*Pi/T*t), t=t0..(t0+T),epsilon=1,numeric):
    A:= seq(a(k), k=0..N):
    print("A = ", A);
    B:= seq(b(k), k=1..N):
    print("B = ", B);
end proc:
```

Die Prozedur wird nach ihrer Definition gespeichert, um sie auch für spätere Rechnungen zur Verfügung zu stellen.

```
> save procfourier, "procfourier.m":
>
```

Berechnung der Fourier-Koeffizienten:

```
> Digits:= 10:
> t0:= 0.02: T:= 0.02: N:= 8:
> procfourier(uLa, t0, T, N):
```

$$\text{"A = ", } 82.319, 0.049, -65.603, -0.135, 36.952, 0.092, -5.951, 0.026, -12.585$$
$$\text{"B = ", } 0.084, -74.512, -0.033, -10.748, -0.106, 23.762, 0.127, -12.864$$

A und B sind Folgen der Fourier-Koeffizienten a_k und b_k. Beim Zugriff auf einzelne Werte dieser Folgen ist zu beachten, dass die Indizierung bei 1 beginnt und dass $A[1] = 2a_0$ ist. Die Ergebnisse werden als Amplitudenspektrum dargestellt. Dazu wird die Menge *Ampl_Spek* gebildet, in der jeder Balken durch eine Liste beschrieben wird, die seinen Fußpunkt [x1, y1] und seinen Kopfpunkt [x2, y2] enthält.

```
> Ampl_Spek:=
    {[[0,0],[0,A[1]/2]],seq([[k,0],[k,sqrt(A[k+1]^2+B[k]^2)]],k=1..N)};
```

$Ampl\_Spek := \{ [[0, 0], [0, 41.160]], [[1, 0], [1, 0.098]], [[2, 0], [2, 99.276]],$
$[[3, 0], [3, 0.139]], [[4, 0], [4, 38.483]], [[5, 0], [5, 0.140]], [[6, 0], [6,$
$24.495]], [[7, 0], [7, 0.129]], [[8, 0], [8, 17.996]] \}$

```
> plot(Ampl_Spek,   color=blue, thickness=4, Titel,
        caption="Amplitudenspektrum Gleichspannung", labels=["k",""],
        titlefont=[TIMES,14], gridlines);
```

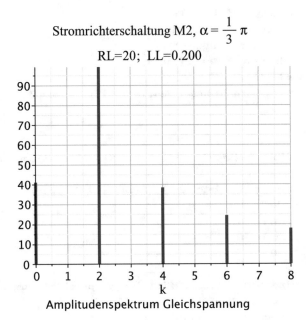

Amplitudenspektrum Gleichspannung

9.9.3 Stromrichter in Zweipuls-Brückenschaltung

Die Abb. 9.16 zeigt die Zweipuls-Brückenschaltung (B2-Schaltung) mit ohmsch-induktiver Last (R_L, L_L). Die Streureaktanz des Stromrichtertransformators, die Reaktanz der Kommutierungsdrossel und des speisenden Netzes berücksichtigt die Induktivität L_K. Analog dazu repräsentiert der Widerstand R_K die ohmschen Widerstände der Transformatorwicklungen, der Drosseln und der Leitungen.

Das Modell der Schaltung soll im Hinblick auf die Auswertung der Simulationsergebnisse die Variablen u_L für die Lastspannung und u_K für den Spannungsabfall an der Kommutierungsdrossel (R_K, L_K) enthalten. Als Normalbaum werden die Zweige $u - Th_1 - Th_3 - Th_4$ gewählt (siehe Abschn. 4.2). Die Thyristoren werden durch die Widerstände R_1, R_2, R_3 und R_4 nachgebildet, denen im Sperrbereich sehr große und im Durchlassbereich sehr kleine Werte zugeordnet werden.

Die Schaltung besitzt 6 Zweige (l) und 4 Knoten (k). Es ergeben sich somit $l - k + 1 = 3$ unabhängige Zweige: die Zweige (R_K, L_K), (R_L, L_L) und der Zweig Th_1. Die drei zugehörigen Maschengleichungen lauten in Maple-Schreibweise

```
> M1:= uK(t) + i3(t)*R3(t) - i1(t)*R1(t) = u(t);
```
$$M1 := uK(t) + i3(t)\,R3(t) - i1(t)\,R1(t) = u(t)$$

```
> M2:= uL(t) + i3(t)*R3(t) + i4(t)*R4(t) = 0;
```
$$M2 := uL(t) + i3(t)\,R3(t) + i4(t)\,R4(t) = 0$$

```
> M3:= i2(t)*R2(t) + i1(t)*R1(t) -i3(t)*R3(t) -i4(t)*R4(t)= 0;
```
$$M3 := i2(t)\,R2(t) + i1(t)\,R1(t) - i3(t)\,R3(t) - i4(t)\,R4(t) = 0$$

Die Gleichungen für u_L und u_K sind

```
> DG1:= uK(t) = RK*i(t)+LK*diff(i(t),t);
```

$$DG1 := uK(t) = RK\,i(t) + LK\left(\frac{\mathrm{d}}{\mathrm{d}t}\,i(t)\right)$$

```
> DG2:= uL(t) = RL*iL(t)+LL*diff(iL(t),t);
```

$$DG2 := uL(t) = RL\,iL(t) + LL\left(\frac{\mathrm{d}}{\mathrm{d}t}\,iL(t)\right)$$

Zur Berechnung aller 6 Zweigströme sind neben den drei Maschengleichungen noch drei Knotengleichungen erforderlich. Sie werden nach den drei Baumströmen i_1, i_3 und i_4 aufgelöst.

```
> K1:= i1(t)=i2(t)-i(t);
```

$$K1 := i1(t) = i2(t) - i(t)$$

```
> K2:= i4(t)=iL(t)-i2(t);
```

$$K2 := i4(t) = iL(t) - i2(t)$$

```
> K3:= i3(t)=i(t)-i2(t)+iL(t);
```

$$K3 := i3(t) = i(t) - i2(t) + iL(t)$$

Das Einsetzen der Knotengleichungen in die Maschengleichungen ist nicht erforderlich, da die Knotengleichungen in das Modell aufgenommen werden.

Funktion der Netzspannung:

```
> u:= t -> sqrt(2)*100*sin(2*Pi*50*t);
```

$$u := t \rightarrow 100\sqrt{2}\,\sin\left(100\,\pi\,t\right)$$

Thyristormodell und Zündfunktion

Das gewählte Thyristormodell entspricht der Variante d der Abb. 9.14. Liegt am Thyristor der Zündimpuls an und überschreitet die am gesperrten Ventil anliegende Spannung in Durchlassrichtung die Schleusenspannung, dann wird der Durchlasswiderstand wirksam. Auf den Sperrwert wird der Widerstand des Thyristors gesetzt, wenn der Ventilstrom den Wert des Haltestroms erreicht (bzw. unterschreitet) und gleichzeitig die treibende Spannung geringer als die Schleusenspannung ist.

Die Ventilspannungen uv haben im Sperrzustand unter Berücksichtigung des Spannungsabfalls an R_K, L_K folgende Werte (Maschensatz):

$$uv_1 \text{ und } uv_4 : -u + uK$$
$$uv_2 \text{ und } uv_3 : u - uK$$

Die Umschaltung zwischen den beiden Zuständen des Thyristormodells erfolgt mithilfe der Option *events* im Befehl **dsolve** (Abschn. 3.4). Die Thyristorwiderstände $R_1(t)$, $R_2(t)$ usw. sind für **dsolve** diskrete Variable, also Variable, deren Wert sich nur in Verbindung

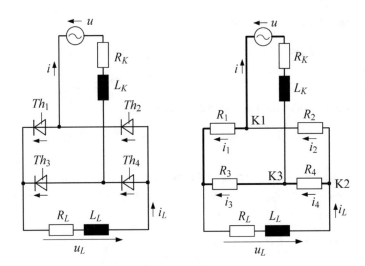

Abb. 9.16 Stromrichter in Zweipuls-Brückenschaltung links: Schaltbild, rechts: Ersatzschaltbild für Modellbildung

mit einem Ereignis ändert. Die diskreten Variablen müssen im Befehl **dsolve** durch die Option 'discrete_variables' deklariert und in der Systembeschreibung mit einem Anfangswert versehen werden.

Als Zündfunktion dient eine Sägezahnfunktion mit der halben Periode der Netzspannung (50 Hz) und dem Spitzenwert π. Die Zündung erfolgt, wenn der Wert dieser Funktion den Wert des Zündwinkels α erreicht. Der Zündwinkel ist also im Bereich $0 \dots \pi$ $(0\dots180°)$ wählbar. Die Sägezahnfunktion wird unter Verwendung der Funktion **floor**[3] gebildet:

```
> y:= t -> Pi*(1/Tz*t-floor(1/Tz*t));
```

$$y := t \rightarrow \pi \left(\frac{t}{Tz} - \text{floor}\left(\frac{t}{Tz} \right) \right)$$

```
> Tz:= 0.01:  # halbe Periode der 50 Hz-Netzspannung
> plot(y, 0..0.06);
```

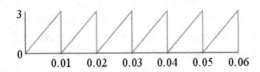

Gleichung der Zündfunktion für die Modellbildung:

---

[3]floor(a) ... größte ganze Zahl kleiner oder gleich a

```
> GZ:= ZF(t) = y(t);
```

$$GZ := ZF(t) = \pi \left(100.\, t - \mathrm{floor}(100.\, t) \right)$$

Parameterwerte des Thyristormodells:

```
> Rsp:=10^5: Rd:=10^(-1):#Sperrwiderstand Rsp, Durchlasswiderstand Rd
> US:= 1:     # Schleusenspannung; Verschiebung des Zündzeitpunktes
> IH:= 0.000: # Haltestrom
```

Gleichungssystem/ Modell:

```
> AnfBed:= iL(0)=0, i(0)=0, i2(0)=0, R1(0)=Rsp, R2(0)=Rsp,
          R3(0)=Rsp, R4(0)=Rsp;
> Gsys:= [M1,M2,M3,DG1,DG2,K1,K2,K3,GZ,AnfBed]:
```

Parameterwerte der Schaltung, modifiziertes Gleichungssystem:

```
> param1:= f=50, RL=100, LL=0.9, RK=1, LK=0.1, Ueff=100:
> Gsys1:= subs(param1, Gsys):
```

Festlegung der Events
Die Events, d. h. die Schaltbedingungen der Thyristoren und die zugehörigen Aktionen, werden wegen der besseren Übersichtlichkeit in einem separaten Ausdruck definiert.

```
> EVENTS:= 'events'=
            [[[i1(t)=IH, u(t)>-US],[R1(t)=Rsp,R4(t)=Rsp]],
             [[i2(t)=IH, u(t)<US],[R3(t)=Rsp,R2(t)=Rsp]],
             [[ZF(t)=alpha, u(t)>US],[R2(t)=Rd,R3(t)=Rd]],
             [[ZF(t)=alpha, u(t)<-US],[R1(t)=Rd,R4(t)=Rd]]]:
```

Lösung des Differentialgleichungssystems für $\alpha = \pi/4$

```
> Digits:= 15:  alpha:= 1*Pi/4:
> Loe1:= dsolve(Gsys1, numeric, [i(t),iL(t),i1(t),i2(t),i3(t),i4(t),
    uL(t),uK(t),ZF(t)],'discrete_variables'=[R1(t),R2(t),R3(t),R4(t)],
    output=listprocedure, EVENTS ,maxfun=0, range=0..0.06,
    interr=false, method=rosenbrock_dae);
```

$Loe1 := [t = \mathbf{proc}(t) \ ... \ \mathbf{end\ proc}, i(t) = \mathbf{proc}(t) \ ... \ \mathbf{end\ proc}, iL(t) = \mathbf{proc}(t) \ ... \ \mathbf{end\ proc},$

$\quad i1(t) = \mathbf{proc}(t) \ ... \ \mathbf{end\ proc}, i2(t) = \mathbf{proc}(t) \ ... \ \mathbf{end\ proc}, i3(t) = \mathbf{proc}(t) \ ... \ \mathbf{end\ proc},$

$\quad i4(t) = \mathbf{proc}(t) \ ... \ \mathbf{end\ proc}, uL(t) = \mathbf{proc}(t) \ ... \ \mathbf{end\ proc}, uK(t) = \mathbf{proc}(t) \ ... \ \mathbf{end\ proc},$

$\quad ZF(t) = \mathbf{proc}(t) \ ... \ \mathbf{end\ proc}, R1(t) = \mathbf{proc}(t) \ ... \ \mathbf{end\ proc}, R2(t) = \mathbf{proc}(t)$

$\quad ...$

$\mathbf{end\ proc}, R3(t) = \mathbf{proc}(t) \ ... \ \mathbf{end\ proc}, R4(t) = \mathbf{proc}(t) \ ... \ \mathbf{end\ proc}]$

Grafische Darstellung der Ergebnisse

Zuweisung der Lösungen an neue Variable:

```
> ia:= subs(Loe1, i(t)): iLa:= subs(Loe1, iL(t)):
> R1a:= subs(Loe1, R1(t)): uLa:= subs(Loe1, uL(t)):
> with(plots): setoptions(numpoints=500, titlefont=[TIMES,14]):
> Titel:=title=typeset("Stromrichterschaltung B2,",''alpha''='alpha'):
```

Das erste "alpha" in obiger Anweisung wird zweifach in Hochkommata eingeschlossen, um zweimal eine Auswertung zu verhindern; in der Anweisung selbst und in den folgenden Plot-Anweisungen.

   Darstellung von Netzstrom i(t) und Netzspannung u(t)/100:

```
> plot([ia, u/100], 0..te, Titel, legend=["i(t)", "u(t)/100"]);
> plot([ia, u/100], 0..te, Titel, legend=["i(t)", "u(t)/100"],
       gridlines);
```

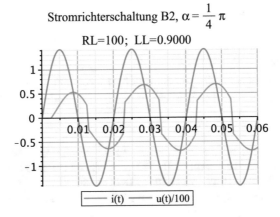

Netzspannung u/100, Spannung an der Last $u_L/100$ und Laststrom i_L:

```
> plot([u/100, uLa/100, iLa], 0..te, Titel, legend=["u", "uL(t)/100",
       "iL(t)"], color=["DarkGray","Red","CornflowerBlue"], gridlines);
```

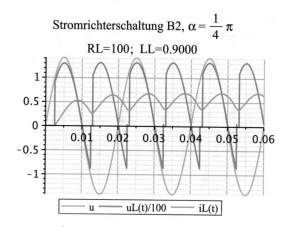

Mittelwert *Um* der Gleichspannung

Mit der Funktion **seq** wird eine Reihe von Werten $u_L(t)$ im Intervall $t = [0.01...0.02]$ bestimmt und deren Mittelwert *Um* berechnet.

```
> Ui:= seq(uLa(t), t=0.01..0.02, 0.00001):
> n:= nops([Ui]);
```

$$n := 1001$$

```
> Um:= sum(Ui[k],k=1..(n-1))/(n-1);
```

$$Um := 56.753$$

Fourieranalyse des Netzstromes i Ausgeführt wird die Fourieranalyse mit der unter Abschn. 9.9.2 definierten Prozedur **procfourier.** Diese wird aus dem Maple-Arbeitsverzeichnis eingelesen und mit dem Befehl **showstat** angezeigt.

```
> read "procfourier.m":
> showstat(procfourier);
procfourier := proc(f, t0, T, N)
local a, b;
global A, B;
   1   a:= k -> 2/T*int(f(t)*cos(2*k*Pi/T*t),
                    t = t0 .. t0+T, epsilon = 1, numeric);
   2   b:= k -> 2/T*int(f(t)*sin(2*k*Pi/T*t),
                    t = t0 .. t0+T, epsilon = 1, numeric);
   3   A:= seq(a(k),k = 0 .. N);
   4   print("A = ",A);
   5   B:= seq(b(k),k = 1 .. N);
   6   print("B = ",B)
end proc
```

Berechnung der Fourierkoeffizienten:

```
> t0:= 0.02: T:= 0.02: N:=10:
> procfourier(ia, t0, T, N):
```

"A = ", $-0.0004, -0.6077, 0.0066, -0.0703, -0.0017, 0.0711, -0.0007, 0.0059,$
     $0.0016, -0.0378, -0.0007$

"B = ", $0.4569, 0.0071, -0.1030, 0.0051, -0.0225, 0.0001, 0.0530, 0.0014, -0.0026,$
     0.0023

Die Berechnung und Ausgabe des Amplitudenspektrums erfolgt analog zu Abschn. 9.9.2.

```
> Ampl_Spek:=
  {[[0,0],[0,A[1]/2]],seq([[k,0],[k,sqrt(A[k+1]^2+B[k]^2)]],k=1..N)};
```

$Ampl\_Spek := \{[[0, 0], [0, -0.0002]], [[1, 0], [1, 0.7603]], [[2, 0], [2, 0.0097]],$
     $[[3, 0], [3, 0.1247]], [[4, 0], [4, 0.0054]], [[5, 0], [5, 0.0746]], [[6, 0], [6,$
     $0.0007]], [[7, 0], [7, 0.0533]], [[8, 0], [8, 0.0021]], [[9, 0], [9, 0.0379]], [[10,$
     $0], [10, 0.0024]]\}$

```
> plot(Ampl_Spek,  color=blue, thickness=4, Titel,
       caption="Amplitudenspektrum Netzstrom", labels=["k",""],
       titlefont=[TIMES,14], gridlines);
```

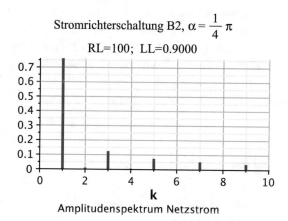

Amplitudenspektrum Netzstrom

Als Oberwellen treten im Strom des speisenden Netzes besonders die 3. und die 5. Harmonische in Erscheinung.

9.10   Ausgleich von Messwerten in elektrischen Verteilungsnetzen

9.10.1 Problemstellung und Grundprinzip der Lösung

In elektrischen Verteilungsnetzen kann man die Werte der Ströme in einzelnen Netzzweigen aus den Messwerten in anderen Zweigen berechnen, sofern messtechnische Redundanz vorliegt. Beispielsweise ist der Strom in einem Zweig eines elektrischen Netzwerks berechenbar, wenn alle anderen Zweigströme oder zumindest eine bestimmte Zahl von Zweigströmen bekannt sind.

Idealerweise erfüllen die Werte der Zweigströme des Netzes alle Bilanzgleichungen, die man für die Knotenpunkte des Netzes aufstellen kann. Weil jedoch keine Messung vollkommen fehlerfrei ist, sind in der Praxis die Bilanzgleichungen i. Allg. nicht erfüllt, d. h. für einen Knoten k gilt dann

$$\sum_{i=1}^{N} I_{i,k} \neq 0; \quad N \ldots \text{Zahl der Knoten} \tag{9.20}$$

Mithilfe des im Folgenden beschriebenen Verfahrens (Hartmann 1971), auch Bilanzausgleich genannt, ist es möglich, aus den vorhandenen Informationen für das gesamte Netzwerk einen korrigierten, konsistenten Datensatz zu berechnen, dessen Werte $Ia_{i,k}$ die Gleichungen aller N Knotenpunkte des Netzes erfüllen. Die Werte Ia_{ik} werden unter Ausnutzung messtechnischer Redundanz aus den Messwerten $I_{i,k}$ durch eine Ausgleichsrechnung bestimmt. Messtechnische Redundanz liegt vor, wenn man mehr Messwerte eines Bilanznetzes erfasst, als für die einfache Bilanzierung erforderlich sind.

Der Bilanzausgleich kann neben der Korrektur von Messfehlern auch der Berechnung von Ersatzwerten für fehlende Messgrößen dienen, wenn Messwertgeber ausgefallen sind oder wenn keine Messgeräte in den betreffenden Zweigen des Netzes installiert wurden.

9.10.2 Berechnung der Ausgleichswerte

Das Verfahren soll anhand des in Abb. 9.17 gezeigten Teiles eines elektrischen Netzwerks (Bilanznetz) beschrieben werden.

Bekannt sind die Werte $I_{i,k}$ der gemessenen Ströme, berechnet werden sollen die zugehörigen korrigierten Werte (Ausgleichswerte) $Ia_{i,k}$. Der 1. Index bezeichnet den Quell-, der 2. Index den Zielknoten der Ströme. Das Netz befinde sich in einem stationären Zustand und der Einfachheit halber wird ein Gleichstromnetz angenommen.

Für die Ein- und Ausgangsgrößen des dargestellten Netzwerks gilt auch eine Knotenbeziehung. Das Netzwerk wird daher für die folgende Rechnung über den virtuellen Knoten „0" geschlossen. Wegen der Richtungsabhängigkeit der Mess- und Ausgleichswerte gilt

$$I_{i,k} = -I_{k,i}$$
$$Ia_{i,k} = -Ia_{k,i}$$

(9.21)

Ausgehend von den gemessenen Strömen $I_{i,k}$ sollen die Ausgleichswerte $Ia_{i,k}$ so berechnet werden, dass sich Messwert und Ausgleichswert „möglichst wenig" unterscheiden und für jeden Knoten k des Bilanznetzes die Knotengleichung

$$\sum_{i=1}^{N} Ia_{i,k} = 0; \quad k = 1(1)N; \quad N \ldots \text{Anzahl der Knoten}$$

(9.22)

Abb. 9.17 Elektrisches Netzwerk (Bilanznetz)

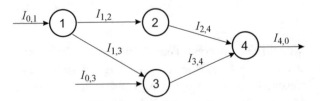

erfüllt ist. Diese Aufgabe wird mithilfe der Methode der kleinsten Quadrate gelöst, d. h. die Ausgleichswerte werden so berechnet, dass die Summe der quadrierten Differenzen zwischen Messwert und zugehörigem Ausgleichswert minimal wird. Die Zielfunktion hat also die Form

$$Z\left(Ia_{i,k}\right) = \sum_{(i,k)} \left(Ia_{i,k} - I_{i,k}\right)^2 \rightarrow Min!$$

(9.23)

Die Gl. (9.22) und (9.23) beschreiben ein Extremalproblem mit Nebenbedingungen in Gleichungsform. Das Problem ist mithilfe der Methode der Lagrangeschen Multiplikatoren lösbar. Diese führt die Lösung einer Optimierungsaufgabe mit Nebenbedingungen auf die klassische Methode der Optimierung ohne Nebenbedingungen zurück. Die zugehörige **Lagrangesche Funktion L** mit den Multiplikatoren λ_k lautet:

$$L\left(Ia_{i,k}, \lambda_k\right) = Z\left(Ia_{i,k}\right) + \sum_{k=1}^{N}\left(\lambda_k \cdot \sum_{i=1}^{N} Ia_{i,k}\right)$$

(9.24)

Unbekannte sind darin die Größen $Ia_{i,k}$ und λ_k. Daraus folgen die Optimalitätsbedingungen:

$$\frac{\partial L\left(Ia_{i,k}, \lambda_k\right)}{\partial Ia_{i,k}} = 0; \quad \frac{\partial L\left(Ia_{i,k}, \lambda_k\right)}{\partial \lambda_k} = 0$$

(9.25)

Auf dieser mathematischen Basis lassen sich die Ausgleichswerte für das in Abb. 9.17 dargestellte Bilanznetz mit Unterstützung von Maple symbolisch oder numerisch sehr einfach berechnen.

```
> restart:
```

Zielfunktion: Für die Gesamtheit der Bilanzlinien muss gelten

```
> Z:= (I[0,1]-Ia[0,1])^2 + (I[1,2]-Ia[1,2])^2 + (I[1,3]-Ia[1,3])^2 +
      (I[0,3]-Ia[0,3])^2 + (I[3,4]-Ia[3,4])^2 + (I[2,4]-Ia[2,4])^2 +
      (I[4,0]-Ia[4,0])^2;
```

$$Z := \left(I_{0,1} - Ia_{0,1}\right)^2 + \left(I_{1,2} - Ia_{1,2}\right)^2 + \left(I_{1,3} - Ia_{1,3}\right)^2 + \left(I_{0,3} - Ia_{0,3}\right)^2$$
$$+ \left(I_{3,4} - Ia_{3,4}\right)^2 + \left(I_{2,4} - Ia_{2,4}\right)^2 + \left(I_{4,0} - Ia_{4,0}\right)^2$$

Knotengleichungen für die Ausgleichswerte:

```
> K1:= Ia[0,1]-Ia[1,2]-Ia[1,3];
```

$$K1 := Ia_{0,\,1} - Ia_{1,\,2} - Ia_{1,\,3}$$

```
> K2:= Ia[1,2]-Ia[2,4];
```

$$K2 := Ia_{1,\,2} - Ia_{2,\,4}$$

```
> K3:= Ia[1,3]+Ia[0,3]-Ia[3,4];
```

$$K3 := Ia_{1,\,3} + Ia_{0,\,3} - Ia_{3,\,4}$$

```
> K4:= Ia[2,4]+Ia[3,4]-Ia[4,0];
```

$$K4 := Ia_{2,\,4} + Ia_{3,\,4} - Ia_{4,\,0}$$

Nebenbedingungen mit Lagrangschen Multiplikatoren λ:

```
> LM:= lambda1*K1 + lambda2*K2 + lambda3*K3 + lambda4*K4;
```

$$LM := \left(Ia_{0,\,1} - Ia_{1,\,2} - Ia_{1,\,3} \right) \lambda 1 + \left(Ia_{1,\,2} - Ia_{2,\,4} \right) \lambda 2 + \left(Ia_{1,\,3} + Ia_{0,\,3} \right.$$
$$\left. - Ia_{3,\,4} \right) \lambda 3 + \left(Ia_{2,\,4} + Ia_{3,\,4} - Ia_{4,\,0} \right) \lambda 4$$

Lagrangesche Funktion L:

```
> L:= Z + LM:
```

Menge der Ausgleichswerte:

```
> A:= {Ia[0,1], Ia[1,2], Ia[1,3], Ia[2,4], Ia[0,3], Ia[3,4], Ia[4,0]}:
```

Menge der Lambda-Werte:

```
> Lambda:= {lambda1, lambda2, lambda3, lambda4}:
```

Menge der Unbekannten:

```
> U:= A union Lambda:
```

In der Menge der Unbekannten befinden sich 7 Ausgleichswerte und 4 λ-Werte. In der folgenden Schleifenanweisung wird nun bei jedem Durchlauf die Ableitung der Lagrangeschen Funktion nach einer der Unbekannten in U berechnet und in die Gleichungsmenge G aufgenommen.

```
> G:= {}:
> for z in U do G:= G union {diff(L, z)}; end do;
```

$$G := \left\{ Ia_{0,\,1} - Ia_{1,\,2} - Ia_{1,\,3} \right\}$$

$$G := \left\{ Ia_{1,\,2} - Ia_{2,\,4},\, Ia_{0,\,1} - Ia_{1,\,2} - Ia_{1,\,3} \right\}$$

$$G := \left\{ Ia_{1,\,2} - Ia_{2,\,4},\, Ia_{0,\,1} - Ia_{1,\,2} - Ia_{1,\,3},\, Ia_{1,\,3} + Ia_{0,\,3} - Ia_{3,\,4} \right\}$$

$$G := \left\{ Ia_{1,\,2} - Ia_{2,\,4},\, Ia_{0,\,1} - Ia_{1,\,2} - Ia_{1,\,3},\, Ia_{1,\,3} + Ia_{0,\,3} - Ia_{3,\,4},\, Ia_{2,\,4} + Ia_{3,\,4} \right.$$
$$\left. - Ia_{4,\,0} \right\}$$

$$G := \left\{ Ia_{1,\,2} - Ia_{2,\,4},\, -2\,I_{0,\,1} + 2\,Ia_{0,\,1} + \lambda 1,\, Ia_{0,\,1} - Ia_{1,\,2} - Ia_{1,\,3},\, Ia_{1,\,3} \right.$$
$$\left. + Ia_{0,\,3} - Ia_{3,\,4},\, Ia_{2,\,4} + Ia_{3,\,4} - Ia_{4,\,0} \right\}$$

$$G := \left\{ Ia_{1,\,2} - Ia_{2,\,4},\, -2\,I_{0,\,1} + 2\,Ia_{0,\,1} + \lambda 1,\, -2\,I_{0,\,3} + 2\,Ia_{0,\,3} + \lambda 3,\, Ia_{0,\,1} \right.$$
$$\left. - Ia_{1,\,2} - Ia_{1,\,3},\, Ia_{1,\,3} + Ia_{0,\,3} - Ia_{3,\,4},\, Ia_{2,\,4} + Ia_{3,\,4} - Ia_{4,\,0} \right\}$$

$$G := \left\{ Ia_{1,\,2} - Ia_{2,\,4},\, -2\,I_{0,\,1} + 2\,Ia_{0,\,1} + \lambda 1,\, -2\,I_{0,\,3} + 2\,Ia_{0,\,3} + \lambda 3,\, Ia_{0,\,1} \right.$$
$$- Ia_{1,\,2} - Ia_{1,\,3},\, Ia_{1,\,3} + Ia_{0,\,3} - Ia_{3,\,4},\, Ia_{2,\,4} + Ia_{3,\,4} - Ia_{4,\,0},\, -2\,I_{1,\,2}$$
$$\left. + 2\,Ia_{1,\,2} - \lambda 1 + \lambda 2 \right\}$$

$$G := \left\{ Ia_{1,\,2} - Ia_{2,\,4},\, -2\,I_{0,\,1} + 2\,Ia_{0,\,1} + \lambda 1,\, -2\,I_{0,\,3} + 2\,Ia_{0,\,3} + \lambda 3,\, Ia_{0,\,1} \right.$$
$$- Ia_{1,\,2} - Ia_{1,\,3},\, Ia_{1,\,3} + Ia_{0,\,3} - Ia_{3,\,4},\, Ia_{2,\,4} + Ia_{3,\,4} - Ia_{4,\,0},\, -2\,I_{1,\,2}$$
$$\left. + 2\,Ia_{1,\,2} - \lambda 1 + \lambda 2,\, -2\,I_{1,\,3} + 2\,Ia_{1,\,3} - \lambda 1 + \lambda 3 \right\}$$

$$G := \left\{ Ia_{1,\,2} - Ia_{2,\,4},\, -2\,I_{0,\,1} + 2\,Ia_{0,\,1} + \lambda 1,\, -2\,I_{0,\,3} + 2\,Ia_{0,\,3} + \lambda 3,\, Ia_{0,\,1} \right.$$
$$- Ia_{1,\,2} - Ia_{1,\,3},\, Ia_{1,\,3} + Ia_{0,\,3} - Ia_{3,\,4},\, Ia_{2,\,4} + Ia_{3,\,4} - Ia_{4,\,0},\, -2\,I_{1,\,2}$$
$$+ 2\,Ia_{1,\,2} - \lambda 1 + \lambda 2,\, -2\,I_{1,\,3} + 2\,Ia_{1,\,3} - \lambda 1 + \lambda 3,\, -2\,I_{2,\,4} + 2\,Ia_{2,\,4} - \lambda 2$$
$$\left. + \lambda 4 \right\}$$

$$G := \Big\{ Ia_{1,2} - Ia_{2,4}, \; -2\,I_{0,1} + 2\,Ia_{0,1} + \lambda 1, \; -2\,I_{0,3} + 2\,Ia_{0,3} + \lambda 3, \; Ia_{0,1}$$
$$- Ia_{1,2} - Ia_{1,3}, \; Ia_{1,3} + Ia_{0,3} - Ia_{3,4}, \; Ia_{2,4} + Ia_{3,4} - Ia_{4,0}, \; -2\,I_{1,2}$$
$$+ 2\,Ia_{1,2} - \lambda 1 + \lambda 2, \; -2\,I_{1,3} + 2\,Ia_{1,3} - \lambda 1 + \lambda 3, \; -2\,I_{2,4} + 2\,Ia_{2,4} - \lambda 2$$
$$+ \lambda 4, \; -2\,I_{3,4} + 2\,Ia_{3,4} - \lambda 3 + \lambda 4 \Big\}$$

$$G := \Big\{ Ia_{1,2} - Ia_{2,4}, \; -2\,I_{0,1} + 2\,Ia_{0,1} + \lambda 1, \; -2\,I_{0,3} + 2\,Ia_{0,3} + \lambda 3, \; -2\,I_{4,0}$$
$$+ 2\,Ia_{4,0} - \lambda 4, \; Ia_{0,1} - Ia_{1,2} - Ia_{1,3}, \; Ia_{1,3} + Ia_{0,3} - Ia_{3,4}, \; Ia_{2,4} + Ia_{3,4}$$
$$- Ia_{4,0}, \; -2\,I_{1,2} + 2\,Ia_{1,2} - \lambda 1 + \lambda 2, \; -2\,I_{1,3} + 2\,Ia_{1,3} - \lambda 1 + \lambda 3, \; -2\,I_{2,4}$$
$$+ 2\,Ia_{2,4} - \lambda 2 + \lambda 4, \; -2\,I_{3,4} + 2\,Ia_{3,4} - \lambda 3 + \lambda 4 \Big\}$$

Die Komponenten von G sind die linken Seiten der Gl. (9.25). Die letzte dargestellte Menge G enthält 11 Komponenten für die Berechnung der 11 Unbekannten in U.

```
> Loe:= solve(G, U);
```

$$Loe := \Big\{ \lambda 1 = \frac{13}{12} I_{0,1} - \frac{1}{3} I_{1,2} - \frac{1}{3} I_{2,4} - \frac{5}{12} I_{4,0} - \frac{7}{12} I_{1,3} - \frac{1}{12} I_{3,4}$$

$$+ \frac{1}{2} I_{0,3}, \; \lambda 2 = -I_{2,4} + I_{1,2} + \frac{3}{4} I_{0,1} - \frac{3}{4} I_{4,0} - \frac{1}{4} I_{1,3} + \frac{1}{2} I_{0,3}$$

$$+ \frac{1}{4} I_{3,4}, \; \lambda 3 = I_{0,3} - \frac{1}{2} I_{3,4} + \frac{1}{2} I_{0,1} - \frac{1}{2} I_{4,0} + \frac{1}{2} I_{1,3}, \; \lambda 4 =$$

$$- \frac{13}{12} I_{4,0} + \frac{1}{12} I_{1,3} + \frac{7}{12} I_{3,4} + \frac{1}{3} I_{1,2} + \frac{5}{12} I_{0,1} + \frac{1}{3} I_{2,4}$$

$$+ \frac{1}{2} I_{0,3}, \; Ia_{0,1} = \frac{1}{6} I_{1,2} + \frac{11}{24} I_{0,1} + \frac{1}{6} I_{2,4} + \frac{5}{24} I_{4,0} + \frac{7}{24} I_{1,3}$$

$$+ \frac{1}{24} I_{3,4} - \frac{1}{4} I_{0,3}, \; Ia_{0,3} = \frac{1}{4} I_{3,4} - \frac{1}{4} I_{0,1} + \frac{1}{4} I_{4,0} - \frac{1}{4} I_{1,3}$$

$$+ \frac{1}{2} I_{0,3}, \; Ia_{1,2} = \frac{1}{3} I_{1,2} + \frac{1}{6} I_{0,1} + \frac{1}{3} I_{2,4} + \frac{1}{6} I_{4,0} - \frac{1}{6} I_{1,3}$$

$$- \frac{1}{6} I_{3,4}, \; Ia_{1,3} = \frac{5}{24} I_{3,4} - \frac{1}{6} I_{1,2} + \frac{7}{24} I_{0,1} - \frac{1}{6} I_{2,4} + \frac{1}{24} I_{4,0}$$

$$+ \frac{11}{24} I_{1,3} - \frac{1}{4} I_{0,3}, \; Ia_{2,4} = \frac{1}{3} I_{1,2} + \frac{1}{6} I_{0,1} + \frac{1}{3} I_{2,4} + \frac{1}{6} I_{4,0}$$

$$- \frac{1}{6} I_{1,3} - \frac{1}{6} I_{3,4}, \; Ia_{3,4} = -\frac{1}{6} I_{1,2} + \frac{1}{24} I_{0,1} - \frac{1}{6} I_{2,4} + \frac{7}{24} I_{4,0}$$

$$+ \frac{5}{24} I_{1,3} + \frac{1}{4} I_{0,3} + \frac{11}{24} I_{3,4}, \; Ia_{4,0} = \frac{1}{24} I_{1,3} + \frac{7}{24} I_{3,4} + \frac{1}{6} I_{1,2}$$

$$+ \frac{5}{24} I_{0,1} + \frac{1}{6} I_{2,4} + \frac{11}{24} I_{4,0} + \frac{1}{4} I_{0,3} \Big\}$$

Vorgabe von Messwerten und Berechnung der Ausgleichswerte für diese Messwert-konstellation:

```
> param1:= I[0,1]=250, I[0,3]=50, I[1,2]=50, I[1,3]=205, I[2,4]=45,
        I[3,4]=250, I[4,0]=300;
```

$$param1 := I_{0,\,1} = 250,\ I_{0,\,3} = 50,\ I_{1,\,2} = 50,\ I_{1,\,3} = 205,\ I_{2,\,4} = 45,\ I_{3,\,4} = 250,$$
$$I_{4,\,0} = 300$$

```
> Loe1:= subs(param1, Loe);
```

$$Loe1 := \left\{ \lambda1 = -\frac{5}{4},\ \lambda2 = \frac{15}{4},\ \lambda3 = \frac{5}{2},\ \lambda4 = -\frac{5}{4},\ Ia_{0,\,1} = \frac{2005}{8},\ Ia_{0,\,3} = \frac{195}{4}, \right.$$
$$\left. Ia_{1,\,2} = \frac{95}{2},\ Ia_{1,\,3} = \frac{1625}{8},\ Ia_{2,\,4} = \frac{95}{2},\ Ia_{3,\,4} = \frac{2015}{8},\ Ia_{4,\,0} = \frac{2395}{8} \right\}$$

Prüfung der Knotengleichungen mit den berechneten Ausgleichswerten:

```
> assign(Loe1):
> [K1, K2, K3, K4];
```

$$[0,\,0,\,0,\,0]$$

Stehen für einzelne Netzwerkzweige keine Messwerte zur Verfügung, dann ist der Bilanzausgleich und damit auch die Berechnung von Ersatzwerten trotzdem möglich, indem man in der Zielfunktion die betreffenden Terme streicht (Bedingung: messtechnische Redundanz muss vorhanden sein).

Bei großen Systemen ist es zweckmäßig, den Bilanzausgleich durch die Schaffung eines dem Originalsystem äquivalenten, allerdings leichter bilanzierbaren Ersatzsystems durchzuführen. In (Hartmann 1971) wird dazu ein Verfahren vorgeschlagen, bei dem das Bilanznetz mittels einer Äquivalenztransformation zunächst knotenweise ab- und danach wieder aufgebaut wird. Auf diesem Verfahren basiert ein in (Merkel 1985) entwickelter Algorithmus.

9.11 Pressenantrieb

Für eine Kurbelpresse, deren prinzipiellen Aufbau Abb. 9.18 zeigt, soll der zeitliche Verlauf des Antriebsmoments und der Drehzahl der Motorwelle im quasistationären Betrieb berechnet werden. Angetrieben wird die Kurbelwelle durch einen Drehstrom-Asynchronmotor über ein Getriebe. Ein Schwungrad auf der Motorwelle dient der Dämpfung der Spitzenmomente. Bei der Nachbildung des Systems wird vereinfachend vorausgesetzt, dass die Reibung vernachlässigbar und die Masse des Pleuels *l3* auf die Nachbarglieder aufgeteilt sei.

Abb. 9.18 Schema der
Presse

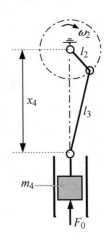

Parameter der Presse:

Kurbel $l_2 = 0,22$ m
Pleuel $l_3 = 1$ m
Getriebeübersetzung $u = \phi_M / \phi_2 = 70$
Masse des Stößels $m_4 = 8000$ kg
Trägheitsmoment des Schwungrades $J_S = 39,5$ kg·m^2
Trägheitsmoment des Motorläufers $J_M = 0,5$ kg·m^2
Trägheitsmoment des Getriebes (bezogen auf Motorwelle) $J_G = 0,5$ kg·m^2
Umformkraft $F_0 = 3,2$ MN im Winkelbereich $2\pi - \Delta\varphi \leq \varphi 2 \leq 2\pi$
$\Delta\varphi = \pi/12 = 15°$

Die Aufgabe ist aus (Dresig und Holzweißig 2009, S. 112–116) entnommen. Auch die
mathematische Formulierung des Modells der Presse lehnt sich an diese Quelle an, verzichtet aber durch Nutzung der Fähigkeiten von Maple auf einige Vereinfachungen bzw.
Näherungen. Sie stützt sich auf die aus der Lagrange'schen Gleichung 2. Art abgeleitete
Bewegungsgleichung der starren Maschine mit einem Freiheitsgrad.

$$J(q)\ddot{q} + 1/2 \cdot J'(q)\dot{q}^2 + W'_{pot} + Q^* = Q_{an} \qquad (9.26)$$

Darin sind

Q generalisierte (verallgemeinerte) Koordinate (siehe Abschn. 5.4)
$J(q)$ generalisierte Masse (auf q reduziertes Trägheitsmoment)
W_{pot} generalisierte potentielle Energie

Q^* generalisierte potentialfreie Kraft

Q_{an} generalisierte Antriebskraft

Als generalisierte Koordinate q wird in diesem Beispiel der Winkel φ_2 der Kurbel gewählt. Diese Koordinate ist zeitabhängig: $\varphi_2 = \varphi_2(t)$. Ableitungen nach der generalisierten Koordinate q werden durch einen Strich, totale Ableitungen nach der Zeit durch einen Punkt abgekürzt.

Als potentialfreie Kräfte treten im vorliegenden Fall die Presskraft $F0$ bzw. das an der Welle aufzubringende Moment MSt und das Antriebsmoment des Motors auf. Das Pressmoment MSt kann man über die Pressarbeit W bzw. deren Änderung dW bei kleinen Änderungen von φ_2 bzw. x_4 berechnen (siehe Abb. 9.18).

$$dW = MSt \cdot d\varphi_2 = F_0 \cdot dx_4 \tag{9.27}$$

$$MSt = F_0 \cdot \frac{dx_4}{d\varphi_2} = F_0 \cdot x_4' \tag{9.28}$$

Die Abhängigkeit von x_4 und φ_3 vom Kurbelwinkel φ_2 veranschaulicht Abb. 9.19.

$$x_4 = l_2 \cdot \cos\varphi_2 + l_3 \cdot \cos\varphi_3 \tag{9.29}$$

$$h = l_3 \cdot \sin\varphi_3 = l_2 \cdot \sin\varphi_2 \tag{9.30}$$

$$\varphi_3 = \arcsin\left(\frac{l_2}{l_3} \cdot \sin\varphi_2\right) \tag{9.31}$$

Das auf den Kurbelwinkel reduzierte Gesamtträgheitsmoment ist

$$Jred(\varphi_2) = (J_M + J_S) \cdot u^2 + J_G + m_4 \cdot x_4'^2 \tag{9.32}$$

Abb. 9.19 Abhängigkeit von x_4 und φ_3 vom Kurbelwinkel φ_2

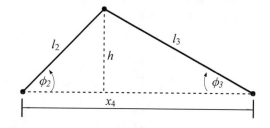

Aus den Gl. (9.29) und (9.31) folgt in Maple-Notierung

```
> x4:= 12*cos(phi2)+13*cos(arcsin(12/13*sin(phi2)));
```

$$x4 := 12\cos(\phi2) + 13\sqrt{1 - \frac{12^2\sin(\phi2)^2}{13^2}}$$

```
> dx4:= Diff('x4', phi2);
```

$$dx4 := \frac{\partial}{\partial\phi2}\,x4$$

```
> dx4:= value(dx4);
```

$$dx4 := -12\sin(\phi2) - \frac{12^2\sin(\phi2)\cos(\phi2)}{13\sqrt{1 - \frac{12^2\sin(\phi2)^2}{13^2}}}$$

Das aus der Presskraft F_0 resultierende Pressmoment *MSt* wird immer dann wirksam, wenn der Kurbelwinkel sich im Intervall $2\pi - \Delta\phi \leq \phi_2 \leq 2\pi$ bewegt. Die periodische Wiederholung des Pressvorgangs wird mithilfe der periodischen Sägezahnfunktion $y(\phi)$ modelliert.

Sägezahnfunktion mit der Periode T und dem Maximalwert 2π:

```
> y:= phi -> 2*Pi*(1/T*phi-floor(1/T*phi));
```

$$y := \phi \mapsto 2\pi\left(\frac{\phi}{T} - \left\lfloor\frac{\phi}{T}\right\rfloor\right)$$

Grafische Darstellung der Sägezahnfunktion y mit der Periode 2π:

```
> with(plots):
> setoptions(size = [350, 200]);
> T:= 2*Pi: # Periodendauer
> plot(y, 0..8*Pi);
```

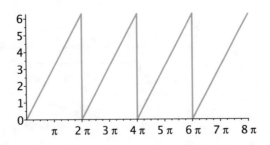

Den Verlauf des Pressmoments MSt beschreibt unter Verwendung der Sägezahnfunktion und der Gl. (9.28) die folgende Anweisung.

```
> MSt:= piecewise(y(phi2)<2*Pi-Delta[phi], 0, F0*dx4);
```

$$MSt := \begin{cases} 0 & 2\pi\left(\dfrac{\phi2}{2\pi} - \left\lfloor\dfrac{\phi2}{2\pi}\right\rfloor\right) < 2\pi - \Delta_\phi \\[4mm] F0\left(-l2\sin(\phi2) - \dfrac{l2^2\sin(\phi2)\cos(\phi2)}{l3\sqrt{1 - \dfrac{l2^2\sin(\phi2)^2}{l3^2}}}\right) & otherwise \end{cases}$$

Parameter der Presse: (siehe Aufgabenstellung)

```
> paramP2:= F0=3.2*10^6, 12=0.22, 13=1, u=70, J[M]=0.5, J[S]=39.5,
           J[G]=0.5, m[4]=8000, Delta[phi]=Pi/12;
```

$$paramP2 := F0 = 3.20\ 10^6, l2 = 0.22, l3 = 1, u = 70, J_M = 0.5, J_S = 39.5, J_G = 0.5, m_4 = 8000,$$

$$\Delta_\phi = \frac{\pi}{12}$$

Grafische Darstellung des Pressmoments $MSt(\varphi_2)$ unter Verwendung der Parameterwerte *paramP2*:

```
> MStp:= subs(paramP2, MSt);
```

$$MStp := \begin{cases} 0 & 2\pi\left(\dfrac{\phi2}{2\pi} - \left\lfloor\dfrac{\phi2}{2\pi}\right\rfloor\right) < \dfrac{23\pi}{12} \\[4mm] -704000.\sin(\phi2) - \dfrac{155000.\sin(\phi2)\cos(\phi2)}{\sqrt{1 - 0.0484\sin(\phi2)^2}} & otherwise \end{cases}$$

```
> plot(MStp,phi2=0..5*Pi, gridlines);
```

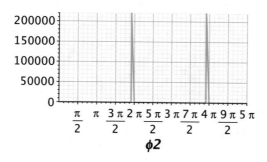

Aus dem Diagramm lässt sich ein Maximalwert MStpmax = 220000 ablesen. Der zugehörige Winkel ist

```
> phi2max:= fsolve(MStp=220000, phi2, 2*Pi-0.6..2*Pi+0.6);
```

$$phi2max := 6.02$$

Modell des Drehstrommotors
Als Antrieb der Presse wird ein Drehstrommotor mit Schleifringläufer verwendet. Dessen Moment $M_M(\omega_M)$ ist im quasistationären Zustand gemäß Kloss'scher Formel (siehe Abschn. 9.7)

```
> M[M]:= 2*Mkipp/(s/sK + sK/s);
```

$$M_M := \frac{2\,Mkipp}{\dfrac{s}{sK} + \dfrac{sK}{s}}$$

Dabei sind

Mkipp   Kippmoment des Motors
sK   Kippschlupf

„Quasistationär" bedeutet in diesem Fall, dass die im Millisekundenbereich verlaufenden Ausgleichsvorgänge in der Motorwicklung gegenüber den langsamer ablaufenden elektromechanischen Vorgängen vernachlässigt werden.

Antriebsmoment an der Kurbelwelle unter Berücksichtigung des Übersetzungsverhältnisses u:

```
> M[antr]:= 2*Mkipp*u/(s/sK + sK/s);
```

$$M_{antr} := \frac{2\,Mkipp\,u}{\dfrac{s}{sK} + \dfrac{sK}{s}}$$

Für die Beschreibung des Schlupfs s werden ebenfalls die Variablen an der Kurbelwelle eingeführt:

```
> Gs:= s = 1 - omega[2](t)/(Omega[M]/u);
```

$$Gs := s = 1 - \frac{\omega_2(t)\,u}{\Omega_M}$$

```
> M[antr]:= subs(Gs, M[antr]);
```

$$M_{antr} := \frac{2\,Mkipp\,u}{\dfrac{1 - \dfrac{\omega_2(t)\,u}{\Omega_M}}{sK} + \dfrac{sK}{1 - \dfrac{\omega_2(t)\,u}{\Omega_M}}}$$

Das auf φ_2 bezogene Trägheitsmoment *Jred* ist gemäß Gl. (9.32)

```
> Jred:= (J[M]+J[S])*u^2 + J[G] + m[4]*dx4^2;
```

$$Jred := \left(J_M + J_S\right)u^2 + J_G + m_4\left(-l2\sin(\phi2) - \frac{l2^2\sin(\phi2)\cos(\phi2)}{l3\sqrt{1 - \frac{l2^2\sin(\phi2)^2}{l3^2}}}\right)^2$$

Ableitung von *Jred* nach der generalisierten Koordinate:

```
> dJred:= diff(Jred, phi2);
```

$$dJred := 2\,m_4\left(-l2\sin(\phi2) - \frac{l2^2\sin(\phi2)\cos(\phi2)}{l3\sqrt{1 - \frac{l2^2\sin(\phi2)^2}{l3^2}}}\right)\left(-l2\cos(\phi2)\right.$$

$$-\frac{l2^4\sin(\phi2)^2\cos(\phi2)^2}{l3^3\left(1 - \frac{l2^2\sin(\phi2)^2}{l3^2}\right)^{3/2}} - \frac{l2^2\cos(\phi2)^2}{l3\sqrt{1 - \frac{l2^2\sin(\phi2)^2}{l3^2}}}$$

$$\left.+\frac{l2^2\sin(\phi2)^2}{l3\sqrt{1 - \frac{l2^2\sin(\phi2)^2}{l3^2}}}\right)$$

Einführung der Zeitabhängigkeit von φ_2: φ_2 wird in *dJred, Jred* und *MSt* durch $\varphi_2(t)$ ersetzt.

```
> dJred_t:= subs(phi2=phi2(t), dJred):
> Jred_t:= subs(phi2=phi2(t), Jred):
> MSt_t:= subs(phi2=phi2(t), MSt):
```

Formulierung der Bewegungsgleichung gemäß Gl. (9.26) mit $q = \varphi_2$:

```
> DG1:= Jred_t*diff(omega[2](t), t)+ 1/2*dJred_t*omega[2](t)^2 =
                                            -MSt_t + M[antr];
```

$$DG1 := \left(\left((J_M + J_S)\, u^2 + J_G + m_4 \left(-l2\sin(\phi 2(t)) \right. \right. \right.$$

$$\left. - \frac{l2^2 \sin(\phi 2(t))\cos(\phi 2(t))}{l3 \sqrt{1 - \frac{l2^2 \sin(\phi 2(t))^2}{l3^2}}} \right)^2 \right) \left(\frac{d}{dt}\,\omega_2(t) \right) + m_4 \left(-l2\sin(\phi 2(t)) \right.$$

$$\left. - \frac{l2^2 \sin(\phi 2(t))\cos(\phi 2(t))}{l3 \sqrt{1 - \frac{l2^2 \sin(\phi 2(t))^2}{l3^2}}} \right) \left(-l2\cos(\phi 2(t)) - \frac{l2^4 \sin(\phi 2(t))^2 \cos(\phi 2(t))^2}{l3^3 \left(1 - \frac{l2^2 \sin(\phi 2(t))^2}{l3^2} \right)^{3/2}} \right.$$

$$\left. - \frac{l2^2 \cos(\phi 2(t))^2}{l3 \sqrt{1 - \frac{l2^2 \sin(\phi 2(t))^2}{l3^2}}} + \frac{l2^2 \sin(\phi 2(t))^2}{l3 \sqrt{1 - \frac{l2^2 \sin(\phi 2(t))^2}{l3^2}}} \right) \omega_2(t)^2 = - \left(F0 \left(-l2 \right. \right.$$

$$+ \frac{2\,Mkipp\,u}{\dfrac{1 - \dfrac{\omega_2(t)\,u}{\Omega_M}}{sK} + \dfrac{sK}{1 - \dfrac{\omega_2(t)\,u}{\Omega_M}}}$$

Für die Winkelgeschwindigkeit der Kurbelwelle gilt die folgende Differentialgleichung.

```
> DG22:= omega[2](t)= diff(phi2(t),t);
```

$$DG22 := \omega_2(t) = \frac{d}{dt}\,\phi 2(t)$$

Parameterwerte des Motors 1

Motorleistung $P_N = 20$ kW, Kippschlupf $sK = 0{,}15$, Kippmoment $Mkipp = 329$ Nm, synchrone Drehzahl $n0 = 1500$ min-1, Schwungmoment GD$^2 = 2$ kpm^2

```
> paramM1:= sK=0.15, Mkipp=329, Omega[M]= 1500./60*2*Pi;
```

$$paramM1 := sK = 0.15, Mkipp = 329, \Omega_M = 157.$$

Parameterwerte für das Gesamtsystem 1:

```
> paramSys1:= paramM1 , paramP2;
```

$$paramSys1 := sK = 0.15, Mkipp = 329, \Omega_M = 157., F0 = 3.20\ 10^6, l2 = 0.22, l3 = 1, u = 70,$$

$$J_M = 0.5, J_S = 39.5, J_G = 0.5, m_4 = 8000, \Delta_\phi = \frac{\pi}{12}$$

Einsetzen der Parameterwerte in DG1 und Berechnung der Lösung:

```
> DG11:= subs(paramSys1, DG1):
> Loe1:= dsolve({DG11, DG2, phi2(0)=0, omega[2](0)=2.2},
                [phi2(t),omega[2](t)], numeric, method=rkf45,
                output=listprocedure);
```

$$Loe1 := \left[\, t = \mathbf{proc}(t) \ \dots\ \mathbf{end\ proc}, \phi2(t) = \mathbf{proc}(t) \ \dots\ \mathbf{end\ proc}, \omega_2(t) = \mathbf{proc}(t) \right.$$

$$\dots$$

$$\left. \mathbf{end\ proc} \right]$$

Winkelgeschwindigkeit der Kurbelwelle:

```
 > omega2:= subs(Loe1,omega[2](t));
```

$$\omega2 := \mathbf{proc}(t) \ \dots\ \mathbf{end\ proc}$$

```
> setoptions(labelfont=[TIMES, 14]):
> plot(omega2(t), t=0..15, labels=["t in s",
        typeset(omega[2], " in 1/s")], gridlines=true);
> plot(omega2(t), t=10..20, gridlines=true,
        labels=["t in s", typeset(omega[2], " in 1/s")]);
```

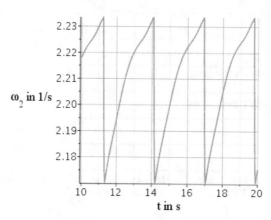

Winkelgeschwindigkeit der Motorwelle:

```
> omegaM:= subs(paramSys1, omega2*u);
```

$$omegaM := 70 \, \omega2$$

```
> plot(omegaM(t), t=10..20, gridlines, view=[10..20,150..158],
      labels=["t in s", typeset(omega[M], " in 1/s")]);
```

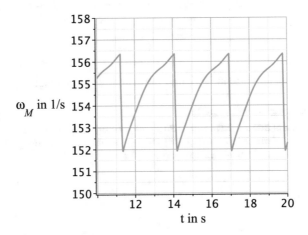

Drehmoment an der Motorwelle:

Dafür wird auf die oben formulierte Gleichung für das Motormoment M_M zurück-gegriffen.

```
> M[M];
```

$$\frac{2\,Mkipp}{\dfrac{s}{sK} + \dfrac{sK}{s}}$$

```
> Mmot:= subs(s=(Omega[M]-omegaM)(t)/Omega[M], paramSys1, M[M]);
```

$$Mmot := \frac{658}{0.0424\,157.(t) - 2.97\,\omega2(t) + \dfrac{23.6}{157.(t) - 70\,\omega2(t)}}$$

Erzeugung der Funktion fMmot(t):

```
> fMmot:= unapply(Mmot, t);
```

$$fMmot := t \mapsto \frac{658}{6.67 - 2.97\,\omega2(t) + \dfrac{0.15}{1 - 0.446\,\omega2(t)}}$$

```
> plot(fMmot(t), t=10..20, labels=["t in s", "Mmot in Nm"],
      view=[10..20,0..150], gridlines);
```

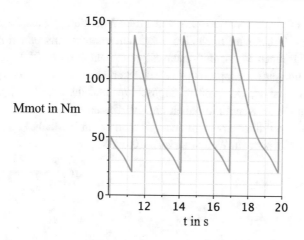

Prüfung der Auslegung des Motors bezüglich der Erwärmung

Die thermische Belastung des gewählten Motors kann man bei Drehstrom-Asynchron-maschinen über das Effektivmoment *Meff* abschätzen. Dieser quadratische Mittelwert des Moments muss kleiner als das Nennmoment des Motors sein. Für die Berechnung von *Meff* wird der sich periodisch wiederholende Momentenverlauf *Mmot* bzw. *fMmot* zwischen zwei Maximalwerten benutzt. Zuerst wird also deren genaue Lage t_1 und t_2 ermittelt und danach das Effektivmoment im Intervall $t_1 \dots t_2$ bestimmt.

$$Meff = \sqrt{\frac{1}{t_2 - t_1} \int_{t_1}^{t_2} fMot(\tau)^2 d\tau}$$

```
> t1:= fsolve(D(fMmot)(t)=0, t, 11..12);
```
$$t1 := 11.4$$
```
> t2:= fsolve(D(fMmot)(t)=0, t, 14..15);
```
$$t2 := 14.2$$
```
> Meff:= sqrt(evalf(Int(fMmot^2, t1..t2, epsilon=0.01)))/(t2-t1));
```
$$Meff := 74.8$$

Daraus folgt die effektive Leistung bei n = 1450 U/min:

```
> Peff:= Meff*1450/60*2*Pi;
```
$$Peff := 11400.$$

Die berechnete effektive Motorleistung von 11,4 kW ist geringer als die geschätzte Leistung von 20 kW. Daher wird noch eine Vergleichsrechnung mit einem kleineren Motor durchgeführt. Für einen Motor mit einem Kippmoment $Mkipp = 250$ Nm (Nennmoment $Mn = 100$ Nm) und einem Kippschlupf $sK = 0,18$ ergeben sich die in den folgenden Plots dargestellten Ergebnisse. Der größere Kippschlupf und die damit verbundene weichere Drehzahl-Drehmoment-Kennlinie haben eine Verringerung der Drehmomentspitzen am Motor zur Folge, weil die Schwungradenergie stärker zur Wirkung kommt. Als effektive Motorleistung ergibt sich ein Wert von $Peff = 10,6$ kW.

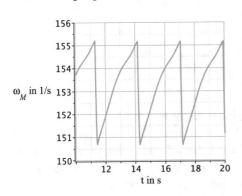 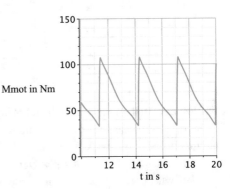

Literatur

Bödefeld, Th. und Sequenz, H. 1965. *Elektrische Maschinen.* Wien New York: Springer-Verlag, 1965.

Corless, R. M. u. a. 1993. Lambert's W Function in Maple. *Maple Technical Newsletter 9.* 1993, S. 12–23.

Dresig, H. und Holzweißig, F. 2009. *Maschinendynamik.* Berlin Heidelberg: Springer, 2009.

El Mahdi Assaid, M'hamed El Aydi. Exact Analytical Solution of Diodes bridge. *Application Demonstration. www.maplesoft.com.* [Online]

Hartmann, K. (Hrsg.). 1971. *Analyse und Steuerung von Prozessen der Stoffwirtschaft.* Berlin: Akademie-Verlag, 1971.

Jäger, R. und Stein, E. 2011. *Leistungselektronik: Grundlagen und Anwendungen.* Berlin: VDE-Verlag, 2011.

Jentsch, W. 1969. *Digitale Simulation kontinuierlicher Systeme.* München Wien: R. Oldenbourg Verlag, 1969.

Kümmel, F. 1986. *Elektrische Antriebstechnik. Teil 1 und 2.* Berlin und Offenbach: VDE-Verlag, 1986.

Leonhard, W. 2000. *Regelung elektrischer Antriebe.* Berlin Heidelberg: Springer, 2000.

Merkel, N. 1985. *Bilanzierung und Bilanzausgleich für Situationserkennung und Prozeßsicherung.* s.l.: TH Leipzig, 1985.

Müller, G. 1990. *Elektrische Maschinen. Betriebsverhalten.* Berlin: Verlag Technik, 1990.

Müller, R. 2016. Analytische Berechnung der Stromortskurven von Drehstrom-Asynchronmaschinen. www.modellierung-analyse-simulation.com. [Online] 2016.

Müller, R. 1999. *Ausarbeitung z. Praktikum Simulationstechnik. HTWK Leipzig.* 1999.

Nürnberg, W. 1963. *Die Asynchronmaschine.* s.l.: Springer-Verlag, 1963.

Rüdenberg, R. 1974. *Elektrische Schaltvorgänge.* Berlin Heidelberg New York: Springer-Verlag, 1974.

Schmidt, W. 1958. Vergleich der Größtwerte des Kurzschluß- und des Einschaltstromes bei Einphasentransformatoren. *ETZ-A.* 1958, Bd. 79, 21, S. 801–806.

Schröder, D. 2009. *Elektrische Antriebe – Regelung von Antriebssystemen. 3. Aufl.* Berlin Heidelberg: Springer-Verlag, 2009.

Specovius, J. 2011. *Grundkurs Leistungselektronik.* s.l.: Vieweg+Teubner, 2011.

Stock, W. 1969. Beitrag zur Bestimmung der Läuferwiderstände für kleinste Verstellzeiten bei Anlauf-, Brems- und Umsteuervorgängen der Drehstrom-Asynchronmaschine. *Elektrie.* 1969, Heft 5, S. 188–190.

Switkes, J. u. a., Borrelli, R. L. und Coleman, C. S. 2004. *Differential Equations.* s.l.: John Wiley & Sons, Inc, 2004.

TH Ilmenau. 1967. *Übungsaufgabe 5; TUR 32.2-66.2.* 1967.

Anhang A

A.1 Mathematische Standardfunktionen (Auswahl)

Funktion	Bedeutung	Maple-Syntax
a^x	Potenzfunktion	a^x
e^x	Exponentialfunktion	exp(x)
$\sqrt{x}$	Quadratwurzel	sqrt(x)
$\sqrt[n]{x}$	n-te Wurzel von x	surd(x, n)
$\log_a x$	Logarithmus zur Basis a	log[a] (x)
$\ln x$	natürlicher Logarithmus	ln(x)
$\sin x, \cos x, \tan x,...$	trigonometrische Funktionen[a]	sin (x),cos (x),tan (x),...
$\arcsin x, ...$	Arkusfunktionen[a]	arcsin (x), ...
$\sinh x, ...$	Hyperbelfunktionen[a]	sinh (x), ...
Arsinh $x,...$	Areafunktionen[a]	arcsinh (x), ...
$\|x\|$	Betragsfunktion	abs (x)
sgn x	Vorzeichenfunktion	signum (x)
n!	n-Fakultät	n!, factorial (n)
$\sum_{k=m}^{n} x_k; \prod_{k=m}^{n} x_k$	Summe über x_k für k $=$ m bis n Produkt über x_k für k $=$ m bis n	sum (x, k $=$ m ... n) product (x, k $=$ m ... n)
a mod b	Restklasse	a mod b
floor	Abrunden zur nächstkleineren ganzen Zahl	floor (x)
ceil	Aufrunden zur nächstgrößeren ganzen Zahl	ceil (x)
frac	Nachkommateil von Zahl mit Vorzeichen	frac (x)
trunc	Abschneiden der Nachkommastellen	trunc (x)
round	Rundung zur nächsten ganzen Zahl	round (x)
Heaviside	Heaviside-Funktion	Heaviside(t-t1)

© Springer Fachmedien Wiesbaden GmbH, ein Teil von Springer Nature 2020
R. Müller, *Modellierung, Analyse und Simulation elektrischer und mechanischer Systeme mit Maple™ und MapleSim™*, https://doi.org/10.1007/978-3-658-29131-0

Funktion	Bedeutung	Maple-Syntax
max, min	Maximum, Minimum von Folge, Menge, …	max(x1, x2, …)
member	Ist Element x Teil eines Ausdrucks?	member(x, ausdruck)
quo, rem	ganzrationaler bzw. gebrochen-rationaler Teil der Division zweier Polynome in x	quo(p1, p2, x, [,‚r‘]) rem(p1, p2, x, [,‚q‘])

[a]Argumente und Funktionswert im Bogenmaß; [ ] … optionales Argument

A.2 Maple-Befehle (Auswahl)

Befehl/Syntax	Beschreibung
algsubs(teilausdr = ersatzausdr, ausdruck)	Substitution algebraischer Ausdrücke
allvalues(ausdruck)	Symbolische Lösung von RootOf-Ausdrücken
animate(plotcom, plotargs, t = …, option) plotcom = plot, plot3d, implicitplot plotargs = [funktion, x = a..b [, y = c..d]]	Animierte Graphik ausgeben (Paket plots) t Animationsparameter; t = e..f oder t = liste
assign(%) **assign**(Loesung)	Zuweisung der Werte von Lösungen (z. B. solve, dsolve) an die unbekannten Variablen
assume(relation) **assume**(variable, eigenschaft)	Setzen einer Annahme
ausdruck **assuming** relation ausdruck **assuming** var::typ	Setzen einer Annahme für aktuellen Ausdruck
binomial(*n*, *k*)	Binomialkoeffizient *n* über *k*
cat(a, b)	Verkettung der Objekte *a* und *b*
collect(ausdruck, teilausdr1, teilausdr2, …)	Zusammenfassung nach Teilausdrücken
combine(ausdruck [, name]) name = abs, arctan, exp, ln, power, product, sum, radical, trig	Zusammenfassung von Summen, Produkten und Potenzen
convert(ausdruck, form [,argumente]) form = degrees, exp, expsincos, ln, parfrac, polynom, radians, rational, sincos, trig	Umformung trigonometrischer und hyperbolischer Ausdrücke, Partialbruchzerlegungen, Umwandlung von Datentypen, Tabellen, Listen usw. (siehe Anhang A.4)
denom(ausdruck)	Nenner eines Ausdrucks ermitteln
discont(f, x)	Diskontinuitäten von f; f… algebr. Ausdr. in x
dsolve(DG, y(t)); Lösungsfunktion: y(t) **dsolve**({DG, y(0) = q}, y(t))	Lösung gewöhnlicher Differentialgleichungen bzw. Anfangswertprobleme
eval(ausdruck)	Auswertung von Variablen und Ausdrücken
evala(ausdruck)	Berechnung im Bereich algebraischer Zahlen oder Funktionen ausführen
evalc(ausdruck)	komplexen Ausdruck in Form a+jb bringen
evalf(ausdruck [, stellenzahl])	Konvertieren in Gleitpunktzahl, numerische Auswertung von RootOf-Ausdrücken,

Befehl/Syntax	Beschreibung
expand(ausdruck)	Ausdruck ausmultiplizieren (expandieren)
factor(ausdruck)	Faktorisierung eines Ausdrucks
fsolve(gleichung) **fsolve**(gleichung, x, optionen) **fsolve**(gleichung, x = a..b, optionen)	Numerische Lösung einer oder mehrerer Gleichungen x Unbekannte a, b Grenzen des Lösungsbereichs
interface(name = wert) **interface**(name)	Setzen oder Abfragen von Interface-Variablen
is	Abfrage auf Wahrheitswert
isolate(gleichung, ausdruck)	Gleichung nach Ausdruck auflösen
limit(ausdruck, x = stelle [, richtung]) richtung: left oder right	Grenzwertberechnung; für *stelle* sind auch –infinity und infinity zulässig
lhs(gleichung)/**rhs**(gleichung)	linke/rechte Seite einer Gleichung ermitteln
map(funktion, ausdruck)	Anwendung einer Funktion auf einen Ausdruck, auf Vektoren, Mengen usw.
Matrix(…)	Erzeugung einer Matrix
nops(liste)	Anzahl der Elemente von Liste oder Menge
normal(ausdruck)	Brüche auf gemeinsamen Nenner bringen
numer(ausdruck)	Ermittlung des Zählers eines Ausdrucks
plots[odeplot](Loes [, t, y(t)], a..b, option)	mit **dsolve** ermittelte Lösungen $y(t)$ darstellen
op(ausdruck) **op**(n, ausdruck)	Bestandteile eines Ausdrucks bestimmen Term n von *ausdruck* zurückgeben
plot(funktion, x = a..b [, y = c..d], option)	Graphik ausgeben
protect, (unprotect)	Schutz von Variablen (aufheben)
radnormal(ausdruck)	Vereinfach. geschachtelter Wurzelausdrücke
rationalize(ausdruck)	Wurzeln aus Nenner entfernen
read "dateiname"	Lesen einer Datei
restart:	Löschen aller Variablen, Maple rücksetzen
save name1, name2, …, "dateiname"	Speichern als Datei
seq(ausdruck, variable = a .. b	Erzeugen einer Folge von Ausdrücken
series(ausdruck, variable = stelle [, ordnung])	Reihenentwicklung; Taylor-, Laurent- od. Potenzreihe
showstat(prozedurname)	Anzeige der Anweisungen einer Prozedur
simplify(ausdruck [,verfahren])	Vereinfachen von Ausdrücken; verfahren = abs, exp, ln, power, radical, sqrt, trig
solve(gleichung [,unbekannte][, optionen]) **solve**({gleichungen} [,unbekannte][, opt.])	Lösungsmenge einer (Un-)Gleichung bzw. eines (Un-)Gleichungssystems ermitteln
sort(ausdruck)	Polynome nach absteigendem Grad der Potenz, Listen in aufsteigender Wertefolge sortieren
subs(teilausdr = neuer_teilausdr, ausdruck)	Teilausdrücke von ausdruck ersetzen

Befehl/Syntax	Beschreibung
subsop(pos = neuer_teilausdr, ausdruck)	Teilausdruck an Position pos ersetzen
table	Erzeugung einer Tabelle t
time()	aktuelle Zeit erfassen
unapply(ausdruck, variablenfolge)	Ausdruck in (anonyme) Funktion umwandeln
unassign('name1', 'name2', …)	Zuweisung an Variable löschen
Vector(…)	Erzeugung eines Vektors
whattype(ausdruck)	Datentyp eines Ausdrucks bestimmen
with(paketname)	Laden von Paketen oder Modulen
zip(f, u, v)	Zwei Listen, Vektoren oder Matrizen durch eine Operation f miteinander verknüpfen

[ ] … optionale Argumente

A.3 Befehlsübersicht zum Kap. 2

Variablen, Folgen Listen, Mengen (2.2)	
map	Funktionsvorschrift auf alle Elemente eines Ausdrucks anwenden
seq	Erzeugung einer Folge
table	Erzeugen einer Tabelle
unassign	Aufheben einer Zuweisung
zip	Verknüpfung zweier Listen, Vektoren od. Matrizen durch Operation f
Zahlen, Funktionen und Konstanten (2.3)	
eval	Auswertung einer Variablen oder eines Ausdrucks
evalf	Auswertung eines (rationalen) Ausdrucks in Gleitpunktdarstellung
is	Wahrheitswert abfragen
protect, unprotect	Namen gegen Überschreiben schützen bzw. Schreibschutz aufheben
whattype	Datentyp eines Ausdrucks bestimmen
Umformen und Zerlegen von Ausdrücken und Gleichungen (2.4)	
algsubs	Substitution algebraischer Ausdrücke unter Beachtung math. Regeln
alias	Einführung von Alias-Namen
collect	Zusammenfassung in Bezug auf den angegebenen Ausdruck
combine	Zusammenfassen von Summen, Produkten und Potenzen
convert	Umwandlung eines Ausdrucks in eine andere Darstellungsform
denom, numer	Ermittlung des Nenners, Zählers eines Bruches
eval, evala	Auswertung eines Ausdrucks für vorgegebenen Variablenwert
expand	Ausmultiplizieren eines Ausdrucks
factor	Faktorisieren eines Ausdrucks, eines Polynoms
isolate	Auflösung nach einem bestimmten Ausdruck

lhs, rhs	Ermittlung der linken, rechten Seite einer Gleichung
normal	Zusammenfassung nicht-gleichnamiger Brüche
op	Zerlegung eines Ausdrucks in seine Bestandteile
rationalize	Entfernen von Wurzeln aus den Nennern von Brüchen
simplify	Vereinfachung eines Ausdrucks
sort	Sortieren der Glieder eines Ausdrucks
subs	Ersetzen von Teilausdrücken auf Datenstrukturebene
subsop	Ersetzen von Teilausdrücken an bestimmten Positionen

Komplexe Zahlen und Zeigerdarstellungen (2.6)

abs	Absolutwert, Betrag
argument	Phasenwinkel eines komplexen Ausdrucks
arrow	Erzeugen einer Zeigerdarstellung (Paket plots oder plottools)
Complex	Bildung einer komplexen Variablen aus Real- und Imaginärteil
evalc	Umwandlung eines komplexen Ausdrucks in die Form a+jb
Im, Re	Imaginärteil, Realteil eines komplexen Ausdrucks
polar	Definition einer komplexen Zahl in Polarkoordinaten

Lösung von Gleichungen und Gleichungssystemen (2.7)

allvalues	Bestimmung einer symbolischen Lösung aus einer RootOf-Darstellung
assign	Zuweisung der Werte einer Lösungsmenge an die Unbekannten
evalf	Bestimmung numerischer Lösungen aus einer RootOf-Darstellung
fsolve	Numerische Lösung von Gleichungen oder Gleichungssystemen
solve	Lösung von Gleichungen oder Gleichungssystemen

Definition von Funktionen (2.8)

piecewise	Definition einer stückweise zusammengesetzten Funktion
Spline	Ermittlung einer Spline-Funktion (Paket Curvefitting)
unapply	Umwandlung eines Ausdrucks in eine Funktion

Differentiation und Integration (2.9)

D	Differentialoperator
diff	Berechnung der Ableitung eines Ausdrucks
Diff	Ableitung eines Ausdrucks symbolisch darstellen, aber nicht berechnen
int	Berechnung eines unbestimmten oder bestimmten Integrales
Int	Integral eines Ausdrucks symbolisch darstellen, aber nicht berechnen
value	Berechnung inerter („träger") Ausdrücke

Speichern und Laden von Dateien (2.10)

currentdir	Arbeitsverzeichnis abfragen bzw. setzen
mkdir, rmdir	Verzeichnis erzeugen bzw. löschen
read	Datei lesen
save	Daten in Datei speichern

A.4 Funktion convert

convert(ausdruck, form [,argument(e)])

Form	Konvertiert	Beispiel
degrees	Bogenmaß in Gradmaß	`> convert(Pi, degrees);` $$180\,degrees$$
exp	trigonometrische Ausdrücke in Exponentialdarstellung	`> convert(sin(x), exp);` $$-\frac{1}{2}\,\mathrm{I}\left(e^{\mathrm{I}x}-e^{-\mathrm{I}x}\right)$$
expsincos	trigonometrische Ausdrücke in Darstellungen mit sin, cos und hyperbolische Fkt. in Exponentialdarstellung	`> convert(cosh(x), expsincos);` $$\frac{1}{2}\,e^{x}+\frac{1}{2\,e^{x}}$$
ln	Arcus- und Area-Funktionen in logarithmische Darstellung	`> convert(arccos(x), ln);` $$-\mathrm{I}\ln\!\left(x+\mathrm{I}\sqrt{1-x^{2}}\right)$$
parfrac	in Partialbruchzerlegung; Unbekannte als 3. Argument angeben	`> convert((x^2-1/2)/(x-1),parfrac,x);` $$x+1+\frac{1}{2\,(x-1)}$$
polynom	Reihen mit O-Glied in Polynom	`> convert(series(exp(x),x,5),polynom);` $$1+x+\frac{1}{2}\,x^{2}+\frac{1}{6}\,x^{3}+\frac{1}{24}\,x^{4}$$
radians	Gradmaß in Bogenmaß	`> convert(90*degrees, radians);` $$\frac{1}{2}\,\pi$$
rational	in rationalen Ausdruck	`> convert(0.125, rational);` $$\frac{1}{8}$$
sincos	trigonometr. Ausdrücke in Darst. mit sin und cos bzw. sinh, cosh	`> convert(cot(x), sincos);` $$\frac{\cos(x)}{\sin(x)}$$
trig	Exponentialfunktionen in trigonometr. oder hyperbol. Ausdrücke	`> convert((exp(x)-exp(-x))/2, trig);` $$\sinh(x)$$
'+'	Summierung von Elementen	`> convert([1,2,3], '+');` $$6$$

Mehr als 130 weitere Angaben für **form** in der Maple-Hilfe

A.5 Der Ausgabebefehl printf

Der Befehl **printf** liefert Ausgaben, die exakt einem vorgegebenen Ausgabebild entsprechen. Seine allgemeine Form ist

printf("Format-String", wert1, wert2, ...)

Im Format-String wird festgelegt, in welcher Form die folgenden Werte *wert1, wert2* usw. darzustellen sind. Er enthält für jeden auszugebenden Wert eine Formatangabe, die mit dem Prozentzeichen eingeleitet wird und als „Platzhalter" für den zugehörigen Wert dient. Die Zugehörigkeit ist durch die Reihenfolge der Formatangaben und der Werte festgelegt. Häufig benötigte Formatangaben sind in der folgenden Tabelle zusammengestellt.

Angabe	Bedeutung
%d	Ganze Dezimalzahl mit Vorzeichen
%5d	Ganze Dezimalzahl mit Vorzeichen; Ausgabe von 5 Zeichen, ggf. als Leerzeichen, rechtsbündig
%f	Dezimalzahl in Dezimalform, max. 6 Stellen nach Dezimalpunkt
%10.4f	Dezimalzahl in Dezimalform mit insgesamt 10 Positionen (einschließlich Vorzeichen und Dezimalpunkt), davon 4 Stellen nach dem Dezimalpunkt
%e	Dezimalzahl in Exponentialform: Eine Ziffer vor Dezimalpunkt und max. 6 danach
%12.3e	Dezimalzahl in Exponentialform mit insgesamt 12 Positionen (einschließlich Vorzeichen, Dezimalpunkt und Exponentendarstellung), davon 3Stellen nach dem Dezimalpunkt
%c	einzelnes Zeichen (character)
%s	Zeichenkette (string)
\n	Zeilenwechsel, neue Zeile

Beispiele:

```
> printf(„a = %f    b = %e", 12.3456789, -12.3456789);
a = 12.345679   b = -1.234568e+01
> Anz:= 14:  Summe:= -1562.66:
> printf(„Anzahl =%3d;    Summe =%12.3e", Anz, Summe);
Anzahl = 14;    Summe =  -1.563e+03
> printf(„    %s\n    %s", „Maple", „Version 13");
    Maple
    Version 13
```

Wie die Beispiele zeigen, können in den Format-String auch Texte bzw. einzelne Zeichen eingefügt werden. Mit dem Zeichen Backslash (\) eingeleitete Formatangaben werden speziell interpretiert. \n bewirkt die Fortsetzung der Ausgabe am Anfang der nächsten Zeile.

A.6 Befehle für die Ein- und Ausgabe von Daten (Auswahl)

Eingabe von Daten

Befehl	Wirkung	Beispiel
ImportMatrix	Import von Matrix aus Datei	siehe Abschn. 8.2.1
read	Datei lesen; Dateityp .txt oder .m	siehe Abschn. 2.10
readdata	Lesen numerischer Daten aus Textdatei	siehe Abschn. 2.10
readstat	Lesen eines Objekts aus Eingabe- stream (Terminal oder Datei) und Wertzuweisung	`> x:= readstat("Wert von x?")` $$x := 16$$

Ausgabe von Daten

ExportMatrix	Export von Matrix in Datei	siehe Abschn. 8.2.1
fprintf	Formatierte Ausgabe von Ausdrücken in eine Datei	siehe Abschn. 4.5.3
lprint	Ausgabe von Ausdrücken, getrennt durch Komma	`> lprint(3*t^2, Int(sin(t)/t),t)` `3*t^2, Int(sin(t)/t), t`
nprintf	Formatierte Ausgabe von Ausdrücken	`> nprintf("%g  %G", 7^3, 1234567)` $$343 \ 1.23457E+06$$
print	Ausgabe von Ausdrücken	`> print(3*t^2, Int(sin(t)/t, t))` $$3\,t^2, \int \frac{\sin(t)}{t}\,dt$$
printf	Formatierte Ausgabe von Ausdrücken	siehe Abschn. 4.5.3 und Anhang A.5
save	Speichern in Datei	save folge_von_variablen, "dateiname"; siehe Abschn. 2.10
savetable	Speichern einer Tabelle in Datei	siehe Abschn. 3.3.3
sprintf	Formatierte Ausgabe von Ausdrücken als String	`> sprintf("%g  %G", 7^3, 1234567)` `"343 1.23457E+06"`
writedata	schreibt numerische Daten (Vektoren, Matrizen, Listen usw. in Textdatei fileID	writedata(fileID, data) bzw. writedata(fileID, data, format); siehe Abschn. 2.10

Öffnen und Schließen von Dateien

fclose	Schließen einer Datei	siehe Abschn. 4.5.3
fopen	Öffnen einer Datei	> fopen ("PSK.mo", WRITE); s. Abschn. 4.5.3

A.7 Befehle für komplexe Zahlen und Ausdrücke

Befehl/Syntax	Beschreibung
abs(komplexer ausdruck)	Betrag eines Zeigers, einer komplexen Zahl
argument(zeiger)	Winkel eines Zeigers in komplexer Ebene
arrow siehe Abschn. 2.6 bzw. Paket plots bzw. plottools	Zeigerdarstellung (grafisch) erzeugen
Complex(realteil, imaginärteil)	komplexe Variable bilden
conjugate(komplexe zahl)	konjugierte Zahl bestimmen
convert(ausdruck, **exp**)	Umformung in Exponentialschreibweise
evalc(ausdruck)	komplexen Ausdruck in Form a+Ib umwandeln
fsolve(gleichung, variable, **complex**)	komplexe Wurzeln berechnen
Im(ausdruck)	Imaginärteil von ausdruck
interface(imaginaryunit = j)	Bezeichnung I der imaginären Einheit in j ändern
isolate(gleichung, ausdruck)	Gleichung nach Ausdruck auflösen
polar(komplexer ausdruck)	komplexen Ausdruck in Polarkoordinaten wandeln
Re(ausdruck);	Realteil von ausdruck

A.8 Griechische Buchstaben

Unter Maple können kleine und große griechische Buchstaben verwendet werden. Ihre Eingabe wird durch die Palette *Greek* unterstützt. Man kann aber auch den Namen des jeweiligen Buchstabens gemäß folgender Tabelle als Symbol eingeben.

Buchstabe	Kleinbuchstabe	Großbuchstabe
α, A	alpha	Alpha
β, B	beta	Beta*
γ, Γ	gamma*	Gamma
δ, Δ	delta	Delta
ε, E	epsilon	Epsilon
ζ, Z	zeta	ZETA
n, H	eta	Eta
θ, Θ	theta	Theta
ι, I	iota	Iota
κ, K	kappa	Kappa
λ, Λ	lambda	Lambda

Buchstabe	Kleinbuchstabe	Großbuchstabe
μ, M	mu	Mu
ν, N	nu	Nu
ξ, Ξ	xi	Xi
o, O	omicron	Omicron
$\pi, \prod$	pi	PI
ρ, P	rho	Rho
$\sigma, \sum$	sigma	Sigma
τ, T	tau	Tau
υ, Υ	upsilon	Upsilon
ϕ, Φ	phi	Phi
χ, X	chi	CHI
ψ, Ψ	psi	Psi*
ω, Ω	omega	Omega

Ein Stern in der Tabelle zeigt an, dass es sich um ein geschütztes Symbol handelt, dem kein Wert zugewiesen werden kann

Das erste Zeichen des Buchstabennamens ist bei kleinen griechischen Buchstaben in der Regel ein Kleinbuchstabe, bei großen Buchstaben ein Großbuchstabe. Ausnahmen liegen dann vor, wenn die so entstehenden Namen für Maple-Konstanten oder Maple-Prozeduren vergeben sind. In diesen Fällen ist für die Eingabeform der Buchstaben eine von der Regel abweichende Schreibweise festgelegt.

Maple-Konstanten: gamma, Pi

Maple-Prozeduren: Beta, GAMMA, Zeta, Chi und Psi

Symbol	Anzeigeform
gamma	γ (Kleinbuchstabe)
Pi	π (Kleinbuchstabe)
Beta	B (Großbuchstabe)
GAMMA	Γ (Großbuchstabe)
Zeta	ζ (Kleinbuchstabe)
Chi	Chi
Psi	Ψ (Großbuchstabe)

Folgt auf das Symbol des Buchstabens eine nichtnegative ganze Zahl, so wird diese Zahl an den entsprechenden griechischen Buchstaben angefügt.

Anhang B: Graphik

B.1 Optionen der Funktion plot

Name	Bedeutung	Zulässige Werte
adaptive	Übergang zwischen den Punkten eines Graphen anpassen	**true**, false[a]
axes	Achsentyp	none, **normal**, boxed, frame
axesfont	Beschriftung der Rasterpunkte	siehe font
axis	Informationen zu den Achsen (color, location, mode, gridlines)	siehe Hilfesystem
background	Hintergrund der Graphik	background = Farbe, Bilddatei (String)
caption	Bildunterschrift	String bzw. typeset-Ausdruck
captionfont	Format der Bildunterschrift	siehe font
color[b]	Farbe von Linien, Kurven, Punkten	Name (String) oder RGB-Liste[c]
coords	Form des Koordinatensystems	bipolar, cardioid, cartesian, cassinian, elliptic, hyperbolic, invcassinian, invelliptic, logarithmic, logcosh, maxwell, parabolic, polar, rose, tangent
discont	vertikale Gerade an Unstetigkeitsstelle ausblenden (true)	true, **false**
filled	Flächenfüllung	true, **false**
font	Font für Texte im Plot [Familie, Stil, Größe in Punkten]	Familie = TIMES, COURIER, HELVETICA, SYMBOL Stile für TIMES: ROMAN, BOLD, ITALIC, BOLDITALIC
gridlines	Rasterlinien	**false**, true
labels	Achsenbezeichnungen	[x-String, y-String]
labeldirection	Ausrichtung Achsenbezeichnung	**horizontal**, vertical

© Springer Fachmedien Wiesbaden GmbH, ein Teil von Springer Nature 2020
R. Müller, *Modellierung, Analyse und Simulation elektrischer und mechanischer Systeme mit Maple™ und MapleSim™*, https://doi.org/10.1007/978-3-658-29131-0

Name	Bedeutung	Zulässige Werte
labelfont	Font Achsenbezeichnung	siehe font
legend	Einfügen individueller Legenden	Stringliste
linestyle	Linienstil der Kurve	**solid,** dot, dash, dashdot, longdash, spacedash, spacedot
numpoints	Min. Zahl berechneter Punkte	ganze Zahl
resolution	horizontale Auflösung in Pixeln	ganze Zahl
scaling	Skalierung	constrained, **unconstrained**
size	Größe des Plots	size = [w, h] w, h … Breite, Höhe in Pixeln (≥ 10)
symbol	Symbol für *point* in *style*	box, circle, cross, diamond, point
symbolsize	Symbolgröße in Punkten	ganze Zahl (Standard: **10**)
thickness	Liniendicke	**0,** …, n (ganze Zahl ≥ 0)
tickmarks	Mindestzahl Skalen-markierungen	[nx, ny]; (ganze Zahlen)
title	Überschrift (Titel) des Plots	String bzw. typeset-Ausdruck
titlefont	Format der Überschrift	siehe font
transparency	Transparenz	**0** … 1; 0 $\equiv$ keine
view	Darstellungsbereich der Kurven	$[x_{min}..x_{max}, y_{min}..y_{max}]$
xtickmarks	Skalenmarkierungen auf x-Achse	siehe Hilfeseite
ytickmarks	Skalenmarkierungen auf y-Achse	siehe Hilfeseite

[a]Standardwerte fett markiert
[b]Update in Maple 16
[c]Die Namen der Maple-Farbpalette werden durch den Befehl **ColorTools[GetColorNames]** () angezeigt. Die Palette umfasst die Farbnamen der älteren Maple-Versionen und eine Liste neuer Farbnamen (HTML-Farben). Eine separate Anzeige beider Listen ist mit Hilfe der Option *new = false* bzw. *new = true* möglich. Den Farbton der HTML-Farben zeigt der Befehl **Color-Tools[GetPalette]**("HTML")

Die Namen der „alten" Farbnamen bestehen aus Kleinbuchstaben und werden meist auch ohne Anführungszeichen (Stringzeichen) akzeptiert. Die „neuen" Farbnamen bestehen aus Kom-binationen von Groß- und Kleinbuchstaben und müssen durch Anführungszeichen als String markiert werden, z. B. „color = [„DarkGray", „AliceBlue"]

B.2 Befehle des Graphik-Pakets plots

Befehl	Wirkung
animate	Zwei- bzw. dreidimensionale Animation mit einem Parameter
animatecurve	2D-Animation der Erzeugung eines Kurvenzuges
arrow	Zeichnen eines Pfeils
changecoords	Transformation vom kartesischen Koordinatensystem in ein anderes
complexplot, -3d	Grafische Darstellung komplexer Funktionen
conformal, -3d	Konforme Abbildung komplexer Funktionen
contourplot, -3d	Darstellung von Höhenlinien
coordplot, -3d	Gitterlinien für verschiedene Koordinatensysteme
dataplot	Grafische Darstellung numerischer Daten
densityplot	2D-Darst. einer Funktion zweier Variabler durch Farbschattierungen
display, -3d	Ausgabe grafischer Objekte
display(array(..))	Ausgabe graph. Objekte als Feld mit mehreren Spalten bzw. Zeilen
dualaxisplot	Grafische Darstellung mit zwei y-Achsen
fieldplot, -3d	Zeichnen eines zwei- bzw. dreidimensionalen Vektorfeldes
gradplot, -3d	Darstellung des Gradienten einer Funktion durch Pfeile (Vektorfeld)
implicitplot, -3d	Grafische Darstellung impliziter Funktionen
inequal	Grafische Anzeige der Lösungsmenge linearer Ungleichungen
interactive	Interaktive Erstellung eines Plots
interactiveparams	Interaktive Anpassung der Parameter eines Plot-Befehls
listcontplot, -3d	Plot der Höhenlinien durch Listen definierter Funktionen
listdensityplot	Zweidimensionaler Dichte-Plot (Farbschattierungen)
listplot, -3d	Plot von Funktionen, die durch Listen definiert sind
loglogplot	Logarithmische Skalierung beider Achsen
logplot	Abszisse linear skaliert, Ordinate logarithmisch
matrixplot	Matrix als dreidimensionales Histogramm darstellen
multiple	Plot multipler Funktionen
odeplot	Grafische Darst. der numerischen Lösung von Differentialgleichungen
pareto	Pareto-Diagramm (Histogramm, Säulen nach Größe sortiert)
plotcompare	Grafischer Vergleich zweier komplexer Ausdrücke
pointplot, -3d	Plot in punktweiser Darstellung
polarplot	Graphik in Polarkoordinaten
polygonplot, -3d	Darstellung eines oder mehrerer Polygone
polyhedraplot	3D-Plot mit polyhedra
polyhedra_supported	Liste von Namen, die durch polyhedraplot unterstützt werden

Befehl	Wirkung
rootlocus	Wurzelortskurven darstellen
semilogplot	Abszisse logarithmisch skaliert, Ordinate linear
setcolors[a]	Anzeigen bzw. Setzen einer Farbliste
setoptions, -3d	Voreinstellung von Optionen für Graphikanweisungen (plot, display, textplot usw.)
spacecurve	Darstellung von Raumkurven mit Parametrisierung
sparsematrixplot	2D-Darstellung einer dünn besetzten Matrix
surfdata	3D-Darst. von Flächen, die durch Punktkoordinaten def. sind
textplot, -3d	Platzierung von Texten in Graphiken
tubeplot	Rotationskörper von Raumkurven

[a]Update in Maple 16;
Setcolors(farbliste) … farbliste = „Classic", „Spring", „Nautical", „Default" oder andere mittels **ColorTools** definierte Liste oder eine aus einzelnen Farbnamen zusammengestellte Liste, z. B. setcolors([„IndianRed", „Blue", „Coral", „LightGreen"]); siehe auch Option color des Befehls plot (Anhang B.1). Nach der Ausführung des Befehls **setcolors** wird immer die vorher aktuelle Farbpalette angezeigt

-3d … 3D-Form der jeweiligen Funktion hat gleichen Namen wie die 2D-Form, aber mit angehängtem 3d

B.3 2D-Objekte des Pakets plottools

Befehl	Syntax	Beschreibung
arc	**arc**(center, radius, starting_angle,… .finishing_angle, optionen)	Kreisbogen
arrow	**arrow**(base, dir, wb, wh, hh) oder **arrow(base, dir, wb, wh, hh, sh, fr, optionen)**	Pfeil
circle	**circle**(center, radius, optionen)	Kreis
cone	**cone**(scheitel, radius, hoehe, optionen)	Kegel
cuboid	**cuboid**(a, b, options); a, b … 3D-Punkte	Würfel
curve	**curve**([[x1,y1], [x2, y2], …], optionen)	Kurve
cutout	**cutout**([p1, p2, …], r)	Window in Polygon
cylinder	**cylinder**(center, radius, hoehe, optionen); c…Mittelpunkt Grundfläche	Zylinder
disk	**disk**([x, y], r, optionen)	Disk
ellipse	**ellipse**(c, a, b, filled = boolean, numpoints = n, optionen)	Ellipse
ellipticArc	**ellipticArc**(c, a, b, range, filled = boolean, numpoints = n, optionen)	Ellipsenbogen

Befehl	Syntax	Beschreibung
hyperbola	**hyperbola**(center, a, b, range, optionen)	Hyperbel
line	**line**(a_point, b_point, optionen)	Liniensegment
pieslice	**pieslice**([x, y], radius, a..b, optionen)	Sektor einer Disk
point	**point**([x,y], optionen)	Punkteschar
polygon	**polygon**([[x1, y1], [x2, y2], ..., [xn, yn]], optionen)	Linienzug (Polygon)
project	Projektion einer 2D- oder 3D-PLOT-Struktur	
rectangle	**rectangle**([x1, y1], [x2, y2], optionen) 1 = top left corner, 2 = bottom right c.	Rechteck
reflect	aus PLOT-Struktur neue PLOT-Struktur erzeugen	
rotate	**rotate**(object, angle) **rotate**(object, angle, pt_2d)	Drehen PLOT-Struktur oder 2D-Objekt
scale	**scale**(object, a, b, c, optionen) a, b, c ... Skalierungsfaktoren in Richtungen x, y, z	Skalieren PLOT-Struktur oder 2D-Objekt

Anhang C: Numerische Lösung von Anfangswertproblemen

C.1 Grundprinzip numerischer Lösungsverfahren

Jede Differentialgleichung n-ter Ordnung lässt sich in ein System von n Differential-gleichungen erster Ordnung überführen. Ausgangspunkt ist deshalb die einzelne Differentialgleichung

$$\dot{y}(t) = \frac{dy(t)}{dt} = f(t, y(t)) \quad \text{mit} \quad y(t_0) = y_0 \tag{C.1}$$

Daraus folgt

$$y(t_k) = y(t_0) + \int_{t_0}^{t_k} f(t, y(t))dt \tag{C.2}$$

$$y(t_{k+1}) = y(t_0) + \int_{t_0}^{t_k} f(t, y(t))dt + \int_{t_k}^{t_{k+1}} f(t, y(t))dt$$

und mit (C.2) sowie

$$h = t_{k+1} - t_k \quad h \ldots \text{Schrittweiteh}$$

$$y(t_k + h) = y(t_k) + \int_{t_k}^{t_k+h} f(t, y(t))dt \tag{C.3}$$

Gl. (C.3) beschreibt das Grundprinzip der numerischen Lösung von Anfangswert-problemen. Die Rechnung beginnt mit $t_k = t_0$. Der so ermittelte Wert $y(t_0 + h)$ dient dann als Ausgangswert für die Berechnung von $y(t_0 + 2h)$ usw. Auf diese Weise lassen

© Springer Fachmedien Wiesbaden GmbH, ein Teil von Springer Nature 2020
R. Müller, *Modellierung, Analyse und Simulation elektrischer und mechanischer Systeme mit Maple™ und MapleSim™*, https://doi.org/10.1007/978-3-658-29131-0

sich schrittweise alle gewünschten Werte der Lösungsfunktion $y(t)$ bestimmen. Eine Schwierigkeit bei der Berechnung des Integrals ist allerdings, dass die darin auftretende Funktion $y(t)$ nicht bekannt ist – es ist die gesuchte Lösungsfunktion. Das Integral kann daher nur durch ein Näherungsverfahren berechnet werden. Die Art und Weise dieser Näherung unterscheidet die verschiedenen Verfahren zur numerischen Lösung von Differentialgleichungen. Einige von ihnen werden im Folgenden kurz vorgestellt (siehe z. B. auch Schwarz 1997; Dahmen und Reusken 2006).

Polygonzug-Verfahren nach Euler-Cauchy

Dieses Verfahren, das auch unter den Namen Explizites Euler-Verfahren und Euler-vorwärts-Verfahren bekannt ist, nähert das Integral über dem Intervall $[t_k, t_k+h]$ durch ein Rechteck der Breite h und der Höhe $f(t_k, y(t_k))$ an (Abb. C.1).

An die Stelle des genauen Wertes des bestimmten Integrals, der durch die schraffierte Fläche gekennzeichnet ist, setzt dieses Verfahren also die grau unterlegte Fläche.

$$\int_{t_k}^{t_{k+1}} f(t,y)\, dt \approx h \cdot f(t_k, y(t_k)) \tag{C.4}$$

Durch Einsetzen der obigen Näherung in Gl. (C.3) ergibt sich die mathematische Formulierung des Euler-Cauchy-Verfahrens

$$y(t_k + h) = y(t_k) + h \cdot f(t_k, y(t_k))$$

bzw. in einprägsamer Kurzschreibweise

$$\begin{aligned} y_{k+1} &= y_k + h \cdot \dot{y}_k \\ \dot{y}_k &= f(t_k, y_k) \end{aligned} \tag{C.5}$$

Der Name Polygonzugverfahren resultiert aus der Tatsache, dass die zu berechnende Funktion $y(t)$ im Intervall $[t_k, t_k+h]$ durch eine Gerade mit der durch die Differentialgleichung definierten Steigung $f(t_k, y_k)$ approximiert wird, die am Punkt (t_k, y_k) ansetzt. Die Lösungsfunktion wird also durch lauter Geradenstücke angenähert.

Abb. C.1 Approximation des Integrals beim Euler-Cauchy-Verfahren

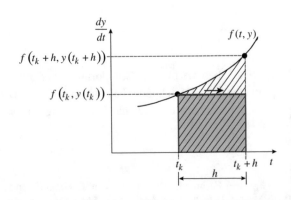

Das Verfahren ist zwar sehr einfach, aber auch nicht besonders genau. Der Fehler der verwendeten Näherung wächst mit der Schrittweite h. Man muss diese sehr klein wählen, um den Fehler des Verfahrens gering zu halten, dadurch wird aber die notwendige Zahl der Lösungsschritte sehr groß, was zu großen Rechenzeiten und zu einer Zunahme des Einflusses der Rundungsfehler (siehe Abschn. C.2) führt.

Das implizite Euler-Verfahren (Euler-rückwärts-Verfahren)

Als Annäherung des Integrals in Gl. (C.3) kann man statt der in Gl. (C.4) gewählten Form auch ein Rechteck der Breite h und der Höhe $f(t_k + h, y(t_k + h))$ verwenden (vergleiche Abb. C.1, Rechteck aber dort nicht eingezeichnet). Damit ergibt sich folgende Berechnungsformel

$$y(t_k + h) = y(t_k) + h \cdot f(t_k + h, y(t_k + h)) \tag{C.6}$$

bzw. in Kurzschreibweise

$$y_{k+1} = y_k + h \cdot \dot{y}_{k+1} \tag{C.7}$$

Die Schwierigkeit bei der Anwendung von Gl. (C.7) ist, dass

$$\dot{y}_{k+1} = f(t_{k+1}, y_{k+1}) \tag{C.8}$$

nicht bekannt ist, weil es sich dabei um die Steigung am erst noch zu berechnenden Punkt der Lösungskurve handelt. Gl. (C.7) beschreibt also eine implizite Beziehung für die Berechnung von y_{k+1}. Man kann sie durch Iteration lösen. Ausgegangen wird von einem Schätzwert der unbekannten Ableitung. Gl. (C.7) liefert mit diesem einen ersten Näherungswert der Lösung y_{k+1}, für den nun über die Differentialgleichung ein neuer Näherungswert der unbekannten Ableitung (Gl. C.8) bestimmt wird, der wiederum zur Berechnung eines neuen Näherungswertes y_{k+1} dient usw. Die Iteration wird fortgesetzt, bis die Abweichung zweier aufeinander folgender Werte für y_{k+1} kleiner als ein festgelegter Toleranzwert ist. Erst dann schließt sich der nächste Integrationsschritt an. Jeder Integrationsschritt enthält also beim impliziten Euler-Verfahren eine Iterationsschleife und ist deshalb rechenzeitaufwändiger als beim expliziten Verfahren. Ein Vorteil des impliziten Euler-Verfahrens ist allerdings seine größere Stabilität (siehe Gl. C.3). Der erste Näherungswert für den Start der Iteration könnte beispielsweise mit dem expliziten Euler-Verfahren ermittelt werden (siehe Prädiktor-Korrektor-Verfahren unter Gl. C.4).

Das verbesserte Euler-Cauchy-Verfahren

Das verbesserte Euler-Cauchy-Verfahren, auch als modifiziertes Polygonzugverfahren und Halbschrittverfahren bekannt, arbeitet im Prinzip wie die oben beschriebenen Euler-vorwärts-Verfahren, benutzt zur Berechnung von y_{k+1} aber einen Schätzwert der Ableitung an der Stelle $(t_k + h/2)$. Dieser wird wie folgt bestimmt: Unter Verwendung der Steigung im Punkt (t_k, y_k) wird analog zum expliziten Euler-Verfahren ein Integrationsschritt über die Distanz $h/2$ ausgeführt, der den Wert $y_k + h/2$ liefert. Mit dem so ermittelten Punkt $(t_k + h/2, y_k + h/2)$ wird durch Auswertung der Differentialgleichung

eine neue Steigung bestimmt, mit der dann ein Integrationsschritt von t_k bis $t_k + h$ ausgeführt wird, der den endgültigen Wert y_{k+1} ergibt. Die Lösungsformel lautet damit

$$y(t_k + h) = y(t_k) + h \cdot f\left(t_k + \frac{h}{2}, y(t_k) + \frac{h}{2}f(t_k, y(t_k))\right) \qquad \text{(C.9)}$$

bzw. in Kurzform

$$y_{k+1} = y_k + h \cdot f\left(t_k + \frac{h}{2}, y_k + \frac{h}{2}f(t_k, y_k)\right) \qquad \text{(C.10)}$$

C.2 Genauigkeit und Konsistenzordnung

Die numerisch berechneten Werte weichen von denen der exakten Lösungsfunktionen
ab, weil die Ergebnisse durch Daten-, Rundungs- und Verfahrensfehler beeinflusst
werden.

Datenfehler
Abweichungen der Eingangsgrößen der Rechnung, z. B. der Modellparameter, von den
realen Werten werden als Datenfehler und ihre Auswirkungen auf die zu ermittelnden
Resultate als *Datenfehlereffekte* bezeichnet. Deren Größe kann man durch Konditions-
untersuchungen abschätzen. (Überhuber 1995)

Rundungsfehler
Bei Gleitpunktzahlen wird die Genauigkeit, mit der diese rechnerintern gespeichert und
verarbeitet werden, durch die Stellenzahl der Mantisse festgelegt. Periodische Dezimalzahlen und irrationale Zahlen, aber auch Zahlen, bei denen die Anzahl der Dezimalstellen die verfügbare oder eingestellte Mantissenlänge überschreitet, können daher nur
mit einer bestimmten Abweichung vom exakten Wert verarbeitet werden – es entstehen
Abbrech- bzw. Rundungsfehler. Diese Fehler pflanzen sich in den Ergebnissen numerischer Rechnungen fort und können in ungünstigen Fällen zu beträchtlicher Größe
anwachsen.

Der Einfluss von Rundungsfehlern auf das Ergebnis ist in Maple über die Vorgabe der
Rechengenauigkeit (**Digits**) steuerbar. Durch entsprechend große Werte von Digits kann
man ihn klein halten, allerdings zu Lasten von Rechenzeit und Speicherplatzbedarf.

Wenn die Bedingung **Digits** ≤ **evalhf (Digits)** erfüllt ist, dann berechnet **dsolve** numerische Lösungen unter Benutzung der Hardware-Arithmetik im Format *double precision*.
Das ist der Standard, da Maple bei der Initialisierung **Digits** auf den Wert 10 setzt und
evalhf (Digits) bei der üblichen Hardware einen Wert >14 anzeigt. Die Vorgabe eines
Wertes Digits > evalhf (Digits) veranlasst **dsolve**, zu Rechnung mit Maple-Gleitpunkt-
zahlen überzugehen.

Der Einfluss der **Rundungsfehler** ist bei der numerischen Lösung von Differential-gleichungen meist unwesentlich, denn beim Hardware-Gleitpunktformat *double precision*, mit dem **dsolve** vorzugsweise arbeitet, ist der durch die Maschinengenauigkeit (Überhuber 1995) bedingte Rundungsfehler relativ klein ($\approx 10^{-15}$).

Verfahrensfehler

Fehler, die daraus resultieren, dass numerische Verfahren Näherungsverfahren sind, fasst man unter dem Begriff Verfahrensfehler zusammen. Als Beispiel für das Auftreten eines Verfahrensfehlers wurde bereits im Abschn. 1.2 des Buches die Berechnung eines bestimmten Integrals mit der Keplerschen Fassregel angeführt. Verfahrensfehler bei der numerischen Lösung von Anfangswertaufgaben lassen sich in Diskretisierungs- und Steigungsfehler einteilen.

Der **lokale Diskretisierungsfehler** ist der Fehler, der bei genau einem Schritt des Verfahrens mit genauem Startwert entsteht, weil nicht der genaue Wert der Ableitung, sondern eine Näherung derselben verwendet wird.

Wird beispielsweise zur Berechnung des Wertes y_{k+1} eine Näherung verwendet und nicht die exakte Taylorentwicklung

$$y_{k+1} = y_k + h \cdot \dot{y}_k + \frac{h^2}{2!} \cdot \ddot{y}_k + \frac{h^3}{3!} \cdot \dddot{y}_k + \dots \qquad \text{(C.11)}$$

dann stimmt das Euler-Cauchy-Verfahren mit der Taylorentwicklung (Gl. C.11) nur bis zum 2. Glied überein. Der Fehler eines Integrationsschritts mit dem Euler-Cauchy-Verfahren hat also die Größe

$$\varepsilon_{n+1} = \sum_{i=2}^{\infty} \frac{y_k^{(i)}}{i!} \cdot h^i \qquad \text{(C.12)}$$

Steigungsfehler entstehen dadurch, dass der Fehler eines berechneten Wertes y_{k+1} der Lösungsfunktion auch zu einem fehlerbehafteten Wert $\dot{y}_{k+1}$ bei der Auswertung der Differentialgleichung im folgenden Lösungsschritt führt.

Lokale Fehlerordnung und Konsistenzordnung

Der lokale Fehler hat die Ordnung $O(h^{p+1})$, wenn zwischen Integrationsformel und Taylor-Entwicklung bis zum Glied

$$\frac{y_k^{(p)}}{p!} \cdot h^p \qquad \text{(C.13)}$$

Übereinstimmung besteht. Die lokale Fehlerordnung des expliziten Euler-Verfahrens ist demnach $O(h^2)$. Diese Aussage bedeutet, dass der lokale Fehler mit h^2 gegen Null geht, wenn h gegen Null geht. Ein Maß für die Größe des lokalen Disktretisierungsfehlers liefert auch der Begriff der **Konsistenz(ordnung)**.

Abb. C.2 Rundungsfehler,
Verfahrensfehler und
Gesamtfehler beim Euler-
Verfahren

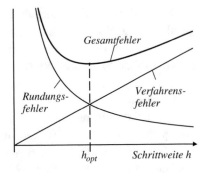

Ein Einschrittverfahren heißt mit der Anfangswertaufgabe (Gl. C.1) konsistent von der Ordnung p (oder hat die Konsistenzordnung p), wenn

$$|\varepsilon_{k+1}| \leq C \cdot h^{p+1} \quad k = 0, 1, 2, \ldots$$

mit einer von h unabhängigen Konstanten C (Dahmen und Reusken 2006).

Die Konsistenzordnung kennzeichnet die Übereinstimmung von numerischer Lösung und exakter Lösung gemäß Taylorreihe bei einem Lösungsschritt. Das Euler-Cauchy-Verfahren hat die Konsistenzordnung 1.

Globaler Verfahrensfehler und globale Fehlerordnung
Der lokale Fehler geht in die nächsten Lösungsschritte ein, d. h. es kommt zur Fehlerfortpflanzung. Dabei machen sich insbesondere auch Steigungsfehler bemerkbar.

Der **globale Verfahrensfehler** am Punkt t_{k+1} ist der Fehler, der unter Berücksichtigung aller Fehler der Integrationsschritte im Intervall $[t_0, t_{k+1}]$ entsteht.

Die Bestimmung des globalen Verfahrensfehlers ist meist schwierig. Beim Euler-Cauchy-Verfahren lässt sich eine Abschätzung noch relativ leicht angeben. Sie lautet: Der globale Fehler des Euler-Verfahrens geht mit h gegen Null, wenn h gegen Null geht (Schwarz 1997).

Der Gesamtfehler einer numerischen Rechnung setzt sich aus Verfahrensfehlern und Rundungsfehlern zusammen (Abb. C.2). Während die Verfahrensfehler mit kleiner werdender Schrittweite h abnehmen, erhöht sich der Einfluss der Rundungsfehler infolge der bei kleinerer Schrittweite notwendigen größeren Zahl von Integrationsschritten.

C.3 Stabilität

C.3.1 Der Stabilitätsbegriff

Bei der Auswahl eines Verfahrens zum numerischen Lösen einer Differentialgleichung oder eines Differentialgleichungssystems muss man auch die Eigenschaften der zu lösenden Differentialgleichungen bzw. der Lösungsfunktionen berücksichtigen, weil andernfalls die Lösungen große Fehler aufweisen können oder eventuell völlig sinnlos sind.

Voraussetzung für praktisch nutzbare Ergebnisse numerischer Rechnungen ist immer die Stabilität des Rechenprozesses. Diese ist nur gewährleistet, wenn

a) die Aufgabe (in diesem Fall das Anfangswertproblem) und
b) das verwendete numerische Verfahren

stabil sind. Man nennt eine Aufgabe stabil, wenn bei kleinen Änderungen der Eingangs- bzw. Anfangsgröße sich auch die Lösung nur geringfügig ändert.

Im Verlaufe der numerischen Lösung einer Anfangswertaufgabe entsteht durch das Auflaufen bzw. Fortpflanzen der lokalen Fehler ein akkumulierter Fehler und damit die Möglichkeit einer zunehmenden Verfälschung der Ergebnisse bzw. der Instabilität des Rechenprozesses auch dann, wenn die Aufgabe stabil ist. Ein Standardbeispiel für die Untersuchung der Stabilität ist die Anfangswertaufgabe

$$\frac{dy}{dt} = \lambda \cdot y(t); \quad y(0) = y_0 \tag{C.14}$$

Die exakte Lösung dieser Aufgabe lautet

$$y(t) = y_0 e^{\lambda \cdot t}$$

Behandelt man ein spezielles Anfangswertproblem der Form (Gl. C.14) mit dem Euler-Cauchy-Verfahren, dann erhält man abhängig von der gewählten Größe der Lösungsschritte sehr unterschiedliche Ergebnisse. Für das Beispiel

$$\frac{dy}{dt} = -y(t); \quad y(0) = 2$$

wird das im Abb. C.3 demonstriert. Mit der Schrittweite $h = 0,5$ ergibt sich ein Polygonzug, dessen Eckpunkte (die berechneten Lösungspunkte) zwar vom Verlauf der exakten Lösung deutlich abweichen (die Schrittweite $h = 0,5$ ist relativ groß gewählt), aber doch noch in deren Nähe liegen. Bei der Wahl von $h = 1,5$ liegt der erste berechnete Punkt der

Abb. C.3 Euler-Cauchy-Verfahren bei verschiedenen Schrittweiten

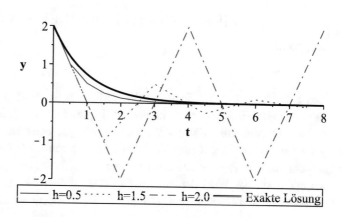

Lösungskurve bei (1,5, −1), also im 4. Quadranten, obwohl die exakte Lösungskurve keine negativen Ordinatenwerte aufweist. Im weiteren Verlauf wechseln die berechneten y-Werte ständig ihr Vorzeichen – es ergibt sich eine abklingende Schwingung.

Erhöht man die Schrittweite auf $h=2{,}0$, dann klingt die Schwingung nicht mehr ab und bei noch größeren Schrittweiten würden die Schwingungsamplituden sogar zunehmen. Offensichtlich liegt also bei $h=2{,}0$ die Grenze zwischen abklingender und aufklingender Schwingung – die Stabilitätsgrenze. Diese experimentell ermittelte Grenze wird auch durch die folgende Rechnung bestätigt. Wendet man das Euler-Cauchy-Verfahren auf die Testaufgabe an, so ergibt sich durch Einsetzen der Testaufgabe (Gl. C.14) in die Lösungsformel (Gl. C.5)

$$y_{k+1} = y_k + h \cdot \dot{y}_k = y_k + h\lambda y_k$$

$$y_{k+1} = (1 + h\lambda)y_k$$

Durch fortlaufende Substitution von y_k durch y_{k-1} usw. ergibt sich

$$y_{k+1} = y_0 \cdot (1 + h\lambda)^{k+1} \quad k = 0, 1, 2, \ldots$$

Die Wertefolge $y_0, y_1, y_2, \ldots$ ist demnach genau dann monoton fallend, wenn

$$|1 + h\lambda| < 1$$

Daraus folgt für das explizite Euler-Verfahren bei reellen λ-Werten die **Stabilitätsbedingung**

$$h < \frac{-2}{\lambda}; \quad \lambda < 0, \text{ reell}$$

Für die Differentialgleichung (Gl. C.14) erhält man damit wegen $\lambda = -1$ bei Anwendung des Euler-Cauchy-Verfahrens asymptotische Stabilität bei $h < 2$.

Differentialgleichungen bzw. ihre Lösungen besitzen oft auch oszillierende, exponentiell abklingende Komponenten. Diesen entsprechen komplexe Werte von λ. Mit $\lambda = a + ib$ wird

$$|1 + h\lambda| = |1 + h(a + ib)| = |1 + ha + ihb| < 1$$

und damit

$$(ha + 1)^2 + (hb)^2 < 1$$

Das Stabilitätsgebiet des Euler-Cauchy-Verfahrens ist somit in der komplexen $h\lambda$-Ebene das Innere des Einheitskreises mit dem Mittelpunkt ($ha = -1$, $hb = 0$) (Abb. C.4).

Ob mit dem Euler-Cauchy-Verfahren Lösungen einer bestimmten Anfangswertaufgabe ermittelt werden können, ist daher abhängig von der Größe des Produkts $h \cdot \lambda$, also sowohl von den Eigenschaften der Differentialgleichungen bzw. der Lösungsfunktionen als auch von der Wahl der Schrittweite h. Je größer die Eigenwerte λ, desto kleiner müssen die Schrittweiten sein. Das gilt auch für andere Verfahren, sofern sie nicht die

Abb. C.4 Stabilitätsgebiet des Euler-Cauchy-Verfahrens

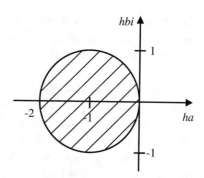

besondere Eigenschaft der A-Stabilität (siehe unten) aufweisen. Wie die oben mit dem Euler-Cauchy-Verfahren bei verschiedenen Schrittweiten h ermittelten Lösungen des Anfangswertproblems (Gl. C.14) zeigen (Abb. C.3), muss bei der Festlegung von h ein relativ großer Abstand zur Grenze des Stabilitätsbereich gewahrt werden, weil sonst die Ergebnisse mit unzulässig großen Fehlern behaftet sind.

Obige Aussage zum Stabilitätsgebiet des expliziten Euler-Verfahrens ist genau genommen nur für die benutzte Testaufgabe gültig. Man verwendet sie für den Vergleich dieses Verfahrens mit anderen, für die das Stabilitätsgebiet mit der gleichen Testaufgabe bestimmt wurde. Die für das Anfangswertproblem (Gl. C.14) berechneten Stabilitätsgebiete werden aber auch zur Schätzung der zu wählenden Integrationsschrittweite genutzt, wenn andere Aufgaben mit Hilfe des Euler-Cauchy-Verfahrens gelöst werden sollen.

Die beschriebene Vorgehensweise zur Ermittlung des Stabilitätsbereichs kann man auch für die Untersuchung anderer Einschrittverfahren verwenden. Die Testanfangswertaufgabe (Gl. C.14) wird in die Lösungsformel des jeweiligen Verfahrens eingesetzt und der Ausdruck in die Form $y_{k+1} = F(h\lambda) \cdot yk$ gebracht. Dann heißt

$$B := \{h\lambda \in \mathbb{C} | \ |F \ (h\lambda)| < 1 \} \tag{C.15}$$

das **Gebiet der absoluten Stabilität** (Schwarz 1997).

C.3.2 A-Stabilität

Einige Verfahren, beispielsweise die implizite Euler-Methode, haben für die Testaufgabe (Gl. C.14) einen Stabilitätsbereich, der die für dynamische Systeme wichtige Halbebene links von der imaginären Achse der komplexen $h\lambda$-Ebene vollständig einschließt. Diese Verfahren bezeichnet man als A-stabil oder auch als steife Verfahren.

- A-stabil sind u. a.: implizites Euler-Verfahren, Trapezmethode, implizite RK2- und RK4-Formeln, BDF1- und BDF2-Formeln sowie Rosenbrock-Verfahren.
- Explizite Verfahren sind niemals A-stabil.
- Nicht alle impliziten Verfahren sind A-stabil.
- Die globale Fehlerordnung eines A-stabilen Mehrschrittverfahrens ist maximal zwei.

Der Aussage, dass der Stabilitätsbereich A-stabiler Verfahren die gesamte linke Halbebene der komplexen $h\lambda$-Ebene umfasst, gilt allerdings nur bei praktisch exakter Lösung der impliziten Formeln und sie gilt insbesondere nicht für nichtlineare Systeme.

C.3.3 Steife Differentialgleichungssysteme

Wie oben dargelegt, muss sich die Wahl der Schrittweite an den Eigenschaften der Lösungen der Differentialgleichung bzw. des Differentialgleichungssystems orientieren[1]. Viele Anwendungen in der Technik und Naturwissenschaft werden durch Differentialgleichungssysteme beschrieben, deren Lösungsanteile sich hinsichtlich ihres Zeitverhaltens sehr stark unterscheiden, die z. B. eine Lösung mit einem exponentiell sehr schnell und eine andere mit einem langsam abklingenden Anteil haben. Wird in einem solchen Fall ein Verfahren verwendet, das keinen großen Stabilitätsbereich hat bzw. nicht A-stabil ist, dann muss wegen des sehr schnell abklingenden Anteils (kleine Zeitkonstante bzw. großer Eigenwert) eine relativ kleine Schrittweite gewählt werden, auch wenn dieser Anteil auf den eigentlich interessierenden Zeitverlauf, der sich im langsam abklingenden Anteil wiederspiegelt, keinen oder kaum einen Einfluss hat. Die Gesamtlösung benötigt dann sehr viele Rechenschritte mit sehr kleiner Schrittweite. Mit der Zahl der Integrationsschritte steigt jedoch der Einfluss der Rundungsfehler. Die Konsequenz sind neben großen Rechenzeiten daher meist auch große Fehler oder gar numerische Instabilität.

Differentialgleichungssysteme mit Lösungen stark unterschiedlichen dynamischen Verhaltens erfordern also Verfahren mit einem sehr großen Stabilitätsbereich bzw. A-Stabilität. Diese besondere Eigenschaft wird durch die Bezeichnung „steife Systeme" beschrieben.

C.4 Grundtypen von Lösungsverfahren

Die Verfahren zur numerischen Lösung von Differentialgleichungen kann man einteilen in

- Einschritt- und Mehrschrittverfahren
- Extrapolationsverfahren
- Taylorreihen-Verfahren

Einschritt- und Mehrschrittverfahren lassen sich nochmals untergliedern in explizite und implizite Verfahren sowie Prädiktor-Korrektor-Verfahren. **Explizite Verfahren** berechnen $yk+1$ ausschließlich auf der Basis zurückliegender Werte von y bzw. dy/dt. **Implizite Verfahren** erfordern eine iterative Berechnung, weil in die Bestimmung von y_{k+1} dieser erst zu berechnende Wert schon mit eingeht. Sie benötigen daher gegenüber

---

[1]Diese werden beispielsweise bei linearen Systemen durch die Größe der Eigenwerte der Matrix **A** und bei nichtlinearen Systemen durch die Eigenwerte der Jacobimatrix charakterisiert.

expliziten Verfahren größere Rechenzeiten. **Prädiktor-Korrektor-Verfahren** bilden eine extra Klasse unter den Ein- bzw. Mehrschrittverfahren. Sie bestimmen mit einer expliziten Prädiktorformel einen Näherungswert für y_{k+1} und verbessern diesen dann mit Hilfe einer impliziten Korrektorformel.

Extrapolationsverfahren berechnen für einen Gitterpunkt $t_k + h_0$ mittels eines Einschrittverfahrens unter Benutzung einer monoton fallenden Folge lokaler Schrittweiten $h_i < h_0$ ($i = 1, 2, \dots$) eine Folge von Näherungen y^{hi} ($t_k + h_0$). Danach legen sie durch diese Näherungen ein Interpolationspolynom $P(h)$ und führen eine Extrapolation $h \to 0$ durch. Diese liefert die gesuchte Lösung $y(t_k + h_0)$.

Vorgestellt werden im Folgenden Vertreter dieser Grundtypen aus der der Gruppe **classical** von Maple (Tab. C.1). Die in dieser Gruppe zusammengefassten Verfahren arbeiten mit fester Schrittweite und sind lt. Maple-Hilfe vor allem für Zwecke der Lehre implementiert. Trotzdem haben einige dieser Verfahren auch praktische Bedeutung. Hier werden sie beschrieben, um den oben vermittelten Einblick in die prinzipielle Arbeitsweise der numerischen Verfahren und die mit ihrer Anwendung verbundenen Probleme zu vertiefen. Der Befehl **dsolve** verwendet diese Methoden bei Angabe der Option **method = classical**(verfahren). Sofern bei ihrer Anwendung nicht eine automatisch ermittelte Schrittweite verwendet werden soll, kann diese über die Option **stepsize = …** vorgegeben werden.

C.4.1 Einschrittverfahren

Einschrittverfahren verwenden zur Berechnung von y_{k+1} nur den vorangegangenen Wert y_k bzw. damit berechnete Werte aus dem Intervall $[t_k \dots t_{k+1}]$. Alle Verfahren, die unter 1. beschrieben wurden, gehören in diese Gruppe.

Trapezverfahren

Das Integral in Gl. (C.3) wird beim Trapez-Verfahren durch die Trapezfläche mit den Seiten f_k und f_{k+1} (Abb. C.1) angenähert. Damit folgt

$$y_{k+1} = y_k + \frac{h}{2}[f(t_k, y_k) + f(t_{k+1}, y_{k+1})] \tag{C.16}$$

Tab. C.1 Verfahren der Gruppe *classical* in Maple

Verfahren	Beschreibung	Konsistenzordnung
foreuler	Euler-vorwärts-Verf. (Polygonzugverfahren)	1
impoly	Verbessertes Euler-Cauchy-Verfahren	2
heunform	Heun-Verfahren	2
rk2, rk3, rk4	Runge-Kutta-Verfahren 2 bzw. 3. bzw. 4. Ordnung	2 bzw. 3 bzw. 4
adambash	Adams-Basforth-Verfahren	4
abmoulton	Adams-Basforth-Moulton-Verfahren	4

Die Gl. (C.16) zeigt, dass es sich beim Trapezverfahren um ein implizites Einschrittverfahren handelt. Es hat die globale Fehlerordnung 2 und zeichnet sich dadurch aus, dass es A-stabil ist.

Verfahren von Heun

Das Heun-Verfahren kombiniert zwei Einschrittverfahren. Mit dem expliziten Euler-Verfahren berechnet es einen Startwert für die implizite Trapezformel. Es handelt sich also um ein Prädiktor-Korrektor-Verfahren.

$$y_{k+1}^{(0)} = y_k + h \cdot f(t_k, y_k) \qquad \text{(Prädiktor)}$$

$$y_{k+1}^{(i+1)} = y_k + \frac{h}{2}\left[f(t_{k+1}, y_{k+1}^{(i)}) + f(t_k, y_k)\right] \quad \text{(Korrektor)} \qquad \text{(C.17)}$$

$$\text{für } i = 0, 1, \ldots$$

Die zweite Gleichung von (Gl. C.17) beschreibt eine Fixpunktiteration. Mit dem durch die Prädiktorformel berechneten Wert $y^{(0)}$ wird ein neuer Näherungswert $y^{(1)}$ ermittelt, der dann zur Berechnung des nächsten Wertes $y^{(2)}$ dient usw. Dieser Prozess wird solange fortgesetzt, bis die Differenz zweier aufeinanderfolgender Näherungswerte eine gewählte Toleranz unterschreitet.

Der globale Verfahrensfehler des Heun-Verfahrens hat die Ordnung 2. Bei hinreichend kleiner Schrittweite sind i. Allg. nur ein bis zwei Berechnungen der Korrektorformel erforderlich, um die gewünschte Genauigkeit der Lösung zu erreichen. Bei Beschränkung auf einen Korrektorschritt entspricht das Heun-Verfahren dem Runge-Kutta-Verfahren 2. Ordnung.

Runge-Kutta-Verfahren

Grundgedanke aller Runge-Kutta-Verfahren[2] ist die Ermittlung einer Steigung k, mit der eine Gerade durch den Punkt (t_k, y_k) einen neuen Punkt (t_{k+1}, y_{k+1}) erreicht, der einen möglichst kleinen lokalen Fehler hat. Die Steigung k wird als gewichteter Mittelwert aus verschiedenen Steigungen, die im Intervall $[t_k, t_{k+1}]$ berechnet werden, gewonnen. Mit jeder Berechnung einer Steigung ist eine Auswertung der Differentialgleichung verbunden.

Runge-Kutta-Verfahren 2. Ordnung

Dieses Verfahren verwendet den Mittelwert zweier Steigungen k_1 und k_2 zur Berechnung von y_{k+1}. Die erste Steigung wird am Punkt (t_k, y_k) bestimmt, die zweite am Punkt $(t_{k+1}, y_k + h \cdot k_1)$. Das Verfahren hat die globale Fehlerordnung 2.

---

[2]Carl (David Tolmé) Runge (geb. 1856 in Bremen; gest. 1927 in Göttingen; deutscher Mathematiker, Prof. an der TH Hannover und der Universität Göttingen.Martin Wilhelm Kutta (geb. 1867 in Pitschen, Oberschlesien; gest. 1944 in Fürstenfeldbruck); deutscher Mathematiker, wirkte als Prof. in Jena, Aachen und Stuttgart, publizierte 1901 die Weiterentwicklung des Runge'schen Verfahrens zur Lösung gewöhnlicher Differentialgleichungen.

$$k_1 = f(t_k, y_k)$$

$$k_2 = f(t_k + h, y_k + h \cdot k_1)$$

$$y_{k+1} = y_k + \frac{h}{2}(k_1 + k_2)$$

(C.18)

Runge-Kutta-Verfahren 4. Ordnung

Das Runge-Kutta-Verfahren 4. Ordnung berechnet im Intervall $[t_k, t_{k+1}]$ vier Steigungen. Diese gehen in die Berechnung der resultierenden Steigung k mit unterschiedlichen Gewichten ein, die so gewählt sind, dass mit der Taylorreihenentwicklung von y_{k+1} an der Stelle tk bis zum Glied 4. Ordnung Übereinstimmung besteht. Die lokale Fehlerordnung dieses Verfahren ist daher 5, die globale Fehlerordnung 4. Wie beim Verfahren 2. Ordnung wird für die Bestimmung einer Steigung k_i immer nur der unmittelbar vorangehende Wert k_{i-1} benötigt. Dieses oft auch als klassische Runge-Kutta-Methode bezeichnete Verfahren wird wegen seiner Einfachheit und relativ hohen Genauigkeit häufig angewendet.

$$k_1 = f(t_k, y_k)$$

$$k_2 = f\left(t_k + \frac{h}{2}, y_k + \frac{h}{2}k_1\right)$$

$$k_3 = f\left(t_k + \frac{h}{2}, y_k + \frac{h}{2}k_2\right)$$

(C.19)

$$k_4 = f(t_k + h, y_k + h \cdot k_3)$$

$$y_{k+1} = y_k + \frac{h}{6}(k_1 + 2k_2 + 2k_3 + k_4)$$

Alle Einschrittverfahren zeichnen sich dadurch aus, dass sie gegen Unstetigkeiten der Eingangsgrößen oder der Differentialgleichungen unempfindlich sind. Das ist bei vielen Aufgaben, beispielsweise in der Elektrotechnik, sehr wesentlich (Abb. C.5).

C.4.2 Mehrschrittverfahren

Mehrschrittverfahren benutzen zur Berechnung des Funktionswertes y_{k+1} auch Werte der s vorangehenden (äquidistanten) Stellen. Sie sind somit nur anwendbar, wenn außer dem Anfangspunkt (t_k, y_k) noch vorhergehende Punkte der Lösungsfunktion vorliegen, d. h. ihnen muss eine Anlaufrechnung mit einem Einschrittverfahren vorgeschaltet werden. Bei der Ableitung eines Mehrschrittverfahrens kann man wie folgt vorgehen (Abb. C.8):

1. Als bekannt vorausgesetzt werden die Lösungspunkte (t_k, y_k), (t_{k-1}, y_{k-1}), (t_{k-2}, y_{k-2}), … und die zu diesen gehörigen Ableitungen $f_i = f(t_i, y_i)$.
2. Die Abhängigkeit $f_i = f(t_i, y_i)$ wird durch ein Interpolationspolynom $P(t)$ angenähert.
3. Das Polynom $P(t)$ wird über das Intervall $[t_k, t_{k+1}]$ integriert, d. h. die Integration wird mit einem Extrapolationsschritt verbunden (Abb. C.6).

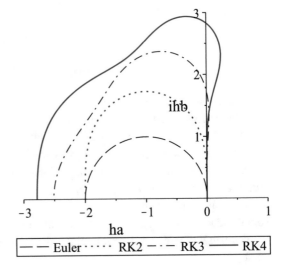

Abb. C.5 Stabilitätsgebiete für explizite Runge-Kutta-Methoden

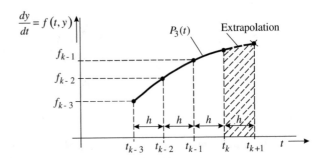

Abb. C.6 Konstruktion eines Mehrschrittverfahrens

Adams-Bashforth-Verfahren

Adams-Bashforth-Verfahren sind explizite Mehrschrittverfahren. Je Integrationsschritt ist nur eine Funktionsauswertung $f(t, y)$ erforderlich. Ein Adams-Bashforth-s-Schrittverfahren hat die Konsistenzordnung $p = s$.

Adams-Bashforth-Verfahren 4. Ordnung

Dieses Verfahren benötigt zur Berechnung von y_{k+1} vier bekannte Lösungspunkte (t_i, y_i) bzw. die Ableitungen $f(t_i, y_i)$ an diesen.

$$y_{k+1} = y_k + \frac{h}{24}(55 f_k - 59 f_{k-1} + 37 f_{k-2} - 9 f_{k-3})$$

$$\text{mit} \quad f_{k-i} = f(t_{k-i}, y_{k-i})$$

(C.20)

Adams-Bashforth-Verfahren 5. Ordnung

$$y_{k+1} = y_k + \frac{h}{720}(1901 f_k - 2774 f_{k-1} + 2616 f_{k-2} - 1274 f_{k-3} + 251 f_{k-4}) \qquad (C.21)$$

Adams-Moulton-Verfahren

Adams-Moulton-Verfahren sind implizite Mehrschrittverfahren, d.h. jeder Integrations-schritt erfordert die Lösung einer impliziten Gleichung mittels Iteration. Ein Adams-Moulton-s-Schrittverfahren hat die Konsistenzordnung $p = s + 1$. Das Gebiet der absoluten Stabilität ist bei diesen Verfahren wesentlich größer, als bei den expliziten Adams-Bashforth-Methoden.

Adams-Moulton-Verfahren 4. Ordnung

$$y_{k+1} = y_k + \frac{h}{24}(9 f_{k+1} + 19 f_k - 5 f_{k-1} + f_{k-2}) \qquad (C.22)$$

Adams-Moulton-Verfahren 5. Ordnung

$$y_{k+1} = y_k + \frac{h}{720}[251 f_{k+1} + 646 f_k - 264 f_{k-1} + 106 f_{k-2} - 19 f_{k-3}] \qquad (C.23)$$

Adams-Bashforth-Moulton-Verfahren (ABM-Verfahren)

Durch Kombination einer Adams-Bashforth-Formel (Prädiktor) mit einer impliziten Adams-Moulton-Formel als Korrektor ergibt sich ein Adams-Bashforth-Moulton-Verfahren (Tab. C.2).

Adams-Bashforth-Moulton-Verfahren 4. Ordnung

$$y_{k+1}^{(0)} = y_{k+1}^{(P)} = y_k + \frac{h}{24}(55 f_k - 59 f_{k-1} + 37 f_{k-2} - 9 f_{k-3}) \qquad \text{(Prädiktor)}$$

$$y_{k+1}^{(i+1)} = y_k + \frac{h}{24}\left[9 f_{k+1}^{(i)} + 19 f_k - 5 f_{k-1} + f_{k-2}\right] \qquad \text{(Korrektor)} \qquad (C.24)$$

$$i = 0, 1, 2, \ldots$$

Beim Verfahren *abmoulton* kann man die Anzahl der Korrekturschritte mit Hilfe der Option *corrections* festlegen.

Tab. C.2 Stabilitätsintervalle für reelle Werte von $h \cdot \lambda$ (Dahmen und Reusken 2006)

2-Schritt-Verfahren nach Adams-Bashforth	$(-1.0, 0)$
4-Schritt-Verfahren nach Adams-Bashforth	$(-0.3, 0)$
3-Schritt-Verfahren nach Adams-Moulton	$(-3.0, 0)$

Mehrschrittverfahren sind gegen Unstetigkeiten der Eingangsgrößen oder der Differentialgleichungen empfindlich, weil an den Unstetigkeitsstellen eine neue Anlaufrechnung durchgeführt werden muss. Das ist bei einer Häufung von Unstetigkeitsstellen (z. B. Schaltsysteme) sehr nachteilig. Gegenüber Einschrittverfahren haben sie den Vorteil, dass je Integrationsschritt weniger Auswertungen der Differentialgleichungen notwendig sind.

Anhang D: Paket LinearAlgebra (Auswahl)

D.1 Befehle für Vektoren

Befehl, Beispiel	Wirkung
Definition von Vektoren	
v1:= Vector([a,b,c]) v2:= Vector[column]([1,2,3]) v3:= <7,8,−9>;	Definition Spaltenvektor
vv:= Vector([v1,v2])	Verkettung zweier Spaltenvektoren
v4:= Vector[row]([4,5,6]) v5:= <x|y|z>;	Definition Zeilenvektor
v6:= ZeroVector(n)	n-dimensionaler Nullvektor (Spaltenvektor)
Operationen mit Vektoren	
a*v oder ScalarMultiply(v,s,optionen)	Multiplikation Vektor v mit Skalar s
v1+v2 oder VectorAdd(v1,v2,optionen)	Addition zweier Vektoren
v1.v2 oder DotProduct(v1,v2) oder DotProduct(v1,v2,conjugate=false)	Skalarprodukt zweier Vektoren
CrossProduct(v1,v2,optionen)	Kreuzprodukt zweier Vektoren
VectorAngle(v1,v2)	Winkel zwischen zwei Vektoren
Norm(v, p)	p-Norm; Euklidische Norm (Betrag): $p = 2$
Transpose(v,optionen)	Transponierung des Vektors v. (Spaltenvektor ergibt Zeilenvektor und umgekehrt)
HermitianTranspose(v,optionen)	Hermitische Transponierung des Vektors v. Im Unterschied zu Transpose werden die Komponenten zusätzlich komplex konjugiert
SubVector(v,index,optionen)	Subvektor des Vektors v. index … Integer, Bereich, Liste ganzer Zahlen

Die Operationen v1.v2 und v1+v2 sind unabhängig vom Paket *LinearAlgebra* ausführbar. Die entsprechenden Befehle des Pakets führen zusätzlich eine Typprüfung durch, so dass Fehler u. U. leichter erkannt werden

© Springer Fachmedien Wiesbaden GmbH, ein Teil von Springer Nature 2020
R. Müller, *Modellierung, Analyse und Simulation elektrischer und mechanischer Systeme mit Maple™ und MapleSim™*, https://doi.org/10.1007/978-3-658-29131-0

D.2 Befehle für Matrizen

Befehl, Beispiel	Wirkung
Definition von Matrizen	

`M0:= Matrix(2,3)`
`M1:= Matrix(2,3,[1,2,3,4,5,6])`
`M2:= Matrix(2,3,1)`
	Nullmatrix mit 2 Zeilen, 3 Spalten
	2*3-Matrix, Komponenten zeilenweise
	2*3-Matrix, alle Komponenten haben Wert 1

`M3:= Matrix([[1,2], [3,4]])`
`M3:= <<1|2>,<3|4>>;`
`M4:= Matrix([[v4],[v5]])`
	Definition Matrix, zeilenweise
	
	v4, v5 ... Zeilenvektoren

`M5:= Matrix([v1,v2])` `M6:= <<a,b>|<c,d>>;`	Def. Matrix, spaltenweise mit Spaltenvektoren v1, v2...Vektor; a, b, c, d ... Vektorkomponenten
`M7:= Matrix(2,2,(i,j)->1/(i+j)`	Def. Matrix mit Zuordnungsvorschrift für Komponenten
`M8:= IdentityMatrix(n)`	(n, n)–Einheitsmatrix
Operationen mit Matrizen	
`M1+M2  oder  MatrixAdd(M1,M2)`	Matrizenaddition
`M1.M2` `MatrixMatrixMultiply(M1,M2);`	Matrizenmultiplikation
`ScalarMultiply(M, s)`	Produkt der Matrix M und des Skalars s
`Transpose(M)`	Transponierte der Matrix M
`Determinant(M)`	Determinante der Matrix M
`MatrixInverse(M) oder 1/M`	Inverse der Matrix M
`Rank(M)`	Rang der Matrix M
`Norm(M, p)`	p-Norm; Euklidische Norm (Betrag): p=2
`Eigenvalues(M, optionen)` `Bsp. optionen: output=list`	Eigenwerte der Matrix M
`Eigenvectors(M)`	Eigenwerte und Eigenvektoren der Matrix
`CharacteristicPolynomial(M,lambda)`	Charakteristisches Polynom der Matrix M
`CharacteristicMatrix(M,lambda)`	Charakteristische Matrix $\lambda \cdot I - M$
`Row(M,L,optionen)`	Sequenz von Zeilenvektoren einer Matrix L ... Integer, Bereich, Integer-Liste
`Column(M,L,optionen)`	Sequenz von Spaltenvektoren einer Matrix
`SubMatrix(M,row,col,optionen)` `row, col ... Integer, Bereich, Integer-Liste`	Untermatrix der Matrix M

Befehl, Beispiel	Wirkung

`IsDefinite(A, query = p_d)`
`p = positive, negative`
`d = definite, semidefinite oder`
`indefinite`
	Test, ob quadratischen Matrix definit
	Ergebnis: ‚true' oder ‚false'

`IsOrthogonal(A)`	Test, ob quadrat. Matrix orthogonal
`MatrixPower(M, n, optionen)`	berechnet M^n
`MatrixExponential(A,t,optionen)`	Exponentialmatrix exp(A)
`DeleteRow(M, L, optionen)`	Löschung der Zeile(n) L L ... Integer, Bereich oder Liste ganzer Zahlen
`DeleteColumn(M, L, optionen)`	Löschung der Spalte(n) L
`QRDecomposition(M)`	QR-Dekomposition der Matrix M
Operationen mit Matrizen und Vektoren	
`VectorMatrixMultiply(v, M)`	Produkt eines Vektors v und einer Matrix M
`MatrixVectorMultiply(M, v)`	Produkt einer Matrix M und eines Vektors v
Lineare Gleichungssysteme in Matrizenform	
`GenerateMatrix(Gsys,varlist,opt)`	erzeugt Koeffizientenmatrix aus Gleichungs-system Gsys; varlist...Liste der Variablen
`GenerateEquations(A, varlist, b)` `GenerateEquations(A1,varlist)`	erzeugt Gleichungen aus Koeffizientenmatrix A1...erweiterte Koeffizientenmatrix varlist...Liste der Variablen
`LinearSolve(A, b)` `LinearSolve(A1)`	Lösung der linearen Gleichung **A . x = b** A1...erweiterte Koeffizientenmatrix
`GaussianElimination(M,optionen)`	Gauß-Elimination der Matrix M; Erzeugung der oberen Dreiecksmatrix Mr.
`BackwardSubstitute(Mr)`	Lösung des reduzierten Systems (obere Drei-ecksmatrix) Mr
`RowOperation(), ColumnOperation()`	elementare Zeilen- und Spaltenoperationen auf einer Matrix (siehe Maple-Hilfe)

Für die Darstellung von Vektoren mit mehr 10 Elementen verwendet Maple in der Standardeinstellung eine Kurzform. Mit dem Befehl

interface(rtablesize = zahl) bzw. **interface**(rtablesize = infinity)

lässt sich die Grenze für die Volldarstellung ändern. Für Matrizen gilt diese Aussage analog.

Anhang E: Paket DynamicSystems (Auswahl)

E.1 Globale Variablen von DynamicSystems

In der Standardeinstellung verwendet das Paket die folgenden globalen Variablen:

Symbol	Bedeutung	Option
q	diskrete Zeit	discretetimevar
s	komplexe Freqenz	complexfreqvar
t	kontinuierliche Zeit	continuoustimevar
u	Eingangsvariable	inputvariable
x	Zustandsvariable	statevariable
y	Ausgangsvariable	outputvariable
z	diskrete Frequenz	discretefreqvar

Diesen Variablen darf kein Wert zugewiesen sein. Allerdings kann man das Symbol dieser Variablen mit dem Befehl **SystemOptions** ändern.

Syntax des Befehls SystemOptions

SystemOptions()	Anzeige aller globalen Variablen mit ihren aktuellen Belegungen
SystemOptions(option1)	Anzeige des Namens/Werts von option1
SystemOptions(option1 = wert1, …)	Festlegen neuer Namen

Beispiel

Der Befehl SystemOptions(complexfreqvar = p) ändert die Bezeichnung der komplexen Freqenz von der Standardeinstellung s auf p. Durch den Befehl **SystemOptions(reset)** wird der Anfangszustand wieder hergestellt.

© Springer Fachmedien Wiesbaden GmbH, ein Teil von Springer Nature 2020
R. Müller, *Modellierung, Analyse und Simulation elektrischer und mechanischer Systeme mit Maple™ und MapleSim™*, https://doi.org/10.1007/978-3-658-29131-0

Neben den oben genannten Optionen kennt *DynamicSystems* noch weitere, deren Namen selbsterklärend sind und die man zusammen mit ihren aktuellen Belegungen abfragen kann:

```
> SystemOptions();
```

> *discretetimevar* = *q*, *radians* = *false*, *outputvariable* = *y*, *samplecount* = 10,
>
> *discretefreqvar* = *z*, *conjugate* = *false*, *parameters* = { }, *sampletime* = 1.,
>
> *continuoustimevar* = *t*, *duration* = 10.0, *relativeerror* = 0.001, *colors*
>
> = ["Red", "LimeGreen", "Goldenrod", "Blue", "MediumOrchid",
>
> "DarkTurquoise"], *complexfreqvar* = *s*, *statevariable* = *x*, *cancellation*
>
> = *false*, *inputvariable* = *u*, *decibels* = *true*, *discrete* = *false*, *hertz* = *false*

E.2 Erzeugen von Objekten kontinuierlicher dynamischer Systeme

DiffEquation (parameterliste)   erzeugt Systemobjekt Differentialgleichung
TransferFunction(parameterliste)   erzeugt Systemobjekt Übertragungsfunktion
StateSpace(parameterliste)   erzeugt Systemobjekt in Zustandsdarstellung
ZeroPoleGain(parameterliste)   erzeugt Systemobjekt in Pol-Nullstellen-Darstellung
PrintSystem(parameterliste)   gibt den Inhalt eines Systemobjekts aus

Formen von (*parameterliste*):

1. (sys, optionen)
   sys ... vorhandenes Systemobjekt
2. (tf, optionen)
   tf ... Übertragungsfunktion
3. (dgsys, invars, outvars, optionen)
   dgsys ... Differentialgleichungssystem (Liste)
   invars, outvars ... Eingangsvariable, Ausgangsvariable (oder Listen derselben)
4. (A, B, C, D, optionen)
   A, B, C, D ... Matrizen der Zustandsdarstellung
5. (z, p, k, optionen)
   z ... Liste Nullstellen; p ... Liste Polstellen; k ... Verstärkung
6. (zaehler, nenner, optionen)
   zaehler ... Liste Koeffizienten des Zählers
   nenner ... Liste Koeffizienten des Nenners

Optionen
inputvariable = Li, *outputvariable* = La, *statevariable* = Lx
   Li, La, Lx ... Liste der Eingangs-, Ausgangs- bzw. Zustandsvariablen
   systemname = String (Zeichenkette)

parameters = [name1 = wert1, name2 = wert2, …];

Parameterwerte für numerische Operationen und grafische Darstellungen

Die in den Variablenlisten angegebenen Namen (z. B. *u*) konvertiert Maple in Funktionen, z. B. *u*(*t*), wobei *t* der Name der unabhängigen Variablen ist. Sofern die Namen der Ein- und Ausgangsvariablen sowie der Zustandsvariablen in den Befehlen nicht vorgegeben werden, benutzt *DynamicSystems* die Standardvorgaben

u … Eingangsvariable, *y* … Ausgangsvariable, *x* … Zustandsvariable

kombiniert mit einer fortlaufenden Ziffer oder Zahl je nach Anzahl der Variablen.

E.3 Analyse, Manipulation und Konvertierung von Objekten

- **PrintSystem**(sys, optionen) **Anzeige, Druck eines Systemobjekts**
  sys … Systemobjekt
  Optionen:
  compact = *true, false*; Standard: *false*
    bei *true* Darstellung der Objektelemente in Matrixform, sonst zeilenweise
  interface = *Standard, Classic*
  maxlength = pos. Integer; Länge bis zum Abbruch der Ausdrücke
  uselabels

- **exports**(sys) **Anzeige exportierbarer Komponenten**
  Beispiel: A:= GSM:–a; Export der Dynamikmatrix a des Systemobjekts GSM

- **CharacteristicPolynomial**(sysZ, lambda) **Charakteristisches Polynom**
  sysZ … Systemobjekt in Zustandsform
  lambda…. Variable des Polynoms

- **PhaseMargin**(sys, optionen) **Phasenreserve, Durchtrittsfrequenz**
  Optionen:
  parameters = [name1 = wert1, …]
  radians = *true, false*
  hertz = *true, false*

- **GainMargin**(**sys**, optionen) **Amplitudenreserve, Phasen-Durchtrittsfrequenz**
  Optionen:
  parameters = [name1 = wert1, …]
  decibels = *true, false*
  hertz = *true, false*

- **Observable**(sysZ, optionen)   **Beobachtbarkeit prüfen**
  sysZ ... Systemobjekt in Zustandsform
  Optionen:
  Method = *staircase, rank*

- **ObservabilityMatrix**(sysZ)   **Beobachtbarkeitsmatrix erzeugen**
  ObservabilityMatrix(A, C)
  sysZ ... Systemobjekt in Zustandsform
  A, C ... Matrizen der Zustandsform

- **Controllable**(sysZ, optionen)   **Steuerbarkeit prüfen**
  sysZ ... Systemobjekt in Zustandsform
  Optionen:
  method = *staircase, rank*

- **ControllabilityMatrix**(sysZ)   **Steuerbarkeitsmatrix erzeugen**
  ControllabilityMatrix(A, Z)
  sysZ ... Systemobjekt in Zustandsform
  A, C ... Matrizen der Zustandsform

- **SSTransformation**(A, B, C, D, optionen)   **Transformation von Zustandsmatrizen**
  A, B, C, D ... Matrizen bzw. Vektoren der Zustandsform
  Optionen:
  form = *ControlStaircase, ObserveStaircase, ControlCanon, ObserveCanon, Modal-*
  Canon und *Balanced.*
  Output = *T, Tinv, A, B, C, D* oder Liste mit mehreren Angaben
  T, Tinv ... Transformationsmatrix bzw. deren Inverse;
  A, B, C, D ... Matrizen, Vektoren in transformierter Zustandsform

- **StepProperties**(sys, optionen)   **Beharrungswert und charakt. Punkte**
  (Beharrungswert, 10 % –, 33 % –, 67 % – und 90% – Punkt, Maximal- und
  Beharrungspunkt)
  Optionen:
  parameters = [name1 = wert1, ...]

- **RouthTable**(p, s, optionen)   **Routh-Tabelle erzeugen**
  p ... Polynom mit reellen oder symbolischen Koeffizienten
  s ... Variable des Polynoms p

- **SystemConnect**　　　　　　　　　　**Verknüpfung von Systemobjekten**
  Beschreibung siehe Abschn. 6.4.1

- **Subsystem**(sys, inputs, outputs, states, opt)　**Extrahieren eines Subsystems**
  (siehe Maple-Hilfe)

- **ToDiscrete**(sys, T, optionen)　　　　**Diskretisierung eines Systemobjekts**
  T ... Abtastzeit
  Optionen:
  method = *forward, backward, bilinear, prewarp, matched, zoh, foh*

- **Resample**(sys, T, optionen)　　　　**Änderung der Abtastzeit**
  T ... Abtastzeit
  Optionen:
  method = *forward, backward, bilinear, prewarp, matched, zoh, foh*

- **ToContinuous**(sys, optionen)　　　　**In zeitkontinuierl. System konvertieren**
  Optionen:
  method = *forward, backward, bilinear, prewarp, matched, zoh, foh*

E.4 Grafische Darstellungen

• **MagnitudePlot**(sys, optionen)	**Amplitudenkennlinie**
• **PhasePlot**(sys, optionen)	**Phasenkennlinie**
• **BodePlot**(sys, optionen)	**Frequenzkennlinien**
• **NyquistPlot**(sys, optionen)	**Nyquist-Diagramm**
sys ... Systemobjekt	

Neben vielen Optionen des Befehls **plot** (siehe auch Anhang B.1) sind für die obigen drei Befehle u. a. die folgenden speziellen Optionen verfügbar:

decibels = **true**, false	Ordinatenskalierung in Dezibels oder nicht
hertz = **true**, false	Einheit der Frequenz; Alternativen: Hertz, rad/s
linearfreq = true, **false**	Frequenzskala linear für true; Standard: logarithmisch
linearmag = true, false	Ordinate linear oder logarithmisch skaliert
method = function, matrix	Berechnungsmethode
numpoints =	Anzahl der Bildpunkte (ganze Zahl > 0)

parameters = parameterliste	parameterliste = [name1 = wert1, ...]
radians = true, false	Phasenwinkel im Bogenmaß (rad) oder in Grad
range =	Frequenzbereich des Plots
subsystem =	Untersystem eines Multi-Input/Multi-Output-Systems. z.B.: subsystem = [[2,1], ...,[m, n]]; [2,1] bezeichnet Subsystem mit Ausgang 2 und Eingang 1

Die Optionen *hertz, linearfreq* und *radians* sind auf Standardwerte voreingestellt, die mit dem Befehl **SystemOptions** geändert werden können.

- **ImpulseResponsePlot**(sys, dauer, optionen) **Grafische Ausgabe der Impulsantwort**
  sys ... Systemobjekt
  dauer ... darzustellendes Zeitintervall
  Optionen: *parameters, subsystem* und Optionen von **plot** (siehe oben)

- **NicholsPlot**(sys, optionen) **Nichols-Diagramm**
  Optionen: *contourlines, frequencies, gainrange, hertz, numpoints, parameters, range, phaserange*

- **ZeroPolePlot**(sys, optionen) **Pol-Nullstellen-Darstellung**
  sys ... Systemobjekt
  Optionen: *output, subsystem, unitcircle* und Optionen von **plot** (siehe oben)
  output = **plot**, data (Ausgabeformen Plot oder Datenstruktur)
  unitcircle = true, **false** (Darstellung des Einheitskreises)

E.5 Signalerzeugung

Funktion	Beispiel
Chirp(yht, f0, k) **Chirp**(yht, f0, k, t0, y0, optionen) Chirp-Welle (Wobbel-Sinus)	Chirp(2, 0, 1/8, 0, 0, hertz = true)
Ramp(slope, t0, y0, optionen) Rampen-Funktion	Ramp(2, 0, 0)
Sinc(yht, Tw, t0, y0, optionen) `> Sinc(yht, Tw, t0, y0)` $$y0 + \dfrac{yht \sin\left(\dfrac{\pi\,(t - t0)}{Tw} \right) Tw}{\pi\,(t - t0)}$$	Sinc(2, 2, 0, 0)
Sine(yht, f, t0, y0, optionen) Sinus-Funktion	Sine(1, 0.5, 0.5, hertz = true)

Funktion	Beispiel
Square(yht, f, d, t0, y0, optionen) Rechteck-Impulsfolge	Square(2, 1, 1/4, 0, hertz = true)
Step(yht, t0, y0, optionen) Sprung-Funktion	Step(2, 1, 1)
Triangle(yht, f, shape, t0, y0, optionen) Dreiecks-Funktion	Triangle(1, 1, 3/4, 1/2, 0, hertz = true)

Parameter: (alle Argumente optional)

yht ...   Amplitude, Impulshöhe (Standard: 1)
f ...   Frequenz (Standard: 1)
k ...   (Chirp) Koeffizient der Frequenz bezüglich Zeit (Standard: 1);
d ...   Impulsdauer/Periodendauer (Standard: ½)
t0 ...   Anfangsverzögerungszeit (Standard: 0)
y0 ...   Anfangswert, Bezugswert (Standard: 0)
slope ...   Steigung der Rampe (Standard: 1)
shape ... Formfaktor (0...1; Standard: 1)
Tw ...   halbe Breite des Hauptpulses (Standard: 1)

E.6 Verbindung von Objekten

Neben dem im Abschn. 9.4.1 ausführlich beschriebenen Befehl **SystemConnect** verfügt das Paket **DynamicSystems** noch über die im Folgenden aufgeführten Befehle, mit denen Kopplungen zwischen einzelnen Systemobjekten hergestellt werden können. Die Befehlsnamen beschreiben ihre Wirkung, bezüglich weiterer Erläuterungen wird auf die Maple-Hilfe verwiesen.

FeedbackConnect(objektliste, optionen)
FeedbackConnect(objektliste, feedbacktype, optionen)
ParallelConnect(objektliste, optionen)
ParallelConnect(objektliste, inputconnections, optionen)
ParallelConnect(objektliste, inputconnections, outputconnections, optionen)
SeriesConnect(objektliste, verbindungsliste, optionen)
SystemConnect(objektfolge, optionen); siehe Abschn. 9.4.1
SystemConnect objektfolge, uU, uy, YU, Yy, optionen); siehe Abschn. 9.4.1

Parameter:

objektliste ...	Liste der Systemobjekte
inputconnections ...	Liste von Listen der Verbindungen der Teilsysteme
outputconnections ...	Liste von Listen der Verbindungen der Teilsysteme
verbindungsliste ...	Liste von Listen der Verbindungen der Teilsysteme
feedbacktype ...	*negative* (Standard) oder *positive*
objektfolge ...	Folge der zu verbindenden DynamicSystems-Objekte
uU, uy, YU, Yy ...	Verbindungsmatrizen (siehe Abschn. 9.4.1)

Optionen:
outputtype = *tf, coeff, zpk, ss, de*

E.7 Simulationen

- **Simulate**(sys, input, optionen)   **Simulation eines Systems**
  sys ... Systemobjekt
  input ... Eingangssignal; algebraischer Ausdruck, Liste algebraischer Ausdrücke oder
  Vektor, Liste von Vektoren bzw. Matrix reeller Zahlen **oder**
  input = Step(), Square(), Ramp(), Triangle(), Sine(), Chirp(), Sinc(); siehe F.5
  Optionen:
  parameters = [name1 = wert1, ...]
  initialconditions = **Vector**(reelle_zahlen) oder Liste von Gleichungen
  Die Option *initialconditions* spezifiziert die Anfangsbedingungen des Systems. Für
  ein System in Zustandsform (StateSpace-Objekt) sind diese als Vektor von reellen Zahlen zu notieren, bei einem DiffEquation-Objekt als Liste von Gleichungen.
  Bei Objekten von Übertragungsfunktionen, Differenzengleichungen und bei Pol-
  Nullstellen-Systemen werden vorgegebene Anfangsbedingungen ignoriert (ignorierte
  Anfangsbedingung = Anfangsbedingung Null).
  output = *solution, de, statevariable, outputvariable*

Die Option **output** legt die Art der ausgegebenen Ergebnisse fest.

- *solution* ...   liefert die mit **dsolve** erzeugte Prozedur (Standard).
- *de* ...   liefert die Modellgleichungen und Anfangsbedingungen
- *statevariable* ...   gibt die Liste der Zustandsvariablen aus
- *outputvariable* ... gibt die Liste der Ausgangsvariablen aus

Multiple Angaben in Listenform sind zulässig.

Simulate wandelt kontinuierliche Systeme in Differentialgleichungssysteme um und löst diese mit **dsolve/numeric.** In der Standardeinstellung liefert der Befehl als Ergebnis eine Prozedur, die mit dem Befehl **odeplot** (Paket **plots**) weiter verarbeitet werden kann.

- **ResponsePlot**(sys, input, optionen)   **Plot der Reaktion auf gegebenes Eingangssignal**

Optionen:

duration = reelle_zahl; darzustellendes Zeitintervall, Start mit $t = 0$

output = algebraischer_ausdruck oder Liste algebraischer Ausdrücke

initialconditions (siehe Befehl **Simulate**)

parameters = [name1 = wert1, ...]

dsolveargs = Liste mit Gleichungen

Dieser Befehl stützt sich bei der Berechnung der Reaktion auf den Befehl **Simulate**. Für die Parameter *sys* und *input* gilt daher das zu **Simulate** Gesagte.

Literatur

Dahmen, W. und Reusken, A. 2006. *Numerik für Ingenieure und Naturwissenschaftler.* Berlin Heidelberg : Springer-Verlag, 2006.

Schwarz, H. R. 1997. *Numerische Mathematik.* Stuttgart : B. G. Teubner, 1997.

Überhuber, Ch. 1995. *Computer-Numerik.* Berlin, Heidelberg, New York : Springer-Verlag, 1995. Bd. 1.

Walz, A. 2002. *Maple 7.* München Wien : Oldenbourg Verlag, 2002.

© Springer Fachmedien Wiesbaden GmbH, ein Teil von Springer Nature 2020
R. Müller, *Modellierung, Analyse und Simulation elektrischer und mechanischer Systeme mit Maple™ und MapleSim™*, https://doi.org/10.1007/978-3-658-29131-0

Stichwortverzeichnis

Printed in the United States
By Bookmasters